住房城乡建设部土建类学科专业“十三五”规划教材

A+U 高等学校建筑学与城乡规划专业教材

建筑构造

——材料，构法，节点

姜涌　朱宁　著

第2版

中国建筑工业出版社

图书在版编目（CIP）数据

建筑构造：材料，构法，节点/姜涌，朱宁著. —
2版. —北京：中国建筑工业出版社，2021.4
住房城乡建设部土建类学科专业“十三五”规划教材
A+U高等学校建筑学与城乡规划专业教材
ISBN 978-7-112-25808-6

I. ①建… II. ①姜… ②朱… III. ①建筑构造—高
等学校—教材 IV. ①TU22

中国版本图书馆CIP数据核字（2020）第267643号

责任编辑：徐 冉
文字编辑：黄习习
责任校对：焦 乐

本教材配有教师课件PPT，可发送邮件至13717742900@163.com获取课件

住房城乡建设部土建类学科专业“十三五”规划教材
A+U高等学校建筑学与城乡规划专业教材
建筑构造——材料，构法，节点
（第2版）
姜 涌 朱 宁 著
*
中国建筑工业出版社出版、发行（北京海淀三里河路9号）
各地新华书店、建筑书店经销
北京建筑工业印刷厂制版
北京建筑工业印刷厂印刷
*
开本：787毫米×1092毫米 1/16 印张：25¾ 字数：473千字
2021年8月第二版 2021年8月第九次印刷
定价：**69.00**元（赠教师课件）
ISBN 978-7-112-25808-6
（37021）

细部设计与工艺技术（第一版序）

清华大学建筑学院 秦佑国

一、细部设计的概念

现代主义建筑大师密斯·凡·德·罗说过一句话：“建筑开始于两块砖被仔细地连接在一起。”后人对此话的评论是：“我们不要把注意力放在‘两块砖’上，而是在于两块砖如何连接能产生建筑上的意义。在这里，‘仔细地’是关键的词。”

“两块砖”—— 建筑材料；“连接在一起”—— 建筑构造和施工；“仔细地连接在一起，产生建筑上的意义”—— 细部设计。

细部设计是建筑设计，是建筑师的工作范畴。细部是建筑整体中的一部分，它从属于整体，但是可以从中独立出来加以设计和表现的局部。

细部设计与构造设计、施工图的区别在于：细部设计是面向使用者，是使用者看到的、触摸到的、使用到的建筑细部，是建筑师的设计工作，是建筑创作和建筑艺术表达的重要方面；构造设计、施工图是面向施工，是向施工人员表达建筑物的构造组成和建造的技术要求与过程。

因为房子总是通过施工盖起来的，所有建筑设计（architecture design）都需要画成施工图，平、立、剖面设计需要，细部设计也需要。细部设计的施工图与构造图很相近，描绘的对象也相同——节点构造和工程做法等。所以，许多人把细部设计与构造设计混淆。两者的区别仍然是面向的对象和目的的不同；还有，就是建筑师有意识地、主动地进行的细部设计，而构造和施工图设计带来的则是“既成事实”。

细部设计要在建筑总体风格统一的基础上，根据被设计的细部在建筑中的部位和功能要求，在设计者设计意向和审美取向的控制下，选择所用的材料（或成型的部件），考虑其色彩、图案、质感、触感、规格和划分尺度以及物理力学性能等，把这些材料和通过加工后的部件进行搭配、排布、连接、组装，形成建筑细部，并用图纸和设计说明（必要时配以模型）来加以表达。细部设计的一个重要方面，是对加工、连接、组装的工艺技术的选择和控制，这对建筑细部完成后的效果将起决定性的作用。

建筑艺术和建筑美不仅仅表现于建筑的形式、空间和风格，也表现在建筑的细部（细部设计和工艺技术）。

克劳德·佩罗（Claude Perrault，17世纪法国的一个医生兼建筑师，法兰西院士）提出有两种建筑美：绝对美和相对美。他把材质、工艺归结于绝对的美；

把形式、风格归结于相对的美。建筑的相对美，即从风格、形式所体现的建筑艺术，可以随时代、地域、民族、社会与文化而变化，甚至在一个时代可以对以前的建筑风格、形式提出批判或加以否定，但绝对美却可能是永久的。绝对美与建造者的技能、建造的技术、建造的细致程度有关。它主要表现在建筑的细部上，人们正是在观察建筑细部时，感受和评判其绝对美的。

二、细部设计的相关知识基础

人对建筑细部的使用和观看是近距离的，甚至是直接接触的。所以，建筑细部设计与产品设计类似，需要“人体工程学”“人类因素学”的基本知识。

首先是“人体测量学”，了解人体和其活动时的基本尺寸（统计数据）：平均尺寸、变化范围、最大尺寸、最小尺寸。其次是人的视觉、听觉、触觉、重量感等感觉的生理特征和阈值；还有人的运动和生理节律。

韦伯定律：刚刚能引起差别感觉的刺激之间的最小差别称为“差别阈”。韦伯在1846年提出：差别阈 ΔI 与标准刺激强度 I 之比是常数（韦伯比 k），即，$\Delta I/I=k$。或说成：差别阈 ΔI 与标准刺激强度 I 成正比。两个苹果差一两，用手一掂，可以分别；两个西瓜差一两，用手掂不出差别，需要差几斤，才可以分别。

韦伯定理推广：感觉的变化程度不是与刺激量成比例，而是与刺激量的对数成比例。从1支蜡烛增至2支蜡烛，人感到的亮度变化比从2支蜡烛增至3支蜡烛为大，而与从2支蜡烛增至4支蜡烛所感到的亮度变化相近。

细部设计重要的是对建筑材料的使用，所以了解和把握材料的性能也是细部设计的基础。材料的性能包括：物理力学性能（重量、强度、变形、加工性能、传热、透明、透光、反射、隔声、吸声、透水、吸湿等）、稳定性和耐久性（风化、老化、剥落、锈蚀、防腐、耐火、耐湿、干缩、变形、退色等）、外观特性（光滑度、色彩、纹理、质感、尺度、形状规整性和尺寸的精确性等）、污染性（气体挥发、粉尘、放射性、微生物滋生等）。

建筑细部的效果一方面取决于设计，另一方面取决于工艺技术。细部设计需要考虑工艺技术，建筑师需要了解和熟悉工艺技术。工艺技术一方面表现在对材料和构件的“加工”上，另一方面表现在材料和构件的“连接”上。

工艺技术与工具、动力、手工技艺和工业工艺有关。例如对于金属材料，在古代，限于人工动力和工具，只有熔铸、锻打和研磨的工艺，所以金属主要用于兵器、器皿和饰件，难以用于建筑。工业革命后，有了机械动力（蒸汽机），之后有了电动机，并有了高强度和高硬度的工具（刀具、模具等），除了提高了传统的熔铸、锻打和研磨工艺的效率，而且发展了轧制与压制、热拔与冷拔、车、钻、刨、铣、铆、焊、电镀、喷涂、抛光等工艺，使得铁、钢、铝合金被广泛地应用于建筑。

所谓“加工”，就是通过加工工具在加工动力驱动下使建筑材料和构件“变形”。其中弯、折、轧、压、拉、挤等不“去除”和“分割”对象使其变形，而锯、刨、凿、钻、车、磨、切削等通过“减法”使加工对象变形。

加工的过程涉及工具与被加工的材料（构件）做相对运动。这就有运动的“自由度”和精度控制问题。人手具有“多自由度”，运动很灵活，但控制精度较差；机械的自由度较少，通常只是直线运动或旋转，但精度控制较高。这就造成手工工艺和工业工艺各自的特点。工艺技术的实质就是加工精度的控制，同时要兼顾效率与成本以及工人和机械的技术水准和条件。

建筑师要了解工业制造业的基本概念：误差理论、精度表达、公差配合、互换性等等。

所谓“连接”，就是把加工成形的构件（包括成形的材料，如砖块、瓷砖等）连接起来组装成建筑物或建筑的部件（再由部件组成建筑物）。传统建筑针对砖、石、木等材料，连接工艺有堆垒、叠架、砌筑、粘贴、榫卯、钉接、绑扎等，现代建筑针对钢和金属材料、混凝土、玻璃、工程塑料的应用，发展了铆接、螺钉（栓）、焊接、熔接、插接、嵌接、浇注（预埋件）、胶结、射钉、胀管螺栓等。

“连接”从功能上要求是足够的强度、可接受的变形和耐久性与可靠性。同时“连接”也是建筑细部艺术性和绝对美表现的重要载体。“连接”的效果一方面取决于连接结点和界面的设计，另一方面取决于构件加工的工艺技术和连接组装的工艺技术。

当然，美学修养、审美品味、艺术敏感、鉴赏能力等对细部设计是十分重要的，但这些已不属于知识范畴，而是艺术和修养范畴。

三、从Hi-skill到Hi-tech

在传统建筑和乡土建筑中，采用的是手工工艺，工艺技术水平取决于工匠的技艺、技巧和经验。古代，建筑师和匠人（常常是分不开的）以精湛的手工技艺（Hi-skill）使经典建筑具有不朽的艺术价值。

世界各地的乡土建筑是由工匠以传统的技艺建造的，具有丰富的建筑细部，同样具有艺术魅力。

工业革命开创了人类用工业制造工艺代替手工技艺的新时代。工业制造工艺和手工技艺相比，擅长于简单几何形体的高精度加工，平直、光洁、准确复制是其特长。机器美学是现代主义建筑的美学观点之一。勒·柯布西耶在1920年的《新精神》中说：“今天没有人再否认那个从现代工业创作中产生出来的美学。”

传统建筑繁缛的装饰从某种意义上讲是遮掩手工工艺对平、直、光精确加工的技术弱势。而传统建筑的曲线和装饰也难以被现在模仿——两者的建造逻辑不同。现代建筑中的精品往往有体现工艺技术的细部。随着后工业社会的来临，现代主义建筑艺术的两个基础——现代艺术和机器美学受到挑战。以更高的工艺水平来设计和“制造”建筑，尤其以精致的节点和精细的加工来体现高超的技艺，是对挑战的另一种回答，这在“Hi-tech”建筑中集中体现。

密斯·凡·德·罗还有一句人人皆知的经典名言：“少就是多”。这句话在20世纪六七十年代遭到了后现代主义的猛烈批评。当密斯的“少就是多”一度受到批评和冷落时，但他追求的节点设计和工艺技术的精致性，却被“Hi-Tech（高技）”继承和发扬。而现今当红的“简约主义”似乎又把密斯请了回来。

简约主义与现代主义相比：材料的使用更加丰富多样，除了钢、混凝土和玻璃等现代材料，并不排斥传统材料：砖、石、木；工艺技术更为精致，且从Hi－Tech的精致的构件和节点发展到精致的“表皮”；不是单调的“国际式”，而是显示文化内涵和地域性。简约主义可以归纳成：“简洁中显出精致，简洁中显出雅致”。

四、中国建筑呼唤精致性设计

了解现代工艺，能够把握建筑的细部是建筑师的基本功。槙文彦说：“能够把握细部是建筑师成熟的标志”。

长期以来中国的建筑设计，就建筑艺术而言，只注重空间与形式的创作，却忽略了细部设计。建筑师应该进行建筑细部和节点构造的造型、工艺和材料设计，即具有“建筑意义”的设计。只有这样，建筑才具有绝对美，才可以近看、可以细看，才耐看。要说现阶段中国建筑与国外的差距，这个方面可能是最主要的。

中国现阶段的建筑设计教学中也几乎没有细部设计。从大一到硕士阶段，建筑设计课交的作业，都是平、立、剖面，加透视图和场地布置图（间或有个模型），没有细部设计，至多画个外檐剖面或个把节点图，也都是构造图，没有设计。

这不仅仅是技术水平和造价高低问题，最重要的是眼光和眼界问题，是否有技艺和细节上的追求和有精益求精的要求。而中国人却容易“将就”和“凑合”。

中国建筑需要呼唤“精致性”设计！解决这个问题既需要转变建筑师的观念和工作，也需要从建筑教育开始，同时也需要业主和领导不一味要求“形式新颖”，还需要制造业的介入，即整个国家工业水准的提高。

需要对建筑教育进行改革。首先要在设计课教学中，通过设计课教师的表率作用教导学生正确地、全面地理解建筑和建筑艺术，在教学内容和教学要求上，增设和增加细部设计的概念与实践，训练学生对建筑细部和构造节点的造型、尺度、材料、颜色、质感、工艺技术的体验把握和设计能力。

要根本性地改革现有的建筑构造课教学，从building 进入architecture，从construction进入tectonic，从drawing进入design，从“土建”工艺技术进入机械工艺技术，从1mm为单位进入0.01mm的精度概念。

随着现代工业制造技术的迅速提高和对建筑业的进入，盖房子已越来越从机械化的现场施工向工业工艺控制下的工厂制造过渡，建筑设计越来越需要和工业设计相结合，这主要体现在细部设计。而中国的建筑师还缺乏这方面的教育背景和知识结构。

近年来我国的设计单位和设计人员越来越多地开始关注这个问题，一些新一代建筑师在自己的创作中体现了这方面的追求。

后记

去年和研究生交谈，我说道:（中国建筑）1980年代讲“文脉”，1990年代讲“文化”，这些年讲“绿色”，再过一些年会讲什么呢？讲“品质”！在经济快速增长期过去之后，速度放缓了，建设量相对减少了，但在绝对经济水准和经济实力已经大大提高的时候，对建筑的要求一定会讲“品质”。

目 录

第1章

概论：建筑、建造、构造

第2章

材料与结构

第3章

材料与构法

第6章

建造部件03——垂直围护体系：墙体

第7章

建造部件04——基础

第8章

建造部件05——垂直围护与交通交流构件：门窗

第9章

建造部件06——交通体系：楼梯

第10章

建造部件连接与节点构造

第 1 章

概论：建筑、建造、构造

1.1 人、自然、建筑物——建筑构造的目标

上古之世，人民少而禽兽众，人民不胜禽兽虫蛇，有圣人作，构木为巢，以避群害，而民悦之，使王天下，号曰有巢氏。

——《韩非子·五蠹》

我们不管形式问题，只管建造问题。形式不是我们工作的目的，它只是结果……我们的任务本质上是要使实际建造从美学空谈家的束缚下解脱出来，按其特性，恢复为建造。

——密斯·凡·德·罗

建筑物作为人类生活的庇护所（Shelter）和精神的家园（Home），最早起源于人类躲避风雨侵蚀和野兽侵扰、提供并维持可供安居的微环境的实际需要。现代考古学证明，建筑物大规模出现在人类从游牧向定居农业的转化之后。从利用树木和山洞的原始巢居和穴居形态，到自由选址、利用树木和泥土等自然材料搭建原始的遮蔽物，树木等植物一直是人类利用和模拟的对象：树枝不仅是动物和人类共同利用的工具，也为动物和人类提供了原始的栖居空间——树冠遮蔽风雨，树干提供离地的隔离空间以避开野兽侵害，枝叶提供了良好的围护。人类对于建筑的基本结构知识、基本形态启发、基本建筑材料都来源于树木——自然界中的建筑物。

中国古代传说中的“有巢氏”建造了最早的人类庇护所而解决了居住问题，统领天下并被称为圣人，可见这种变革影响之大、居住问题重要性之大。在西方建筑学中，被逐出伊甸园的亚当立起了一个类似树冠的遮蔽物——亚当小屋，是通过简单的材料加工和构架形成的原始的栖居所，是后世丰富多彩的栖居场所——建筑物的起源（图1–1）。

在重力、阳光、雨雪、风土、严寒酷暑、自然灾害、生物侵扰等一系列自然环境条件之下，为了满足人体基本的生理要求和居住的舒适性，需要形成或创造一个介于人与自然之间的环境调节域和缓冲域，因此在人体的毛发和肌肤之外，需要外着服装盔甲，自然或人工搭建遮蔽物和藏身所，如自然洞穴、建筑物、村镇城市等。建筑物就是通过人与自然环境（物质、能量、信息）之间的可调控界面（隔绝与交流），形成一个适宜居住生活的人工微环境和人居微气候环境。建筑物包裹的室内环境以及广义的建筑物——室外环境、聚落和城市环境，构成了一个以人为中心的渐次扩大的生态圈和环境域：人（皮肤）→服装→建筑（栖居所）→城市（群落）→自然环境。

因此，建筑的基本性能要求就是（图1–2）：

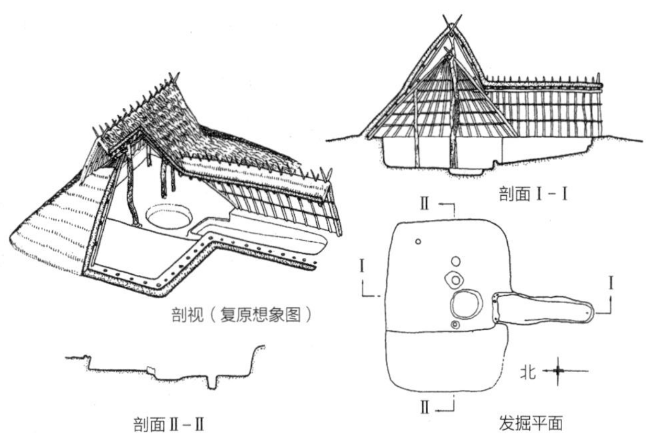

（*a*）中国陕西半坡遗址（距今6000年的新石器时代）的原始建筑复原形态

（*b*）中国陕西半坡遗址（距今6000年的新石器时代）的原始建筑复原形态

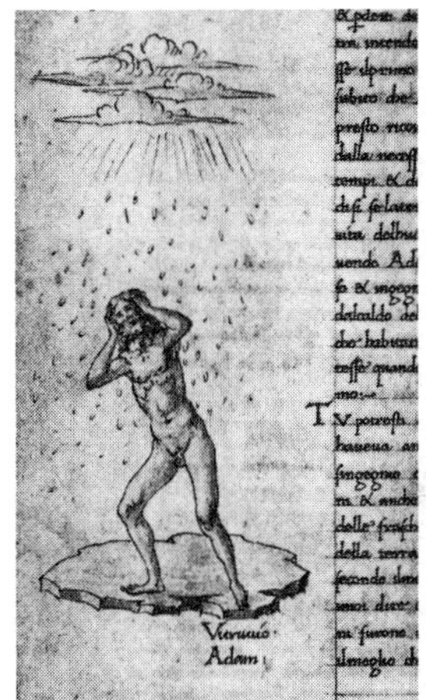

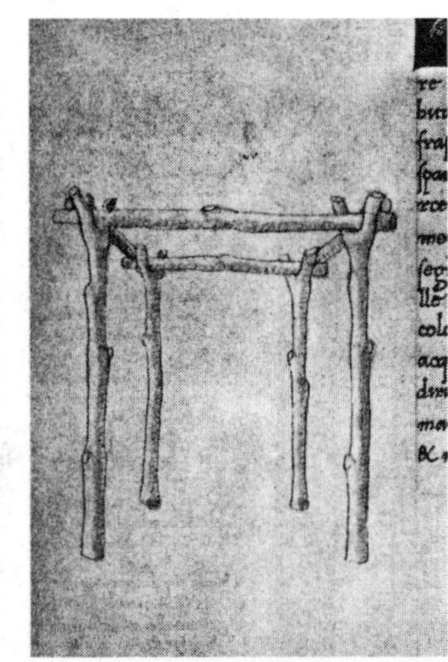

（*c*）15世纪建筑理论界关于建筑起源的需求起源论（亚当之屋的推测）（*d*）同时代建筑起源的模仿神启论（原始小屋的自然模仿）

图 1-1　原始建筑及其起源

（*a*）引自：吴晓丛．陕安半坡遗址．北京：中国民族摄影艺术出版社，1994.

（*b*）引自：刘敦桢．中国古代建筑史（第二版）．北京：中国建筑工业出版社，1984.

（*c*）（*d*）引自：（德）汉诺－沃尔特·克鲁夫特．建筑理论史——从维特鲁威到现在．王贵祥译．北京：中国建筑工业出版社，2005.

1）隔绝控制（insulation）：雨、雪、风、曝晒、灾害、侵犯等不利条件——绝热、绝缘、隔声、防水等，英文insulate源自拉丁语nsula，意为岛屿，隔绝孤立成为岛屿。

2）交流吸纳（communication）：阳光、空气、景观、人际交流等适宜条件和能量—采光、通风、视线、交通、交往等，英文communicate源自拉丁语commnis，意指共同。

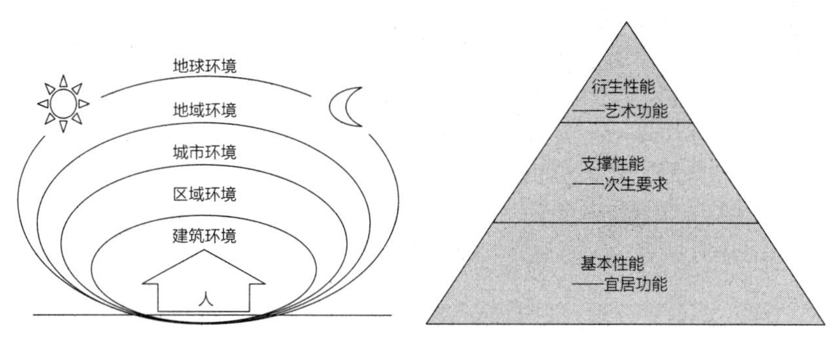

图 1-2　人、建筑、环境，建筑物的基本要求

与之对应的是构成建筑物的三大构件体系：

1）围护构件——包括两部分：一是提供基本围护和防御，形成室内环境的围护构件，有屋顶、墙体、门窗等；二是提高连接密封、防水防潮、隔热保温、隔声等建筑物理性能以及视觉愉悦和文化象征性的装修构件，有顶棚、墙面、地面的饰面，环境景观等。装修构件可以看成是围护构件中的保护性、耐久化、精密性、舒适化、象征化的部分。

2）承载构件——围护构件和使用空间的支撑，维持其形态，保证抵御外力作用的承载力和稳定性，有楼地板、墙与柱、基础等。

3）交通构件/设备构件——人、物质、能量、信息的流动和调控，围护构件的开口部，有楼梯、电梯、台阶、坡道、设备系统等（给水排水、暖通空调、电气等，门窗也可以看成是一种交通调控构件/设备构件）。

建筑物及其构造（构件的组合方式和过程）就是基于自然环境的改造来创造宜居环境的过程和结果。如果以人体或动物来比喻的话，建筑的承载构件就是骨骼系统，围护构件就是肌肤和毛发，交通构件就是内脏器官系统。人类的服装、铠甲、高科技的宇航服也可以看成是这样一个多层次构件复合而成的柔性建筑，汽车、轮船、飞机等也可以看成是移动的建筑物。

另一方面，建筑物作为自然环境与人体之间的物质与能量的选择和交换的媒介（流通与阻隔的过渡缓冲区域），同时也成为信息与情感传播的媒介，如同动物的皮毛和人类的服饰，也是人类精神需求和文化象征的载体，具有领地、成就、权力、禁忌与传统的符号象征性。

建筑物及其构件、材料需要满足以下三个方面的要求：

（1）基本性能（宜居功能）

满足建筑作为人与自然的中介层与缓冲层的基本功能，建筑构件实现：围护构件的防御性（建筑物作为人工环境的庇护所的围护性，对自然和人为侵害的阻隔和防御，对空间环境的舒适性、私密性的防护）、承载构件的支撑性（承载构件的支撑与牢固）、交通构件的便捷性（人、货、能量物质的流动）。

适用性：防水、防潮、隔热、隔声等隔绝性能，吸声反射、软化界面等特殊调节功能，满足围护构件创造室内人居环境的基本和特殊的性能要求。

稳固性：强度与硬度（坚硬、柔软、弹性）保证围护的牢固性和耐用性，也和人的触觉、视觉感受相关。

舒适性：连接与复合的精细化，使用的便捷性，防霉防虫等卫生要求，对人体健康的无害性，感官的愉悦性与刺激性（外观和细节），私密性与安全感。

（2）支撑性能（次生要求）

满足建筑部件的基本功能时衍生出的其他的支撑性的要求：安全防灾性（自身的结构安全，防灾性——火灾、地震、风灾、疫情、人兽侵害等的防止和阻隔）、维护性（环境负荷的承受力，抗老化，防腐，耐久耐污，易于更换、清洁）、加工性（加工建造的技术经济性）、资源性（大量生产和使用的资源可能）。

安全性：防灾、防盗、防侵害。

维护性：耐久性、耐候性、耐污性，易于清洁、更换。

加工性：易于加工和建造，工序的可逆性，技术的适用性与经济性，工艺的精度。

资源性：大量生产和使用的资源可能性，材料和造价的经济性与稀缺性。

（3）衍生性能（艺术功能）

由建筑物的实体（整体和细部）、构法（结构逻辑和连接装配过程）、空间（外围环境和室内）的感官性所诱发的建筑学的衍生功能：审美性（形式的美观愉悦、审美潮流的共鸣）、象征性（文化认同与传承的纪念性、设计者或社会集体意志的艺术表现）。这是建筑构造与建筑艺术的接合点，是建筑艺术（建筑学）作为创意设计和工艺美学的基础，也是建筑设计者（建筑师）的主观意志和集体意志或无意识（时尚、潮流）的体现，成为时代和社会的固化背景和舞台。

技艺的表现性：社会群体的集体无意识和设计者的个人意志的表现，技艺与工艺的表现与炫耀。

符号象征性：文化传播的媒介与象征。

审美的批判性：日常逻辑的颠覆与陌生化的审美，建筑学的意义。

自从有了人类，进化出了文明、种族之后，作为对死者、来世、神灵、种族的纪念和崇拜，巫术、艺术等相继诞生，于是出现了传达情感和信息、记载历史、崇拜神灵、同构宇宙象征秩序的构筑物，如巨石建筑、神圣场所等。由此发展出来了超越物质需求、沟通神灵和来世的纪念性建筑物，如神庙、陵墓等，并由此发展出来了非经济性的材料和构法、永恒坚固的象征性样式、非人或超人的尺度体量、以神居象征为主要关注点的建筑观，成为欧洲建筑学占统治地位的标准和审美倾向。最初以人居需求为基点，以木、竹、草等植物材料为基础的居室建筑体系则以人的使用空间为主题，以技术经济性的构法和工法为主要技术支撑，发展了一种空间的、功能的、工艺性的、有机代谢的建筑观，以东亚的木构体系为代表。在资源节约、环境友好、装配生产等当代语境中，这种人类早期栖居方式和观念的延续，将重新成为可持续的、有机循环的建筑观的重要源泉。

资料：宇航服——柔软的未来建筑

从原理上来看，宇航服就是一个高技术的柔软建筑物（shelter），采用材料、构造、设备手段实现了在恶劣的宇宙环境（无法选择的环境条件和背景性能）中创造人类宜居环境的要求：外层相当于建筑物的屋顶、墙壁等，起到保护、围护的作用，内层则相当于建筑物的室内装修层和空调等设备控制系统，起到形成舒适的人居界面的作用。

宇航服由多层复合而成，一般至少有五层（图1-3）。

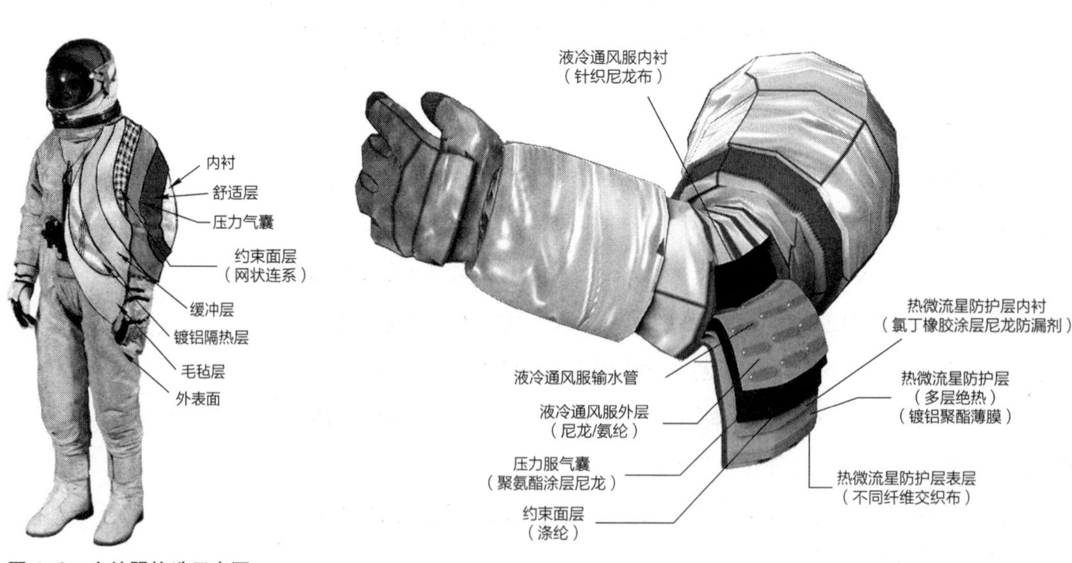

图1-3 宇航服构造示意图

1）第一层是贴身内衣层，与皮肤直接接触，轻软富有弹性，内衣上还常安有辐射剂量计，以监测环境中的各种高能射线的剂量，还配备有生理监控系统的腰带，可测定心率、体温等生理情况。

2）第二层是液温调节服，排列有大量的聚氯乙烯细管，调节温度的液体通过细管流动，并由背包上的生命保障系统来调节控制液体的温度——27℃、18℃和7℃，以便加热或散热。

3）第三层是有橡胶密封的加压层，层内充满了相当一个大气压的空气，以保障宇航员处于正常的压力环境下，不致因压力过低而危及生命。

4）第四层是一个约束层，它把充气的第三层约束成一定的衣服外形，同时也协助最外一层抵御微陨星的袭击。

5）第五层即最外层，是保护层，通常用玻璃纤维和特氟隆的合成纤维制成，具有很高的强度，足以抵御像枪弹一般的微陨星的袭击，另外，还加有可吸收及遮挡部分宇宙射线的防辐射层。

1.2　材料、构法、节点——建筑构造的手段

古者民泽处复穴，冬日则不胜霜雪雾露，夏日则不胜暑热蚉虻。圣人乃作，为之筑土构木，以为宫室。上栋下宇，以避风雨，以避寒暑，而百姓安之。

——《氾论训》

建筑开始于两块砖被仔细地连接在一起。

——密斯·凡·德·罗

建筑学的重点不在于美化房屋，而应在于美好地建造。

——托马斯·杰克逊爵士

1.2.1　建筑构造的手段和体系

与自然界生物的细胞膜、皮肤等类似，也与其他的人工环境设施如服装、铠甲、汽车、太空服、宇宙舱等类似，建筑的性能就是满足人体生理活动和舒适性的要求。这些方式可以概括为被动隔绝与主动调控两种手段。

1）主动方式立足于选择和改造，有环境的主动选择（场地规划、风水择地）和采用设备改造环境（如生火取暖照明、空调设备、照明设备、给水排水系统、通信系统等）等方式。

2）被动方式立足于防止和阻隔，即在现有环境下的优化，如冬季工作环境的保证，选择温暖地域居住（候鸟迁徙、冷血动物、冬眠、冬夏休假）、采用空气调节装置（动物的热量生产、恒温装置）、阻隔或利用自然环境（自然界的树巢、山洞，建筑遮蔽物、保温、通风散热）。

满足人类宜居需求、实现建筑性能的方式可以细分为环境、设备、材料、构造四种方式。

1）环境方式——通过选择定居的地域和环境来满足人性化环境的需求，如动物和人的迁徙，住宅的坐北朝南和四围环抱；也包括对环境的时间和季节的选择，如春种秋收、人的活动的暑假和寒假、动物的冬眠等。

2）设备方式——通过附加的设备器材，利用人力、电力等方式创造人性化的环境。目前常用的建筑设备包括电力、电信、照明、给水排水、供暖、通风、空调、消防等。

3）材料方式——通过采用具有某种物理或化学性能的材料或材料的复合来实现建筑的性能要求，满足人性化环境的需求。如采用隔热性能优越的挤塑板作隔热层，采用防水性好的铝合金屋顶等，这种方式对建筑性能的提高直接而有效，但要依赖材料科学的发达和生产技术水平的提高。在材料科学中常常采用复合技术、高分子技术、金属冶金技术等开发新材料。复合材料有木质系复合材料、水泥系复合材料、塑料系复合材料、金属系复合材料等种类，常用的复合方式有纤维增强（钢筋混凝土、玻璃纤维增强水泥和塑料等）、积层强化［聚氯乙烯金属积层板（钢塑板、铝塑板）、木材合板、镀锌钢板、搪瓷钢板等］、粒子分散强化、骨架增强等。

4）构造方式（组合方式）——通过对已有材料（包括复合材料）的选择和组合，通过材料及其连接方式的组合，综合发挥各种材料的功能，克服某些单一材料的缺陷，便于施工现场的作业和误差的克服，提高对建筑性能要求的适用性。建筑装修是其中最接近建筑完成面（表面）的一环，主要起到建筑性能的适用化（耐久化、强化围护性能、室内环境舒适卫生化、感官美化等）、工艺的便捷化（现场加工调整、误差克服、工序可逆等）、样式的象征化（使用者、设计者的个人意志和社会审美时尚的表现）的作用。

因此，建筑物性能的实现，即建筑物建造的最重要的方面，就是材料与构法（构造方法）以及由此形成的节点细部和整体设计。把材料和构建单元（部品单元）连接成为整体建筑的构筑手段，我们称之为构法。所有构法无疑都要受到重力的作用，根据受力和传力的不同分为两种：仅承受自身重力而不传递、支撑外来受力的构法为构造；承受自身重力的同时传递或支撑受力的构法为结构。常用建筑材料间的连接方法有：咬接（木材的榫接、齿接，金属板材的卡接）、铆接（缝合、销接、铰接、栓接，通过纤维、钉、销等插入件固定重合部分）、胶接（粘接）、焊接、绑接、整体化（熔铸、板筑、浇筑）等。

建筑物是由建筑材料加上构筑方法（构法）而结合成的整体，建筑物的物质基础和设计依据是建筑材料，目标是宜居的建筑性能，建筑性能是由材料性能、连接加工性能（施工、加工性能）、设备调控性能共同复合构成和强化的，建筑物的质量也是由材料和部品质量、构造设计质量、装配和施工质量来共同实现的，即：

人居环境＝自然环境（地域、季节）＋建筑环境（材料、组合、调控）

建筑性能＝环境性能（地域、聚落）＋材料性能（材料）＋组合性能（加工、连接）＋调控性能（设备系统）

建筑质量＝材料和部品质量＋构造设计质量＋装配和施工质量

这几种方式的效率是逐次递减的，因此建筑环境的创造必须依赖于整个自然和科技环境，必须依赖技术和材料的进步，但具体到建筑学领域和建筑师的工作范围，其主要工作是材料的选择及其组合、连接的构造方式。例如，砖墙的砌块材质特征决定了需要采用必要的构造方式（通过材料的组合、复合而连接成一个整体的方式）来满足建筑性能，采用防潮层、勒脚等构造措施防水、防潮，采用吸水率低的瓷砖进行饰面保护，采用砂浆粘结、加设钢筋等构造方式强化其整体性。从材料的角度来看，也可采用更防水、致密坚固、整体性强的新型材料来满足建筑性能的要求，如钢筋混凝土现浇墙体或板材就因其较好的防潮性能和整体性而不用采用防潮层、勒脚等构造措施防潮，也不需要采用加筋的方式增强整体性，能够有效地提高建筑的耐久性和施工的经济性。

建筑物的建设规模和体量的巨大性，决定了建筑物生产的经济性和适用技术性，而不能大量采用高性能和高价格的材料。因此，采用不同性能材料的组合和高低搭配，通过构造连接成为整体以综合地发挥各种材料的性能，从而最经济、最合理地满足建筑物的性能要求，就成了建筑物的基本构造方式。

在初学者做建筑设计概念方案时，主要探讨的是空间和围合（墙、顶、地）之间的“虚实关系”，而以一个建造完成的建筑物为目标时，我们要把方案中的“黑箱”——那些被剖切到涂黑的部分，全部落实在每一种建筑材料上，还要考虑它们复杂的组合关系。大到一个建筑体系（如幕墙），小到一种建筑部件（如面砖、钢板），从外至内一般都是以下几个层次的组合：

1）饰面层/装饰层/完成面——室内或外部的表面层，满足美化装饰、耐久防护、密封防水等要求，如饰面板、面砖、涂料等。

2）连接层——将最外层固定并承受其自身重力，保证各部分和各层次牢固的连接层，如幕墙、饰面板材的龙骨、面砖等的粘结层等。

3）设备层/性能层——满足建筑性能要求的被动防护或主动调控的中间层次，如保温隔热的填充层、空调管线夹层等。

4）结构层——承载或传递竖向重力、横向风力等荷载，防止建筑物过大变形和坍塌的筋骨层、受力层，如钢结构、混凝土的梁柱等。

建筑物的墙体和楼板一般都是采用这种多层材料复合使用、共同发挥效能的构造方式（图1-4）。

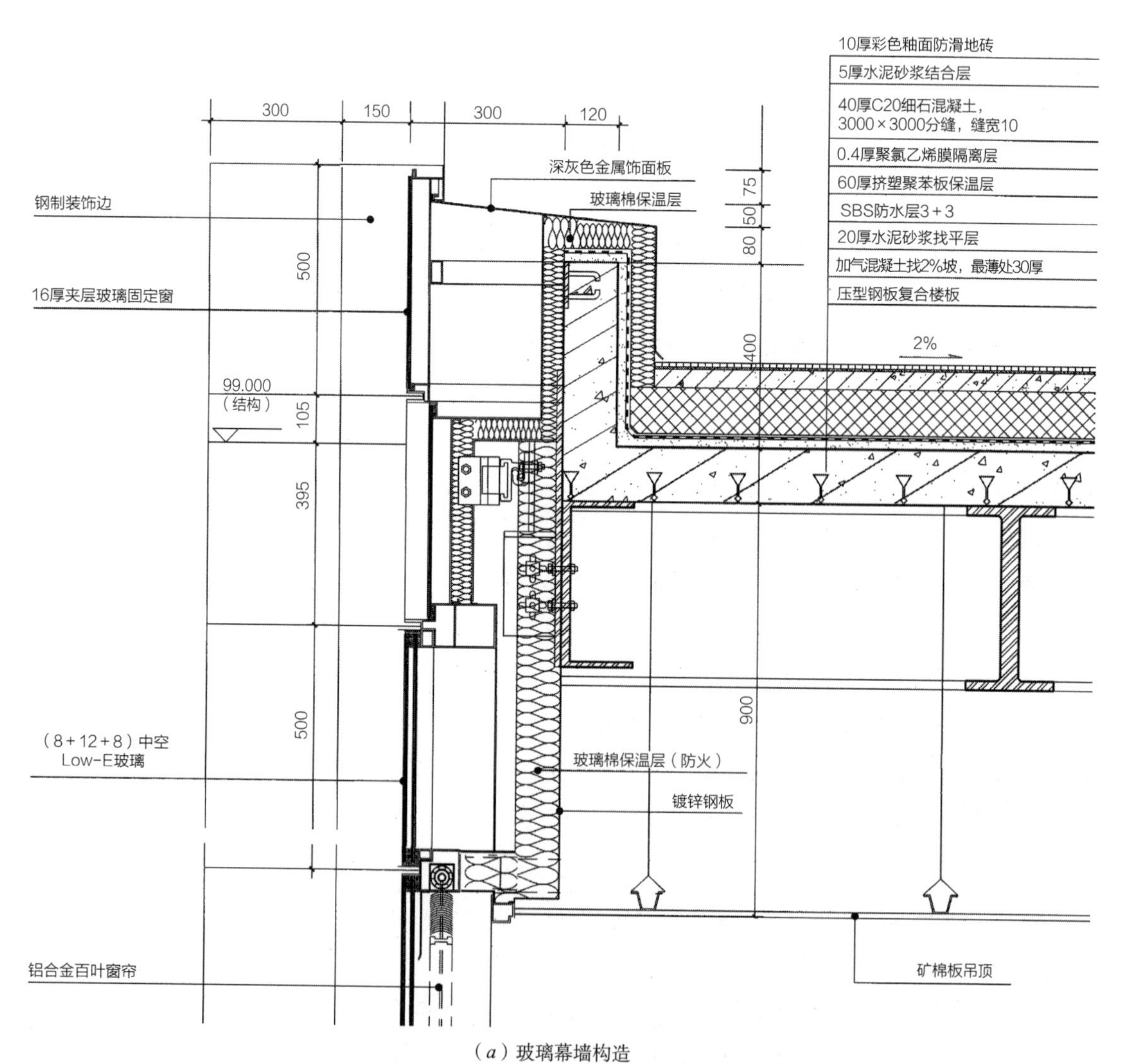

（*a*）玻璃幕墙构造

图1-4 建筑中的构造手段——屋顶及墙体的材料组合使用（一）

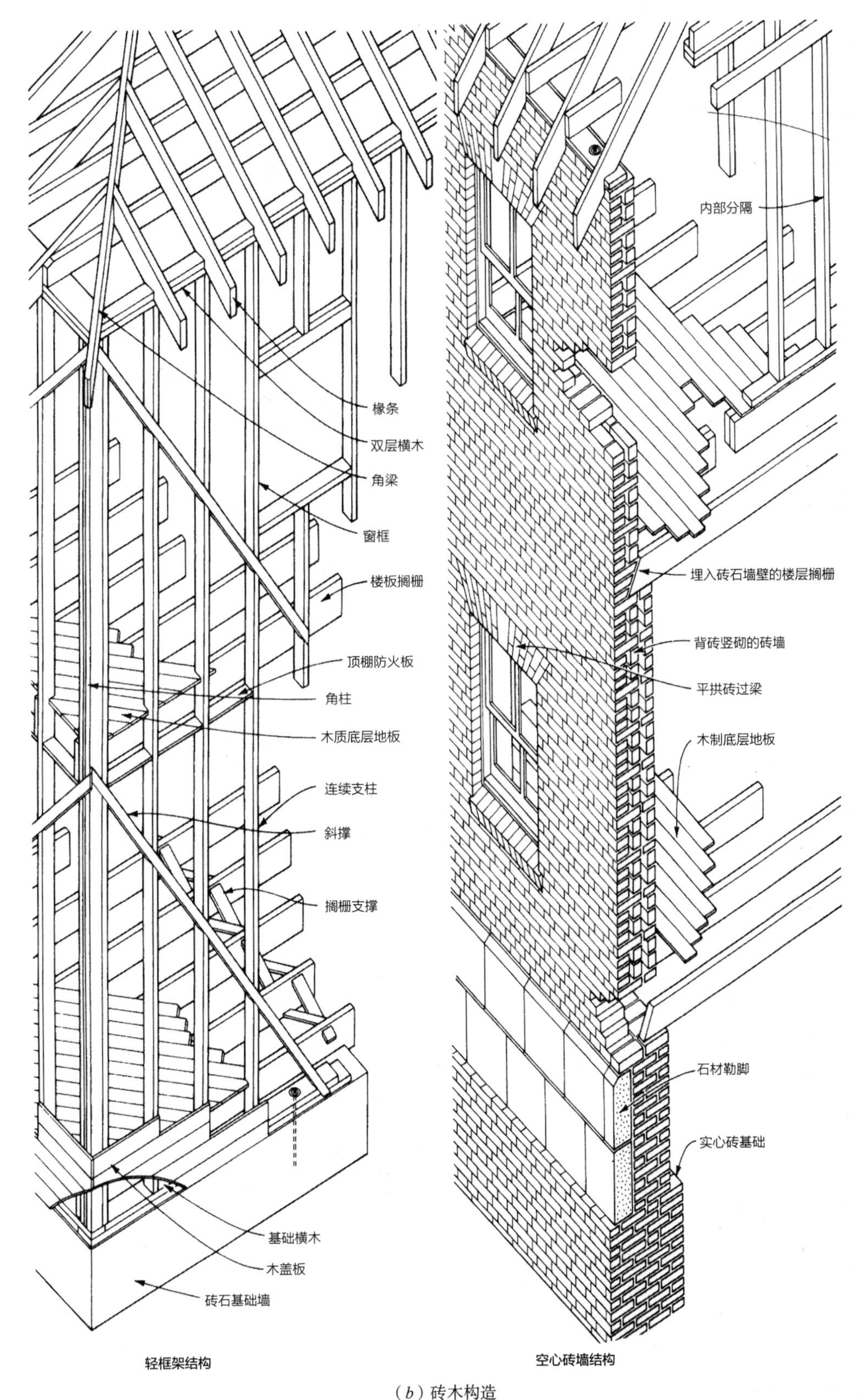

(*b*) 砖木构造

图 1-4　建筑中的构造手段——屋顶及墙体的材料组合使用（二）

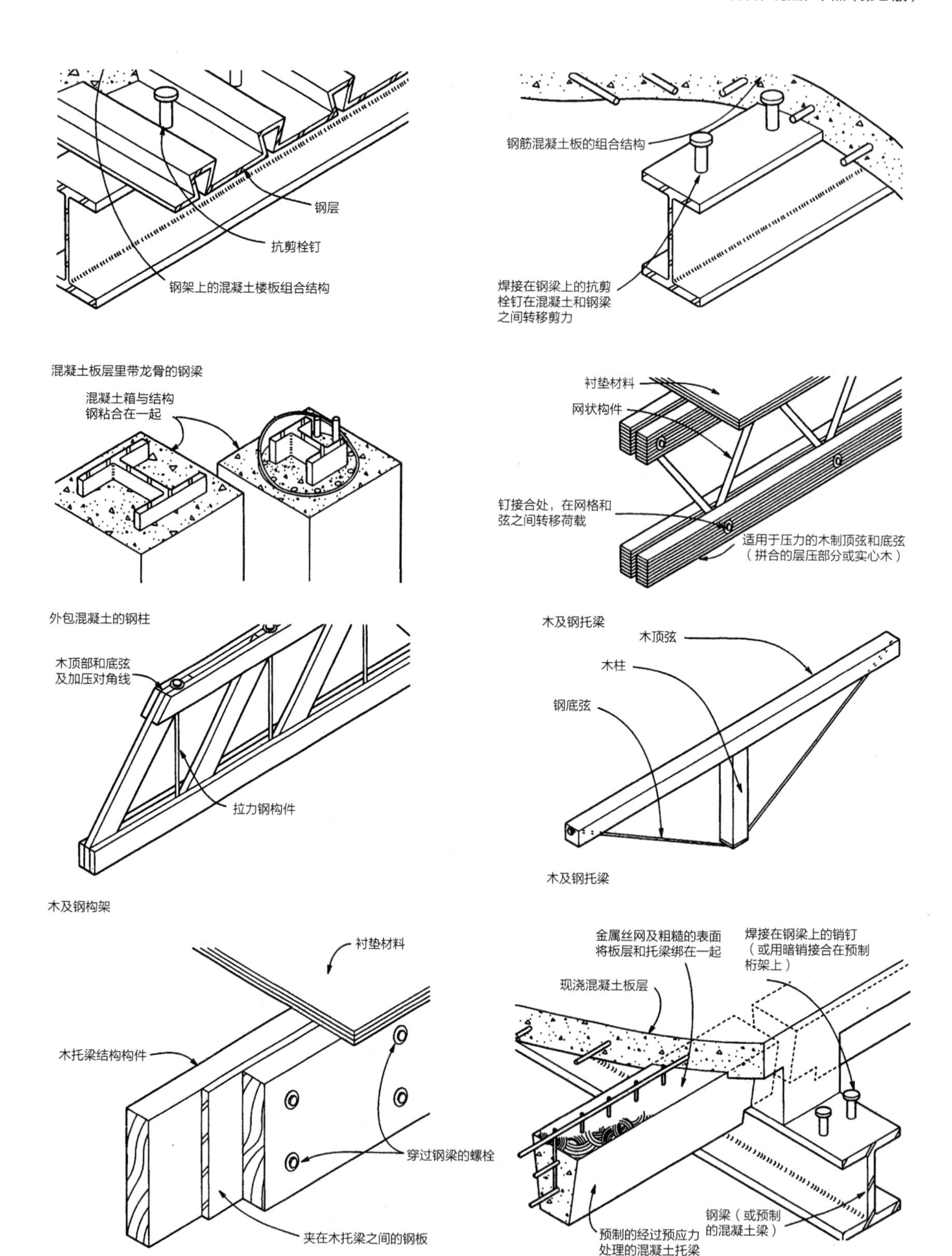

（*c*）材料组合使用的构造节点

图 1-4　建筑中的构造手段——屋顶及墙体的材料组合使用（三）

（*b*）（*c*）引自：查尔斯・乔治・拉姆齐等. 建筑标准图集（第十版）. 大连：大连理工大学出版社，2003.

建筑构造中，凡是在构造原材料外表面不作任何遮盖性处理的做法称为清水做法，如清水砖墙、清水混凝土，反之，称为混水做法等。在建筑仅仅作为遮蔽物和建筑技术的原始阶段，建筑的结构构件和围护构件都是直接裸露而无装饰的，因此全部是清水构造，也只有清水建筑，如夯土建筑、土坯建筑、砖石砌筑建筑、木构建筑等。随着技术的进步和人类对材料认识的深化以及加工工艺的进步，人们根据建筑材料的性能进行了专业化的分工和复合化的构造，以达到最佳的使用效果和资源的经济性（材料、工期、空间等），并通过更好的构件连接和表面密封等复合手段，提升了人居环境的质量，使得混水建筑成为建筑的主要形态。

在半穴居的原始建筑中，就有在泥墙的室内墙壁和地面上涂抹天然石灰以提高环境舒适度的做法，墙体也多采用木骨、草帘、泥墙的混水做法；木、竹等天然植物材料不耐久，难清洁，需要采用漆彩保护的混水做法，透明桐油等做法是材料进步后的产物；砖、石建筑的结构构件自身就有相当好的承载力和耐久性，也有较好的加工精度，它作为围护构件时，自然暴露的表面就成了清水建筑的始祖，甚至古希腊对建筑的审美中还有真实性、“诚实性”的苛求；古罗马的火山灰混凝土的发现和大量使用使得结构和围护构件中的外皮和内核脱节，外皮成为纯粹的装饰和保护构件。清水做法原本是材料单一、建造工艺不发达时采用单一材料以达成多种建筑性能的产物，随着建筑材料和技术的进步，完全的清水做法已经很少采用，而是采用多种材料复合、保护膜透明等手段形成的“看似”单一材料的做法。清水做法将施工结果直接裸露，不易修补，材料耐候性能要求提高，材料内部为抵抗温度应力等需要增大强度，因此转而成了一种昂贵的“简朴”和精致的“粗野”，仅为建筑师表现建造过程和材料质感的一种手法。

资料：复合材料

在现代的材料科学中，两种或多种材料通过在一种母相材料中分散着不同形态的其他材料达到结合成为整体、形成性能更优异的材料的方法，称为复合方法（技术）。形成的复合材料中，作为母体的被整体结合起来的材料称为母相，分散在母相中的材料叫作分散相。按照母相或分散相材料的材质，复合材料可分为木质系复合材料、水泥系复合材料、塑料系复合材料、金属系复合材料等。按照复合方式则可分为纤维增强、粒子分散强化、积层强化、骨架增强等。建筑材料中常用的有纤维强化和积层强化两种方式。

1）纤维增强——须晶及细纤维状的材料具有极高的强度，将纤维状材料分散在塑料、金属、水泥等母相中可以制造出力学性质优秀的材料，这种方法叫作纤维增强或纤维强化。如在水泥或混凝土中加入钢纤维、玻璃纤维、石棉纤维、植物纤维等以提高材料的强度和韧性，制成钢纤维增强混凝土、玻璃纤维增强水泥、石棉水泥板等（钢筋混凝土也可以看成是一种纤维增强的复合材料）。以塑料为母相，加入玻璃纤维制成的玻璃纤维增强塑料俗称“玻璃钢”，具有优异的力学性能、防水性能和加工可能性。

2）积层强化——将不同材质或同质的材料制成薄板，进行层状重叠粘结的技术，叫作积层强化。积层强化可以根据层的位置将具有合适特性的基材进行组合：可以在表层采用耐蚀性好、表面硬度高的材料以提高整体的耐候性，如金属镀层、聚氯乙烯金属积层板（钢塑板、铝塑板）、搪瓷钢板；也可以将中间层制成中空层、蜂窝状或波纹状以减轻重量、提高绝热隔声性能，如中空玻璃、蜂窝夹芯板；也可以将各向异性的材料按层进行交叉重叠组合，以达到各向同性的目的，如木材的合板。

为了增强金属的强度、耐磨性等性能或解决金属材料的防腐问题，常用的金属系复合方法有表面电镀和积层强化、粒子强化合金等，常用的建筑材料有：

1）镀锌钢板——对钢板进行熔融镀锌或电镀锌制成的复合材料，镀锌量为每平方米300克左右，镀层的厚度为0.026～0.054mm，钢板为厚度0.2～3.2mm的标准板。可以制成平板和波纹板等形状，也可在镀锌钢板的表面熔融粘结着色涂料制成着色镀锌钢板，提高耐蚀性和美观程度。在着色的镀锌钢板的表面再覆盖一层泡沫塑料则可制成隔热镀锌板。在两层涂层钢板内夹发泡材料制成的复合型彩钢板，已被开发为一种独立的建筑体系，有良好的连接技术和防水等构造处理方法，可自成体系地构成房屋。

2）聚氯乙烯金属积层板——在钢板、镀锌钢板、铝板的表面用聚氯乙烯进行积层或涂层处理而形成的复合板材，可以进行单面或双面积层，聚氯乙烯层的厚度为0.05～1.0mm，金属板的厚度为0.3～1.6mm，形成钢塑板、铝塑板等材料。

3）搪瓷钢板——将玻璃质的搪瓷熔化粘着在厚度为0.5～2mm的钢板表面制成的复合板材。搪瓷钢板色彩丰富，具有优良的耐热性、耐蚀性、耐水性和耐磨性。

复合技术与高分子技术、金属冶金技术等的发展与结合，开发出了许多新型材料，有效地提高了材料的适用性和经济性。

1.2.2 建筑构造的历史和建筑学意义

建筑具有大量性、地域性、生活舞台与文化载体等特点，人类对建筑材料的使用是与工具（加工工具、运输工具、测量工具）的发展和构筑方法（构法、工法）密切相关的，形成了相应的节点连接方式和工艺形态特征，通过习俗、法律、师承、象征等方式固定化和范式化而成为传统延传下来。

按照建筑材料的出现和使用时代来划分，可以分为（图1–5）：

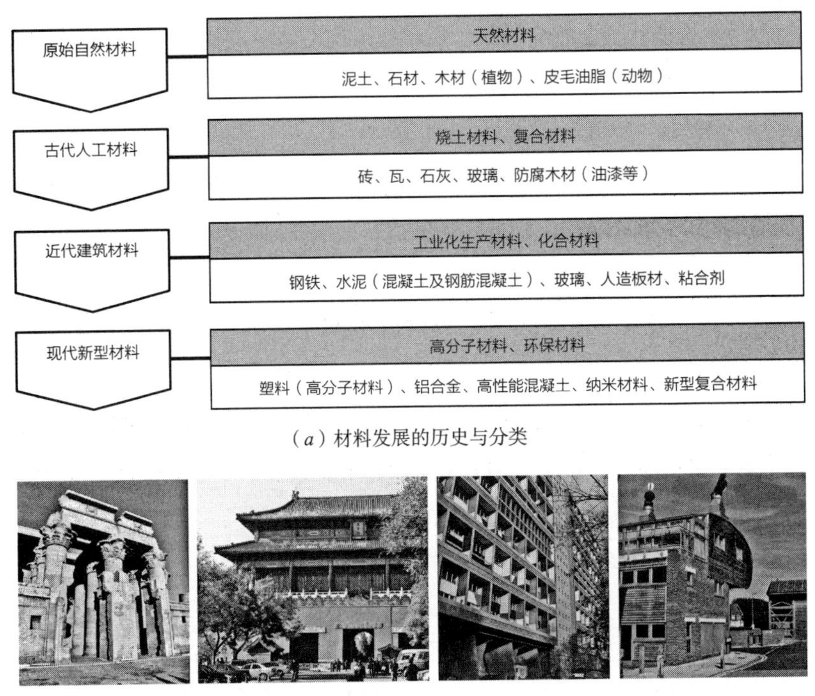

（*a*）材料发展的历史与分类

（*b*）古代房屋的基本土木构造方式——堆土（石）为墙、构木为架，现代建筑的混凝土结构和生态化居住

图 1–5 建筑材料的历史发展与材料分类

（1）古代农耕社会

建筑材料——自然条件依附型，构法体系——自然拟态型，节点细部——工匠手工型。

1）地域性特点：当地资源性（大量存在），经济性（加工生产运输容易），技艺传承性（师徒口传与口诀），地域文化象征性（手法的固化与范式化、符号化）。

2）材料种类：泥土、草木、石材、皮毛织物等自然采集和简单加工的材料（烧结材料等）。

3）以自然拟态为中心的类比性模仿，采用编织、堆砌、模筑、架构、包裹等方法完成古代的建筑物。

4）材料加工和运输以人力和畜力为主，由于缺乏起重设备和垂直运输机械，施工方法采用小块搬运垒砌或大型材料的斜面土台施工。

5）构法体系：以自然界天然重力形态，动植物枝叶、骨骼为对象的类比认知和拟态式应用；采用口头相传、口诀记录的方式和师徒教育体系形成建构方法的继承和发展；加工手段以人力、畜力、水力为主；在两种基本的天然材料“木”与“土”（砖石）的利用上形成的两种基本手法“建”（构）与“筑”——木构（组构、编织、包裹）和堆筑（砌筑、模筑）。

（2）近现代工业社会

建筑材料——全球工业生产型，构法体系——计算规范型，节点细部——机械加工型。

1）全球化特点：地球资源性（地域的匿名性、贸易性），大工业生产的经济性，大众文化媒介传播形成的消费文化的象征性，材料的研发设计导向（人工合成和复合方式）。

2）材料种类：混凝土、金属材料、玻璃、合成树脂等材料科学的人工复合材料。

3）材料加工工厂化，运输机械化，广泛采用煤炭、石油等化石燃料动力或转换的电能。施工采用大型运输和吊装设备，可以实现大型预制件的现场拼装和快速施工，典型的代表为摩天大楼。

4）以重力等各种应力的力学分析和数学计算为基础的规范型设计和专业化分工建造；采用画法几何的手段可以表现复杂的空间和构造，社会化的建筑教育体系培养大量的专业人才并传播知识；采用电力、化石燃料提供动力的工业化生产的材料和构件进行机械化运输和建造施工。主要的构造体系有：框架结构、板墙结构、剪力墙结构、束筒结构、索膜结构、拱壳结构、空间网架结构等，施工方法分类有：现场施工、构件装配式、盒子式工业化生产等。

（3）面向未来的环境和谐型社会

建筑材料——可持续发展型，构法体系——性能模拟型，节点细部——可持续型。

1）可循环使用，资源和能源消耗小，环境友好型：从原材料开采、材料生产、运输、施工建造、使用、维护、维修、改造直到废弃、拆除和回收利用的全过程来评价材料的资源消耗、能源消耗、环境影响的“全寿命周期成本”（LCC——Life Cycle Cost）成为材料和策略使用的评价指标。

2）材料种类：与化学工业和材料工业密切相关的新型建材和节能建

材，如高分子材料、复合材料、纳米材料、绿色环保材料（节能、降排、无污染、资源循环）。

3）以计算机精密计算和模拟的性能化、个性化设计，信息技术、模拟技术、精密生产为基础的集成设计建造体系。

4）以计算机的精确计算和虚拟建造、集成制造为依据，以材料工业的定制设计研发为基础，以网络和数据链为媒介，以可持续发展和环境友好为价值观的建筑性能化设计和精密建造。主要的结构发展方向有：复杂的空间网架结构、索膜结构、充气结构等。

资料：构造ABC

建筑学的英文“architecture”是指设计和建筑物建造的艺术与科学（“Architecture：the art and science of designing and erecting buildings”），或者说关于建造的方法、过程、结果的研究体系。建筑师“architect”，来自希腊语“arkhitektōn”，前缀“arkhi-”表示“主要的”，tektōn（builder）表示“建造者”。建筑物“building”是人类建造活动“to construct，to build”的物质产物，建造过程的固化结果。英文中的建造、构筑，就是指通过组合材料或部分而形成整体（build，construct—to form by combining materials or parts）。“构造”的英文“construction”，其原型“construct”的词源是拉丁语“construere”，指con-“同、结合”与struere“堆起”，即组合连接和堆积，是古代乃至现代的基本构造方法。“构造的、建造的”英文为“tectonic”，源自希腊语“tektonikos”，原型为“tekton”即builder，“建造者”。有意思的是，现代建筑师名称architect同样源自希腊语arkhitekton，前缀arkhi-表示“主要的”，tekton即builder，意为“建造者”。因此，目前被广泛译为“建构”“建构主义”的tectonics与“建筑学”architecture有着共同的词源，是对使用土木材料，进行复合、连接的建造过程的概括。

中文“构造”中的“构”为“構”，古字为“冓”，金文象形屋架两面对构的形态，本义为架木造屋；“造”的本意是前往某地，假借为“作”，会意字，从人，从乍，人突然站起为作，本义为人起身，引申为工作，制作。因此，构造一词形象而具体地传达了建筑构造的意义：建筑物的构成和营建，即“筑土构木，以为宫室”。筑（築），形声字，从木，筑声，本义指筑墙。古代用夹板夹住泥土，用木杆把土砸实成为墙体。“建，立也。”建，会意，从廴（yǐn），有引长的意思，从聿（意为律），本义指立朝律，引申为建立、创设。营，形声字，从宫，本义：四周垒土而居；宫，象形，甲骨文字形，像房屋形，在穴居野外时代就是洞窟，外

图 1-6　传统建筑的构法：版筑、堆砌、层积、组构、编织、包裹
译自：若山滋，TEM研究所. 建築の絵本シリーズ：世界の建築術-人はいかに建築してきたか. 東京：彰国社，1986.

围像洞门，里面的小框框像彼此连通的小窟，即人们居住的地方，本义：古代对房屋、居室的通称（秦、汉以后才特指帝王之宫）。“构造”“构筑”“营建”“建造”“建筑”“土木”等实际体现了两种最基本的建筑物的构筑和施工方法——木构和土筑，即以木材等杆系线材为主的空间组构体系的空间遮蔽以及以生土和烧土为基本材料的实体堆砌体系的空间围护（图1-6）。

建筑构造是以建筑性能为目标，以材料性能和连接方式、过程（构法）为出发点，通过材料的连接、组合等手段完成建筑物的材料选择、构件组合、建造工艺、细部设计与艺术表现的全部过程。构造是在既有的资源限制条件下的建筑营建（Building）过程中的问题的发现、思考、解决的过程与结果，是设计与施工、建筑师与工程师、设计者与生产商密切协作的过程与结果，是问题解决方案的体系化的总结。

但随着科学的进步和社会分工的发展，构法中的材料科学和结构科学被分离出来，材料科学主要解决材料的微观结构和材料特性，结构科学是解决构件对外力荷载的承受与传递并达到受力平衡的科学，材料连接的方式、构件的组合等非承载问题的研究归为构造的范畴。虽然学科的划分使得构造的外延缩小，但是以人居环境为中心的建造科学的综合性和整体性要求却在加强。因此，现代的建筑构造是以建筑物的人居环境性能（便捷、舒适、健康）为目标，以自然和工艺的资源条件、材料性能为出发点，研究材料、构法（组合、连接的构法和建造工法）、细部的组合和设计的原理与方法的科学。建筑构造研究的范围涵盖了建筑物的材料选择、构造方案、节点细部乃至施工的全过程，也包含了设计选用构配件、组合构配件的构造方案的全部技术，是建筑物建造的基础问题和技术与艺术的支撑，是建筑设计的重要部分和艺术表现的重要手段，也是建筑学创作的基础和源泉。

建筑构造作为建筑物组成方式和设计的重要内容，其要求与建筑物作为一种工艺或工业产品的要求相同——坚固（技术）、适用（功能、经济）、美观（艺术表现）：

1）解决问题目的的直接性——环境和空间功能的机能完美性；实用性；技术与资源的高效和经济性。

2）解决问题手法的完善性——结构和材料设备等的技术完美性；坚固耐久性；材料与构法的合目的性。

3）构造与细部的精致性与表现性——美观愉悦性；材料和工艺的技巧性；个性意志的设计表现，非日常功用逻辑的审美性。

古罗马的维特鲁威所阐明的“坚固、实用、美观”的三原则，或古典主义建筑理论对建筑学的“本质的”和“装饰的”、“理性的”和“强制的”“感性的”和“随意的”的区分，折中主义的“建筑＝建造物＋装饰”的定义，无不强调了材料和构法（建造方法）是建筑学的本质和基础内容、建筑艺术的表现手段和载体以及样式和技巧发展的源泉。

德国古典主义建筑的代表人物辛克尔（Karl Friedrich Schinkel，1781—1843）在“建筑艺术的原则”一文中强调：“建造（bauen）就是为特定的目的将不同的材料结合为一个整体。这一定义不仅包含建筑的精神性，而且也包括建筑的物质性，它清晰地表明，合目的性是一切建造活动的基本原则。建筑具有精神性，但是建筑的物质性才是我思考的主体。”[①]建筑师用来表现的载体就是材料，表现的技巧就是构造。在建筑学上要表达任何东西都意味着建造，即运用材料和构法，以最简单和最有力的方法来达到目的。“对建筑材料而言，由于没有一个被接受的体系，所以，如果我们从它的形式中取得联想价值，那么这些价值完全是由我们的时代及个人的机遇所决定的。”[②]

密斯强调建筑学的形式和表现是建筑物的建造过程的合理结果：“我

① 肯尼思·弗兰普敦．建构文化研究——论19世纪和20世纪建筑中的建造诗学．王骏阳译．北京：中国建筑工业出版社，2007．

② 乔弗莱·司谷特（Geoffrey Scott），转引自同上．

们不管形式问题，只管建造问题。形式不是我们工作的目的，它只是结果。形式本身并不成立。把形式当作目标是形式主义，我们反对。我们的任务本质上是要使实际建造从美学空谈家的束缚下解脱出来，按其特性，恢复为建造。”“上帝存在于细部之中。”“建筑学（architecture）开始于两块砖被仔细地连接在一起。”[①]

1.3 建造、工艺、建筑物——建筑构造的体系

1.3.1 建筑物的分类与建筑构造的体系

可以说，所有建筑学的手段都是构造的，所有建筑设计都是构造的设计，所有建造都是构造的建造。建筑学（architecture）的对象和建筑师（architect）职业活动的核心是建造行为（to build，to construct）及其最终结果——建筑物（building，construction），建筑活动的核心是建造的过程和技艺，建筑学（architecture）是关于建造活动的技术和艺术的知识体系。构造体系是建造问题解决方案的体系化总结，构造学习是建造过程和问题解决过程的学习，是建筑问题还原及独创性的训练过程。

当今的建筑物在历史发展中，在不同的地域、经济、技术条件下呈现出了种类繁多的形态，可以按照以下几种方式进行分类认识：

1）按承重结构的材料分类——木结构、砌体（砖石）结构、钢筋混凝土结构、钢结构、混合结构、特种结构（如膜结构）等。

2）按建筑使用功能分类——民用建筑（分为居住建筑和公共建筑两大类）、工业建筑等。

3）按建筑所处的不同气候环境，以及与之相应的建筑性能要求，根据《建筑气候区划标准》GB 50178—93在我国可以分为严寒地区、寒冷地区、夏热冬冷地区、夏热冬暖地区、温和地区。

4）按建筑层数分类（根据《建筑设计防火规范》GB 50016—2014（2018年版））：

• 住宅建筑：可分为单、多层（不大于27m）民用建筑和高层民用建筑；

• 除住宅以外的民用建筑分为：单层和多层（高度小于24m），高层（高度大于24m，但不包括高度超过24m的单层公共建筑），超高层（建筑高度大于100m，根据《民用建筑设计统一标准》GB 50352—2019）。

为了适应多种多样的需求和适当的经济技术条件，需要在建筑分类上

---

① 密斯．建筑与技术，两座玻璃摩天楼，关于建筑与形式的箴言。转引自：奚传绩编．设计艺术经典论著选读．南京：东南大学出版社，2002.

形成对建筑物产品的规格和性能的具体要求等级：

1）按建筑的设计使用年限分类（根据《民用建筑设计统一标准》GB 50352—2019）：

一类：设计使用年限为5年，适用于临时性建筑；

二类：设计使用年限为25年，适用于易于替换结构构件的建筑；

三类：设计使用年限为50年，适用于普通建筑和构筑物；

四类：设计使用年限为100年，适用于纪念性建筑和特别重要的建筑。

2）按建筑的耐火等级分级：

民用建筑的耐火等级可分为一、二、三、四级，其耐火等级高低取决于其主要构件（墙、柱、梁、楼板等）的燃烧性能和耐火极限。例如，一级比二级对建筑构件燃烧性能和耐火极限要求更高，以此类推。

资料：《建筑设计防火规范》GB 50016—2014（2018年版）对建筑构件的要求

建筑构件按燃烧性能分为三类：

1）可燃性：用燃烧材料做成的构件，如木材、胶合板等。

2）难燃性：用难燃烧材料做成或用非燃烧材料做保护层的构件，包括沥青混凝土、经过防火处理的木材、用有机物填充的混凝土和水泥刨花板等。其特性是难起火、难碳化、火源移走后立刻停止燃烧。

3）不燃性：用非燃烧材料做成的构件，常用的有金属材料、天然或人工的无机矿物材料，如砖、石、钢筋混凝土等，其特征是不起火、不燃烧、不碳化。

建筑构件的耐火极限是对构件进行耐火试验，从构件受到火的作用到失去支持能力或完整性被破坏或失去隔火作用时为止的时间，用“小时”表示。因此，耐火的要求就是保证建筑的主体结构、疏散通道、防火分区隔离墙等在发生火灾时能够提供足够长的人员疏散或消防救援的时间。

构件的耐火极限与材料的燃烧性能是截然不同的两个概念，难燃或不燃材料制成的构件并不代表其耐火极限就高。例如钢材，虽然是不燃材料，但在没有保护时，仅有15分钟的耐火极限，就会变软失去支撑作用。提高耐火极限的方法有：① 适当增加构件截面尺寸；② 在构件表面做耐火保护层、隔离层并增加厚度（如钢柱外包耐火材料，钢屋架下做耐火吊顶等）；③ 涂覆防火涂料；④ 合理的构造设计等（表1-1）。

不同耐火等级建筑相应构件的燃烧性能和耐火极限（单位：小时） 表1-1

构件名称		耐火等级			
		一级	二级	三级	四级
墙	防火墙	不燃性 3.00	不燃性 3.00	不燃性 3.00	不燃性 3.00
	承重墙	不燃性 3.00	不燃性 2.50	不燃性 2.00	难燃性 0.50
	非承重外墙	不燃性 1.00	不燃性 1.00	不燃性 0.50	可燃性
	楼梯间和前室的墙 电梯井的墙 住宅建筑单元之间的墙和分户墙	不燃性 2.00	不燃性 2.00	不燃性 1.50	难燃性 0.50
	疏散走道两侧的隔墙	不燃性 1.00	不燃性 1.00	不燃性 0.50	难燃性 0.25
	房间隔墙	不燃性 0.75	不燃性 0.50	难燃性 0.50	难燃性 0.25
柱		不燃性 3.00	不燃性 2.50	不燃性 2.00	难燃性 0.50
梁		不燃性 2.00	不燃性 1.50	不燃性 1.00	难燃性 0.50
楼板		不燃性 1.50	不燃性 1.00	不燃性 0.50	可燃性
屋顶承重构件		不燃性 1.50	不燃性 1.00	可燃性 0.50	可燃性
疏散楼梯		不燃性 1.50	不燃性 1.00	不燃性 0.50	可燃性
吊顶（包括吊顶搁栅）		不燃性 0.25	难燃性 0.25	难燃性 0.15	可燃性

注：① 除本规范另有规定外，以木柱承重且墙体采用不燃材料的建筑，其耐火等级应按四级确定。

② 住宅建筑构件的耐火极限和燃烧性能可按现行国家标准《住宅建筑规范》GB 50368 的规定执行。

据此，我们可以从多个方面切入建筑构造的研究和学习。

（1）材料系列

根据时代的发展可以分为古代材料（土、砖、石、木、织物等）、近现代材料（玻璃、钢铁、水泥混凝土等）、未来材料（高分子合成材料、纳米材料、绿色建材等）。

（2）构法系列

包括结构方式（砖石、混凝土、钢结构、空间网架等承载体系）、连接方式（材料的组合、拼装、连接与密封）、复合方式（多种材料的复合整体方式）。

（3）建筑性能系列

包括防水、隔热、隔声、防火等。可以细分为性能——基本构件的几个体系。

1）承载稳定性能——水平体系、竖向体系、基础体系的三体系：基础（隔震构造）、墙柱、屋盖楼地板、变形缝。

2）防水防潮性能——屋盖、雨篷、阳台露台、墙体墙脚、地下室、厕所厨房等用水空间。

3）绝热遮阳性能——墙体、门窗、屋盖。

4）采光通风性能——门窗、暖通设备。

5）交通安全性能——楼梯与消防、电梯、台阶坡道、无障碍体系、栏杆与防坠落、排烟灭火防灾设备。

6）耐久舒适性能——外部装修、内部装修、环境绿化、设备调节（门窗、通风采暖空调、给水排水、电气［动力］）。

（4）建筑类型系列

包括尺度类型（小品、多层、高层、大跨建筑等的构造）、用途类型（住宅构造、音乐厅构造、体育场馆构造、工业厂房构造等）、生产方式与施工工艺类型（现浇与现场施工、预制与工厂化生产构造等）。

（5）构件系列（房屋的构造组成）

包括围护构件（含装修等舒适性构件）、承载（结构）构件、交通构件、设备构件等，分成屋顶、楼板、墙体、基础、门窗、楼梯六大主要部分（图1-7）。

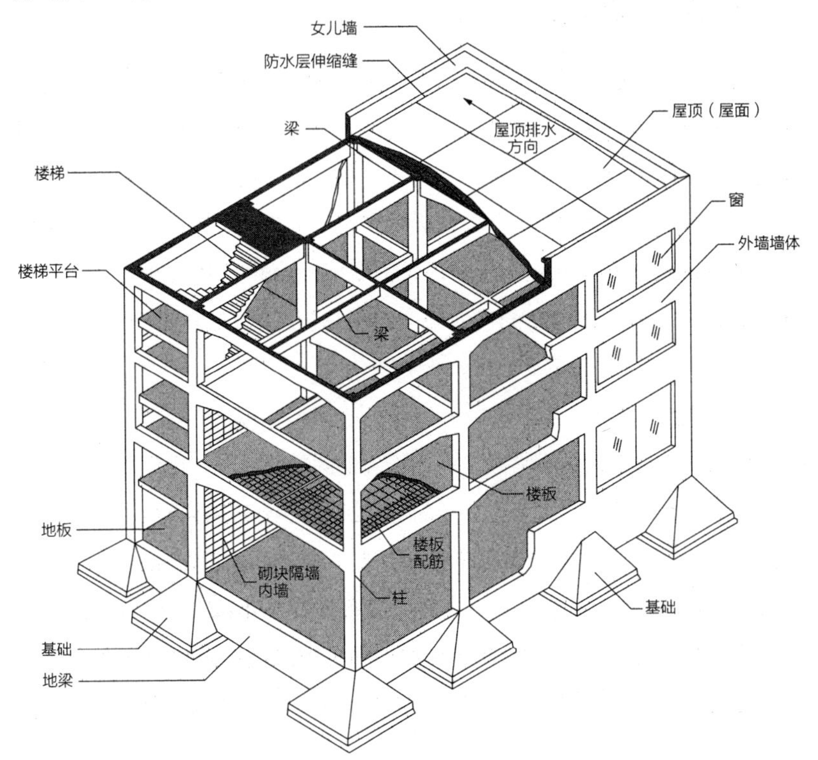

图 1-7 建筑物的构造组成——屋顶、楼板、墙体、基础、门窗、楼梯六大主要构件

1）基础是房屋底部与地基接触的承重结构，它的作用是把房屋上部的荷载传给地基。

2）墙、柱是建筑物的垂直承重结构和围护构件。

3）门窗是建筑围护墙体上的开口部，门主要用来通行人流，窗主要用来采光和通风。

4）楼板是建筑的水平承重构件，并用来分隔楼层之间的空间。

5）屋顶是建筑顶部的围护构件，抵抗风、雨、雪的侵袭和太阳辐射热的影响，同时又是建筑的承重结构，承受风、雪和施工期间的各种荷载。

6）楼梯是建筑的垂直交通工具，作为人货通行和紧急疏散的通道。电梯、扶梯则是在建筑高层化和机械化发展后的垂直交通工具。

可以看出，这些出自不同的观察角度和建造要求的问题和体系是交叉和重叠的。传统的建筑构造学习体系是根据建筑物的构造组成部件进行建筑形态的分解梳理；而面向工程技术人员的技术解说则多遵从构法工艺的逻辑，从相应的技术及生产类型进行阐述；建筑师作为统贯全局和控制最终成果的通才，更多是从建筑性能和美学效果出发，从材料到构法对性能由外及内进行把握。

1.3.2 建筑物的模数与公差

建筑作为建造的最终产品，是在业主需求的驱动下，通过建筑师的设计转换为空间形态和产品规格，再通过承包商将生产厂商的部品在工地现场建造装配而成的。因此，建筑物的质量是由设计质量、部品质量和建造装配质量三个方面共同决定的。所以，建筑物的建造工艺必须满足建筑技术经济性的要求和质量控制的要求，需要对建筑物及其构件的尺寸规格进行简化，并对构件之间的尺寸配合提出控制要求，即建筑模数和尺寸偏差。

（1）模数

模数是指根据建筑材料确定的适于建造的尺寸单位，作为建造过程中尺寸协调的基本单位，是从工业产品生产到建筑空间建造进行尺度协调的增值单位。模数可实现建筑的设计、制造、施工安装等活动的互相协调；能对建筑各部位尺寸进行分割，并确定各部件的尺寸和边界条件；优选某种类型的标准化方式，使得标准化部件的种类最优；有利于部件的互换性；有利于建筑部件的定位和安装，协调建筑部件与功能空间之间的尺寸关系。

建筑生产中的模数协调如同生活中的度量衡单位的统一，建筑中的周尺、斗口、柱径、砖模等，如同建筑界的公制——米，是一种标准化的通用单位。由于建筑空间的目的是人的使用，所以模数的基本依据是人体尺度，是以人为核心的对世界的认知和重构，即“人是万物的尺度”，人的正面通行高度1800mm、宽度600mm、侧行宽度300mm，其公约数300mm

（3M，即三模）常成为建筑设计模数基础和法规标准的基准。

根据《建筑模数协调标准》GB/T 50002—2013，我国制定的模数系列包括：

1）基本模数——基本模数是模数协调中的基本尺寸单位，用M表示，1M＝100mm。主要用于建筑的层高、门窗洞口和构配件截面。

2）导出模数——导出模数是基本模数的倍数或分数，分为扩大模数（基本模数的整数倍）和分模数（基本模数的分数）。

• 扩大模数基数应为2M、3M、6M、9M、12M……。建筑物的开间或柱距、进深或跨度，梁、板、隔墙和门窗洞口宽度等分部件的截面尺寸宜采用水平基本模数和水平扩大模数数列，且水平扩大模数数列宜采用2nM、3nM（n为自然数）。建筑物的高度、层高和门窗洞口高度等宜采用竖向基本模数和竖向扩大模数数列，且竖向扩大模数数列宜采用nM。

• 分模数基数应为$\frac{1}{10}M=10mm$、$\frac{1}{5}M=20mm$、$\frac{1}{2}M=50mm$。主要用于构造节点和分部件的接口尺寸等。

由于建筑物作为遮蔽构造的厚度和内外材料的不同，建筑物的模数单位也不相同，在实际建造中也很难统一。基本结构体系的模数是以建造方式和材料尺寸为基础的（例如砖结构的基本单元为240mm×120mm×60mm，砖模为120mm、180mm、240mm、370mm、490mm等）；部品、材料是以工业化生产、运输和装配尺寸为基础的（例如工业化生产的板材尺寸为英制，4英尺×8英尺，约为1.22m×2.44m；家具、厨具的平面尺寸以150mm为模数）；连接构件、金属材料是以英制单位为模数的；建筑的内外表皮是以装修材料为基本模数单元的。

因此，建筑与使用和外观密切相关的完成面（内外表面）才应是建筑师控制的重点，其模数化的外观能够带来构件单元的统一、施工的便捷和加工的经济性以及工艺的精致和视觉的韵律感，而结构等内部尺寸则需要依据完成面推定，这是“由外而内”的模数确定原则。如果以结构的尺寸为基础进行模数化，则建筑物的内外表皮是根据结构尺寸推定的，这种“由内而外”的原则必然造成外观无法适应装修材料的模数，有经验的建筑师则会增加部分调节量（如增大墙厚、增设出挑等）以统一外观装修单元的模数，以获得精致的外观和“看似”统一的效果（图1–8）。

（2）公差

由于建筑物是由不同部品依据设计在现场进行装配及施工而完成的，这就需要对部品的设计尺寸及其生产完成的实际尺寸的偏差进行控制，以满足配合的要求。

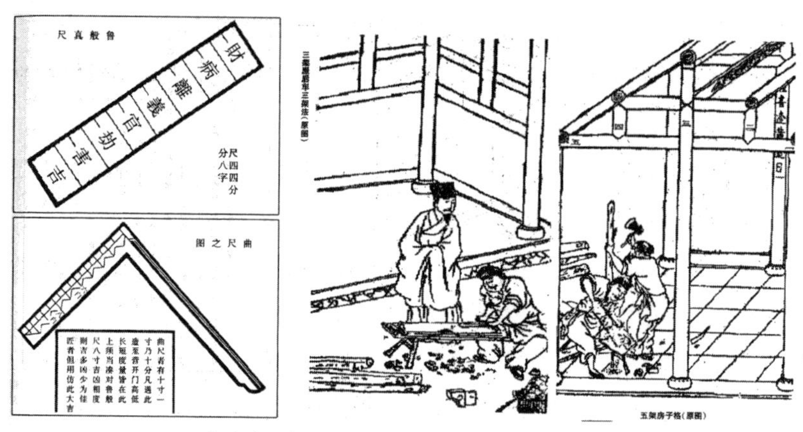

（*a*）中国鲁班经中的鲁班尺，尺寸的象征意义

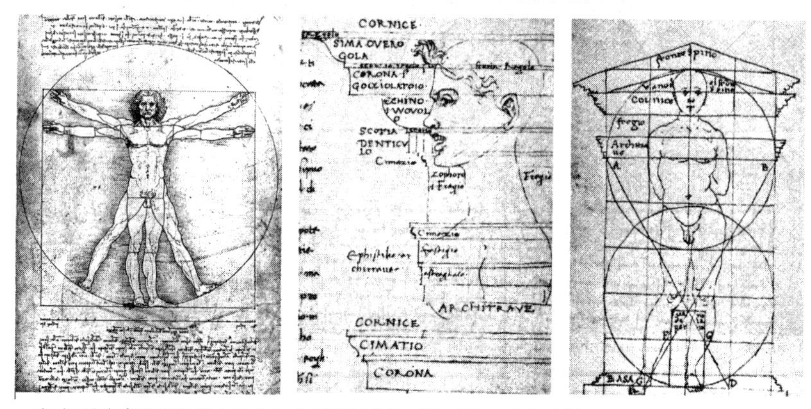

（*b*）西欧建筑观中以人为中心的建筑秩序与世界重构：建筑及其线脚与人体的比例关系

（*c*）勒·柯布西耶的模数体系与人体的比例关系

图 1-8　中西方建筑观中的模数

（*a*）引自：午荣编，李峰整理．新刊京版工师雕斫正式鲁班经匠家镜．海口：海南出版社，2002.

（*b*）（*c*）引自：汉诺-沃尔特·克鲁夫特．建筑理论史——从维特鲁威到现在．王贵祥译．北京：中国建筑工业出版社，2005.

在建筑设计中，标注建筑物定位线或基准面之间的垂直距离以及建筑部件、建筑分部件、有关设备安装基准面之间的尺寸，是设计时给定的尺寸，称为标志尺寸，也称为基本尺寸、设计尺寸。由于建筑生产中手工操作的误差大、部件的精度低、建筑整体及部件的变形较大，特别是混凝土工程、砌筑工程等主体结构的尺寸偏差为厘米级，而门窗、板材、设备机械等工业化生产部件的尺寸偏差为毫米级甚至精度更高，这样不同精度级别的材料在装配组合时就会发生较大的矛盾。因此，建筑设计中应为不同精度级别材料的搭接留下足够的尺寸调节和变形的缝隙，并在施工完成后用勾缝材料（灰泥、胶体等）填充。因此，建筑物部品的制作尺寸等于标志尺寸减去缝隙，即：

制作尺寸＝标志尺寸（设计尺寸）－缝隙

制作尺寸是部品的基本尺寸，但是在生产中还会有偏差，部品加工后经测量所得到的尺寸为实际尺寸，以制作尺寸为参考，实际尺寸允许尺寸的变动量称为制作公差。制作公差表示了部品的制造精度要求，反映了其加工的难易程度。同时，在建筑部件安装中，其位置、形变导致实际尺寸与标志尺寸之间的变动量被称为安装公差。安装公差表示了部品的施工精度要求。在实际工程中，由于建筑应用部件数量繁多，制作公差和安装公差可能出现叠加和积累，需要提前进行精细化设计进行消除，否则会出现极大的尺寸错误，影响最终建筑功能和效果。

建筑和机械中常用的公差为几何公差，包括：① 尺寸公差，指允许尺寸的变动量等于最大极限尺寸与最小极限尺寸代数差的绝对值；② 形状公差，指单一实际要素的形状所允许的变动全量，包括直线度、平面度、圆度等；③ 位置公差，指关联实际要素的位置对基准所允许的变动全量，它限制零件的两个或两个以上的点、线、面之间的相互位置关系，包括平行度、垂直度、倾斜度、同轴度等（图1–9、图1–10）。

在建筑设计过程中，在建筑物的主要图面上往往只标注设计尺寸，构造尺寸和公差等由相应的材料和部品供应商在加工图中进一步细化标注，但由于建筑物整体的尺寸偏差在厘米级并有变形和位移，因此公差的概念在建筑设计中并未得到重视。但是，随着建筑预制装配体系的推进，特别是利用模数协调和公差的匹配，通过建筑设计的标准化、配件生产的工厂化、施工装配的机械化的工业化生产方式，可以改变建筑产业长期以来的手工、现场、人力集约的生产特性，提高建筑物的生产效率。但由于人体尺度和生活空间基本单元的尺寸远大于水路运输的尺寸限制，因此，工厂生产的建筑单元无法实现整体的运输和现场吊装，必须采用构配件化的柱、梁、管线等的拆分生产和现场拼接，这需要很高的装配精度和材料强度，很难获得与传统的现场建造方式相抗衡的技术经济性能。目前除了厕所、浴室等局部单元和小型独栋住宅外，还无法像生产轿车一样生产尺寸巨大、造价低廉、全球供给的大量建筑物，这是建筑工业化生产面临的难题。因此，在实际工程中，有经验的建筑师会利用室外场地、室内装修，并且和多个专业工程师进行设计协调，将可能出现的积累误差预先进行消除，并且不影响最终效果。

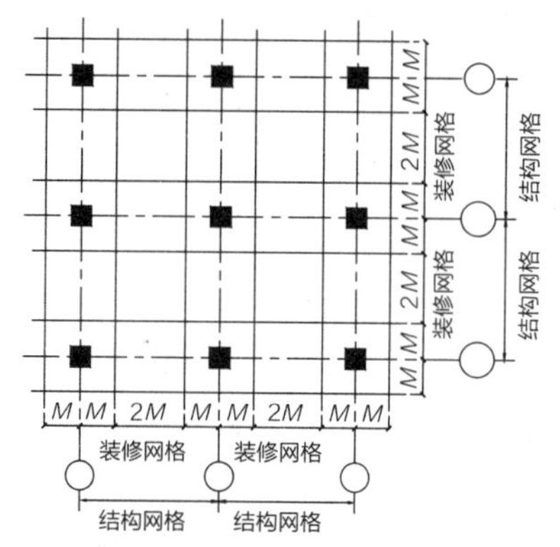

（*a*）建筑定位轴线、模数网格、外立面模数的叠加

（*b*）采用中心线定位的模数基准面

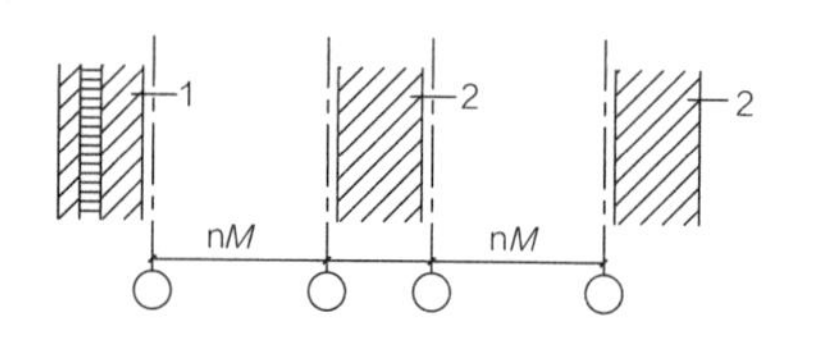

（*c*）采用界面定位的模数基准面

图 1-9　完成面与模数协调

1—外墙；2—柱、墙等部件

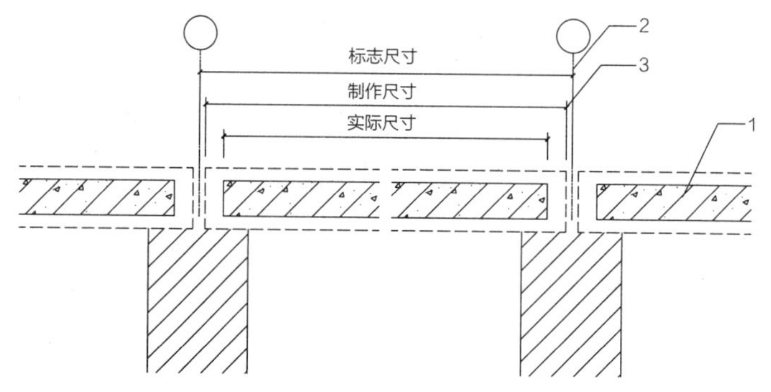

图 1-10　建筑中的制作尺寸与标志尺寸

1—部件；2—基准面；3—装配空间

资料：清华大学逸夫图书馆庭院铺地精细化设计

（*a*）广场中轴线实景

图 1-11　清华大学逸夫图书馆广场铺地设计图纸（清华大学档案馆提供）（一）

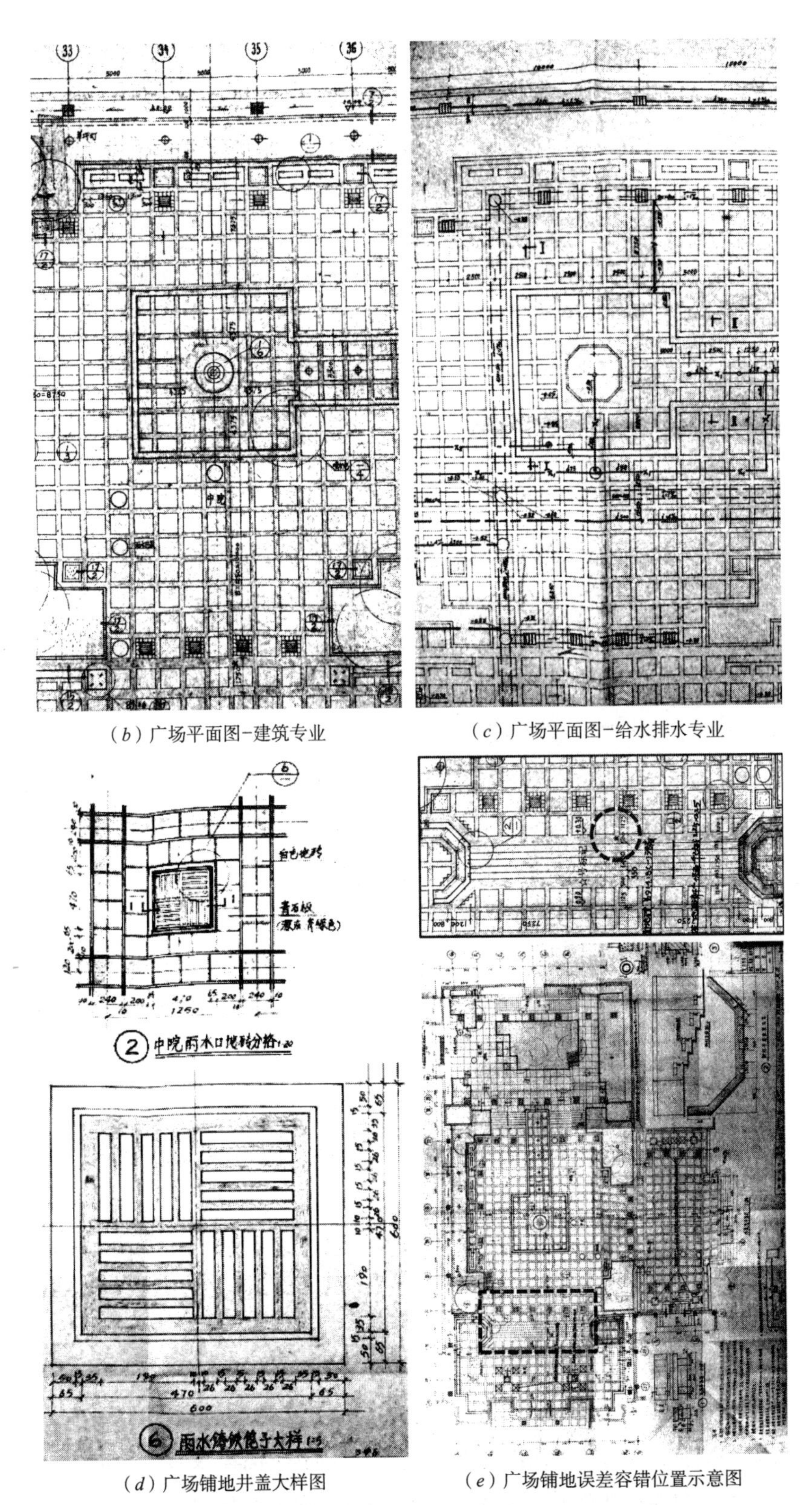

（*b*）广场平面图-建筑专业

（*c*）广场平面图-给水排水专业

（*d*）广场铺地井盖大样图

（*e*）广场铺地误差容错位置示意图

图 1-11 清华大学逸夫图书馆广场铺地设计图纸（清华大学档案馆提供）（二）

你是否注意到广场铺地中非常严整的轴线对称的形式，即使是井盖也非常规矩地排列在每一块铺地的正中央？本项目主创建筑师关肇邺院士团队精心设计了庭院的铺地，图1-11（*a*）的对称轴就是建筑师要在构造设计阶段控制的“定位线”，而每一块铺地中的井盖，也都要和给水排水专业工程师协调，控制好设置检修口（圆井盖）、排水口（方井盖）的点位，同时落实在给水排水专业的图纸上，如图1-11（*b*）是建筑专业图纸，图1-11（*c*）是给水排水专业图纸。这样在标志尺寸层面控制住了铺地与井盖的关系。

接下来，为了控制制作公差，建筑师绘制了地砖与井盖的大样图，如图1-11（*d*），其中可以看到建筑师绘制了井盖的标志尺寸，也预留了水泥砂浆勾缝的宽度（这个宽度远大于井盖、地砖的制作公差），这样保障每一格铺地的整体尺寸在可控的误差范围内。

而后，铺地尺度很大，格子数量很多，如果每一格的误差都积累下来，也是相当大的尺寸偏差。如果建筑外立面同样进行完成面尺寸控制的话，两者都有误差积累，外立面和铺地“硬碰硬”肯定是不行的，需要一个现场可灵活调节的富余量去“消化掉”来自外立面和铺地两个方向的偏差。这个位置建筑师也想到了，就是在建筑入口的台阶起步处，在这个位置一般人不会察觉尺寸的不同，如图1-11（*e*）。

从这个案例中可以看出，建筑师需要考虑到工程现场实际中可能出现的各个环节上的误差，并在宏观到微观的多个层次上预留消除误差的方式。由于积累的公差存在，追求精细化设计的建筑师，都会从定位线开始向某一个方向把积累的公差推出去，而后在景观踏步、建筑阴角、分隔缝等“不起眼”的位置统一消化掉。因此，也可以说，建筑精细化设计其实是首先要准备好那些“可以不精细的位置在哪”的设计。

1.4 构造、建筑、建筑师——建筑师的设计服务

在现代的建筑生产过程中，业主、建筑师、承包商的三方构成了国际通行的建筑生产体系的基本生产关系。业主与建筑师的代理合同关系，业主与承包商的采购、承包合同关系，建筑师作为专业技术人员和业主利益的代理人，在业主要求的环境品质和限定的资源条件下，界定建筑的性能目标，确定技术经济指标与产品性能参数，创造性地整合各种技术方案和空间安排，通过施工图纸与施工规程（Specifications，又译作规范、产品规格、建造细则等）文件的表达记录方式，向施工者准确传达并监督、协调其实施过程，以达到业主对空间环境的品质、造价、进度等的要求（图1–12）。

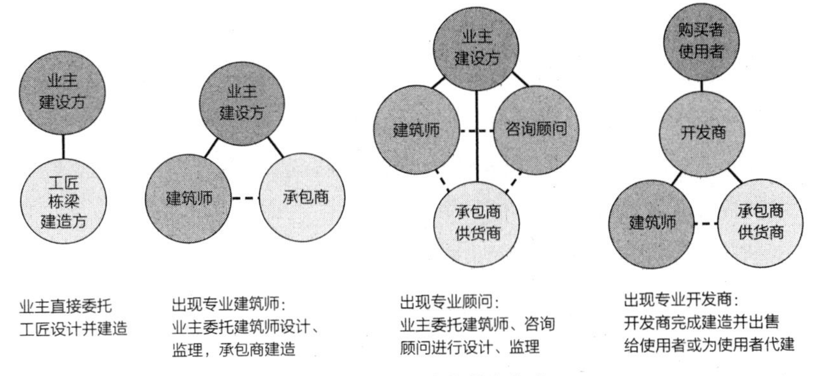

图 1-12　建筑生产方式的变迁和现代建筑生产的基本方式

现代建筑生产的全过程可以概括性地分为策划—设计—施工三大阶段。建筑师的职业服务不仅仅涵盖了建筑设计的过程，而且贯穿了整个建筑生产的过程：

（1）策划和设计前期

过程：需求的发现→客户目标的定位→建筑条件的确立，技术的指标化。

内容包括：可行性研究报告与开发计划的制定，环境与规划条件的确认，建筑行政要求的调研，反映建筑要求的任务书的拟定。

（2）设计

过程：建筑条件的确认→技术要求的转译和设计条件的确认→设计方案的提出→设计深化和优化，技术设计→作为建筑解决方案的全套设计图纸和设计规格说明的提出→行政许可的取得。

内容包括：场地平面，建筑平、立、剖面图的绘制，结构形式、建筑材料、设备电气配置系统的确立，概预算的计算以及在此基础上的全面技术解决方案的完成。各国职业建筑师学会对设计阶段的分步与成果要求各不相同，但设计的基本程序是相同的，均是作为整个建筑服务的一个部分，作为一个从发现问题与解决问题的过程和项目目标实现的系统出发，循环地经过以下五个标准程序：

设计条件的输入：资料搜集与分析→设计任务的确定：需求翻译，设计任务（建筑产品）的界定与分解，问题发现→比较分析：设计条件的设定，构思与解决方案的提出与研讨→整合与综合化：比较研究，方向确定，整合各专业，解决问题→设计成果的输出：具象化，完成设计成果。

（3）施工

过程：设计意图和要求的确认→招投标的组织和技术说明、优化→建造过程合同管理和设计变更→验收及竣工，行政批准及维修计划、竣工图、维修手册的制作。

内容包括六个方面：投资，进度，质量的控制，合同，信息管理，组织协调。

通过这样的过程，建筑师领导、组织、协调一个项目团队完成一个环境的建造过程，而此过程中的材料、构法、节点等建造问题集中体现在设计图纸上，并在现场督造中得以实现（图1–13）。

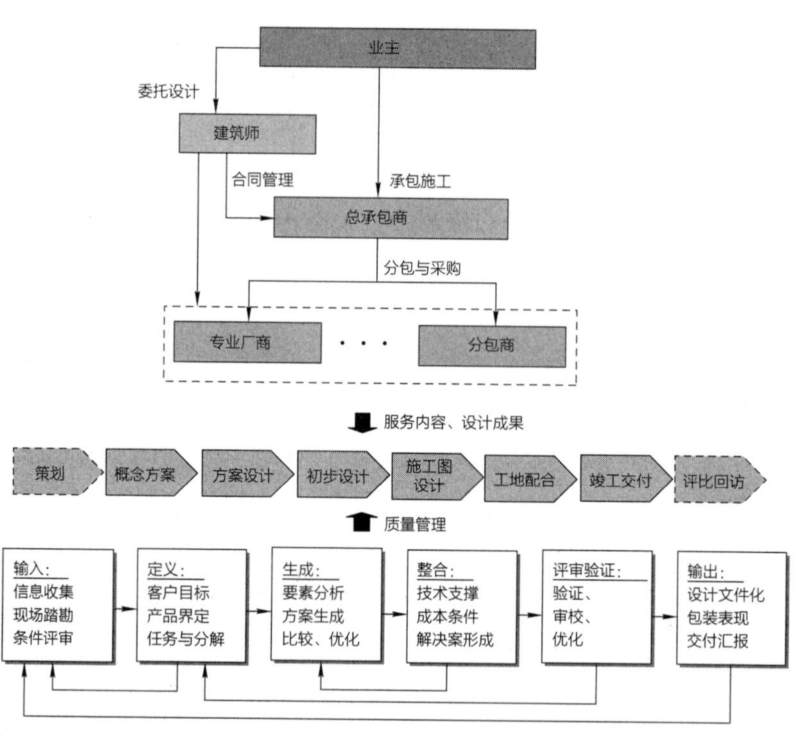

图 1–13　现代建筑生产的基本方式和建筑设计服务的常用程序

1.5　关于本书

1.5.1　本书的学习方法

清华大学建筑学院在多年的建筑构造的教学探索中形成了以建造理念为核心的、授课（建筑技术概论、建筑构造）—设计（建造设计）—实践（工地实习与金工实习）三位一体的、渐进式的系列化教学体系。本书尝试从建筑师的视点出发，兼顾职业设计要求和构造体系的把握学习，主要从材料、构法、节点三个维度来阐述构造作为建筑师基本手段的原理、历史与方法。

1）材料——主要建材的特性、性能、加工方法。

2）构法——结构体系、构造方法、施工方法（工法）。

3）节点——解决问题的原理与细部设计的实例。

本书强调以下学习要点：

1）解决问题的方法和学习的能力——在新材料、新工艺层出不穷的条件下，知识学习的同时，方法的习得更为关键。本书的重点在于培养探索、创新的能力，因此特别强调了传统和现代各种构造是解决建筑问题的材料和构法手段的产物，学会在资源限定条件下的解决方案的提出和完善。

2）兴趣的发掘——建筑师的使命在于领导并完成整个建造过程，因此对建造过程、方法、结果的兴趣和关注是建筑师生涯的必需修养，对材料、造价、工艺、品质的控制也是建筑师的必要素质。本教材的授课体系要求的实物和资料调研、讨论和演示报告的作业都是为了让兴趣成为最好的老师。

3）团队协作和组织协调能力——小组和课堂讨论都需要学生的积极参与和团队协作。实际的建筑设计和建造过程也需要团队的协作，还需要作为整合者的建筑师的专业能力、协调能力、自信和毅力。

本书的学生作业建议如下：

（1）调研与演示作业1：走访工地

分组利用学期中的较长假期，单独或2～3人一组，调研一个正在施工或刚竣工的装修工地（公共建筑或家庭装修），利用设计图纸、工人访问、建材市场观察等方法，用照片或草图的形式记录调研的结果，提交一份图文并茂的报告。内容包括：

1）工地的概况和设计要求（或图纸）。

2）主要建筑装修材料的特性及价格。

3）某种材料特性、连接方式、施工过程和注意事项。

4）施工的周期和人数（工时）。

5）发现的问题及改进措施。

（2）调研与演示作业2：节点构造讲解

1）目的：学习构造知识，掌握基本原理并尝试发现和解决构造问题。授课与主动学习、调研相结合，培养面向建筑性能和设计的观察、学习、研究能力：发现—研究—解决的实际设计程序的演练和计划组织、信息收集、综合演绎等实战能力的培养。

2）方法：三人一组课下预习和调研总结，课上利用10分钟时间向其他同学讲解，教师进行点评。三人的分工为：

• 与相关章节的构造要点相关的名作实例1～2例（古今中外均可），绘草图或采用计算机三维建模的方式详细说明构造做法及其相应的设计要点以及发现的问题及改进建议。

• 校园内构造实例1～2例，绘草图说明，结合构造知识说明使用中的优缺点和改进方法。

• 课程设计中相关构造部分的详细构造设计1～2处，绘草图并注释材料做法和尺寸。

3）内容与知识点：按照构造主体内容：基础、墙体、门窗、屋顶、楼地层、吊顶、楼梯、绿化与景观几个部分分组。

4）工作量要求：每人必须完成2张以上草图，并通过草图说明从教材学习和个人的分析中发现的构造设计要点；草图可为手绘平、立、剖面图，或手绘轴测与平面图，或简单三维建模，但必须按照比例绘制并直接注明材料、做法、尺寸，达到细部设计与构造剖面的详细程度，比例为1/40～1/5。

（3）调研与演示作业3：大师设计改图

搜集一个著名的建筑作品的外檐（屋顶、外墙、基础）的设计图纸和照片，利用计算机辅助设计技术建造一个数字化三维模型，并进行节点的构件分解和多个平面、剖面详图的生成，以完全解析其设计要点并分析其主要材料、建造目标、解决手段，就存在的问题提出自己的改进建议。

1.5.2 本书的使用方法

本书改版的初衷在于对二维黑白线图表达方式的改良。笔者在多年的教学过程中发现，初学者因为并未见过构造节点的实物，往往不能理解二维黑白线图所表达的内容，对于很多构造连接的层次、材料采取死记硬背的方式，并未真正理解其中选择材料、设计构造的基本原理。但是，当前在设计单位、施工单位进行技术交流的过程中，二维图纸的工程技术体系（审图、交底、法律文书等）仍然沿用，因此二维图纸表达仍然是初学者必须掌握的能力。

本书考虑到教学理解和技术实践的双重属性，采用了一种“黑白二维线图＋彩色透视图”的剖透视方式进行了表达（见本书附录部分）。本书在第4章到第9章对“六大部件”讲解中，每个部件会给出一个典型的构造详图，这个详图主要包括四个部分：

1）黑白二维线图部分：这是传统构造表达方式的图纸，为了让初学者更加明确每个层次的功能，书中对每个层次进行了不同灰度的处理：70%深灰——结构层，50%中灰——功能层/管道层，30%浅灰——完成面，不填色——连接层；同时保持了黑白线条对材料剖切面中纹理的表达方式，如混凝土、砖、保温材料等。

2）彩色透视图部分：透视图的部分可以让初学者了解具体材料的形

式、层次、空间关系，同时，在剖切的位置了解到黑白线条所表达的具体内容是什么。每个层次的材料都进行了标注。

3）构造节点放大部分：对一些更加细节的连接方式进行了放大，放大的节点主要介绍材料的连接关系。对于初学者来说，首先理解两个面的材料进行交接的方式，因此目前节点放大部分沿用了二维图纸表达的方式；未来要讨论三个面交接的方式，是需要进行三维建模去讨论的。

4）注释部分：采用《建筑细部》等杂志的表达方式，本教材也将具体材料的描述统一在图例部分表达，在图纸中仅标记数字，图例中有数字与具体材料对应的内容。这个好处是，读者可以在看到每个层次的数字时，可以预先思考可能是哪种材料，而后去图例中寻找比对，加深印象（图 1–14）。

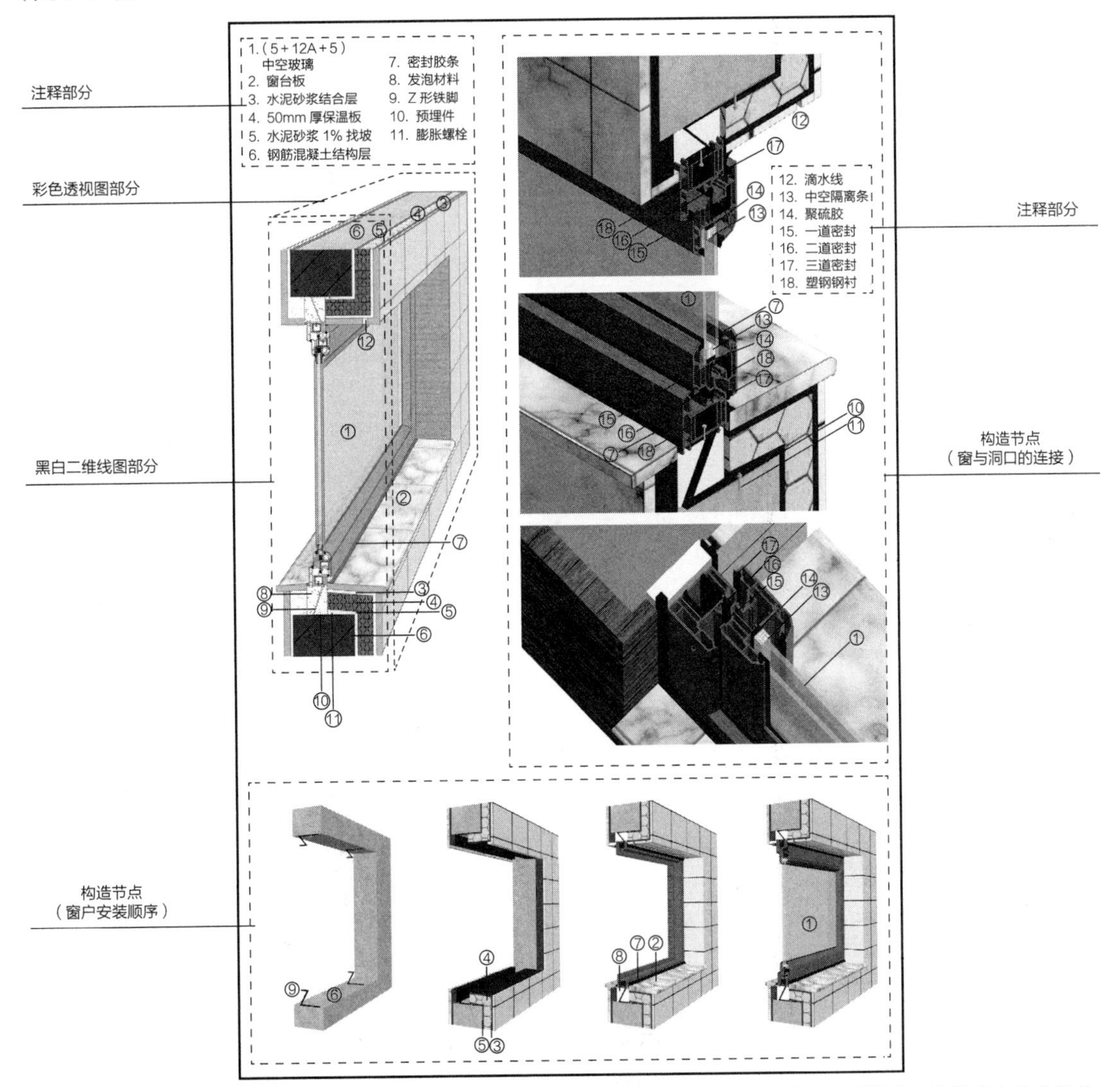

图 1–14　第 10 章前的彩图内容使用示意，图示四个部分：黑白二维线图部分、彩色透视图部分、构造节点放大部分、注释部分，供读者直观理解

书中其他的插图也尽量采用剖透视的方式进行介绍，避免干涩难以理解的复杂二维图纸，给初学者尽量提供方便。

无论本书的图纸表达如何改进，初学者都应该不断积累建筑构造相关的实际工程内容。当前随着海量信息资源的发展，各种工地现场操作的视频、图片在网络上随处可见，初学者可以根据关键词搜索相关工艺，比如“混凝土如何在现场浇筑？”“屋顶防水卷材如何铺设？”等，看到真实操作的过程，这对理解建筑构造基本原理很有帮助。

第 2 章

材料与结构

建筑，是而且必须是一个技术与艺术的综合体，而非是技术加艺术。一个结构物如果不遵从最简洁和最有效的结构形式，或者在构造细部上不考虑建筑所用材料的各自特点，那么，要想得到良好的艺术效果就会困难重重。

——P. L. 奈尔维

结构是建筑上产生形态与空间的首要且惟一的工具……结构体现了设计者使形态、材料及力量一体化的创造性意图。

——恩格尔

2.1 材料与建筑性能

2.1.1 材料的分类

“聚沙成塔，集腋成裘”，建筑物是由建筑材料构筑而成的，建筑物的物质基础和设计依据是建筑材料。材料的组合和连接构成建筑物，建筑物提供给人类遮蔽等建筑性能，建筑环境的性能要求为材料的选择提供原点和性能要求。同样，建筑物的性能和品质是由设计性能、部件性能、建造/连接性能及特性来共同决定的，为了获得满意的建筑性能以实现业主的建造目标，材料特性与建筑性能的研究就显得十分重要。

建筑材料的研究则是从材料的力学性能、物理化学性质出发，根据材料的相关试验数据和组合特征，与人类所要求的建筑性能相匹配。建筑学，作为建造的技艺和知识系统，其根本目标就是在资源、加工、地域、运输等条件的限制下，利用各种材料的特性，通过材料的组合、连接、复合来最大限度地满足、提升建筑性能，以满足人类住居的需求，即依照建筑要求恰当地选择材料，有效地利用材料，尽可能地节约材料。

因为建筑性能始于材料的性能，建筑设计始于材料的构造组合和性能的综合。在建筑设计中，通常通过对产品规格、建造方法与过程、质量与性能要求的详细说明，即设计规程说明（Specifications，又译作营造细则，含一般要求、产品质量、施工方法和操作要求）与施工图纸（Working Drawings）相配合，完整、准确地表达建筑师对建筑物的要求，来确保材料及其组合的综合性能的实现。

（1）根据材料的特性及其在建筑中所起的主要作用分类

1）结构材料

功能：承载；性能要求：坚固性，耐久性，生产性（加工性），资源性（大量性、地域性）等。

2）围护材料

功能：阻绝；性能要求：阻绝性能（防水、隔热、隔声等），耐久性，生产性（可加工性、工序可逆性），资源性，健康性（生产和使用的安全无害）等。

3）装饰材料

功能：连接密封，装饰表现；性能要求：连接坚固性，耐久性，表现性，视觉性及触觉性，文化象征性，更新性，耐污性，资源性，生产性（可加工性、工序可逆性），健康性（生产和使用的安全无害）等。

4）设备材料

功能：物质、能量、信息的交通运送；性能要求：耐久性，更新性，生产性（可加工性及多样性），资源性（大量性、廉价性、地域性），安全卫生性等。

（2）按照材料的使用部位及耐候性分类

1）室外材料与室内材料

2）永久性材料、半永久性材料与临时性材料

在建筑外墙装饰材料中，通常把石材、面砖等在建筑物全寿命的过程中不需要更换的耐久材料当作永久性材料，而把铸铁、防水卷材等需要在一定时间后进行更换的材料称为半永久性材料，把施工过程或其他非固定长期使用的材料称为临时材料。

（3）按照材料的化学组成及特性分类（表2-1）

现代建筑材料的分类——按照材料的化学成分类 表2-1

分类			实例
无机材料	非金属材料	天然石材	毛石、料石、石板、碎石、卵石、砂
		烧结制品	黏土砖、黏土瓦、陶器、瓷器
		玻璃及熔融制品	玻璃、玻璃棉、矿棉、铸石
		胶凝材料	石膏、石灰、菱苦土、各种水泥
		砂浆及混凝土	砌筑砂浆、抹面砂浆、普通混凝土、轻骨料混凝土
		硅酸盐制品	灰砂砖、硅酸盐砌块
	金属材料	黑色金属	铁、非合金钢、合金钢
		有色金属	铝、铜及其合金
有机材料	植物质材料		木材、竹材
	沥青材料		石油沥青、煤沥青
	合成高分子材料		塑料、合成橡胶、胶粘剂、有机涂料
复合材料	金属—非金属		钢纤混凝土、钢筋混凝土
	无机非金属—有机		玻纤增强塑料、聚合物混凝土、沥青混凝土
	金属—有机		PVC 涂层钢板、轻质金属类芯板

1）无机材料（非金属、金属）；

2）有机材料；

3）复合材料。

2.1.2 材料的性能及指标

同建筑构件和建筑物整体相同，材料需要满足如前所述的三个方面的要求：

1）基本性能（宜居功能）——适用性，稳固性，舒适性。

2）支撑性能（次生要求）——安全性，维护性，加工性，资源性。

3）衍生性能（艺术功能）——技艺的表现性，审美的批判性，符号象征性。

作用于建筑及材料的各种作用和采取的反制措施（材料和构造手段）有：

1）重力——垂直压力，拉力/支撑，稳定性。

2）风、空气——推力和吸力，渗透性，氧化，毛细作用/稳定性，抗冲击韧性，密封，保护隔绝层，等压空腔。

3）水、雨、雪、冰——溶解，渗透性，荷载，冻融，结露返潮/密封，防水与排水，挥发。

4）太阳、热量——温度应力，化学分解，老化/位移缝，强化筋，绝热层，反射防晒，保护隔绝层。

5）雷、电、火——电解电蚀，燃烧/绝缘，屏蔽，导流，防火耐热隔绝层。

6）声音——噪声干扰/隔声，隔振。

7）地震——推力/抗震，隔震，制震，韧性材料，坚固材料。

8）化学制品——腐蚀，分解/保护隔绝层，耐蚀材料。

9）污物与灰尘——渗透，沉积，表面污染/保护隔绝层，维护，导流等。

根据建筑材料在建筑物中所起的作用，材料的性能可以归为以下几大类：

1）物理性能——质量，表观密度；亲水性，憎水性，抗渗性，吸水性，吸湿性，含水率；容重、孔隙率，空隙率，吸声性，导热性与热容量，抗冻性；不燃性、难燃性、可燃性、易燃性。

2）力学性能——强度，弹性与塑性，脆性与韧性，抗压强度，抗弯强度，剪切强度，硬度，耐磨性等指标，属于物理性能的一部分。

3）化学性能与耐久性、耐污性——稳定性与化学稳定性（风化、老化、剥落、锈蚀、防腐、耐火、耐湿、干缩、变形、退色等老化耐久性，防锈、防腐），微生物滋生（防菌），酸碱特性（防锈、防碱）。耐久性、耐污性与材料的多种物理、化学性能有关。

4）环境友好（环保与健康）性能——污染性（气体挥发、粉尘、放射性），资源性（经济成本、环保再生性），防癌健康性（放射、环境激素）等。

5）表观与加工性能——颜色、光泽、表面组织、形状与尺寸等外观特性（质感、肌理、尺度），光学特性（反射、透射、折射），尺寸偏差（平整性、精密度）（图2–1）。

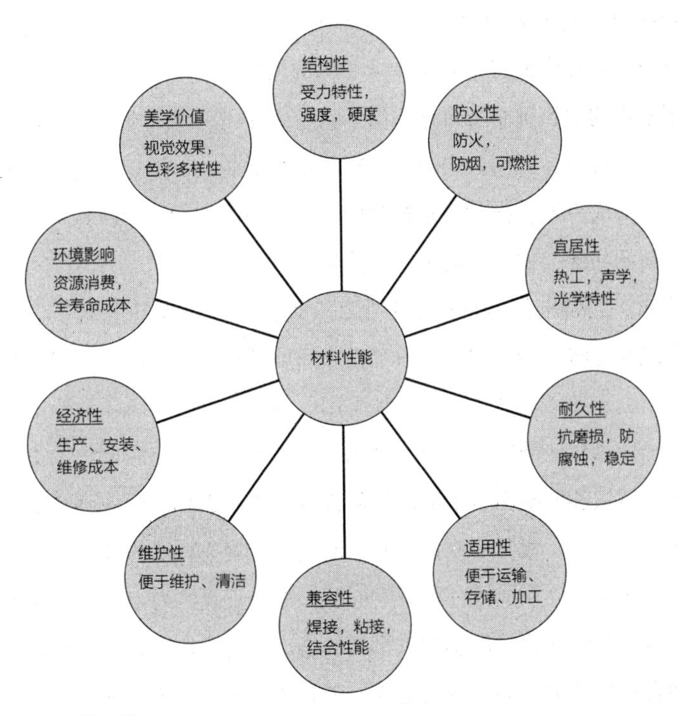

图 2–1 材料的性能

材料的性能主要与材料本身的组成和结构有关。材料的组成包括化学组成及矿物组成等。化学组成是指构成材料的化学元素及化合物的种类与数量；矿物组成则是指构成材料的矿物的种类（如硅酸盐水泥熟料中的硅酸三钙、铝酸三钙等矿物）和数量。材料的组成不仅影响材料的化学性质，也是决定材料物理、力学性质的重要因素。材料的结构包括微观结构（如晶体、玻璃体及胶体等）、细观结构（如钢材中的铁素体、渗碳体等基本组织）以及宏观结构（如孔隙率、孔隙特征、层理、纹理等）。材料的结构是决定材料性质的极其重要的因素。

烧结材料（也称为烧土材料，如砖、玻璃、水泥）、金属材料（钢材、铝合金）、高分子化合材料（聚苯乙烯、聚氨酯）、电子材料、纳米材料的发展和进步极大地推动了人类居住与生活的质量和形态。近年来，保温材料从厚重的砖石材料，向疏松吸水的矿棉材料，向致密防水的聚苯乙烯泡沫板材，向防水、保温、力学、施工性能俱佳的聚氨酯发泡涂层的发展以及向未来呼吸性的防水材料的发展，极大地改变了建筑的构造、性能和外观。以服装比拟建筑，从棉麻皮革等自然材料到化合物纤维材料，到高强度、高保温性能的新材料，再到防水与透气性能俱佳的呼吸性材料，极大地丰富了服饰的形态和性能。

材料的表观与加工性能主要作用于人体的视觉、触觉，具有鲜明的文化地域特征和主观性，也是建筑设计中的重要内容。随着科学技术的进步，新材料、新工艺的快速发展与审美习惯之间往往会存在时差，因此，对新材料、新技术的特有表观特征的认可和积极利用需要一个过程，而富有创新精神的建筑师则敏锐地把握了这种变化的节奏，在充分理解材料质感与加工特性后，利用社会时尚和时代精神的变化，提供新颖的技术与美学综合的解决方案，推动了建筑学的进步，即建筑师要为新材料寻找新的形式和新的功能，创造新的美学价值和建筑学手法。

例如，混凝土作为建材在工业和交通建筑中被大量应用了半个世纪后，建筑师还将混凝土视为没有个性和尺度的材料，只能像古罗马时代一样应用在内部的结构体中，表面还是用丰富而沉重的石材、尺度细腻的红砖来装饰，以顺应建筑物永恒、坚固的审美习惯。早期的现代主义建筑师们发现了钢铁和混凝土带来的简洁新奇的效果和无限塑形的可能性，又在其上赋予了质朴、粗犷的性格内涵，通过对混凝土材质的各种试验逐步取得了社会认同，并形成了一种外露的装饰混凝土的时尚。当代建筑师从现代建筑材料的轻薄化的质感和皮膜化的施工工艺出发，尝试了不同于石造建筑和石造建筑美学的轻盈的建筑外观和图案化的建筑表皮，并积极试验了新的材料构造组合和新的建筑外观，打破了建筑固有的永恒坚固的概念和形象。

目前大量使用的建筑装饰面材，如面砖和金属幕墙的皮膜化的施工方式和轻巧多变、光洁防水的形态还隐藏在模仿砖石的分格尺度、厚重感和凸凹粗糙的外表之下，还远未找到适宜其工艺和质感的建筑学形式，还需要建筑师进行试验和探索，去发现和表现新材质的新美学。

资料：材料的耐久防污性能

由于建筑的建设和使用周期很长，同时暴露在外界严酷的自然条件下，其组成及结构的稳定受到自然力和人为的作用，容易受到损害，如胶凝材料中的石灰质在水的作用下的溶解与流失（白华、返碱现象），砖石等吸水性材料在水分子的冻融循环中的崩裂剥离，钢筋与钢材在氧化作用下的锈蚀，沥青等高分子材料在日照等作用下的老化，天然石材和混凝土在酸雨等侵蚀性物质作用下的腐蚀与风化，天然木材的真菌引起的腐朽及昆虫的蛀蚀等。

材料在使用过程中抵抗周围各种介质的侵蚀而不被破坏的性能，称为耐久性。耐久性是材料的一种综合性质，抗渗性、抗冻性、抗风化性、抗老化性、耐化学腐蚀性、耐氧化性、耐磨性等均与材料的耐久性能有关。

在现代建筑中最常见的影响建筑物及其构件耐久性的问题及预防措施有：

（1）砖石的风化

风化作用一般是指岩石、砖等砌块暴露在自然环境中，在温度变化、水及水溶液、大气及生物等的作用下发生的机械崩解及化学变化过程。

风化作用一般分三类：物理风化、化学风化和生物风化。岩石、砖等砌块是热的不良导体，在温度的变化下，表层与内部受热不均，产生膨胀与收缩，长期作用结果使其发生崩解破碎。在气温的日变化和年变化都较突出的地区，岩石、砖等砌块中的水分不断冻融交替，冰冻时体积膨胀，好像一把把楔子插入其体内直到劈开、崩碎。以上两种作用属物理风化作用。岩石、砖等砌块中的矿物成分在氧、二氧化碳以及水的作用下，常常发生化学分解作用，产生新的物质，这些物质有的被水溶解，随水流失，有的属不溶解物质，残留在原地，这种改变原有化学成分的作用称为化学风化作用。此外，植物根素的生长、洞穴动物的活动、植物体死亡后分解形成的腐植酸对岩石、砖等砌块的分解都有改变其状态与成分的作用。风化是自然界中不可避免的物理、化学作用，具有长期性、缓慢性和不可逆性的特点。但目前，建筑的外表大多采用致密、防水、耐氧化的保护性外皮（面砖、金属板等）或涂膜（建筑涂料、封堵剂等）覆盖，有力地减少了水和氧气的作用，并可根据需要进行更换和维护，因此，在使用寿命中一般不会对建筑造成大的影响。在砖石的文物建筑保护中，延缓风化及修复技术是一个重要的研究课题。

（2）吸水渗水材料的冻融破坏

在气温变化大并且寒冷的地区，在水分子渗透进入材料体内后会在温度的变化下进行冻融循环，而冰冻时体积膨胀，好像一把把楔子插入材料体内使其劈开、崩碎，这也是风化作用的一个重要方面。作为材料检测的重要指标，建筑外用材料一般均要进行冻融循环试验，并检测在多次循环作用下材料的强度和硬度的变化。一般来说，吸水率低、结构致密的材料，如花岗石、瓷砖等，其冻融破坏小，吸水率高、空隙率高的材料，如黏土砖、陶砖等，容易受冻融的影响而破坏。

（3）砖石砌体构造的白华、返碱

砖石等砌体构造的胶凝材料中的盐分遇水后溶解，直接表面径流或因毛细作用而渗流到材料表面，形成一层白色结晶，称为返碱或白华现象。由于这种物理现象不可避免，因此，在砌体施工前要保证钢筋混凝土等结构体内水分的充分蒸发，在砌体施工后要注意采用吸水率低的饰面材料，并在沟缝处进行防水封堵，防止水的接触和渗入、流出。

（4）钢铁材料的锈蚀氧化

钢、铁等黑色金属虽然强度高，但在空气中极易氧化，因此需要对其表面进行镀锌、涂漆等隔离措施以防止氧化锈蚀，或采用不锈钢、铝合金等替代材料进行外装饰面的施工，以利用不同性能的材料复合发挥整体的作用。

（5）高分子材料的老化

塑料等高分子材料在加工、贮存和使用的过程中，由于受内外因素的综合作用，其性能逐渐变差，以致最后丧失使用价值，这种现象就是老化。老化是一种不可逆的变化，发生老化的原因主要是由于结构或组分内部具有易引起老化的弱点，如具有不饱和双键、支链等。外界或环境因素主要是阳光（紫外线）、氧气、臭氧、热、水、机械应力、高能辐射、电、工业气体、海水、盐雾、霉菌、细菌等。从发生老化的原因出发，可以通过对高分子材料老化过程的研究，采取适当的防老化措施，如改善高分子的结构、添加防老剂、采用物理防护方法等，提高材料耐老化性能，以达到延长使用寿命的目的。

（6）材料及建筑构件的防污

除了保证材料及构件的基本使用性能外，建筑外表的美观和清洁也是建筑性能的一个重要方面，因此，材料的耐污性能和易于清洁、维护的性能也是现代建材中的重要考虑因素。

建筑材料或建筑物表面的脏污是由多种因素作用的结果，如风化、老化、返碱、锈蚀、霉菌生长等，其防止方法如前所述。最常见的建筑脏污是由空气中尘埃的有规则堆积引起的明显的污痕，如建筑物窗台、檐口、玻璃雨篷等水平面会堆积尘埃，在雨水的作用下形成水渍，在垂直面上冲刷出污痕（俗称“尿墙”），极大地损害了建筑物的美观。

建筑物防污主要通过选用防渗、光洁的表面来防止灰尘的粘附，通过构造手段在檐口、窗台等水平面设置反坡或披檐、鹰嘴或滴水槽，防止水平面的灰尘污染其他部分，同时注意保证垂直墙面的平整光滑均匀，防止雨水冲刷下形成可见的污痕。

目前常采用的就是光触媒耐污自洁性材料，能够防止灰尘的粘附，并具有分解有机污染物的自洁功效。光触媒是一种纳米级二氧化钛（TiO_2）活性材料，它涂布于基材表面，干燥后形成薄膜，在光线的作用下，会产生类似植物中光合作用的一系列能量转化过程，把光能转化为化学能而赋予光触媒表面很强的氧化能力，可氧化分解各种有机化合物和矿化部分无机物，能将细菌或真菌释放出的毒素分解及进行无害化处理，最终的反应产物为二氧化碳、水和其他无害物质，具有高效广谱的消毒性能。同时，材料表面具有超亲水性，有防雾、易洗、易干的特性，可防止油污、灰尘的堆积，对浴室中的霉菌、水锈，便器的黄碱及铁锈等同样具有防止其产生的功效，还具有除臭功效。在反应过程中，光触媒本身不会发生变化和损耗，在光的照射下可以持续不断地净化污染物，具有时间持久、持续作用的优点。因此，光触媒材料广泛地应用于建筑外皮的涂层、卫生洁具的表面涂层以及需要防污除菌的生活家电涂层中。

2.2　材料的连接与承载——结构

2.2.1　建筑物和建筑学的基础——结构

建筑构造的研究对象是人类在建构活动中利用材料进行连接、组合以达到人居环境要求的过程，其目标是围护并形成空间，即承载和围护：承载即结构支撑的作用，承载外力并维持建筑的空间形态；围护即保护和隔离的作用。建筑的材料是建筑物建造的基础，而使建筑材料结合成整体，形成空间环境、形成抵御重力和侵害的耐久坚固的构筑物，则是建筑的结构体系和构造方法（构法、工法）。结构是指组成整体的各部分的组合和连接的方式以及内部各部分之间的关系，在建筑中主要是指建筑物承载部分的构造，即建筑作为地球重力艺术的建造和维持其形态形成内部空间的方式。

建筑物用来形成一定的空间及造型，并具有抵御人为或自然界施加于建筑物的各种作用力，使建筑物得以安全使用的骨架，称为结构。

建筑物的结构部分如同人和动物的骨骼、树木的枝干，建筑结构的作用主要是：

1）必须满足人类对使用空间的要求而建构适用的空间形态。

2）能够抵御自然和人为的作用力（地球引力、阳光及紫外线、风力、雨雪、地震、温度变化等，人为侵害、振动、爆炸等），保证建筑物的稳固耐久。

3）在突发偶然事件和被破坏时，保证整体的稳定性并有被破坏的渐变过程和一定的时间长度，以提供足够的保护支撑和预警疏散时间，如火灾时的耐火时间，结构遭受破坏时的预兆和渐变过程等，都是保障使用空间内生命和财产安全的重要条件。

建筑的结构在今天的建筑设计中的重要性在于：

1）结构是建筑上产生形态与空间的首要且惟一的工具，是塑造人类物质环境的基本手段。建筑物的最重要课题就是克服万有引力作用来搭建空间和维持形态，建筑也被称为重力的艺术。建筑结构与空间的矛盾是建筑设计必须解决的基础性问题，结构体系的选择和设计在很大程度上影响和决定着建筑的空间和机能，因此，建筑结构与建筑的实用性密切相关。

2）结构的安全和稳固是建筑设计和建造的第一和绝对的准则。在古代，建筑物在材料的限制中实现大的形态和空间需要动员整个社会的力量，是时代和国家文明的标尺和技术的高峰；在材料和技术进步的今天，虽然大型建筑物的结构问题大多已经不是尖端科技问题而成了适用技术问题，但结构无疑是建设投资中最大量的部分并与建筑的经济性息息相关。

3）结构在它与建筑形态的关系中仍拥有无限阐释的余地和探索的空间。结构可以隐藏在建筑形态之内，也可以暴露出来成为建筑形态本身。建筑艺术的表现力无法离开结构的基本框架，结构也体现了设计者对材料、构造、功能、造型的整合能力和创意的手段。因此，结构对建筑艺术的表现和原创有着决定性的作用。

结构在建筑物的形成、存在和结果上都起到了决定性作用。因此，“发展结构概念，即基本的结构设计，乃是地道的建筑设计的必要的组成部分。因此，流行的对结构设计与建筑设计所作的区分是无稽的，且与建筑学的目标及理念相互矛盾。”① 建筑师与结构师的终极设计原则：“我的最终目的，是永远将一个设计对象的功能方面、结构方面、美观方面表现为一个在本质上和形式上结合的整体。”②

2.2.2 结构荷载与受力

建筑结构所受的作用力很多，可以根据不同的标准分为以下几类（图2-2、图2-3）：

① 海诺•恩格尔．结构体系与建筑造型．林明昌，罗时玮译．天津：天津大学出版社，2002.
② 罗福午，张惠英，杨军．建筑结构概念设计及案例．北京：清华大学出版社，2003.

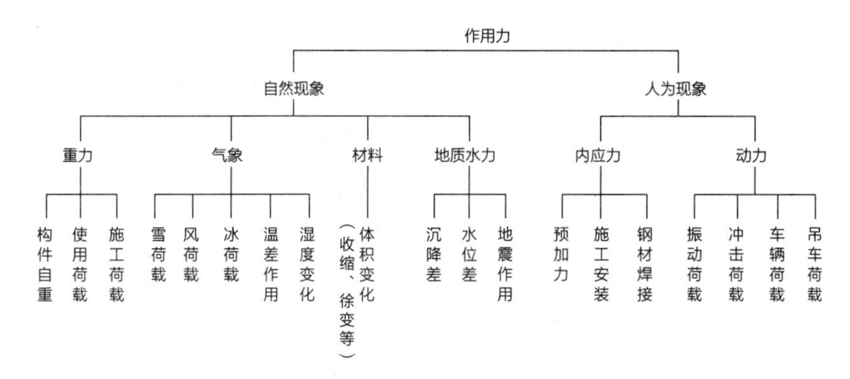

图 2-2　建筑结构所受的作用力的分类

引自：罗福午，张惠英，杨军．建筑结构概念设计及案例．北京：清华大学出版社，2003．

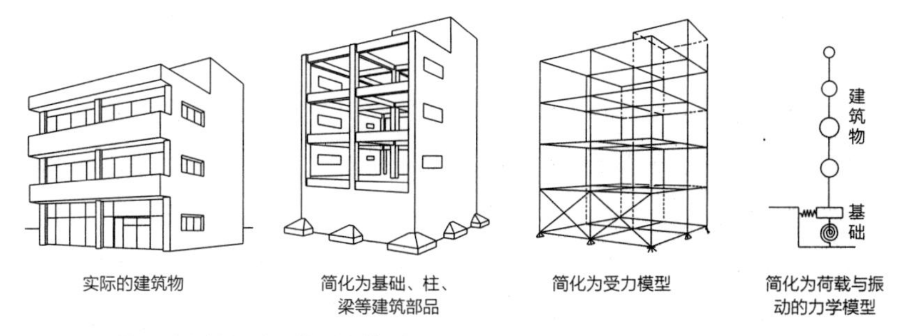

图 2-3　简化的建筑物的结构受力模型

（1）按照作用的直接和间接划分

1）直接作用，即荷载：直接施加于结构上的作用力，称为荷载，如结构的自重、承载的重力等的重力荷载，楼地面的人、设备、家具的使用荷载，风力或地震力作用产生的风荷载和地震荷载等。

2）间接作用，即作用：由于某种原因使结构产生约束变形或外加变形，称为作用，如地基不均匀沉降的外加变形产生的沉降作用，温差或材料的体积变化在结构的约束中引起的温差或收缩作用等。

（2）按照作用时间划分

1）恒载，永久荷载：建筑构件自重、固定的设备等，在建筑设计周期内不发生变化的作用力。

2）活载，可变荷载：活动的人和家具、积雪、积水等可变或可移动的荷载。

3）偶发荷载，偶然作用：偶发的、持续时间很短的、作用力很大的荷载，如地震荷载、爆炸荷载等。

（3）按照受力方向划分

1）垂直荷载：构件设备自重。

2）水平荷载：风力、构件侧推力。

3）其他荷载：变形、振动等。

这些外力作用于建筑物上时，材料和构件主要有五种受力（图2–4），即：

1）拉力：受拉，一般表示为＋N。结构的性能则为抗拉。

2）压力：受压，一般表示为－N。结构的性能则为抗压。

3）弯矩：受弯，一般表示为M。结构的性能则为抗弯。

4）剪力：受剪，一般表示为V。结构的性能则为抗剪。

5）扭矩：受扭，一般表示为Mt。结构的性能则为抗扭。

由于扭矩可以看成是弯矩的一种特殊情况，即两个方向的弯矩，因此，结构的主要受力为拉力、压力、弯矩和剪力，我们可以通过简单的道具来理解这四种作用力。由于建筑材料在自然状态中主要承受万有引力带来的压力，因此，材料的受力性能中轴向的压力的承受能力最强，部分构件由于失稳等问题，承受压力不如承受拉力大，如钢索、钢杆、膜等。

如上所述，结构的基本功能是：承受正常使用和施工的作用力，维持足够的耐久性，在正常工作时保证良好的工作性能，在偶发事件时保证必需的稳定性。结构的失效就是上述功能的一部分或几种功能的丧失。结构失效包括破坏、失稳、变形过大（含裂缝过宽）、耐久性丧失、倾覆或滑移。结构的作用和设计的目标就是防止结构失效的发生（图2–5、图2–6）。[①]

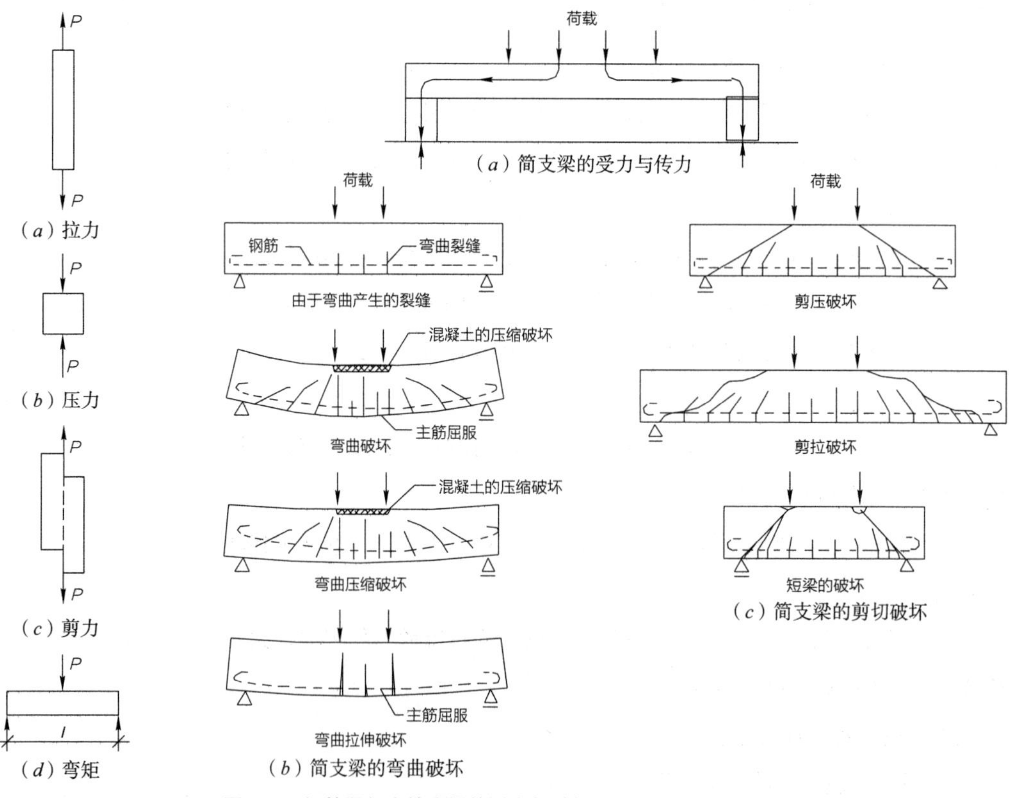

图2–4 四种受力的简单模型

图2–5 钢筋混凝土简支梁的受力与破坏

① 罗福午，张惠英，杨军. 建筑结构概念设计及案例. 北京：清华大学出版社，2003.

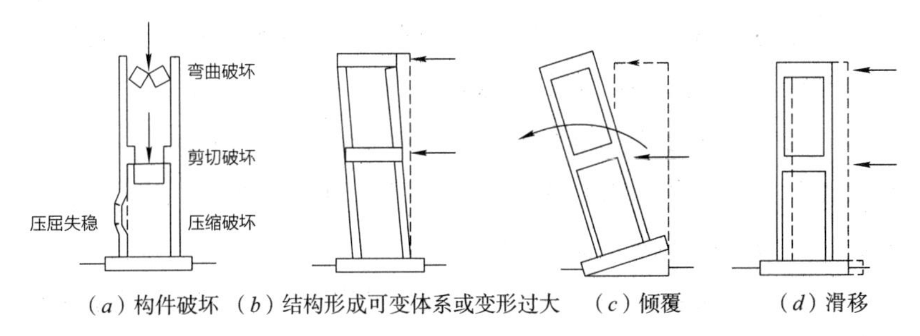

（a）构件破坏　（b）结构形成可变体系或变形过大　（c）倾覆　（d）滑移

图 2-6　结构的失效

2.2.3　结构体系的分类

建筑的结构是建筑物的骨架，支承着自然和人为的作用力，使建筑物得以围合空间并保持形态，因此，结构体系工作的基本原理就是要把建筑物构件自身，特别是顶部围合构件（屋顶或楼板）的自身重力及其承受的外加重力传递到地面，或者说是以地面为基础支承建筑物自身及其外加的作用力，这是作用力与反作用力、荷载与承载的相互关系。因此，结构体系的基本作用程序就是承受荷载—传递荷载—释放荷载的力流的收集、传递和释放的过程。结构的基本设计要求就是在保证材料和构件不损坏或大变形的基础上传递荷载、保证荷载与承载的平衡、保持结构体系的稳定性。

各种结构根据构件的集合形态和受力特点可以简化为线形结构和面形结构。线形结构以直线或曲线的杆状构件来传递和平衡受力，主要有梁、柱、拱、门式刚架、框架、网架等；面形结构以平面或曲面构件来传递和平衡受力，主要有板、墙、折板、薄壳等。

也可以根据结构构件的位置分成结构的水平分体系（梁、板、桁架、网架等）、竖向分体系（墙、柱、筒等）和基础体系三大基本体系。由于人的活动在重力的限制下大多在水平面上展开，水平空间的获得与建筑物构件垂直受力的矛盾，决定了建筑物的基本受力形态是简支梁或板（板可以看成是梁的密集）在两端的柱上作简单支撑，形成跨度空间的横梁上承受荷载（屋顶、楼板的荷载及自重），简支梁在承受荷载后在不同部位承受拉力、压力、弯矩和剪力，并在向两端支撑的柱子或墙体传递受力时使柱子受压，柱子再将荷载汇集传递到柱础，最后柱础以受压的方式将建筑的荷载扩散释放到地基，完成荷载的传递和反向支撑的过程。

除了上述分类外，建筑结构的类型可以按照不同的标准划分成多种。

1）按照组成建筑结构的主要建筑材料可以划分为钢筋混凝土结构、砌体结构（砖砌体、石砌体、小型砌块、大型砌块、空心砖砌体等）、钢结构、木结构、塑料结构、薄膜充气结构。

2）按照组成建筑结构的主体结构形式可以分为墙体结构、框架结构、框架—剪力墙（抗震墙）、筒体结构、拱形结构、网架结构、空间薄壁结构（薄壳、折板等）、钢索结构（悬索结构）。

3）按照组成建筑结构的体形可以划分为单层结构（单层厂房、影剧院、体育馆等）、多层结构（2～7层）、高层结构（一般为8层以上）、大跨度结构（跨度一般在40m以上）。

4）按照结构受力的特点可以分为平面结构体系和空间结构体系两大类型。

在荷载的承受、传递和扩散过程中，依据材料在重力条件下形成的特性（受压、受拉等轴向受力最强，受弯、受剪较差），尽可能地将受弯和受剪转换为受压和受拉，使材料处于无矩或薄膜状态，以最大限度地发挥材料的特性并形成更大的可用空间。自然界中的薄壳、现代结构的空间网架形式、索膜结构等，都是这种状态的代表（一个人可以轻易地折断一根筷子或撕破一张纸，但却很难拉断或压碎一根筷子或一张纸）。结构体系的建立、发展和分类都是以支撑重力、维持空间为基础的，也就是主要将屋顶等空间遮蔽物的垂直重力改向为水平方向并依照空间的需要传到地面，即以力的改向和传导为原点的，尤其是力的水平传导和改向。

以在自然界最常见和古代最常使用的木材和石材的受力特性来看，石材强于受压，弱于受拉和受弯，因此石造建筑只能形成小跨度、密集柱的形式，木材的四种受力则较为均衡，由于自重轻，其受弯、受剪能力显得相当出色，适宜作为梁材，因此，木造建筑适宜较大跨度的形式，石造建筑为了获得更大的跨度也常使用木材做横梁以支撑屋顶。在西方和中国以不同建筑材料为基础形成的古典建筑形态，就鲜明地反映了木材和石材的特征。

古罗马人发明的拱券结构就是一个巨大的进步，它使垂直的荷载转换为拱券的侧推力，在力的传递中以压力的形式传到基础上，有效地解决了砖石弱于受弯和受剪的问题，突破了古希腊人材料使用的限制，创造了大尺度、大跨度的建筑空间，形成了建筑史上的一个巅峰。

中世纪哥特式教堂建筑在砖石拱券的基础上发展出了带扶壁、壁柱的墙承重的混合结构体系，使得木材、砖石砌块的材料性能得以充分发挥，创造了高耸的宗教纪念碑。

近代从美国芝加哥开始的摩天楼建造热潮可以看成是人类又一次的对通天塔的尝试——它利用新型结构材料（钢）和垂直交通技术（电梯），在技术和经济的法则下，成为技术进步和科学信仰的纪念碑。现代的大型体育场馆、交通建筑、会展空间等则是根据钢材的特性，采用桁架和空间网架的结构形式将屋顶的弯矩和剪力全部转换为杆件的压力和拉力，充分发挥了材料的特性，获得了大跨度的使用空间（图2–7）。

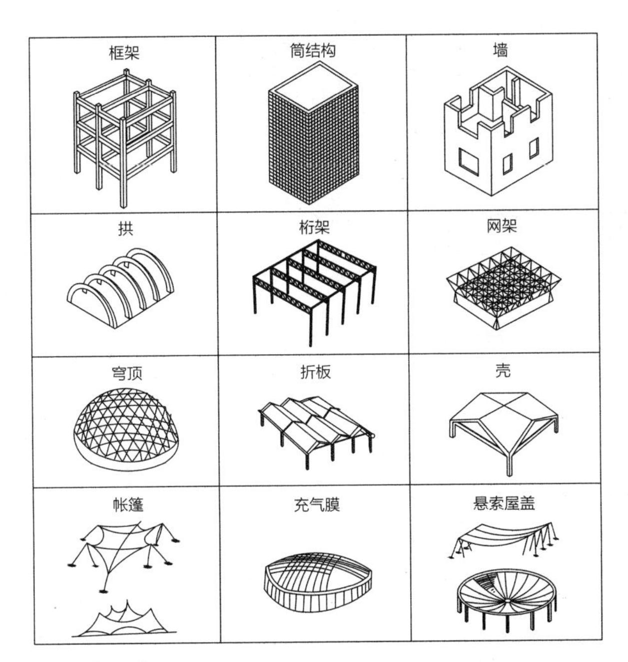

图 2-7　常见的结构形式
引自：日本建筑构造技术者协会. 图说建筑结构. 王跃译. 北京：中国建筑工业出版社，2000.

常见的建筑结构体系主要根据竖向承重构件分体系来划分，在保证建筑物使用空间的基础上有多种结构形式可供选择，根据空间形态、材料特性、施工方法和经济性考虑，一般房屋多采用框架结构（柱结构）或剪力墙（墙结构）体系，高层建筑多采用筒结构（柱结构）。拱结构、折板结构、桁架结构主要指结构的水平分体系，多用在单层大跨空间中，其竖向分体系同样可以选用柱结构或墙结构承重。帐篷结构、悬索结构、充气膜结构、空间网架结构、穹顶结构等为空间结构体系，无法区分水平和竖向体系，其特点是自重轻，空间跨度可以很大，但材料自身造价较高，因此主要用在特大空间的覆盖和景观小品建筑中。

上述结构与常用的建筑材料特性具有一些对应关系，同时也可通过采用复合材料、施加预应力等方法改进材料特性，以充分满足结构的要求（表2-2、表2-3）。

主要材料的抗压、抗拉、抗弯性能　（单位：MPa）　表2-2

材料	抗压	抗拉	抗弯
花岗石	100 ～ 250	5 ～ 8	10 ～ 14
普通黏土砖	5 ～ 20	—	1.6 ～ 4.0
普通混凝土	5 ～ 60	1 ～ 9	—
松木（顺纹）	30 ～ 50	80 ～ 120	60 ～ 100
建筑钢材	240 ～ 1500	240 ～ 1500	—

引自：北京市注册建筑师管理委员会. 一级注册建筑师考试辅导材料：第 4 分册　建筑材料与构造. 北京：中国建筑工业出版社，2004.

主要材料的受力特性和结构类型　　表2-3

结构形式＼材料	石	木	混凝土	钢	索	膜
砌体结构	○	○	○			
剪力墙结构		○	○			
拱结构	○	○	○	○		
桁架结构		○	○	○		
无梁楼板结构		○	○	○		
框架结构		○	○	○		
空间桁架结构		○		○		
穹顶结构	○	○	○	○		
壳结构	○	○	○	○		
悬索结构		○		○	○	○
充气膜结构				○	○	○

引自：日本建筑构造技术者协会．图说建筑结构．王跃译．北京：中国建筑工业出版社，2000.

2.3　建筑结构的水平、竖向、基础分体系

建筑物从结构体系的视点出发可以看成是由水平构件（承载）、竖向构件（传载）、基础（释载）三大部分（分体系）组成。

2.3.1　水平分体系

建筑结构的水平构件是承受竖向荷载的构件，即建筑物的主要承载体系，主要包括板、梁、桁架、网架等。其作用是承受楼面和屋面的竖向荷载，并通过刚性的截面形态作用抵抗剪力和弯矩的作用，将竖向荷载转化为水平力并传递到竖化分体系；同时，在水平方向上支撑竖向构件、抵御水平作用力并保持竖向构件的稳定。梁可以看成是面状板的线形元素，或是窄条的厚板；反之，板也可以看成是线状的梁的集合。梁和板一样，都是刚性截面作用力的改向和传导体系，都是以承受弯矩为主的构件。因此，结构水平分体系的设计就要求保证构件有足够的承载力和刚度，并通过合理化的结构设计使得力的转向和传递便捷有效，以减轻结构构件的尺寸和自重，解决空间跨度和垂直支撑的矛盾。同时，还要满足刚度的要求，防止结构变形、振动对生活的影响，满足人的生理和心理要求。

从整个承载体系来看，除了墙、柱等垂直构件以外，其余的构件，包括坡屋顶等斜向构件均可归入结构水平分体系的范围，因此，水平分体系中包含了各种类型的梁（包括楼地板和屋盖的梁，楼梯中的平台梁和斜梁，墙体开口部的门窗洞口过梁，阳台和雨篷的悬臂梁等）、板（包括平

板和楼梯板）以及屋架、桁架等主要承受垂直荷载的构件（表2–4）。

一般钢筋混凝土和钢结构楼盖/屋盖构件的合理跨度　　表2–4

结构体系	结构形式		合理跨度范围（m）	
板梁体系	肋形楼盖（钢筋混凝土构件）	次主梁楼盖	2～4（板）	4～6（次梁），6～12（主梁）
		交叉梁楼盖	2～4（板）	10～20（梁）
		单向密肋楼盖	0.7～1.3（板）	3～6（梁）
		双向密肋楼盖	1～1.5（板）	4～10（梁）
		无梁楼盖	4～7（普），7～10（预）	
		板梁屋盖	4～6（板）	6～15（普），9～18（预）
桁网	三角形屋架		9～15（混、木），18～24（钢）	
	折线形屋架		15～24（混）	
	梯形屋架		15～30（混），24～36（钢）	
	棱形屋架		12～15（混），9～15（轻钢）	
	空腹桁架		18～24（混）	
	交叉空间桁架（钢构件）		30～100	
网架	平板四角锥网架（钢构件）		20～60	
	平板三角锥网架（钢构件）		40～80	

注:（普）指普通钢筋混凝土,（预）指预应力混凝土,（混）指普通钢筋混凝土或预应力混凝土,（轻钢）指轻型钢结构。

引自：罗福午，张惠英，杨军. 建筑结构概念设计及案例. 北京：清华大学出版社，2003.

（1）板①

板是有较大平面尺寸、较小厚度的面形结构构件。板通常水平设置，有时也可能斜向设置，主要承受垂直于板面向下的荷载。由于板必须把所受的竖向荷载转向并传递到两边的墙、柱中，因此，板的受力以弯矩、剪力、扭矩为主，但在结构计算中常常忽略剪力和扭矩。在重力条件下，人类的生活和空间环境是沿地坪的水平方向展开的，空间的基本构成是在水平的覆盖（遮蔽风雨和日晒）和支撑（屋盖的支撑和地板的支撑以及空间的竖向叠加）构件——板的基础上形成的。

在梁板水平结构体系中，楼板与梁相连，在结构上是四边支承的，但根据力的传递趋向“走短路”的原理，当板的长边L_2与短边L_1的比大于2（即$L_2:L_1>2$）时，荷载基本只沿L_1的方向传递，称为单向板，反之则为双向板。在实际工程中，常在楼板下设梁以改变板的传力路线或增加板的支座以减小板跨。

板按照不同的方式可以进行多种分类（图2–8）。

1）按平面形状分，有方形、矩形、圆形、三角形、异形板等。

① 罗福午，张惠英，杨军. 建筑结构概念设计及案例. 北京：清华大学出版社，2003.

2）按截面形状分，有实心板、空心板、槽形板、“T”形板等。

3）按照受力的特点和支撑条件，可分为单向板、双向板、四边支撑、三边支撑、两边支撑等。

4）按所用材料分，有钢筋混凝土板、压型钢板、实木板、钢板、两种以上材料的组合楼板等。目前我国使用最广的是木楼板、钢筋混凝土楼板、压型钢板组合楼板。

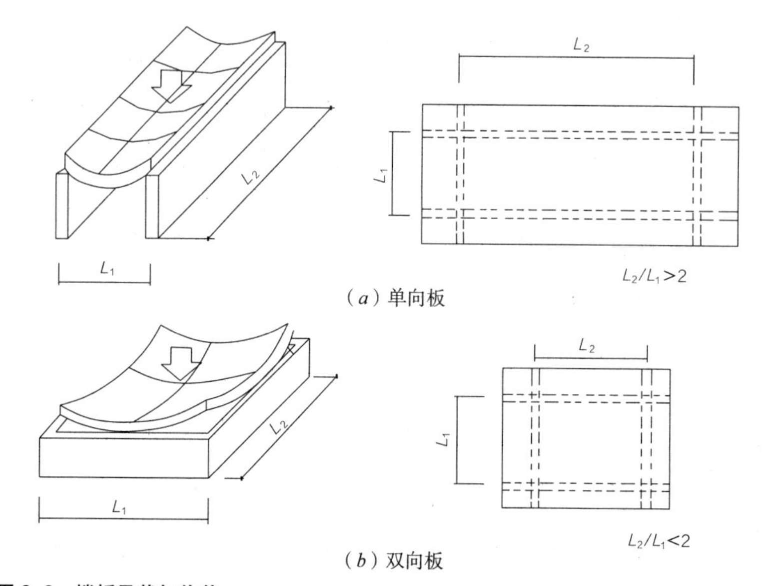

图2-8　楼板承载与传载

如果把其他结构体系的刚性面状材料计算在内，板还可以组合成空间结构，如折板结构。

常用的钢筋混凝土板的最小厚度（L为板的跨度，h为厚度）：

1）单向板：$L/35$（简支），$L/40$（两端连续）；民用建筑h不小于70mm，工业建筑h不小于80mm。

2）双向板：$L/45$（四边简支），$L/50$（四边连续），L为双向板的短边；厚度h不小于80mm。

3）密肋板：当密肋板的跨度为0.7m左右时，厚度$h=50$mm，其他情况厚度h可取60～70mm。

4）四角支承板（即无梁楼盖的板）：$L/35$（L为板的长边长度）；厚度h不小于150mm。

5）悬臂板：$L/12$；板的根部厚度h不小于80mm。

（2）梁[①]

梁一般指承受垂直于其纵轴方向荷载的线形构件，它的截面尺寸小于

① 罗福午，张惠英，杨军．建筑结构概念设计及案例．北京：清华大学出版社，2003.

其跨度。梁的主要作用是将水平板承载（收集）的垂直荷载有效地转向并沿梁的纵轴方向传递到柱、墙等竖向分体系。因此，如果荷载的中心作用于梁的纵轴平面内，梁只承受弯矩和剪力，否则还要承受扭矩。

根据板下是否设梁及设梁的方式，一般将梁板的结构水平分体系分为板式（无梁）、肋梁式（主次梁）、交叉梁（井字梁）三种主要类型。

梁可以有多种分类方式：

• 按几何形状分，有直梁、斜梁、曲梁等。

• 按截面形状分，有矩形、槽形、箱形、T形、工字形等，也有等截面梁、变截面梁、空腹梁等。

• 按照受力特点分，有简支梁、悬臂梁、固定梁、连续梁等。依据在建筑中所起的作用可分为主梁、次梁、交叉梁、密肋梁、圈梁等。

• 按照材料可以分为钢筋混凝土梁、实木梁、型钢梁、组合梁（如型钢与混凝土组合的钢骨混凝土梁）等。

钢筋混凝土梁的参考截面尺寸（梁的高宽比为3～1.5）：

• 单跨简支梁：$L/12$～$L/10$。

• 多跨连续主梁：$L/14$～$L/12$。

• 多跨连续次梁：$L/18$～$L/14$。

• 交叉梁：$L/20$～$L/16$，L为交叉梁屋盖平面的短边长度。

• 单跨密肋梁：不小于$L/20$，梁宽为60～150mm，梁高不小于200mm。

• 多跨密肋梁：不小于$L/25$，梁宽为60～150mm，梁高不小于200mm。

• 无梁楼盖周边圈梁不小于$L/15$，L为板跨，不小于2.5倍板厚。

• 悬臂梁：$L/6$～$L/5$。

1）板式（无梁）体系

楼板不设梁而将楼板直接支承在墙或柱上时，则为板式楼板（无梁楼板）（图2-9）。为提高楼板承受荷载的能力和刚度，通常在柱顶设置柱帽，使其受力合理，以免楼板过厚。

无梁楼板采用的柱网通常为正方形或接近正方形，柱网跨度在6m左右时较为经济，板厚一般大于150mm，且不小于板跨的1/35。无梁楼板顶棚平整，有利于室内的采光、通风，视觉效果较好，且能减少楼板所占的空间高度，但楼板较厚，当楼面荷载较小时不经济。

主要应用于：

a．用于开间较小的墙承重体系或厨房、卫生间、走廊等跨度较小处的楼板，直接由墙支承，其最小高跨比（每块板的板厚与板的跨度之比）：

• 单向板：简支时为1/35，连续板为1/40。

• 双向板：简支时为1/45，连续板为1/50。

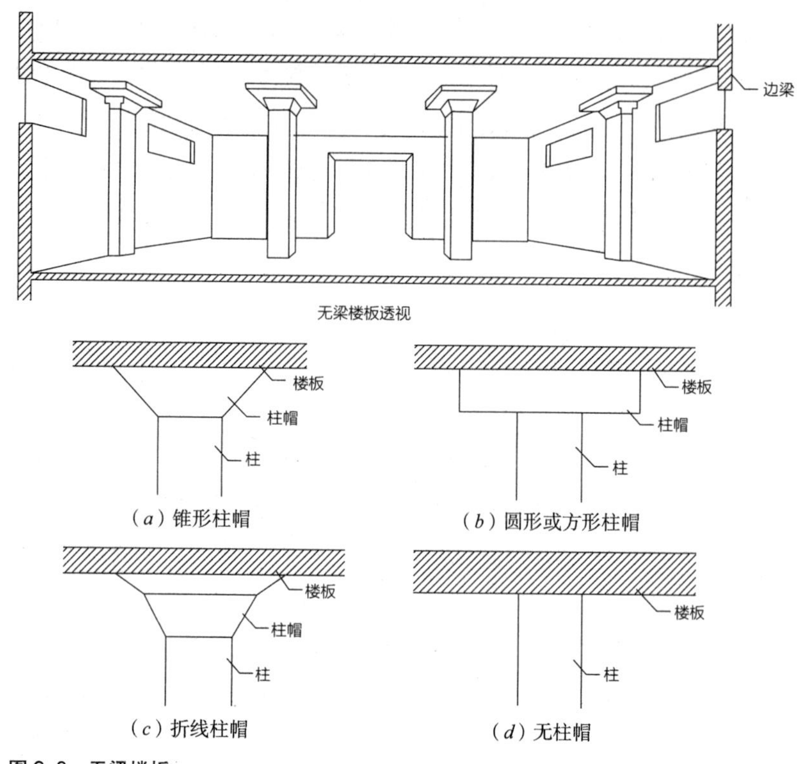

图2-9 无梁楼板

b. 用于柱承重的无梁楼盖系统，板直接由柱子支承，连接部分可以设柱帽，以提高楼板的承载能力和刚度，楼面荷载和自重通过楼板—柱帽—柱—基础的顺序传力。柱帽有方形、多边形、圆形等。

2）肋梁（主次梁）体系

肋梁式楼板（主次梁结构）由板、次梁（肋梁）、主梁构成，传力途径为板—次梁—主梁，次梁在板下沿一个方向平行布置形成“肋”状，故名肋梁式楼板（图2-10）。肋梁式楼板可以减小板的跨度，或者减小与肋梁平行的边梁的高度，以适应开窗、走管道等的需要，是一种常用的、经济的楼板体系。一般梁（肋梁）的经济跨度为3～5m，主梁的经济跨度为5～8m，单向板的跨度〔肋梁（即次梁）间距〕为2～3m，双向板的跨度为3～6m。

肋梁（主次梁）楼板的布置原则是：

a. 构件有规律地布置，上下对齐，传力直接，受力合理。

b. 避免梁布置在门窗洞口上，重大设备和自重较大的隔墙宜布置在梁上。

3）交叉梁（井字梁）体系

当肋梁楼板两个方向的梁不分主次、高度相等，在板下沿两个方向垂直或斜交呈井字布置时，称为井式楼板。井式楼板一般可以形成双向板，在板下沿两个方向垂直或斜交布置梁，可减小梁高。梁高为梁跨的1/15左右，梁的断面高宽比约为2～4，板厚按板式计算。

交叉梁（井字梁）体系适用于正方形平面、长短边比小于1.5的矩形平面，跨度可达30m左右，梁的间距为3m左右。这种楼板的梁板布置美观，有装饰效果（图2-10）。

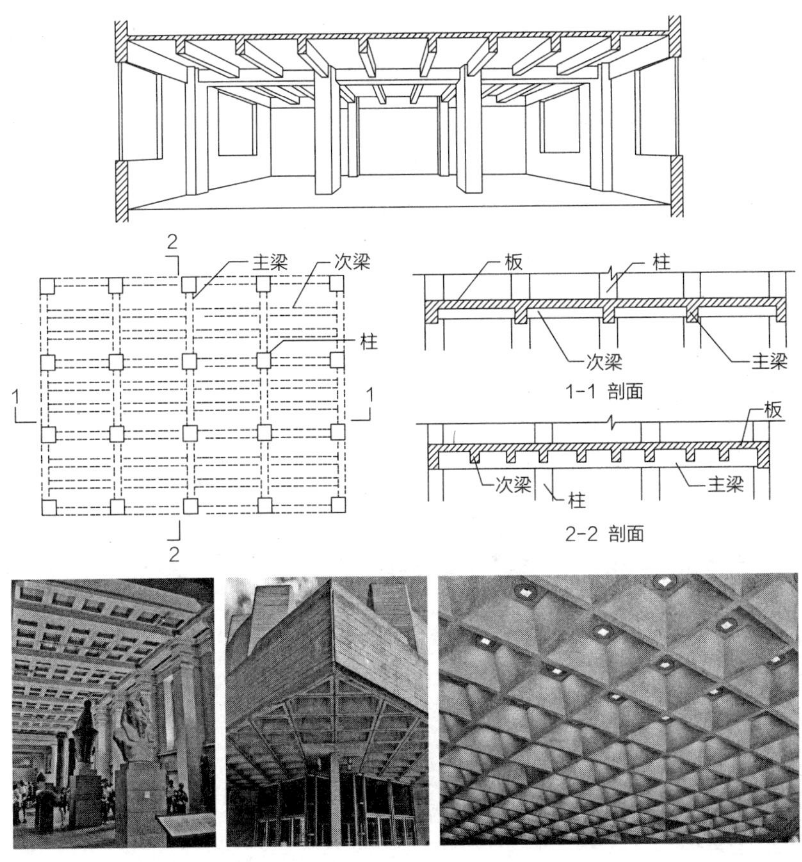

图 2-10　梁板式（肋梁与交叉梁）楼板

（3）索

索是以柔性受拉钢索组成的构件，因此无法承受压力，只能承受拉力，用于悬索结构和悬挂结构。悬索结构是由柔性拉索及其边缘构件组成的结构，拉索是承载结构构件的一部分，一般利用抗拉性能优异的材料，做到跨度大、材料省、自重小、施工便捷，常用于大跨屋盖或大跨桥梁，但应注意解决结构整体的柔软性问题。悬挂结构多用于高层建筑，采用吊索或吊杆承受重力荷载，将其他承重构件悬挂在筒体或塔架上，钢索并不是结构体的承重构件而只是支承拉杆。悬挂结构主要有悬吊式和斜拉式两种形式。在梁柱和桁架体系中也可以将受拉构件换成钢索，形成张拉索与压杆构成的体系，在玻璃幕墙和金属屋盖中得到了广泛的应用（图2-11）。

图 2-11　索结构

（4）膜结构

膜结构主要分为气囊式（充气结构）和张拉式（索膜结构、帐篷结构）。气囊式是将高压空气充入薄膜中形成梁、柱、壳等构件以形成结构体的结构方法；张拉式是以建筑织物，即膜材料为张拉主体，与支撑构件或拉索共同组成的结构体系。张拉式又分为刚性框架支撑和自承薄膜结构两种方式。刚性框架结构一般采用金属框架，通过框架上绷膜的形式可以形成半圆形或连续的几何形状；自承薄膜结构是依靠膜自身相反的曲线分布固定膜所需的拉应力，形成马鞍形、圆锥形、双曲面形等。张拉膜是柔性面结构，薄膜只能承受拉力，为了保证薄膜上的各点都处于双向受拉的状态，张拉膜结构的曲面不能过于平缓，以保证薄膜完全绷紧并呈马鞍形曲面（图2–12）。

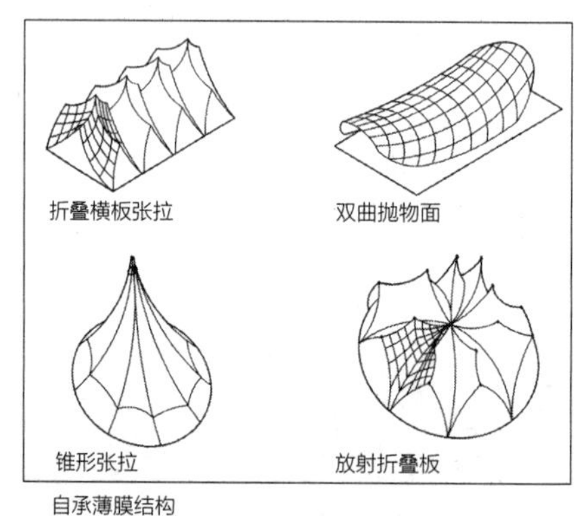

自承薄膜结构

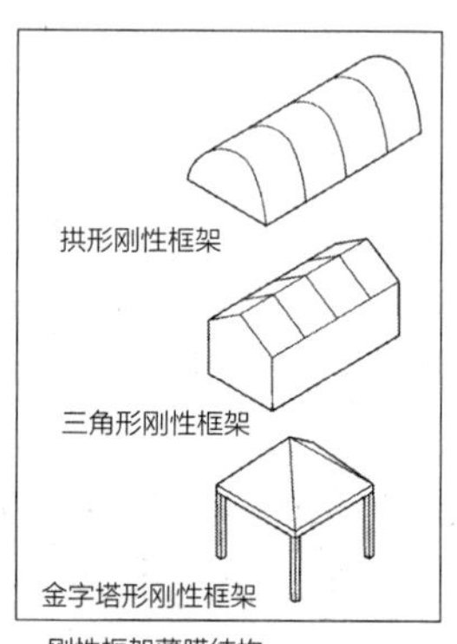

刚性框架薄膜结构

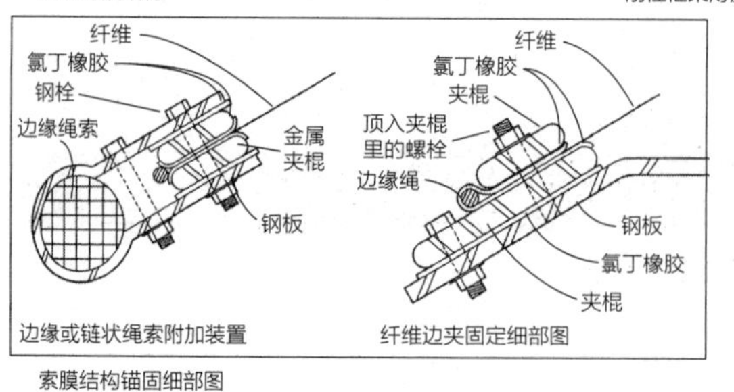

索膜结构锚固细部图

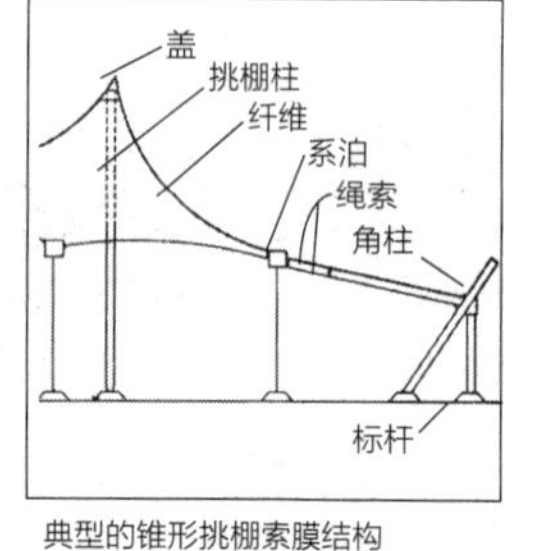

典型的锥形挑棚索膜结构

（*a*）膜结构的类型与连接方式

（*b*）膜建筑外观

图 2–12　膜结构

（*a*）引自：查尔斯·乔治·拉姆齐等．建筑标准图集（第十版）．大连：大连理工大学出版社，2003.

（5）桁架、网架——空间结构体系

桁架是由若干直杆组成的一般具有三角形区格的平面或空间承重结构构件。它在竖向和水平荷载的作用下，各杆件主要受轴向拉力或轴向压力，从而能充分利用材料的强度，做到跨度大、用料省，特别适合于较大跨度和高度的结构物和建筑物，如大型体育场馆的屋盖、桥梁的跨越结构、塔等高耸结构。

桁架的分类有以下几种：

1）按立面形状分，有三角形、梯形、折线形、拱形、空腹桁架（空腹桁架的腹杆间无斜杆）等。

2）按受力特点分，有平面桁架和空间桁架（网架就可以看成是空间桁架的一种）等。

3）按所用材料分，有钢筋混凝土、钢结构、木结构、组合结构（如钢木组合桁架）等。

网架是由多根杆件按照一定的网格形式，通过节点连接而成的空间结构。这是一种格构化的板，几何单元规格相同，杆件统一，便于施工安装。与桁架一样，网架各杆件主要承受轴向拉力或压力，因此能够充分利用材料的强度，具有重量轻、刚度大、跨度大的特点，主要用于大跨度的屋盖结构。网架按照外形可以分为双层平板网架、立体交叉网架、曲面壳形网架等，按照板形，网格组成可以分为交叉桁架网架、四角锥网架、三角锥网架、六角锥网架等，按照所用材料可以分为钢筋混凝土网架、钢网架、木网架、组合网架等（图2–13）。

（6）拱、穹顶

拱是由曲线形或折线形平面杆件组成的平面结构构件，含拱圈和支座两个部分。拱圈可以看成是水平的结构体系弯曲后直接支撑在基础上，即水平体系和竖向体系的合而为一。拱身可以分为两大类，梁式拱和板式拱。拱圈在荷载的作用下主要受轴向压力，支座可做成能够承受竖向和水平反力以及弯矩的支墩，也可以用拉杆来承受水平推力。由于拱圈主要承受轴向压力，与同跨度、同荷载的梁相比，能节省材料，提高刚度，增大跨度，是抗压材料的理想形式。自然界中的土穴、岩洞就是一种大量存在的拱形天然结构，也可以使用抗压的土、石等廉价的建筑材料，施工简便，应用广泛，有效地突破了砖石砌体结构的跨度极限和木构的耐久性、防火性问题，成为建筑历史上的革命性技术（图2–14）。

把一个拱围绕其竖轴旋转后形成的圆形屋盖状的集合体就是穹顶，由于穹顶面双向受压，可以做得薄而跨度大，但底部圆环需要承受较大的拉力，基座需要承受较大的压力。

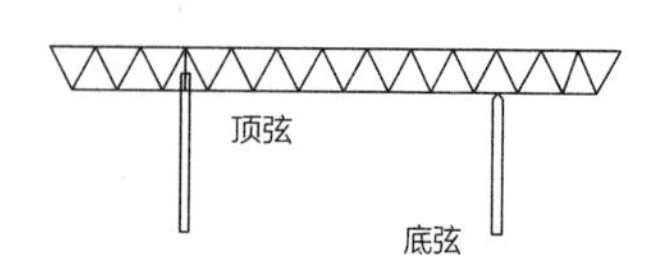

支承方式

注：在跨度允许时，方形管或角钢一般是最经济的。
构件形状

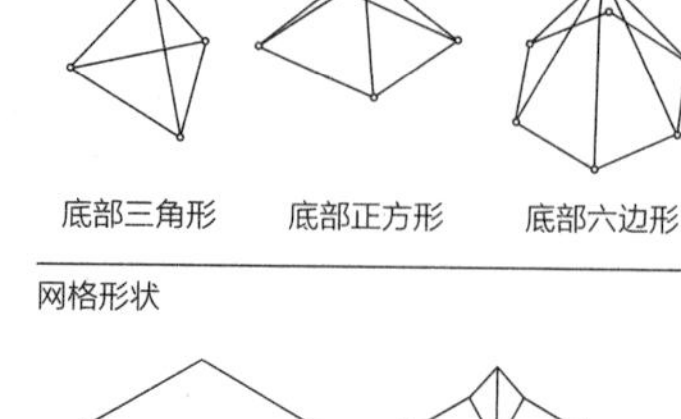

网格形状

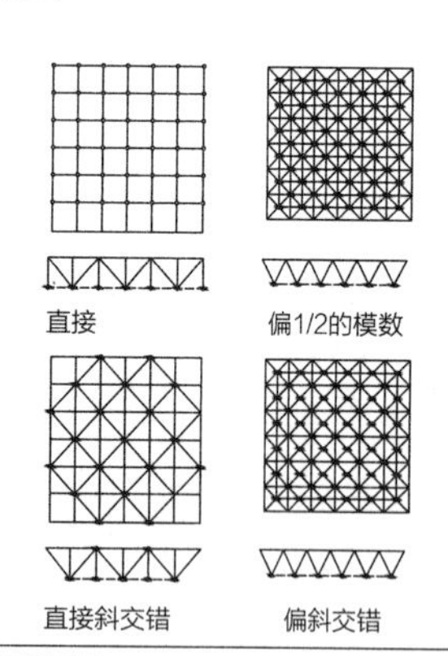

通用网架图形

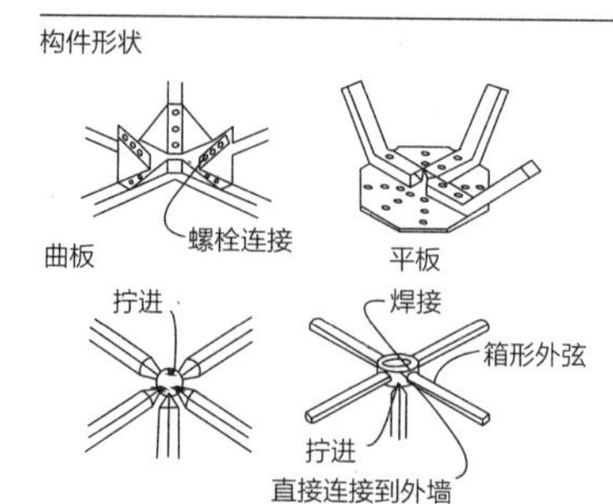

全球形　　部分球形

注：空间网架支撑只是在底板连接处，而不是沿着整个构件。
节点连接

板　　多面体
折叠板　　穹顶

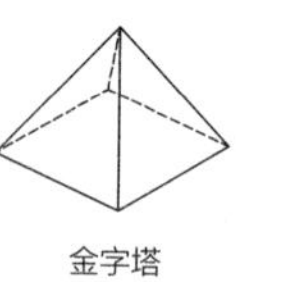

金字塔　　双曲抛物面
空间网架式样类型

（*a*）结构体系与连接方式

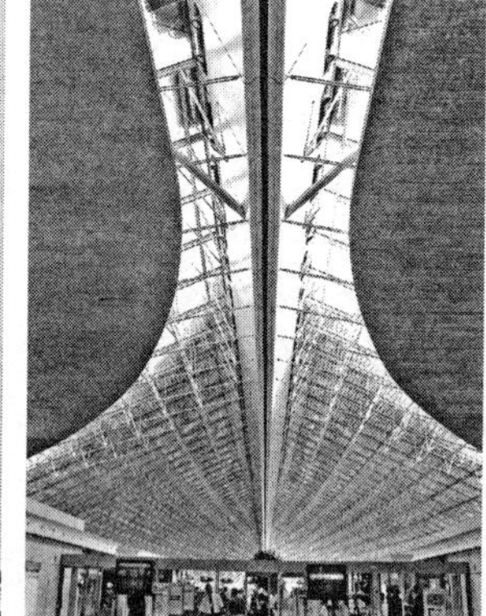

（*b*）空间网架建筑

图 2-13　空间网架

（*a*）引自：查尔斯·乔治·拉姆齐等．建筑标准图集（第十版）．大连：大连理工大学出版社，2003.

图 2-14　拱结构

（7）壳体、折板

壳体是薄壁空间曲面结构，一般由直线或曲线旋转或平移而成，在壳面荷载的作用下主要是双向受压的无弯矩（无矩或薄膜）状态，因此可以做得很薄，但在边缘连接处还受弯、受剪，因而需要局部加厚。壳体具有很好的空间传力性能，能以较小的构件厚度覆盖大跨度空间，同时兼具承重和围护作用，节省材料。球面壳可以看作是一组竖拱和一组水平圆环组成的，无水平圆环时是拱结构，加入边缘限定构件——圆环后就形成了结构性能优异的壳体。自然界中的蛋壳、贝壳就是典型的壳体，人类大量使用的碗、坛、罐等也是壳体。壳体的结构造型有筒壳、球壳、双曲壳、鞍壳、扭壳等，但结构施工时需要大量的复杂的模板，制作较复杂。

折板和壳体都属于薄壁空间结构，前者由平板组成，后者由曲面组成。折板和壳体都是以薄板的空间刚度保证结构整体的刚性。

2.3.2　竖向分体系

竖向构件是支承水平构件或承担水平荷载的构件，在建筑物中主要起传载的作用，在竖向承受由水平体系传来的全部荷载并将荷载传递到基础体系，在水平方向，抵抗水平作用力如风荷载、水平地震力等，并通过承受水平作用力的弯矩将荷载传递到基础体系。它一般是由柱、墙、筒体组成的框架或筒壁状体系，如框架体系、承重墙体系、井筒体系等。竖向分体系起着维持空间的基本形态的支撑作用，是水平分体系承载的基础条件，它的强度和稳定性、防灾性决定着建筑物和使用空间的安全，是结构设计中的决定性因素。又因为荷载在竖向结构中沿轴向垂直传递，所以竖向构件的抗压强度是关键因素，相对于水平分体系，对它的自重限制并不大。现代建筑追求大空间和灵活布局必然带来水平结构构件跨度和自重的增大，同时，竖向结构构件的减少要求构件的竖向和水平方向的承载力更大，结构的稳定性更强。

值得注意的是，不管是结构的水平体系还是竖向体系，都要承受结构体系的各个方向的荷载，但荷载在不同方向上的分配形成了结构体系的主次因素。在多层建筑中，由于竖向荷载与柱、墙体系的受压是主要矛盾，因此可以选用施工简便、造价低廉、抗压性能好而抗弯剪性能差的砖石结构作为竖向结构分体系。随着建筑高度的升高，风力、地震力等在建筑的垂直支撑体系上会产生水平的侧推力，对墙体形成巨大的剪力，水平荷载成为影响结构的主要因素，因此需要采用抗压、抗弯、抗剪能力都很强的钢筋混凝土或钢结构体系，并且采用筒体、剪力墙等抵抗水平力的结构体系（可以把高层建筑看成是竖向的悬挑体系或桥梁体系）。

（1）竖向基本构件1：柱

柱是主要承受平行于其纵轴方向的荷载并将之向下传递至地基的线形构件，它的截面尺寸远小于它的高度，一般以承受上部构筑物的重力带来的压力和侧向风力、地震力带来的弯矩为主，因此也被称为压弯构件。在建筑中，柱可以算是人类模仿自然界的树木构筑的第一种人造物，它确立了基本的空间中心或限定关系，是人类自立于世界和族群存在的象征，也是结构关系的一次体验与尝试。古代的聚落门柱和古埃及方尖碑、日本古民居中的大黑柱，都是这一人类历史的记录。当两根柱子支撑一根梁并以此为基本单元来构筑屋盖和楼地面时，建筑的基本单元也就产生了。而柱作为自然中的人造物和建筑的基本要素，一直是结构和文化中的要素，古希腊和古罗马的柱式，中国古代的柱间和雕梁画栋，无不以建筑的垂直性的基础——柱为中心和原点。现代建筑中也有通过突出柱状的造型和超结构（巨型结构）来强调建筑的雄伟和坚实的手法。

柱可以有多种分类方法：

1）按照截面分，有方形、圆形、筒形等。

2）按照受力特性分，有轴心受压柱和偏心受压柱、结构柱和构造柱等。构造柱是砌体结构中为加强墙体整体性而设置的非承重柱状构造物，而非真正意义上的结构柱。

3）按材料分，有石柱、砖柱、钢柱、钢筋混凝土柱、木柱、组合柱等。

（2）竖向基本构件2：墙

墙体主要是承受平行于墙面方向的荷载的竖向构件，它在重力和竖向荷载的作用下主要承受压力，在风、地震等水平荷载的作用下主要承受剪力和弯矩。因此，墙按照受力可以分为承重墙、非承重墙、剪力墙。以承受重力为主的墙称为承重墙，作为隔断等起空间分割和围护作用的不承受上部结构传来的荷载的墙称为非承重墙，以承受风力或地震力所产生的水平力为主的称为剪力墙。承重墙体系（又称为墙承重体系）是指建筑结构的竖向分体系中只设墙体而不设柱的结构类型，墙体将承受重力等竖向荷载以及风荷载、地震作用等水平荷载，并维持整个结构系统的稳定，将这些荷载传递到基础和地基上。它在重力和竖向荷载的作用下主要承受压力，有时也承受弯矩和剪力，但在风、地震等水平荷载作用下或土压力、水压力等水平作用下则主要承受剪力和弯矩。因此，在抗震结构和高层建筑的抗风结构中，墙承重体系中部分或全部墙体以承受水平作用力产生的剪力为主，这种结构又称为剪力墙结构。

根据墙体的不同位置和功能，可以分为内墙、外墙、横墙、纵墙、山墙、女儿墙、挡土墙、封火山墙等。由于围护是建筑的基本功能，在不同的历史时期和技术条件下，各种材料都可以用作水平的围护而形成各种材质的墙，如砖墙、石墙、夯土墙、玻璃墙、钢筋混凝土墙等。墙体是人们观察建筑时接触最多的部分，因此，墙体的材质、开口、高度等形成了建筑物最重要的立面形象。

（3）竖向结构体系1：承重墙体系

承重墙体系是指建筑结构的竖向分体系中只设墙体而不设柱的结构类型。承重墙作为垂直的传力构件，即结构的垂直（竖向）分体系，需要把将水平分体系传来的荷载和自重传给基础分体系，在水平方向抵御风力、地震力的弯矩和剪力作用，通过截面的刚性形态作用和水平体系的支撑作用将其转换为竖向受力传给基础。这就要求作为结构的竖向分体系的承重墙满足结构设计的基本要求，防止结构失效中的破坏、失稳、变形过大、耐久性丧失、倾覆或滑移中的任何一种情况的发生。

承重墙体系可以分为横墙承重体系、纵墙承重体系、纵横墙承重体系、部分框架承重体系几种主要的承重墙结构体系（图2–15）。

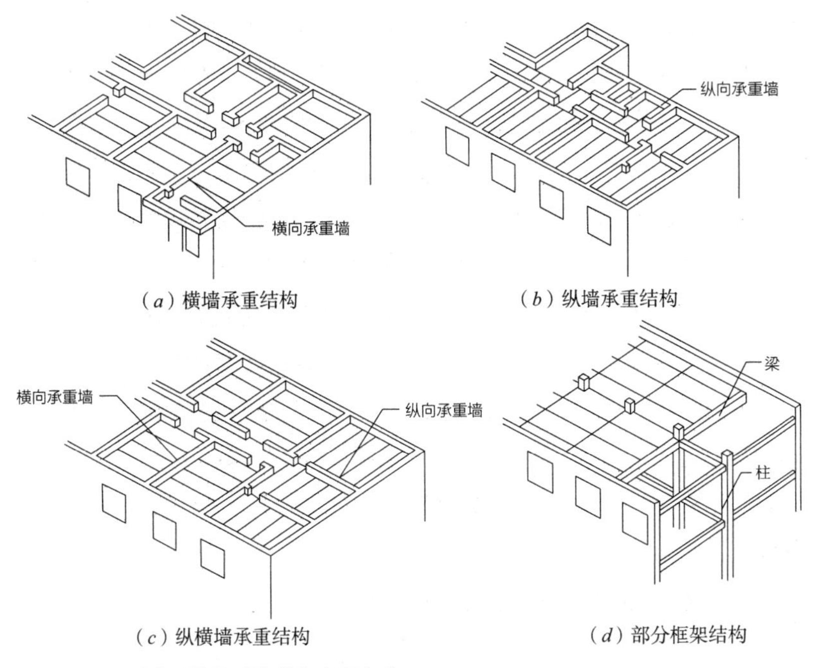

图 2–15　几种主要的承重墙结构布置方式

1）横墙承重结构——承重墙体主要由垂直于建筑物长度方向的横墙组成。楼面荷载依次通过楼板、横墙、基础传递给地基。横墙是主要的承重构件，纵墙只承受自身的重量，即自承重墙。这种体系结构整体性好，适用于房间的使用面积不大，墙体位置比较固定的建筑，如住宅、宿舍、旅馆等。

2）纵墙承重结构——承重墙体主要由平行于建筑物长度方向的纵墙组成，把大梁或楼板搁置在内、外纵墙上，楼面荷载依次通过楼板、梁、纵墙、基础传递给地基。这种结构整体性较差，纵墙作为承重墙，开窗受到的限制大，适用于要求有较大空间以及划分较灵活的建筑。

3）纵横墙承重结构——承重墙体由纵横两个方向的墙体混合组成。此方案建筑组合灵活，空间刚度较好，墙体材料用量较多，适用于开间、进深变化较多的建筑。

4）半框架（部分框架）承重结构——当建筑需要大空间时，可采用框架承重体系与承重墙体系的结合，一般有内部框架承重、四周墙体承重结构以及底层框架承重、上部墙体承重结构。

承重墙是垂直受力构件，应有足够的承载力和稳定性。承载力是指墙体承受荷载的能力，即承重墙应有足够的材料强度来承受楼板及屋顶的竖向荷载以及地震地区的地震作用。低层和多层建筑是控制在一定高度以下以考虑抗压强度为主的，可以采用刚性材料来砌筑墙体，例如砖、石、各类砌块等。高层建筑因为必须考虑水平荷载的作用，所以，承重墙多考虑采用钢筋混凝土墙板或配筋砌体。构件自身应具有稳定性，墙体的稳定性与高厚比有关。高厚比是指墙、柱的计算高度与墙厚的比值，高厚比越大，构件越细长，其稳定性越差。实际结构设计中，综合了材料质量、结构整体刚度等因素，对建筑物的高厚比有明确的限制。为满足高厚比要求，通常在长而高的墙体中设置壁柱，在墙体开洞口部位设置门垛。

抗震设防地区，为了增加建筑物的整体刚度和稳定性，在多层砖混结构房屋的墙体中，还需设置贯通的圈梁和钢筋混凝土构造柱，使之相互连接，形成空间骨架，加强墙体的抗弯、抗剪能力。砌体墙受压能力很强，但因侧向主要靠砂浆连接成整体，抗剪能力弱，规范规定，在无任何加固措施的条件下，抗震设防7度的地区，砖混结构的房屋限高为21m，8度区限高18m，而相应的钢筋混凝土剪力墙结构可以分别达到120m和100m。

（4）竖向结构体系2：框架承重体系

用一榀框架（通常为两根柱子支承一根梁）来代替一片承重墙，可以最大限度地减少垂直承重构件所占据的空间，并使相邻两部分空间得以连通且能自由分隔，是框架承重体系不同于墙承重体系的最大特点。

框架是由梁、柱连接成纵横有规则排列的整体，能够同时承受竖向和水平荷载的结构系统，其梁柱的节点一般为刚性连接（有时也可做成铰节点，称为铰接框架或排架），梁主要承受弯矩和剪力（弯剪构件），柱主要承受压力和弯矩（压弯构件），通过梁和柱的刚性截面作用以及框架整体的刚性、不可变形的形态稳定性，使竖向荷载（重力）和水平荷载（风力、地震力）转向、汇集并传递至基础，同时保证结构整体的稳定性，防止侧移。在建筑中运用框架作为主体结构体系的称为框架体系，框架柱高对应的是层高，框架梁跨对应的是建筑的开间，与承重墙体系相比，框架结构使建筑平面布局灵活，形态丰富，易于空间的多种功能使用和布置，同时，围护体系与承重体系分离，易于围护和改造，也易于围护体系的选用和多种材料的使用（如各种幕墙系统），是一种常用的结构体系，适用于需要较大跨度和大空间的建筑类型，例如车站、图书馆、影剧院、商场、办公楼等公共建筑，多层工业厂房等。从结构受力的角度看，在多层的跨度较大的建筑物中，由于梁是主要的受弯构件，梁的截面往往大于柱的截面；在高层建筑中，由于框架柱是主要的抗侧力构件，柱的截面往往大于梁的截面。在高层建筑中的框架剪力墙结构、框筒结构就是框架结构与其他形式形成的混合结构。

框架体系可以有多种分类方法：

1）按照跨数、层数和立面分，有单跨、多跨框架，单层、多层框架，对称与不对称框架。

2）按受力特点分，若框架的各构件轴线出于一个水平面内，称为平面框架，若不在同一水平面内则，称为空间框架。

3）根据横梁和立柱的连接方式的不同，可以分为夹角在受力情况下不变的刚性连接和夹角可变的铰接。在工业建筑中，由横梁和立柱刚性连接的框架也称为刚性排架，横梁和立柱用铰支承连接的框架称为铰接排架。

4）按照所用材料的不同，可以分为钢筋混凝土框架、钢框架、木框架和组合框架（如型钢梁与钢筋混凝土柱，钢筋混凝土梁与砖柱）等。

（5）竖向结构体系3：剪力墙结构

当建筑物中的竖向承重构件主要为墙体时，这种墙体既承担水平构件传来的竖向荷载，同时也承受风力或地震作用传来的水平作用力，这种墙体称为剪力墙或抗震墙。剪力墙结构体系具有很好的结构整体性和承载能力，比框架结构有更好的抗侧力能力，因此可以建造较高的建筑物。剪力墙的间距有一定的限制，对使用空间有分隔和围护的作用，也限制了使用空间的开间，但是，剪力墙的楼盖结构一般采用平板，可以不设梁，空间的利用较好，可以节约层高。

剪力墙结构体系可以分为以下三种类型：

1）普通剪力墙结构：全部由剪力墙组成的结构体系。

2）框架－剪力墙结构：由框架和剪力墙组合而成的结构体系，在局部大空间的部分采用框架结构，同时又利用剪力墙来提高建筑物的抗侧力能力，从而满足高层建筑的要求。

3）框支剪力墙结构：当剪力墙结构的底部需要大空间时，剪力墙无法全部落地而在底部采用框架支撑的方式称为框支剪力墙。

（6）竖向结构体系4：筒体结构

由剪力墙筒或密柱组成的框筒构成的具有空间受力性能的结构体系称为筒体结构。筒体结构受力时相当于一个竖在地面上的悬臂箱形梁，在水平力的作用下整体受力，因此，筒体的承受侧力的性能较好，适用于高层建筑。筒体的结构类型有筒中筒结构、筒体－框架结构、多重筒结构、多筒体结构等。筒体结构以方形或圆形等对称的平面形态为好，并且要在建筑物细高（一般情况下高厚比要大于4）的状态下发挥空间整体作用（图2-16）。

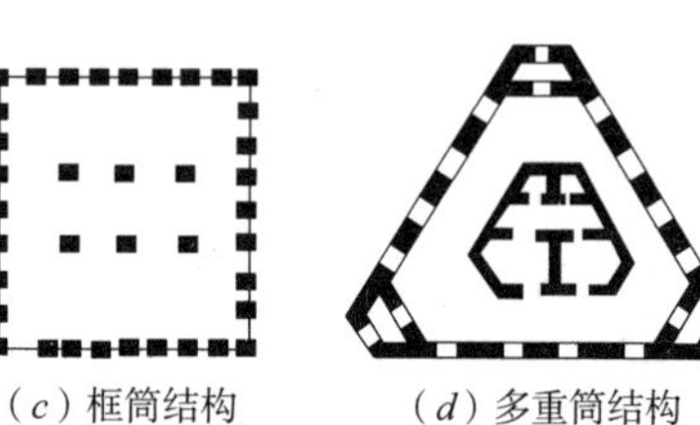

（*a*）筒中筒结构　（*b*）筒体－框架结构　（*c*）框筒结构　（*d*）多重筒结构

（*e*）高层建筑实例

图2-16　筒体结构的类型

2.3.3　基础分体系

基础分体系位于建筑物的最下端与地基之间，主要作用是把上述两个分体系的重力荷载和水平荷载全部传给地基，主要起释载作用，同时限制整个建筑物的沉降，避免不允许的不均匀沉降和结构滑移。基础有独立、条形、筏形、箱形等多种形式，主要根据建筑物的荷载和场地的土质、地下水、冻土、气候等情况进行选择和设计。由于基础掩埋在地坪之下，一般根据结构设计的要求确定，建筑师主要起协调各部分和各工种的作用。

由于现代建筑的多高层化、复合化的趋势带来了荷载增大与分布不均，一般基础体系都面临着如何将较大的垂直荷载有效地分散到地基之上的问题以及由于不均匀荷载带来的不均匀沉降的问题，因此，基础分体系在有足够的强度、刚度、稳定性等承载能力之外，还要有良好的抗弯、抗剪能力以及近年来隔震结构的发展带来的基础隔震等新的要求。

2.4　本章小结

如表2–5所示。

材料通过结构体系形成建筑性能　表2–5

<table>
<tr><td colspan="4">材料与建筑性能</td></tr>
<tr><td>基本性能</td><td colspan="2">支撑性能</td><td>衍生性能</td></tr>
<tr><td>适用性、稳固性、舒适性</td><td colspan="2">安全性、维护性、加工性、资源性</td><td>技艺的表现性、审美的批判性、符号象征性</td></tr>
<tr><td colspan="4">结构体系分类</td></tr>
<tr><td>按主要建筑材料</td><td colspan="2">按主体结构形式</td><td>按建筑结构体形</td></tr>
<tr><td>钢筋混凝土结构、砌体结构（砖砌体、石砌体、小型砌块、大型砌块、空心砖砌体等）、钢结构、木结构、塑料结构、薄膜充气结构</td><td colspan="2">墙体结构、框架结构、框架—剪力墙（抗震墙）、筒体结构、拱形结构、网架结构、空间薄壁结构（薄壳、折板等）、钢索结构（悬索结构）</td><td>单层结构（单层厂房、影剧院、体育馆等）、多层结构（2～7层）、高层结构（一般为8层以上）、超高层结构（高度100m以上）、大跨度结构（跨度一般在40m以上）</td></tr>
<tr><td colspan="4">建筑结构分体系</td></tr>
<tr><td>水平分体系：承载</td><td colspan="2">竖向分体系：传载</td><td>基础分体系：释载</td></tr>
<tr><td>板：单向板、双向板、密肋板、悬臂板……</td><td>柱：结构柱、构造柱……</td><td>框架承重体系</td><td rowspan="4">独立、条形、筏形、箱形……</td></tr>
<tr><td>梁：无梁体系、主次梁体系、井字梁体系……</td><td rowspan="3">墙：承重墙、非承重（围护）墙</td><td>承重墙体系</td></tr>
<tr><td>索、膜：张拉膜结构、气囊膜结构……</td><td>剪力墙体系</td></tr>
<tr><td>空间结构：桁架、网架、拱、穹顶、壳体、折板……</td><td>筒体结构体系</td></tr>
</table>

第 3 章

材料与构法

如果材料是为预期目标而根据几何学、数学和视觉的法则来运用的话，表现则是由材料的使用而产生的独立而完整的表达。①

——18世纪意大利建筑理论家卡洛·洛多利

对于建筑师来说，建造就是依照材料的特性与本质来运用它，并表达出以最简单和最有力的方法来达到目的的意图，而且要给予建筑物的结构一种永恒性，一种适合的尺度，并使之符合由人的感觉、理智和直觉所制定的某些法则。①

——19世纪法国建筑理论家勒·迪克

3.1 木材

3.1.1 概述

自然界中，耸立于大地的树木可以说是一种天然的高塔建筑：树根在地面下扩展，将上部荷载有效地分散并传递到地面，同时又有足够的稳定性，为树干提供了基础；树干是建筑传递上部荷载达地的垂直承重构件，同时也能承受横向的风荷载；横向扩展的树枝是一种悬挑结构，它承受了上部的雨雪和枝叶本身的荷载，为树下空间提供了遮蔽，而且为树枝上的空间提供了水平的活动面并被动物和早期巢居的人类所利用。正是树木作为构筑物的天然结构，使树干和树枝的材料特性适用于建筑物——树干能够提供足够的抗压和抗弯剪的强度。

在建筑的起源过程中，利用和模拟自然界的建筑形态——树木展现了人类利用自然材料和工具的过程。树枝不仅是动物和人类共同利用的工具，也为动物和人类提供了原始的栖居空间——树冠遮蔽风雨，树干提供离地的空间支撑以避开野兽侵害，枝叶提供了良好的围护。正是由于树木建筑化的特性以及其资源广泛（生长性与广泛性）、易于加工使用、美观并带有强烈的自然气息和丰富的表现力（纹理、气味、材质、形状的多种可能性）等特点，木材成为最古老和最常使用的一种建材。在以可持续发展为目标的绿色设计中，建筑和建材的生命周期成本的计算中，木材在成材生长的过程中吸收大量CO_2而在使用后可自然腐化分解，因而是一种有益于环境的建筑材料。当然，由于树木是天然材料，其自然强度的限制、材料的不均匀性和资源性限制也会增大加工和使用的难度。

自然生长的竹子作为一种空心的管状建材，强度高、弹性大、重量轻、长而笔直，很早就在生长区得到广泛应用，其材料特性与木材相近。

① 汉诺-沃尔特·克鲁夫特．建筑理论史——从维特鲁威到现在．王贵祥译．北京：中国建筑工业出版社，2005.

但由于竹筒是薄壁筒状结构，外径尺寸有限且为筒形，因此不易加工成各种形状，节点连接也多以绑接为主，破坏筒壁的榫卯、销钉等连接方式则使其强度下降很多；垂直于法线方向的受力（横向受力）都较实心的木材薄弱，因此受力应以轴向为主，或利用竹节、人工灌注混凝土等加大受压强度。由于竹子生长的地域性、耐久性、加工性、和易性的限制，竹子未在大型的、长久性的建筑结构中大量使用，多用于装修和小型景观建筑中（图3–1）。

图 3–1 木、竹建筑及其节点

3.1.2 木材的性质与防护处理

（1）树木与木材的特性

树木主要由树皮、木质部和髓心组成。树干的外围是一层无生命的树皮保护层，内部为由一层中空细胞组成的活树皮层，在其内是一层很薄的形成层，这层细胞可以向内和向外生长出新的木细胞。在形成层内的活的木细胞，即木质部，可以明显地分为边材、心材和髓心（图3–2）。

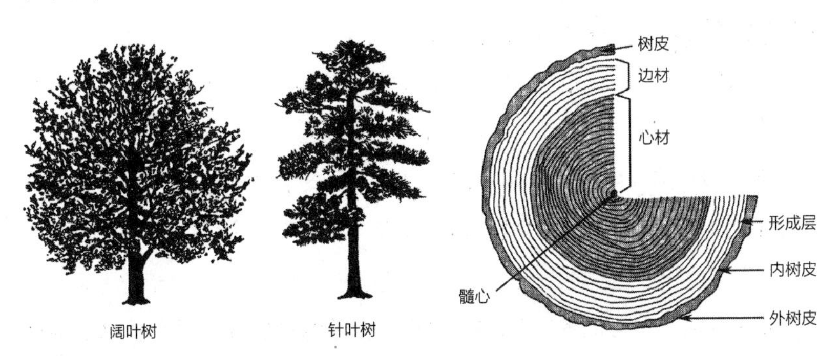

图 3–2 阔叶树与针叶树，树干的断面
引自：日本建築学会．構造用教材（改訂第1版［第1刷］）．東京：丸善株式会社，1985.

1）边材储藏着树干中的营养，并向上运送树根吸收的养分，同时也可以侧向传送。边材的颜色一般较心材浅。边材含水率高，易翘曲变形，抗腐蚀性差。

2）心材由边材演化而来，一般颜色较深，在很大程度上决定了树干的强度。

3）髓心是树干最中心的被心材环绕的区域，是树木在第一年生长出来的脆弱的木细胞。

树干的横断面上可以看到木细胞一年的生长变化，木细胞在春季开始生长，凉爽而湿润的春季时树木生长快，木质疏松，颜色较浅，称为春材；夏季时水分缺乏，树木生长速度慢，但木质密实，强度高，颜色较深，称为夏材。夏材部分越多，木材强度越高，质量越好。春材和夏材的交错形成了颜色深浅变化的同心圆，反映树木生长一年的周期，称为年轮。

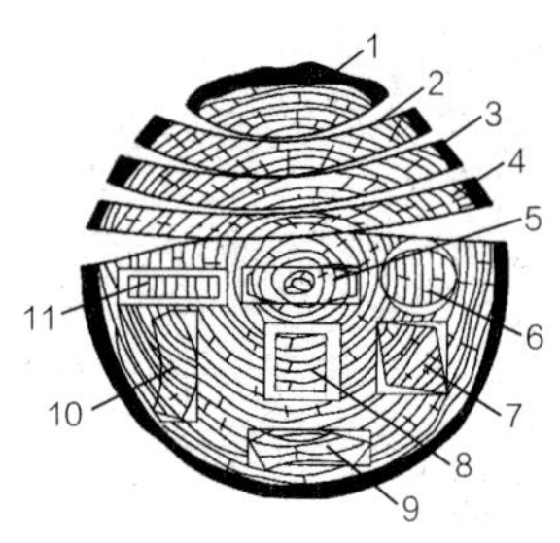

1—边板成橄榄核形；2、3、4—弦锯板成瓦形反翘；5—通过髓心的径锯板呈纺锤形；6—圆形变椭圆形；7—与年轮呈对角线的正方形变菱形；8—两边与年轮平行的正方形变长方形；9—弦锯板翘曲成瓦形；10—与年轮成40°角的长方形呈不规则翘曲；11—边材径锯板收缩较均匀

图3-3 木材的干缩变形

引自：杨静. 建筑材料. 北京：中国水利水电出版社，2004.

从树木的外形和材质上可以将其分为针叶树和阔叶树，其木材一般分别为软木材（又称软材、无孔材）和硬木材（又称硬材、有孔材）。

1）针叶树指常绿的针状树叶的树木。其树干高大，纹理平顺，材质均匀，一般质地较软，因此又被称为软木树。软木材软木产量大，价格便宜，干缩湿胀小，尺寸稳定性、耐腐蚀性较好，易于加工，为建筑工程中的主要用材，多用作承重木构件、门窗、家具和细木工板。常用的有红松（又称东北松）、白松、马尾松、杉木（又称沙木）等。

2）阔叶树指树叶宽大的树木。阔叶树一般木质较硬，强度高，又称硬木树。硬木材干缩湿胀大，易开裂，尺寸稳定性和加工性都较差，因为这类木材多有美丽的纹理，表面光滑，质地细腻，适用于室内装修和家具制作等。常用的有水曲柳、柞木、柚木、橡木、樱桃木等。但是，也有一些阔叶树，如杨木、梧桐、泡桐等质地较针叶树还软，又叫作阔叶软材（阔叶软木）。

木材是指树干经过加工形成的便于使用的木料，如原木、原条和经过粗加工或精加工的各种规格用途的商品材。

木材的组织是由无数管状细胞组成的，细胞均由坚硬的细胞壁和细胞腔组成，管状细胞与树干的长轴平行，因而细胞壁的纵向纤维强度高于横向细胞间的联结，因而树木呈现出了纵向、径向和弦向（切向）的不同方向的强度变化，呈现出了明显的各向异性（图3-3、图3-4）。

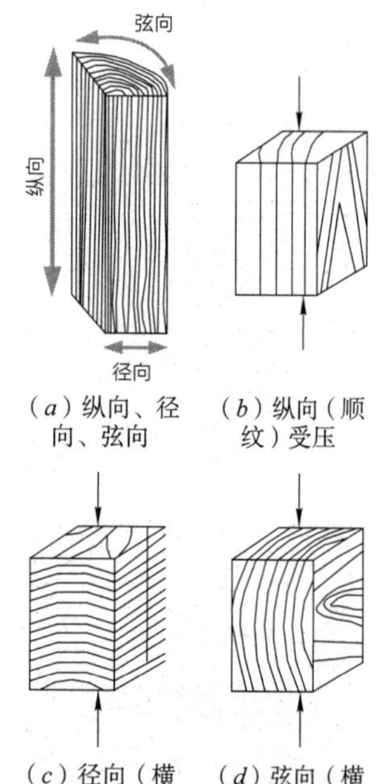

（*a*）纵向、径向、弦向　（*b*）纵向（顺纹）受压

（*c*）径向（横纹径向）受压　（*d*）弦向（横纹弦向）受压

图3-4 木材的纵向（顺纹）、径向（横纹径向）、弦向（横纹弦向）与三个方向的受压示意

木材内部有大量的孔隙，以细胞腔为主，也有细胞之间的空隙，因此，木材质轻，易于加工，隔热、隔声和电绝缘性能好，具有较高的弹性和韧性，在等质量的情况下具有很高的强度。也正是由于细胞腔内和纤维间能够吸附和渗透水分子，因而木材的含水率的多少直接影响了木材的特性和木材的变形尺寸。

木材的组成中含有对真菌和昆虫有营养的成分，容易引起生物和微生物的繁殖，因此，木材容易腐朽和蛀蚀。但木材的多孔性也使木材容易进行化学加工，可以进行防腐、干燥、加强改型的处理。

由于上述特性，木材虽然是广泛使用和历史悠久的建材，为达到现代建筑中大量、精致使用的要求，还需要进行一系列的加工和处理，以克服其材料的天然缺陷，主要有：

1）防止材料的变形——木材的干燥。

2）提高材料的耐久性——木材的防腐、防虫和保护。

3）克服木材的可燃性，提高建筑的安全性——木材的防火。

4）提高材料使用率和精确度，克服材料的不均匀性和不稳定性并提高结构强度——木材的切割和复合。

（2）木材的防护

1）防止材料的变形——木材的干燥

为了防止木材的腐蚀、虫蛀、翘曲与开裂，保持木材尺寸及形状的稳定性，便于进一步的防腐与防火处理，需要对木材进行干燥处理。处理的方法有自然干燥与人工干燥两种方法。一般的木材的纤维饱和点含水率为20%～35%，而作为材料使用时，我国各地的年平均平衡含水率一般为10%～18%，为防止木材的变形，需要对其进行气干或室干的自然干燥处理，而对于门窗等细木制品则要求其含水率小于12%，因此需要采用窑干法进行人工干燥加工。

2）克服材料的可燃性——木材的防火

常用的木材防火的方法有：

a．在木材表面涂刷或覆盖难燃材料，如防火涂料和金属。

b．采用防火剂溶液的浸注以达到难燃的效果。

3）提高材料的耐久性——木材的防腐、防虫

木材作为天然材料，其腐朽主要是由真菌中的腐朽菌寄生引起的。另外，木材还会受到白蚁、天牛等昆虫的蛀蚀。防虫主要是通过选用不易发生虫害的木材和采用药剂涂层的方法。防腐的主要方法有三种：材料防腐、涂层防腐和构造防腐（表3–1）。

防腐木的种类及特征　表3–1

种类	定义	特性
天然防腐木	指心材的天然耐腐性达到耐腐等级2级以上的木材。不同树种的木材由于其芯材中的抽提物不同，天然耐腐性也有很大差别	·没有经过任何处理，因此环保和安全性能优良 ·可保持木材原有的色泽、纹理和强度等性能
炭化木	指经过高温（一般180℃以上）炭化处理后达到一定防腐等级的木材	·一般颜色较深，呈棕色 ·属于物理处理，在处理过程中不使用化学药剂，环保和安全性能优良 ·木材的力学强度下降
人工防腐木	指经过防腐剂（又称防护剂）处理后的木材，目前一般是指经过不同类型的水基防腐剂或有机溶剂防腐剂处理后，达到一定的防腐等级的木材	·使用含铜的水基防腐剂处理的防腐木呈绿色 ·使用化学药剂对木材进行处理，其环保和安全性能取决于防腐剂的种类和用量等 ·木材的力学强度基本不受影响

引自：中国建筑标准设计研究院．建筑产品选用技术——建筑·装修分册．北京：中国建筑标准设计研究院，2006.

a．材料防腐

按照对木材进行物理或化学处理的方式不同可以分为三种：天然防腐

木、炭化木和人工防腐木。

天然防腐木是指选用富含钙质、硅酸盐及韧性纤维的阔叶树木，利用其致密的纹理和较高的硬度达到天然防腐的效果。这种材料有缅甸楠木、非洲紫檀、印尼巴劳木、巴西铁苏木等。由于资源的限制，天然防腐木的价格很高，而且天然防腐木的大量使用导致的热带雨林的过度开采已成为严重的环境问题，需要在设计中慎重考虑。

人工防腐木处理是将化学防腐剂以涂刷、喷淋、浸泡、真空压入等方法注入木材内部，可以达到较为整体、耐久的防腐效果。现代常用的方法是将木材经过加工处理后装入密闭的压力防腐罐，然后用真空压力将水溶性的防腐药剂压入木材内部，防腐剂渗透到木材细胞组织内，能与木纤维紧密地结合而不易流脱，长效且便于日后的使用加工，对木材的力学性能没有大的影响，但应尽量采用与最终使用尺寸相同的材料直接加工以保证防腐效果，材料断头部位应采用木器漆进行封堵处理。选用防腐剂时需要注意环保和安全性能，特别注意在皮肤接触和食品、饲料储存的场合不宜使用人工防腐木。

炭化木是指经过高温炭化处理后达到一定防腐等级的木材，由于炭化属于物理过程，环保性能优良，在一定程度上改变了木材的内部木质细胞结构，降低了木材的平衡含水率，增强了木材的稳定性，但木材的力学强度有所下降，不宜使用在对力学强度要求高的场合。

b. 涂层防腐

在木材的表面涂刷防潮、防腐的油漆，利用在木材表面形成的漆膜对木材进行保护，是一种常见的保护方法。在木材表面进行涂层处理（油漆或涂料），形成隔绝空气、防止虫害的保护膜，同时可以利用漆膜的质感和色彩起到美化和装饰的作用。我国古代的猪血腻子（地仗）的木材表面涂抹保护就是这种方法。

木构件的机械加工应在药剂和涂层处理前进行，木材经过防腐防虫处理后，应避免重新切割钻孔，若不可避免，则应在木材暴露部分的表面涂刷足够的药剂。

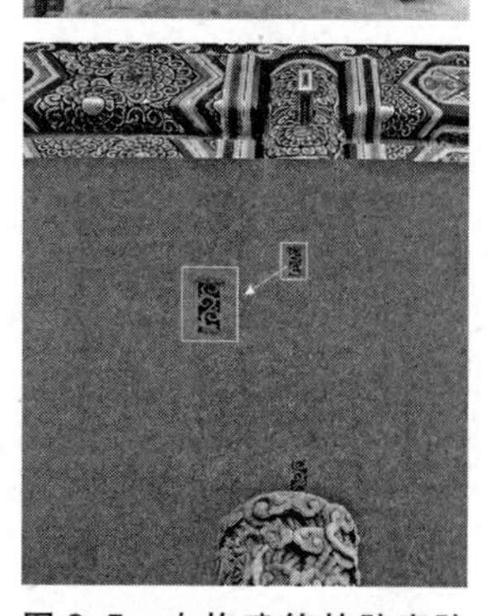

图3-5 木构建筑的防腐防潮——木构防腐涂层及彩画，墙体中木柱的通风防潮构造，基础或台基的防腐构造

c. 构造防腐

将木材置于通风干燥的环境中，注意防潮通风的构造设计（图3-5）。

• 在桁架和大梁的支座下应设置防潮层。

• 在木柱下应设置柱墩，在复合墙体的下部设置连续的混凝土地梁并作防潮处理，防止木材直接与土壤的接触。

• 桁架、大梁的支座节点或其他承重木构件不得封闭在墙、保温层或通风不良的环境中。因此，处于房屋墙体等隐蔽部分的木构造均应设置通风孔，以保证木材的干燥并防止其他材料的水分通过毛细作用渗透到木材中。

• 在采用保温构造并有较大的室内外温差时应有相应的保温、隔汽构造。

• 尽量防止雨水的直接冲淋，露天的木构件应注意防止积水，保障排水和通风的顺畅。

3.1.3 木材的使用——切割与复合

（1）木材的切割与尺寸

自然生长的木材存在着横向的不均匀性和竖向的非直线性，其生产和应用都取决于树木的原材长度和开采、运输方式。最原始的使用方式是将树干简单加工后的使用，树干的长度和曲度决定了使用的方式和建筑空间的尺度。由于竖向和水平承重构件连接的困难，以大木构架为基础的东亚木构建筑的整体尺度是由能够作为建材的木材的长度和数量决定的，即木材的长度决定了柱和梁的尺寸和承载力，也就决定了建筑空间的高度和跨度。这也从木材资源的角度揭示了中国古典建筑从宋元的粗犷到明清的细腻的根本原因，到清末，因为木材匮乏，皇家建筑中也不得不使用“束柱”的方式将小的芯材与木条拼合成较粗的木柱。现代的木材使用中按照加工程度和使用方式的不同，木材可以分为原条、原木、锯材三种（表3-2）。

木材的分类、规格及用途 表3-2

分类		规格	用途
原条		除去皮（或不去皮）、根、梢、枝的伐倒木	用作进一步加工
原木		除去皮（或不去皮）、根、梢、枝后，加工成一定长度和直径的木段	屋架、柱、檩条，也可用于加工锯材和胶合板
锯材	板材（宽度为厚度的 3 倍或 3 倍以上）	薄板：厚度 12 ～ 21mm	门芯板、隔断、木装修
		中板：厚度 25 ～ 30mm	屋面板、装修、地板
		厚板：厚度 40 ～ 60mm	门窗
	方材（宽度小于厚度的 3 倍）	小方：截面积 54cm^2	椽条、隔断木筋、吊顶搁栅
		中方：截面积 55 ～ 100cm^2	支撑、搁栅、扶手、檩条
		大方：截面积 101 ～ 225cm^2	屋架、檩条
		特大方：截面积 226cm^2 以上	木或钢木屋架

引自：中国建筑标准设计研究院．建筑产品选用技术——建筑·装修分册．北京：中国建筑标准设计研究院，2005.

在木材的原料的切割加工（生产锯材）中，由于木材天然纹理的细胞结构不同，在环境变化中会造成由于木材切向和径向的伸缩量的不同而产生的锯材的扭曲变形，在木材的干燥中甚至会开裂。因此，在设计原木的切割取料时需要特别注意这种变形并尽量充分利用原料，设计合理的锯材方法（图3-6）。在木结构的设计中，也一定要使承载方向与木纹垂直并尽量均匀分布，防止材料的剪切变形和破坏。

平面切割

即使这样干缩的锯材，在实际使用中也会发现它有目测可见的较大弯曲变形，经过表面加工和剔除瑕疵（木疖等）后，实际可用的木料可能非常有限，大量的原材料在加工过程中被消耗，同时环境的变化还有可能引发它进一步的变形而影响建筑的精度。因此，木材原料的生产虽是自然而环保的，但它的使用却比一般的工业制品消耗浪费得更多，且更难以保持形状的稳定性。

四分之一切割

（2）木材的集成——集成材与人造板材

为了提高木材原料的利用率和突破材料资源、强度、自然特性的限制，现代工业化生产发展出了胶合集成材与胶合或压合板材等人造木材。

（3）集成材（胶合材）

大型圆木的典型切割方式

为了实现在建筑构件中特定尺寸（跨度和截面）、形状和品质（强度、尺寸精度、稳定性和耐久性等）的要求，将小型锯制的木板或木方以平行纤维的方向胶合而集成的木质材料称为集成材。由于采用了小型木料的叠合，各组成部分的加工处理和尺寸稳定性都较高，且可以通过加工和排列组合成各种形状，有效地克服了木材的自然特性并提高了结构强度，因此，集成材是一种材性与实体木材最为接近而又优于实体木材的人造材料。一般单层的集成板材采用积层接合方式，其厚度大都为1.5英寸（约38mm），各个集成板材之间的接合方式采用嵌接接合或指状接合，利用胶合可以使受力顺畅地传递，克服了木材长度和形状的限制。一般用作结构构件的标准尺寸为：高度3～75英寸（76～1905mm），宽度2.125～14.25英寸（54～362mm）。

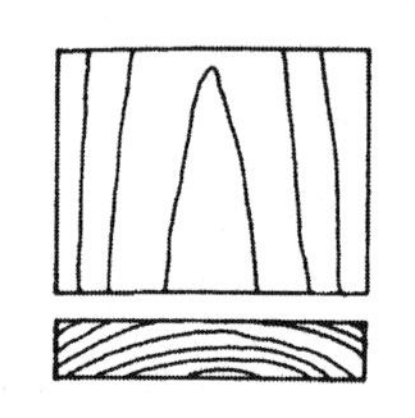

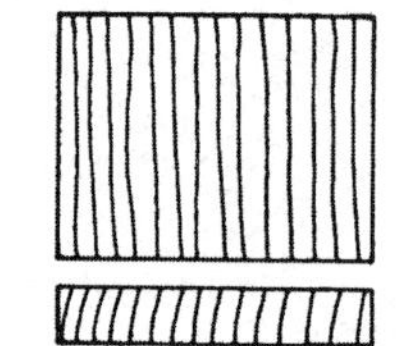
图3-6 合理的锯材切割方式，木材不同方向切割的木纹质感
引自：Edward Allen. 建筑构造的基本原则——材料和工法（第三版）. 吕以宁，张文男译. 台北：六合出版社，2001.

（4）人造板材

以木材和其他植物纤维为原料，通过胶合、压合等方式加工而成的板材（宽度为厚度的3倍或3倍以上）为人造板材，其基本尺寸通常为4英尺×8英尺（1.22m×2.44m）。人造板材通过胶合等方式，叠合多层天然板材或植物纤维，使其克服木料的不稳定性和各向异性，方便施工和使用。根据加工方法的不同，人造板材可以分为以下几种：

1）胶合板

胶合板是用奇数层的原木旋切薄片，按照纤维相互垂直的方向叠放、热压而成的板材。胶合板克服了木材的各向异性和天然缺陷。一般分为普通和特种胶合板两类，普通胶合板分为耐候、耐水、耐潮、不耐潮四类。

2）纤维板

纤维板是以树皮、刨花、树枝等为原料，研磨成木浆加工而成的板材。纤维板材质均匀，各向同性，不易变形，便于加工。

3）刨花板

刨花板是以木质刨花或木质纤维材料（如木片、亚麻等）为原料压制而成的板材。由于保留了层集的纤维，强度较高，便于钉和螺丝的紧固连接。若刨花板的刨花纹理方向相同，三层板交互重叠压制形成强度更高的板材，则为定向刨花板。

4）装饰层压板

以专用纸浸渍氨基树脂、酚醛树脂等热固性树脂为原料层集，热压而成。防水、防火性能好，装饰性强，多用于室内装饰。

5）旋切微薄木

将桦木等木段旋切成厚0.1mm左右的薄片并胶合在坚韧的薄纸上制成的卷材，多贴在胶合板、刨花板的表面，多用作具有木材天然质感的装饰面板。

6）大芯板、细木工板

大芯板是将价格低廉的软杂木，如杨木、杉木、松木等木块或木材加工的剩余料铺成板状，两面用单板粘压而成的胶合板。细木工板则指采用较好芯材用同样方法制成的优质板材。细木工板尺寸稳定，板面美观，结构对称，强度较高，利用短小料可节约木材降低造价。大芯板、木工板广泛应用于装修、混凝土模板等领域。

人造板材由于是木材纤维与大量化学合成胶的组合，在家具、装修中使用时，其有机溶剂会向室内散发，对人体健康有影响的物质包括甲醛等挥发性有机物，当室内通风不畅造成浓度过高时，挥发性有机物会对人体有害。

3.1.4　木构建筑的结构与构造

（1）木材的连接

在木构建筑中，相对于树干自身的强度，木材的连接部通常都是一个薄弱环节。木材的连接方式很多，有绑接、咬接（齿接、榫接）、铆接（通过钉、销、螺栓等插入件固定重合部分）、胶接（粘接）等方式（图3–7）。

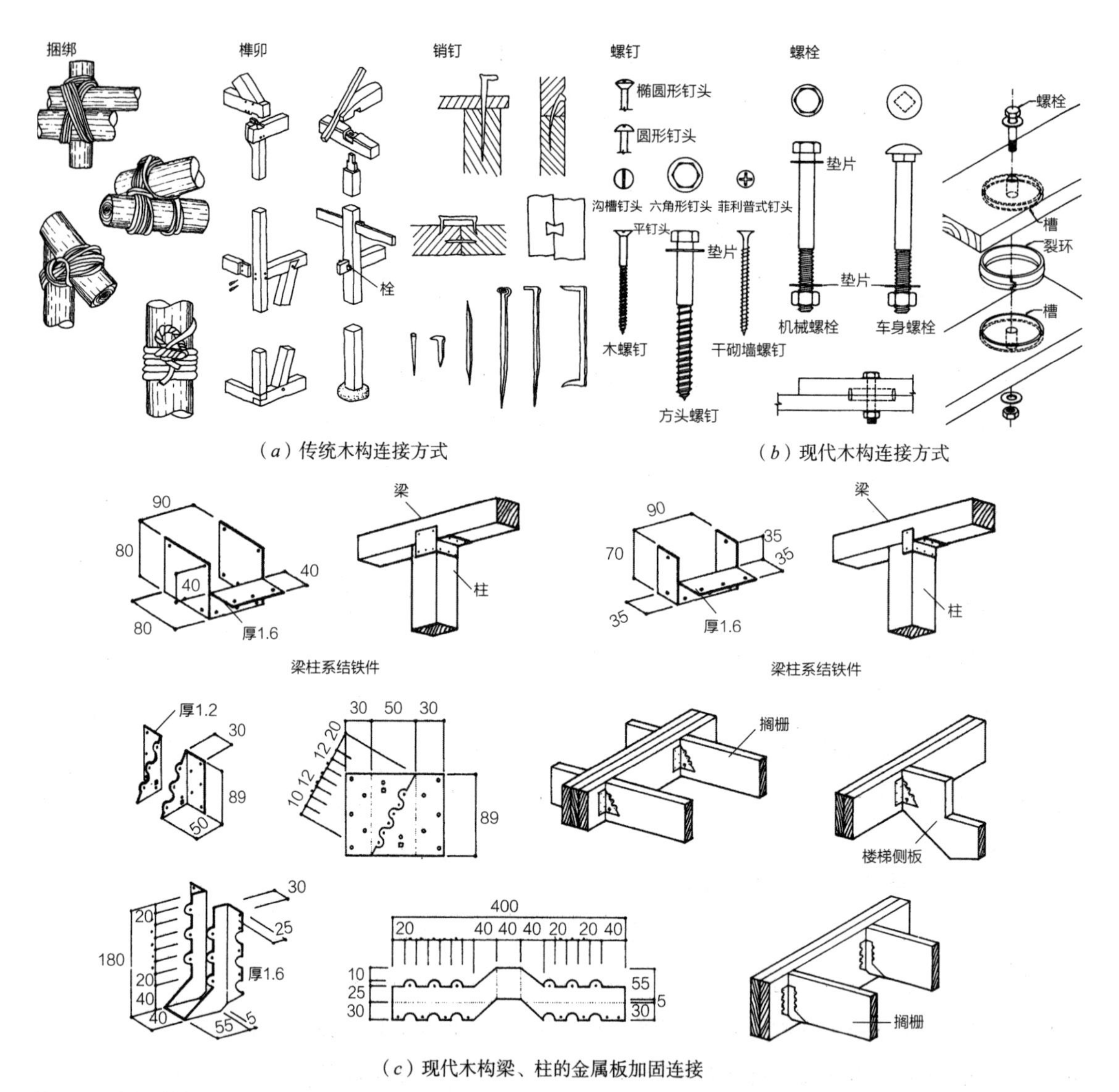

（*a*）传统木构连接方式

（*b*）现代木构连接方式

（*c*）现代木构梁、柱的金属板加固连接

图 3-7 木构的连接方式

（*a*）引自：若山滋，TEM研究所. 建築の絵本シリーズ：世界の建築術-人はいかに建築してきたか. 東京：彰国社，1986.

（*b*）引自：Edward Allen. 建筑构造的基本原则——材料和工法（第三版）. 吕以宁，张文男译. 台北：六合出版社，2001.

（*c*）引自：建筑资料研究社. 建筑图解辞典（上中下册）. 朱首明等译. 北京：中国建筑工业出版社，1997.

中国传统建筑的大木构架中，一般使用榫卯方式进行连接，虽然与打钉相比，连接处扩大到了面，但材料在传递弯剪的重要节点的截面反而减小，受力并不合理。

在传统的门窗等活动木构件中，角铁等连接五金，与打钉结合，在榫卯无法达到一定强度的小尺度木构件的受力集中部位大量使用，并演化成了一种传统建筑的标准装饰构件。

现代木构中，通过结构力学分析计算，根据不同的受力状况选用不同的木构连接方式，其基本原理是采用强度远高于木材的金属连接件（铁或钢）或胶合剂来固定相邻的木构，以承受固定时的拉力和剪力等。

1）圆钉与螺钉（摩擦受剪构件）——以尖锐的金属针在外力击打或旋转挤压下楔入需要连接的木料中，依靠金属钉与木材的摩擦力来固定两块相邻木料的方式。由于这种连接方式不需事先开槽打眼，施工简便，成本低廉，因此得到广泛的应用。圆钉与螺钉的连接方式有垂直钉法、末端钉法和斜叉钉法三种主要的方法，其中垂直钉法是最牢固、最常用的方法。

2）螺栓（金属受剪构件）——在预先打眼的木料上通过插入较长的金属棒贯穿其中，并使用螺母、垫片等挤压固定的连接方式称为螺栓连接，这种方式由于采用强度高的金属螺栓棒固定，与木料的接触面大且压力高，还常使用金属夹板配合金属螺栓等高强材料的双剪连接方式（根据穿过被连接构件间剪面数目可分为单剪连接和双剪连接）承受木构件之间的剪力，因此连接强度大，大多被应用到大木构架的主要连接点上。

3）齿状金属连接板/环（金属受剪、受拉构件）——使用预制成型的齿状金属环片插接在木料需要连接和固定的部位，相当于多个双头的金属钉和螺丝的作用，利用多个金属齿的强度承受木构件之间的剪切作用，同时利用金属构件的整体性以承受拉力，也可以使用预制成型的穿孔金属连接板与钉、螺丝、螺栓配合使用，不但可以承受剪切力，还可承受拉力。金属耙钉就是一种简单的齿状金属连接工具。

4）胶结（化学剂受剪构件）——采用胶凝材料粘结的方式承受构件之间的剪切作用。胶粘是一种古老的木材粘结方法，主要采用动植物蛋白、树胶等天然材料，直到20世纪中叶，伴随着材料工业的发展，才有了大量人工合成胶粘剂的出现，目前广泛运用于木材的生产和现场施工中。

5）齿连接（咬接、榫接等）——构件之间直接抵承传力，只应用于受压构件与其他构件连接的节点上。齿连接有单齿连接和双齿连接。为了防止抵接的构件之间的移动滑脱，一般在构件之间设置保险螺栓。

（2）木材的结构体系

木结构（timber structure）指以由木材或主要由木材组成的承重结构。由于木材的原料——树木为天然材料，分布广泛，易于取材和加工，木结构自重轻，强度大，施工便捷，是很早就被人类广泛运用的建筑和工程材料。但木材具有天然缺陷（木节、裂缝、斜纹等）和各向异性，尺寸受天然材料的限制，易腐、易燃、易裂、易蛀，耐久性较差，目前我国由于资源的限制，除了古建修复和农村民宅外，已经很少使用，但在欧美和日本等发达国家，利用循环再生的森林资源和工业化的生产体系和世界贸易网络，使以北美2英寸×4英寸为标准的木构建筑体系成了最为大量生产的小型住宅的首选结构方式。

以木材为主要结构材料的木结构一般分为普通木结构（大木结构或重木结构）、胶合木结构（大木结构）和轻型木结构（轻木结构）三种。由于木材是一种天然材料，木料具有各向异性的特征，所以用作结构的木材原料（木方）要进行选材和分级，以适用于不同的受力部位。承重结构用材分为原木、锯材（方木、板材、规格材）和胶合板。用于普通木结构的原木、方木、板材的材质等级分为三级；胶合木构件的材质分为三级；轻型木结构用规格材的材质等级分为七级。

树木作为天然的建筑物和理想的建材，在早期，其竖向的长度实际决定了建筑空间的高度和跨度，因此，早期的建筑垂直构件——柱一般直接使用砍伐并简单加工的原木，或采用材料使用最经济的圆形。在中国传统的大木结构体系中的柱子是圆形的，檩、梁、椽等主要结构构件也是圆形的，在精致化的演进中逐步加工成了更为周正的形状；而西方古典建筑虽然很早就使用石材来建造重要的纪念性建筑，但古埃及和古希腊的圆形柱式无疑佐证了垂直承重构件——柱的木材（以及其他植物性材料）起源（图3–8）。

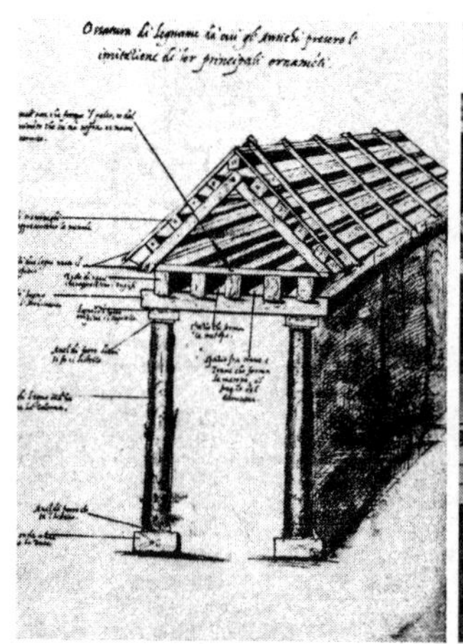

（*a*）古希腊圆柱和柱楣说明了石构建筑的木构起源

（*b*）伦敦大英博物馆的仿古希腊帕提农神庙的入口山花

图3–8 石造建筑的木构起源

（*a*）引自：汉诺–沃尔特·克鲁夫特. 建筑理论史——从维特鲁威到现在. 王贵祥译. 北京：中国建筑工业出版社，2005.

在西方中世纪出现的大木斜撑构架方式被广泛应用到民居中，在斜撑式的大木构架之间填充以木条和泥灰支撑的墙面，与“墙倒屋不塌”的中国传统民居柱墙体系有着相同的构造原理。中国传统的木构建筑就是典型的木构建筑，它由木屋架、木梁、木柱等构成建筑的骨架体系，砖、石、木板等做成的墙体只作为围护构件起到保护和隔绝的作用。中国官式建筑的柱梁式构造特别强调了梁柱的垂直关系，正脊等屋顶构架通过梁上立柱的方式层层支撑（即抬梁式），悬挑的屋檐则通过层层的水平斗栱等构件悬挑，而未采用欧洲、日本民居的受力合理的斜撑构架，形成了中国传统木构建筑的结构和样式特色（图3–9）。

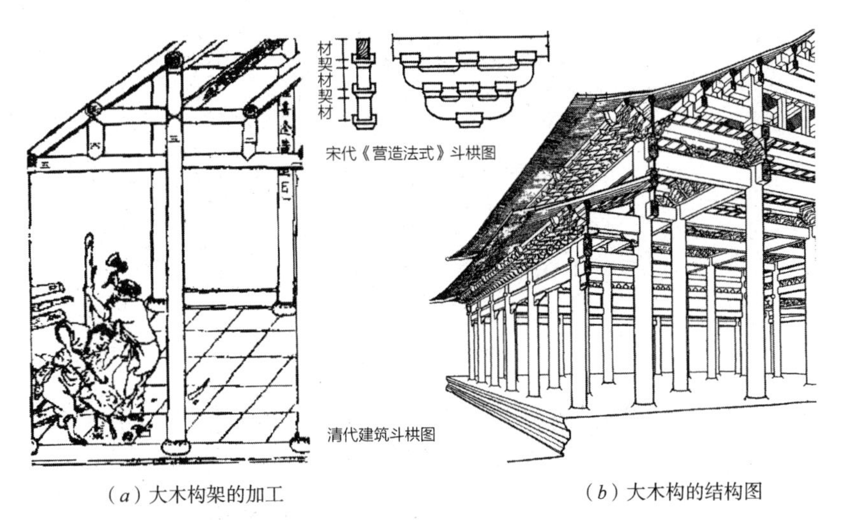

（*a*）大木构架的加工　　（*b*）大木构的结构图

图 3–9　中国传统建筑中大木结构

（*a*）引自：午荣编，李峰整理. 新刊京版工师雕斫正式鲁班经匠家镜. 海口：海南出版社，2002.

（*b*）引自：楼庆西. 中国古建筑二十讲. 北京：生活·读书·新知三联书店，2001.

现代木构建筑除了继承传统的以大型木材为主的柱梁结构体系并加以改良外（采用新的连接方式，如螺栓连接；采用新的结构形式，如桁架；采用改良的结构材料，如集成材等），还发展了以小型木条组成框板的结构体系，即框组壁的轻木构体系（轻型木结构）（图3–10）。轻型木结构主要是指由木构架墙、木楼盖和木屋盖系统构成的结构体系，轻木构体系采用标准化的小型木料和板材，通过密肋状木料的墙面和楼屋面来承受和传递受力，适用于三层及三层以下的建筑。古代的堆木结构体系与之相似，这实际是一种板墙结构体系，依靠几何体的形态稳定性和截面作用来承受荷载。由于这种体系适于工业化生产和快速施工，能够降低造价、突破资源限制等，它目前是木构建筑中，特别是木构住宅中采用最为广泛、造价最低廉的一种结构体系。在轻木构架体系中又根据竖向承载构件的支撑方式分为轻型构架体系（Balloon Frame）和平台构架体系（Platform Frame）。轻型构架体系需要采用贯穿建筑竖向高度的立柱，并用细木条的束柱方式形成整体框架，是一种早期的轻木结构体系；平台构架体系则以楼地板为平台分层搭建每层的结构框架，材料尺寸小且便于施工，是目前在中小型木构建筑，特别是住宅中应用最广的结构体系。在北美和日本普遍采用的2×4工法住宅就是以2英寸×4英寸（约为40mm×90mm）截面尺寸的标准木料拼合建造的结构体系。

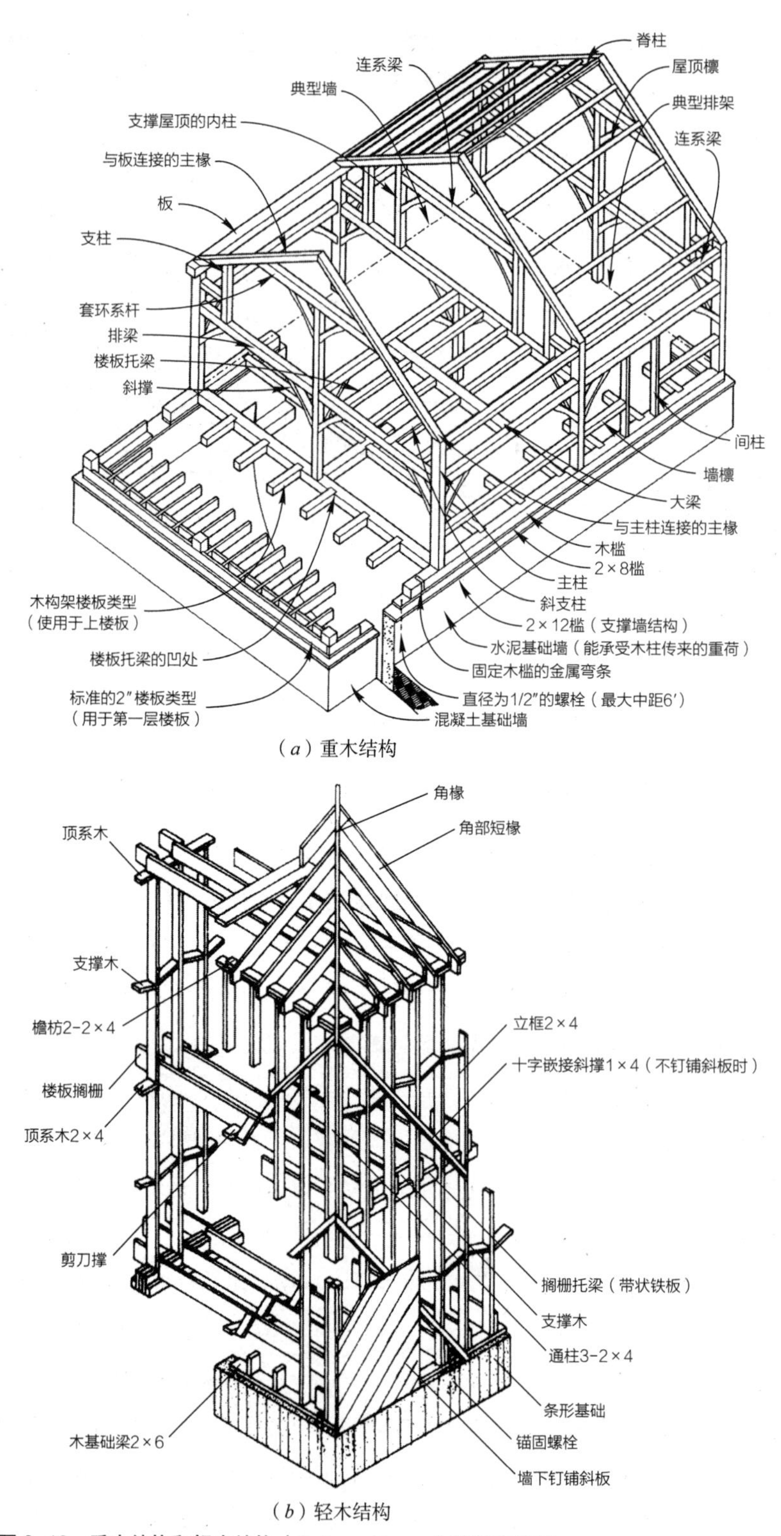

（*a*）重木结构

（*b*）轻木结构

图3-10　重木结构和轻木结构（Balloon Frame）的基本体系

（*a*）引自：查尔斯·乔治·拉姆齐等. 建筑标准图集（第十版）. 大连：大连理工大学出版社，2003.

（*b*）引自：建筑资料研究社. 建筑图解辞典（上中下册）. 朱首明等译. 北京：中国建筑工业出版社，1997.

（3）木材的使用与表现

木材的使用和木构建筑的大量使用及其地域性特征，特别是木材作为结构材料、围护材料、装修材料的普适性，使得木构建筑的结构和连接节点都成了建筑学表现的平台，自然材料尺寸的限制造成的交接的复杂和韵律，杆件的弹性和空间骨架的节奏感，以木材良好的加工性能为基础的精美、细腻的加工和精巧的连接部分，木材华丽、自然、温暖的质感和芬芳气味，这些都构成了现代木构设计与表现的基础。

1）木材的分割与组合——线状、网状、片状

树木的天然杆状形态使得木材易于加工成各种杆件和长板或旋切成薄片状，因此在围护、装饰中，木构件自然会形成平行排列的线状、交错排列的网状、薄片展开的片状，通过相同材料的不同排列方式和密度的不同，可以形成丰富而细腻的光影效果和强烈的韵律感。特别是强调环境友好的建筑设计，木材育林过程中的间伐材（细材）作为一种新的结构和装饰要素被强调运用在设计中，形成一种更为细腻自然的风格，如同古代日本数寄屋茶室中对木材自然特性的欣赏。

2）木材连接节点的显露与隐藏

由于木材易于加工和作为天然材料的尺寸限制，木材构件多由交叉或平行的杆件组成，节点处的榫接和双剪面金属板螺栓连接等方式是体现木材细腻材质和丰富光影效果的良好平台。中国古代建筑中的梁、枋的插头乃至斗栱构件中的挑头等，都是这种构件连接方式的装饰化处理，形成了木构建筑的特色，现代建筑中的木构或模仿木构的建筑都突出了这一特点。特别是在木构的柱脚、梁柱等受力集中的部件处，在现代木构中都必须借助金属夹板和螺栓，甚至完全采用金属接头的方式来克服木材局部强度不足的问题，但是，是采用东方传统木构的榫卯的单一材质式节点（金属结构隐藏在木构之中），还是采用西方传统石材建筑的柱头、柱脚式的异质、夸张的节点（金属结构显露的表现），这是建筑师设计理念和风格的体现。

3）木材的视觉和触觉特性

木材具有纹理的细腻感，色彩的温暖感，材质的香气，自然的非完美形态，易于加工，特别适合于装饰装修和各种近人尺度的构件制造，如木线脚、木扶手、木花格等。木材的排列和缝隙还可强调室内外空间的交融与流动，形成木构围护体系轻盈通透的特征。木材与其他建筑材料的并列使用和强烈对比，如混凝土、石灰质材料、钢材、玻璃、砖等材料的色彩、触感的对比，可以凸显室内空间的温暖和细腻。由于木材防腐的需要，其表面的保护涂层和五金连接件，也可形成地域性的、丰富的图案样式（图3–11）。

图 3-11　现代建筑中的木材使用——结构构件与围护构件

3.2　烧结材料——砌块

3.2.1　概述

采用小型块状构件单元堆砌成自承重的建筑部件，并用砂浆等粘结材料将其结合为整体的结构称为砌块结构（masonry）。利用砌块结构建成的建筑或构筑物及其单元称为砌体，砌块结构的构造单体称为砌块或砌体材料，以砖、石、混凝土砌块为代表，包括土坯砖、红砖、灰砖、多孔砖、空心砖、石块、混凝土等其他材料的多种形式的砌块。砌体（砌体结构），是指将砖、石、砌块等小型块状构件单元（砌块单元），由各种砂浆等胶结料，按照一定的规律和方式（砌筑方法、组砌方法）粘结叠砌而成的整体。砌体以砖、石、混凝土砌块为代表，分为无筋砌体和配筋砌体两大类。无筋砌体根据所用砌块的不同分为砖砌体、砌块砌体、石砌体。在砌体水平灰缝中配有钢筋或在砌体截面中配有竖向的钢筋混凝土小柱的砌体称为配筋砌体。

砖石的砌体构造可以说是一种历史悠久而简单易行的建筑技术：泥瓦匠（mason）将大量的材料单元——土坯砖、烧结砖、石砌块、混凝土砌块等通过胶粘剂——砂浆等堆叠在一起，建造出各种形态和质感的围护墙体，并通过拱、穹顶等方式跨越空间，创造了作为人类文明基石和舞台的大量建筑。

砖产生于泥土，由于资源分布广、极易加工和可塑，土也成为人类最早利用和最广泛使用的材料之一。人类最早的栖居和庇护是与土密切相关的。土在建筑中的使用可以根据人类的使用加工方式分为生土制品（素土建筑）和烧土制品。生土制品指利用土壤的可塑性，经过简单的物理加工后形成的建筑材料，包括泥草墙和屋顶、风干或晒干制成的土坯砖、夯土处理的板筑墙、石灰与土混合夯实的地面及基础处理等；烧土制品指经过高温下的化学反应制成的陶器和砖瓦，现代大量使用的面砖和人造石等，甚至玻璃和水泥也可以看成是一种特殊的烧土制品。从生土到烧土的进步，使得人类获得了更为安全、舒适、耐久的生活环境，极大地提高了控制和改造自然的能力，也忠实地记录了人类建筑文明的诞生和成长的过程。

在约公元前7000年的新石器时代，随着人类的狩猎和游牧穴居生活被农业和定居生活逐步取代，房屋建造的需要自然产生了。最早被当作建筑材料来使用的是黏土，主要是由于其材料可以在全球各地获得，具有极好的可塑性、气密性和断热储热性，可以作为一种优异的保温隔热材料使用在建筑围护结构中。人类早期的穴居和半穴居建筑就是利用生土来庇护人的生产和生活的。我国陕北的窑洞和非洲等地的泥草屋可以说是人类利用黏土营建住居的活化石。与黏土制陶技术相比，太阳干燥或烧结砖砌块在建筑中的应用要晚得多，可能主要的原因是，与人类早期有限的建设量相比，木材和石材等天然材料是相对大量而便利的。手工模制的黏土砖（土坯砖）最早甚至可以追溯到公元前14000年的尼罗河流域，而通过烧制来保存黏土砖的知识大约在公元前5000年开始就有文字记载，尼罗河、印度河、两河流域的早期文明遗迹中就发现了烧结砖和晒干的土坯砖。公元前3000年，在两河流域的美索不达米亚地区的建筑工人已经开始使用不同颜色的釉面砖和瓷砖。[①]古希腊人在公元前用石灰石和大理石建造了完美的神殿，而罗马人利用砖和拱券技术创造了宏大壮丽的城市和公共建筑。在中世纪的伊斯兰世界和欧洲，砖石砌块建筑达到了顶峰。伊斯兰的宫殿、市场、清真寺将砖拱券技术和上釉彩黏土砖的装饰效果发挥到了极致。欧洲人则利用石灰石砌块创造了哥特式教堂的恢宏的尖顶、穹隆和扶壁。我国传统官式建筑因为建造时间和材料的限制，特别是文化传统的限制，砖石砌体结构只用于围墙、基座、塔和陵墓建筑，采用砖拱混合结构的无梁殿只有极少量的出现（图3-12）。

---

① 普法伊费尔等. 砌体结构手册. 张慧敏等译. 大连：大连理工大学出版社，2004.

（*a*）世界各地的生土建筑

（*b*）砖建筑与砖墙的饰面效果

（*c*）古埃及土坯砖的加工方法

（*d*）中国古代的夯土做法

图 3-12　生土建筑与烧土建筑

（*a*）引自：楼庆西.中国小品建筑十讲. 北京：生活·读书·新知三联书店，2004.

（*b*）引自：若山滋，TEM研究所. 建築の絵本シリーズ：世界の建築術-人はいかに建築してきたか. 東京：彰国社，1986.

（*c*）引自：路易吉·戈佐拉. 凤凰之家——中国建筑文化的城市与住宅. 刘临安译. 北京：中国建筑工业出版社，2003.

由于黏土吸水膨胀并缺乏形态的稳定性，在风干或晒干的过程中易于收缩和干裂，因此需要加入硅质砂等粉砂颗粒以及稻草等天然纤维，以提高黏土砖的抗拉强度和减少不均匀的变形。同时，由于黏土的硬化是可逆的，在雨水的侵蚀下很快会失去硬度和形态，因此，除了干燥少雨的地区，一般的素土建筑只能在茅草屋檐等防雨的遮蔽物下使用，底座或墙体下部的表面也需使用天然石块等来防潮和防止雨水飞溅。这种用石块或烧制黏土砖来做外表，内部采用土坯砖或素土分层夯实的构造做法也被广泛地采用，墙体的厚度最小也在400mm以上，并且需做成下大上小的梯形以保持稳定性，这也是古埃及等纪念性建筑塔楼大门内倾斜墙体的直接形态来源。

在西欧以外，两河流域一直延续和发展着砖、彩色陶板、陶瓷锦砖（马赛克）等烧结制品的建筑；在东亚，以木构为主、砖瓦为辅的建筑形式成为主流。在干燥少雨的气候条件下，生土建筑作为最自然和便捷的环境创造方式，得到了广泛的应用，如沙漠地带各国的土坯穹顶或草顶民居，我国黄土高原的窑洞等。砌块、砌体构造（Masonry）在中国又称为圬工构造，《韩愈·圬者王承福传》中称："圬之为技，贱且劳者也。"由于的木构建筑体系的技术成熟性、文化象征意义和建造便捷性，使得砌体构造一直未能成为建筑的主体构造形式，"墙倒屋不塌"即说明了以木构梁柱体系作为承载构架，以砌体构造作为填充、围护体系的中国传统建筑的基本构造体系。

工业革命后，由于机械的大量使用和运输工具的发达，特别是波特兰水泥的发明，使得砖石等砌体建筑具有了更高的强度和耐久性。到19世纪晚期，随着建设量和建筑规模的日益扩大，铸铁和混凝土技术作为适用技术的大量应用，使得需要大量劳动力和熟练工匠的砖石砌块建筑逐步成为一种工艺技术、围护构造和装饰构造而逐步退出了建造施工的主体结构部分。现代技术开发出了混凝土砌块、面砖等各种新型砌块产品，由于其丰富的产品构成、多样的色彩和质感、优秀的耐久性和耐火性、高度的经济性，使得砌体结构至今仍然是一种应用广泛的构造形态。在我国，由于林木资源的匮乏和劳动力的低廉，在中小型建筑中曾大量使用烧结砖砌块构造，但近年来由于耕地资源的紧缺，实心黏土烧结砖已经逐步被禁止使用，其他材料的砌体构造及混凝土构造逐步成为主要的建筑构造形式。

砖砌块虽然强度高，但吸水率较高，容易被雨水侵蚀破坏，因此，砖墙的顶部需作瓦墙檐或石材的压顶处理，门窗洞口等开口部位需做砖拱、石拱、混凝土过梁等构造，接近地面处需作石材或水泥的勒脚处理，中段可以采用不加外饰面处理，直接显示砌体肌理的清水墙身，形成砖砌建筑特有的三段式结构。工匠也可利用斜砖、切砖（断头朝外）、挑砖、组砌等方式形成砖墙丰富多变的立面。砖块的尺寸随历史和地域不同而有一些差别，这与砌筑方式（砖的组合排列方式，砂浆的宽度、形态和颜色）一道，成为工匠和建筑师体现技巧和设计风格的重要舞台，也形成了鲜明的时代和地域特色。古罗马的砖块扁平，砖的尺寸为40mm×100mm×300mm，白色灰缝厚度达到20mm，灰缝厚而深，形成细腻精致的质感。美国建筑师赖特在其"草原风格"的别墅中大量使用了这种砖墙，强调与大地相依的水平感。中国古代高级装修中采用磨砖对缝的工艺使得砖墙具有石材的细腻质感，或采用红色勾缝，给人以温暖的感觉。在当代的地域性的设计风潮中，砖墙也成为带动地方就业、促进地域文化认同、亲和自然的重要手段之一。

3.2.2 砖与砌块

（1）砌体材料的种类

砌体材料按照制造方法和原料可以分为生土砖、烧结砖和非烧结砖，而根据砖的形态又可以分为实心砖、多孔砖、空心砖等。目前我国经常使用的砌体材料有（表3-3～表3-6）：

1）土坯砖

将黏土与植物纤维（如草筋等）混合后，经成型、干燥（日光干燥或风干）而成。由于强度和耐水性差，只适于用作有竖筋的围护墙体并需表面有石灰土层等的保护，或用于干旱少雨地区。由于制作成本低、技术要求低，在人类早期曾大量使用，目前在干旱地区仍有使用。在近现代工业化建造体系中早已不再使用。

2）烧结砖

以黏土等为主要原料经过成型、焙烧而制成的坚硬块体材料。按其原料的不同可分为烧结黏土砖、烧结粉煤灰砖、烧结煤矸石砖、烧结页岩砖等。黏土砖等烧结砖虽然比石材强度低、吸水率高、耐久性差，但是烧结砖具有满足一般围护结构的强度和形态稳定性，同时具有保温透气性，形态可呈现出美观精致的视觉效果，因此可以说是一种集结构、保温、装饰于一体的墙体材料（围护、填充材料）。但普通黏土砖大量消耗土地资源，因此，用新型墙体材料来取代它成为当前一个重要课题。烧结多孔砖与烧结空心砖采用与烧结普通砖相同的原料，经成型、烧结制成，成型方法有软挤出成型、硬成型、半干压成型等几种。孔洞率一般为15%～30%，可用作承重墙的为多孔砖；孔洞率大于40%、只用作非承重墙的为空心砖。多孔砖和空心砖可有效地节省原料、减轻自重，并具有良好的隔热、隔声性能。

一般黏土砖都是由地域的小型工厂生产的，制砖的原料是从深坑中挖出黏土，经过压碎、挑选后加水制成砖块形状的塑性黏土块，经过干燥和烧制硬化，在高温中转化为陶质材料而成的。由于烧制的温度不同，黏土的收缩率和颜色均有不同，一般来说，烧制温度越高，砖块的收缩就越大，颜色也越深。在烧制的过程中也会发生扭曲，因此大型、细长的砖块很难控制，用于立面外露的清水砖墙需要仔细挑选成品砖。砖的冷却方式和速度不同也可以控制砖的颜色，例如骤冷形成灰砖，一般的自然冷却可以得到红砖。特殊明亮的色彩则需要在砖的表面涂釉，在高温条件下能形成如瓷砖、琉璃、珐琅类的玻璃化表面。

3）蒸压砖

以石灰和砂子、粉煤灰、炉渣等硅质材料加水拌合，经成型、蒸压或蒸养而制成的砌块材料。常用的蒸压砖有蒸压灰砂砖、蒸压粉煤灰砖、蒸压炉渣砖等。蒸压砖采用与黏土砖相同的尺寸，但蒸压砖不使用黏土，而以工业废渣为主要原料，可替代黏土砖。但其因不同的原料和制作方式而使其收缩性较大，容易开裂，需用专用砂浆砌筑。

4）砌块

天然石料或以水泥、硅酸盐、煤矸石、无熟料水泥以及煤灰、石灰、石膏等胶结材料，与砂石、煤渣、天然轻骨料等，经过原料处理、加压或冲击、振动成型，再以干或湿热养护制成的砌筑块材。它在轻质、高强、耐火、防水、易加工等方面有突出的优点，大部分还兼有较好的热工及声学性能。这些砌块制品是以水泥为胶粘剂与不同骨料通过不同工艺制成的，可以统称为水泥砌块。常用的有混凝土小型空心砌块、轻集料混凝土小型空心砌块、蒸压加气混凝土砌块、石膏砌块等。一般采用工业化的流水线生产，根据建筑性能要求选择适合的材料混合，材料均匀度高，蒸养硬化过程控制严格，挤压成型或切割成型的精度高，运输与使用都较方便。由于不需要进窑焙烧，所以单块体积较大，规格介于砖和大型墙板之间，施工时采用简单机具吊装和砌筑，砌筑速度快，整体刚度和抗震性能较好。各地砌块尺寸不统一，以砖模或100mm为模数，小型砌块尤其是空心小砌块多以2M（200mm）为基础，其外形尺寸常见的为190mm×190mm×390mm，辅助砌块为90mm×190mm×190mm等。高度为380～980mm的称为中型砌块，主要有240mm×280mm×380mm，240mm×580mm×380mm。高度大于980mm的称为大型砌块。由于砌块的材料种类多样，强度、隔热、防潮、防火、胶粘剂、现场加工、尺寸、价格等性能各不相同，因此，需要特别注意根据不同的性能要求选择合适的砌块材料。如框架结构的填充墙，在防火区分隔的墙体一般采用加气混凝土砌块，卫生间的防潮和卧钉挂件则多用陶粒混凝土空心砌块。由于砌块一般吸水性强，在受潮部位要作垫层处理，如混凝土垫座、3～5皮黏土砖砌台等（表3-3、表3-4）。

砖和砌块的规格种类 **表3-3**

名称	烧结普通砖	烧结多孔砖和多孔砌块	烧结空心砖和空心砌块	烧结保温砖和保温砌块	烧结路面砖
原料	黏土、页岩、煤矸石、粉煤灰	黏土、页岩、煤矸石、粉煤灰、淤泥、固体废弃物	黏土、页岩、煤矸石、粉煤灰	黏土、页岩、煤矸石、粉煤灰、淤泥、固体废弃物	黏土、页岩、煤矸石
规格尺寸（mm）	240×115×53 配砖： 175×115×53	砖：290、240、190、180、140、115、90 砌块：490、440、390、340、290、240、190、180、140、115、90	390、290、240、190、180（175）、140、115、90	A类：490、360（359、365）、300、250（249、248）、200、100 B类：390、290、240、180（175）、140、115、90、53	长或宽：100、150、200、250、300 厚：50、60、80、100、120
强度等级（MPa）	MU10 ~ 30	MU10 ~ 30	MU2.5 ~ 10	MU3.5 ~ 15	• F类：重型车辆 • SX类：吸水饱和时可经受冰冻 • MX：室外不产生冰冻条件 • NX：不用于室外，吸水后免受冰冻的室内
密度等级（kg/m^3）	1500 ~ 1800	砖：1100 ~ 1300 砌块：900 ~ 1200	800 ~ 1100	700 ~ 1000	1500 ~ 1800
备注	可作为承重墙；优等品（A）适用于清水墙和装饰墙，一等品（B）和合格品（C）可用于混水墙	可作为承重墙	用于非承重部位，质量等级分为： • 优等品（A） • 一等品（B） • 合格品（C）	• 用于建筑围护结构 • 按传热系数 K 值有：2.00、1.50、1.35、1.00、0.90、0.80、0.70、0.60、0.50、0.40	耐磨类别： • Ⅰ类：人行道和交通车道 • Ⅱ类：居民区内步道和车道 • Ⅲ类：个人家庭内地面和庭院

引自：中国建筑工业出版社，中国建筑学会. 建筑设计资料集（第三版）：第1分册建筑总论. 北京：中国建筑工业出版社，2017.

砖和砌块的分类与适用范围 **表3-4**

品种 \ 适用部位	内隔墙	外围护墙	承重墙体	地面以下或防潮层以下的基础	备注
烧结普通砖	○	○	○	○	中等泛霜的砖，不能用于潮湿部位，用于地面以下或防潮层以下的砌体或易受冻融和干湿交替作用的建筑部位时，在严寒地区其强度等级不小于MU15，一般地区为MU10
蒸压粉煤灰砖	○	○	○	○	用于地面以下或防潮层以下的基础或易受冻融和干湿交替作用的建筑部位时，在严寒地区其强度等级不小于MU15，一般地区为MU10，且必须使用一等品或优等品
实心蒸压灰砂砖	○	○	○	○	用于地面以下或防潮层以下的砌体或易受冻融和干湿交替作用的建筑部位时，在严寒地区其强度等级不小于MU15，一般地区为MU10
空心蒸压灰砂砖	○	○	○	×	孔洞率不小于15%
烧结多孔砖	○	○	○	×	孔洞率不小于25%，用于承重墙，其强度等级不小于MU10
烧结空心砖	○	○	×	×	用于室外时，应考虑抗风化性能，孔洞率不小于40%，其强度等级不小于MU3.5

续表

品种＼适用部位	内隔墙	外围护墙	承重墙体	地面以下或防潮层以下的基础	备　注
普通混凝土与装饰混凝土小型空心砌块	○	○	○	○	采暖地区（指最冷月份平均气温不高于 -5℃的地区）应考虑材料的抗冻性 轻集料混凝土小型空心砌块用于承重墙体时，其强度等级不小于 MU7.5
轻集料混凝土小型空心砌块	○	○	○	×	
粉煤灰小型空心砌块	○	○	○	×	
蒸压加气混凝土砌块	○	○	×	×	采暖地区应考虑材料的抗冻性。当与其他材料组合成为具有保温隔热功能的复合墙体时，应在地面和防潮层以上使用；当用在最外层时，应有抗冻融和防水功能的保护层
石膏砌块	○	×	×	×	空气湿度较大的场合，应选用防潮石膏砌块

引自：中国建筑标准设计研究院．建筑产品选用技术——建筑 • 装修分册．北京：中国建筑标准设计研究院，2005.

5）天然石块（石砌块）

以天然石材的小型切块（料石、毛石）为砌块，以砂浆或混凝土（毛石混凝土）作为粘结介质的砌体结构。其构造方式与砖砌体结构相同，但因为构造单元为石材，其形状和性能都与原料的石材密切相关，又因为采集和切割较为困难，自重较大，资源限制大，在砌块材料体系中的应用较为有限，一般用作民用建筑的承重墙、柱和基础。在一些乡土建筑中通常利用卵石等天然石材构造较为粗糙的墙体，具体内容见下一章节。

传统的砖块是将建筑物分解成为单元材料以方便生产、运输和手工作业施工的产物，符合工匠的手掌，按照一个工匠单手可以操作的尺寸和重量而设定，便于大规模的密集劳动作业。现代的混凝土砌块因为材料控制技术的进步和提高砌筑效率的需要，是按照一人可以双手搬动和就位的尺寸和重量来设定的，尺寸要大于传统的砖块。

（2）砌筑砂浆

砖块是依靠砂浆类的胶粘剂将符合人体劳作尺寸的小型单元叠砌成几乎是任意的形态和尺寸的建筑物。从古代的淤泥、沥青、火山灰灰浆到近现代的水泥砂浆和复合砂浆，其基本砌筑原则是相同的。通过砂浆来调整砖块水平面上的凸凹不平，克服单元材料的精度问题使其紧密地接合在一起，同时通过堵塞、密封连接缝隙来防止雨水和风的侵扰。

建筑砂浆是由胶凝材料＋细骨料＋水拌合结硬后制成的，是一种刚性材料。由于只有细骨料，因此在施工和使用过程中都有可能开裂，其强度与砖块相比较低，主要用于砌体的砌筑（即砖块的粘结）和建筑物表面的装修。因此，虽然砌筑砂浆的强度也影响砖砌体的抗压强度，但砖墙的抗压强度主要取决于砖的抗压强度，砌筑砂浆更重要的作用是粘结砖块、调节平整度和嵌缝密封。因此，砂浆是否具有良好的和易性会影响整个砌体的砌筑质量。常用的砌筑砂浆有水泥砂浆、石灰砂浆、混合砂浆三种以及添加特殊成分的特殊砂浆。

1）水泥砂浆由水泥、砂、水混合而成，强度高，防潮性好，但容易析出水分，摊铺在砖上，被砖吸去了部分水分后就变得较松散，不易正常硬化而影响砌筑，无法用镘刀在砖面上自由流动和涂抹（即和易性差），因此主要用于受力和防潮要求高的墙体中，如工程中常规定±0.000以下或防潮层以下用水泥砂浆砌筑砖墙。

2）石灰砂浆是由熟石灰、砂、水混合制成的，由于熟石灰可以由石灰石和贝类等烧制、熟化而成，其平滑度和工作性好，但强度和防潮性能差，在19世纪末波特兰水泥发明之前一直是主要的砌筑粘结材料。

3）混合砂浆则是在水泥砂浆中加入石灰以改善其平滑度和工作性，水与水泥、石灰发生复杂的化学反应，形成一种可以将砂粒接合在一起的密实、坚固、质量均匀的结晶状结构，使和易性和强度、防潮性达到了一个较好的平衡，能保持合适的流动性、粘聚性和保水性，易于施工操作。混合砂浆的和易性优于水泥砂浆，强度虽不如水泥砂浆，但它有利于提高整个砌体的强度，是大量使用的砌筑砂浆。如工程中常规定±0.00以下或防潮层以下用水泥砂浆砌筑砖墙，而其他部位用混合砂浆砌筑。

4）特殊砂浆则依据混合砂浆的原理，通过改变砂浆内胶凝材料的成分或添加外加剂来改变砂浆的性能或装饰效果，例如在水泥砂浆中掺入氯化物金属盐类、硅酸钠类和金属皂类，可制成防水砂浆，提高其防水性能。又如在大型的砌体建筑中，为了保证施工的工作性，在砂浆中加入缓凝剂以保证砂浆可以成批生产并保证72小时的可使用时间。

（3）砌体材料的强度

由于砌体主要用于建筑物中的受压构件，因此我们对砌体材料的主要关注点是其抗压能力。砌块和砂浆的强度等级依照其抗压强度来划分，是确定砌体在各种受力情况下强度的基本数据：

1）砖砌块（包括烧结黏土砖、烧结多孔砖和非烧结硅酸盐砖）的强度等级分为MU30、MU25、MU20、MU15、MU10、MU7.5，单位为MPa（N/m^2）。砖的抗压强度是根据砖的抗压强度和抗折强度综合评定的。

2）砌块的强度等级分为5级，即MU15、MU10、MU7.5、MU5、MU3.5。

3）石材的强度等级由边长为70mm的立方体试块的抗压强度来表示，分为9级，即MU100、MU80、MU60、MU50、MU40、MU30、MU20、MU15、MU10。

4）砂浆的强度等级由边长为70mm的立方体试块在标准条件下养护、进行抗压试验取得的抗压强度平均值。砂浆的强度等级分为7个等级：M15、M10、M7.5、M5、M2.5、M1、M0.4。

砌体在受压时，由于灰缝的厚度不一、砂浆的饱满度不均匀、块体表面不平整，使得砌块受压时并非均匀受压，而是处于弯剪应力状态。另外，块材的横向变形一般较中等强度以下的砂浆的横向变形小，块材的横向变形因受砂浆的影响而增大，块材中产生横向拉应力，砂浆则处于三向受压的状态。由于砌体内的竖向灰缝不饱满，因此灰缝中的砂浆和块材间的粘结力难以保证砌体的整体性，块材在竖向灰缝中易产生应力集中，加速了块材的开裂，引起砌体强度的降低。

综上所述，砌体受压时，单块块材在复杂的应力状态下工作，使得块材的抗压强度不能充分发挥，因此，一般情况下，砌体的抗压强度低于所用砌块的抗压强度。当砂浆强度较低时，砌体强度高于砂浆强度；当砂浆强度较高时，砌体强度低于砂浆强度。

影响砌体抗压强度的因素主要有：

1）块材和砂浆强度的影响——块材和砂浆的强度是影响砌体抗压强度的主要因素，砌体强度随块材和砂浆强度的提高而提高，提高块材强度比提高砂浆强度更能有效地提高砌体强度。

2）块材的表面平整度和几何尺寸的影响——块材的表面愈平整，灰缝厚薄愈均匀，砌体的抗压强度越高。砌块的高度较大时，其抗弯、抗剪、抗拉能力增大；砌块较长时，在砌体中产生的弯剪应力也较大而较易破坏。

3）砌筑质量的影响——砌体砌筑时水平灰缝的厚度、饱满度，砖的含水率及砌筑方法，均影响到砌体的强度和整体性。

3.2.3 非砌体结构的烧土材料——陶瓷砖

（1）陶瓷面砖的概要

古代人大多依山傍水而居，在汲水、贮水的过程中知道了土壤加水就具有可塑性，加上用火的丰富经验、定居生活对储存器具的需求等，都是制作陶器的条件。据推测，古人为了使枝条编制的器皿耐火和密致无缝而涂上黏土，经过火烧之后，黏土部分很坚硬，进而发现，成型的黏土不需要内部容器也可以烧制成器，从而制成了最原始的陶器。我国已发现距今约一万年的新石器时代早期的残陶片，用以烧制这些陶器的原料都是就地取土，烧成温度大致为400～700℃。这些早期的残陶片质地粗糙，厚薄不等，掺杂有大小不等的石英粒，质松易碎。陶器多制成罐、碗、盆、钵等用于烧煮、储藏的用具。陶器的耐火特性以及它易成型的优点，使它成为冶炼青铜的陶坩埚和铸造青铜和铁器的陶范。在我国的商周时代，出现了陶水管，用于地下排水系统，筒瓦、板瓦、瓦当用于屋面，战国时期又出现了砖块，陶制材料成了建筑的基本材料，唐代的三彩陶器以其特殊的风格和高超的艺术形象驰名于世界。

瓷器被公认为是由中国人发明的，是在陶器技术不断发展和提高的基础上产生的。原始瓷是在3000多年前的商代出现的，商代的白陶是以瓷土（高岭土）作为原料的，烧成温度达1000℃以上，它是原始瓷器出现的基础，到东汉时期，烧制出了成熟的青瓷器。初唐时期，我国瓷器便由海上和“丝绸之路”输入到了西方。宋代瓷器在胎质、釉料和制作技术等方面又有了新的提高，烧瓷技术达到完全成熟的程度。

在建筑上，黏土砖是一种典型的陶瓷材料，是以黏土为主的材料经过烧制而成的，也被称为烧结材料。由烧结的方法和温度的不同，可分为土坯砖、红砖、灰砖，水泥和以水泥为基础的混凝土也可以看成是近现代工业的烧结材料。

陶瓷是指由黏土成型、干燥后，在窑内高温烧制而成的物品。一般把“陶瓷”分为陶和瓷两大类。通常把胎体没有致密烧结的黏土和瓷石制品，不论是有色还是无色，统称为陶器。其中，烧造温度较高、烧结程度较好的那一部分称为“硬陶”，把施釉的那种称为“釉陶”。相对来说，经过高温烧成、胎体烧结程度较为致密、釉色品质优良的黏土或瓷石制品称为“瓷器”。

陶瓷砖以陶土或瓷土为原料、经压制、焙烧而成，可用于墙面和地面的饰面，因此被称为墙地砖或面砖。陶瓷砖是一种历史悠久的饰面材料，在公元前数千年的两河流域大量使用的黏土砖中就有釉面的装饰砖，用于装饰和防水保护。古罗马也曾大量使用陶瓷锦砖（mosaic，马赛克，即把小型彩色石块或陶瓷块嵌入形成图案装饰的饰面手法和材料）装饰室内墙面，我国传统的琉璃技术也是一种釉面黏土砖或黏土瓦的装饰和防水处理技术。陶瓷砖具有优良的耐久性、耐热性、耐水性、耐磨性以及耐酸碱性，是一种优良的近乎免维护的永久性装饰材料，对建筑物的结构体也有较好的保护作用。陶瓷砖由于自重轻、覆盖面较大，采用小型的块材粘贴成整体的装饰、围护面，施工方法简单，适应性强，技术经济性好。陶瓷的资源分布广，加工难度不高，色彩和质感丰富，是目前应用最为广泛的建筑装饰材料。

（2）陶瓷砖的分类

陶瓷砖多数是以陶土或瓷土为原料，压制成型后经焙烧而成。根据坯体的质地和烧制方法的不同，面砖的吸水率和表面质感会有不同，一般可以分为陶质、瓷质、半瓷质（炻质）三大类（表3–5）。

面砖按照坯体质地的分类　　表3–5

性质 划分	特征	烧成温度	基体状态	吸水率
瓷质面砖	坯料具有透明性，致密坚硬，击打时发出金属的清音，破碎面呈贝壳状	1250℃以上	不浸透性	0
			熔融性	1.0 以内
半瓷质（炻质）面砖	无瓷质的透明性，烧结后无吸水性	1200℃左右	基本为熔融性	1.0 以上不满 3.0
			半熔融性	3.0 以上不满 10.0
陶质面砖	坯料为多孔质，具有吸水性，击打后发出浊音	1000℃以上	非熔融性	10.0 以上

引自：伊泽阳一．国外建筑设计详图图集 1：建筑细部．洪钟，刘茂榆译．北京：中国建筑工业出版社，2000．

1）陶质

在设计陶瓷配方时，根据使用要求，加入了大量在焙烧过程中能产生气体的原料，使用的熔剂原料较少，这样经过焙烧后，由于排除气体产生了大量孔洞，而没有过多的玻璃相物质填充，则形成了许多气孔，特别是与大气相通的开口气孔，因此它有较大的吸水率，这种吸水率大于10%的陶瓷称为陶器。由于陶器是多孔性的胚体结构，所以强度不高，吸水率大，吸湿膨胀也大，容易造成制品的后期龟裂，抗冻性也差。

2）瓷质

在设计陶瓷配方时，根据使用要求，加入了较多的熔剂原料，并且配方中所使用的原料在焙烧过程中产生的气体也较少，这样焙烧后产生的孔洞少，有足够的玻璃相物质填充，制品形成的气孔很少，这种吸水率小于0.5%的陶瓷称瓷器。瓷器中含有较高的玻璃相物质，所以透光性好，断面细腻呈贝壳状，具有较高的强度、热稳定性和耐化学侵蚀性。

3）半瓷质（炻质）

半瓷器包括瓷炻质器、细炻质器和炻质器。这三类制品的吸水率介于瓷和陶之间，其性能也在二者之间。

• 瓷炻质器的吸水率为0.5% ～ 3%。由于有较小的吸水率，制品强度高，抗冻性好，施釉后可作为人流较多地方的铺地材料和寒冷地区的外墙铺贴。

• 细炻质器的吸水率为3% ～ 6%，它可以作为不太寒冷地区的外墙铺贴材料和室内施釉地砖。

• 炻质器的吸水率为6% ～ 10%，它可以作为温暖地区的外墙铺贴材料。

根据陶瓷面砖的砖体表面和通体材质的不同，即表面施釉与不施釉，可以分为釉面砖和通体砖。

1）釉面砖

釉面砖就是砖的表面经过烧釉处理的砖，根据光泽的不同分为釉面砖和哑光釉面砖。根据原材料的不同分为：陶质釉面砖，吸水率较高，一般强度相对较低；瓷质釉面砖，由瓷土烧制而成，吸水率较低，一般强度相对较高。在陶瓷砖体表面的釉是性质极像玻璃的物质，它不仅起着装饰作用，而且可以提高陶瓷的机械强度、表面硬度和抗化学侵蚀等性能，同时由于釉是光滑的玻璃物质，气孔极少，便于清洗污垢，给使用带来了方便。釉面砖是装修中最常见的砖种，由于色彩图案丰富，而且防污能力强，因此被广泛使用于墙面和地面装修，特别适用于室内用水房间的装修，如卫生间的墙裙等。

2）通体砖

通体砖的表面不上釉，而且正面和反面的材质和色泽一致。通体砖是一种耐磨砖，但相对来说，其花色和耐污、耐磨性能比不上釉面砖。通体砖因其质朴的质感和防滑性能而被广泛使用于厅堂、过道和室外走道等装修项目的地面，一般较少会使用于墙面。多数的防滑砖都属于通体砖。还有一种常用的抛光砖就是通体砖坯体的表面经过打磨而成的一种光亮砖，表面较为光洁，坚硬耐磨，还可以做出各种仿石、仿木效果。抛光砖抛光时会留下凹凸气孔，需要在表面加涂防污层以防污染。

通体砖中有一种全瓷砖被称为玻化砖，也被称为微晶粉玻化石，微晶粉的主要化学成分为二氧化硅和三氧化二铝，它采用高温烧制而成，表面光洁，硬度大，耐磨损，有较好的尺寸稳定性和较高的强度，主要是用于地面铺装和墙面装饰。

根据生产方式的不同，有平压和挤压两种基本方式：平压是使用不同表面纹理和形状的模具冲压，效率高但质感较为平滑，尺寸跨度大，厚度一般为5～7mm；挤压是采用两砖对挤拉毛、手工劈离而成，质感丰富但砖体较厚（一般为8～17mm），尺寸较大，价格较高，根据生产工艺又被称为劈离砖、劈开砖等。

小型的陶瓷锦砖也称马赛克（Mosaic），俗称块砖，是高温烧结而成的小型块材，一般分为陶瓷锦砖、玻璃锦砖、熔融玻璃锦砖、烧结玻璃锦砖等，表面致密光滑，坚硬耐磨，耐酸耐碱，用于墙地面装修。玻璃锦砖为玻璃质的烧结体，常用的为边长20mm、厚4mm的正方形，色彩绚丽，对建筑主体的适应性强，一般是在工厂生产后反贴在500mm×500mm的牛皮纸上待粘结牢固后洗刷除去，多用于室内装修。

陶瓷地砖又称墙地砖，其类型有釉面地砖、无光釉面砖和无釉防滑地砖及抛光同质地砖。陶瓷地砖一般厚度为6 ～ 10mm，规格有200mm×200mm、300mm×300mm、400mm×400mm等，色彩有红、浅红、白、浅黄、浅绿、浅蓝等各种颜色。地砖色调均匀，砖面平整，抗腐耐磨，施工方便，且块大缝少，装饰效果好。其中，缸砖是用陶土焙烧而成的一种无釉砖块，形状有正方形、六边形等。缸砖具有质地坚硬、耐磨、耐水、耐酸碱、易清洁等特点。

陶瓷墙面砖常用的规格有45mm×45mm、95mm×45mm、108mm×60mm、227mm×60mm等，加上5 ～ 13mm的灰缝成为较易划分的模数尺寸以便于立面排砖。陶瓷砖的设计过程一般如下：根据总体设计构思确定立面的色彩和质感，在立面设计图纸中标注色彩和分格—根据厂商提供的样本选样—厂商根据要求烧制样品—在施工现场的墙面上粘贴制成多种色彩、材质、分格的样墙—经设计方和业主确认后在已建成的主体建筑物上制作一面或数面样墙，以确认分格和整体效果—确认后全面施工。

由于陶瓷砖的分块较小，因此灰缝的处理成为了设计的关键要素之一，排砖设计是保证整体质量的关键。陶瓷砖的灰缝既是为了调节形状误差，也便于挤压砂浆，同时也可通过专用的勾缝剂保证墙面的整体防水性能，防止雨水渗入墙面后在门窗洞口渗入室内。灰缝的宽度和色彩可以根据设计意图调整，如白、灰、黑、红缝，平缝、凹缝，横留缝竖无缝等，形成不同的表面效果。为了保证立面的均衡美观，灰缝尽量不要调节，而按照砖块和灰缝的模数调整立面洞口的尺寸，并注意各边应减去面砖及底灰厚度（从结构面到完成面的实际距离为30 ～ 45mm），尽量不出现切砖。

陶瓷砖和砖砌体一样，在灰缝、砖块与墙体结构之间的空隙及滞留在其中的水分经过长时间的物化反应会形成碳酸盐类物质从外装修的表面渗透出来，形成发白、泛碱的现象。因此，在施工中应注意，砖的背面砂浆不能太稀且饱满不留空隙，要使用防渗性能良好的填缝材料并在施工中用填缝抹刀对灰缝进行抹压，以保证填缝密实且不高于砖面。

陶瓷砖与基底墙面的粘结需妥善处理，直接粘结的抗拔强度低，不适于高层建筑（一般采用反打或干挂），在外保温层外的粘结需要使用钢丝网抹灰等基底加固措施以保证粘结效果。

在建筑设计中，为提高耐久性和耐污性而减少面砖的吸水率会导致表面过于光滑，与黏土砖吸水率强、表面孔洞多的自然质感相差较远。因此，如何在建筑的质朴效果和良好的建筑性能之间找到一个平衡、如何在轻薄的粘贴效果和习惯的建筑厚重感觉之间寻得平衡、如何解决面砖的小型块状拼贴和模仿石材的整体大面的矛盾是设计创新的要点，因此如何充分利用设计的力量表现面砖的崭新质感并与灰缝的设计相结合（密封、分缝、凹缝、平缝、窑变、拼色等），寻找属于面砖这种镶贴材料自身的表现语言是建筑师创新的重点。

由于陶瓷砖的烧结生产且材料自身强度不高，因此，为了保证砖的强度和防止变形，其厚度与尺寸均受到限制，近年来，在建筑师与厂商结合的探索下，生产出了大型的空心陶板，如300mm×300mm、200mm×1500mm，并获得了类似石板的视觉效果。采用干挂法施工，便捷高效，同时保持了陶瓷砖的色彩质感的多样丰富性和无色差的特点。缺点是材料尺寸有限，立面模数化要求高，材料生产工艺复杂，生产厂商少，造价高（图3-13、图3-14）。

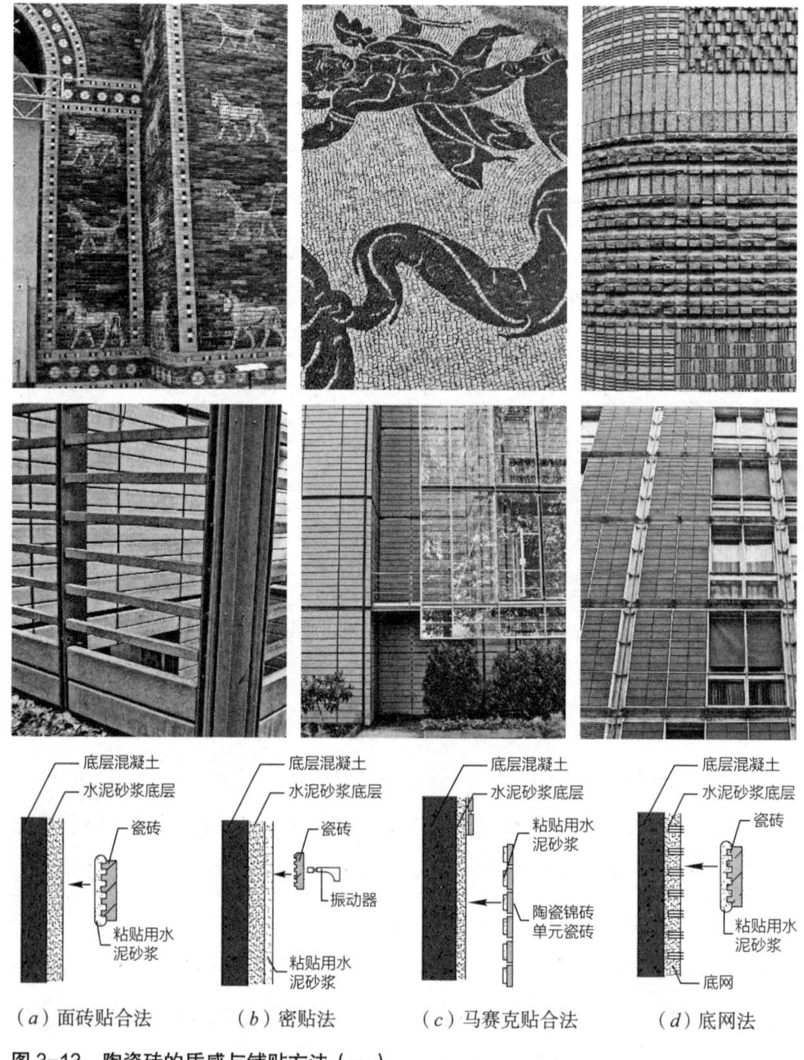

图3-13 陶瓷砖的质感与铺贴方法（一）

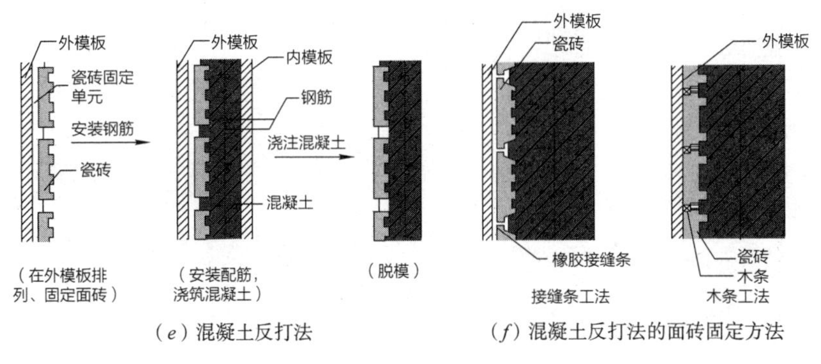

（e）混凝土反打法 （f）混凝土反打法的面砖固定方法

图 3-13 陶瓷砖的质感与铺贴方法（二）

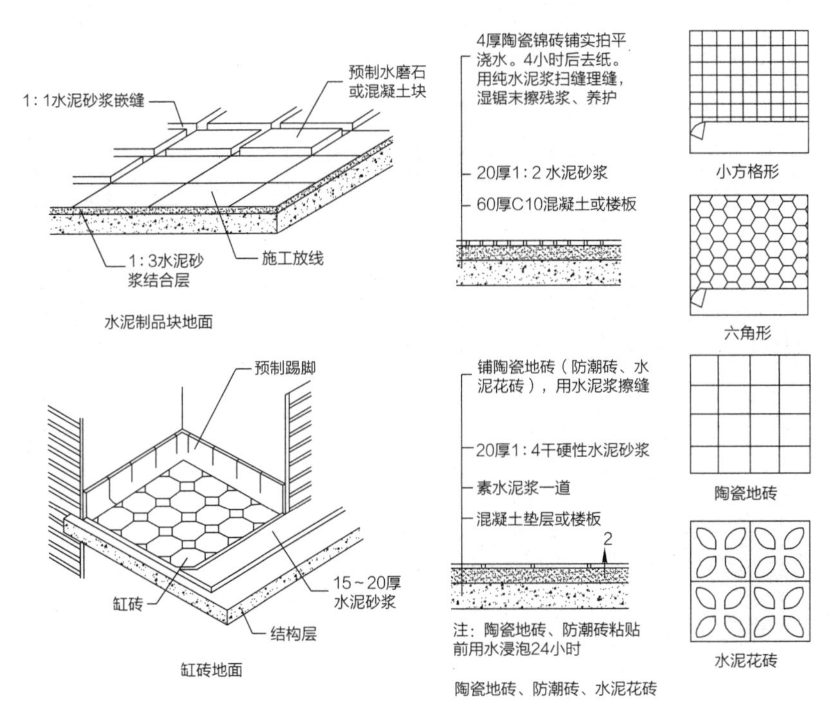

图 3-14 陶瓷砖的铺贴示例

3.3 石材

3.3.1 概述

石材是采自地壳的天然岩石，经开采、切割、磨光等物理加工得到的建筑材料。石材是地球上最丰富和最早用于建筑的材料之一，小型的打制和磨制石器是人类最早的工具，也是石构文明的基石。巨石建筑是现存最早的构筑物和初期的建筑形态，也是神祇“神居”（人居的构筑物或遮蔽物为房屋）的建筑艺术观念的起源和见证。花岗石的最古老和典型建筑实例是公元前两千余年开始的古埃及的石造神庙和陵墓，大块的花岗石及其重力法则创造了完全不同于人间居住性砖木结构建筑的宗教神圣空间和宇

（*a*）远古巨石建筑及其建造方法

（*b*）古埃及的石材加工方法和建筑

（*c*）近代欧洲和中国建筑中的石材

图 3-15　古代石材建筑

（*a*）引自：布鲁诺·雅科米．技术史．蔓君译．北京：北京大学出版社，2000.

（*b*）引自：若山滋，TEM研究所．建築の絵本シリーズ：世界の建築術-人はいかに建築してきたか．東京：彰国社，1986.

宙秩序的象征，虽然其柱式形态和装饰还保持着对木构建筑的追忆。花岗石的陵墓、庙宇等神圣建筑也第一次从供人类自身使用的生活居住类建筑的木制、草制结构区分出来，开创了适应古埃及神话和习俗的永恒性、纪念性之路。由于缺乏较好的加工手段和运输、起重设备，大型石材和大规模的石材建筑只能用在神圣的纪念性建筑之中，形成西方建筑史永恒、坚固的超大尺度纪念性的形式基础（图3-15）。

大理石的华丽则是与古罗马的神庙、浴室的室内装修，文艺复兴的华美的大理石镶嵌装饰相联系的，大理石的细腻纹理和华丽色彩与温暖感突出了绚丽华美的建筑风格和奢靡享受的社会风尚。

石灰石大量运用在欧美的城市建筑中，其代表是中世纪的哥特式教堂和新古典主义的城市建筑，特别是石灰石的易于雕刻使得建筑与雕塑融为一体，成为人类活动和时光流逝的石头史书。

我国传统建筑中最常用的材料是符合阴阳五行和便于拼装、快速建造的木材，石材的使用多限于建筑物的基座和围护勒脚、柱础，用于木材防潮和基础稳固。古代宫廷建筑的基座（台明）常用的石材是汉白玉，实际上是一种质地均匀细腻、没有杂质和纹理的白色大理石类石材，其晶莹剔透、丰润温暖的质感与易于加工雕刻的特性，作为木构建筑的基座与古代宫廷建筑的红墙黄瓦相映成趣，构成了中国官式建筑的基本色彩中的明亮之笔。民间建筑则多在石质柱础、栏杆等处进行雕饰处理。

由于石材的耐久性、材质的丰富性、装饰效果的端庄华丽、加工和施工的便捷性、资源的丰富性，特别是干挂施工技术的发展和成熟，使得石材饰面已经成为中高档建筑的首选材料。我国已经成为世界最大的花岗石生产和出口大国。

装饰用的石材可以分为天然石材和人造石材，按其厚度可分为厚型和薄型两种，通常厚度为20 ～ 40mm的称为板材，厚度为40 ～ 130mm的称为块材。由于适用于建筑装饰的天然石材的资源限制，所以其价格昂贵，多采用板材作饰面处理，一般的可大量采集的石材则可直接用作砌块材料。

3.3.2 石材的种类与生产

一般的岩石按照其成因可以分为以下三种：

（1）火成岩：又称岩浆岩，是由炙热熔化状态的地壳岩浆冷凝而成的岩石，代表性的有花岗石（花岗岩）、玄武岩等，质地坚硬、耐久性好，但难于加工，一般用作装饰、围护构件。

（2）沉积岩：又被称为水成岩，是由岩石碎粒或黏土在水或风的作用下堆积、胶结、压密而形成的岩石，代表性的有石灰石、砂岩、页岩（又称板页岩，也有将页岩归类于变质岩的）、青石板等，因其加工性和坚固性的较好的平衡，被大量使用在建筑结构构件中，并可作为装饰材料，是作为“建筑史书”的基材。

（3）变质岩：火成岩或沉积岩在地质条件变化中经过高温和高压作用变质生成的岩石，具代表性的有大理石、页岩等，其特点是纹理性强，质地细腻，易于加工。易于层裂剥离的页岩可用于屋顶、地面作为围护构件，纹理美丽的大理石一般用于装饰（图3–16）。

（1）花岗石

天然花岗石是一种分布最广的火成岩（即岩浆岩），由长石（通常是钾长石和奥长石）和石英组成，掺杂少量的云母（黑云母或白云母）和微

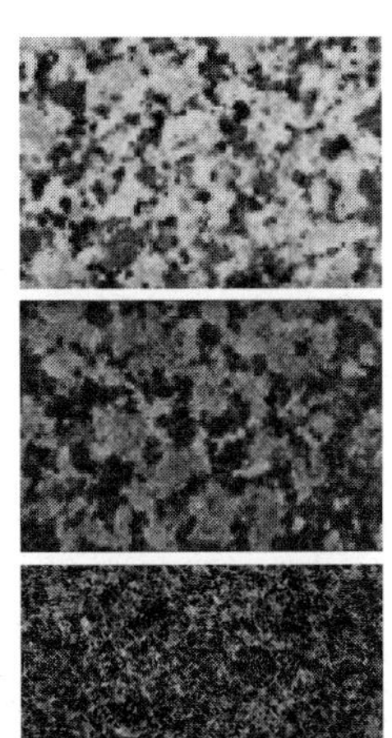

花岗石

砂岩

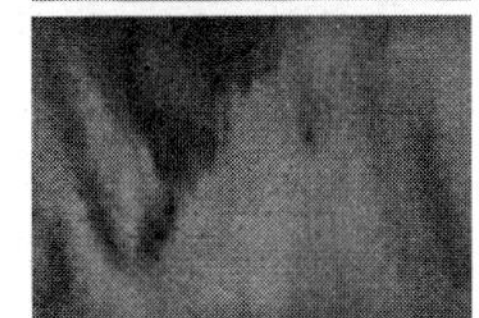

大理石

图 3–16 花岗石、砂岩、大理石的色彩与纹理

引自：中国石材网http：//www.stonebuy.com/pic/worldwide11-10.htm.

量矿物质。花岗石主要成分是二氧化硅，其含量约为65%～85%。花岗石的化学性质呈弱酸性。石英、长石及少量云母的晶粒呈整体的均匀粒状结构，打磨后呈现出深浅不同的斑点，云母和石英在光照下会闪亮发光，展现出一种高雅庄重、沉稳内敛的装饰效果。

花岗石结构致密，抗压强度高，硬度大，耐磨性能好，热膨胀系数小，吸水率低，化学性质稳定，耐酸碱，抗风化，耐久性好。因此，花岗石适用于室内外墙面及地面，也适于结构、装饰用途，是一种应用广泛的高级建筑材料。

花岗石的品种很多，分布也很广，一般按照产地、色调来命名，如贵州黑、山东芝麻黑、西班牙米黄等。日本称花岗石为御影石，就是以其在日本的产地命名的（如同我国的大理石以产地命名）。颜色可分为八大系列：红色、黄绿色、黄色、青绿色、青白色、白底黑点、纯黑、花底黑点。在花岗石装饰面板中，色调纯正、浓重，结构均匀的材料为高档材料。一般可以分为浅色和深色两大类：

1）浅色花岗石——含镁、铝、钙盐较多，色泽较淡，主要为白色或灰白色。

2）深色花岗石——因含其他金属矿物质而显现出斑驳的花色，如深青、紫红、浅灰、浅绿等色，经磨光后色泽鲜艳而美观，装饰效果很好。

花岗石按其加工方法和表面形态可分为蘑菇石、剁斧板、机刨板、粗磨板（粗面板）、烧结板（安装就位后表面用火烧后再次结晶，又被称为烧毛）、磨光板（包括镜面板和亚光板）等。

（2）石灰石和砂岩、页岩

石灰岩（石灰石）和砂岩是主要的沉积岩。

石灰岩的主要成分是碳酸钙，因其形成的条件不同而使得其密实程度有很大的区别。结构疏松的石灰石常作为生产石灰和水泥的原料，较坚硬的则被用作建筑的砌块材料和混凝土的骨料，非常致密的石灰石，如凝灰石的质地与大理石相似，可以打磨加工。由于石灰石是一种多孔的石材，无法进行高精度的打磨加工，其吸水率较高，耐久性较差，不适于在潮湿地区使用，但硬度适中，是欧洲和北美的主要建筑石材。颜色从纯白到灰色乃至各种深色。

砂岩又称砂粒岩，是由于地球的地壳运动，砂粒与胶结物（硅质物、碳酸钙、黏土、氧化铁、硫酸钙等）经长期巨大的压力压缩粘结而形成的一种沉积岩。根据成因可分为海砂岩和泥砂岩，海砂岩的成分颗粒较粗，硬度较大；泥砂岩细腻且纹理变化大，如木纹、山水画等，极富装饰效果。同时由于结构疏松、孔隙率大，具有吸声、防潮、防火的特性，且无放射性的问题，它也是一种环保的功能性装饰材料。砂岩砂石不能磨光，纹理比大理石、花岗石细腻华美，可用在剧院、饭店、体育馆等的吸声和装饰并重的构件上。国内常用的褐石和青石，具有片状结构，易于分裂成薄片，易于加工，常以片状板材的形式用于建筑的屋顶和墙面。色彩丰富、纹理细腻的泥砂岩常被用来做装饰材料。

板岩也是一种沉积岩。形成板岩的页岩在地壳运动中层层叠起，激烈的变质作用使页岩床折叠、收缩，最后变成板岩。板岩的成分主要为二氧化硅，其特征为可耐酸，根据板石的成分可将板石分为碳酸盐型板石、黏土型板石、炭质或硅质板石三大类型。板石的结构表现为片状或块状，颗粒细微，较为密实，硬度适中，吸水率较小，易于劈裂成片，厚度均一。板石的颜色多以单色为主，如灰色、黄色、绿灰色、绿色、青色、黑色、褐红色等。由于颜色单一纯真，在装饰上来说，予人以素雅大方之感。板石一般不再磨光，显出自然美感，多用于建筑的地面、屋面以及墙面的装饰。

（3）大理石

大理石因早先盛产于云南大理而得名。天然大理石是一种变质岩，由石灰石再结晶而成，主要成分是碳酸钙，其含量约为50% ～ 75%，呈弱碱性，颗粒细腻，表面条纹分布一般较不规则，属中硬石材，容易打磨和雕刻，且颜色极其丰富，纹路美丽。大理石品种繁多，花纹和色彩多样，质地秀美细腻，抗压性能好，但不耐酸性物质的腐蚀，硬度较低，易于加工，但耐磨性、抗风化能力差，一般不用于室外，也不能用于常使用酸性洗涤材料的公共卫生间等处。

大理石的一种特殊类型为洞石。洞石因表面有许多孔洞而得名，学名为凝灰石（石灰石的一种）。洞石的色调以米黄居多，使人感到温和，质感丰富，条纹清晰，用洞石装饰的建筑物常有强烈的文化和历史韵味，使其被世界上多处建筑使用。关于它的形成，一般认为是在大气条件下从含碳酸盐的泉水（通常是热泉）中沉淀出的一种钙质材料，地下水中的二氧化碳形成了气泡（孔洞），从而有了洞石。与海洋中的石灰石沉淀不同的是，凝灰石大多在河流、湖泊或池塘里快速沉积而成，这一快速的沉积使有机物和气体不能释放，从而出现了美丽的纹理，但不利的是，它也会产生内部裂隙的分层，使它在与纹理一致的方向上的强度削弱。凝灰石因为有孔洞，所以它的单位密度并不大，适合做表面装修材料，而不适合做建筑的结构材料、基础材料。

从商业角度来说，所有天然形成的能够进行抛光的石灰质岩石都称为大理石。

天然大理石饰面的品种是以其磨光之后所显示的花色、特征及原料产地来命名的。纯白色大理石因其洁白如玉而被称为汉白玉或白玉，被广泛用于古典官式建筑的基座和栏杆上。

装饰用大理石因为含有不同的矿物质而呈现不同的颜色，其内部的杂质又形成了类似山水画的独特纹理。大理石根据色彩和纹理分为七个系列：白色、灰色、黄色、红色、绿色、黑色和木质纹理系列。

（4）人造石材

人造石材按其制作方式的不同可分为两种：一是将原料磨成石粉后，再加入化学药剂、胶粘剂等，高压制成板材，并于外观色泽上添加人工色素与仿原石纹路，增加变化及选择性。另一种是将原石打碎后，加入胶质与石料真空搅拌，并采用高压振动方式使之成型，制成一块块的石块，再经过切割成为建材石板，可保留石材的天然纹理，还可以经过事先挑选统一花色，加入喜爱的色彩或嵌入玻璃、亚克力等，丰富其色泽。常见的用于室内外装饰的有岗石、珍珠砂贝、文化石、人造大理石或花岗石、水磨石等。人造石材与天然石材有着明显的质感差别，但因其价格大大低于天然石材，施工方便，性能稳定，因而运用日益普遍（表3-6）。

人造石材（人造大理石、花岗石）的基本材料及特点 表3-6

名称	基本材料	特点
无机类	石膏、高铝水泥、氧化镁水泥胶粘剂	价格低廉，耐腐蚀性和耐磨性差，表面光泽易消失，现在已很少使用
有机类	以不饱和聚酯为胶粘剂，用石英砂、大理石和花岗石碎粒、方解石粉为填料及其配套的固化剂、颜料和助剂为原料	产品结构致密，光泽度高，质量轻，耐酸碱，耐水，色泽多样而鲜明，但由于抗老化、保色性，抗温变性和耐划痕性较差，只可应用于建筑物室内墙面和柱面的装饰，地面不宜使用，目前较多是用作卫生洁具
	甲基丙烯酸甲酯（即有机玻璃）为主要胶粘剂	效果逼真、色彩丰富，具有不吸水、耐沾污、易加工、易安装的特点，可用于多种装饰，也可以和木材、石材、金属、瓷砖、塑料等复合，以满足设计多样化的需求。常用作护墙板、柜台板、化妆台面、工作台面、卫生洁具等
烧结型	胶粘剂：黏土约占40%（高岭土） 骨料：约占60%（斜长石、石英、辉石、方解石和赤欣矿粉）	生产方法与陶瓷工艺相似，高温焙烧能耗大，价格高，产品破损率高。应用于室内地面、墙面和柱面的装饰
复合型	胶粘剂：兼有无机材料和有机高分子材料 底层：性能稳定的无机材料 面层：聚酯树脂和大理石粉	价格低，但两种材料热变形不同，耐用性差，现在也很少生产

引自：中国建筑标准设计研究院．建筑产品选用技术——建筑·装修分册．北京：中国建筑标准设计研究院，2005.

人造大理石、花岗石具有类似大理石、花岗石的机理特点，并且花纹图案可由设计者自行控制确定，重现性好，重量轻，强度高，吸水率低，色泽均匀，耐磨耐污，可加工性好，能制成弧形、曲面等形状，施工方便，造价低廉。

微晶石是一种人造石，是含氧化硅的矿物在高温作用下表面玻化而形成的一种新型材料，其特性介于陶瓷和玻璃之间，各项性能指标均优于天然石材和陶瓷面砖，具有优良的理化性能和力学性能，色泽美观，吸水率低，致密性好，耐腐蚀，抗污性强，无放射性污染。

3.3.3　石材的使用

（1）石材的选用

1）石材的选用与表面处理

上述的花岗石、大理石、石灰石是建筑中常见的几种天然石材，石材根据其不同的力学特性（抗压强度、抗弯强度、剪切强度、耐磨性等）、物理特性（表观密度、硬度、吸水率、耐水性、耐热性、导热性、抗冻性等）和化学特性（耐酸碱性、耐久性、耐污性等）而应用在建筑的不同构件上。

力学性能好的材料用于结构构件，如基础、台基、墙柱、混凝土等复合材料的骨料等；而物理性能优秀的材料用作墙体、屋顶等围护构件的材料，其中外观美丽、质地细腻的材料多用作室内与室外装饰材料。化学性能好的材料多用作设备材料。

天然石材由于其成分和性质的不同而适用于不同的环境，需要设计者在选用前了解其结构特征、物理力学性质、主要的化学成分、使用的方法与尺寸、环境条件等。

天然石材具有一定的吸水率，石材在砌筑过程和使用过程中的污染和吸水会对石材的质感产生非常大的影响。因此，在使用装饰用石材前，对其底面要涂抹封底油，防止安装的锈渍或污渍的影响，也防止碱性粘结材料——砂浆等的污染和腐蚀；对石材的正面及侧面则要使用防浸透的封堵剂或防水剂，以防止在使用过程中的污染，特别是含有易于在空气中氧化的成分的石材，如锈石，更要注意与空气的隔绝；表面经常磨损的地板材料等还要涂抹防滑增强剂或保养打蜡，起到保护和防滑的作用（表3–7）。

常用石材保养防护用品　表3–7

产品	用途及性能特点
封底油	涂在大理石、花岗石、水磨石等饰面板的背面板底，可防止安装后锈渍及各种污渍由板底渗至表面造成污染
浸透防水剂	涂在大理石、花岗石、水磨石及其他人造石上，能渗进微孔将其封闭起来。起到防腐、防雨淋、防风化、防冰霜冰融使用
保养防滑蜡	涂在大理石、花岗石、水磨石面上，起到保护和防滑作用，无蜡痕也不返白

续表

产品	用途及性能特点
大理石清洗剂	用以清洗大理石、花岗石表面的锈渍、烟渍、茶渍和包装不当而造成的草绳污渍及潮湿天气造成的污染
花岗石清洗剂	
石材强力清洗剂	用于清除各种石材饰面板表面的砂浆污渍，水泥污渍及装修施工中的其他污渍
石材防滑增强剂	用于大理石、水磨石表面处理，能增强其表面硬度、耐磨性、光泽度，可代替打蜡，起防滑作用

引自：中国建筑标准设计研究院．建筑产品选用技术——建筑·装修分册．北京：中国建筑标准设计研究院，2005.

因此，对暴露于室外环境的石材选用应较慎重。对于石材的物理性质而言，外墙石材宜采用以花岗石为代表含二氧化硅的高密度、高强度、耐久性好的石材。含氧化钙较多的石材，如砂岩、大理石在空气潮湿并含有二氧化硫时，容易受到腐蚀，而且在施工或雨后，由于材料的吸水，会形成深浅不同的色差，影响美观，因此用作外墙时应作表面防水处理（一般处理后其吸水率应小于1%）。对于石材的化学性质而言，石材中的氧化铁、硫化铁等成分会在与空气中的氧气接触中氧化形成锈斑，特别是浅色的石材，需要进行防护处理。在外墙的石材中，即使使用花岗石也应在面板加工完成、清洗干燥后进行防护处理，防止石材在使用中出现水渍和返碱等问题。

使用在建筑中时，需根据不同的部位、环境和尺寸选用相应的天然石材，由于各种石材的性质不同，还需注意其相应的性能指标要求。美国ASTM标准对石材的要求和检测较为全面，为多数国家通用，如表3-8所示。对天然石材的使用应注意其特性，如花岗石的质地坚硬、抗风能力强，适用于室内外的墙面和地面，大理石等含氧化钙较多的石材容易受到腐蚀，表面硬度不高，一般多用于室内墙面装饰和人流量不大、较清洁的室内地面，室外墙面和地面均不适于使用。

美国ASTM标准中对饰面石材的要求（技术规范） 表3-8

项目 名称		吸水率（%）≤	体积密度（g/cm^3）≥	压缩强度（MPa）≥	弯曲强度（MPa）≥（四点弯曲）	断裂模数（MPa）≥（三点弯曲）	耐磨度（$1/cm^3$）≥	耐酸性（mm）≤
花岗石 ASTM C615		0.40	2.56	131	8.27	10.34	25	—
石灰石 ASTM C568	Ⅰ	12	1.760	12	—	2.9	10	—
	Ⅱ	7.5	2.160	28	—	3.4		—
	Ⅲ	3	2.560	55	—	6.9		—
大理石 ASTM C503	Ⅰ	0.20	2.955	52	7	7	10	—
	Ⅱ		2.800					—
	Ⅲ		2.690					—
	Ⅳ		2.305					—

续表

项目 名称		吸水率（%）≤	体积密度（g/cm³）≥	压缩强度（MPa）≥	弯曲强度（MPa）≥（四点弯曲）	断裂模数（MPa）≥（三点弯曲）	耐磨度（1/cm³）≥	耐酸性（mm）≤
砂石 ASTM C616	Ⅰ	8	2.003	12.6	—	2.4	2	—
	Ⅱ	3	2.400	68.9	—	6.9	8	—
	Ⅲ	1	2.560	137.9	—	13.9	8	—
板石 ASTM C629	Ⅰ	0.25	—	—	—	垂直 62.1	8.0	0.38
	Ⅱ	0.45	—	—	—	平行 49.6	8.0	0.64

引自：中国建筑标准设计研究院．建筑产品选用技术——建筑·装修分册．北京：中国建筑标准设计研究院，2006．

2）石材的色差与评价标准

任何天然石材由于成分的不同而有不同的色彩，即使是同一座矿山，由于矿层的不同也会出现色差，严格来讲，只有在同一矿床、同一矿层上开采的石材，其颜色、花纹才能相近。因此，在矿山开采时要对石材的荒料进行排序编号，加工后出厂时，石材供应商再对石材进行排序编号，石材到达工地安装时，按照供应商提供的编号和码单顺序安装，这样才能尽量避免石材的色差，即使有也会是逐渐过渡的，不会影响整体的美观。

由于石材是天然材料，其色彩和纹理都会与产地的具体采石部位密切相关，因此，石材的挑选与搭配需要从采石场开始并贯穿于石材施工的全部环节，这样才能有效地控制色差，保证建筑石材面的整体效果。大理石有明显的花纹和色泽的变化，因此在施工安装前还需对相同表面的石材进行试拼，对好花纹，然后才能安装。使用天然石材时，无论如何控制都会有一些色差，这也体现了材料的天然特性和真实感。

石材的评价标准主要包括颜色、花纹、光泽度、强度、放射性等，颜色和花纹根据色彩的鲜艳、资源的稀缺和审美时尚而有一定的规律。一般而言，花岗石从高档到低档的色彩依次为：蓝色—绿色—黑色—纯白色—红色—黄色—紫黄色—灰白色—灰色。大理石从高档到低档的色彩依次为：绿色—红色—米黄色—黑色—白色—灰色。

石材作为外饰面时，除了蘑菇石、凸棱石、荒料面等凸凹起伏较大、立体感强的饰面形式外，还有平板型石材，其处理工艺主要有抛光、磨光、火焰烧毛、机刨、凿毛、剁斧等，凿毛、剁斧由于需要手工操作，产品品质的均一度差，逐步被火焰烧毛、机刨等工厂化工艺取代，还可以在同一石材面上进行多种处理，使得石材的表面丰富多彩。值得注意的是，石材表面越光滑，其色彩越鲜艳，耐污性能越好，色差也越明显，因此，在选择室外墙面石材时需要注意适当进行毛面处理，既可减弱色差，也可以强调石材的质感，而对于室外地面石材，耐污性、清洁感、华丽感强的光滑表面为了防滑，常常需要进行适当的毛面处理，这样就需要用不同加工表面的组合以达到矛盾的调和。

（2）石材的构造——胶结与栓接

由于石材的耐久性、易加工、装饰效果强的特点，建筑用石材的使用方式主要有三种：

1）与砖块等砌块结构相同，采用砂浆粘结的砌筑方式，石材与砖一样，可以自承重并可以建造拱、穹庐等结构。

2）把石材切割成片，吊装或粘结在建筑物的墙面或构架上，主要利用石材的围护和装饰性能。

3）利用石材的耐候性能、耐磨性能和装饰效果，将石材铺装在地面。

装饰用的石材按其厚度可分为厚型和薄型两种，通常厚度为20～40mm的称为板材，厚度为40～130mm的称为块材。由于适用于建筑装饰的天然石材的资源限制，使其价格昂贵，所以多采用板材作饰面处理，一般的可大量采集的石材则可直接用作砌块材料。由于天然石材有较大的色差，因此，石材从矿脉、荒料、粗板到成品板材的每一道工序都要进行编号和选材调整以尽量减小色差，在安装前必须根据设计要求核对石材品种、规格、颜色，进行统一编号。

3.4 混凝土

3.4.1 概述

经过自身的物理、化学作用，能够由可塑性的浆体变成坚硬固体，并具有胶结能力，可将粒状材料或块状材料粘结为一个整体，具有一定力学强度的物质统称为胶凝材料。

胶凝材料分为无机和有机两大类。石油沥青、高分子树脂、桐油等均属于有机胶凝材料。无机胶凝材料通常为粉末状，与水混合搅拌形成可塑性浆体，经过一段时间的凝结硬化后，成为具有一定强度和粘结性的固体，如石灰、石膏、水泥等。根据凝结硬化的条件及适用环境的不同，无机胶凝材料分为气硬性和水硬性两类：只能在空气中凝结硬化并保持和发展硬度的胶凝材料为气硬性材料，如石灰、石膏等；不仅在空气中，而且能更好地在水中硬化并保持和发展其硬度的胶凝材料为水硬性胶凝材料，如水泥。水硬性材料可适应地上、地下、水中、潮湿等各种环境，在建筑工程中应用广泛。①

---

① 杨静．建筑材料．北京：中国水利水电出版社，2004．

我国古建曾使用有机胶凝材料进行建筑施工，木材防腐中使用的“猪血腻子”就是一种典型的有机胶凝材料——生石灰、桐油、猪血、清漆、砖粉、面粉按一定比例混合，加入宁麻线，涂抹在木材上以隔绝空气达到防腐的目的。

建筑石灰（生石灰）是一种典型的无机胶凝材料，由于生产建筑石灰的原材料——石灰石分布范围广泛，蕴藏量大，生产工艺简单，成本低廉，因此其在建筑领域中的应用历史悠久：早在距今5000年左右的洛阳王湾的居住建筑中就使用了石灰面涂抹室内地面，形成了坚硬光滑的居住面。三合土（石灰粉：黏土：砂子为1：2：3）及灰土（石灰粉：黏土为1：2～4）夯实后一般用作建筑物的基础和垫层。石灰浆粉刷墙面可以取得一定的防潮效果，石灰砂浆（熟石灰＋砂＋水）曾是在19世纪末波特兰水泥发明前主要的砌体粘结材料，其平滑度和工作性好，但强度和防潮性能差，石灰砂浆的成分中加入水泥混合组成的混合砂浆是目前最常用的砌筑用粘结材料。

古罗马人在开采石灰石时在维苏威火山上意外地发现黏土和火山灰的混合土壤与石灰石混合燃烧后会产生一种材料，即天然水泥（Roman cement，又称罗马水泥）。这种材料与水混合后可以在空气和水中快速胶凝、硬化成石。这种罗马水泥及其砂浆（即水泥砂浆）成为了建筑中最受欢迎的材料并极大地改变了罗马建筑的特色：砖石等材料只用来砌筑柱子、墙面和穹顶的表面，而构件中央的部分则以这种砂浆充填，砂浆中混合的砂、石等使其成为了一种混凝土，因此古罗马人被称为现代混凝土构造的鼻祖。罗马混凝土是指由永久性的砖或石块模板与中间填充的混凝土组成的复合结构，砖和石材作为永久的模板被固化在混凝土表面，形成了硬壳。随着罗马帝国的灭亡，这种混凝土构造的知识也随之失传，直到19世纪才因波特兰水泥的发明而重新成为一种全球通用的建筑材料。

1824年，英国利兹的一名施工人员约瑟夫·阿斯普丁（Joseph Aspdin）发明了一种材料，在硬化后似英国波特兰石场的天然建筑石材一样坚硬和耐久，因此命名为“波特兰”水泥（Portland Cement，即硅酸盐水泥。英文水泥cement一词源自拉丁语 caementum，指粗切的石头）。20世纪初传入中国时曾被称为“洋灰”，以区别于传统的建筑材料——石灰。水泥是由石灰质原料、黏土质原料及其他材料按比例混合、研磨、煅烧后加入石膏等辅料再度磨细制成的一种无机的粉末状材料，与水拌合后能形成具有流动性、可塑性的浆体（水泥浆），在一定时间的物理、化学反应后，先“凝结”失去可塑性，而后硬度逐步增强，“硬化”成坚硬的固体——水泥石，在这个过程中将块状或粒状材料胶结成为整体，是一种水硬性胶凝材料，其主要成分为硅酸盐矿物（硅酸三钙和硅酸二钙，占总量的75%）、溶剂性矿物（铝酸三钙和铁铝酸四钙，占总量的18%～25%）。

混凝土（concrete源自拉丁语concretus，即结合、硬化之意）是指用胶凝材料将粗细骨料胶结成整体的复合固体材料的总称，它是由粗骨料、细骨料、水泥和水混合而成的，经过凝结和硬化后形成的类似岩石的材料。普通混凝土是指以水泥为胶凝材料，以砂子和石子为骨料，经加水搅拌、浇筑成型、凝结固化后成为具有一定强度的"人工石材"，即水泥混凝土，是目前工程上使用量最大的混凝土品种。"混凝土"一词通常可简作"砼"。

钢筋混凝土是混凝土与加强用的钢筋的组合，是在19世纪50年代由法国人J. L. Lambot及美国人Thaddeus Hyatt共同发明的。1867年，法国园艺家Joseph Monier利用钢筋混凝土制成一个花盆并申请专利后，钢筋混凝土才被广泛采用，主要用作建造水塔和桥梁的新材料。与此同时，最早的钢筋预应力试验也已经开始，20世纪20年代Eugene Freyssinet建立的以科学计算为基础的预应力混凝土结构设计得以快速发展。今天我们看到的大多数混凝土，即使是裸露的混凝土，其实也有被表面2～3cm厚的水泥隐藏起来的钢筋的共同作用，而其表层只是塑造过程的记录和痕迹——模板的形态和肌理。同时，由于混凝土和内部的钢筋网没有固定的形状，可以被模制成任何形状，因此具有不受任何预先限定的、自由的、生物形态的工作性能（图3-17）。

图3-17　从古罗马的混凝土到现代的混凝土建筑及其表现

3.4.2　建筑砂浆

建筑砂浆是由胶凝材料＋细骨料＋水拌合结硬后制成的，是一种刚性材料。由于只有细骨料，因此在施工和使用过程中都有可能开裂，强度与砖块相比较低，主要用于砌体的砌筑和建筑物表面的装修。

砌筑砂浆的主要作用是粘结砖块、调节平整度和嵌缝密封。因此，砂浆是否具有良好的和易性，影响到整个砌体的砌筑质量。常用的砌筑砂浆有水泥砂浆、石灰砂浆、混合砂浆三种以及添加特殊成分的特殊砂浆。详见砖砌体相关章节。

抹灰砂浆是用泥浆、石灰浆、石膏、水泥砂浆等涂抹在房屋结构表面上，利用浆状材料胶凝后形成的致密的硬质表面薄层起到密封、平整、保护、美化作用的一种装修工程。由于材料来源广泛、施工简便、造价低廉，同时可以通过改变抹灰材料和工艺取得多种装饰效果，所以应用非常广泛。古代人类在半穴居的原始住宅中就采用将泥浆和石灰涂抹在建筑的屋顶和墙壁、地面上的方法以达到防水、防潮的效果。在一般的建筑施工现场，“平不平，一把泥”也是抹灰装修的写照。

3.4.3　混凝土

（1）混凝土的原材料与配合比

混凝土是指用胶凝材料将粗细骨料胶结成的整体的复合固体材料的总称。混凝土使用在建筑上的历史已经上千年，但混凝土的成分一直没有变化——水泥、砂子、水以及聚合剂。砂与石子主要起骨架作用，称为骨料，还可起到减小混凝土因水泥硬化产生的收缩的作用；水泥与水形成水泥浆，包裹在骨料表面并填充在骨料的空隙中，在混凝土拌合物硬化前起润滑作用，并赋予拌合物一定的流动性，便于施工，在水泥浆硬化后起到胶结作用，将骨料胶结成一个坚实的整体。混凝土坚硬、轻巧，易于加固，成本低，耐用，是世界上使用最广泛的人造材料（图3–18、表3–9）。

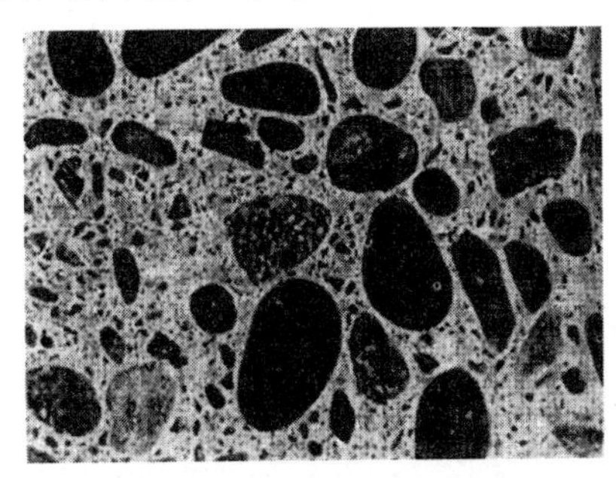

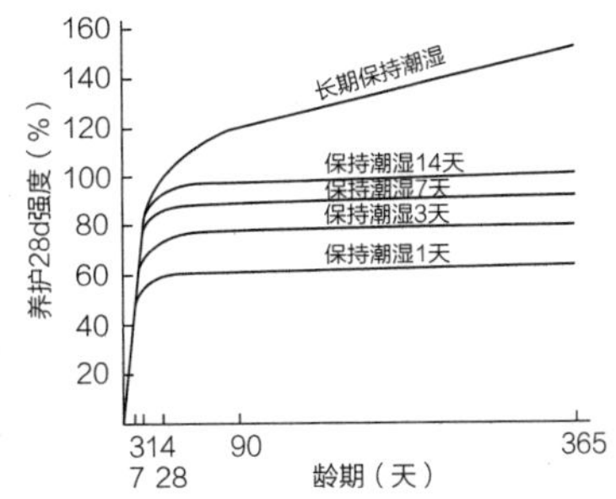

图 3–18　混凝土的断面示意图和强度发展曲线（与保湿时间的关系）

引自：杨静. 建筑材料. 北京：中国水利水电出版社，2004.

建筑钢材、木材与混凝土的强度及强重比 表3-9

材料	强度（MPa）	密度（kg/m^3）	强重比
建筑钢材（普通低碳钢）	400	7800	0.05
混凝土（抗压）	60	2400	0.025
木材（松木顺纹抗拉）	100	550	0.2

引自：杨静．建筑材料．北京：中国水利水电出版社，2004.

普通混凝土（即水泥混凝土）的原材料为胶凝材料（水泥）、水、细骨料（砂）、粗骨料（石子）以及必要的各种外加剂和矿物掺合料。混凝土配合比是指$1m^3$混凝土中各组成材料的用量（体积或重量）的比。混凝土配合比设计中的三个基本参数为水灰比（W/C）、单位用水量（W_0）和砂率（S_p）。这三个基本参数的确定原则如下：

1）水灰比——水灰比根据设计要求的混凝土强度和耐久性确定。确定原则为：在满足混凝土设计强度和耐久性的基础上，选用较大的水灰比，以节约水泥，降低混凝土成本。

2）单位用水量——单位用水量主要根据坍落度要求、粗骨料品种和最大粒径确定。确定原则为：在满足施工和易性的基础上，尽量选用较大的单位用水量。因为当W/C一定时，用水量越大，所需水泥用量也越大。

3）砂率——合理砂率的确定原则为：砂子的用量能填满石子的空隙并略有富余。砂率对混凝土的和易性、强度和耐久性影响很大，也直接影响水泥用量，故应尽可能选用最优砂率，并根据砂子细度模数、坍落度要求等加以调整，有条件时宜通过试验确定。①

混凝土对原材料的水泥、砂、石子和水均有一定的要求：

1）水泥应根据混凝土工程的特点、施工环境及条件、强度要求等选取合适的品种及强度等级。水泥的强度等级（以MPa为单位）为混凝土强度的0.5～2.0倍为宜，对于高强度的混凝土，应取0.9～1.5倍。

2）细骨料为粒径在0.16～5mm之间的骨粒，一般采用天然砂（河砂、海砂、山砂），其中会降低混凝土强度与耐久性的成分为有害杂质，需限量。

3）粗骨料为粒径大于5mm的骨料，有碎石和卵石两种。碎石表面粗糙，与水泥浆结合好，拌制的混凝土强度高；卵石表面光滑，与水泥浆结合差，流动性好。

4）在拌制和养护混凝土用的水中，不得含有影响水泥正常凝结与硬化的有害物质，宜优先采用符合国家标准的饮用水。

① 中国混凝土网http：//www.chinahnt.com.

5）外加剂是指能有效改善混凝土某项或多项性能的一类材料，其掺入量一般只占水泥量的5%以下，却能显著改善混凝土的和易性、强度、耐久性或调节凝结时间及节约水泥。

混凝土外加剂一般根据其主要功能分类：

• 改善混凝土流变性能的外加剂。主要有减水剂、引气剂、泵送剂等。

• 调节混凝土凝结硬化性能的外加剂。主要有缓凝剂、速凝剂、早强剂等。

• 调节混凝土含气量的外加剂。主要有引气剂、加气剂、泡沫剂等。

• 改善混凝土耐久性的外加剂。主要有引气剂、防水剂、阻锈剂等。

• 提供混凝土特殊性能的外加剂。主要有防冻剂、膨胀剂、着色剂、引气剂和泵送剂等。

外加剂的应用促进了混凝土技术的飞速进步，技术经济效益十分显著，使得高强高性能混凝土的生产和应用成为现实，并解决了许多工程技术难题，如远距离运输和高耸建筑物的泵送问题，紧急抢修工程的早强速凝问题，大体积混凝土工程的水化热问题，纵长结构的收缩补偿问题，地下建筑物的防渗漏问题等。目前，外加剂已成为除水泥、水、砂子、石子以外的第五组成材料，应用越来越广泛。[①]

（2）混凝土的性能与分类

混凝土的主要优点：

1）原材料来源丰富

混凝土中约70%以上的材料是砂石料，属地方性材料，可就地取材，避免远距离运输，因而价格低廉。

2）施工方便

混凝土拌合物具有良好的流动性和可塑性，可根据工程需要浇筑成各种形状尺寸的构件及构筑物，既可现场浇筑成型，也可预制。

3）性能可根据需要设计调整

通过调整各组成材料的品种和数量，特别是掺入不同的外加剂和掺合料，可获得不同的施工和易性、强度、耐久性或具有特殊性能的混凝土，满足工程上的不同要求。

4）抗压强度高

混凝土的抗压强度一般在7.5～60MPa之间。当掺入高效减水剂和掺合料时，强度可达100MPa以上。混凝土与钢筋具有良好的匹配性，浇筑成钢筋混凝土后，可以有效地改善抗拉强度低的缺陷，使混凝土能够应用

① 中国混凝土网http：//www.chinahnt.com.

于各种结构部位。

5）耐久性好

原材料选择正确、配比合理、施工养护良好的混凝土具有优异的抗渗性、抗冻性和耐腐蚀性，且对钢筋有保护作用，可保持混凝土结构长期使用，性能稳定。

混凝土存在的主要缺点：

1）自重大

1m^{3}混凝土重约2400kg，混凝土结构物自重较大，导致地基处理费用增加。

2）抗拉强度低，抗裂性差

混凝土的抗拉强度一般只有抗压强度的1/10～1/20，易开裂。

3）收缩变形大

水泥的水化凝结硬化引起的自身收缩和干燥收缩易产生混凝土收缩裂缝。

混凝土的主要性能要求：

1）混凝土的强度

根据国家标准试验方法的规定，将混凝土拌合物制成边长150mm的立方体标准试件，在标准条件（温度20±3℃，相对湿度90%以上）下，养护到28天，用标准试验方法得到的抗压强度值，称为混凝土立方体的抗压强度。按抗压强度，混凝土分为C7.5、C10、C15、C20、C25、C30、C35、C40、C45、C50、C55、C60这12级，等级越高，抗压强度越高，目前我国一般的钢筋混凝土梁、板的混凝土强度等级为C15～C30。混凝土的抗拉强度很低，只有其抗压强度的1/10～1/20，且这个比值随着强度等级的提高而降低。因此，一般使用钢筋混凝土时，用钢筋受拉，混凝土受压，以两者的结合而获得较好的工程效果。

影响混凝土抗压强度的主要因素有：

• 水泥强度——水泥强度越高，混凝土的强度越高。

• 水灰比——水灰比越小，混凝土强度越高。

• 温度和湿度——温度和湿度较高均有利于混凝土的水化作用，使得混凝土的强度提高。

• 龄期——混凝土在正常养护条件下，其强度随龄期的增加而增大，最初的7～14天内强度增长较快，28天以后增长缓慢。

因此，提高混凝土抗压强度的措施主要有采用低水灰比或低水胶比的混凝土，使用高强度等级水泥或早强类水泥，采取湿热养护（蒸汽养护与蒸压养护）措施，并采用机械搅拌与振捣，掺入混凝土外加剂和掺合料等。[①]

2）混凝土的和易性（工作性）

混凝土的和易性，也称工作性，是指拌合物易于搅拌、运输、浇捣成型并获得质量均匀密实的混凝土的一项综合技术性能。通常用流动性、黏聚性和保水性三项内容表示。流动性是指拌合物在自重或外力作用下产生流动的难易程度；黏聚性是指拌合物各组成材料之间不产生分层离析现象；保水性是指拌合物不产生严重的泌水现象。

通常情况下，混凝土拌合物的流动性越大，则保水性和黏聚性越差，反之亦然，相互之间存在一定矛盾。和易性良好的混凝土是指既具有满足施工要求的流动性，又具有良好的黏聚性和保水性。因此，不能简单地将流动性大的混凝土称之为和易性好，或者将流动性减小说成和易性变差。良好的和易性既是施工的要求也是获得质量均匀密实的混凝土的基本保证。

3）混凝土的凝结时间

混凝土的凝结时间与水泥的凝结时间有相似之处，但由于骨料的掺入、水灰比（水与水泥的比例）的变动及外加剂的应用，因此又存在一定的差异。水灰比增大，凝结时间延长；早强剂、速凝剂使凝结时间缩短；缓凝剂则使凝结时间大大延长。

混凝土的凝结时间分初凝和终凝。初凝指混凝土加水至失去塑性所经历的时间，亦表示施工操作的时间极限；终凝指混凝土加水到产生强度所经历的时间。初凝时间适当长一些，以便于施工操作；终凝与初凝的时间差则越短越好。影响混凝土实际凝结时间的因素主要有水灰比、水泥品种、水泥细度、外加剂、掺合料和气候条件等。[②]

混凝土的种类很多，分类方法也很多。

1）按表观密度分类

• 重混凝土。表观密度大于2600kg/m^{3}的混凝土，常由重晶石和铁矿石配制而成。

• 普通混凝土。表观密度为1950～2500kg/m^{3}的水泥混凝土，主要以砂、石子和水泥配制而成，是土木工程中最常用的混凝土品种。

• 轻混凝土。表观密度小于1950kg/m^{3}的混凝土，包括轻骨料混凝土（浮石、陶粒混凝土等）、多孔混凝土（加气混凝土等）和大孔混凝土（小型空心砌块和板材等）等。轻混凝土表观密度小，保温性能良好，防

---

① 北京市注册建筑师管理委员会. 一级注册建筑师考试辅导材料：第4分册 建筑材料与构造. 北京：中国建筑工业出版社，2004.

② 中国混凝土网http：// www.chinahnt.com.

火性能良好，易于加工。

• 蒸压加气混凝土是用钙质材料（水泥、石灰）、硅质材料（石英砂、尾矿粉、粉煤灰、粒状高炉矿渣、页岩等）为主要原料，掺加适量加气剂（铝粉），经过磨细、配料、搅拌、浇筑、切割和蒸压养护（经180℃高温和10个标准大气压左右的高压下养护8～12个小时）等工序生产而成的多孔硅酸盐制品。蒸压加气混凝土通常是在工厂预制成砌块或条板等。加气混凝土是一种轻质、多孔的新型建筑材料，具有质量轻、保温好、可现场加工和不燃烧等优点。它可以制成不同规格的砌块、板材和保温制品，广泛应用于工业和民用建筑的承重或围护填充结构。

2）按胶凝材料的品种分类

通常根据主要胶凝材料的品种以其名称命名，如水泥混凝土、石膏混凝土、水玻璃混凝土、硅酸盐混凝土、沥青混凝土、聚合物混凝土等。

有时也以加入的特种改性材料命名，如水泥混凝土中掺入钢纤维时，称为钢纤维混凝土，水泥混凝土中掺大量粉煤灰时则称为粉煤灰混凝土等。

3）按使用功能和特性分类

按使用部位、功能和特性通常可分为结构混凝土、道路混凝土、水工混凝土、耐热混凝土、耐酸混凝土、防辐射混凝土、补偿收缩混凝土、防水混凝土、泵送混凝土、自密实混凝土、纤维混凝土（掺用钢纤维、聚酯纤维和玻璃纤维等纤维材料提高抗拉、抗弯性能和冲击韧性的混凝土）、聚合物混凝土、高强混凝土（强度等级大于等于C50或C60的混凝土称为高强混凝土）、高性能混凝土（具有良好的施工和易性和优异耐久性且均匀密实的混凝土称为高性能混凝土）等。

3.4.4 钢筋混凝土

由于混凝土构件抗压强度高、抗拉强度低，在拉应力很小的状态下就会出现裂缝，影响构件的使用。为了提高混凝土构件的承载能力，在构件受拉区内配置一定数量的钢筋，用钢筋承担拉力而让混凝土承受压力，以发挥各自材料的特性，从而大大提高构件的承载能力。这种由钢筋和混凝土两种材料复合而成的材料就称为钢筋混凝土，以由这种材料制成的构件为主的结构体系称为钢筋混凝土结构（图3-19）。

钢筋和混凝土能够有效地结合在一起共同工作，主要由于混凝土在硬化后与钢筋之间产生了良好的粘结力，从而使两者可靠地结合在一起，在荷载的作用下，构件中的钢筋与混凝土协调变形、共同受力。另外，由于钢筋与混凝土的温度线膨胀系数很接近（混凝土：1.0～1.5×10^{-5}，钢：

1.2×10^{-5}，单位：1/K），当温度变化时，不会产生较大的温度应力而破坏两者之间的粘结。

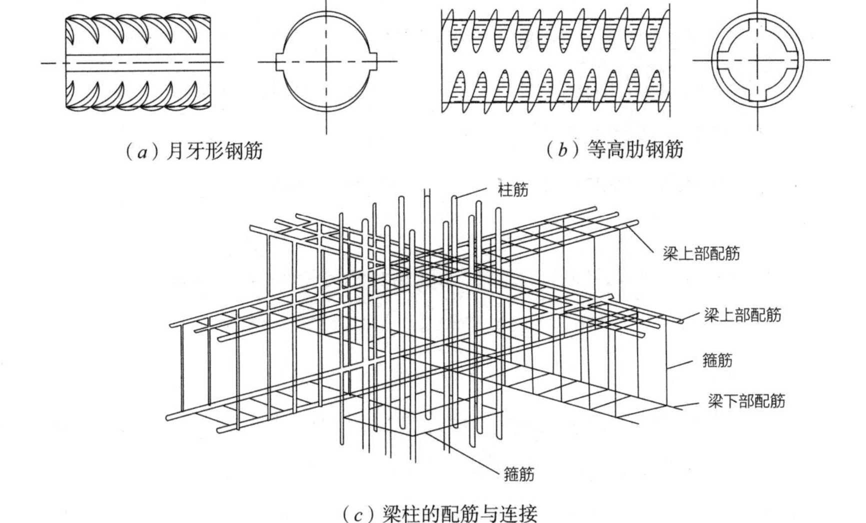

图 3-19　建筑中使用的带肋钢筋的类型及结构配筋

（a）（b）引自：杨静．建筑材料．北京：中国水利水电出版社，2004.

（c）引自：建筑资料研究社．建筑图解辞典（上中下册）．朱首明等译．北京：中国建筑工业出版社，1997.

钢筋混凝土具有以下特点：

1）节约钢材，降低造价。由于合理地利用了两种材料的特性，使得构件的强度较高，刚度较大，比起钢结构，可节省钢材。混凝土中的砂、石等一般可以就地取材，降低造价。

2）耐久性和耐火性较好。由于混凝土对钢筋具有保护作用，混凝土中的碱性环境也有利于钢筋的防锈，使构件的耐久性和耐火性优于钢结构和木结构。

3）整体性好。钢筋混凝土可以浇筑成各种形态，并且整体性好、刚度大，适宜制作各种复杂形态的构件并能保证整体的受力和抗震性能。

4）可塑性好。钢筋混凝土的形态依据模板而成型，本身没有固定的形状，因此可以对其进行各种质感和图样的加工，可以拓印各种模板的表面质感和材料特性，因此也具有丰富的表现力。

由于钢筋混凝土的上述优点，使其在现代建筑中得以广泛应用。但钢筋混凝土也有自重大、抗裂性差、现场施工湿作业受天候影响且周期较长等缺点。

（1）钢筋混凝土的分类

钢筋混凝土构件按照生产方式可分为现浇钢筋混凝土构件和预制钢筋混凝土构件。

1）现浇混凝土构件在施工现场浇筑而成，需要现场的支模、养护等过程，需要耗费较多的工时和人力，且施工受天候等环境因素的制约，质量也不太好控制，但现场浇筑灵活可变，造价也较为低廉。

2）预制钢筋混凝土构件则是根据设计在工厂进行构件的生产，在施工现场只进行简单的吊装和固定，工序简单无湿作业，受环境影响小，且由于构件在室内环境中生产，混凝土质量好且易于控制，缺点是需要较长的提前设计周期，造价也较高，同时要求构件相对标准化，能够大量生产以降低成本。

按照钢筋混凝土中采用的钢材形式可以分为劲性和柔性两大类。

1）劲性钢筋由型钢（角钢、槽钢、工字钢等）组成，这种钢筋混凝土被称为劲性钢筋混凝土，通常在荷载大的构件中采用。

2）柔性钢筋指钢筋和钢丝，即通常所说的钢筋，这种混凝土一般被称为（柔性）钢筋混凝土，在建筑工程中应用广泛。钢筋按照外形可以分为光圆钢筋和变形钢筋两种；钢筋根据钢材的品种可分为低碳钢、中碳钢、高碳钢、低合金钢等；按照钢筋加工工艺的不同可分为热轧钢筋、冷拉钢筋、冷轧带肋钢筋、冷轧扭钢筋、热处理钢筋、碳素钢丝、刻痕钢丝、冷拔低碳钢丝、钢绞线等。

（2）钢筋与混凝土之间的粘结力

钢筋混凝土构件在外力的作用下，在钢筋和混凝土之间的接触面上会产生剪应力，这种剪应力被称为粘结力。

钢筋与混凝土之间的粘结力由以下三部分组成：

1）由于混凝土的收缩将钢筋紧紧握固而产生的摩擦力。

2）由于混凝土颗粒的化学作用产生的混凝土与钢筋之间的胶合力。

3）由于钢筋表面凸凹不平与混凝土之间产生的机械咬合力。

上述三部分中，以机械咬合力作用最大，约占总粘结力的一半以上。变形钢筋比光面钢筋的机械咬合力作用大。为了加强光圆钢筋与混凝土的粘结力，钢筋端部常做成弯钩，弯钩的角度有180°、90°、45°等。

（3）预应力混凝土

预应力混凝土就是在混凝土构件承受使用荷载前的制作阶段，预先对使用阶段的受拉区施加压应力，造成一种人为的应力状态。当构件承受使用荷载而产生拉应力时，首先要抵消混凝土的预压应力，然后随着荷载的增加，受拉区混凝土产生拉应力，因此，可推迟混凝土裂缝的出现和展开，以满足使用要求。如同木桶，在还没装水之前采用铁箍或竹箍套紧桶壁，对木桶壁产生一个环向的压应力，若施加的压应力超过水压力引起的拉应力，木桶就不会开裂漏水。这种在结构构件承受荷载以前预先对受拉区混凝土施加压应力的结构构件，就称为预应力混凝土构件。

由于混凝土的抗拉性能很差，使钢筋混凝土存在两个无法解决的问题：一是在使用荷载作用下，钢筋混凝土的受拉、受弯等构件通常是带裂缝工作的；二是从保证结构耐久性出发，必须限制裂缝宽度。为了要满足变形和裂缝控制的要求，需增大构件的截面尺寸和用钢量，这将导致自重过大，使钢筋混凝土结构用于大跨度或承受动力荷载的结构成为不可能或很不经济。

从理论上讲，提高材料强度可以提高构件的承载力，从而达到节省材料和减轻构件自重的目的。但在普通钢筋混凝土构件中，提高钢筋强度难以收到预期的效果，因为对配置高强度钢筋的钢筋混凝土构件而言，承载力可能已不是控制条件，起控制作用的因素可能是裂缝宽度或构件的挠度。混凝土抗拉强度及极限拉应变值都很低，其抗拉强度只有抗压强度的1/10 ～ 1/20，而钢筋达到屈服强度时的应变却要大得多，因此，当钢筋充分受力时，混凝土的裂缝宽度已经很大，无法满足使用要求。因而，钢筋混凝土结构中采用高强度钢筋是不能充分发挥其作用的，而提高混凝土强度等级对提高构件的抗裂性能和控制裂缝宽度的作用也很有限。为了避免钢筋混凝土结构的裂缝过早出现，充分利用高强度钢筋及高强度混凝土，可以设法在结构构件承受使用荷载前，预先对受拉区的混凝土施加压力，使它产生预压应力来减小或抵消荷载所引起的拉应力，从而将结构构件的拉应力控制在较小范围内，甚至处于受压状态，以推迟混凝土裂缝的出现和展开，从而提高构件的抗裂性能和刚度。

也就是说，预应力混凝土不能提高构件的承载能力。也就是说，当截面和材料相同时，预应力混凝土与普通钢筋混凝土受弯构件的承载能力相同，与受拉区钢筋是否施加预应力无关。与普通钢筋混凝土相比，预应力混凝土具有抗裂性能好，构件的刚度大、耐久性好的优点，但也有施工较复杂且需要张拉设备和锚具等设施的缺点。

施加预应力的方法按照张拉钢筋与浇筑混凝土的先后关系，可分为先张法和后张法两类。先张法是指先张拉预应力钢筋，然后浇筑混凝土的施工方法，生产工艺简单，工序少，效率高，质量易于保证，同时由于省去了锚具和减少了预埋件，使得构件成本较低，主要用于工厂化大量生产；后张法是指先浇筑混凝土，待混凝土硬化后，在构件上直接张拉预应力钢筋的施工方法。后张法的优点是，预应力钢筋直接在构件上张拉，不需要张拉台座，所以，后张法构件既可以在预制厂生产，也可在施工现场生产（图3–20）。

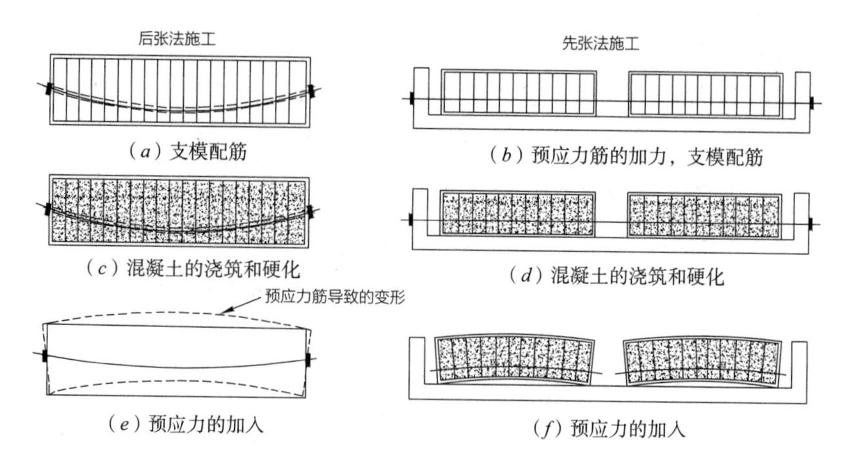

图 3-20 预应力混凝土的原理和预加应力的方法：先张法和后张法

3.4.5 钢筋混凝土结构

（1）钢筋的配筋与保护层

钢筋混凝土是目前建筑中使用得最为广泛的人工材料。钢筋混凝土建筑物由水平分体系（梁、板）和竖向分体系（柱、墙）组成，大量用在框架、筒体、拱、壳体、折板等结构体系中。钢筋混凝土的各种构架中均有大量的钢筋，一般捆扎成空间网状，以便与混凝土共同受力工作，这些钢筋要承受构件各部位产生的拉力。柱配置主筋和箍筋，梁配置上、下主筋和箍筋，墙配置纵向筋、横向筋和洞口周边的斜向加强筋，板配置短边方向和长边方向的上、下钢筋。

钢筋混凝土中的钢筋一般分为以下几类（图3-21）：

1）受力筋（主筋）：主要承受拉力或压力的钢筋。

2）箍筋：固定受力筋的位置，并承担部分剪力和扭矩。

3）构造筋（架立筋）：与受力筋、箍筋一起构成钢筋的整体骨架。

4）分布筋：与受力筋垂直绑扎，使荷载均匀分布到受力筋上的钢筋。

为了保护钢筋（防锈、防火、防腐蚀）并提高钢筋与混凝土之间的粘结力，以提高混凝土的耐久性，钢筋的外边缘与构件表面之间应留一定厚度成为保护层。混凝土保护层的最小厚度有如表所示的规定（表3-10）。

在确定混凝土的保护层厚度时，一般考虑到如下因素：

1）混凝土构件所处的环境条件。高湿度、室外露天等环境中的混凝土构件的保护层比室内环境中的要厚一些。

2）混凝土构件的类别。对于板、墙、壳等较薄的构件，在不影响承载力的前提下可以适当降低保护层的厚度，但要注意确保施工质量。

3）混凝土的强度等级。混凝土强度越高，混凝土的质量越好，因此保护层可以做得薄一些。

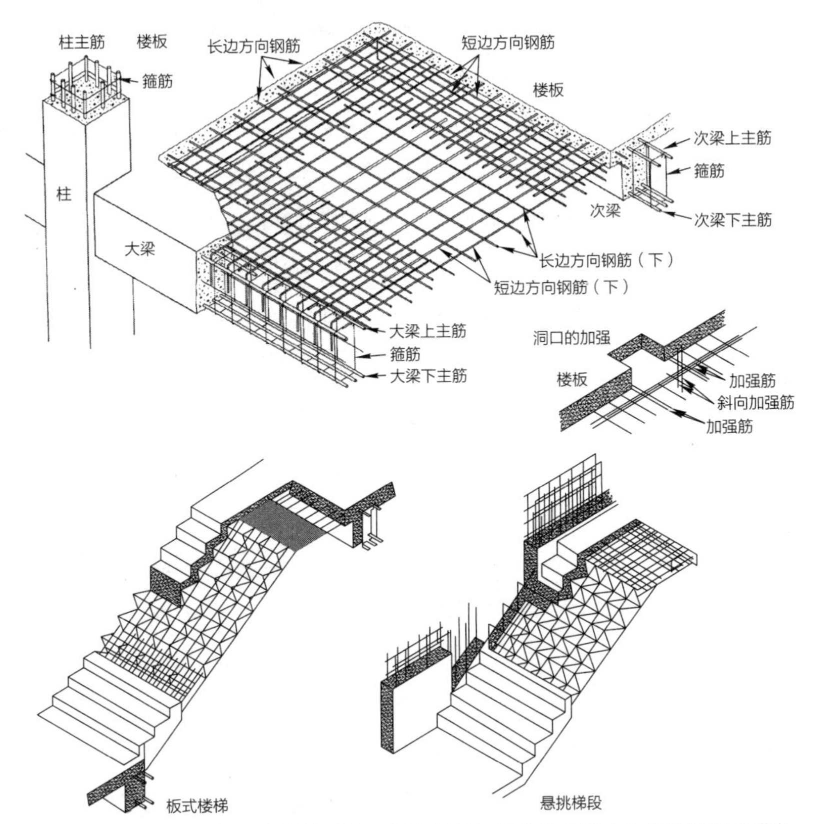

图 3-21　钢筋混凝土框架结构的配筋，钢筋混凝土楼梯的配筋（左侧为梁板式梯段，右侧为悬挑式梯段）

引自：日本建筑学会．构造用教材．东京：丸善株式会社，1985.

混凝土保护层最小厚度（单位：mm）　　表3-10

<table>
<tr><th rowspan="2">环境条件</th><th rowspan="2">构件类别</th><th colspan="3">混凝土强度等级</th></tr>
<tr><th>≤ C20</th><th>C25 及 C30</th><th>≥ C35</th></tr>
<tr><td colspan="2" rowspan="2">室内正常环境</td><td>板、墙、壳</td><td colspan="2">15</td></tr>
<tr><td>梁和柱</td><td colspan="2">25</td></tr>
<tr><td rowspan="2">露天或室内高湿度环境</td><td>板、墙、壳</td><td>35</td><td>25</td><td>15</td></tr>
<tr><td>梁和柱</td><td>45</td><td>35</td><td>25</td></tr>
</table>

注：① 处于室内正常环境由工厂生产的预制构件，当混凝土强度等级不低于C20时，其保护层厚度可按表中规定减少 5mm，但预制构件中的预应力钢筋（包括冷拔低碳钢丝）的保护层厚度不应小于 15mm；处于露天或室内高湿度环境的预制构件，当表面另作水泥砂浆抹面层且有质量保护措施时，保护层厚度可按表中室内正常环境中构件的数值采用；

② 预制钢筋混凝土受弯构件，钢筋端头的保护层厚度宜为 10mm；预制的肋形板，其主肋的保护层厚度可按梁考虑；

③ 处于露天或室内高湿度环境中的结构，其混凝土强度等级不宜低于 C25，当非主要承重构件的混凝土强度等级采用 C20 时，其保护层厚度可按表中 C25 的规定值取用；

④ 板、墙、壳中分布钢筋的保护层厚度不应小于 10mm；梁、柱中箍筋和构造钢筋的保护层厚度不应小于 15mm；

⑤ 要求使用年限较长的重要建筑物和受沿海环境侵蚀的建筑物的承重结构，当处于露天或室内高湿度环境时，其保护层厚度应适当增加；

⑥ 有防火要求的建筑物，其保护层厚度尚应符合国家现行有关防火规范的规定。

引自：北京市注册建筑师管理委员会．一级注册建筑师考试辅导材料：第 2 分册　建筑结构．北京：中国建筑工业出版社，2004.

4）构件的制作工艺。在工厂室内环境中制作的预制构件，由于工艺好、质量稳定，其保护层厚度可以按表中规定减少5mm。

5）有防火要求的构件为了防止钢筋在高温下软化，其保护层的厚度还要符合防火规范的规定。

由于混凝土具有可塑性和连续性，所以钢筋混凝土的连接主要是钢筋的接头处理。钢筋的接头主要分为机械连接、焊接和搭接（绑扎）三种类型。钢筋连接宜优先采用机械连接和焊接连接两种方式。

1）机械连接

常用的机械连接方式有挤压连接和锥螺纹连接两种。挤压连接是将两根变形的钢筋插入钢套筒内，用挤压机沿径向或轴向压缩套筒使之产生塑形变形，依靠变形后的钢套筒对钢筋的握裹力来实现钢筋的连接。锥螺纹连接是利用套丝机将钢筋两端加工成旋转方向相反的锥形螺纹，再用一个内壁也有配套螺纹的钢套管将两根钢筋拧在一起。

2）焊接连接

常用的焊接方式有电阻点焊、闪光对焊、电弧焊、电渣压力焊、埋弧压力焊、气压焊等。热轧钢筋多采用闪光对焊。装配式构件的相互连接常用电弧焊。现浇结构的竖向钢筋可用电渣压力焊。预应力钢筋网、直径为6～14mm的钢筋或冷拔低碳钢丝应采用电阻点焊。预埋钢板与钢筋的“T”形连接宜用埋弧压力焊或电弧焊。

3）搭接连接

搭接是锚固的一个特例，在接头处两根钢筋重叠一定的长度（200～300mm以上）并绑扎在一起浇筑在混凝土中，拉力由一根钢筋通过粘结应力先传给混凝土，再由混凝土通过粘结应力传给另一根钢筋，这样，通过一定搭接长度上的混凝土的粘结锚固作用实现两根相互锚固的钢筋间全部应力的传递。

（2）钢筋混凝土的施工

新拌混凝土为固体和液体混合的浆状物，具有可塑性，即可以依据模板的形状充填成任意的形态，在经过一定时间的凝结和硬化后才会固化并形成强度。在这个过程中，如发生过度震动、相当高的高度落下、长距离水平移动等，会造成其中的固体骨料和水泥浆的分离，产生不均匀的混凝土。因此，在混凝土形成相应强度之前，要对混凝土需要浇筑成型的形状进行支模处理并预置钢筋，随之浇筑浆状的混凝土浆，并在一定条件下养护成型形成强度。

钢筋混凝土构件按照施工地点和方式的不同，可以分为现浇（RC）、预制（PC）、装配整体（Half-PC）三种方式。

1）现浇式——现场浇筑，也称为场筑，是在施工现场进行支撑模板、绑扎钢筋、浇筑混凝土、充分振捣、养护、拆模完成的施工方式。现浇式整体性好，刚度大，有利于抗震、防水，便于浇筑成各种复杂的形状，但支模板、配钢筋、现场养护等施工时间长，受天候影响大，在现场构件质量不易控制。

2）预制式——工厂预制、现场装配，是指在工厂等预制场将钢筋混凝土构件预制好，然后运输到施工现场进行装配安装的施工方式。由于主要构件的生产在工厂进行，质量稳定，适宜做预应力、一定形态的加工，现场施工也便捷快速，特别适合重复生产相同形态的构件，一般采用一定模数进行批量生产供设计选用，异形构件则是订货生产的周期较长、价格较高。由于预制构件无法在现场进行修补和改变，所以需要精心运输，防止破损，并预留较大的交接缝隙以防止施工误差，因而整体性、防水性、抗震性差。

3）装配整体式——是将上述两种施工工艺结合，即先在工厂预制构件作为现场施工的模板，在现场装配后再在现场浇筑并结合成整体的方式。这样既具有现浇的整体性，又有装配的工期短、省模板、施工简便的优点。

钢筋混凝土的生产过程可以分为钢筋—模板—混凝土三个工程和工种（图3–22）。

（3）清水混凝土

混凝土作为一种人工混合材料，最早在建筑上的大规模应用始于古罗马，仅用在石材或砖砌体的内部浇筑。1824年，波特兰水泥发明后，现代钢筋混凝土虽然性能优异、应用广泛，但由于没有固有的形态和质感而并不被建筑师所看好。20世纪中期以后，混凝土的可塑性、高强度使得建筑师具有了探索各种造型和表皮效果的可能性，并以此形成了朴素、粗犷的形式语言。20世纪70年代以后，新型高分子材料的透明性保护膜的使用和施工工艺的进步，实现了精致、细腻、清洁、简约的清水混凝土语言。清水混凝土虽然表观简单，但由于要求结构材料的裸露和施工的一次成型，不做任何外装饰，因此不同于用于普通结构的混凝土，要求表面平整光滑，配料与色泽均匀，棱角分明，无碰损和污染，因此，清水混凝土的施工技术及工艺较为复杂，造价要高于涂料、面砖饰面的墙体，而整体的耐久性与面砖、石材相当，也不便设置外保温层以复合提高墙体的性能，因此，清水混凝土主要成为了建筑师营造“真实感”“简朴感”的形式工具（图3–23）。

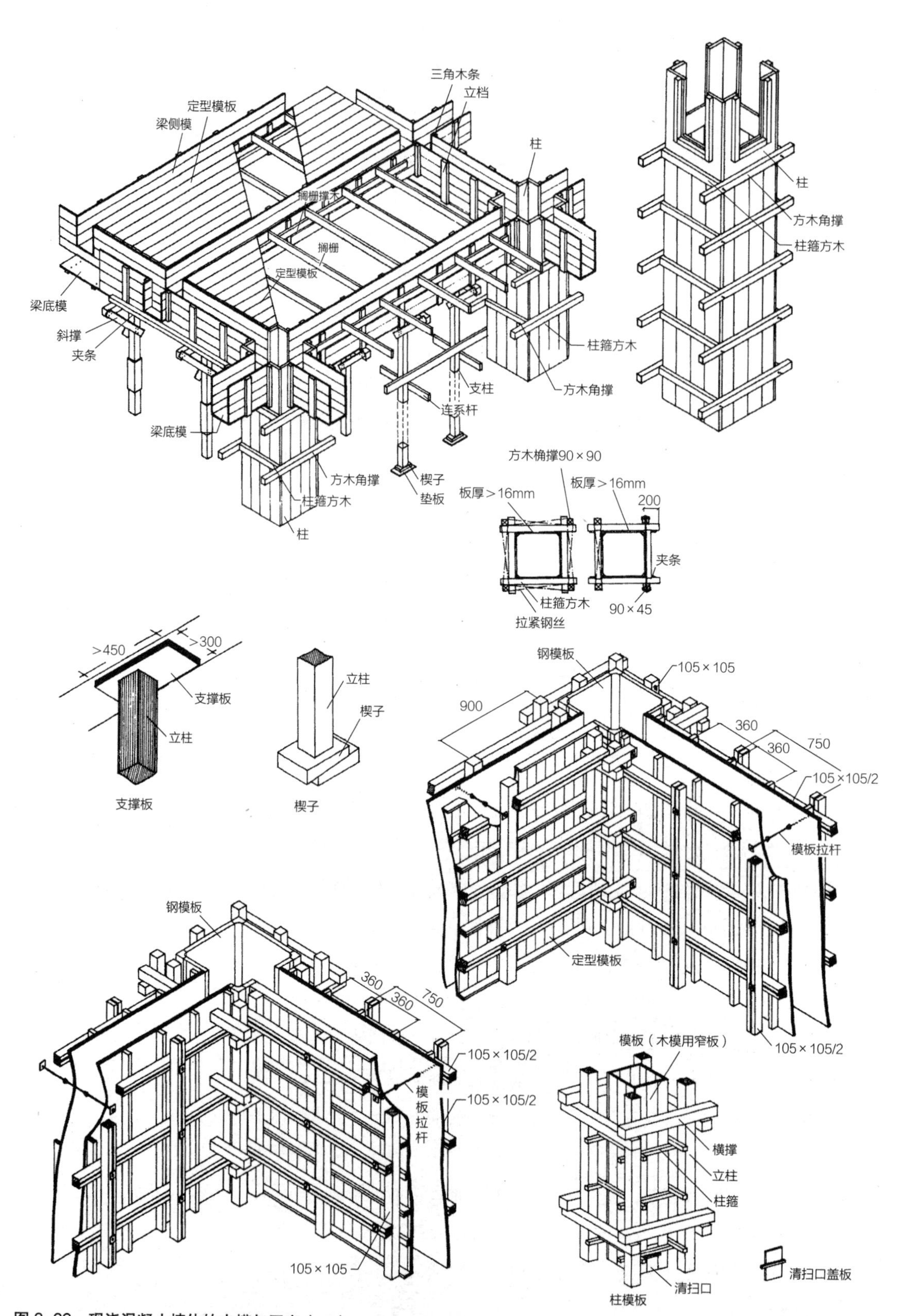

图 3-22 现浇混凝土墙体的支模与固定（一）

引自：建筑资料研究社．建筑图解辞典（上中下册）．朱首明等译．北京：中国建筑工业出版社，1997.

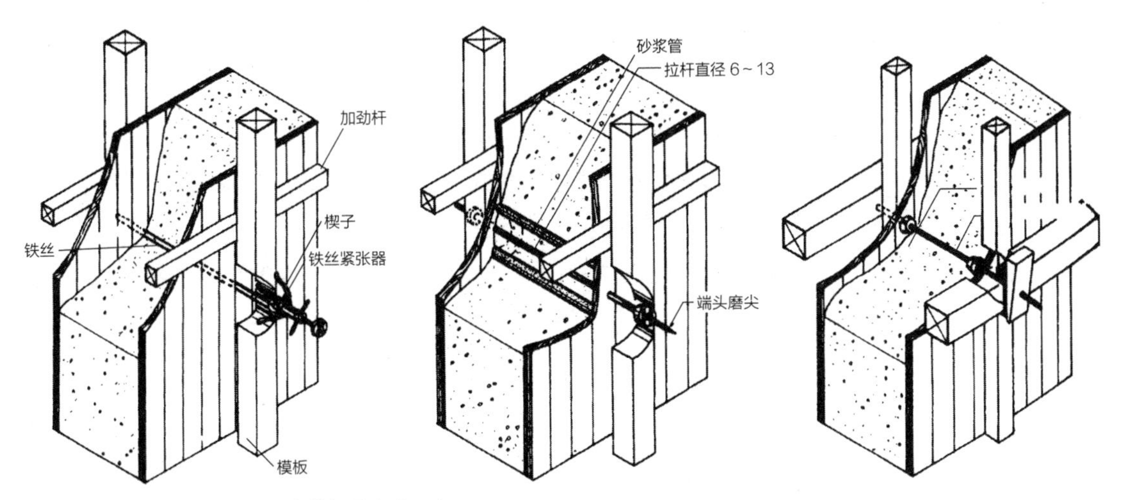

图 3-22　现浇混凝土墙体的支模与固定（二）

引自：建筑资料研究社．建筑图解辞典（上中下册）．朱首明等译．北京：中国建筑工业出版社，1997.

图 3-23　清水混凝土的质感

目前在建筑设计中使用的清水混凝土，是指在混凝土浇筑成型、硬化、拆除模板后不作表面抹灰、贴面、挂板等遮盖性的修饰处理，而是直接裸露或涂刷透明保护涂料的方法或效果，也包括进一步进行表面粗糙化处理的凿毛、喷砂等方法和效果。清水混凝土可以分为现浇整体式和预制面板装配式两种：前者将混凝土的结构、保护、装饰合而为一，混凝土的钢筋保护层加厚，对设计、材料、施工的要求都很高，还要使用透明防污保护涂料，成本较高，狭义的清水混凝土主要指这种方式；后者则将预制的混凝土面板作为一种装饰挂板干挂在结构主体之外，与石材、铝板幕墙等相同，工艺较为简单，但面板尺寸和分割需根据建筑进行设计并定制生产，面板大而厚，挂件要求高，一般仅用于采用预制装配施工的高层建筑和形体简单的建筑。

清水混凝土的施工工艺要求高，贯穿于设计、支模、浇筑、养护的各个环节。

1）设计——由于清水混凝土一次浇筑完成，不可更改的特性，混凝土模板的分割与固定模板用的拉杆位置的排布也需要精心设计。与墙体相连的门窗洞口和各种构件，埋件须提前设计与准确定位，与土建施工同时预埋铺设。由于没有外墙垫层和抹灰层，施工人员必须为门窗等构件的安装预留槽口。

2）支模——清水混凝土施工用模板要求严格，需要根据建筑物进行设计定做，且多数为一次性使用。模板必须具有足够的刚度，在混凝土侧压力作用下不允许有大的变形，以保证结构物的几何尺寸均匀、断面一致，防止浆体流失。对模板的材料也有很高的要求，表面要平整光洁，强度高，耐腐蚀，并具有一定的吸水性。对模板的接缝和固定模板的螺栓等，则要求接缝严密，加密封条防止跑浆。固定模板的拉杆也要用带金属帽或塑料扣，以便拆模时方便，减少对混凝土表面的破损等。同时又要防止施工过于精致而失去少量天然瑕疵带来的质感，如模板间少量的漏浆、脱模后的细微孔洞和蜂窝等。

3）浇筑——所用的每块混凝土的配合比设计和原材料质量控制要严格一致。原材料产地、厂商、生产批次均尽可能统一，砂、石的色泽和颗粒级配均匀，每次施工前必须先打料块，对比前次色彩，以确保一致，方能施工。浇筑时必须振捣均匀，严格控制每一道工序。

4）养护——清水混凝土如养护不当，表面极容易因失水而出现微裂缝，影响外观质量和耐久性。因此，对裸露的混凝土表面，应及时采用黏性薄膜或喷涂型养护膜覆盖，进行保湿养护。

（4）钢筋混凝土楼板和悬挑构件

钢筋混凝土楼板按照施工工艺可以分为现浇、预制、装配整体三种。

以钢筋混凝土预制楼板为例，其板长一般是300mm的倍数，板宽一般是100mm的倍数，板厚根据结构计算确定。根据其截面形式可分为实心平板、预制多孔板和预制槽形板三种类型（图3-24）。

钢筋混凝土预制板的支承方式有板式、梁板式两种，预制板直接搁置在墙上的称板式布置，若楼板支承在梁上，梁再搁置在墙上的称为梁板式布置。一般预制板在墙上搁置的长度不应小于100mm，在梁上搁置长度不应小于80mm。应先在支座坐浆（20mm厚水泥砂浆找平），为增强预制楼板间的联系，防止建筑不均匀沉降造成板缝开裂，并增加建筑的整体刚度，板缝间及楼板与墙体间常用钢筋（拉结筋）加以锚固，板间侧缝需用钢筋网片加细石混凝土灌实（图3-25、图3-26）。

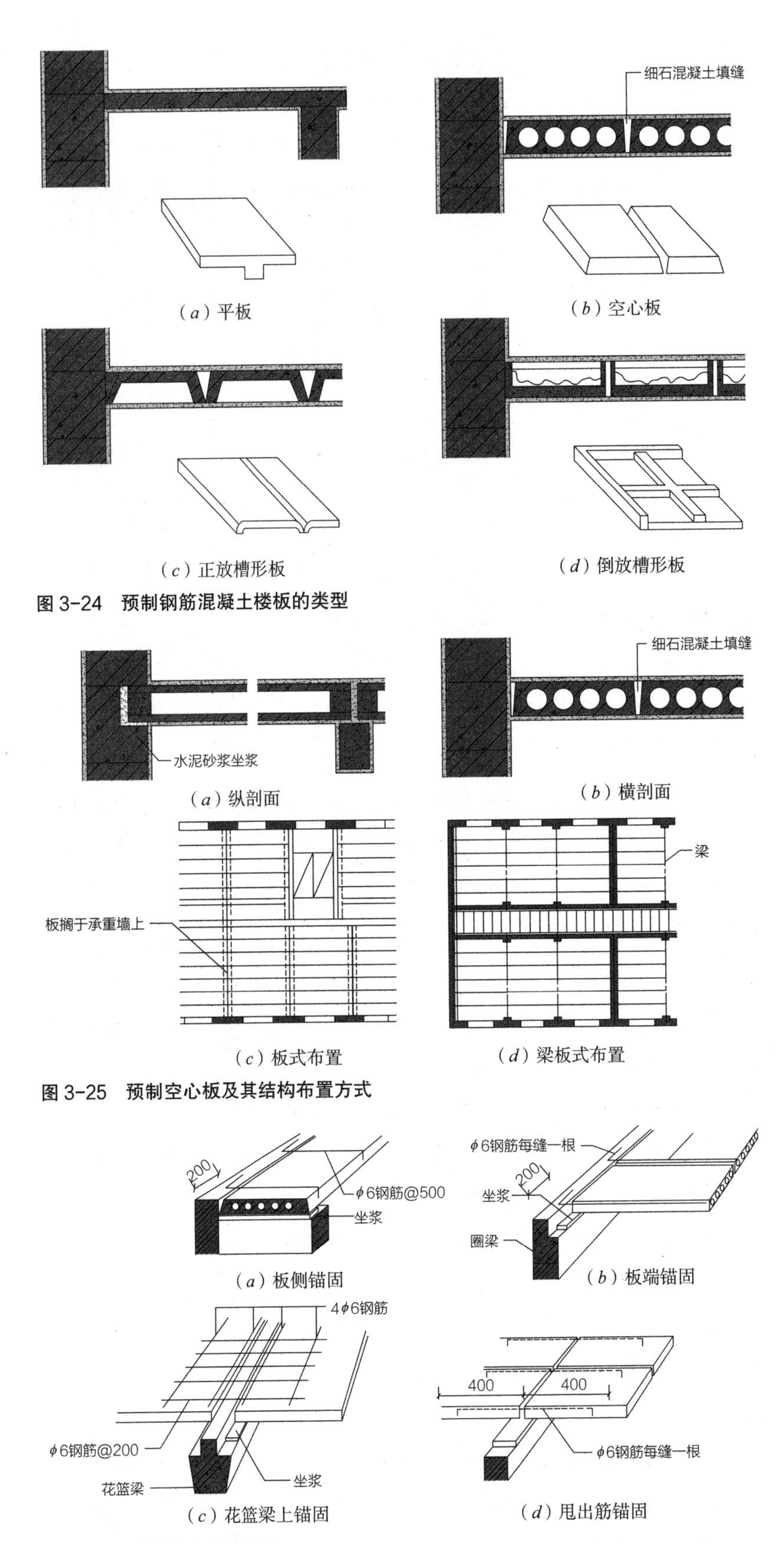

图 3-24 预制钢筋混凝土楼板的类型

图 3-25 预制空心板及其结构布置方式

图 3-26 预制空心板的锚固

钢筋混凝土装配整体式楼板由预制衬板与现浇混凝土面层叠合而成，因而也被称为叠合式楼板，衬板既是永久性模板承受施工荷载，也是整个楼板结构的一个组成部分。衬板可以用钢筋混凝土薄板或压型钢板制成，并在薄板上表面作处理以保证预制薄板与叠合层有较好的连接（图3–27）。

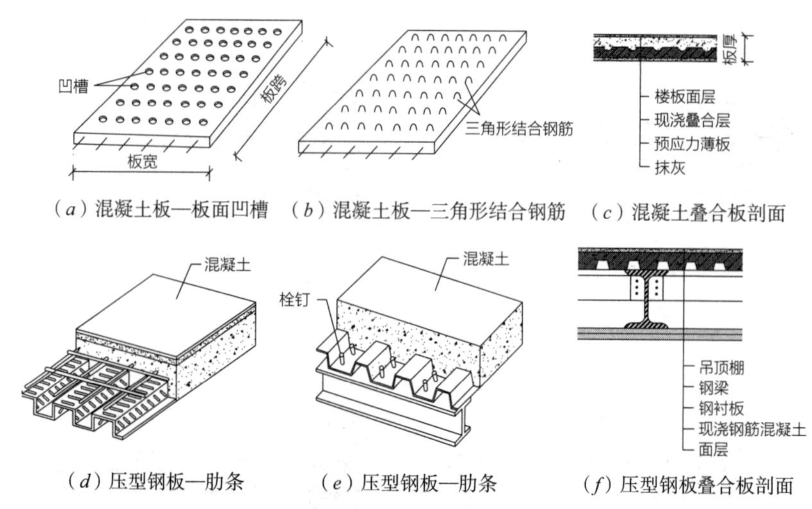

图3–27 叠合式楼板

钢筋混凝土衬板的表面刻槽或露出三角形状的结合钢筋，衬板的厚度为总板厚的一半左右，叠合楼板的总厚度取决于板的跨度，一般为150～250mm。压型钢板叠合式楼板一般用在钢结构中，以压型钢板为衬板架设在钢梁上，上部再浇钢筋混凝土，钢衬板与混凝土之间用栓钉（又称抗剪螺钉）连成整体，钢梁及钢衬板下喷防火涂料。

阳台、雨篷、遮阳等悬挑在主体结构之外的构件统称为悬挑构件，钢筋混凝土楼板的出挑方式主要有：

1）挑梁——在出挑板的两端设置挑梁，挑梁上搁板。此种方式构造简单，施工方便，出挑部分与内部楼板的规格一致，悬挑长度较挑板长，是较常采用的一种方式。在处理挑梁与板的关系上常有两种方式：第一种是挑梁外露，正立面上露出挑梁梁头；第二种是在挑梁梁头设置边梁封住挑梁梁头，或采用反梁的方式上铺垫层，使其底部平整。

2）挑板——直接通过挑板的方式实现悬挑结构。其结构方式有两种：楼板悬挑和墙梁（或框架梁、柱）悬挑；施工方式主要有两种：装配式和现浇式。

悬挑构件的悬臂与主体结构间应刚性连接，在节点处承受弯矩。在较大的悬挑构件中可以将悬挑结构改为悬挂构件，以减小节点处所受的弯矩，改善受力状态（图3–28）。

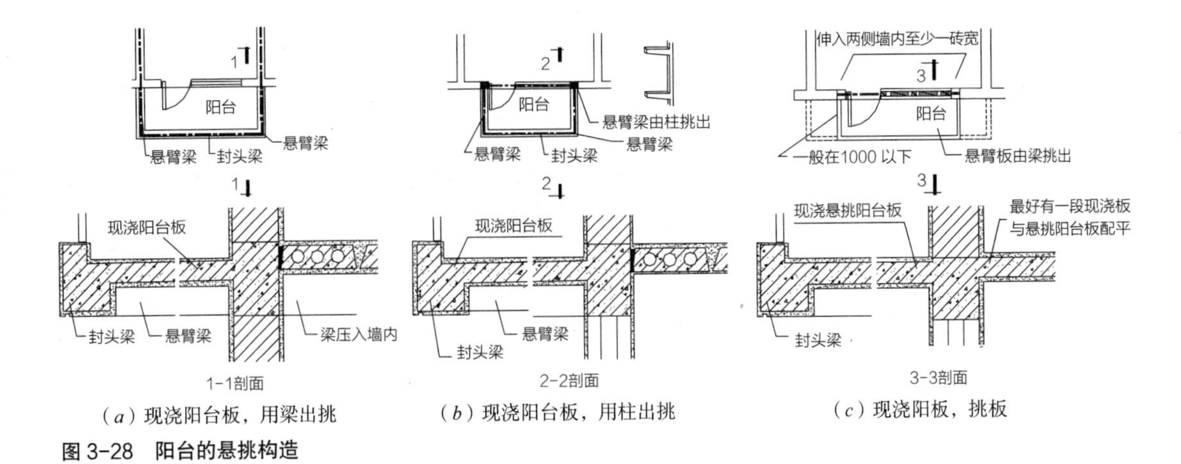

（a）现浇阳台板，用梁出挑 （b）现浇阳台板，用柱出挑 （c）现浇阳板，挑板

图 3-28 阳台的悬挑构造

（5）钢筋混凝土楼梯

楼梯是连接上下空间的由符合人体工学的平行踏步面构成的斜向构件，可以看成是楼板的特殊（斜向）形态。因此，混凝土楼梯在固定时应注意有相应的锚固、防止滑动的构件，并注意利用踏步单元的重复和标准化，采用预制装配等方法以提高施工效率。常用的钢筋混凝土楼梯的基本结构是采用预制装配或整体现浇的生产方式，按其梯段的形态可分为板式或梁板式，按其受力形态可以分为梁承式（梁板式）、板式、悬挑式、悬挂式。如果楼梯平台下通行空间足够，一般采用有平台梁的梁式结构以节约混凝土，若为提升梯下通行空间并保证板下美观，也可采用无平台梁的板式结构。

现浇整体式钢筋混凝土楼梯结构整体性好，能适应各种楼梯间平面和楼梯形式，但施工周期长，模板耗费量大。现浇楼梯的梯段形式有梁式和板式两种基本类型，梯斜梁可上翻或下翻形成梯帮，但由于梁板式梯段的踏步板底面为折线形，支模困难，因此常做成板式梯段（图 3-29）。

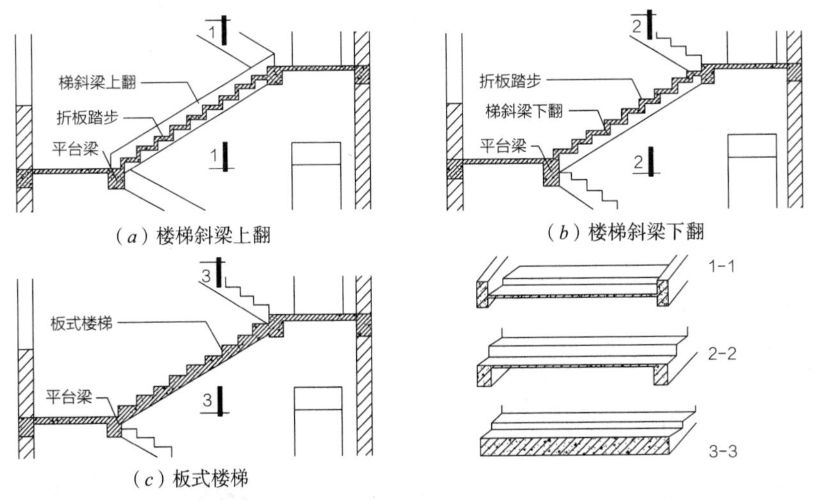

（a）楼梯斜梁上翻 （b）楼梯斜梁下翻 （c）板式楼梯

图 3-29 现浇钢筋混凝土楼梯

预制装配式混凝土楼梯的梯段由梯斜梁和踏步板组成，踏步板断面形式有一字形、“L”形、三角形等，板式梯段为整块或数块的实心或空心条板，其上、下端直接支承在平台梁上。预制构件的连接根据受力的不同，可采用水泥砂浆坐浆、插筋连接或预埋钢板焊接并用高强度等级水泥砂浆填实。由于楼梯的重复率高，预制方式可提高施工效率，但对层高、踏步高等限制较多（图3-30、图3-31）。

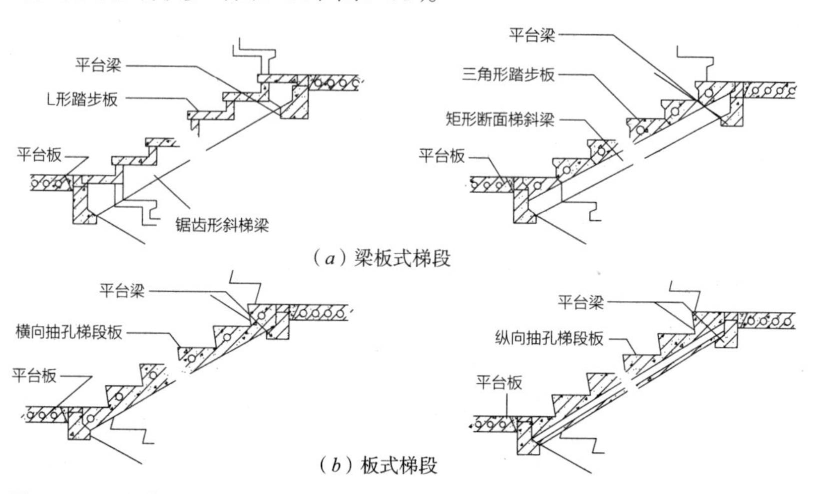

图3-30　预制装配钢筋混凝土梁承式楼梯

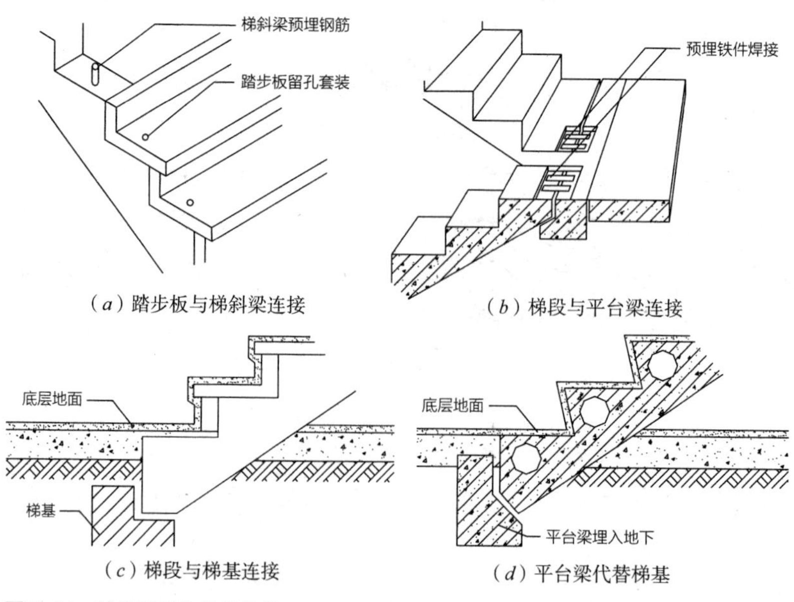

图3-31　楼梯预制构件的连接

3.5　金属

3.5.1　概述

金属是一种密度高而又有光泽的晶体物质，一般都有高度的导热性和导电性能，具有较高的强度和延展性等力学性能，在建筑工程和日常生活中是最常用的坚硬材料。在人类文明的发展史中，铜、锡、铅、金、银、铁、汞七种金属是人类最早认识和使用的金属材料。

铜在自然界中的储量非常丰富，并且加工方便，是人类用于生产的第一种金属，考古学家在伊朗西部的一些地区发现了大约公元前7000年前使用的小型铜器件，如小针、小珠和小锥等。大英博物馆里收藏有5000年前苏美尔人铸造的铜牛头和3500年前埃及人制作的铜镜和铜制工具。纯铜制成的器物太软，易弯曲，人们又发现了铜锡合金——青铜，青铜比纯铜坚硬，使人们制成的劳动工具和武器有了很大改进。人类使用铁器制品至少有5000多年的历史，开始是用铁陨石中的天然铁制成铁器，最早的陨铁器是在尼罗河流域的格泽（Gerzeh）和幼发拉底河流域的乌尔（Ur）出土的公元前4000年前的铁珠和匕首。人们发现了铁的硬度要比铜或青铜都大得多。大约在公元前2200年，西亚的赫梯人已经会冶炼和使用铁器了。在中国，从公元前14世纪的商朝开始，就使用青铜器了，青铜的成分为铜、锡、铅；在公元前7世纪的春秋时期，开始使用铁，用以制作生产工具；从公元前1世纪秦末汉初开始使用金、银等贵金属。

在19世纪之前，除了作为构件的连接件（如门窗的五金件、石块之间连接用的青铜栓）和防水、防火等围护材料（如青铜屋顶）、设备材料（如铜制或铅制的水管）、工具材料（金属的加工工具）之外，金属的优异的力学性能主要用于建筑物的结构上，如建于1436年的佛罗伦萨圣玛丽亚教堂，就在其巨大的八面体穹顶中使用了铁链环以平衡巨大的水平推力，从而使得穹顶底部的墙体厚度大大减薄（建于公元123年的古罗马万神庙为了平衡穹顶的推力使用了总厚度超过7m的双层筒拱墙）。焦炭和蒸汽机使英国的炼铁业彻底改变了，18世纪末，在英国出现了完全由铸铁建成的桥梁。19世纪前叶，铸铁和锻铁逐步在欧美国家的工业建筑中使用，但铸铁的易碎性和锻铁的高价格使得金属的使用非常有限。1851年建成的伦敦水晶宫利用铸铁和玻璃实现了快速、高效、大跨的空间营造，成为了划时代的工业产品和改变审美时尚的建筑作品。1855年，英国人贝塞麦（Bessemer）获得了转炉炼钢专利，1864年，法国人马丁和德国人西门子兄弟创造了平炉炼钢法，大量优质、廉价的钢材才得以出现。1889年，法国巴黎国际博览会上的机械馆长达420m、跨度达到115m，同时，全部由锻铁构建的高达300m的埃菲尔铁塔在法国落成。19世纪末，在美国芝加哥出现了摩天大楼，20世纪初，在纽约建成了100m以上的摩天楼。工业革命后，建筑材料的大规模工业化生产，钢材、水泥、玻璃等的广泛应用，交通运输的发达，动力系统带来的加工和运输能力的猛增，是现代

（*a*）1851年伦敦世界博览会的机械展

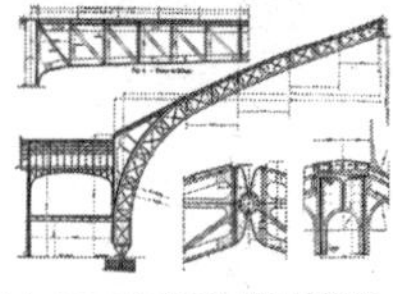

（*b*）1889年巴黎世界博览会机械馆

（*c*）1889年的埃菲尔铁塔

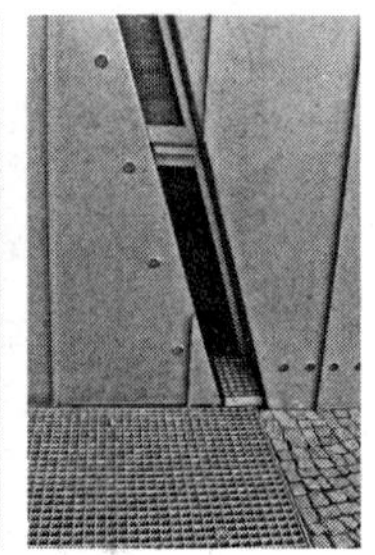

（*d*）现代建筑中金属的应用

图3-32　钢铁和玻璃在建筑中的应用

（*a*）引自：托尼·阿兰．时代生活人类文明史图鉴：新的革命．郑守疆等译．长春：吉林人民出版社，吉林美术出版社，2008.

（*b*）引自：Edward Allen．建筑构造的基本原则——材料和工法（第三版）．吕以宁，张文男译．台北：六合出版社，2001.

（*c*）引自：Peters，Tom Frank. Building the Nineteenth Century. Cambridge, Massachusetts: the MIT Press, 1996.

建筑产生和发展的物质因素。19世纪中叶以后，钢材在许多方面代替了铁。在19世纪最后30年里，钢铁工业飞速发展。1870～1900年，全世界钢产量从51万吨跃至2783万吨，猛增50倍，成为了工业的重要支柱。1869年，发电机问世，电力作为能源提供了无数的使用可能性，如电话（1876年）、白炽灯（1879年）、电梯（1887年）。1885年，内燃机的发明，驱动了船只、汽车、飞机等运输工具，与钢铁的机械加工相结合，开创了一个崭新的钢铁时代（图3-32）。

在建筑中应用的金属材料主要有建筑钢材、不锈钢和铝合金，尤其是建筑钢材，作为结构材料，具有优异的力学性质，可进行冷弯、焊接、铆接等加工，施工便捷，在建筑工程中得以广泛应用。

金属材料的特点有：

1）工业化加工和高精度的工艺，现场加工和装配便捷——空间网架等受力结构，装配式构件。

2）可回收和循环使用，并可减少材料的使用量，减少运输和荷载负担——环境友好型建材。

3）高强度——钢筋、钢索、钢骨（梁柱）等结构部件，门窗立挺、栏杆扶手、幕墙龙骨等承载部件，建筑设备机械和加工机械等工具。

4）延展性、加工性——复杂形状构件，如龙头、连接件、伸缩构件、设备构件等。

5）防水性——防水屋顶、止水板、批水板。

6）金属质感和美感——铝合金、不锈钢、钛金属等金属幕墙，包金、镶边、标识、铁艺等外装饰构件。

金属材料的在建筑中的使用主要有三大类：

1）作为结构材料——建筑钢材，主要利用金属的强度特性。

2）作为围护材料——金属幕墙，主要利用金属的质感和防水性。

3）作为设备材料——金属导线和管道，设备机械的原料，主要利用金属的强度和延展性、加工性。

3.5.2 钢铁的分类与特性

铁是一种化学元素，是地球上最常见到的一种物质。人们由铁矿中提取铁，将矿石、焦炭和石灰石（助熔剂）在高炉中冶炼，使氧化铁还原成生铁（或铸铁）。所得生铁一般含铁90%～95%，碳3%～4.5%和少量的硅、锰、硫、磷等。生铁是炼钢或熟铁（锻铁）的原料，含碳量在0.2%～1.7%之间的铁合金称为钢，含碳量小于0.2%的为熟铁。生铁在平炉、转炉或电炉中进一步冶炼除去碳、硅、磷等杂质，可得各种组成的钢。

铁的化学性质活泼，制取和保持纯铁都很困难。铁是应用最广的重要金属。大部分铁被制成钢来应用，钢是含少量碳的铁合金的通称。除碳以外，还可添加硫、硅、锰、铬、镍、钒、钼、钨、铌、钛等来制备各种特殊性能的铁合金。铁也被用来制造铸铁和锻铁。纯铁可作催化剂和发电机、电动机的铁芯，还原铁粉可用于粉末冶金。铁及其化合物还可制造磁铁和颜料。

生铁和钢的主要成分都是铁，二者的主要区别是含碳量不同，生铁一般含碳2%～4.3%，钢含碳0.03%～2%。钢的主要元素是铁与碳，含碳量在2%以下。炼钢是在高温下，通过氧化剂（如氧气）把铁中所含的过多的碳和其他有害杂质（如硫、磷等）氧化去除，使它们达到钢的规定范围。

钢材的特点是：

1）强度较高，有良好的抗拉伸性能和韧性。

2）钢材若暴露在大气中，很容易受到空气中各种介质的腐蚀而生锈。

3）钢材的防火性能也很差，一般当温度到达600℃左右时，钢材的强度就会几乎降到零。

因此，钢材表面应进行防锈和防火处理，或将其封闭在某些不燃的材料内，如在混凝土中（因为钢筋和混凝土有良好的粘结力，温度线膨胀系数又相近，所以可以共同作用并发挥各自良好的力学性能，成为很好的建筑材料）。常用的钢材按断面形式可分为圆钢、角钢、工字钢、槽钢，各种钢管、钢板和异形薄腹钢型材。

在建筑工程中使用的各种钢材通常称为建筑钢材，钢材在建筑中主要用作结构构件和连接件，如各种钢质板、管、型材以及在钢筋混凝土中使用的钢筋、钢丝等，常用于受拉或受弯的构件。某些钢材如薄腹型钢、不锈钢管、不锈钢板等也可用于建筑装修。

（1）钢的分类

按照钢材的化学成分，钢可以分为碳素钢与合金钢两大类。

1）按化学成分分类

根据含碳量可以将碳素钢分为低碳钢（含碳量小于0.25%）、中碳钢（含碳量为0.25%～0.60%）和高碳钢（含碳量大于0.60%）。

根据合金元素总量又可以将合金钢分为低合金钢（合金元素总量小于5%）、中合金钢（合金元素总量为5%～10%）和高合金钢（合金元素总量大于10%）。

2）按品质分类

按照钢中有害杂质的含量，钢又可以分为普通钢、优质钢和高级优质钢。

3）按成形方法分类

锻钢、铸钢、热轧钢、冷拉钢。

4）按冶炼方法分类

a. 按炉种分

• 平炉钢：酸性平炉钢、碱性平炉钢。

• 转炉钢：酸性转炉钢、碱性转炉钢，或分为：底吹转炉钢、侧吹转炉钢、顶吹转炉钢。

• 电炉钢：电弧炉钢、电渣炉钢、感应炉钢、真空自耗炉钢、电子束炉钢。

b. 按脱氧程度分

沸腾钢（F）、半镇静钢（b）、镇静钢（Z）、特殊镇静钢（TZ）。沸腾钢在冶炼过程中脱氧不完全，组织不够致密，气泡较多，质量较差，但成本较低。

5）按用途分类

• 建筑及工程用钢：普通碳素结构钢、低合金结构钢、钢筋钢。

• 结构钢：优质碳素结构钢、合金结构钢、弹簧钢、易切钢、轴承钢、特定用途优质结构钢。

• 工具钢：碳素工具钢、合金工具钢、高速工具钢。

• 特殊性能钢：不锈耐酸钢、耐热钢、电热合金钢、电工用钢、高锰耐磨钢。

• 专业用钢：桥梁用钢、船舶用钢、锅炉用钢、压力容器用钢、农机用钢等。

6）综合分类

a．普通钢

• 碳素结构钢：Q195、Q215（A、B）、Q235（A、B、C）、Q255（A、B）、Q275。

• 低合金结构钢。

• 特定用途的普通结构钢。

b．优质钢（包括高级优质钢）

结构钢、工具钢、特殊性能钢。

（2）常用钢材的规格和表示方法

1）钢板

钢板分为厚钢板、薄钢板和扁钢：

• 厚钢板：厚度4.5～60mm，宽度600～3000mm，长度4～12m。

• 薄钢板：厚度0.35～4.5mm，宽度500～1500mm，长度0.3～4m。

• 扁钢：厚度4～60mm，宽度12～200mm，长度3～9m。

钢板常用“符号 宽度*厚度*长度”表示，如“— 500*10*10000”表示500mm宽、10mm厚、10m长的钢板。

2）型钢

型钢可直接用作构件，应优先选用，常用的型钢有角钢、槽钢、工字钢和钢管。为了便于生产和使用，型钢有固定的型号和尺寸，可根据需要选择（图3-33）。

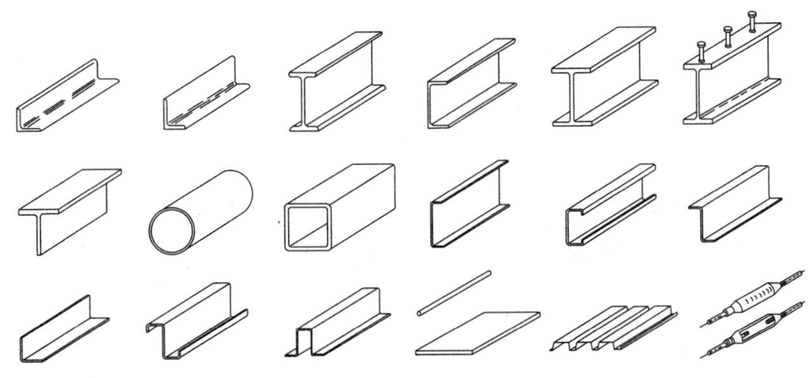

图 3-33　型钢的种类

型钢用“符号 外形尺寸*厚度”表示，如“L 100*80*8”表示长肢宽100mm、短肢宽80mm、厚度8mm的角钢，“○ 102*5”表示外径102mm、壁厚5mm的钢管。

3）薄壁型钢

薄壁型钢是用1.5～5mm厚的薄板经模压或弯曲成型，也具有相对固定的形状和尺寸可供选择使用。

（3）建筑钢材的防锈

金属的腐蚀是指其表面与周围介质发生化学反应而遭到的破坏。金属材料若遭受腐蚀，将使受力面积减小，而且由于产生局部锈坑，可能造成应力集中，促使结构提前破坏。在钢筋混凝土中的钢筋发生锈蚀时，由于锈蚀产物体积增大，在混凝土内部将产生膨胀应力，严重时会导致混凝土保护层开裂，降低钢筋混凝土构件的承载能力。

根据腐蚀作用的机理，钢材的腐蚀可以分为化学腐蚀和电化学腐蚀两种。化学腐蚀是指金属直接与周围介质发生化学反应而产生的腐蚀，这种腐蚀多数是由于氧化作用而导致的。电化学腐蚀是指电极电位不同的金属与电解质溶液接触形成微电池，产生电流而引起的腐蚀。

防止钢材腐蚀的常用方法是表面涂刷防锈漆。常用底漆有红丹、环氧富锌漆、铁红环氧底漆等，面漆有灰铅油、酚醛磁漆等。

混凝土中的钢筋具有一层碱性保护膜，因此不易锈蚀，但氯离子可加速锈蚀反应，甚至破坏保护膜。混凝土配筋的防锈措施有：限制水灰比和水泥用量，限制氯盐外加剂的使用，保证混凝土的密实性，掺加防锈剂等。

还可以采用钢材与保护层的复合工艺，形成耐久性好、强度高的复合材料。建筑中常用的有：

1）镀锌钢板

对钢板进行熔融镀锌或电镀锌制成的复合材料，镀锌量为每平方米300g左右，镀层的厚度为0.026～0.054mm，钢板的厚度为0.2～3.2mm。可以制成平板和波纹板等形状，也可在镀锌钢板的表面熔融，粘结着色涂料制成着色镀锌钢板，提高耐蚀性和美观程度。在着色的镀锌钢板的表面再覆盖一层泡沫塑料则可制成隔热镀锌板。

2）聚氯乙烯金属积层板

聚氯乙烯金属积层板是在钢板、镀锌钢板、铝板的表面用聚氯乙烯进行积层或涂层处理而形成的复合板材，可以进行单面或双面积层，聚氯乙烯层的厚度为0.05～1.0mm，金属板的厚度为0.3～1.6mm。

3）搪瓷钢板

搪瓷钢板是在厚度为0.5～2.0mm的钢板表面将玻璃质的搪瓷在高温

下熔化，使之粘着在钢板表面制成的复合板材。搪瓷钢板色彩丰富，具有优良的耐热性、耐蚀性、耐水性和耐磨性。

（4）建筑钢材的防火

钢材是一种不会燃烧的建筑材料，它具有抗震、抗弯等特性。但是，钢材作为建筑材料在防火方面又存在一些难以避免的缺陷，它的机械性能，如屈服点、抗拉性及弹性模量等均会因温度的升高而急剧下降。钢结构通常在450～650℃的温度中就会失去承载能力，发生很大的形变，导致钢柱、钢梁弯曲，结果因过大的形变而不能继续使用，一般不加保护的钢结构的耐火极限为15分钟左右。这一时间的长短还与构件吸热的速度有关。目前，高层钢结构建筑日趋增多，尤其是一些超高层建筑，采用的钢结构材料更为广泛。高层建筑一旦发生火灾事故，火不是在短时间内就能扑灭的，这就要求我们在建筑设计时，加大对建筑材料的防火保护，以增强其耐火极限。

为了使钢结构材料在实际应用中克服防火方面的不足，必须对其进行防火处理，其目的就是将钢结构的耐火极限提高到设计规范规定的极限范围内，防止钢结构在火灾中迅速升温，发生形变、塌落，如采用绝热、耐火材料阻隔火焰，降低热量传递的速度，推迟钢结构温升、强度变弱的时间等。常用的方法有：

1）外包层：就是在钢结构外表添加外包层，可以现浇成型，可以采用喷涂法，也可以采用外包法。现浇成型的实体混凝土外包层通常用钢丝网或钢筋来加强，以限制收缩裂缝，并保证外壳的强度。喷涂法可以在施工现场对钢结构表面涂抹保护层，保护层可以是石灰水泥或是石膏砂浆，也可以掺入珍珠岩或石棉。外包法的外包层可以用胶粘剂、钉子、螺栓等将珍珠岩、石棉、石膏或石棉水泥、轻混凝土等制成的预制板固定在钢结构上。

2）充水（水套）：空心型钢结构内充水是抵御火灾最有效的防护措施。这种方法能使钢结构在火灾中保持较低的温度，水在钢结构内循环，吸收材料本身受热的热量。受热的水经冷却后可以进行再循环，或由管道引入凉水来取代受热的水。

3）屏蔽：钢结构设置在耐火材料组成的墙体或顶棚内，或将构件包藏在两片墙之间的空隙里，只要增加少许耐火材料即能达到防火的目的。这是一种最为经济的防火方法。

4）膨胀材料：采用钢结构防火涂料保护构件，这种方法具有防火隔热性能好、施工不受钢结构几何形体限制等优点，一般不需要添加辅助设施，且涂层质量轻，还有一定的美观装饰作用，属于应用较广的防火技术措施。

3.5.3 建筑钢材的构造

建筑钢结构中的型钢可以用三种方式来连接，即焊接、铆钉、螺栓，或综合使用上述三种方式。金属围护、装修板材可以采用搭接、卡接的方式（图3-34）。

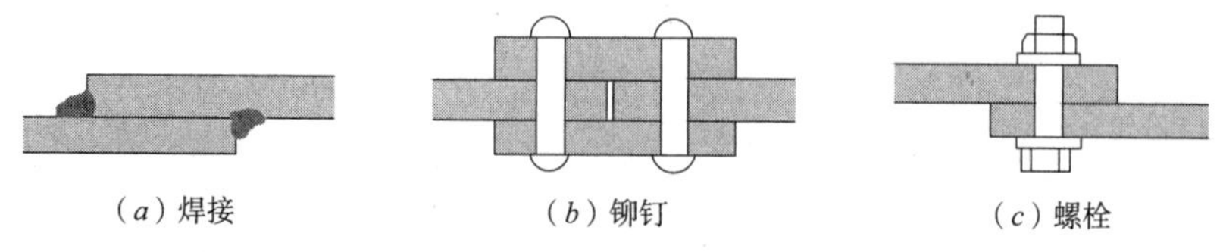

图3-34 钢结构的连接方式

（1）焊接连接

焊接技术就是在高温或高压条件下，使用焊接材料（焊条或焊丝）将两块或两块以上的母材（待焊接的工件）连接成一个整体的加工工艺和连接方式。焊接技术主要应用在金属母材上。焊接技术是随着金属的应用而出现的，焊接的用钢量省，加工简便，适用于各种复杂的形状，连接的密封性好，刚度大，是钢结构中应用最广的一种连接方式。但是焊接结构对裂缝较敏感，焊缝附近材质变脆并有焊接残余应力和残余变形，操作需要经过系统训练的工人进行施工，同时焊接完成后还要进行质量检验以防隐蔽的缺陷。目前常用的工艺有电弧焊、氩弧焊、二氧化碳气体保护焊、氧气-乙炔焊、激光焊接、电渣压力焊等多种。

现代焊接技术已能焊出无内外缺陷的、机械性能等于甚至高于被连接体的焊缝。被焊接体在空间的相互位置称为焊接接头，接头处的强度除受焊缝质量影响外，还与其几何形状、尺寸、受力情况和工作条件等有关。接头的基本形式有对接、搭接、丁字接（正交接）和角接等。对接接头焊缝的横截面形状决定于被焊接体在焊接前的厚度和两接边的坡口形式。焊接较厚的钢板时，为了焊透而在接边处开出各种形状的坡口，以便较容易地送入焊条或焊丝。坡口形式有单面施焊的坡口和两面施焊的坡口。

焊接产品重量轻，密封性好，施工简便，适用于各种复杂的形状，但是操作需要经过系统训练的工人进行施工，同时焊接完成后还要进行质量检验以防隐蔽的缺陷。

（2）铆钉连接

铆钉是铆接用的金属元件，钉身为圆柱形并在一端有钉帽（常用的有半圆头、平头、沉头）。它可以在常温或红热状态下插入需要连接的构件之间的孔洞中，再施以外力使其另一端发生形变形成第二个钉帽，利用铆钉冷却后的收缩将两个构件紧密地连接在一起。这种使用铆钉利用自身形变连接两件或两件以上构件的方式叫作铆接。小型铆钉可以冷铆，大型铆钉就是在红热状态下热铆（一般直径小于8mm的用冷铆，大于8mm的用热铆）。按照铆接应用情况，可以分为：

1）活动铆接。结合件可以相互转动，如剪刀、钳子。

2）固定铆接。结合件不能相互活动，如角尺、桥梁、建筑、飞机的刚性连接。

3）密缝铆接。铆缝严密，不漏气体、液体，如早期的钢铁制的轮船。这种刚性连接已被焊接广泛替代。

铆接曾经是钢铁构件之间的固定连接方式，但近年来已经逐渐被耗费更少的螺栓和焊接技术所取代。但是，在耐高温、耐击打、耐高压的环境中，焊接容易变形，铆接还是不可替代的方式，如在宇宙飞船、潜水艇、飞机上使用的钛合金的耐高温铆接。

（3）螺栓连接

螺栓是由扩大端的头部（螺帽）和端部带有螺纹的螺杆两部分构成的一类紧固件，需与螺母配合，用于紧固连接两个带有通孔的构件，通过拧紧螺栓可以在结合部产生巨大的摩擦力以保证荷载在两者之间的传递。在螺母和连接件之间经常采用垫片（垫圈）避免擦伤被连接件，或保证将螺栓的紧固力分散到更广的接合面上，也可以采用压力指示垫片来显示螺栓拧紧时的压力是否达标（还有一种使用销钉连接的简单方式，销钉的直径可大可小，螺纹可有可无，它不靠紧固力作用而仅靠本身的“销”起作用。最简单的销钉就是用一段普通钢丝在合适的销孔内穿过，两头拧弯固定）。

3.5.4　钢结构

（1）钢结构（重钢结构）

由于优异的力学性能和便于生产加工的特点，钢材在建筑中的使用主要是用以代替以往的木材、石材等天然材料和砖等烧结材料，来制作承载构件的，可以在较小的材料尺寸和用料的条件下，获得较大的跨度和承载力。钢材在建筑中主要用作结构构件和连接件，如各种钢质板材、管材、型材以及在钢筋混凝土中使用的钢筋、钢丝等。另一方面，由于钢材的延展性和金属光泽，薄型的板材、管材等也常用于建筑装修和装饰，还可以利用钢材的加工性能和强度制成各种设备、管线、连接件。

由于钢材可以加工成各种形状，所以钢材是使用最广泛的结构材料。常用的以钢材为主的结构形式有：

1）钢框架结构及拱结构——主要承载构件均为型钢，而梁柱的交接点可以是固定连接方式以传递弯矩，或梁柱的交接处为铰接不能传递弯矩。由于钢材优异的力学性能和便于生产加工的特点，因此，钢结构的框架结构形式可以制成大跨、高层的建筑框架体系。

2）钢张拉结构——为发挥钢材优异的力学性能，可以把钢材加工成钢索或其他线材，使其在受拉的状态下发挥力学性能并节省材料。

3）钢桁架结构及空间网架结构——将钢材加工成杆状使其承受压力或拉力，即拉杆或压杆，构成轴向传力的系统，即平面网架和空间网架形式，在节省材料的同时获得更大的跨度。

钢结构建筑中常常采用的是"H"形钢，因此，大部分钢构架连接点都会用角钢、钢板、"T"形钢来充当钢构件之间的连接体，并通过栓接和焊接来形成完整的构造整体。主要钢结构的各个部分连接方式如图3-35所示。

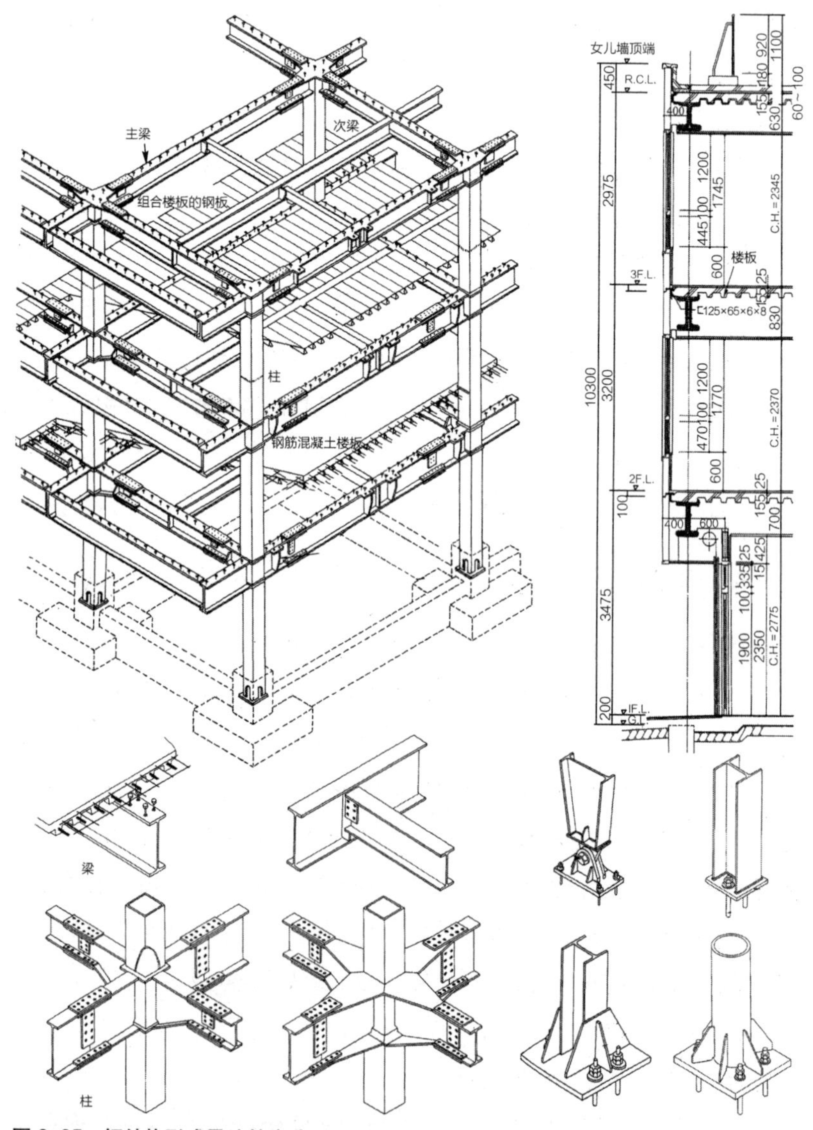

图 3-35 钢结构形式及连接方式

引自：日本建築学会. 構造用教材（改訂第1版［第1刷］）. 東京：丸善株式会社，1985.

钢结构必须通过单个构建相互连接形成一个整体，构件间的连接，按照传力和变形情况可以分为铰接、刚接和介于两者之间的半刚接三种基本类型，主要为铰接和刚接。建筑物钢结构的主要连接部分为主梁与次梁的连接、梁与柱的连接、柱脚三部分。

（2）轻钢结构

轻钢结构是指“轻型钢结构”，相对于钢结构中常用的较厚重的型钢而言，采用薄钢板冷轧成型并折叠成长型构件再组合成为格栅状或笼状而承受荷载的轻型钢结构。

与一般的重型钢结构相比，轻钢结构具有与轻木结构相似的优点：加工使用方便，简单廉价的安装和运输工具，现场可以简单加工以适应各种复杂的形态，自重轻，可以方便地固定各种板材和面材而形成丰富多彩又灵活多变的建筑形态和样式（图 3-36）。

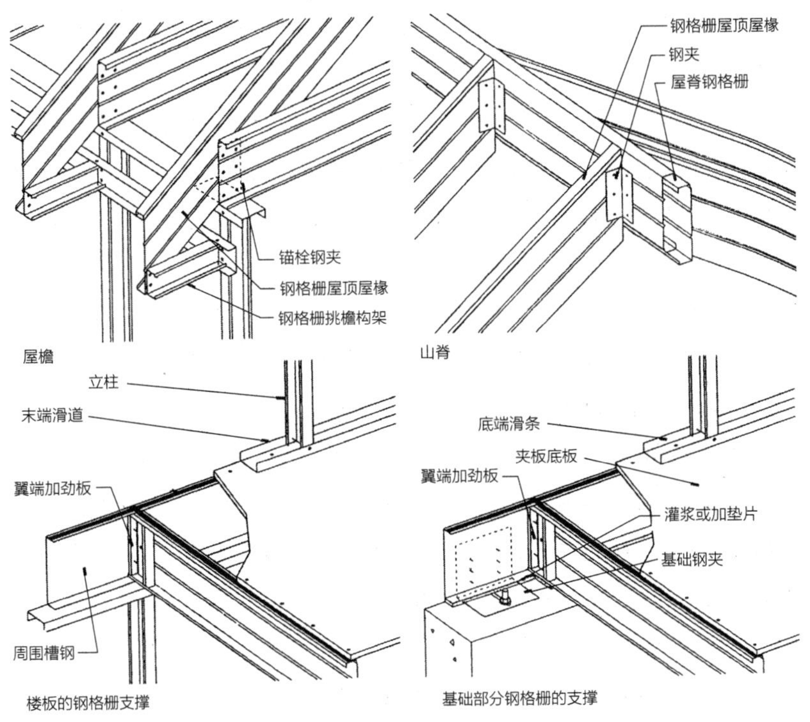

图 3-36 轻钢房屋构架的细部构造，其结构体系与轻木构架相似

引自：Edward Allen. 建筑构造的基本原则——材料和工法（第三版）. 吕以宁，张文男译. 台北：六合出版社，2001.

3.5.5 其他金属及其在建筑中的使用——作为围护材料的金属

（1）不锈钢

不锈耐酸钢，简称不锈钢，它是由不锈钢和耐酸钢两大部分组成的，简言之，能抵抗大气腐蚀的钢叫不锈钢，而能抵抗化学介质腐蚀的钢叫耐酸钢。不锈钢的耐腐蚀性取决于铬，在铬的添加量达到10.5%时，钢的耐大气腐蚀性能显著增加。但当铬含量更高时，尽管仍可提高耐腐蚀性，但不明显，原因是：用铬对钢进行合金化处理时，把表面氧化物的类型改变成了类似于纯铬金属上形成的表面氧化物。这种紧密粘附的富铬氧化物能保护表面，防止进一步氧化。这种氧化层极薄，透过它可以看到钢表面的自然光泽，使不锈钢具有独特的表面，而且，如果损坏了表层，所暴露出的钢表面会和大气反应进行自我修理，重新形成这种“钝化膜”，继续起保护作用。因此，所有的不锈钢都具有一种共同的特性，即铬含量均在10.5%以上。

不锈钢按热处理后的显微组织又可分为五大类：铁素体不锈钢、奥氏体不锈钢、奥氏体—铁素体不锈钢（双相不锈钢）、马氏体不锈钢、沉淀碳化不锈钢。常用的三种不锈钢的特点是：

1）传统的铁素体不锈钢：尽管含有铬，可以一般地提高防腐蚀性，但耐蚀性能较差，较少用于建筑外部。因为具有铁素体组织，所以具有磁性。

2）奥氏体不锈钢：含有铬、镍和钼。镍使得奥氏体组织稳定，提高了韧性、延展性、可焊性等性能。钼可以改善抗点腐蚀和缝腐蚀的性能。这种不锈钢具有良好的耐蚀性，强度高，易加工等，是建筑外部最常使用的不锈钢品种。

3）双相不锈钢：具有奥氏体组织和铁素体组织，含有铬、镍、钼和氮。氮提高了抗点腐蚀和缝腐蚀的性能，特别提高了不锈钢的强度。主要用于建筑外部对强度和耐蚀性要求较高的场合。

由于不锈钢具有良好的耐腐蚀性，一般不会产生腐蚀、点蚀、锈蚀或磨损，所以它能使结构部件永久地保持工程设计的完整性。不锈钢还是建筑用金属材料中强度最高的材料之一，集机械强度和高延伸性于一身，易于部件的加工制造，可满足建筑师和结构设计人员的需要。同时，由于钢材的回收简便，利于循环使用，对环境保护也有帮助。因此，不锈钢是集性能、外观和使用特性于一身的极佳的建筑材料之一。

（2）铝合金

铝在地壳中的含量相当高，仅次于硅和氧而居第三位，主要以铝硅酸盐矿石的形式存在。纯铝为银白色，有光泽金属，具有良好的导热性、导电性。铝虽是活泼的金属，但在空气中其表面会形成一层致密的氧化膜，使之不能与氧、水继续作用，因此具有抗腐蚀性。铝合金是铝和其他元素制成的合金，质轻而坚韧，密度大约是钢材的1/3。铝合金具有良好的延展性，除了可以进行热轧、冷轧、铸造、锻造、拉伸之外，还特别适合于挤压成型，便于加工。纯铝常用于制造导线，铝合金是制造飞机、火箭、汽车的结构材料，也在建筑工程和日常生活中被广泛使用。

铝合金被应用在建筑中，主要是充分利用其耐腐蚀、易加工的特点，用作围护和饰面材料，如门窗、五金、吊顶龙骨、饰面板材、屋面板、披水板等。由于铝合金的强度较钢铁低，在较大的构件中往往需要钢材作为龙骨、铝板作为围护饰面构件复合使用，如幕墙（在需要材料断面较小的部分常常使用不锈钢来代替这种钢铝复合的构件，如入口大门的门框和窗挺、栏杆扶手等）。铝粉还可以加在油漆内构成常用的金属铝粉漆。铝材表面可以进行电泳涂漆、静电粉末喷涂、氟碳喷涂等表面处理，以提高耐久性，丰富外观效果。

（3）铜

铜是人类最早发现的金属之一，早在3000多年前，人类就开始使用铜。自然界中的铜分为自然铜、氧化铜矿和硫化铜矿。自然铜及氧化铜的储量少，现在世界上80%以上的铜是从硫化铜矿中精炼出来的。纯铜呈浅玫瑰色或淡红色。铜是人类最早发现的金属之一，也是最好的纯金属之一，稍硬、极坚韧、耐磨损，还有很好的延展性，导热和导电性能也较好。铜和它的一些合金有较好的耐腐蚀能力，在干燥的空气里很稳定，但在潮湿的空气里，在其表面会生成一层绿色的碱式碳酸铜，也叫铜绿。

铜是与人类关系非常密切的有色金属，被广泛地应用于电气、轻工、机械制造、建筑工业、国防工业等领域，在我国有色金属材料的消费中仅次于铝。纯铜可拉成很细的铜丝，制成很薄的铜箔，能与锌、锡、铅、锰、钴、镍、铝、铁等金属形成合金，形成的合金主要分成三类：黄铜是铜锌合金，青铜是铜锡合金，白铜是铜钴镍合金。

使用铜主要是发挥其导电性、耐腐蚀性、装饰性等，主要用于电子通信、建筑工程、交通运输等部门。在建筑中的应用主要是利用其材质较软，易于加工，延展性好，色质华丽，化学性质相对稳定的特点，除用作管道系统构件、水暖零件和建筑五金外，还可用作装饰构件。黄铜粉可用于调制装饰涂料，起仿“贴金”的作用。

在欧洲，采用铜板制作屋顶和漏檐已有传统，北欧国家甚至用它做墙面装饰。铜耐大气腐蚀的性能很好，经久耐用，可以回收，它有良好的加工性，可以方便地制作成复杂的形状，而且它还有美丽的色彩，因而很适合于用于房屋装修。此外，还可用于屋内的装修和五金构件，如门把手、锁、合页、灯具等（图3–37、图3–38、表3–11）。

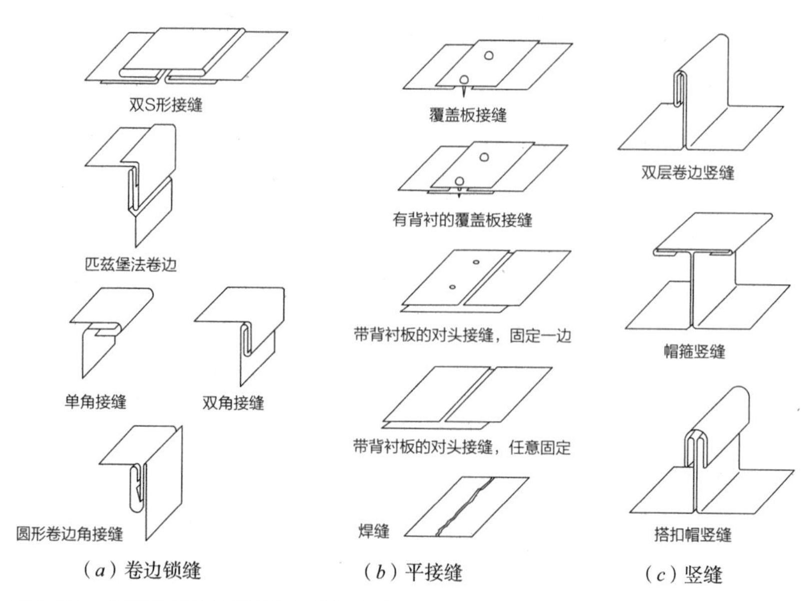

图 3-37　金属屋面板材的卷边与接缝方式

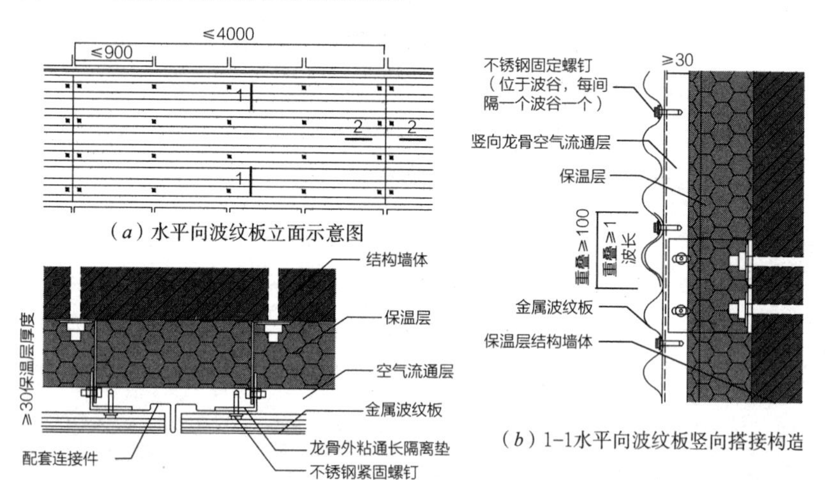

图 3-38　水平向金属波纹板的构造

金属与建材之间的电蚀作用　　表3-11

建筑材料 / 泛水材料	钢	铝	不锈钢	镀锌钢	锌	铅	黄铜	青铜	镀钢锰铁合金	未固化的砂浆或水泥	酸性木材(红松和红杉)	铁 / 钢
钢		●	●	◍	●	◍	◍	◍	◍	○	○	●
铝			○	○	○	◍	●	●	○	●	●	◍
不锈钢				◍	●	◍	●	●	●	○	○	◍
镀锌钢					○	○	◍	◍	◍	○	◍	◍
锌合金						○	●	●	●	○	●	●
铅							◍	◍	◍	●	○	○

注：●——将出现电蚀作用，因此应避免直接接触。

◍——在一定环境条件下和（或）超过一定时间后可能出现电蚀作用。

○——电蚀作用轻微，在普通环境条件下，金属可以直接接触。

引自：查尔斯·乔治·拉姆齐等. 建筑标准图集（第十版）. 大连：大连理工大学出版社，2003.

资料：古代的金属

（1）青铜时代

铜在自然界储量非常丰富，并且加工方便，是人类用于生产的第一种金属。最初人们使用的只是存在于自然界中的天然单质铜，用石斧把它砍下来，便可以锤打成多种器物。随着生产的发展，只是使用天然铜制造的生产工具就不敷应用了，生产的发展促使人们找到了从铜矿中取得铜的方法。含铜的矿物比较多见，大多具有鲜艳而引人注目的颜色，例如：金黄色的黄铜矿$CuFeS_2$，鲜绿色的孔雀石$CuCO_3Cu(OH)_2$，深蓝色的石青$2CuCO_3Cu(OH)_2$等，将这些矿石在空气中焙烧后形成氧化铜CuO，再用碳还原，就得到了金属铜。纯铜制成的器物太软，易弯曲。人们发现把锡掺到铜里去，可以制成铜锡合金——青铜。青铜比纯铜坚硬，使人们制成的劳动工具和武器有了很大改进，人类进入了青铜时代，结束了人类历史上的新石器时代。

人类对铜的使用是从纯铜开始的。考古学家在伊朗西部的一些地区发现了大约公元前7000年前使用的小型铜器件，如小针、小珠和小锥等。大英博物馆里收藏有5000年前苏美尔人铸造的铜牛头和3500年前埃及人制作的铜镜和铜制工具。在西亚地区，铜矿石裸于地表，人们在铜矿石上燃烧炭火，便会还原出与绿色矿石颜色不同的红色铜来。

由于纯铜硬度低，并不太适合于制作生产工具，后来，人们就有意识地在炼制铜矿石时掺入其他矿石，以制成铜的合金来提高工具的硬度。1939年，在安阳市武官村出土了商代的司母戊大方鼎。司母戊鼎是目前世界上出土的最大的青铜器，重达875kg，经检测，铜占84.11%，锡占11.64%，铅占2.79%。这个青铜器是我国青铜冶铸鼎盛时期的产物，从它的纹饰、构造等都反映了这个时代青铜冶铸的高超技术。

在我国，先秦的古籍《考工记》中记载了有名的“六齐”规则，即青铜的六种配方，这套配方规定了铜和锡的不同比例可造成的青铜的不同用途，其实质是：比例不同，硬度不同。据考古推测，这时人们已经能够制得纯铅和纯锡了。从商代的墓葬中先后发现了铅爵、铅戈和铅斛等纯铅制品。

铅属于重金属，因而铅及其化合物都有毒，古人开始因不了解而产生了铅中毒。古罗马人曾经使用过铅制水管，考古发现，古罗马人的尸骨上常常有黑色的硫化铅斑点，是铅管里的水导致的慢性中毒。后来，人们就不再使用铅制的器具作为饮食用具了。

锡由于其延展性好而易制成薄片，而且在常温下不易氧化，所以，自古以来就被用来包裹器具和容器。纯的锡器无法保存，因为锡在低于

13℃时就会发生相变，变成粉末状的灰锡，称为“锡疫”。

据说在公元前3000年的古埃及，旅行家里希尔发现了贵金属金和银，并逐步发现了“披沙淘金”和平地掘井开采山金的方法以及用木炭灼烧银矿石使得硫化银还原为银的方法。

（2）铁器时代

人类使用铁器制品至少有5000多年的历史，开始是用铁陨石中的天然铁制成铁器。最早的陨铁器是在尼罗河流域的格泽（Gerzeh）和幼发拉底河流域的乌尔（Ur）出土的公元前4000年前的铁珠和匕首。人们发现铁的硬度要比铜或青铜都大得多。大约在公元前2200年，西亚的赫梯人已经会冶炼和使用铁器了。早期的冶铁技术也大多是采用固体还原法，冶炼时，将铁矿石和木炭一层一层地堆放在炼铁炉中，点火燃烧，产生一氧化碳，从而使铁矿石中的氧化铁还原为单质铁。早期的铁由于冶炼温度很低而性能很差，是含大量碳氧杂质的合金，古人称之为“恶金”。后来人们逐渐发现了升高炉温的方法而炼出了性能较好的生铁，继而发明了用退火的方法“柔化”生铁而得到低碳钢冶炼方法。后来人们进一步发明了熟铁和钢的冶炼方法，铁在生产中从得以广泛应用。

我国用铁矿石直接炼铁，早期的方法是块炼铁，后来用竖炉炼铁。在春秋时代晚期（公元前6世纪），已炼出可供浇铸的液态生铁，铸成铁器，应用于生产，并发明了铸铁柔化术。这一发明加快了铁器取代铜器等生产工具的历史进程。战国时期，冶铁业兴盛，生产的铁器制品以农具、手工用具为主，兵器则为青铜、钢、铁兼而有之。

（3）汞和炼金术

铜、锡、铅、金、银、铁、汞七种金属是人类最早认识和使用的金属材料，极大地推动了人类文明的进步，古代人类甚至认为世界上只有这七种金属，且金属起源于水银（汞的俗名）和硫磺。实际上，水银是一种银白色的液体金属，颜色和外观与银类似，铜、铁、锡、铅都能溶于水银，形成与金银类似的合金——汞齐。水银与硫磺化合后会生成黄色的硫化汞，与黄金类似。基于水银和金属的这些特性，同时人们也认识到了水银的化合物并非金银，炼金家们认为应该有一种特别方法可以使便宜的金属——铜、铁、锡等变成贵重金属——金、银，他们称转变的秘方是一种叫“哲人石”的东西。这种炼金术为化学科学的发展积累了宝贵的资料和经验。

在中国，公元前14世纪的商朝，就开始使用青铜器了，青铜的成分为铜、锡、铅。在公元前7世纪的春秋时期，开始使用铁，用以制作生产工具。从公元前1世纪的秦末汉初，开始使用金、银等贵金属。中国铁器的应用比欧洲早了2000年。中国是世界上最早生产钢的国家之一，考古工作者曾经在湖南长沙杨家山的春秋晚期墓葬中发掘出一把铜格“铁剑”，通过金相检验，结果证明是钢制的。这是迄今为止我们见到的中国最早的钢制实物，它说明，从春秋晚期起中国就有炼钢生产了，炼钢生产在中国已有2500多年的历史。

3.6　玻璃

3.6.1　概述

玻璃是用含石英的砂子、石灰石、纯碱等混合后，在高温下熔化、成型、冷却后制成的质地硬而脆的透明物体。现在使用的玻璃有石英玻璃、硅酸盐玻璃、钠钙玻璃、氟化物玻璃等，通常的玻璃是指硅酸盐玻璃，主要成分是二氧化硅、氧化钠和氧化钙。玻璃性脆而透明，具有透光、透视、隔声、绝热及装饰作用，化学性能稳定，但脆而易碎，受力不均或遇冷热不匀时都易破裂。

玻璃的起源无法考证，它的发现应该是沙石和其他矿物偶然在加热的条件下形成的玻璃珠子，如火山喷出的酸性岩凝固而得。约公元前3700年前，古埃及人已制出玻璃装饰品和简单的玻璃器皿。最早将玻璃用在窗户上是在古罗马时期，大约在4世纪，罗马人依靠浇铸的方法生产出了面积达1m^2（800mm×1100mm）的粗质窗户玻璃。10世纪前后，威尼斯是主要的玻璃生产地，并通过冕玻璃吹制生产方法制成了表面光滑的透明玻璃，同时还用圆柱玻璃吹制生产方法生产表面较为粗糙的玻璃。这两种生产方法都是在熔化的玻璃原料被吹成一个大圆球后开始的，冕玻璃主要利用旋转的离心力将重新加热的玻璃球在快速旋转下甩成一个直径1m左右的圆饼，在冷却后再切割成适用的形状。由于在玻璃成型前没有接触任何物体，所以表面光滑且有光泽。另一种圆柱玻璃吹制生产方法是在吹制的玻璃圆球被重新加热后将吹管左右摇摆形成圆柱体，然后切除两端的半球体并重新加热展开圆柱体，制成矩形的玻璃。由于经过了圆柱体展平的过程，玻璃表面较为粗糙。17世纪，法国用熔流平面玻璃替代了吹制玻璃，将熔化的玻璃灌注到构架之中并用滚筒将之碾压摊平，再通过打磨制成光洁的平板玻璃和镜面玻璃。19世纪，还发明了将熔化的玻璃从圆筒中直接拉伸成型的经济的生产方式，1851年建成的伦敦水晶宫就是采用的这种玻璃。在20世纪50年代以前，玻璃生产多沿用几个世纪以来的传统方法：吹、浇铸、碾压、拉伸，1959年英国Pilkington兄弟公司开始用浮法制造平板玻璃，将熔化的玻璃漂浮在熔化的锡缸内硬化形成光洁的表面。目前世界上主要的玻璃都是采用这种方法生产的。

玻璃在建筑物中的应用主要是解决了透光性（采光性、视线通透）和围护性（雨雪、热、侵害等的阻隔）的矛盾，赋予建筑的内部以光影的效果和室内外空间视觉通透的可能。随着玻璃与钢化、镀膜、中空、夹胶等技术的结合，使玻璃在保持透明的基础上具有了较好的热工、围护、结构、媒介性能，成为了当今建筑中不可或缺的材料，也成为了建筑和都市信息的一种重要载体（图3-39）。

（*a*）威尼斯的冕玻璃吹制生产方法、圆柱玻璃吹制生产方法

（*b*）现代的浮法玻璃生产线

（*c*）玻璃在建筑中的应用

图3-39 玻璃的古代和现代的生产技术

（*a*）（*b*）引自：Edward Allen. 建筑构造的基本原则——材料和工法（第三版）. 吕以宁，张文男译. 台北：六合出版社，2001.

3.6.2 建筑玻璃的分类

建筑玻璃按照性能和用途，可以分为平板玻璃（表3-12）、安全玻璃（表3-13）、绝热玻璃（表3-14）以及玻璃制品。

平板玻璃的规格尺寸　表3-12

	种类	厚度（mm）	最大尺寸（mm）	重量（kg/m²）
磨光平板玻璃	3mm	3.0	1829×1219	753
	5mm	5.0	2438×1829	12.59
	6mm	6.0	3658×1829	15.07
	8mm	8.0	3658×2438	20.13
浮法玻璃	10mm	10.0	4572×2438	25.08
	12mm	12.0	4572×2438	30.03
	15mm	15.0	3658×2438	37.77

引自：《建筑设计资料集》编委会. 建筑设计资料集（第二版）：9. 北京：中国建筑工业出版社，1997.

安全玻璃的特点和用途　表3-13

品种	工艺过程	特点	用途
钢化玻璃（平面钢化玻璃、弯钢化玻璃、半钢化玻璃、区域钢化玻璃）	加热到一定温度后迅速冷却或用化学方法进行钢化处理	强度比普通玻璃大 3 ~ 5 倍，抗冲击性及抗弯性好，耐酸碱侵蚀	用于建筑的门窗、隔墙、幕墙、汽车窗玻璃、汽车挡风玻璃、暖房，安装时不能切割磨削
夹丝玻璃（又称防碎玻璃、钢丝玻璃）	将预先编好的钢丝网压入软化的玻璃中	破碎时，玻璃碎片附在金属网上，具有一定防火性能	用于厂房天窗、仓库门窗、地下采光窗及防火门窗
夹层玻璃	两片或多片平板玻璃中嵌夹透明塑料薄片，经加热压粘而成的复合玻璃	透明度好、抗冲击机械强度高，碎后安全，耐火、耐热、耐湿、耐寒	用于汽车、飞机的挡风玻璃、防弹玻璃和有特殊要求的门窗、工厂厂房的天窗及一些水下工程

引自：北京市注册建筑师管理委员会. 一级注册建筑师考试辅导教材：第 4 分册　建筑材料与构造. 北京：中国建筑工业出版社，2004.

绝热玻璃的特点和用途　表3-14

品种	工艺过程	特点	用途
热反应玻璃（镀膜玻璃）	在玻璃表面涂以金属或金属氧化膜、有机物薄膜	具有较高的热反应性能而又保持良好透光性能	多用于制造中空玻璃或夹层玻璃，用于门窗、幕墙等
吸热玻璃	在玻璃中引入有着色和吸热作用的氧化物	能吸收大量红外线辐射而又能保持良好可见光透过率	适用于需要隔热又需要采光的部位，如商品陈列窗、冷库、计算机房等
光致变色玻璃	在玻璃中加入卤化银，或在玻璃夹层中加入铅和钨的感光化合物	在太阳或其他光线照射时，玻璃的颜色随光线增强逐渐变暗，当停止照射又恢复原来颜色	主要用于汽车和建筑物上
中空玻璃	用两层或两层以上的平板玻璃，四周封严，中间充入干燥气体	具有良好的保温、隔热、隔声性能	用于需要采暖、空调、防止噪声及无直射光的建筑，广泛用于高级住宅、饭店、办公楼、学校，也用于汽车、火车、轮船的门窗

引自：北京市注册建筑师管理委员会. 一级注册建筑师考试辅导教材：第 4 分册　建筑材料与构造. 北京：中国建筑工业出版社，2004.

平板玻璃主要分为三种：引上法平板玻璃（分有槽、无槽两种）、平拉法平板玻璃和浮法玻璃。浮法玻璃由于厚度均匀、上下表面平整，再加上劳动生产率高及利于管理等方面的因素影响，成为了玻璃制造方式的主流。

玻璃的形态可分为平板、曲面、异形几种。除了全透明的玻璃外，还可通过轧花、表面磨毛或蚀花等方法制成半透明的玻璃。常用的玻璃有：

（1）普通平板玻璃

厚度为3～15mm不等，通常在使用中称mm为厘，3厘玻璃指的就是厚度3mm的玻璃。一般窗户用的玻璃为5～6厘玻璃，15厘以上玻璃往往需要订货生产。

（2）磨砂玻璃与喷砂玻璃

在普通平板玻璃上面再磨砂或喷砂加工而成。

（3）压花玻璃

采用压延方法制造的一种平板玻璃，其最大的特点是透光不透明，多使用于洗手间等装修区域。

（4）热弯玻璃

由平板玻璃加热软化在模具中成型，再经“退火”制成的曲面玻璃。

（5）玻璃砖

玻璃砖的制作工艺基本和平板玻璃一样，但其中间为干燥的空气，多用于装饰性项目或者有保温要求的透光造型之中。

（6）安全玻璃

1）钢化玻璃

它是普通平板玻璃经过再加工处理而成的一种预应力玻璃，一般多采用加热后急剧退火的物理钢化法生产。钢化玻璃相对于普通平板玻璃来说，强度增大数倍，抗拉度是后者的3倍以上，抗冲击能力是后者5倍以上。钢化玻璃不容易破碎，即使破碎也会以无锐角的颗粒形式碎裂，对人体的伤害大大降低。半钢化玻璃又称为强化玻璃或热增强玻璃，其加工方法与钢化玻璃近似但温度较低，因此半钢化玻璃的平整度和透光率更接近于普通玻璃而远优于钢化玻璃，但半钢化玻璃的抗冲击强度只有钢化玻璃的一半左右。半钢化玻璃的显著特征是破坏时产生的裂纹从冲击点直达玻璃的边缘，但仍能留在玻璃框中而不散落。

2）夹丝玻璃

夹丝玻璃是采用压延方法，将金属丝或金属网嵌于玻璃板内制成的一种具有抗冲击能力的平板玻璃，一般分为夹丝压花玻璃和夹丝磨光玻璃。

夹丝玻璃受撞击被破坏时只会形成辐射状裂纹而不至于落下伤人，一般用于有防火、防震要求的门、窗、隔墙等处。

3）夹层玻璃（夹胶玻璃）

夹层玻璃一般由两片普通平板玻璃（也可以是钢化玻璃或其他特殊玻璃）和玻璃之间的有机胶合层（一般使用聚乙烯醇缩丁醛（PVB）胶片）加热加压而成。当受到破坏时，碎片仍粘附在胶层上，避免了碎片飞溅对人体的伤害，用于对安全围护性能要求高的部位，如大面积的玻璃窗和玻璃栏板等。防弹玻璃也是夹层玻璃的一种，采用强度较高的钢化玻璃多层粘接而成。夹层玻璃还有更好的隔声、防紫外线效果。

（7）绝热玻璃

玻璃在建筑外围护结构上占据了相当的比例，为改善其热工和声学效能而研制的玻璃有镀膜的热反射玻璃、带有干燥气体间层的中空玻璃等，以达到透光和透视的同时实现绝热的性能。

1）中空玻璃是在两层或多层玻璃之间间隔干燥的空气或惰性气体，以提高玻璃的热工和声学性能的玻璃。中空玻璃的节能性主要取决于间隔的层数和厚度、间隔层内气体的成分、玻璃的种类及厚度、玻璃表面是否镀膜、中空玻璃边部密封材料的传导特性等。中空玻璃的隔声性能与玻璃的厚度、间隔材料及其厚度、结构组成及安装方式等因素有关。

2）真空玻璃是将两片平板玻璃的四周密封起来并将空隙抽成真空。两片玻璃之间的间隙为0.1 ～ 0.2mm，其间有规则地排列着直径为0.5mm的细小支撑物。标准真空玻璃（B系列）是由两片玻璃组成的，一片为Low-E玻璃，另一片为白玻（普通浮法玻璃），总厚度为6 ～ 10mm。真空玻璃除了具有优异的保温隔热性能外，还具有优良的隔声降噪性能。

3）镀膜玻璃有热反射膜镀膜玻璃、低辐射镀膜玻璃、导电膜镀膜玻璃、镜面膜镀膜玻璃等。热反射膜镀膜玻璃又叫作阳光控制镀膜玻璃或遮阳玻璃，对波长范围350 ～ 1800nm的太阳光具有一定的控制作用，具有单向透视特性，适于温带、热带地区，作为幕墙玻璃、门窗玻璃以及中空玻璃的原片等；低辐射镀膜玻璃（Low-E），对波长范围为4.5 ～ 25nm的远红外线有较高反射比的镀膜玻璃，具有较好的采光性能，低辐射镀膜玻璃还可以复合阳光控制功能，成为阳光控制低辐射玻璃，适用于寒冷地区，用作门窗玻璃以及中空玻璃的原片等；导电膜镀膜玻璃又称为防霜玻璃，适用于严寒地区的门窗玻璃、车辆的挡风玻璃等；镜面膜镀膜玻璃又称为镜面玻璃，适用于镜面、墙面装饰等（表3-15）。

几种玻璃的主要光热参数 表3-15

玻璃名称	玻璃种类、结构	透光率（%）	遮蔽系数 Se	传热系数［W/（m^2·K)］	
				$U_{冬}$	$U_{夏}$
单片透明玻璃	6mm	89	0.99	6.17	5.74
透明中空玻璃	6c＋12A＋6c	81	0.87	2.75	3.09
单片热反射镀膜玻璃	某型号 6mm	40	0.55	5.66	5.72
热反射镀膜中空玻璃	某型号 6mm＋12A＋6c	37	0.44	2.58	3.04
Low-E 中空玻璃	某型号 6mm＋12A＋6c	39	0.31	1.66	1.70

注：6c 表示 6mm 透明玻璃，12A 表示中空玻璃间距 12mm。$U_{冬}$、$U_{夏}$表示为美国 ASHRAE 标准条件下的冬季、夏季传热系数。

引自：中国建筑标准设计研究院．建筑产品选用技术——建筑·装修分册．北京：中国建筑标准设计研究院，2005.

资料：珐琅、搪瓷

在金属表面涂覆一层或数层瓷釉，通过烧制，使两者发生物理化学反应而牢固结合的一种复合材料，旧称珐琅。珐琅，又称“佛郎”“法蓝”“珐瑯”，是一外来语的音译词。珐琅一词源于中国隋唐时古西域地名拂菻。当时东罗马帝国和西亚地中海沿岸诸地制造的搪瓷嵌釉工艺品称拂菻嵌或佛郎嵌、佛郎机，简化为拂菻，出现景泰蓝后转音为法蓝，后又为珐瑯。1918～1956年，珐瑯与搪瓷同义合用。1956年，中国制定了搪瓷制品标准，珐瑯改定为珐琅，作为艺术搪瓷的同义词。搪瓷种类繁多，按用途可分为艺术搪瓷、日用搪瓷、卫生搪瓷、建筑搪瓷、工业搪瓷、特种搪瓷等。搪瓷生产主要有釉料制备、坯体制备、涂搪、干燥、烧成、检验等工序。

珐琅（搪瓷）起源于玻璃装饰金属。古埃及最早出现，其次是希腊。6世纪时的欧洲，嵌丝珐琅、剔花珐琅、浮雕珐琅、透光珐琅、画珐琅相继问世。8世纪，中国开始发展珐琅，到14世纪末珐琅技艺日趋成熟。15世纪中期，明代景泰年间的制品尤为著称，故有“景泰蓝”之称。19世纪初，欧洲研制出铸铁搪瓷，为搪瓷由工艺品走向日用品奠定了基础，但由于当时铸造技术落后，铸铁搪瓷应用受到限制。19世纪中期，各类工业的发展，促使钢板搪瓷兴起，开创了现代搪瓷的新纪元。19世纪末到20世纪上半叶，各种不同性能的瓷釉的问世，钢板及其他金属材料的推广运用，耐火材料、窑炉、涂搪技术的不断更新，加快了搪瓷工业的发展。

金属胎珐琅器则依据在制作过程中具体加工工艺的不同，可分为掐丝珐琅器、錾胎珐琅器、画珐琅器和透明珐琅器等几个品种。国内传统的珐琅器主要有两种，一是源自波斯的铜胎掐丝珐琅，约在蒙元时期传至中国，明代开始大量烧制，并于景泰年间达到了一个高峰，后世称其为“景泰蓝”。此后，景泰蓝就成了铜胎掐丝珐琅器的代称。另一种是来自欧洲的画珐琅工艺，它在清康熙年间始传入中国。

珐琅具有金属固有的机械强度和加工性能，又有涂层具有的耐腐蚀性、耐磨性、耐热性、无毒及可装饰性。珐琅的基本成分为石英、长石、硼砂和氟化物，与陶瓷釉、琉璃、玻璃（料）同属硅酸盐类物质。中国古代习惯将附着在陶或瓷胎表面的称“釉”，附着在建筑瓦件上的称“琉璃”，而附着在金属表面上的则称为“珐琅”。

3.6.3　玻璃的构造

玻璃是一种脆性材料，一般用作围护构件，不作为承重构件，因此多采用插接的方式将玻璃卡固、镶嵌在木材或金属等骨架制成的承重框架（玻璃框）上，也可以采用结构胶将玻璃片粘贴在承重框架上的方法，或采用金属栓贯穿钢化玻璃片夹固的方法，多用于玻璃幕墙系统上。

小片的玻璃由于受到的风压较小，温度引起的热胀冷缩也较小，在传统的木质窗户玻璃的安装中，一般使用小钉子固定后用油灰密封，同时表面需要用油漆来保护以防脆裂。油灰是植物油脂和染料的混合物，在油脂氧化的过程中逐渐变硬。也有采用木质压条来固定的。目前较多使用的工厂生产的金属框门窗一般使用金属压条、合成橡胶垫（干式嵌缝）或乳胶状的密封胶体（湿式嵌缝）来固定、密封玻璃，同时在窗框的下部采用弹性垫块来承受玻璃的重力，为较大的玻璃留下足够的温度和风压形变的空间，以防止玻璃与金属框之间发生挤撞。

玻璃砖是用玻璃烧制成的空心透光砌体，具有良好的隔声、隔热、透光性能。玻璃砖的常用规格有115mm×115mm×80mm、145mm×145mm×80（95）mm、190mm×190mm×80（95）mm、300mm×300mm×100mm等，表面可以有多种纹理、质感和色彩。一般采用砂浆粘接砌筑成配筋砌体墙，可用作室内外的围护、隔断墙体，但是由于玻璃是脆性材料，需要设置胀缝和衬垫，以防玻璃破坏。采用相同的原理，棱镜玻璃砖还可以与铸铁框架结合制成透光地板。

随着玻璃加工技术的提高，玻璃板也可以作为受力构件，并通过底部卡固、玻璃肋支撑等方式承载，形成玻璃栏板、全玻璃墙等，具有通透、明亮的效果。

“U”形玻璃（又称槽形玻璃）可以看作是带肋板的玻璃条板墙系统，因截面呈“U”形，使之比普通平板玻璃有更高的机械强度，具有理想的透光性、较好的隔声性、保温隔热性，施工方便，可以节省大量金属材料，适用于建筑的内外墙、隔断等。由于“U”形玻璃墙面具有透光不透视的特性，具有特殊的光幕效果（图3-40～图3-42）。

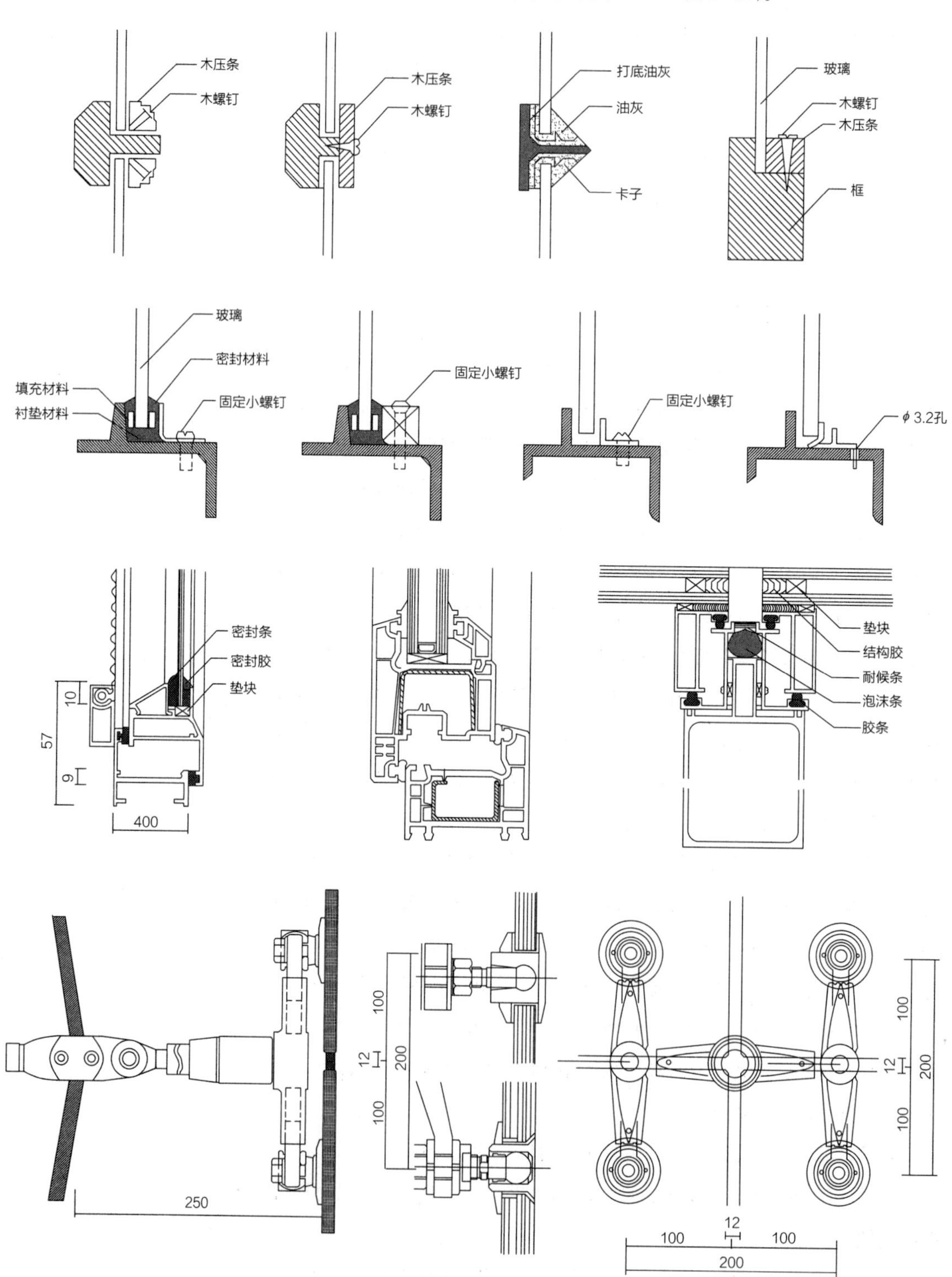

图3-40 玻璃的插接、卡固和粘结

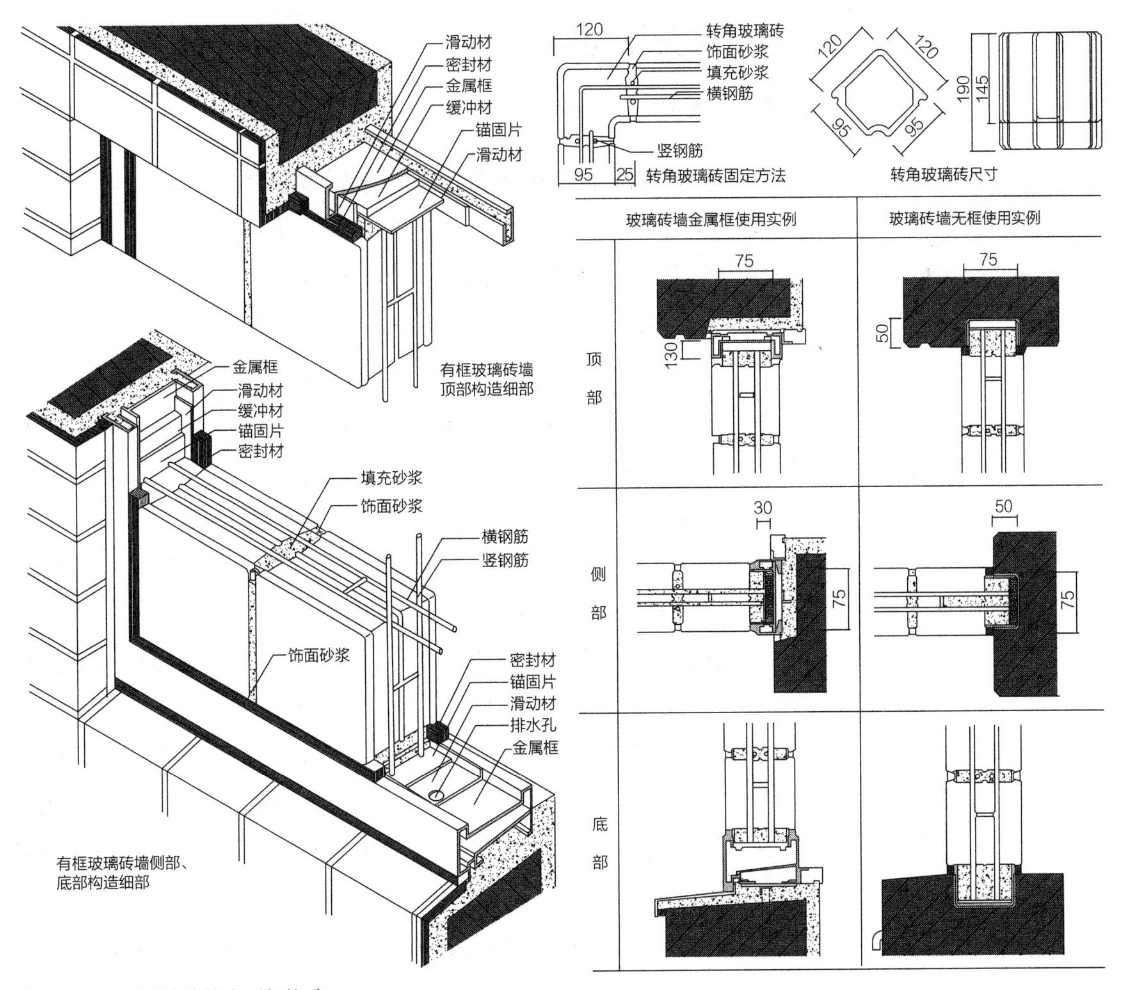

图 3-41　玻璃砖墙的类型与构造

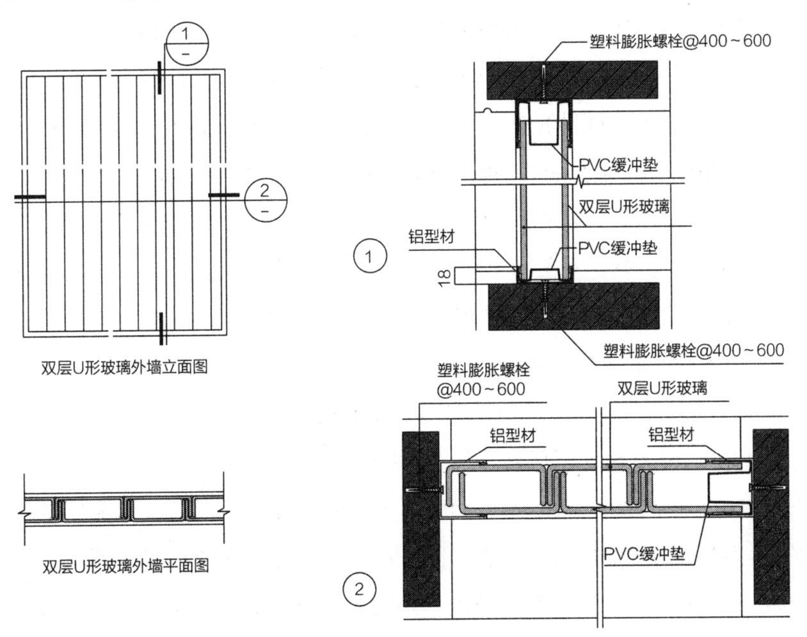

图 3-42　U 形玻璃（槽形玻璃）的墙面构造

3.7 高分子材料

3.7.1 概述

高分子化合物是由一种或几种低分子化合物聚合而成的由千万个原子彼此以共价键连接的大分子化合物，也被称为高聚物。按照其形成方式可以分为天然聚合物（如淀粉、蛋白质等）和合成聚合物（如聚乙烯、氯丁橡胶等）两大类。合成高分子材料中的合成树脂、合成橡胶、合成纤维被称为三大合成材料，应用广泛，其中用于建材的主要是合成树脂。合成树脂是因合成聚合物的外观和物理性质呈树脂状而得名，主要用于生产塑料、涂料和胶粘剂等。

塑料是以合成的或天然的高分子化合物（多为各种合成树脂）为主要原料，增加填料、增塑剂、稳定剂、着色剂等，在一定条件下塑化成型，常温下保持形状不变的材料。塑料中的基本成分——合成树脂按照受热时的变化，可以分为热塑性树脂和热固性树脂，相应地，塑料也可分为热塑性和热固性两类。热塑性塑料受热软化、冷却后硬化，并可在加热和冷却的循环中保持这种性能，如聚乙烯（PE）塑料、聚氯乙烯（PVC）塑料、聚甲基丙烯酸甲酯（PMMA）塑料等；热固性塑料一旦加热即软化，然后产生化学反应，再无法复原，如酚醛（PF）塑料、有机硅（SI）塑料等。

塑料是20世纪后半叶开始大量应用的新型建筑材料，主要特点有：

1）密度小。塑料的密度为0.9～2.2g/cm^3，远低于混凝土和钢材。

2）导热性低。密实的塑料的导热系数一般为0.12～0.80W/（m·k），大约为金属的1/500，而泡沫塑料的导热系数更低，是优良的绝热材料。

3）比强度（材料的强度与密度之比）高。塑料在较小的截面、较小的自重条件下具有较高的强度。例如玻璃钢的比强度高于木材和钢材。

4）耐腐蚀性、电绝缘、隔声性好。

5）装饰性好，易于加工。塑料在高温、高压下具有流动性，可以加工制成各种形状，在常温下能保持形状，具有良好的加工性能，色彩鲜艳丰富，表面光滑，装饰性强。

6）主要缺点是耐热、耐火性差，易老化，刚度较小。

（1）有机玻璃（亚克力、PMMA）

有机玻璃（Organic Glass）的化学名称叫聚甲基丙烯酸甲酯，是由甲基丙烯酸甲酯聚合而成的，不含填料等其他材料的单成分塑料，缩写代号为PMMA，俗称有机玻璃，是迄今为止合成透明材料中质地最优异、价格又比较适宜的品种。在室内装修和卫生洁具行业中常称的亚克力

（acrylics）是专指纯聚甲基丙烯酸甲酯（PMMA，polymethyl methacrylate）材料。如果在生产有机玻璃时加入各种染色剂，就可以聚合成为彩色有机玻璃；如果加入荧光剂（如硫化锌），就可聚合成荧光有机玻璃；如果加入人造珍珠粉（如碱式碳酸铅），则可制得珠光有机玻璃。

有机玻璃的特性有：

1）高度透明性。有机玻璃是目前最优良的高分子透明材料，3mm厚的薄板的透光率达到92%，高于普通玻璃，加工中可进行染色或进行乳化以降低透明度。

2）机械强度高。有机玻璃是高分子化合物，抗拉伸和抗冲击的能力比普通玻璃高5～18倍。

3）重量轻。有机玻璃的密度为普通玻璃的一半，铝的43%。

4）绝热性好。导热系数为0.17～0.22W/（m·k），约为玻璃的1/4。

5）防火性能一般，但在火灾受热时，板材会向火源外收缩，可使烟气外溢，且完全燃烧时不产生有毒气体。

6）易于加工。有机玻璃可以采用浇铸、注塑、挤出、热成型等工艺，易于加工；可进行粘接、锯、刨、钻、刻、磨、丝网印刷、喷砂等手工和机械加工，加热后可弯曲压模成各种亚克力制品；耐老化性、耐腐蚀性、绝缘性均好；易于回收利用。

有机玻璃具有以上优良性能，使它的用途极为广泛，用作大型建筑的天窗（可以防破碎，常做成四棱锥或球形单元的采光顶）、飞机汽车的挡风玻璃、仪器和设备的防护罩、光学仪器的镜片、人工角膜等。

有机玻璃受热到100℃左右就开始软化，应避免在高温环境中使用，其热膨胀系数较大，为玻璃的8倍，构造设计中应注意预留足够的温度伸缩范围。

（2）聚碳酸酯板（阳光板）

聚碳酸酯（PC，Polycarbonate）板是以聚碳酸塑料为原料，经热挤出工艺加工成型的透明加筋中空板或实心板，具有高强、防水、透光、抗冲击力强的特点，多用于建筑的采光屋面、温室大棚、高速公路隔声墙等。

聚碳酸酯板的特点有：

1）质轻高强。其质量仅为玻璃的1/12～1/15，抗冲击能力为同厚度安全玻璃的16倍。

2）耐温差性能好。能在较宽的温度范围（-40～120℃）内保持良好的强度。

3）透光性高。

4）防火性能好。自燃温度高，火灾时具有自熄、阻燃（离火后熄灭）、无毒的特点。

5）可着色，便于加工，价格低廉。

聚碳酸酯板的综合性能好，应用范围广泛，但抗紫外线、抗老化能力一般，需要在其表面增设抗紫外线涂层。

（3）膜材料

膜材料是以聚酯纤维或玻璃纤维基布结合聚氯乙烯（PVC）和特氟龙（Teflon，聚四氟乙烯树脂，又被称为铁富龙、特富龙、特氟隆等）等不同的表面涂层而制成的。聚氯乙烯涂层价格便宜，坚固耐用，半透明，容易组装，但不防火，耐久性不强，只能用在临时建筑中。特氟龙涂层玻璃纤维使用时间长，属于难燃材料，半透明，耐摩擦，耐腐蚀，耐热，并具有不粘性，具有自洁作用，用于永久性结构中。特氟龙涂料是一种结合了耐热性、化学惰性和优异的绝缘稳定性、耐磨性的高性能涂料，特氟龙分为PTFE、FEP、PFA、ETFE几种基本类型。寿命因不同的表面涂层而异，一般可达成10～50年。它以其新颖独特的建筑造型、良好的受力特点，特别是由于膜材料的进步，索膜结构建筑已经从临时建筑转化为永久性建筑，在大跨度空间中得以广泛应用（图3-43、表3-16）。

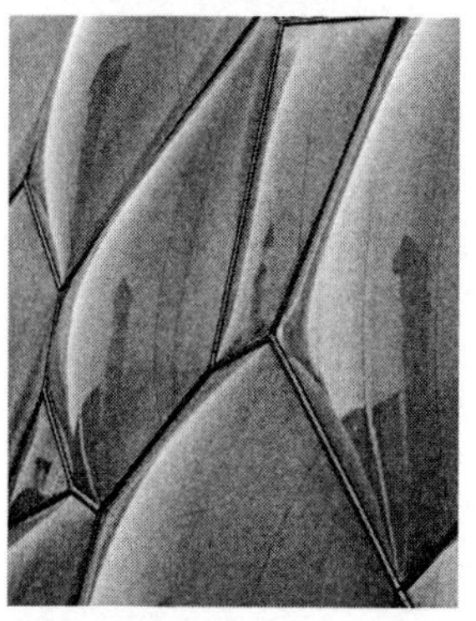

图3-43 有机玻璃、阳光板、ETFE膜建筑

常用建筑塑料的特性与用途 表3-16

名称	特性	用途
聚乙烯（PE）	韧性好，介电性能和耐化学腐蚀性能优良，成型工艺性好，但刚性差，燃烧时少烟，低压聚乙烯使用温度可达100℃	主要用于防水材料、给排水管和绝缘材料等
聚丙烯（PP）	耐腐蚀性能优良，力学性能和刚性超过聚乙烯，耐疲劳和耐应力开裂性好，可在100℃以上使用，但收缩率较大，低温脆性大	管材、卫生洁具、模板等
聚氯乙烯（PVC）	耐化学腐蚀性和电绝缘性优良，力学性能较好，具有难燃性，具有自熄性，但耐热性差，升高温度时易发生降解、使用温度低（<60℃）	有软质、硬质、轻质发泡制品，广泛应用于建筑各部位，是应用最多的一种塑料
聚苯乙烯（PS）	树脂透明，有一定的机制强度，电绝缘性能好，耐辐射，成型工艺性好，但脆性大，耐冲击性和耐热性差，抗溶剂性较差	主要是泡沫塑料形式作为隔热材料，也用来制造灯具平顶板等
ABS塑料	具有韧、硬、刚相均衡的优良力学特性，电绝缘性与耐化学腐蚀性好，尺寸稳定性好，表面光泽性好，易涂装和着色，但耐热性不太好，耐候性较差	用于生产建筑五金和各种管材、模板、异形板等
酚醛树脂（PF）	电绝缘性能和力学性能良好，耐水性，耐酸性和耐烧蚀性能优良，酚醛塑料坚固耐用、尺寸稳定、不易变形	生产各种层压板、玻璃钢制品、涂料和胶粘剂等
环氧树脂（印）	粘接性和力学性能优良，耐化学药品性（尤其是耐碱性）良好，电绝缘性能好，固化收缩率低，可在室温、接触压力下固化成型	主要用于生产玻璃钢、胶粘剂和涂料等产品

续表

名称	特性	用途
不饱和聚酯树脂（UP）	可在低压下固化成型，用玻璃纤维增强后具有优良的力学性能，良好的耐化学腐蚀性和电绝缘性能，但固化收缩率较大	主要用于玻璃钢、涂料和聚酯装饰板等
聚氨酯（PUR）	强度高、耐化学腐蚀性优良，耐热、耐油、耐溶剂性好、粘结性和弹性优良	主要以泡沫塑料形式作为隔热材料及优质涂料、胶粘剂、防水涂料和弹性嵌缝材料等

引自：北京市注册建筑师管理委员会. 一级注册建筑师考试辅导材料：第 4 分册　建筑材料与构造. 北京：中国建筑工业出版社，2004.

3.7.2　建筑中的使用方式

高分子材料的使用方式主要有卷材材料、涂膜材料、胶粘材料与密封材料。

（1）卷材

高分子材料卷材分为防水卷材和饰面卷材两大类。

1）防水卷材

防水卷材一般用胶粘材料（或热融）附着在基层上，可以单层或多层设置，相互间可以搭接，但需要有一定的延伸率来适应变形和较好的耐气候性来防止老化。

防水卷材按防水材料的类别可分为沥青、沥青和高分子聚合物的共混物以及高分子材料三类。对应的成品分别称为沥青油毡、改性沥青油毡和高分子卷材。

按防水卷材的制作工艺，又可分为有胎和无胎的两种。有胎的是以纸、聚酯无纺布、玻璃纤维毡、铝箔等为胎体，覆以防水材料制成的。无胎的则直接将防水材料制成片材，如三元乙丙、聚氯乙烯、氯化聚乙烯防水卷材等。

2）饰面卷材

饰面卷材主要用于各种室内外的建筑面层裱糊处理或作为铺设物。常见的此类材料有各种天然织物或化纤制作的地毯、塑料地毡、壁纸、人工草皮、金属网等。按照饰面的基层位置不同，可以分为地面、墙面和顶棚的饰面卷材，应用最多的为墙面的裱糊类装修。

裱糊类墙面装修用于建筑内墙，是将卷材类软质饰面装饰材料用胶粘贴到平整基层上的装修做法。裱糊类墙体饰面装饰性强，造价较经济，施工方法简便、效率高，饰面材料更换方便，在曲面和墙面转折处粘贴可以获得连续的饰面效果。裱糊类墙面的饰面材料种类很多，常用的有墙纸、墙布、锦缎、皮革、薄木等。锦缎、皮革和薄木裱糊墙面属于高级室内装修，用于室内使用要求较高的场所。特别是印刷和材料工业的发展，提供了大量不同档次和不同花纹、质感、耐久性、难燃性能的贴面卷材可供建筑师来选择，也可以低廉的价格取得仿天然材料的质感（木材、石材、金属等），是一种应用前景广泛、表现力丰富、尚待建筑师积极发掘的材料。

裱糊类饰面在施工前要对基层进行处理，处理后的基层应坚实牢固，表面平整光洁，线脚通畅顺直，不起尘，无砂粒和孔洞，同时应使基层保持干燥。由于干式、装配式施工方法的实施，目前除了水泥质的抹灰墙面之外，钢板、木板或胶合板、水泥板、硅酸钙板等不起尘、无砂粒和孔洞的材料也是进行贴面处理的优良材质。

墙纸或墙布在施工前要先作浸水或润水处理，使其发生自由膨胀变形。裱糊的顺序为先上后下、先高后低。相邻面材可在接缝处使两幅材料重叠20mm，用工具刀沿钢直尺进行裁切，然后将多余部分揭去，再用刮板刮平接缝。当饰面有拼花要求时，应使花纹重叠搭接。应特别注意，当基底墙面的材料不同时，如框架或承重的混凝土与砖、石膏板等填充墙的交接处在温度和荷载等条件的作用下容易开裂并撕裂面层，因此注意在上述部位预留分格装饰缝或装饰条，保证变形位移的需要（表3-17）。

卷材裱糊类（壁纸壁布）的种类和特性 表3-17

产品名称	特点及适用范围
纸基壁纸	在特殊耐热的纸上直接印花压纹制成。具有环保、典雅、自然、舒适等特点
聚氯乙烯塑料壁纸	以纸或布为基材，表面涂覆聚氯乙烯（PVC）树脂再经上色、印花、压花、发泡等工序制成，具有花色品种多样，耐磨，耐折，耐擦洗，可选性强等特点，是目前产量最大，应用最广泛的壁纸之一，产品分为普通壁纸（单色压花、印花压花、有光印花、平光印花）、发泡壁纸（高发泡印花、低发泡印花、发泡印花压花）和特种壁纸（耐水壁纸、阻燃壁纸、彩色壁纸）
织物复合壁纸	将丝、棉、毛、麻等天然纤维复合于纸基上制成，具有色彩柔和、透气、调湿、无毒、无味等特点，但价格较高，不易清洗，适用于高级装饰，潮湿部位不宜采用
金属壁纸	以纸为基材，涂覆一层金属（如铝铜合金等）薄膜（仿金、银）再经压花制成，具有金属质感和光泽，装饰效果华贵，耐老化、耐擦洗、无毒、无味等特点，适用于建筑的内墙面、柱面墙裙以上部位装饰
复合纸质壁纸	将双层纸（表纸和底纸）施胶、层压复合在一起，再经印刷、压花、表面涂胶制成，具有质感好、透气、价格较便宜等特点，潮湿部位不宜采用
玻璃纤维壁布	将玻璃纤维布粘贴在墙上后，涂出各种彩色的乳胶漆，形成多种色彩和纹理质感的装饰效果，亦称为现场制作壁纸。具有无毒、无味、防裂、坚韧、耐用等特点。可用于潮湿部位，更新时只要再刷涂料即可
锦缎壁布	即印刷有各种色彩、花纹图案的锦缎布，具有丝光光泽，效果华丽，无毒、无味、透气性好。适用于内墙面墙裙以上做软包装饰

续表

产品名称	特点及适用范围
装饰壁布	多以合成纤维混纺布经过染色、印花而制成。具有强度高、无毒、无味、透气性好等特点
天然草编壁纸	将天然的草、麻、竹、藤染色后进行编织再与纸复合制成，能产生天然的效果，易损坏，不宜在潮湿部位使用，适用于特色装饰
植绒壁纸	将合成纤维短绒用静电植绒机植（粘）在纸基上制成，具有丝绒布的手感和质感，不反光，不易褪色、不耐潮湿，不耐脏。常用于点缀性的局部装饰
珍木皮壁纸	亦称宝丽板，将珍贵木材旋切成很薄的片料与纸基或布基粘结压合而成，并经过防裂、防虫、防火等特殊处理，具有高级木质感，可油漆，属高档壁纸。适用于高级建筑装饰
功能性壁纸	防尘抗静电壁纸——适用于各种机房墙面装饰
	防污灭菌壁纸——适用于医院墙面装饰
	保健壁纸——能释放芳香气味和有益健康的负离子的壁纸
	防蚊蝇壁纸——能驱赶蚊蝇的壁纸
	防霉防潮壁纸——适用于有防霉防潮要求的墙面装饰
	吸声壁纸——适用于音乐厅、剧院、会议中心等墙面装饰
	阻燃壁纸——适用于防火要求高的墙面装饰

引自：中国建筑标准设计研究院．建筑产品选用技术——建筑·装修分册．北京：中国建筑标准设计研究院，2005.

（2）涂料和油漆

按涂刷材料的种类不同，可分为刷浆类饰面（无机涂料）、涂料类饰面和油漆类饰面（无机涂料）。按照涂料的主要作用可以分为防水涂料和饰面涂料两大类。

1）防水涂料

与防水卷材相对应，防水涂料也分为沥青基防水涂料、高聚物改性沥青防水涂料和合成高分子防水涂料三类。

防水涂料易于施工，特别是在有转折的处所如某些管道出屋面处，与基层易于结合，而且不存在明显的接缝，整体性好。但由于涂料每层的厚度都有限，且直接涂覆在基层上易受其变形影响而开裂，因此拉伸率是很重要的指标。

2）饰面涂料

饰面涂料（涂料类饰面）是指以分散介质、胶粘剂、成膜剂与各种有机或无机的颜料、填料混合而成的胶状物质，涂刷在建筑物表面形成保护和美化的膜质。涂料通过不同的施工方法，如平涂、弹涂、刮涂等，可造成不同的表面效果。

按涂刷材料种类不同，可分为刷浆类饰面、涂料类饰面、油漆类饰面三类。涂料饰面涂层的抗蚀能力和抗紫外线能力直接影响到涂料饰面的耐久年限，一般的外用乳液涂料使用年限一般为4～10年，而近年来发明的硅酸酮涂料、氟碳涂料等耐久性能大大提高，但价格较贵。由于涂料饰面施工简单，省工省料，维修更新方便，在饰面装修工程中得到了较为广泛的应用。

a．刷浆类饰面（无机涂料）

在表面喷刷浆料或水性涂料的做法通常有以下几种：

• 石灰浆：石灰膏化水而成，可根据需要掺入颜料。为加强灰浆与基层的粘结力，可在浆中掺入108胶或聚醋酸乙烯乳液。石灰浆涂料的施工待墙面干燥后进行，喷或刷两遍即成。石灰浆的耐久性、耐水性耐污染性较差，主要用于室内墙面、顶棚饰面。

• 大白浆：由大白粉掺入适量胶料配制而成。大白粉为一定细度的碳酸钙粉末。常用的胶料有108胶和醋酸乙烯乳液。大白浆中可掺入颜料形成色浆。大白浆覆盖力强，涂层细腻洁白，且货源充足，价格低，施工、维修方便，广泛用于室内墙面及顶棚。

• 可赛银浆：由碳酸钙、滑石粉和酪素胶配制而成的粉末状材料，有多种色彩。使用时先用温水将粉末充分浸泡，使酪素胶充分溶解，再用水调制成需要的浓度即可使用。可赛银浆材质细腻、色彩均匀、附着力强、耐磨耐碱，主要用于室内墙面及顶棚。

b．涂料类饰面（有机涂料）

涂料类饰面是指以分散介质、胶粘剂、成膜剂混合而成得胶状物质涂刷在建筑物表面形成保护和美化的膜质的建筑装饰做法。建筑涂料的种类很多，按成膜物质可分为有机系涂料、无机系涂料、有机无机复合涂料。按建筑涂料的分散介质可分为溶剂型涂料、水溶性涂料、水乳型涂料（乳液型）。按建筑涂料的功能分类，可分为装饰涂料、防火涂料、防水涂料、防腐涂料、防霉涂料、防结露涂料等。按涂料的厚度和质感可分为薄质涂料、厚质涂料、复层涂料等。涂料饰面的施工效率高、工期短、自重轻、造价较低、色彩和质感丰富，是一种历史悠久而又极具发展前途的建筑装饰方式。但一般涂料以高分子化合物作为胶粘剂、分散介质和成膜剂，容易在太阳紫外线的作用下老化，而且由于涂层薄、强度低无法抵御基层的变形应力，容易开裂，因此一般涂料也有耐久性、耐污性差的问题。目前在材料工业的发展下，新型涂料正向着长寿命、自我清洁、高弹性的方向发展，在建筑饰面材料中应用得越来越广泛（图3-44）。

• 水溶性涂料：水溶性涂料有聚乙烯醇水玻璃内墙涂料（106内墙涂料）、聚乙烯循环缩甲醛内墙涂料（SJ－803）、丙烯酸真石漆等，均以水为分散介质，以聚乙烯醇树脂或丙烯酸树脂为成膜剂，造价不高，施工方便，使用普遍。

图 3-44　内外墙用涂料

• 水乳型涂料（乳液涂料）：乳液涂料是以水为分散介质，以各种有机物单体经乳液聚合反应后生成的聚合物乳状液为主要成膜物质配成的涂料。当填充料为细小粉末时，所配制的涂料能形成类似油漆漆膜的平滑涂层，因此也被称为乳胶漆。涂膜以水为分散介质，多孔而透气，涂层干燥快并可在初步干燥的基层上施工，便于缩短工期。乳液涂料种类较多，属于高级饰面材料，可以掺入粗砂粒等粗填料配得有一定粗糙质感的涂层，称为乳液厚质涂料。

• 有机溶剂性涂料：溶剂型涂料是以有机溶剂为稀释分散介质，以高分子合成树脂为主要成膜物质，加入一定量的颜料及辅料配制而成的一种挥发性涂料。这类涂料有较好的硬度、光泽、耐水性、耐腐蚀性、耐老化性，但由于膜层不透水，因此要求基层彻底干燥，否则容易起皮脱落。施工时，有机溶剂的挥发污染环境，因此主要用于外墙面。

• 硅酸盐无机涂料：硅酸盐无机涂料以碱性硅酸盐为基料，外加硬化剂、颜料、填充料及助剂配制而成，在继承了有机溶剂性涂料的耐水、耐老化、耐污染的性能外，无机溶剂无毒无污染，是一种高性能的涂料。

• 厚质涂料：在上述涂料中加入粗砂粒等填充料构成的质感粗糙、厚重的涂料能模仿石材、抹灰等的装饰效果，且施工简便，适应基层能力强，造价低，广泛用于各种商业建筑的室内外装修。

c. 油漆类饰面（有机涂料）

油漆涂料是以各种天然干性或半干性植物油脂为基本原料、加入胶粘剂、颜料、溶剂和催干剂组成的混合剂，也是一种有机涂料。油漆涂料能在材料表面干结成膜（漆膜），使之与外界空气、水分隔绝，从而达到防潮、防锈、防腐等保护作用。漆膜表面光洁、美观、光滑，改善了卫生条件，增强了装饰效果。常用的油漆涂料有调和漆（清漆与基料、填料、颜料及辅料调制而成的油漆，建筑装修中使用的多为调和漆）、清漆（无色透明）、防锈漆等。

油漆主要涂覆在木材和钢材的表面，有时也涂覆在批嵌过的水泥类基底上，可防止污物附着在木材表面而难以清除，也可防止钢材直接暴露在空气中而生锈，还可改变被涂覆物的色泽。

油漆工艺分“清水”和“混水”两种，前者主要用于木材表面，用脂胶清漆、酚醛清漆、醇酸清漆、虫胶清漆（泡立水）、硝基清漆（腊克）等透明漆擦，使木材的纹理清晰地表现出来，后者以不透明的调和漆涂覆表面，起保护和着色的作用。

油漆的室内装饰效果好，常用在医院、实验室等的内墙和内墙裙上，油漆墙面的一般做法是：墙面先用水泥石灰砂浆打底，再用水泥、石灰膏、细黄砂粉面刮腻子以达到找平和填堵缝隙的作用，最后刷光油漆或调和漆。

由于油漆漆膜的透气性差，无弹性，对墙面等基层的要求高（充分干燥、平整、不能有细小裂缝），逐渐被其他有机涂料所代替。

（3）胶粘材料

在建筑中，高分子材料被广泛使用，作为绝热、防水、粘接密封材料和设备材料，也常与其他材料复合制成各种材料，如人造石材等各种板材、卷材、涂料（表3-18）。

建筑上常用胶粘剂的性能与应用——按照材料类型分类　　表3-18

种类		特性	主要用途
热塑性树脂胶粘剂	聚乙烯醇缩甲醛胶粘剂（商品名108胶）	108胶粘结强度高，抗老化，成本低，施工方便	粘贴塑胶壁纸、瓷砖、墙布等。加入水泥砂浆中改善砂浆性能，也可配成地面涂料
	聚醋酸乙烯乳胶（俗称白胶水）	粘附力好，水中溶解度高，常温固化快，稳定性好，成本低，耐水性耐热性差	粘结各种非金属材料、玻璃、陶瓷、塑料、纤维织物、木材等
	聚乙烯醇胶粘剂	水溶性聚合物、耐热、耐水性差	适合胶接木材、纸张、织物等。与热固性胶粘剂并用
热固性树脂胶粘剂	环氧树脂胶粘剂	万能胶，固化速度快，粘结强度高，耐热、耐水、耐冷热冲击性能好，使用方便	粘结混凝土、砖石、玻璃、木材、皮革、橡胶、金属等，多种材料的自身粘接与相互粘接。适用于各种材料的快速胶接、固定和修补
	酚醛树脂胶粘剂	粘附性好，柔韧性好，耐疲劳	粘结各种金属、塑料和其他非金属材料
	聚氨酯胶粘剂	较强粘结力，胶膜柔软良好的耐低温性与耐冲击性。耐热性差，耐溶剂，耐油、耐水	适于胶接软质材料和热膨胀系数相差较大的两种材料
合成橡胶胶粘剂	丁腈橡胶胶粘剂	弹性及耐候性良好，耐疲劳、耐油、耐溶剂性好，耐热，有良好的混溶性，粘着性差，成膜缓慢	适用于耐油部件中橡胶与橡胶、橡胶与金属、织物等的胶接。尤其适用于粘接软质聚氯乙烯材料
	氯丁橡胶胶粘剂	粘附力、内聚强度高、耐燃、耐油、耐溶液性好。储存稳定性差	用于结构粘结或不同材料的粘接，如橡胶、木材、陶瓷、金属石棉等不同材料的粘接

续表

种类		特性	主要用途
合成橡胶胶粘剂	聚硫橡胶胶粘剂	很好的弹性、粘附性，耐油耐候性好，对气体和蒸汽不渗透，防老化性好	作密封胶及用于路面、地坪、混凝土的修补、表面密封和防滑。用于海港、码头及水下建筑物的密封
	硅橡胶胶粘剂	良好的耐紫外线耐老化性，耐热耐腐蚀性、粘附性好，防水防震	用于金属陶瓷、混凝土、部分塑料的粘接。尤其适用于门窗玻璃的安装以及隧道、地铁等地下建筑中瓷砖、岩石接缝间的密封

引自：北京市注册建筑师管理委员会．一级注册建筑师考试辅导材料：第 4 分册　建筑材料与构造．北京：中国建筑工业出版社，2004.

3.8　本章小结

本章出现的材料类别、典型材料名称、主要材料特性、主要连接方法、应用的建筑物部位总结于表3–19中。

建筑物中通常使用的材料及其特性　表3–19

材料类别	典型材料名称	主要材料特性	主要连接方法	应用的建筑物部位
木材	原木、防腐木	质轻，易于加工，隔热、隔声和电绝缘性能好，具有较高的弹性和韧性，在等质量的情况下具有很高的强度	绑接、咬接（齿接、榫接）、铆接（通过钉、销、螺栓等插入件固定重合部分）、胶接（粘接）	普通木结构（大木结构或重木结构）、胶合木结构（大木结构）和轻型木结构（轻木结构）
	集成材	采用了小型木料的叠合，有效地克服了木材的自然特性并提高了结构强度		围护材料、装修材料
	人造板材	克服木料的不稳定性和各向异性，方便施工和使用		
烧结材料/砌块	土坯砖	制作成本低、技术要求低		干旱地区墙体
	烧结砖	满足一般围护结构的强度和形态稳定性，同时具有保温透气性	砌筑砂浆	承重墙体、路面
	蒸压砖	工业废渣为主要原料，成本较低		非承重墙体
	砌块	轻质、高强、耐火、防水、易加工等方面有突出的优点，大部分还兼有较好的热工及声学性能		非承重墙体
	陶瓷面砖（釉面砖、通体砖）	表面致密光滑，坚硬耐磨，耐酸耐碱	基底墙面的粘结，钢丝网抹灰等基底加固措施	地砖、墙面砖
石材	花岗石	结构致密，抗压强度高，硬度大，耐磨性能好，热膨胀系数小，吸水率低，化学性质稳定，耐酸碱，抗风化，耐久性好	砂浆粘结砌筑	自承重并可以建造拱、穹庐等结构

续表

材料类别	典型材料名称	主要材料特性	主要连接方法	应用的建筑物部位
石材	石灰石	吸水率较高，耐久性较差，不适于在潮湿地区使用，但硬度适中	把石材切割成片，吊装或粘结在建筑物的墙面或构架上，主要利用石材的围护和装饰性能	铺装在墙面、地面
	大理石	品种繁多，花纹和色彩多样，质地秀美细腻，抗压性能好，但不耐酸性物质的腐蚀，硬度较低，易于加工，但耐磨性、抗风化能力差		一般不用于室外，也不能用于常使用酸性洗涤材料的公共卫生间等处
	人造石材	与天然石材有明显的质感差别，但价格大大低于天然石材，施工方便，性能稳定		铺装在墙面、地面、门窗台面、家具台面
钢筋混凝土	现浇钢筋混凝土	整体性好，刚度大，有利于抗震、防水，便于浇筑成各种复杂的形状，但支模板、配钢筋、现场养护等施工时间长，受天气气候影响大，在现场构件质量不易控制	支撑模板、绑扎钢筋、浇筑混凝土、充分振捣、养护、拆模	承重结构，外装挂板围护结构，楼板、楼梯、悬挑部位等
	预制钢筋混凝土	质量稳定，现场施工也便捷快速，特别适合重复生产相同形态的构件，整体性、防水性、抗震性差	工厂预制，现场装配，施工预留较大的交接缝隙以防止施工误差	
	装配整体式	既具有现浇的整体性，又有装配的工期短、省模板、施工简便的优点	现场装配后再在现场浇筑并结合成整体	
	预应力混凝土	推迟混凝土裂缝的出现和展开，提高构件的抗裂性能和刚度	先张法：生产工艺简单，主要用于工厂化大量生产； 后张法：预应力钢筋直接在构件上张拉，不需要张拉台座，既可以在预制厂生产，也可在施工现场生产	
	清水混凝土	虽然表观简单，但由于要求结构材料的裸露和施工的一次成型，要求表面平整光滑、配料与色泽均匀、棱角分明、无碰损和污染，工艺较为复杂，造价要高于涂料、面砖饰面的墙体	现浇整体式和预制面板装配式	
金属	（重）钢结构	强度较高，有良好的抗拉伸性能和韧性； 钢材若暴露在大气中，很容易受到空气中各种介质的腐蚀而生锈； 钢材的防火性能也很差，一般当温度到达600℃左右时，钢材的强度就会几乎降到零	焊接连接 铆钉连接 螺栓连接	钢框架结构及拱结构、钢张拉结构、钢桁架结构及空间网架结构

续表

材料类别	典型材料名称	主要材料特性	主要连接方法	应用的建筑物部位
金属	轻钢结构	加工使用方便，简单廉价的安装，简单加工以适应各种复杂的形态，自重轻，形成丰富多彩又灵活多变的建筑形态和样式	机械连接，方便固定各种板材和面材	格栅状或笼状承重结构
	不锈钢	具有良好的耐腐蚀性，使结构部件永久地保持工程设计的完整性；强度最高的材料之一，集机械强度和高延伸性于一身，易于加工制造	焊接连接、螺栓连接	承重结构，围护材料，机械设备及管道
	铝合金	耐腐蚀、易加工；电泳涂漆、静电粉末喷涂、氟碳喷涂等表面处理，以提高耐久性，丰富外观效果	钢材作为龙骨、铝板作为围护	围护和饰面材料，如门窗、五金、吊顶龙骨、饰面板材、屋面板、披水板等
	铜	最好的纯金属之一，稍硬、极坚韧、耐磨损，有很好的延展性，导热和导电性能也较好；耐腐蚀，在干燥的空气里很稳定	焊接连接	管道系统构件、水暖零件等建筑五金，装饰构件
玻璃	平板玻璃	解决了透光性（采光性、视线通透）和围护性（雨雪、热、侵害等的阻隔）的矛盾，赋予建筑的内部以光影的效果和室内外空间视觉通透的可能	采用插接的方式将玻璃卡固、镶嵌在木材或金属等骨架制成的承重框架（玻璃框）上 采用结构胶将玻璃片粘贴在承重框架上的方法 采用金属栓贯穿钢化玻璃片夹固的方法，多用于玻璃幕墙系统上	门窗用玻璃，自承重墙体（玻璃砖、U 型玻璃）
	安全玻璃	强度增大数倍，不容易破碎，即使破碎也会以无锐角的颗粒形式碎裂，对人体的伤害大大降低		
	绝热玻璃	改善其热工和声学效能，达到透光和透视的同时实现绝热的性能		
高分子材料	防水卷材	有一定的延伸率来适应变形和较好的耐气候性来防止老化	用胶粘材料（或热融）附着在基层上，可以单层或多层设置，相互间可以搭接	屋顶防水
	饰面卷材	装饰性强，造价较经济，施工方法简便、效率高，饰面材料更换方便，在曲面和墙面转折处粘贴可以获得连续的饰面效果	基层处理，卷材浸水或润水处理，裱糊、接缝、拼花、搭接	室内外的建筑面层裱糊处理或作为铺设物
	防水涂料	易于施工，特别是在有转折的处所如某些管道出屋面处，与基层易于结合，而且不存在明显的接缝，整体性好；但由于涂料每层的厚度都有限，且直接涂覆在基层上易受其变形影响而开裂	基层处理，涂刷	屋面防水，室内有水房间地面防水

续表

材料类别	典型材料名称	主要材料特性	主要连接方法	应用的建筑物部位
高分子材料	饰面涂料、油漆	施工简单，省工省料，维修更新方便	平涂、弹涂、刮涂	建筑物表面
	胶粘材料	抗老化，成本低，施工方便，绝热、防水	粘接密封	建筑构件、零件连接

第 4 章

建造部件01——水平围护体系：屋顶

4.1 水平围护体系基本构造逻辑概述

本章开始将逐一介绍各类建造部件。为了更好地理解水平围护体系各个构件的功能与构造的对应关系，本章开始给出所有水平构件相互转换关系，便于记忆，同时也便于熟练掌握基本构造后，可以在设计中进行建造部件功能的相互转换。

（1）基本原型：楼层

楼层包括具有承载能力的结构板/梁，及其上面铺设的完成面。

（2）室内地坪层=楼层+下面防潮防水（+保温）

室内地坪层由于紧贴自然土壤，为防止潮气渗透至室内空间，需要在完成面下铺设有承载能力的防潮防水层（如细石混凝土），而防潮防水层需要铺设在平整的平面上，其下需要一层垫层（3∶7灰土或碎石砂浆），再下面是夯实过的土壤。在特别潮湿的地区，需要加铺防水卷材，或者采用架空地面通风防潮手段；在严寒地区则需要加一层保温。

（3）雨篷=楼层+悬挑+排水

雨篷通常安装在入口处，为了形成室内外转换的过渡空间，主要功能是避雨。因此除了本身的结构支撑外，通常还需要挑出建筑立面，同时要考虑完成面的排水功能，可以认为是加悬挑的结构板/梁，其上铺设具有排水功能的完成面。

（4）阳台=雨篷+上人做法

这里的阳台指开放阳台，其与雨篷的悬挑结构类似，不同之处在于阳台要有人使用，因此需要加上人做法，即屋面上人完成面和栏板（杆）。上人做法意味着完成面要更加细致并且耐用易清洁，如瓷砖比裸露的混凝土面更适合作为上人完成面的做法。

（5）屋顶=楼层+上面防潮防水+排水+泛水（+保温）

屋顶是水平围护体系中最复杂的建筑构件，需要考虑整个建筑性能的保障：遮风避雨、防水防潮、保温隔热。而如此之多的需求，显然无法用一种材料解决，因此各种功能的材料铺设的层次，则是屋顶构造的关键内容。这里会涉及上一章所提到的几乎所有类型的材料，只有掌握了这些材料的性能，同时也了解这些材料施工的方式，才能真正理解屋顶构造层次的原理。

（6）上人屋顶=屋顶+上人做法

了解屋顶的基本构造层次，上人屋顶则简单许多了，只需要增加上人做法即可。

为了能够从建筑构造最核心问题入手，本章首先介绍包含原理最集中的构件——屋顶。

4.2 屋顶的概要

“上古穴居而野处，后世圣人易之以宫室。上栋下宇，以待风雨。盖取诸大壮。”

——《易经·系下传》

“在我们的生活中，屋顶扮演着一个最初始的角色。在最原始的建筑物中，什么都没有，只有屋顶。如果屋顶被隐藏起来、如果屋顶无法从建筑物周遭被感觉出来、如果不采用屋顶这种建筑元素的话，人们就会缺乏被庇护的基本感觉。”

——克里斯托弗·亚历山大《模式语言》

屋顶是建筑物的最上层起覆盖遮蔽作用、直接抵御雨雪日晒等自然作用的外围护构件，是建筑作为庇护所（Shelter）的原型和基础。自然界的树木为原始人类和动物提供了自然界最典型的建筑——树冠，树枝和树干以结构的基本形态支撑了树冠，提供了被遮蔽的空间，为动物和人类的活动提供了一个调节和缓冲的空间环境。类似树冠的伞状空间也可以形成一种简单的空间遮蔽和限定。

人类早期的建筑都呈现为锥形或坡形，墙体与屋顶是合二为一的，屋顶在树枝的构架之上覆以茅草、树叶、树皮、泥土等形成结构稳定、传力简洁的三角形建筑断面，基本解决了防雨雪、防风、防野兽等围护功能问题，这种只有屋顶的建筑物（遮蔽物）成为了屋顶和建筑文化的原型。新石器时代以后逐渐的定居生活产生了屋顶墙身分离的更为复杂和舒适的建筑形态。屋顶随着建筑材料、建造技术的发展而呈现出多种多样的形态，屋顶的跨度和形态也决定了建筑物的室内空间单元的大小和建筑、城市的尺度：古埃及人的神殿采用花岗石作为屋顶的水平和垂直承载构件，石材优异的耐压性能和较差的耐弯性能形成了高耸狭窄的室内空间；中国古代木构建筑和古希腊的石筑建筑物的墙柱材料虽然不同，但在屋顶上都采用了木构陶瓦的形式，空间尺度以天然木材为限；古罗马建筑大量使用的砖石混凝土材料的拱和穹顶，有效地克服了材料的限制，形成了建筑和城市空间的飞跃；西方传统建筑则以砖石为结构墙柱，以木材制成屋架系统，覆以陶瓦或铜、铅等金属屋面；现代主义建筑以材料更为先进、构造更为经济的平屋顶、屋顶花园作为区别于传统大屋顶建筑的新建筑的革命性形象；当今以结构和防水材料性能更为优秀的钢材、高分子膜为主的桁架、网架、索膜形态创造了体育馆、展览馆、交通港等巨型建筑空间。

屋顶对于建筑性能的实现，最基本的就是防水和排水，此外还要满足

（*a*）冰岛的游牧民族帐篷

（*b*）近现代建筑屋顶的多种功能——庇护、通风采光、屋顶绿化、太阳能发电等

图 4-1 古今建筑的屋顶

（*a*）引自：若山滋，TEM研究所. 建築の絵本シリーズ：世界の建築術-人はいかに建築してきたか. 東京：彰国社，1986.

保温隔热的性能要求，并能够满足承重（雨雪、绿化、行人、设备荷载）和耐候、耐污、耐久的要求。由于自然界的雨、雪、阳光等的剧烈作用以及资源和造价的限制，对屋顶材料和构造的性能要求较高，还是需要定期地更换以维持必要的遮蔽能力，屋顶仍是建筑物围护体系中相对薄弱的环节。

建筑的屋顶是建筑的制高点和城市天际线的焦点，也被称为建筑的“第五立面”，是建筑装饰和造型的重点，常常承担着决定建筑体形轮廓、建筑文化象征、城市塑形的重要作用。中国的古典宫殿庙宇、古希腊的卫城、古罗马的公共建筑、中世纪的教堂尖顶在决定城市轮廓的同时统治着文化和精神的制高点，近代以来则是由办公楼的高度勾勒出以CBD为中心的现代商业社会的城市形象和精神主宰，屋顶被用作地域文化和审美时尚的代言者和媒体。西方屋顶的平与坡鲜明地反映了技术的进步和审美观念的变化，中国关于“大屋顶”的争论和探索也一度主导了建筑学界的话题和社会意识形态（图4-1）。

4.3　屋顶的功能与设计要求

（1）排水与防水

抵御风、霜、雨、雪的侵袭，特别是迅速防水和排水，防止雨水渗漏，这是屋顶的基本功能要求。雨雪的淤积容易引起渗漏，淤积荷载逐渐累积会最终导致结构的破坏，因此在防水材料性能有限的条件下，加大排水坡度以便迅速排除雨水是屋顶构造的基础。从远古时期开始，由于防水材料的耐久性和技术、工艺的限制，建筑屋顶的防水排水一直是以排水为主的构造防水方式，即以覆盖在建筑围护构件上的伞状构件——坡屋顶来迅速排水以达到防水的目的，防止在屋顶构件（石片、瓦片、茅草、泥土等天然材料和人工烧土材料）的构件材料内或材料间的渗漏。雨雪越大的地域屋顶越陡，干燥少雨的地域屋顶坡度相对较小。屋顶由地域的降雨量决定其坡度和材料，体现出了强烈的地域气候和文化特质，形成了建筑文化的重要组成部分。

随着沥青、混凝土、高分子化合物、金属等天然和人工憎水性防水材料的使用和发展，以防水为主的、与屋顶构件复合为一体的、材料和空间更为经济的平屋顶形式成为了可能，即坡度较为平缓的防水屋面有组织地汇水排水的材料防水方式。古代巴比伦的空中花园就采用了在土坯砖上涂抹天然沥青形成防水层的平屋顶做法。随着材料研究的进展和生产技术的提高，更耐久、更经济的防水材料，如高分子材料、合金材料等正逐步改变着建筑的防水构造并影响着建筑的形态和设计手段。

我国目前根据建筑物的性质、重要程度、使用功能及防水耐久年限等，将屋面划为四个等级，各等级均有不同的防水要求。一般的建筑物都会通过一套完整的防水、汇水、排水（包括有组织排水的汇水、落水，无组织排水的泄水）系统将屋面的雨水有组织地排至地面。但即使是在今天的技术条件下，由于屋顶直接承受着酷烈的自然条件的作用，防水排水还是建筑屋顶的重要课题，一般建筑的屋顶防水构造相对于建筑构造主体而言需要定期检修和更换构件。

（2）保温、隔热、隔汽

在北方寒冷采暖地区的保温和在南方炎热地区的隔热都是建筑的重要性能要求，由于屋面面积大且大量接受太阳辐射，所以屋面的保温隔热对于建筑整体的节能效果非常明显。保温与隔热的主要原理都是增大屋顶材料的热阻，以防止热交换的发生，即绝热。目前建筑屋顶采用的绝热手段主要是使用绝热材料在屋顶形成绝热层，防止热向室内及室外传导。提高建筑屋顶的绝热性能是提高建筑整体节能性能的有效手段。也可以采用屋顶绿化等手段，提高屋顶的绝热性能，使之成为节约能源、美化和改善城市环境、减弱城市热岛效应的重要手段。

空气中存在的水蒸气在气温降低的情况下其饱和度逐渐升高，并在相应的温度下结成冷凝水而析出，这个温度称为露点温度。室内由于人的活动和呼吸而含有较多的水蒸气，施工过程中的水分挥发也会使屋顶材料内聚集水蒸气，在温度变化较大的材料上会造成冷凝水或产生气压，降低保温层的作用并破坏防水层。因此，在屋顶中应设置相应的隔汽或防潮构造以防止冷凝水的产生。

（3）采光、通风

由于屋顶是建筑的第五立面，与自然有着很大的接触面，最大限度地暴露在自然天空下，是天光的主要受取面和排放烟气的自然方向，因此利用屋顶进行采光、通风是人类早期住宅中改善室内环境的主要方式，也是最有效率的方式。为了解决防雨与通风、采光的矛盾，在材料和工艺条件的限制下，为保证防水性能，采光通风通过内院、高窗、屋顶竖窗（老虎窗等）等方式从水平方向解决，对天光的采集和入射方向的经营成为了建筑空间的重要塑形要素。

在现代建筑中，顶部采光是一种被广泛应用的采光方式，其形式多种多样，效果丰富多彩，但应用最多的是玻璃采光顶。在技术进步，特别是透明型防水材料的发明和精密机械的工艺可能，如玻璃、膜材料、门窗开启装置的应用使得采光通风和防雨的矛盾得以解决，现代建筑中，屋顶又重新成为了建筑采光、通风的重要手段，特别是在对自然光要求高的美术馆、博物馆以及休息用室内空间的设计中，屋顶的采光通风成为了设计的重要因素。同时，对自然光的调节、对眩光的遮挡、清洗和融雪、室内发生火灾时的排烟、对雨水等外界噪声的隔绝等也是在上述采光通风屋顶设计中需要考虑的因素。

由于太阳能是一种可再生的清洁能源，利用屋顶直接暴露在太阳光线下的特点，太阳能集热、太阳能发电等设备也多设置在屋顶，并可兼作防止屋顶暴晒的防护层。

通风和排烟的功能在现代建筑中也常常利用屋顶设置，室内空调的散热器和冷却塔，疏散楼梯和通道的排烟和正压风机等，主要是利用屋顶的开放空间进行建筑室内空间的通风散热排烟。

在靠近机场、飞机航线、铁路、繁忙道路、工业区等噪声源的地方需注意隔绝噪声的干扰，在采用玻璃或金属屋顶的建筑中还要考虑降雨噪声的阻隔。

（4）其他附加功能

随着技术的进步和人类对环境认识的深化，建筑屋顶绿化成为了节约能源、美化和改善城市环境、减弱城市热岛效应的重要手段。另外，为了有效地利用自然中可再生的能源——光能，太阳能集热和光伏发电装置也需要在建筑中受取太阳光最多的屋面设置。在现代的高层建筑中，屋顶还是火灾逃生疏散的重要的集结和救援场所，所以在超高层建筑中还需要在屋顶设置直升机停机坪。屋顶也成为了建筑设备的主要安置场所，如保持建筑清洁的擦窗机、风机、水管的通风管、水箱等。同时，为了保证屋顶的检修和清扫，屋顶需留有维修通道并注意保证人员的安全。

在城市热岛现象日趋严重和建筑高层化、集约化的现代，屋顶的绿化和美化、空中眺望休闲场所、避难及设备设置搁置场等，都成为了建筑屋顶的重要功能。

（5）结构支撑

屋顶是保证使用空间的形态稳定、承受各种荷载的承重结构，同其他结构构件一样，需要承受结构、设备、绿化、雨雪、行人等各种荷载。屋顶在承载时应有足够的强度和刚度，一方面保证房屋的结构安全，防止结构破坏，防止屋顶材料的坠落，另一方面也要防止因过大的结构变形引起依附其上的防水层开裂、漏水。

（6）技术经济性——耐久性、耐污性、经济性

由于屋顶属于外围护构件，直接接受太阳辐射、雨雪侵蚀、虫鸟破坏等自然力的作用，屋顶自身的耐候性、耐久性等性能是屋顶材料及其连接方式和构件的必要条件，特别是屋顶防水材料在紫外线作用下的抗老化性能、防水材料的连接和固定的耐久性、易损防水层的保护及其与垂直穿过防水层的构件的连接与密封等，均是屋顶构造设计中需要关注的要素。

常用的有组织排水的平屋顶中，排水路径上的防污防堵是关系到屋顶防水性能的重要因素，而坡屋顶的屋面、透明屋面与雨篷、各种屋顶檐口的防污则关系到建筑的整体美观。

同时，由于建筑物的大规模兴建需要耗费大量的人力和物力，因此需要采用资源丰富、加工容易、施工便捷的材料和构造，以满足建筑物经济性的要求和节约资源。

4.4　屋顶的类型

屋顶的类型是屋顶在一定的资源和技术条件下实现屋顶的建筑性能时所采取的手段（材料、构法）的综合。屋顶按照使用的材料与形状可以分类如下（图4–2）：

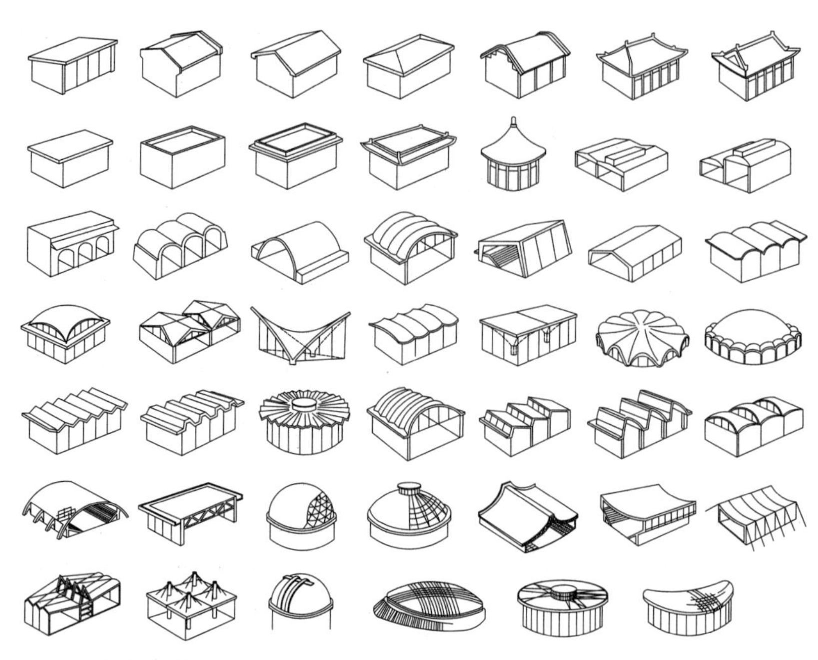

图 4-2　屋顶的类型

引自：中国建筑工业出版社，中国建筑学会．建筑设计资料集（第三版）：第1分册 建筑总论．北京：中国建筑工业出版社，2017.

1）按材料可以分为草屋顶、石屋顶、瓦屋顶、混凝土屋顶、金属屋顶、玻璃屋顶等。

2）按形态与结构分类，主要有坡屋顶、平屋顶和其他形式的屋顶。

• 坡屋顶：指坡度较大的屋顶，屋面坡度一般在10%以上。坡屋顶有利于雨水的迅速排除，防止淤积、渗漏，以排水为主解决防水问题，可以使用防水性能一般、经济性好的材料。由于坡屋顶的排水迅速，便于瓦、石片等的搭接，防水构造相对简单，便于施工和修补，还可保证屋顶的透气和防止室内水蒸气的凝结，是从远古时代开始在多雨地区的各地民居中常见的屋顶形式。中国传统建筑中的瓦屋顶有单坡、双坡、硬山、悬山、四坡歇山、庑殿、圆形或多角形攒尖等。但是，由于传统的屋架大且耗费材料和空间较多，特别是瓦屋顶，自重大、铺装耗费人力大，在现代城市建筑中较为少见，更多的是采用改良的大型水泥瓦、沥青瓦、彩色钢板等材料构筑坡屋顶。

• 平屋顶：指坡度很缓的屋顶，一般屋面坡度不大于5%。平屋顶并非完全平坦的屋顶，而是在总体水平的基础上有2%～3%的排水坡度，以便组织汇水和排水。因此，平屋顶排水缓慢，雨雪容易淤积发生渗漏，传统建筑中的平屋顶只产生于雨雪极少的干旱地区；由于防水材料的进步、建筑空间经济性的要求，在现代混合结构和钢筋混凝土建筑中，平屋顶逐步成为了主要形式。平屋顶施工简便，占用建筑高度较小，屋顶可以综合利用（露台、晒台、屋顶绿化等），提高屋顶上下空间的经济性。

• 其他形式的屋顶：随着科技水平的提高，衍生出了与大跨度空间的需求相适应的各种结构形式，如拱屋顶、折板屋顶、薄壳屋顶、悬索屋顶、网架屋顶等，成为现代大型体育、会展、交通建筑中常用的屋顶形式。

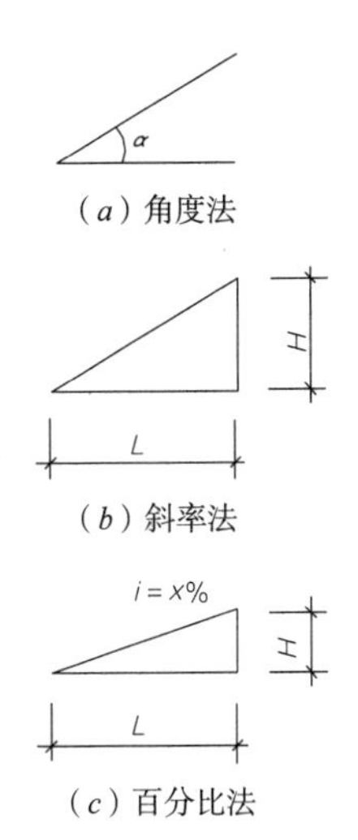

图 4-3　坡度表示方法

4.5　屋顶坡度的形成

4.5.1　屋顶坡度的设定

常用的坡度表示方法有角度法、斜率（高跨比）法和百分比（坡度）法（图4–3）。

1）角度法：屋面与水平面形成的夹角，通常用α表示，如$\alpha=45°$。

2）斜率（高跨比）法：斜面的高度尺寸与水平尺寸的比值，即$H:L$，如1∶3、1∶50等。

3）百分比（坡度）法：坡面的高度与坡面的水平投影长度的百分比，常用i表示，如$i=5\%$。

建筑的屋顶根据屋面坡度的不同分为平屋顶和坡屋顶。平屋顶的坡度为2%～5%，一般平屋顶的坡度常用斜率法和百分比法表示，如平屋顶的排水坡度表示为1∶50或2%；坡屋顶指坡度在10%以上的屋顶，一般可用角度法表示其坡度，在实际工程设计中，为了便于尺寸的取整，也常采用斜率法和百分比法表示。

影响屋顶坡度的主要因素有屋面防水材料的性能与尺寸、地理气候条件、结构形式、构造方法、经济条件等。

（1）屋面防水材料与排水坡度的关系

如果防水材料尺寸较小，接缝必然会较多，容易产生缝隙渗漏，因此屋面应有较大的排水坡度，以便将屋面积水迅速排除。如果屋面的防水材料覆盖面积大，接缝少且严密，屋面的排水坡度就可以小一些。不论采用柔性防水（块材、卷材、涂膜等）还是刚性防水，防水材料沿排水方向搭接时虽然可以无限扩展，但是搭接缝隙是防水的薄弱部分，因此需要根据材料、搭接方式和数量设计适当的屋顶坡度，以达到迅速排水防止渗漏的目的。

（2）降雨量大小与坡度的关系

降雨量大的地区，屋面渗漏的可能性较大，屋顶的排水坡度应适当加大，反之，屋顶排水坡度则宜小一些（图4–4）。

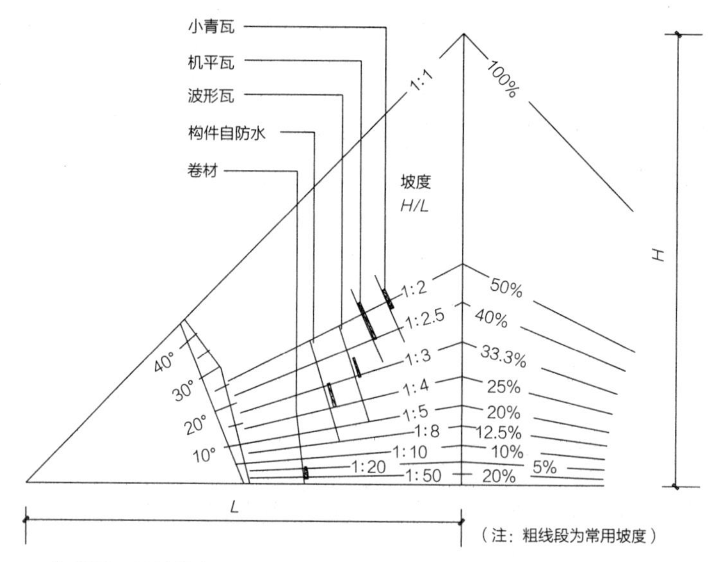

图 4-4 各种屋面材料的常见坡度

另外，还需根据屋面是否上人、排水路线长短等合理设计排水方向和坡度，较大的坡度也会对屋顶材料的固定防滑提出更高的要求。

4.5.2 屋顶坡度的形成方法

屋顶坡度的形成有材料找坡和结构找坡两种做法（图4-5）。

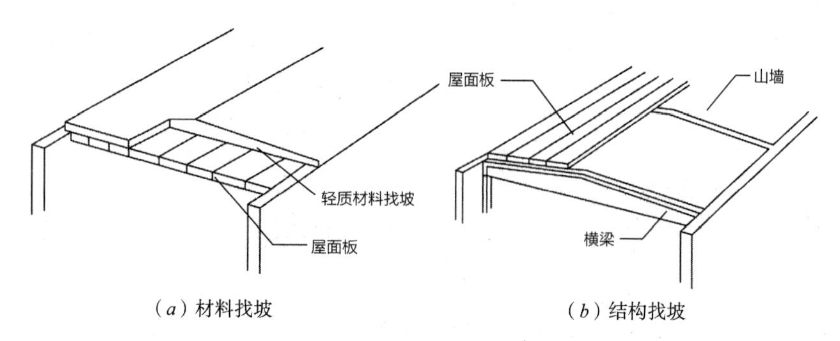

（*a*）材料找坡　（*b*）结构找坡

图 4-5 平屋顶的找坡方式

（1）材料找坡（垫置坡度）

材料找坡是指屋顶坡度由垫坡材料形成，所以又叫垫置坡度。常用的垫坡材料有水泥焦渣、石灰炉渣等轻质材料，由于垫坡材料强度低和平整度差，所以在其上加设水泥砂浆找平层。材料找坡顶棚面平整，但增加屋面荷载，因为材料的垫起高度和自重荷载会随坡面的长度和坡度的增大而迅速增加，所以只适用于长度不大的平屋顶找坡，坡度宜为2% ～ 3%。

（2）结构找坡（搁置坡度）

结构找坡是屋顶结构梁或屋架自身带有坡度，屋面板倾斜搁置，不需垫置材料即可形成屋面的排水坡度，因此又叫搁置坡度。结构找坡构造简单，节省材料，不增加荷载，但顶棚倾斜，室内空间不够完整。结构找坡的坡度不宜小于3%，不适于平屋顶的找坡，而坡屋顶的找坡均为结构找坡。

4.6　平屋顶的构造

4.6.1　平屋顶的构造层次

现代建筑的平屋顶历史并不长，现代建筑之前的平屋顶绝大多数出现在降雨量极少的干热地区，如我国西北地区、西亚、北非等。在混凝土作为建筑材料大范围应用之后，因混凝土同时具备了较大跨度的结构功能和较为密实的防水功能，才成为了实现屋顶首要功能的适宜材料，本节所提到的平屋顶构造全部是以混凝土为结构层的构造方式。平屋顶是目前应用最为广泛的屋顶形式，根据屋顶的性能要求，其构造自下而上一般有结构层、找平层、隔汽层、找坡层、保温隔热（绝热）层、防水层（防水层在固定时需要有找平层和结合层）、隔离层、保护层等构造层次。

（1）结构层（承重层）

屋顶既是围护构件又是承重构件，平屋顶的承重层是主要起结构作用的层次，其结构与楼板相同，目前一般采用各类钢筋混凝土屋面板，分为预制和现浇两种施工方式。结构层完成后，一般根据下一步施工的需要在其上设置一道水泥砂浆找平层。

（2）隔汽层

空气中含有的一定量的水蒸气会因气温降低而导致空气相对湿度的上升，降低到一定的温度（露点温度）时，空气的相对湿度达到100%，使得水蒸气凝结成水而析出。因此，在相对湿度较大的情况下，需要在温度较高一侧设置隔汽层，以防止温度较高一侧的空气接触到低温物体而产生结露现象。如冬季采暖建筑的室内温度远高于室外，因此在屋顶等围护体的保温层内侧设置隔汽层，防止热空气渗出在保温层内结露而影响保温效果。隔汽层可采用气密性好的单层卷材或防水涂料，密贴在找平层之上，以抵御水蒸气的渗透，如1.5mm厚聚合物水泥基复合防水涂料，2mm厚SBS改性沥青防水涂料，1.2mm厚聚氯乙烯防水卷材等。在使用吸水率低的保温材料或采用防水层在保温层下的倒置式屋面时，则可不单独设置隔汽层。

（3）保温隔热层（绝热层，一般简称保温层）

由于屋面直接暴露在自然作用面前，其保温隔热作用在建筑物整体中占有重要位置。保温隔热层有多种构造方式：

绝热垫层：可以采用热阻大的绝热材料铺设屋顶保温隔热层，有效地降低室内外热能的交换，对于保温和隔热均有较好的作用。绝热层可以利用多孔疏松材料中的空气层阻隔热的传导，也可以是热阻高的致密微孔的高分子材料。保温层常用的材料有松散材料、板（块）状材料和现场浇筑材料三种。

通风夹层：可以在屋顶上设置架空的空气间层，并保证通风，以降低屋顶受太阳辐射得热向室内的传导，有利于夏季室外辐射热的隔绝。这种方法只对太阳辐射的隔热有作用，且增加屋顶荷载，构造复杂，结构稳定性差，现在平屋顶中已经很少采用了。也可以在屋顶下的室内设顶棚空气层，特别是坡屋顶的坡面下空间自然可以利用成为空气夹层，有利于保持室内空间的完整，在坡屋顶建筑中较多采用。

遮蔽覆盖隔热：利用遮阳板等屋顶构件遮蔽太阳的直接照射，可以与太阳能的综合利用设施，如太阳发电装置和太阳发热装置等，结合进行综合利用，或者利用自然植被、水面等。

一般采用绝热垫层的屋顶保温做法。根据防水层与保温层的顺序不同，形成了正置（内置）式保温屋面和倒置（外置）式保温屋面两种主要方式。

正置（内置）式保温屋面：保温层在结构层与防水层之间，形成封闭的保温层，多用于不防水的保温层，利用防水层保护保温层。但由于施工中的混凝土等构件的水分蒸发会使保温层受潮而失去保温效果，因此需在保温层中设置排汽道（通风口）。在采用防水性能好的保温板材后，正置式屋面可不设排汽道。

倒置（外置）式保温屋面：将保温层放在防水层之上，形成敞露的保温层。这种屋面必须使用吸湿性小的憎水保温材料，如聚苯板、挤塑板、聚氨酯等既保温又防水的材料，利用保温层对防水层起到屏蔽和防护的作用，防止温度变化过大，阻止外界机械损伤，有利于延长防水层的寿命，同时，在保温层上应铺设保护层。倒置式屋面的防水层在保温层之下，不利于设置女儿墙外排水的弯头水落口构件，也不利于防水层的检修；保温层的缝隙中易进水，降低保温效果，且保温层的密度和质量要求较高。

（4）找坡层

在上述的平屋顶或其他需要进行排水找坡的构造中，找坡的材料一般是轻质多孔的硬质材料，如1∶1∶6（体积比）的水泥、砂子、焦渣混合物，1∶0.2∶3.5（重量比）的水泥、粉煤灰、页岩陶粒的混合物等，有时也可用保温层兼作找坡层。由于材料质地疏松多孔，因此，在与其他构造层次结合时常需要找平层作为下一道构造做法的基层。找坡层与保温层的关系可以上下调整，一般将找坡层（含找坡层和找平层）直接设在防水层下以提高防水、排水效能。

（5）找平层

找平层一般采用1∶3水泥砂浆或1∶8沥青砂浆，为防止找平层变形开裂而波及卷材防水层，宜在找平层中留设分格缝。分格缝的宽度一般为20mm，纵横间距不大于6m。分格缝上面应覆盖一层200～300mm宽的附加卷材，用胶粘剂单边点贴以利于释放变形应力，也可采用与隔离层相同的低强度等级水泥砂浆（如1∶5水泥增稠粉砂浆）以防止结构层的应力传递。

（6）防水层（含找平层、结合层）

防水是屋顶的基本性能要求，屋面防水主要采用卷材防水（柔性防水）、涂膜防水、刚性防水、使用自防水材料等几种方式。防水层与保温层之间需要一个找平层作为结合层的基层。

平屋顶中常用的卷材防水方式的代表性产品：合成高分子卷材、高聚物改性沥青防水卷材、沥青防水卷材等。由于卷材防水层通常是由多层卷材相互叠加、衔接、粘接在屋顶上形成的，因此屋顶的粘接基层一般有找平层，不会出现硬折角，以保证粘接牢固平整以防破裂和脱落。为使防水层与基层结合牢固并阻塞基层的毛细孔，在找坡层与防水层之间应涂刷胶粘材料，称为结合层。结合层的作用是使卷材与基层粘结牢固。沥青类卷材通常用冷底子油作结合层，高分子卷材则多用配套基层处理剂。

（7）保护层（面层）

卷材屋面应有保护层，以减少雨水、冰雹冲刷或其他外力造成的卷材机械性损伤，并可折射阳光，降低温度，减缓卷材老化，从而增加防水层的寿命。

常用的有保护涂料（用于高分子和高聚物改性沥青）、铺洒砂石（细砂、云母、蛭石等，适用于沥青基卷材）、板（块）状刚性保护层（混凝土板、地砖等，可与上人屋面的面层结合，需设置隔离层以防止其移动和变形对防水层的破坏）。

不上人卷材防水屋面中，沥青油毡防水屋面一般在防水层撒粒径3～5mm的小石子作为保护层，高分子卷材如三元乙丙橡胶防水屋面等，通常是在卷材面上涂刷水溶型或溶剂型的浅色保护着色剂，如氯丁银粉胶等。

上人卷材防水屋面的保护层，常用的做法有铺贴缸砖、大阶砖、混凝土板等块材，也可在防水层上现浇30～40mm厚的细石混凝土。

在采用倒置式屋面后，由于保温材料成为了防水层的保护层，因此面层的主要作用是保护保温层，多采用混凝土板或粒径20～30mm的卵石。

刚性防水屋面因为防水层为钢筋混凝土，所以不需要另加保护层。但为防止刚性防水层在热胀冷缩下开裂破坏，防水层需要配筋拉结，并设分格缝。

（8）隔离层

隔离层主要起到在两个构造层次之间隔绝受力传递、减少附着力的作用，主要设置在保温层、防水层等致密防护层与结构层、保护层面层之间，以防止结构应力或温度应力的传递。一般采用低强度等级砂浆（如1∶5水泥增稠粉砂浆、1∶3石灰砂浆）、薄砂层上干铺一层油毡、无纺聚酯纤维布、塑料薄膜等做法。

刚性防水层一般是由配钢筋的混凝土掺入防水剂浇筑而成，由于用作防水层的混凝土比结构层薄，结构层的变形会在刚性防水层中产生较大的应力而导致层破裂，因此刚性防水层与结构层之间一般设有隔离层，以隔绝结构层变形对防水层的影响。

卷材防水屋面的面层在上人屋面中可兼作保护层，宜在面层与防水层之间设隔离层，与泛水等垂直相交的部位应设弹性垫层，以防止刚性上人屋面的受力和热胀冷缩作用影响到防水层。特别是在屋顶有栏杆、设备的基座时，面层应与防水层隔离，防止外力的作用通过面层传递到防水层。

卷材防水的倒置式屋面的保温层与卵石、水泥砂浆、混凝土块保护层之间也应设置一道隔离层以防止面层对保温层的局部作用力集中造成的破坏。

平屋顶的构造层次与上人与否、防水方式、找坡形式、保护层及面层、保温层、隔汽层等相关。几种代表性的平屋面的一般构造层次如下（图4-6）：

1）不上人屋面，柔性防水，材料找坡，无隔汽层平屋面

构造层次自上而下分别为：保护层、柔性防水层、结合层、找平层、找坡层、保温层、结构层。

2）上人屋面，柔性防水，材料找坡，有隔汽层平屋面

构造层次自上而下分别为：面层、隔离层、柔性防水层、结合层、找平层、找坡层、保温层、隔汽层、结构层。

3）不上人屋面，柔性防水，倒置式（憎水性保温材料设置在防水层的上面，以增强对防水层的保护），材料找坡屋面，无隔汽层

构造层次自上而下分别为：保护层、保温层、柔性防水层、结合层、找平层、找坡层、结构层。

4）不上人屋面，刚性防水，结构找坡

构造层次自上而下分别为：刚性防水层、隔离层、找平层、结构层。

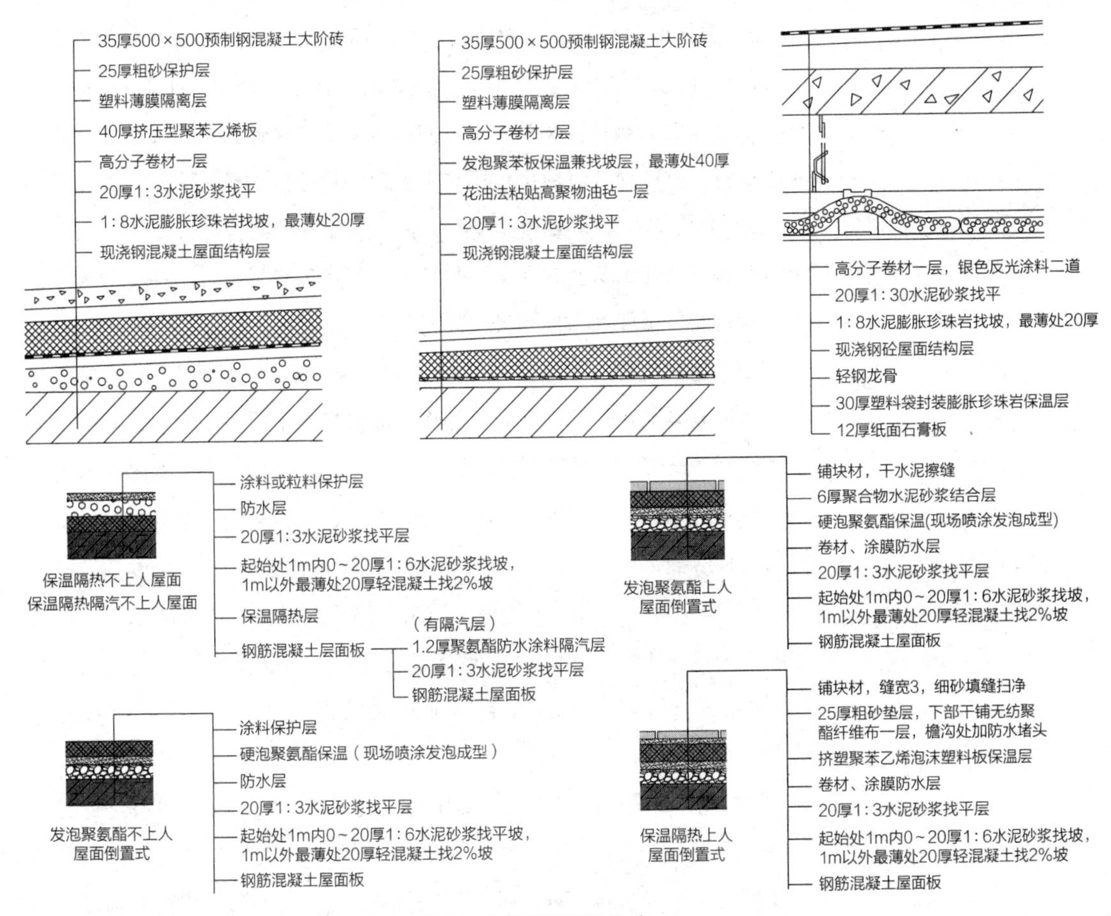

图 4-6　倒置式外保温屋面、正置式外保温屋面、内保温屋面的构造

4.6.2　平屋顶的保温隔热构造

屋面保温隔热的基本原理：减少直接作用于屋顶表面的太阳辐射得热，或利用空气对流带走屋顶热量。

主要构造做法有：

（1）绝热垫层——保温隔热（绝热）层

屋顶作为建筑的重要围护结构，在冬季寒冷地区，为了保证室内环境的舒适，减少维持室内环境的能耗和隔绝自然界恶劣天气的影响，需要在屋顶中增加保温隔热层。

考虑到屋顶的遮蔽风雨的要求和承受屋顶荷载的功能，因此屋顶的保温材料应具有导热系数较小并具有一定强度，且最好具有吸水率低的特点。屋面保温材料一般为轻质多孔材料或纤维材料，其重度应小于10kN/m^3，导热系数小于0.25W/（m·K）。按照其形态可分为三种类型：

1）松散保温材料：常用的有膨胀蛭石、膨胀珍珠岩、矿棉、岩棉、玻璃棉、炉渣等。

2）整体保温材料：通常使用水泥或沥青等胶结材料与松散保温材料拌合，整体浇筑在需要保温的部位，如沥青膨胀珍珠岩、水泥膨胀蛭石、水泥炉渣、聚苯颗粒砂浆等。也可使用单一的整体性材料，如硬质聚氨酯泡沫塑料。整体保温材料也可用作平屋顶的找坡层。

3）板状（板状）保温材料：如加气混凝土板、岩棉板、聚苯乙烯泡沫塑料板、挤塑聚苯乙烯泡沫塑料板等。板状保温材料施工便捷、性能稳定，是目前屋顶保温中使用最广的材料。

（2）通风间层——屋顶空气间层或顶棚内的通风隔热层

通风隔热是在建筑屋顶的上部或下部设置一个通风的间层，使其上层表面遮挡阳光辐射，同时利用风压和热压作用将间层中的热空气不断带走，使通过屋顶传入室内的热量大为减少，以达到隔热降温的目的。常用的方法有两种：

1）屋顶架空通风隔热间层——架空隔热层设置于屋面防水层上，架空层净高度为180 ～ 300mm，架空层通常用砖、混凝土等材料制成，间层内的空气可以自由流动，并可通过通风孔、通风桥等方式改善通风效果。

2）顶棚通风隔热间层——利用顶棚与屋顶的空气夹层也可进行通风隔热，除了与上述架空隔热间层有相同的设计要求外，应做好顶棚的隔热处理和空气对流导向，防止屋顶下夹层内的热空气不易排出而向顶棚下的室内空间辐射或对流。

通风间层的做法会增加屋顶自重和浪费室内空间，目前使用得较少。

（3）遮蔽覆盖层——种植屋面、蓄水屋面、遮阳板、太阳能光热板等

1）种植屋面（绿化屋面）

种植屋面是指在建筑屋面和地下工程顶板的防水层上铺以种植土并种植植物，以起到保温、隔热、环保作用的屋面。种植屋面的原理是利用植物和栽培（种植）介质的高热阻性能，扩大、加厚保温隔热层。除了栽培介质的保温隔热作用外，植物也具有吸收阳光进行光合作用和遮挡阳光的双重功效。同时，植物化的屋面有利于雨水渗透和保湿，减小城市排水排洪系统的压力以及硬质屋面的热反射和热辐射，有利于城市的防灾和城市热环境的改善，并可美化环境，提供休憩空间。关于两河流域的古巴比伦的空中花园就有最早的关于屋顶绿化的记载（其构造层次自上而下为：① 表层种植土；② 拌有黏稠焦油的芦苇；③ 两层黏土砖，表面刷铅；④ 条石拱顶结构层）。目前在一些国家已经通过立法强制要求屋面进行一定比例的绿化。

为了保证植物的正常生长，厚度适宜的栽培介质和植物的荷载增大了结构荷载，植物灌溉和根系的作用对屋顶的保水、排水、防水、防根提出了更高的要求，增加了屋顶的构造层次。

植被层：植被层是屋顶绿化的主要功能层，集中体现屋顶绿化的景观、游憩、生态等各项效能，为人们提供良好的视觉景观和游憩空间。

为了减轻荷载和便于维护，需选择适宜恶劣气候条件和低维护成本的植物。因此，在设计中应明确屋顶的用途：在上人休憩屋面需种植观赏性强的植物品种，一般围护成本较高；以隔热保温为主或大规模远距离观赏的屋面宜选用免（少）维护、耐旱耐热耐寒的植物品种，但其观赏性较差。在设计时应区别不同的需求、不同的屋面环境（向阳背阴、气候条件等），选择不同的植物种类和栽培介质厚度，同时植物的选择应尽量选用耐候、易生长、根系不发达、穿透能力不强的品种。

种植基质层：基质层含有一定的有机物质，具有一定的蓄水能力和渗水能力，为植物提供植物生长所需的水分、养分等，并起到固定植物根系的作用，既防止水分的过度蒸发，也保证将多余的水分排走，避免积水给植物和建筑带来不利的影响。

为防止过大地增加屋面荷载，栽培（种植）介质的厚度应以满足栽种植物正常生长的基本需求为主，不宜过薄或过厚，一般为0.15～1.5m，过薄则无法保证基质中的温度，对植物的根系不利，过厚则增加荷载过多。宜选用轻质材料作为栽培介质：有土栽培宜采用自然土、腐殖土与炉渣等轻质多孔材料混合的复合土来降低土壤的自重；无土栽培使用蛭石、陶粒、锯末等，也可使用聚苯乙烯泡沫或岩棉等纤维状材料作为固根介质，质量轻而耐久性、保水性好（表4-1）。

种植层的深度与植物种类 **表4-1**

植物种类	种植层深度（mm）	备注
草皮	150～300	前者为该类植物的最小生存深度，后者为最小开花结果深度（良好生长深度）
小灌木	300～450	
大灌木	450～600	
浅根乔木	600～900	
深根乔木	900～1500	

过滤（隔离）层：过滤层铺在种植层下，防止种植基质层中的细颗粒漏到排水层阻塞排水层及屋顶排水口，同时能够使基质层中多余的水分顺利地排入排水层，防止屋面积水。过滤层一般采用较厚的聚酯无纺布或毡垫，防止在种植基质的压力下完全变形，阻塞排水。

保水（蓄水）层：由于屋面种植层较薄，难以保持一定的湿度和水分，除了在屋顶设置人工浇水的水阀外，在排水层和过滤层之间可以增加一个保水层，通常是硬质塑料制成的密集杯状凸凹材料，可以储存一定量的灌溉水或雨水，同时杯顶有孔可以排除多余的水分，通过储藏水的蒸发可以保证种植层的湿润，减少维护。密集杯状凸凹材料的凹部可以蓄水，同时其凸部可以疏水，起到两层的作用。

排水层：排水层是在种植层的过滤层下形成一个可以承载种植层压力的多孔隙间层，以利于排水，防止涝根。一般有三种方式：80mm厚粒径15～20mm的卵石或陶粒层，高度为20mm的塑料凸片或橡胶凸片疏水板，粗海绵状（方便面状）的纤维毡垫。排水层随屋面找坡形成2%的排水坡度以利排水，同时排水纵坡长度不应大于30m。应注意，为了保证排水层的通畅，排水层应选择相应的过滤层，特别是采用杯状或凸片状疏水板时，应保证过滤层的厚度和强度，防止在种植基质的压力下完全变形阻塞排水路径。

防根保护层（防根层）：为防止根系的穿透，种植屋面的防水保护层可以采用物理阻根和化学阻根两种方式：物理阻根是采用致密坚硬的材料防止根系穿透，如细石混凝土、高密度聚乙烯土工膜、铝合金防水卷材等；化学阻根是采用耐根系穿透的掺有生物添加剂的铜—聚酯复合胎基SBS改性沥青卷材等。防根层也可以用作屋面防水两道设防中的一道。

为了保证屋顶的防排水效果和防止种植屋面维护时破坏防水层，种植区应与防水、排水系统尽量隔离，防止种植土阻塞排水。常用的方法有：

a．在屋顶特定的种植区域砌筑挡墙，形成种植床（又称苗床），挡墙宜高于种植层60mm左右，在排水方向上应设有不少于两个的泄水孔或排水管，防止阻塞烂根。在种植床中，每个方向不大于6m应设置600mm宽的走道，便于栽种、浇水、施肥等维护，同时注意屋顶四周的安全围护。种植区域应尽量离开女儿墙一定距离，以保证女儿墙泛水和屋面雨水的排水通路，通常利用这段距离在种植床挡墙与女儿墙之间架设盖板，供人行维护。

b．在强调屋面遍植绿化的设计中，种植床挡墙与女儿墙合一时，需注意女儿墙泛水高度应从种植土表层算起高出250mm，并设有较厚的泛水保护层。或在种植区与女儿墙泛水之间保留0.3m以上的卵石排水带、排水沟篦子或人行盖板，至少保证防水卷材顶端收头高于溅水面120～150mm以上，防止雨水渗透破坏屋面防水。

c．种植屋面的水落口周边应设置挡墙或设穿洞的钢管（两面刷防锈漆，并在排水层高度穿孔），上部设置可活动的盖板或井盖、覆草装饰盖，防止种植土渗漏后阻塞水落口并便于清扫检修（图4-7）。

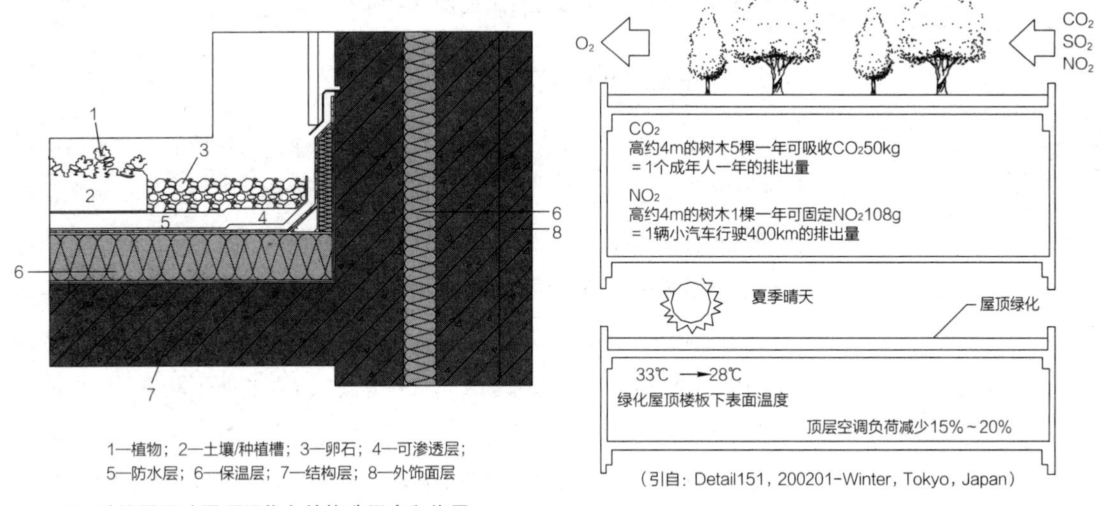

图 4-7 种植屋面（屋顶绿化）的构造层次和作用

2）蓄水隔热屋面

蓄水隔热屋面是在平屋顶上设置一个储水层，通过水的蒸发吸热，将热量散发到空气中，减少屋顶吸收的热量，如同皮肤排汗散热的原理。蓄水屋面也可加种一些水生植物或与种植结合（蓄水种植屋面），加强隔热效果，同时，有利于保护屋顶混凝土层，减少防水层的开裂，延长其使用寿命。

蓄水屋面的构造特点是：

a. 水层深度一般以 150 ～ 200mm 为宜，最小为 50mm，防止晒热和晒干。为保证蓄水均匀，屋面坡度应小于 0.5%。

b. 为便于检修和避免水层产生过大的波浪，蓄水屋面一般分为边长不大于 10m 的蓄水区，蓄水区的挡墙（又称仓壁）同女儿墙同样作泛水处理，同时注意保证泛水高于水面 100 ～ 150mm 以上。

c. 蓄水区各区之间应设过水孔，以保证蓄水均匀。为便于检修和清洁，应在挡墙上均匀设置泄水孔。为防止暴雨时水层过厚，每个蓄水区还应在挡墙一定高度上设置溢水孔。泄水孔和溢水孔需与排水檐沟或水落管连通，便于排水。同时为了保证水源的稳定和清洗，蓄水屋面还应设置给水管。

蓄水隔热屋面只适用于夏热冬暖的非地震地区，且自重大，构造复杂，防水要求高，在隔热保温效果上不如加入轻质高效保温材料的屋面，目前单独使用较少，一般结合种植屋面的水景使用，或与透明采光顶结合营造特殊的光影效果。

3）遮阳隔热屋面

由于屋顶直接暴露在自然作用下，在屋顶设置太阳能板（光热转换或光电转换），可以在防止日晒、雨雪作用的同时，也可利用自然力的作用，将辐射的太阳能应用于室内照明和取暖以及转换为热能和电能，这将是可持续发展中的利用可再生能源的重要手段。

4.6.3 平屋顶的防水构造

屋面防水是一项综合性的技术，是由不透水的材料构成的防水措施与恰当的排水措施相结合，并通过合理的构造方式将其复合成一个耐久、坚固的防水整体的技术。由于天然防水材料（如沥青、橡胶等天然高分子材料、黏土等致密胶结材料）在日晒雨淋的自然力作用下会发生复杂的物理化学反应而遭到破坏，而人工材料（如人工合成高分子材料、金属材料等）在技术上虽然可以远优于天然材料并随技术的进步不断发展，但成本高昂而无法适应大规模建设的需要。因此，在目前的技术条件下，一般建筑物所需的价廉量大的材料的防水性能还不能满足建筑物生命周期的耐久性，目前按照实际工程质量保证使用年限是5年。因此防水层和防排水设计是建筑构造中的重要问题，防水层的设置应根据建筑物的耐久性（重要性）需求合理设防，分级对应，因地制宜，防排结合。

屋面防水主要使用卷材防水（柔性防水）、涂膜防水、刚性防水、使用自防水材料等几种方式。常用的卷材防水，其代表性的产品有合成高分子卷材、高聚物改性沥青防水卷材、沥青防水卷材等；涂膜防水常用的防水涂料有氯丁胶乳、沥青防水、聚氨酯防水涂料等；刚性防水一般是在普通砂浆或混凝土中调整配比或添加防水剂制成的致密的刚性防水层；自防水材料主要有玻璃、金属板、水泥瓦或陶瓦等（表4-2、表4-3）。

屋面防水等级和设防要求　　表4-2

防水等级	建筑类别	设防要求
I级	重要建筑和高层建筑	两道防水设防
II级	一般建筑	一道防水设防

引自：《屋面工程技术规范》GB 50345—2012，该规范说明中提到，考虑近年来新型防水材料的门类齐全、品种繁多，防水技术也由过去的沥青防水卷材叠层做法向多道设防、复合防水、单层防水等形式转变。对于屋面的防水功能，不仅要看防水材料本身的材性，还要看不同防水材料组合后的整体防水效果，这一点从历次的工程调研报告中已得到了证实。由于对防水层的合理使用年限的确定，目前尚缺乏相关的实验数据，根据本规范审查专家建议，取消对防水层合理使用年限的规定。

常用屋面防水做法及其适用条件　　表4-3

防水等级	防水构造做法（mm）	适用气候条件及施工方法
一级防水设防	≥3＋3厚双层SBS改性沥青卷材＋40厚钢筋混凝土刚性防水层	适用于寒冷地区，卷材宜热熔空铺
	≥3＋3厚双层APP改性沥青卷材＋40厚钢筋混凝土刚性防水层	适用于炎热地区，卷材宜热熔空铺
	≥1.5＋1.55厚双层三元乙丙橡胶或氧化聚乙烯－橡胶共混卷材＋40厚钢筋混凝土刚性防水层	适用于严寒或炎热地区，卷材接缝宜冷粘，空铺施工

续表

防水等级	防水构造做法（mm）	适用气候条件及施工方法
一级防水设防	≥ 1.5 + 1.5 厚双层改性三元乙丙橡胶（TPV）卷材 + 40 厚钢筋混凝土刚性防水层	适用于严寒或炎热地区，卷材接缝宜焊接，空铺施工
	≥ 1.5 + 1.5 厚双层聚氯乙烯卷材 + 40 厚钢筋混凝土刚性防水层	适用于寒冷或炎热地区，卷材接缝宜焊接，空铺施工
	≥ 1.5 厚单（或双）组分聚氨酯或聚合物水泥等防水涂膜 + ≥ 1.5 厚三元乙丙橡胶或氯化聚乙烯橡胶共混卷材 + 40 厚钢筋混凝土刚性防水层	适用于寒冷或炎热地区，常温涂刷涂料，卷材接缝宜冷粘，空铺施工
	≥ 3 + 3 厚双层改性沥青聚乙烯胎卷材 + 40 厚钢筋混凝土刚性防水层	适用于一般地区，卷材宜热熔空铺
	≥ 2 厚自粘聚酯胎改性沥青卷材 + ≥ 1.5 三元乙丙橡胶或氯化聚乙烯橡胶共混卷材 + 40 厚钢筋混凝土刚性防水层	适用于寒冷或炎热地区，卷材接缝宜冷粘，满粘施工
二级防水设防	≥ 3 + 3 厚双层 SBS 改性沥青卷材组合防水层	适用于寒冷地区，宜热熔满粘施工
	≥ 3 + 3 厚双层 APP 改性沥青卷材组合防水层	适用于炎热地区，宜热熔满粘施工
	≥ 3 厚 SBS 改性沥青卷材 + 40 厚钢筋混凝土刚性防水层	适用于寒冷地区，宜热熔空铺施工
	≥ 3 厚 APP 改性沥青卷材 + 40 厚钢筋混凝土刚性防水层	适用于炎热地区，热熔空铺施工
	≥ 3 厚高聚物改性沥青防水涂膜 + ≥ 3 厚 SBS 或 APP 改性沥青卷材复合防水层	适用于寒冷或炎热地区，常温涂刷涂料，冷粘或热熔满粘卷材
	≥ 3 厚热熔型改性沥青防水涂膜 + ≥ 3 厚 SBS 或 APP 改性沥青卷材复合防水层	适用于寒冷或炎热地区，边刮涂热熔改性沥青胶边滚铺卷材并展平压实
	≥ 3 厚改性沥青聚乙烯胎卷材 + 40 厚钢筋混凝土刚性防水层	适用于一般地区，卷材宜热熔空铺
	≥ 1.2 + 1.2 厚双层三元乙丙橡胶或氯化聚乙烯橡胶共混卷材组合防水层	适用于严寒或炎热地区，宜采用冷粘满粘施工
	≥ 1.2 + 1.2 厚双层聚氯乙烯卷材组合防水层	适用于寒冷或炎热地区，卷材接缝宜焊接，卷材之间宜满粘，卷材与基层之间宜机械固定
	≥ 1.2 + 1.2 厚双层改性三元乙丙橡胶卷材复合防水层	适用于严寒或炎热地区，卷材接缝宜焊接，卷材之间宜冷粘，卷材与基层之间宜机械固定或满粘施工
	≥ 1.5 厚单（或双）组分聚氨酯或聚合物水泥等防水涂膜 + ≥ 1.2 厚三元乙丙橡胶或氯化聚乙烯橡胶共混卷材复合防水层	适用于寒冷或炎热地区，常温涂刷涂料，并冷粘满粘卷材
	≥ 2 厚自粘聚酯胎改性沥青卷材或 ≥ 1.5 厚自粘橡胶沥青卷材 + ≥ 1.2 厚三元乙丙橡胶或氯化聚乙烯橡胶共混卷材复合防水层	适用于寒冷或炎热地区，宜冷粘满粘卷材
	≥ 1.2 厚三元乙丙橡胶或氯化聚乙烯橡胶共混卷材 + 40 厚钢筋混凝土刚性防水层	适用于严寒或炎热地区，卷材接缝宜冷粘并空铺施工

续表

防水等级	防水构造做法（mm）	适用气候条件及施工方法
二级防水设防	≥ 1.2 厚聚氯乙烯卷材＋ 40 厚钢筋混凝土刚性防水层	适用于寒冷或炎热地区，卷材接缝宜焊接并空铺施工
	≥ 2 厚自粘聚酯胎改性沥青卷材＋ 40 厚钢筋混凝土刚性防水层	适用于寒冷或炎热地区，宜冷粘满粘卷材
	≥ 1.5 厚单（或双）组分聚氨酯或聚合物水泥等防水涂膜＋ 40 厚钢筋混凝土刚性防水层	适用于寒冷或炎热地区，常温涂刷涂料成膜固化后，再浇筑防水混凝土
三级防水设防	≥ 4 厚 SBS 改性沥青卷材防水层	适用于寒冷地区，宜热熔满粘施工
	≥ 4 厚 APP 改性沥青卷材防水层	适用于炎热地区，宜热熔满粘施工
	≥ 1.2 厚三元乙丙橡膜或氯化聚乙烯橡胶共混卷材防水层	适用于寒冷或炎热地区，宜冷粘满粘施工
	≥ 1.2 厚聚氯乙烯卷材防水层	适用于寒冷或炎热地区，卷材接缝宜焊接，卷材与基层之间宜机械固定法施工
	≥ 1.2 厚改性三元乙丙橡胶卷材防水层	适用于严寒或炎热地区，卷材接缝宜焊接，卷材与基层之间宜机械固定或满粘施工
	≥ 1.2 厚单（或双）组分聚氨酯或聚合物水泥等防水涂膜＋刚性保护层	适用于寒冷或炎热地区，常温涂刷涂料，固化成膜后做刚性保护层
	≥ 3 厚自粘聚酯胎改性沥青卷材或≥ 2 厚自粘橡胶沥青卷材＋刚性保护层	适用于寒冷或炎热地区，宜冷粘满粘卷材后做刚性保护层
	沥青防水卷材“三毡四油”防水层	适用于一般地区，应用沥青玛瑅脂粘铺三层卷材叠加构成一道防水层
	≥ 4 厚改性沥青聚乙烯胎卷材＋刚性保护层	适用于一般地区，卷材宜热熔空铺

引自：中国建筑标准设计研究院．建筑产品选用技术——建筑・装修分册．北京：中国建筑标准设计研究院，2007.

（1）卷材防水屋面（柔性防水卷材）

卷材防水屋面是利用防水卷材与胶粘剂结合，形成连续致密的构造层来防水的屋顶。由于其防水层具有一定的延伸性和适应变形的能力，又被称作柔性防水屋面。常用的卷材有沥青卷材防水屋面、高聚物改性沥青类防水卷材、高分子类卷材等。卷材防水屋面通过结构材料与防水材料的复合来达到防水的目的，由于卷材有一定的弹性，能够适应温度、振动、不均匀沉降等因素的作用，整体性好，不易渗漏，适用于各种级别的屋面防水，是目前应用最广的建筑屋顶防水方式。

1）常用卷材的类型

a．沥青基防水卷材：传统上用得最多的是纸胎石油沥青油毡。沥青油毡防水屋面的防水层适应温度变化的范围窄，容易产生起鼓、沥青流淌、油毡开裂等问题，从而导致防水质量下降和使用寿命缩短，近年来在实际工程中已逐步被其他卷材取代。

b. 高聚物改性沥青卷材：高聚物改性沥青类防水卷材是以高分子聚合物改性沥青为涂盖层，纤维织物或纤维毡为胎体（常用的为玻纤或聚酯胎体），粉状、粒状、片状或薄膜材料（如聚乙烯膜、金属铝箔等）为覆面材料制成的可卷曲片状高聚物弹性防水材料，如SBS改性沥青防水卷材，APP改性沥青防水卷材（适用于炎热地区）等。

高聚物改性沥青卷材性能稳定，造价低廉，施工方便，广泛应用于各种建筑结构的屋面、墙体、浴间、地下室、冷库、桥梁、水池、地下通道等工程的防水、防渗、防潮、隔汽等。

c. 高分子类卷材：凡以各种合成橡胶、合成树脂或二者的混合物为主要原料，加入适量化学助剂和填充料加工制成的弹性或弹塑性卷材，均称为高分子防水卷材，如三元乙丙橡胶防水卷材。

高分子防水卷材具有重量轻，适用温度范围宽（−20 ～ 80℃），耐候性好，抗拉强度高（2 ～ 18.2MPa），延伸率大（可大于45%）等优点，但造价也较贵。

d. 铅合金防水卷材：以铅、锡、锑等金属为主体的合金材料加工制造的柔性防水卷材，适用于防辐射、耐腐蚀、耐根系穿刺的防水层。抗老化性、延展性、可焊接性好，施工方便，防水可靠，使用寿命长。

2）卷材的胶粘剂

a. 沥青基防水卷材一般防水性能较差，采用多层铺贴的方式，用于沥青卷材的胶粘剂主要有冷底子油、沥青胶等。

b. 冷底子油是将沥青稀释溶解在煤油、轻柴油或汽油中制成，涂刷在水泥砂浆或混凝土层面作打底用。沥青胶是在沥青中加入填充料加工制成，有冷、热两种，每种又均有石油沥青胶和煤油沥青胶两种。铺贴时先刷沥青胶一层，再铺一层卷材，再刷一层沥青胶，再铺一层卷材，直到最上一层卷材铺完，最后刷一层沥青胶。因此，铺设两层卷材需刷三层沥青胶，称为二毡三油，若铺设三层卷材则需四层沥青胶，称为三毡四油。

c. 用于高聚物改性沥青卷材和高分子防水卷材的粘合剂主要为各种与卷材配套使用的溶剂型胶粘剂。高聚物改性沥青卷材和高分子类防水卷材一般采用单层铺贴的方法，其铺贴方法主要有冷粘法、自粘法和热熔法三种。冷粘法的基本操作是在基层涂刷基层处理剂，涂抹胶粘剂，然后再铺贴卷材。自粘法是指卷材自身已复合了胶粘剂，在涂刷基层处理剂的同时，撕去卷材的隔离纸，直接铺贴卷材，并在搭接部位用热风加热，以保证接缝的粘结性能。热熔法适用于厚度在3mm以上的高聚物改性沥青卷材，是在卷材的幅宽内用火焰加热器喷火均匀加热，直到表面出现光亮的黑色即可辊压粘结牢固。

3）卷材的施工方法

卷材铺贴应选择在好天气时进行，严禁在雨、雪天施工，有五级以上的大风时不得施工，除热熔粘贴法可在-10℃以上气温施工外，其他均应在5℃以上时施工。

卷材铺贴应按“先高后低，先远后近”的顺序进行，即高低跨屋面，先铺高跨后铺低跨，等高的大面积屋面，先铺离上料地点远的部位，后铺较近的部位，以防止因运输、踩踏而损坏。

对每一跨大面积卷材铺贴前，应先做好节点、附加层和排水较为集中部位（如水落口处、檐口、天沟、檐沟、屋面转角处、板端缝等）的处理，然后再由屋面最低标高处向上施工，以保证顺水搭接。檐沟、天沟卷材应顺其长度方向铺贴，以减少搭接。

当屋面坡度小于3%时，卷材宜平行于屋脊铺贴；当屋面坡度在3%～15%时，卷材可平行或垂直于屋脊铺贴；当屋面坡度大于15%或屋面受震动时，沥青防水卷材必须垂直于屋脊铺贴，高聚物改性沥青防水卷材和合成高分子防水卷材可平行或垂直于屋脊铺贴。对于多层卷材的屋面，其各层卷材的方向应相同，不得交叉铺贴。

卷材防水层的粘贴方法按其底层卷材是否与基层全部粘结可分为满粘法、空铺法、点粘或条粘法。卷材的收头处、水落口处、管根处、变形缝处、出入口处等均应按构造要求做好细部处理。

保护层施工应在防水层经过验收合格，并将其表面清扫干净后进行（图4-8）。

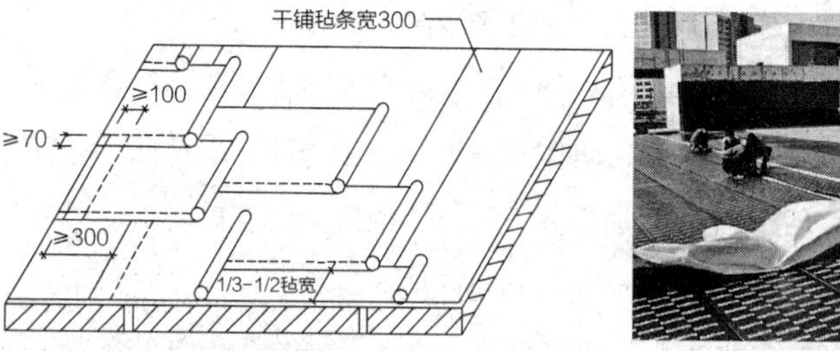

图4-8 防水卷材的铺贴方向

引自：同济大学，西安建筑科技大学，东南大学，重庆大学. 房屋建筑学（第四版）. 北京：中国建筑工业出版社，2005.

（2）涂膜防水屋面

涂膜防水屋面是用防水材料刷在屋面基层上，利用涂料干燥或固化以后形成的不透水性薄膜来达到防水的目的。涂膜防水主要适用于防水等级为Ⅲ、Ⅳ级的屋面防水，也可用作Ⅰ、Ⅱ级屋面多道防水设防中的一道防水。

1）涂膜防水材料

涂膜防水材料主要包括各种涂料和胎体增强材料两大类。

a. 涂料

按照成膜物类型可以分为有机型、无机型、有机－无机复合型防水涂料。有机型防水涂料按照主要成分可以分为沥青基防水涂料、高聚物改性沥青防水涂料和合成高分子类防水涂料。按其溶剂或稀释剂的类型可分为溶剂型、水溶性、乳液型等种类。按施工时涂料液化方法的不同则可分为热熔型、常温型等种类。

b. 胎体增强材料

为保证防水涂料成膜的厚度和抗拉强度，一般采用中性玻璃纤维网格布或聚酯无纺布等作为胎体增强材料。

涂膜防水一般应设置保护层，保护层的材料为细砂、云母、砾石、浅色涂料、水泥砂浆或块材等，当采用水泥砂浆或块材时，应在涂膜层和保护层之间设置隔离层。

涂膜防水的基层应设置分格缝，以防止找平层变形开裂而波及卷材防水层。分格缝的宽度一般为20mm，纵横间距不大于6m。分格缝上面应覆盖一层200～300mm宽的附加卷材。

2）涂膜防水屋面的做法

以氯丁胶乳沥青防水涂料的做法为例，说明一般涂膜防水屋面的做法。

氯丁胶乳沥青防水涂料是以氯丁胶乳和石油沥青为主要原料，选用阳离子乳化剂和其他助剂，经软化和乳化而成，是一种水乳型涂料。其构造做法如下：

• 找平层：在屋面板上用1∶2.5～1∶3的水泥砂浆做15～20mm厚的找平层并设分格缝，分格缝宽20mm，其间距不大于6m，缝内嵌填密封材料。

• 底涂层：将稀释涂料（防水涂料：0.5～1.0的离子水溶液6∶4或7∶3）均匀涂布于找平层上作为底涂，干后再刷2～3度涂料。

• 中涂层：中涂层要铺贴玻纤网格布，在已干的底涂层上干铺玻纤网格布，展开后以点粘固定，当铺过两个纵向搭接缝以后依次涂刷防水涂料2～3度，待涂层干后按上述做法铺第二层网格布，然后再涂刷1～2度。

• 面层：面层根据需要可做细砂保护层或涂覆着色层。细砂保护层是在未干的中涂层上抛撒20mm厚浅色细砂并辊压，着色层可使用防水涂料或耐老化的高分子乳液作粘合剂，加上各种矿物养料配制成成品着色剂，涂布于中涂层表面。

（3）刚性防水屋面

刚性防水屋面是指采用细石混凝土添加防水剂当作防水层的屋面。因为混凝土的抗拉强度低，属于脆性材料，所以称之为刚性防水层。刚性防水屋面的主要优点是构造简单、施工方便、造价较低；缺点是混凝土属于脆性材料，易开裂，对气温变化和屋面基层变形的适应性较差，所以刚性防水多用于Ⅲ级的屋面防水，也可用作Ⅰ、Ⅱ级防水屋面多道设防中的一道防水层。防水砂浆也属于刚性防水做法，但不适用于温度变化剧烈的屋面防水。

刚性防水屋面要求基层变形小，屋面结构层一般采用预制或现浇的钢筋混凝土屋面板，结构层应有足够的刚度，以免结构变形过大而引起防水层开裂。屋面应尽量采用结构找坡，以防疏松的找坡垫层使其受力不均。刚性防水屋面一般只适用于无保温层的屋面或保温层承载力高且防水，适于在其上进行混凝土浇筑湿作业的构造，如挤塑板等。刚性防水屋面也不适用于高温、有振动和基础有较大不均匀沉降的建筑。

刚性防水层采用不低于C20的细石混凝土整体现浇而成，其厚度不小于40mm，并应配置直径为4～6.5mm间距为100～200mm的双向钢筋网片。刚性防水屋面必须设置隔离层，位于防水层与结构层之间，其作用是减少结构变形对防水层的不利影响，可采用铺纸筋灰、低强度等级砂浆，或薄砂层上干铺一层油毡等做法（图4–9）。

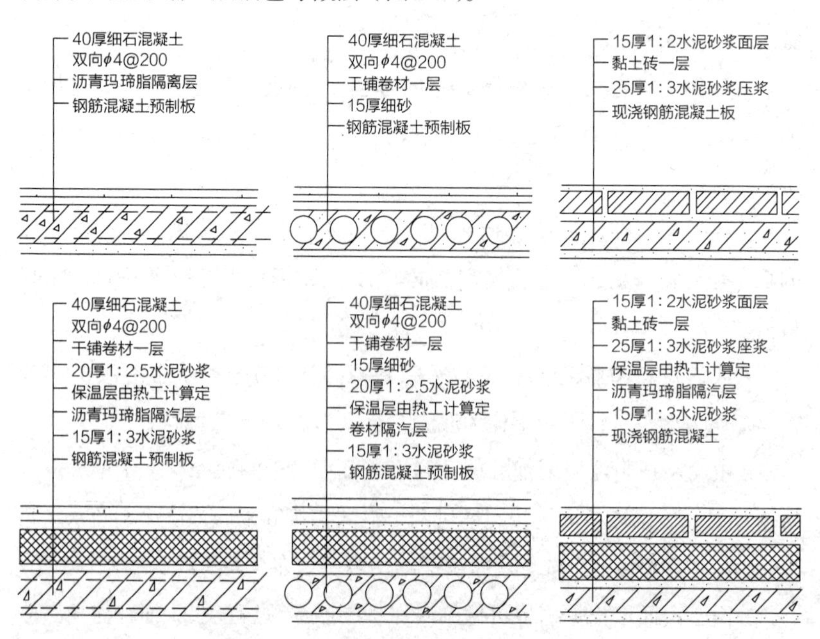

图4–9 平屋面的刚性防水构造

（4）其他防水材料

使用自身具有一定防水性能的材料，不需依附在其他材料上形成复合防水层的方式可被称为自防水。石片、木片、瓦材、金属板等块材沿排水方向重叠搭接就是典型的自防水方式，由于一般材料的防水性能有限，且材料之间的搭接有缝隙，所以，这种防水方式多适用于可以快速排水的坡屋顶。常用的材料除了陶瓦外，还有水泥瓦、沥青瓦、玻璃纤维瓦等块材防水以及金属瓦、金属卷材、压型板材（铝板、镀锌钢板、不锈钢板、钛合金板）等，具体内容在坡屋顶章节介绍。

现场喷涂硬泡聚氨酯保温防水层是指采用异氰酸酯、多元醇及发泡剂等多种化学添加剂，使用专用设备在现场喷涂，经过反应硬化形成的硬质泡沫聚氨酯。这种方法发挥了聚氨酯的保温性能和发泡后形成的致密的保护层的防水性能，可以应用在各种形态的建筑表面，施工方便，可塑性强，材料完整致密，是一种理想的保温防水材料。但由于造价较为昂贵，一般在建筑物的门窗安装填缝中使用，大面积屋顶的使用还仅限于一般防水、保温材料无法铺设的异形部分。

4.6.4　平屋顶的排水构造

（1）平屋顶的排水方式

由于屋面是建筑的主要受水面，为了保证室内空间的正常使用，屋面的防水排水是建筑的基本性能要求。屋顶的防水排水是建筑构造中的一项综合性技术，是由排水措施、防水（不透水）措施和合理的构造共同构成的，需要结合材料手段和构造手段，防排结合，综合解决（图4–10）。

屋顶排水方式分为无组织排水和有组织排水两大类。

1）无组织排水

无组织排水是指屋面雨水直接从檐口滴落至地面的一种排水方式，因为不用天沟、雨水管等导流雨水，故又称自由落水。无组织排水造价低廉，但不便于建筑自身的使用和基础的保护。无组织排水用于檐高小于10m的中小型建筑或少雨地区的建筑，或用于小型屋檐、设备用房屋顶等。无组织排水的挑檐应注意尽量防止使用方向的滴水，并应设置滴水槽、鹰嘴、披水板等防止污染挑檐的垂直面。

2）有组织排水

有组织排水是指将屋面积水有组织地汇集到檐沟，再经水落口、落斗、水落管等排水装置引导至地面或地下管沟，最后排至城市地下排水管网系统的一种排水方式。有组织排水是通过一套完整的防水、集水（汇水）、排水（落水）、泄水系统将屋面雨水有组织地排至地面，是常用的排水形式。

（*a*）中国古代宫殿的雨水口龙头装饰

（*b*）欧洲古教堂的排水口

（*c*）英国近代铸铁雨水管和泄水口

（*d*）朗香教堂的混凝土雨水口

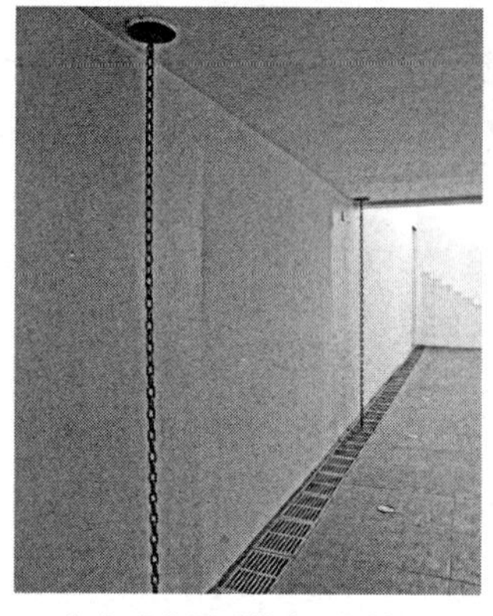

（*e*）现代屋顶落水用的铁链

（*f*）装饰性的双排雨水管和排水沟

（*g*）建筑外墙暴露的内排水泄水口

图 4-10 建筑雨水口

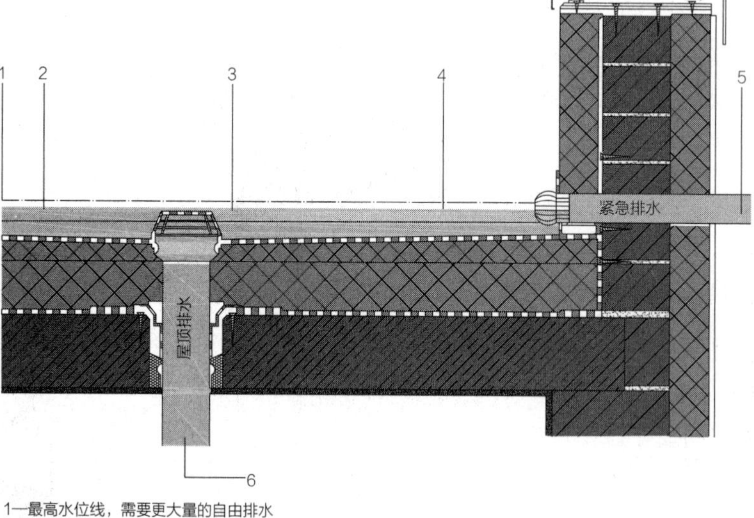

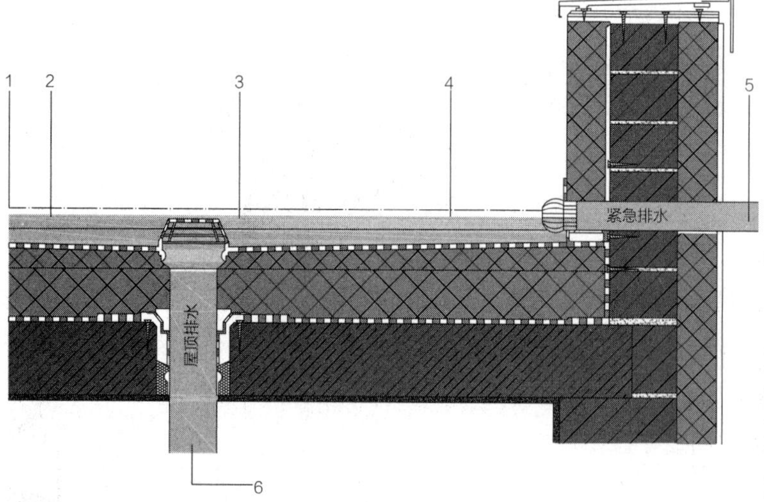

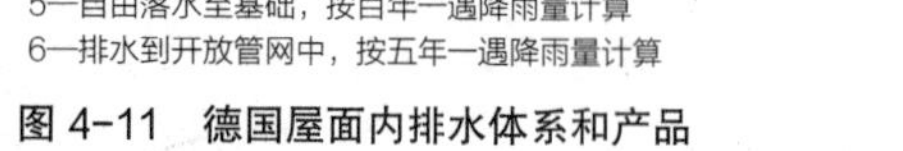

1—最高水位线，需要更大量的自由排水
2—最大降雨量高度（总累积高度）
3—屋面常规排水限度，按五年一遇降雨量计算
4—屋面紧急排水限度，按百年一遇降雨量计算
5—自由落水至基础，按百年一遇降雨量计算
6—排水到开放管网中，按五年一遇降雨量计算

图 4-11 德国屋面内排水体系和产品

有组织排水又可以分为有组织内排水和有组织外排水方式。

a. 内排水

内排水是指水落管设于室内，屋面雨水向屋顶的雨水口或中央天沟汇集，流向水落口，经室内的水落管排至地下室或室内地沟再排往室外的方式（图4–11）。

内排水的优势主要体现在三点：首先，排水构造较外排水落水口更简单，有成熟的工业产品现场安装技术（与地漏同理），因此其在长期气候冲击下有较高的保障期限，其维修不影响女儿墙或檐口的其他构造做法连带维修；其次，建筑立面不出现落水管，对建筑立面的设计（尤其是历史建筑、城市街道等）有特殊要求时，可采用内排水；最后，内排水体系可以跟地下排水管道在建筑内连接，屋面雨水可被更有效地收集利用。

内排水的缺点主要是：内排水的屋顶雨水收集一般在屋顶中间靠近内墙或柱子的地方，对防水和泛水起坡不利，因此要在平屋顶女儿墙泛水上方增加紧急排水口，当瞬时雨量大时保证足够的排水量，保障屋顶防水有效、结构安全。水落管需要专门设置室内管井，雨水在地表附近横排时要设置地沟或占用地下室的顶棚，占用空间且检修不便。一般在不适合采用外排水方式的高层建筑、大进深建筑等重要建筑中采用这种排水方式。

b. 外排水

外排水是指水落管设在室外，雨水向屋顶周边的雨水口汇集并经过水落管排至地面附近的排水方式。外排水构造简单，是采用最广的排水方式。外排水方案可以归纳为以下几种（图4–12）：

• 檐沟外排水：屋面雨水汇集到悬挑在墙外的檐沟内，再由水落管排下。当采用檐沟外排水方案时，水流路线的水平距离不应超过24m。根据屋顶的形态——平屋顶和坡屋顶，这种排水方式可以分为平屋顶檐沟外排水和坡屋顶檐沟外排水。

• 女儿墙外排水：排水特点是在屋檐部位有高于屋面的封檐——女儿墙，女儿墙内汇集屋面积水并导向弯管式水落口、水落斗、水落管排出。屋面雨水需穿过女儿墙流入室外的雨水管。根据作为汇水面的屋顶的坡度可以分为平屋顶女儿墙外排水和坡屋顶女儿墙外排水。

• 女儿墙挑檐沟外排水：女儿墙挑檐沟外排水的特点是，既有女儿墙，又有挑檐沟，屋面雨水排至挑檐沟后再汇集至水落管。

• 暗管外排水：暗装水落管的方式是将雨水管隐藏在假柱或空心墙中。这种方式在需要装饰的建筑重要部位经常使用，特别是在建筑入口雨篷等处。

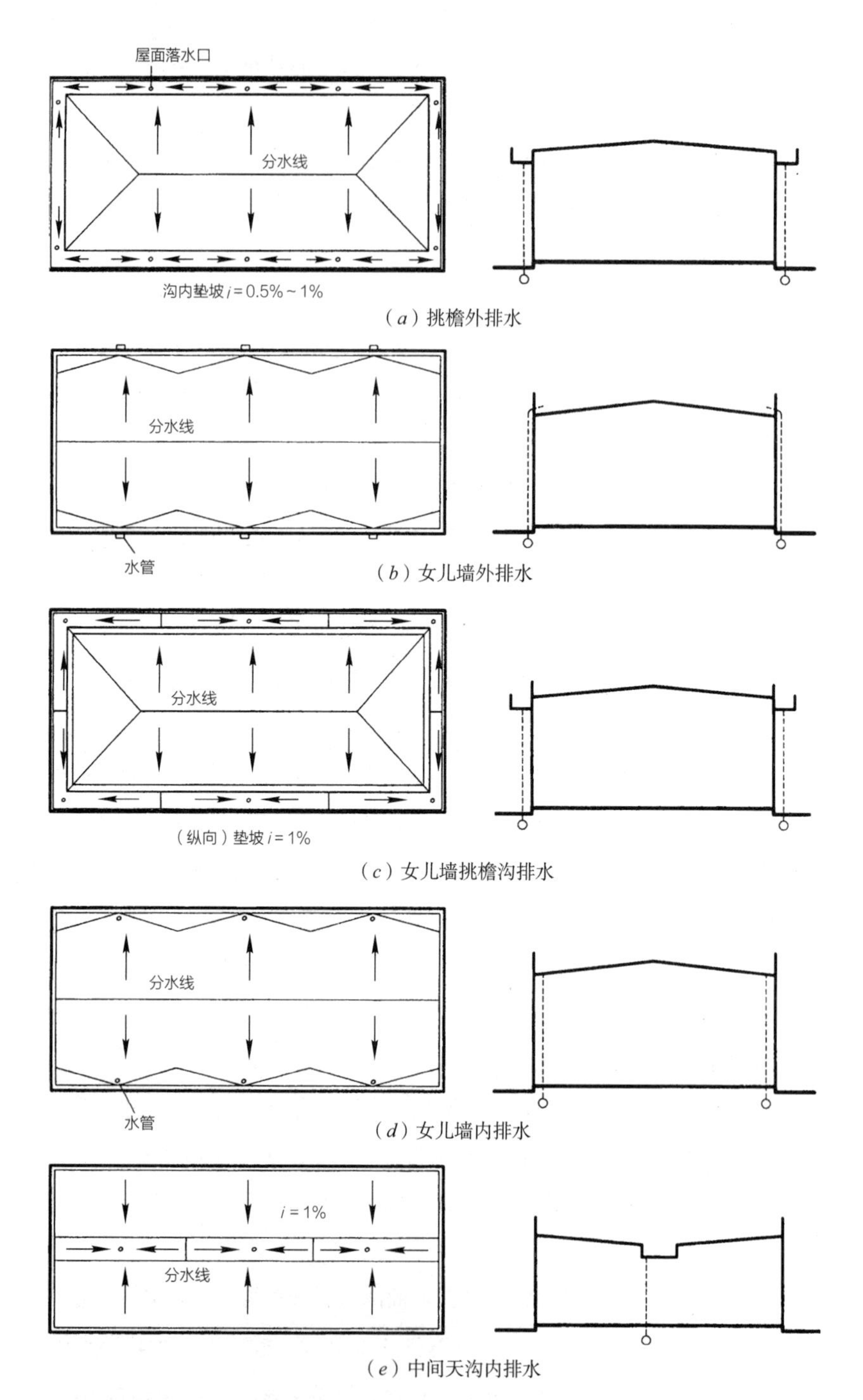

图 4-12　平屋顶及坡屋顶有组织排水设计

（2）排水设计

排水组织设计就是把屋面划分成若干个排水区，将各区的雨水分别引向各雨水管，使排水线路短捷，雨水管负荷均匀，减小女儿墙泛水高度，并有利于屋面的设备设置和上人使用。

进行屋顶排水组织设计时，须注意下述事项：

1）确定屋面排水方向

屋面流水路线不宜过长，12m 以上宜采用双坡排水。雨水口宜设置在外墙周围，防止屋面积水并减小女儿墙高度。

2）划分排水分区

排水分区的大小一般按一个雨水口负担 150 ～ 200m^2 屋面面积的排水考虑，屋面面积按水平投影面积计算。当局部高起的屋面面积小于 100m^2 时，可将高出屋面的雨水直接排在低处的屋面上（接力式排水），但出水口要有保护措施，一般采用细石混凝土制成的水簸箕或镀锌薄钢板披水板，防止雨水冲刷破坏屋面；如果高处的屋面面积大于 100m^2，则需自成排水系统。高层建筑墙面外凸起的屋顶计算其汇水面积时，应将垂直墙面的雨水也计算在内。

3）确定排水坡面的数目及排水坡度

进深较小的房屋或临街建筑常采用单坡排水；进深较大时，为了不使水流的路线过长，宜采用双坡排水，并应根据防水材料确定排水坡度。坡屋顶则应结合造型要求选择单坡、双坡或四坡排水。排水坡度是保证迅速排水到水落口的屋面坡度，起坡方式有结构起坡和材料起坡，平屋顶的纵坡一般为 1%。在较高标准的平屋顶排水设计中，应在女儿墙两边设置浅天沟，沟底沿长度方向应设纵向排水坡，内刷涂膜防水，屋面采用 1% ～ 2% 的坡度，以利于尽快汇水，增强防渗能力，同时保证卷材铺贴牢固，以便于屋顶的使用和排水设施的检修、清掏。

4.7　雨篷、阳台、露台的构造

4.7.1　雨篷

（1）雨篷的概述与分类

雨篷是位于出入口上方的遮雨的构件，可以看作是一个小型的屋顶，其主要作用是为室内外空间的过渡提供遮蔽风雨的空间，同时也可与大门、坡道、台阶等结合起来丰富建筑的造型。

根据雨篷板的支承的不同，有三种基本类型：悬挑板式、悬挑梁板式、吊挂式。

1）悬挑板式——最简单的是采用门洞过梁悬挑板的方式，即悬挑雨篷。

2）悬挑梁板式——采用墙或柱支承的悬挑梁板式，即由柱或墙支撑悬挑梁，梁再支撑板，为使板底平整，多做成反梁式。

3）吊挂式——在较大的悬挑结构中可以将悬挑构件改为悬挂构件，

以减小节点处所受的弯矩，改善受力状态。在入口的大型雨篷中常采用悬挂构件，结构轻巧，造型美观，经常采用玻璃和钢结构。

在建筑设计上，玻璃和钢的雨篷通透感强，需要特别注意雨篷屋顶的防污和排水，防止排水和玻璃变形引起的水渍和污垢的淤积，一般常采用半透明玻璃、印花玻璃、局部金属装饰等手法遮蔽易污部分（图4-13）。

图4-13　柱廊挑檐雨篷、玻璃雨篷、混凝土雨篷

（2）雨篷的防水、排水、防污

雨篷可以看作是一个较小的屋顶或屋顶挑檐，因此需要有与屋顶相似的防水和排水处理（参见屋顶的相关章节）。由于雨篷下部一般为室外空间，所以防水做法可以适当简化，一般采用防水砂浆或涂膜防水，雨篷顶部作防水处理一般采用20mm厚的1∶2水泥砂浆掺5%防水剂。在墙体根部与垂直墙体相接处应抹防水砂浆，做不低于250mm且高于雨篷翻边的泛水。雨篷周边应有反梁或金属翻边及汇水倾角，以便汇水并通过水落管泄水；也可以为了保证汇水坡度而不采用翻边的做法。为保证防雨效果，雨篷的宽度应比门洞口两边各宽200～250mm。

由于雨篷设在出入口处，因此一般采用有组织排水，包括水落管排水和外排水两种方式（图4-14）。

1）水落管排水是在雨篷内将雨水有组织地收集到水落口并排到水落管的方式，应注意雨篷的水落管和泄水口的设计，以保证入口处的精美。可以采用包藏的方法将水落管（雨水管）隐藏在门柱的外装修内，也可以采用各种设计手法将其与建筑物的空心柱体（空心钢柱）或墙体有机结合，通过空心柱体或墙面的凹槽（防水涂层或金属凹槽）排流到地面，还可以采用精美的不锈钢水落管（双管、粗管等夸张方式）、铸铁链或铜链等将排水过程情趣化。

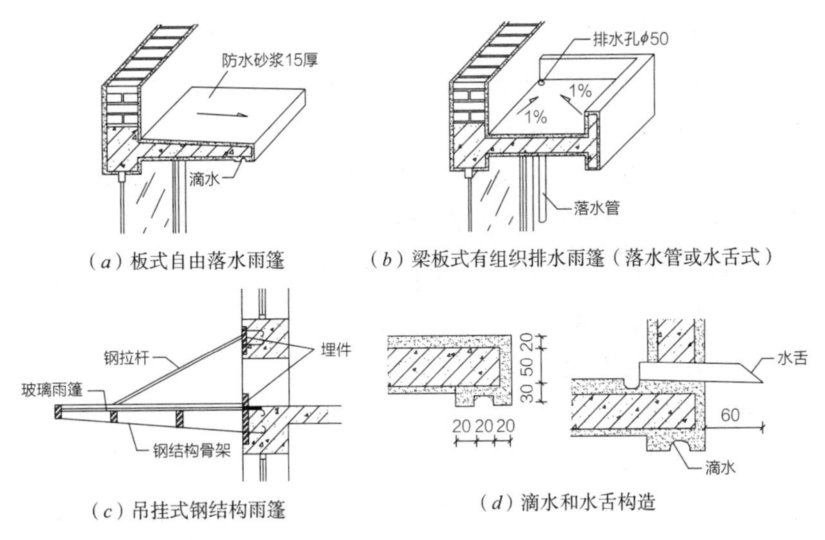

（a）板式自由落水雨篷　（b）梁板式有组织排水雨篷（落水管或水舌式）

（c）吊挂式钢结构雨篷　（d）滴水和水舌构造

图 4-14　雨篷构造

2）外排水是将雨篷上的雨水直接通过排水管经水舌排出。水舌排水简便易行，但因无组织排水会污染阳台板和下部阳台及环境，所以外排水仅适用于一般的建筑，而且水舌应伸出构件外缘60mm以上，尽量避开人行空间（道路和入口等）和建筑正立面，以防影响美观。也可以与其他构件的设计相结合，进行弱化或隐蔽化处理。

挑板的底部（檐下）边缘应作滴水处理，防止雨水污损板下墙面。

现代建筑的出入口常采用钢结构的悬挑或吊挂式大型雨篷以方便使用，为了减小压抑感和保证采光，常常采用透明的玻璃板作为面层。其上表面的积灰很容易在雨水冲刷下形成污渍，因此，需要根据当地的气候条件慎重选用雨篷的材质。常用的方法为采用磨砂双层玻璃保证采光和清洁感，或在容易积灰处（下水方向）采用不透明的材料（铝合金板等）避免污渍显露，当然也可以采用完全不透明的材料。

4.7.2　阳台

（1）阳台的类型、组成及要求

阳台是多层或高层建筑中附着于主要使用空间之外的室外空间，为人们提供了室内外的过渡空间和户外活动的场所。阳台可以看作是楼板的延伸，也可以看作是一个小型、简易的屋顶，需要处理排水问题。

阳台按使用要求不同可分为生活阳台和服务阳台。根据阳台与建筑物外墙的关系，可分为挑（凸）阳台、凹阳台（回廊）和半挑半凹阳台。按阳台在外墙上所处的位置不同，有中间阳台和转角阳台之分。

阳台由承重结构（梁、板）和栏杆组成。阳台的结构及构造设计应满足以下要求：

为保证结构安全，阳台挑出长度应满足结构抗倾覆的要求，一般为1.0～1.8m。阳台的结构分为挑梁搭板和悬挑阳台板（包括预制阳台板和现浇悬挑阳台），详细内容参见结构的相关章节。

阳台栏杆构造应坚固、耐久，并给人们以足够的安全感，多层建筑栏杆高度不低于1.05m，高层不应低于1.1m，有儿童活动的场所，阳台的垂直栏杆间净距不应大于110mm，并采用不宜攀爬的构造。阳台与栏杆的形态是建筑造型的要素。

（2）阳台排水处理

阳台作为建筑的水平构件，同屋面和雨篷一样会受到雨水侵袭，必然会带来防水和排水问题。由于阳台下部也是室外空间，因此阳台可以不需作防水处理，但在较高档次的设计中，阳台板表面一般作一层涂膜防水处理。

为防止阳台内的积水流入室内，阳台地面应低于室内地面50mm，同时应设一定坡度和布置排水设施，使排水顺畅。为防止积灰阻塞水落管引起水患，阳台应设两个水落口，或阳台外沿的封头梁上翻边的高度应大于100mm，以防物品的意外坠落，在雨量充沛的地区应注意阳台边缘翻边的周圈最高点宜低于室内地面，防止排水口淤塞后阳台上的积水回灌室内（因此在雨量充沛的地区，阳台的地面宜低于室内地面120mm以上）。

阳台排水一般采用水落管排水和外排水（水舌排水）两种方式，具体内容详见雨篷的相关章节（图4-15）。

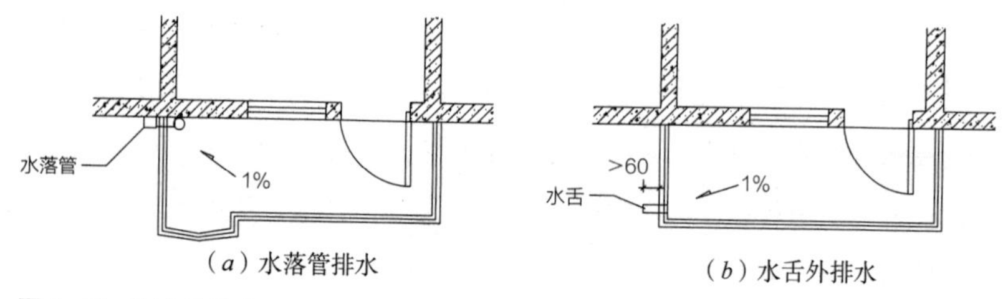

图4-15　阳台的排水

（3）阳台、室内挑空（中庭）栏杆

根据阳台栏杆使用的材料不同，有金属栏杆、钢筋混凝土栏杆、砖栏杆，还有不同材料组成的混合栏杆。按阳台栏杆空透的情况不同，有实心栏杆、空花栏板和部分空透的组合式栏杆（图4-16）。

1）钢筋混凝土栏杆构造

a．栏杆压顶

钢筋混凝土栏杆多采用钢筋混凝土压顶。预制钢筋混凝土压顶与下部的连接可采用预埋铁件焊接，也可采用榫接坐浆的方式（即在压顶底部留槽，将栏杆插入槽中，并用M10水泥砂浆坐浆填实，以保证连接牢固），还可以在栏杆上留出钢筋，现浇压顶（见图“栏杆压顶的做法”）。

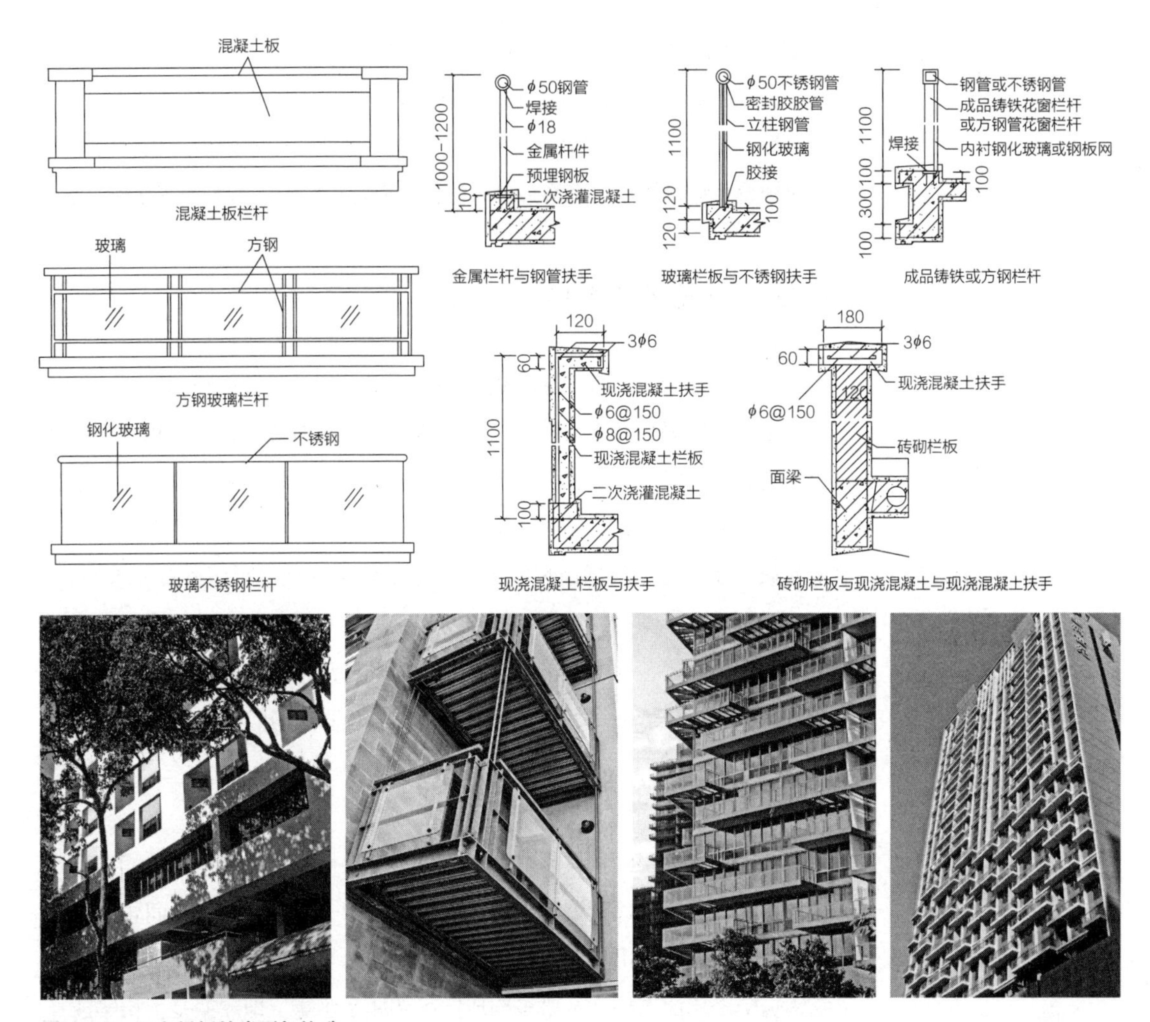

图 4-16　阳台栏板的类型与构造

b．栏杆与阳台板的连接

为了阳台排水和防止物品坠落，栏杆与阳台板的连接处应用C20混凝土沿阳台边现浇挡水带。栏杆与挡水带采用预埋铁件焊接，或榫接坐浆，或插筋连接。

c．栏板的拼接

主要方法有两种：一是直接拼接法，即栏板和阳台板预埋铁件焊接；二是立柱拼接法。

d．栏杆与墙的连接

一般做法是在砌墙时预留240mm（宽）×180mm（深）×120mm（高）的洞，将压顶伸入锚固。采用栏板时，将栏板的上下肋伸入洞内，或在栏杆上预留钢筋伸入洞内，用C20细石混凝土填实。

2）金属栏杆及玻璃栏杆构造

金属栏杆一般采用方钢、圆钢、扁钢和钢管等相互焊接而成，并与阳台边梁上的预埋钢板焊接固定。金属栏杆结构轻巧，施工简便，造型多样，但造价较高，且金属需作防锈处理。

玻璃栏杆一般采用10mm的钢化玻璃，通过立柱和横梁与阳台边梁上的预埋钢板焊接固定。玻璃与金属的固定有螺栓、卡口、胶粘等多种方式。

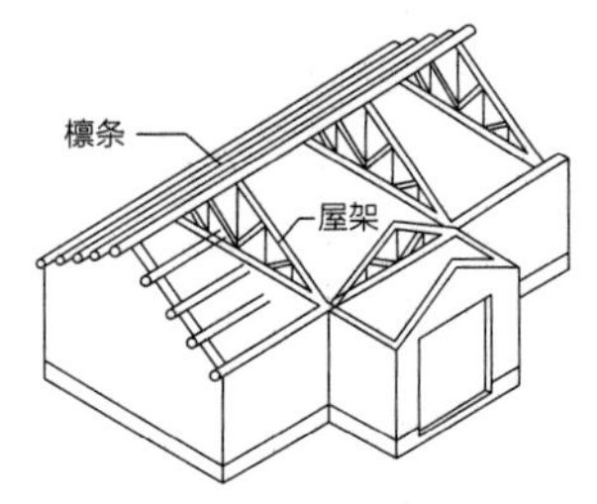

（*a*）屋架承重

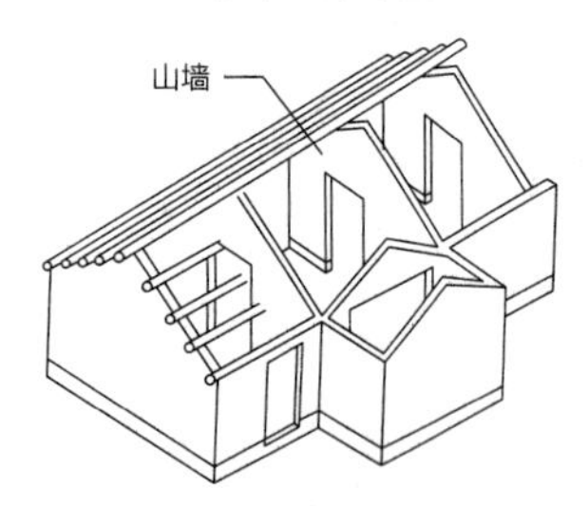

（*b*）山墙承重

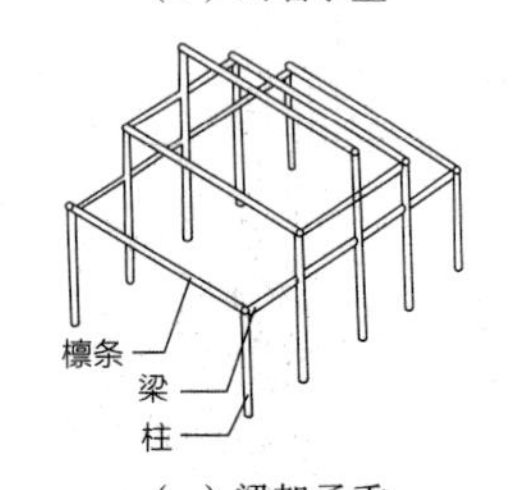

（*c*）梁架承重

图 4-17　坡屋顶的承重结构

4.8　坡屋顶的构造

坡屋顶是指坡度大于10%的斜屋面构成的屋顶。坡屋顶的屋面由一些坡度相同的倾斜面相互交接而成，交线为水平线时称为正脊，相互为凹角的斜屋面相交时的交线称为斜天沟，相互为凸角的斜面相交时的交线称为斜脊。坡屋顶采用瓦材的相互搭接来防雨排水，也可利用瓦下的基层材料来加强防水。由于坡屋面坡度大，防排水效果好且对屋面材料要求不高，施工简便，易于围护，形式多样，所以，采用瓦材（也用石片和木片等天然材料）的坡屋顶是中外传统建筑中常用的屋顶形式。目前已发展出多种金属板材和高分子板材，形成了造型丰富、色彩缤纷的建筑第五立面。

4.8.1　坡屋顶的承重结构

坡屋顶中常用的承重方式一般可分为屋架承重、山墙承重、梁架承重等几种。开间较大而横墙较少时一般采用屋架承重方式；在开间较小的建筑中，可将横墙和山墙砌筑至屋顶以代替屋架承重，即山墙承重；中国传统建筑中采用由木柱、木梁等构成的梁架体系承重，即屋架是由抬梁或穿斗形式组成的木构架体系来支撑的（图4-17、图4-18）。

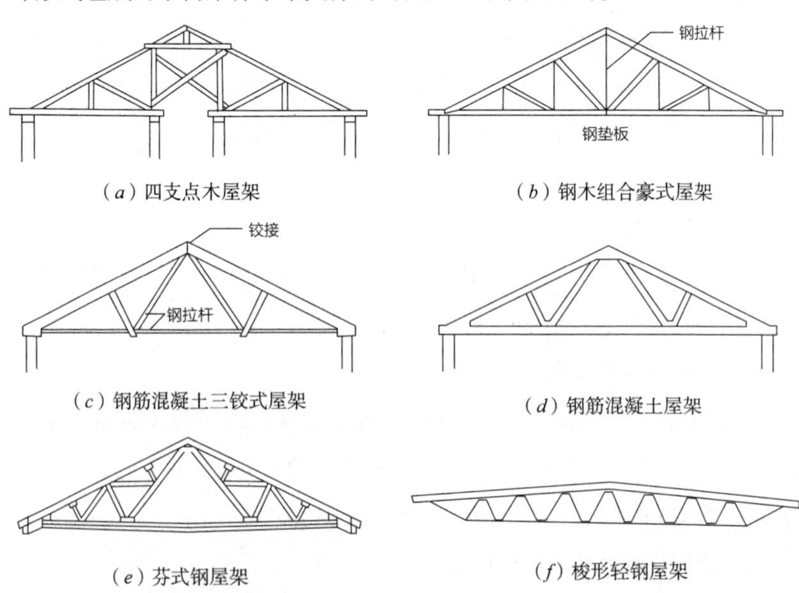

（*a*）四支点木屋架　（*b*）钢木组合豪式屋架

（*c*）钢筋混凝土三铰式屋架　（*d*）钢筋混凝土屋架

（*e*）芬式钢屋架　（*f*）梭形轻钢屋架

图 4-18　常用平面屋架结构形式

瓦屋面按屋面基层的组成方式也可分为无檩和有檩体系两种：

1）无檩体系是将屋面板直接搁在山墙、屋架或屋面梁上，瓦主要起造型和装饰的作用。

2）有檩体系是以山墙或屋架作为檩条的支撑，山墙或屋架之间的距离就是房间的开间，也就是檩条的跨度。为了使檩条的跨度经济，一般山墙或屋架采用等距布局，间距通常为3～4m，大跨度的可达6m。

檩条常用木材、型钢或钢筋混凝土制成。木檩条的跨度一般在4m以内，断面为矩形或圆形。钢筋混凝土檩条的跨度一般为4m，有的可达6m，其断面有矩形、“T”形和“L”形等。屋架是由木、钢筋混凝土、钢材等制作的支撑坡屋顶的大跨度空腹梁或平面网架。跨度小于12m的建筑可以采用全木屋架，跨度不超过18m时可采用钢木组合屋架，跨度更大时采用钢筋混凝土屋架或钢屋架。

4.8.2　坡屋顶的屋面构造

坡屋顶是承重构件和屋面铺材组成的，主要通过在屋面基层上铺盖各种瓦材和板材，利用面材的相互搭接及其坡度来迅速排水，以防止雨水渗漏，即通过构造手段以排为主的防水方式；现代的坡屋面常作为装饰层同时兼作一道防水层，再结合瓦下的其他防水材料（卷材、涂膜、刚性防水层），以达到多重设防的效果。

坡屋面基本构造层次为：

1）承重构件与基层——檩条、椽子、屋架、屋面板、钢筋混凝土屋面板等起支撑和固定作用的构件，采用屋面板时还兼有防水和保温的作用。平瓦屋面的坡度不宜小于1∶2（约26°），多雨地区还应酌情加大。

2）屋面铺材（防水层、保温层）——传统黏土瓦、平瓦、水泥瓦、油毡瓦、镀锌钢板彩瓦、彩色铝锌压型钢板等屋面材料，主要起防水和排水的作用，部分含保温材料的板材也起到保温的作用。

根据基层的材料不同，瓦屋面可以分为两大类：

1）木基层瓦屋面——有屋架支承檩条、山墙支承檩条、木结构梁架支承檩条等多种结构形式，承重结构和基层均以木材为主，它在现代的钢筋混凝土发明之前是主要的构造方式，中国古代官式建筑的筒瓦和民间建筑中广泛应用的小青瓦屋面以及欧美近代建筑的瓦屋面都是采用以木材为主的基层材料。

2）钢筋混凝土基层瓦屋面——以钢筋混凝土板为基层的现代坡屋面，其面层多采用大型的平瓦和水泥瓦、沥青瓦等新材料，也在仿古建筑中采用特制的类古代瓦屋面材料的构造。根据瓦材不同可以分为（图4–19、图4–20）：

（*a*）中国传统瓦屋顶的琉璃瓦

（*b*）中国传统小青瓦

（*c*）近代黏土平瓦屋顶

（*d*）现代坡屋顶的玻璃、金属等做法

图 4-19 各种坡屋顶

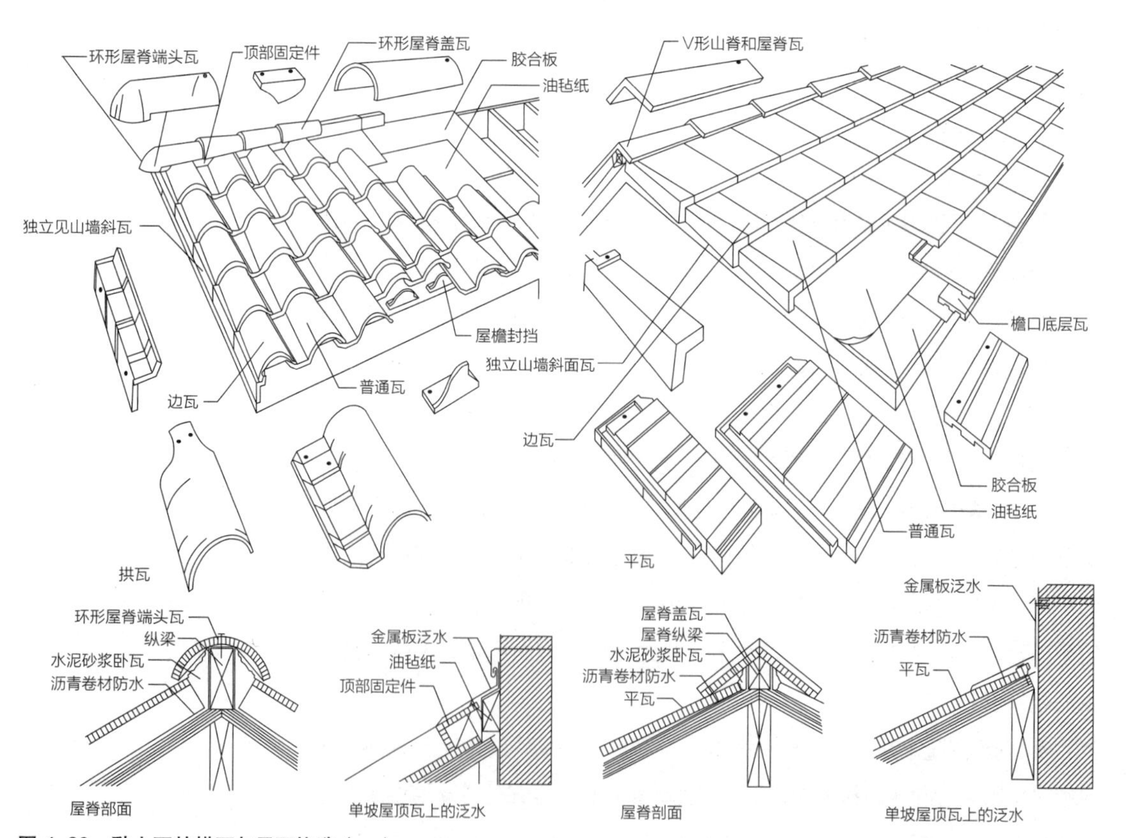

图 4-20 黏土瓦的拱瓦与平瓦构造（一）

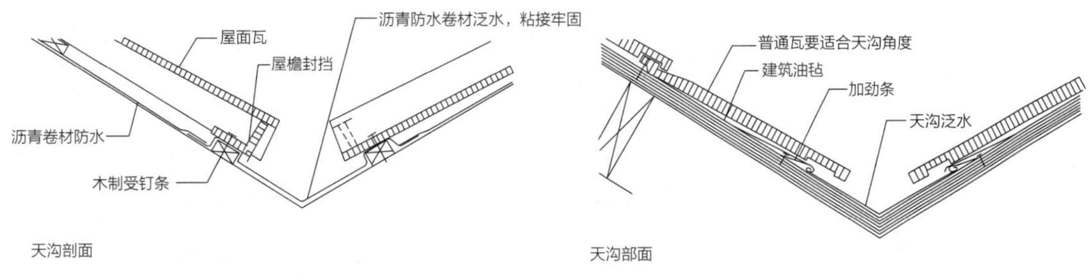

图 4-20　黏土瓦的拱瓦与平瓦构造（二）

• 自然材料瓦——石板瓦、木瓦。

• 烧土瓦——小青瓦（陶瓦）、琉璃瓦、黏土平瓦和拱瓦。

• 水泥瓦。

• 高分子复合瓦——沥青瓦、油毡瓦、玻纤瓦。

• 金属瓦和金属板材——镀锌钢板彩瓦、彩色铝锌压型钢板屋面等。

瓦屋面的名称一般根据瓦的材料而定。在目前的坡屋顶建筑中，黏土平瓦、水泥瓦的使用较广泛，金属瓦材和板材多用于防水要求高、自重要求轻的大型公共建筑。

（1）冷摊瓦平瓦屋面做法

冷摊瓦的做法是先在檩条上顺水流方向钉木椽条，断面一般为40mm×60mm或50mm×50mm，中距400mm左右，然后在椽条上垂直于水流方向钉挂瓦条，挂瓦条的断面尺寸一般为30mm×30mm，中距330mm，最后直接盖瓦。这种构造经济简便，但雨水可能从瓦的缝中渗入室内，屋顶的防水、隔热保温均较差，在永久性建筑中一般不使用。

（2）木望板平瓦屋面做法

木望板瓦的做法是先在檩条上铺钉15～20mm厚木望板，然后在望板上干铺一层油毡，油毡须平行于屋脊铺设并顺水流方向钉木压毡条（又称为顺水条），其断面尺寸为30mm×15mm，中距500mm。挂瓦条平行于屋脊钉在顺水条上面，其断面和中距与冷摊瓦屋面相同。这种屋面较冷摊瓦多了木望板和油毡，防水保温效果优于冷摊瓦（图4–21）。

（3）钢筋混凝土基层平瓦屋面

其做法是采用钢筋混凝土屋面板结构找坡后，在找平层上铺贴防水卷材和保温层，再做钢筋网水泥砂浆卧瓦层，最后铺瓦。也可在保温层上做细石混凝土找平层，内配钢筋网，再做顺水条，挂瓦条挂瓦。这种做法实际相当于将平屋顶的面层改为平瓦、坡度加大而已，由于加入了保温层和防水层，防水等级可达2级，瓦的种类、尺寸也可任意调整，是一种耐久、高性能的坡屋顶形式，也是目前需要瓦屋面装饰的建筑中应用最广的瓦屋面做法。

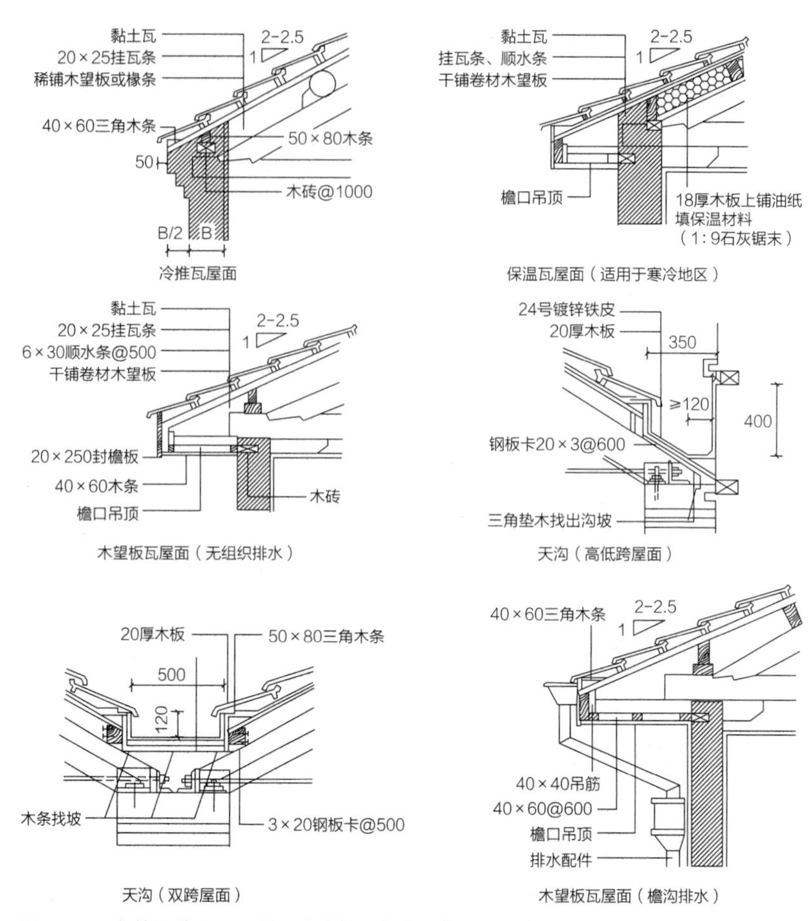

图4-21 木基层黏土平瓦屋面（冷摊瓦与木望板瓦）的做法

由于水泥瓦或平瓦的自重较大，而保温层上的挂瓦条和卧瓦砂浆无法防止其下滑，因此需要在挑檐的端部设置防止下滑的翻边并固定最下一皮瓦，同时，屋面挂瓦条下的顺水条与钢筋混凝土屋面板中预埋的镀锌钢丝绑扎，或卧瓦砂浆内的镀锌钢丝与钢筋混凝土屋面板中预埋的钢筋（$\phi 8$，双向间距900mm）绑扎以固定。由于钢筋或钢丝穿透了防水层，在防水施工上需要特别注意（图4-22）。

在屋顶与山墙、女儿墙、封檐口以及突出屋面的排气管、烟囱、老虎窗、屋顶窗等相连接处，需要设置防止雨水飞溅和漫流的泛水，一般采用1：2.5水泥砂浆抹灰及封檐瓦、镀锌薄钢板或不锈钢板等金属材料制成，翻起一定的高度（与平屋面泛水相同），以防止接缝处漏水（图4-23）。

（4）金属平板屋面

从古代开始，金属优异的防水性能就被应用到建筑物的屋顶上，应用最广泛的是铅板和铜板，这两种金属的熔点较低，很早就被人类发现并使用，这两种金属虽然都比较容易在空气中氧化，但都会在表面形成致密的保护性氧化膜从而防止进一步氧化，使得这两种金属板制成的屋顶可以使用几十年时间。同时，由于金属的延展性和良好的加工性能，可以使用设计精巧的连接和固定系统（咬合方式）来保证接缝处的水密性。另一方面，这种金属鳞片状的搭接和立式锁边接缝以及金属的质感和氧化变色（铅板氧化后变成白色，铜板氧化后变成绿色），可以创造出强烈的视觉效果。

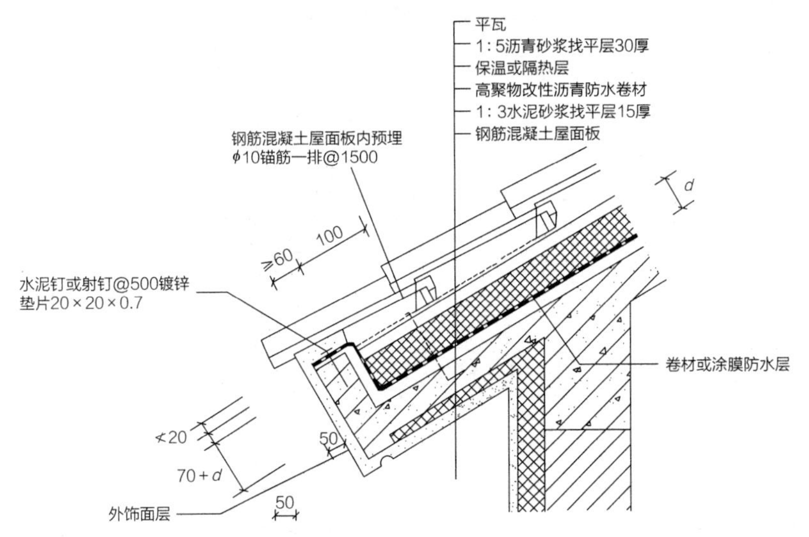

图 4-22　钢筋混凝土平瓦屋面的固定——檐口和钢筋

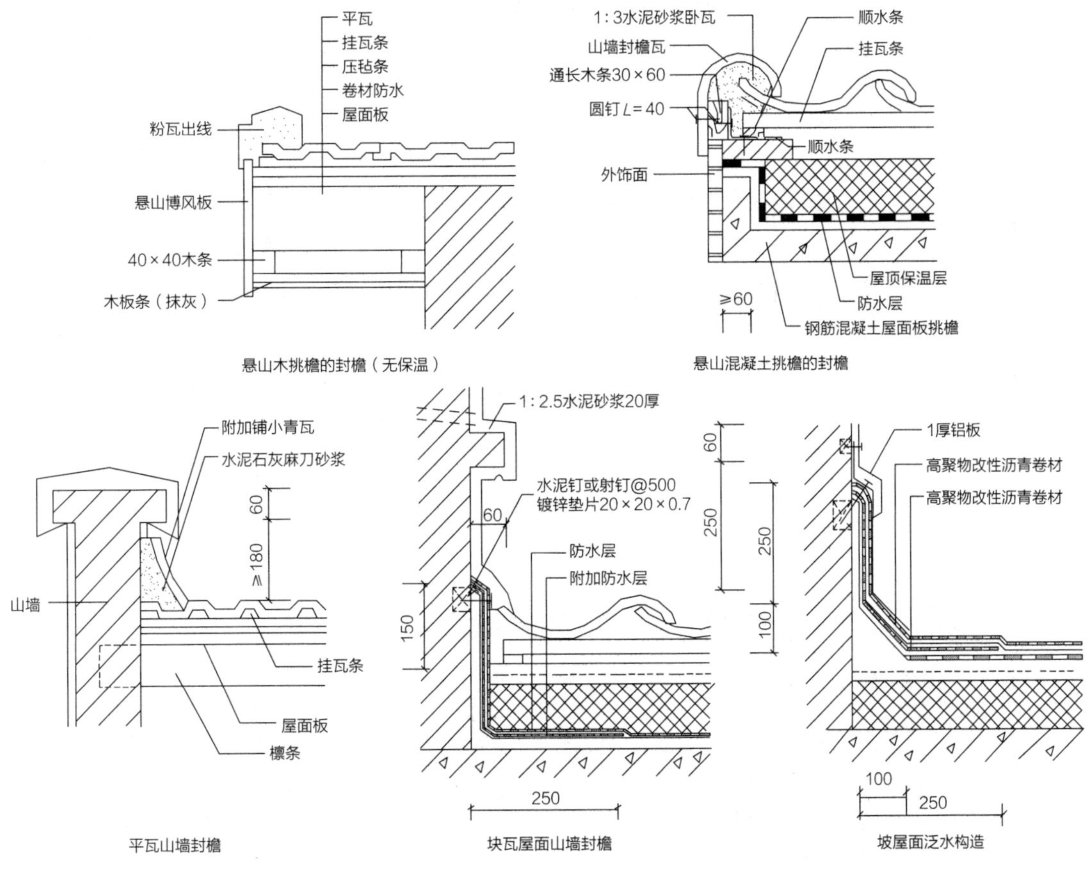

图 4-23　坡屋面悬山与硬山的封檐、泛水构造（一）

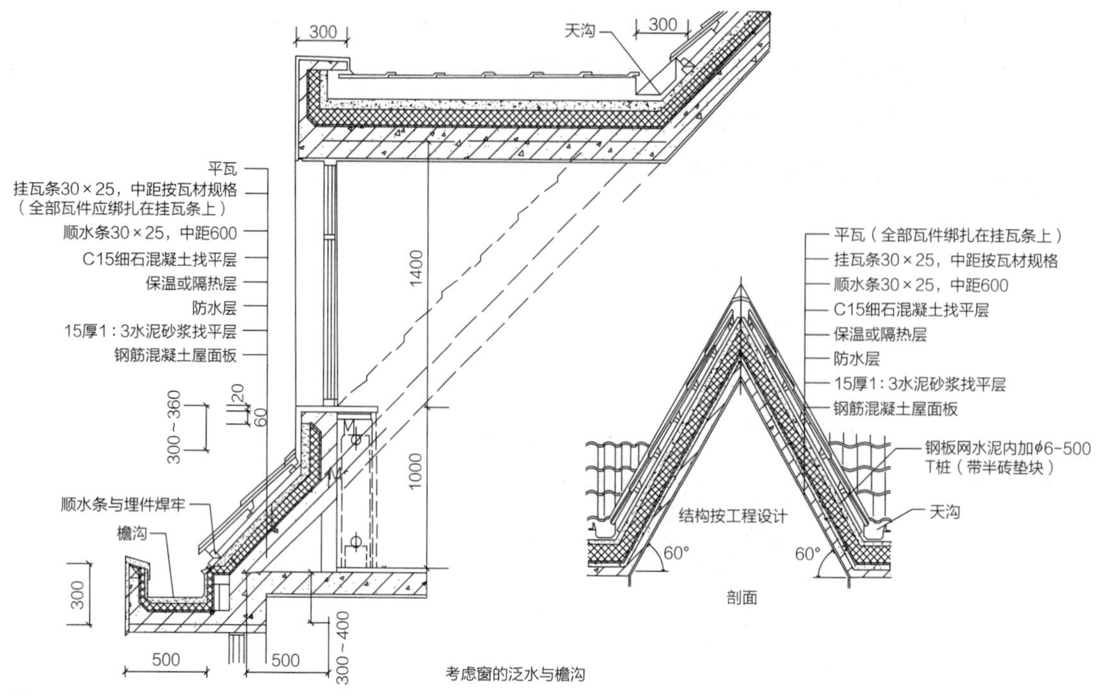

图 4-23　坡屋面悬山与硬山的封檐、泛水构造（二）

目前常使用的金属板材有：表面涂刷彩色涂层的薄型钢板（彩钢板）、镀锌或镀铝锌薄型钢板、铝合金板、铝镁锰合金板等。

金属板的连接方式主要有搭接式和咬接式（卷边、锁边）两种：

1）搭接式：用压型钢板至少一个波形相互搭接，搭接部位通常设密封胶带，搭接方向应与主导风向相同，且顺水搭接。

2）咬接式：用专业的咬边机将压型钢板的边缘咬合在一起，同时应设置连接滑片保证压型钢板的温度变形，防止屋面板拉裂。

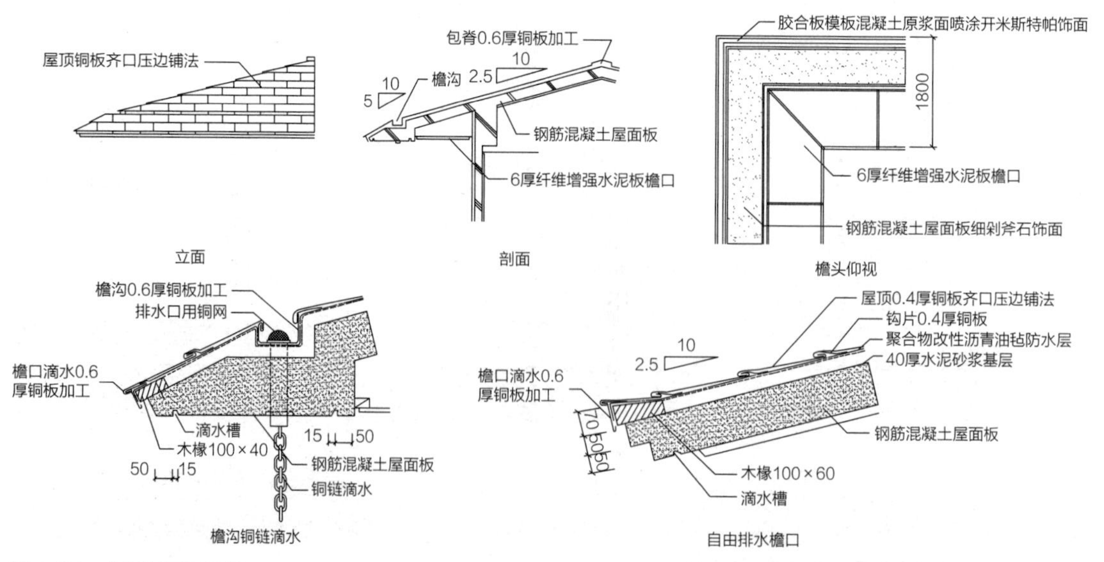

图 4-24　金属板屋面构造

经常使用的金属屋面板的连接方法和构造细部如图4–24所示。常用的金属屋面板、预制的成品泛水板、结构材料等各种建筑材料之间可能由于金属电位的不同、材料的酸碱特性等而在接触时产生电蚀作用，需要特别注意。

（5）压型金属板屋面

现代金属板屋面经常使用的是利用金属本身或加工后的防氧化性能，结合工厂大型化加工、施工现场机械化施工的条件制成的大型压型金属板。

压型金属板屋面是采用铝合金板、镀锌钢板、彩色涂层钢板等耐氧化的金属板材，通过辊轧、冷弯成型，形成的轻型防水屋面，其断面形状有波形、“V”形、梯形（箱形）等，与建筑物的檩条、预制的屋脊、天沟、泛水板、挡水板等构件形成了防水性能优异、汇水面大、耐久性好、施工便捷、自重轻、强度高的屋面，适用于平屋顶、坡屋顶、直屋顶以及曲面屋顶，但造价较高。

彩色压型钢板屋面简称彩板屋面，根据彩板的功能构造分为单层彩板和保温夹芯彩板。

单层彩板屋面大多数是将厚度为0.5 ～ 1mm的彩色镀锌钢板或镀铝锌钢板（有波形板、梯形板、带肋梯形板等多种形式）用螺钉、螺栓、拉铆钉或特种紧固件和连接件固定在檩条上。檩一般为槽钢、工字钢或轻钢檩条。檩条间距视屋面板型号而定，一般为1.5 ～ 3.0m。

压型钢板的横向连接有搭接式和咬接式两种，与金属平板相同。

屋面板的坡度大小与降雨量、板形、拼缝方式有关，其坡度可以从3%到100%，即金属板既可以作为屋面板，也可以作为墙面板，是体现包裹、流动、庇护等建筑学概念的有力材料。一般既有利于排水又节约材料的坡度为5% ～ 15%，由于防水性能好，其汇水长度可达50m（图4–25）。

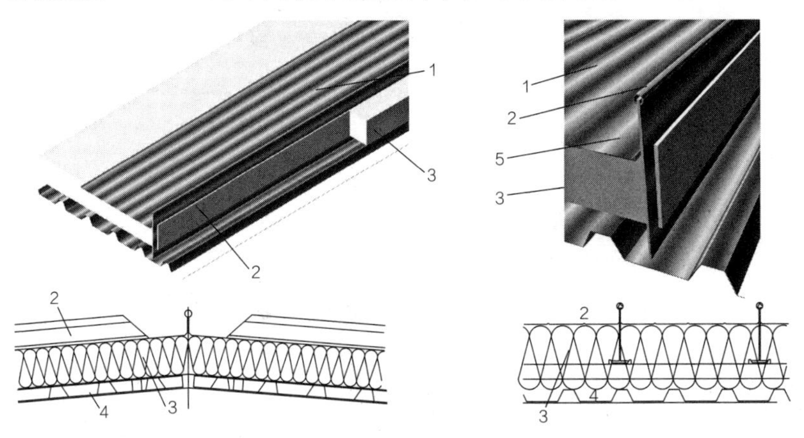

图 4–25　压型铝合金屋面板的连接方法和构造细部

1—金属屋面；2—防水搭扣；3—保温板；4—室内吊顶面；5—金属翻边

引自：Andree Watts. Modern Construction Envelopes. New York: Springer, 2011.

（6）金属夹芯板（保温夹芯板）屋面

金属夹芯板（保温夹芯板）是由彩色涂层钢板作表层，自熄性聚苯乙烯泡沫塑料或硬质聚氨酯泡沫作芯材，通过加压加热固化制成的复合型夹芯板，具有保温好、自重轻，防水性能和装饰性好等特点，可按照设计意图制成各种形状。

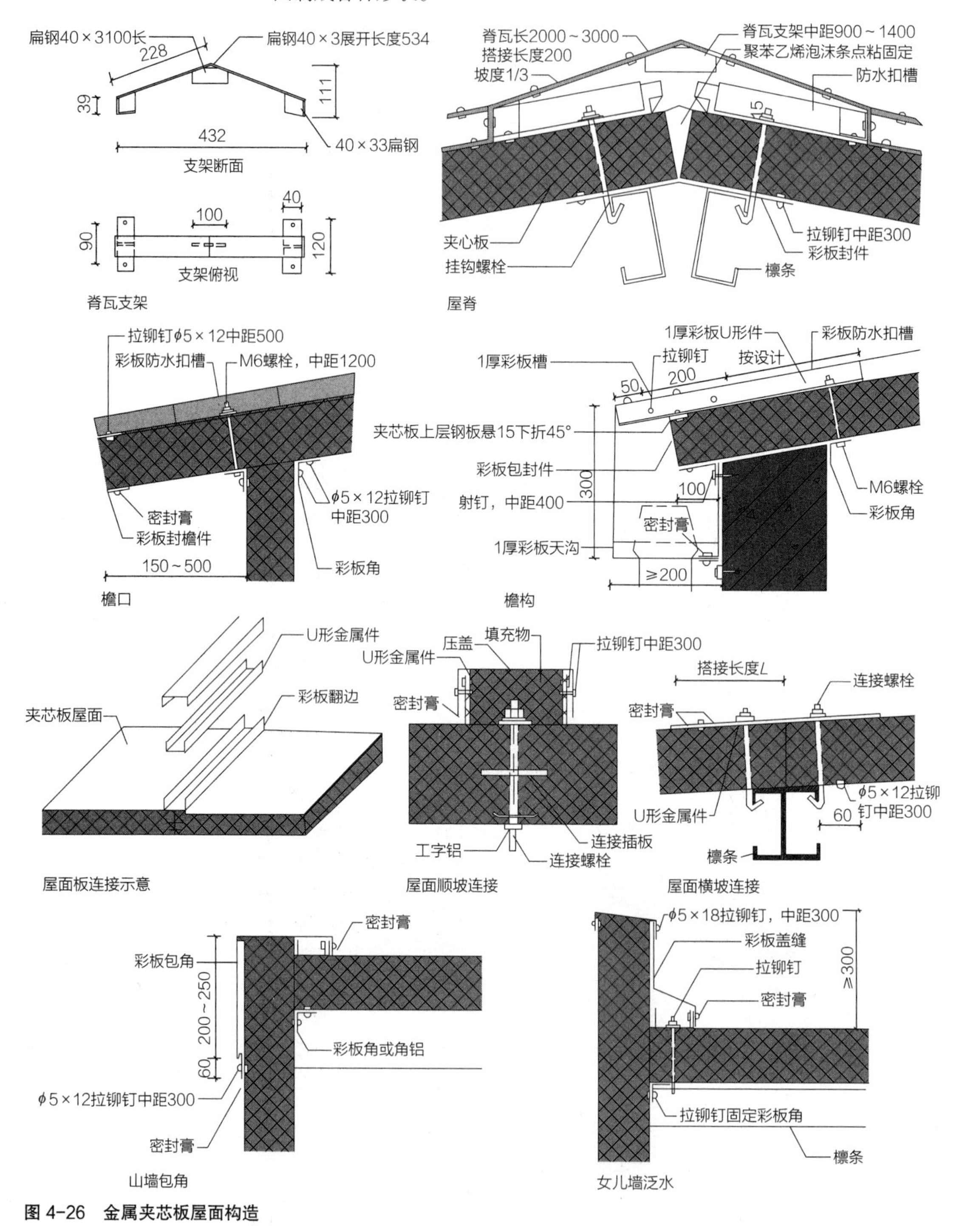

图 4-26　金属夹芯板屋面构造

金属夹芯板（保温夹芯板）的厚度为30～250mm，钢板厚度为0.5mm、0.6mm。屋面坡度为1/20～1/6，在腐蚀环境中，屋面坡度应不小于1/12。为简化施工和提高防水、保温性能，在运输、吊装条件允许的条件下，尽量选用较长的板材，但一般不宜超过9m，以防止温度变形影响美观和使用（图4–26）。其构造的要点为：

1）金属夹芯板（保温夹芯板）的板缝处理：夹芯板与配件及夹芯板之间，全部采用拉铆钉连接，顺坡连接缝及屋脊缝以构造防水为主，材料防水为辅，横坡连接缝采用顺水搭接，以防水材料密封，上下两块板均应搭在檩条支座上。

2）金属夹芯板（保温夹芯板）的檩条布置：一般情况下，应使每块板至少有三个支承檩条，以保证屋面板不发生挠曲。在斜交屋脊线处，必须设置斜向檩条，以保证夹芯板的斜端头有支承。

（7）玻璃采光屋顶

采光屋面又称玻璃采光屋顶，是利用屋顶充裕的自然光提高室内光环境质量的有效手段，在博物馆、美术馆等展览空间和机场、体育馆等大跨大体量的建筑中以及上下贯通中庭、观光休息厅等处，透明的采光屋顶给人以室内外结合的舒适感、光影效果和活跃的交流气氛，是现代公共建筑中经常使用的建筑学手段（图4–27）。

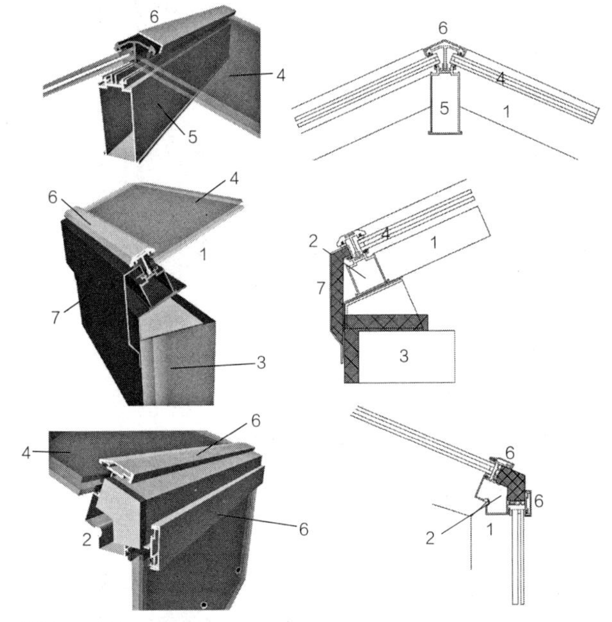

图 4–27　玻璃采光屋面构造

1—钢梁；2—边框铝型材；3—保温外墙；4—玻璃；5—屋脊铝型材；6—扣条铝型材；7—檐口金属复合保温板

引自：Andree Watts. Modern Construction Envelopes. New York: Springer, 2011.

按照材料来分，采光屋顶有两大类：

1）有机玻璃经热压成型制成的各种穹形、拱形、多角锥形的采光罩体以及与之配套的各种防水围框、紧固件、开启件组成的单层或双层采光体，可以单独使用，也可以按设计要求组合使用。这种构造由于完全工厂化生产，具有良好的密封防水、保温隔热等功能，使用灵活，自重轻，安装维修方便，受外力损坏后不会碎落伤人。

2）以金属型材或网架、混凝土梁架为承重结构，嵌装各种玻璃或有机玻璃，并用密封胶密封防水的整体式采光体。一般适用于设计造型要求高或大面积的、通透的采光顶，一般与中庭、门厅等空间相结合，构造复杂。

玻璃天顶的透明性决定了其安全性、保温隔热性、采光与遮阳、隔声、清洁维护等方面的难度，同时也要妥善处理消防喷淋、排烟、照明、空调风口等常用的屋顶设备的设计与安装。

为了保证玻璃接缝处的水密性，其气密性和水密性要求应高于幕墙的等级，并尽可能做明框结构，利用构造和材料方式结合做好防水排水处理。密封材料宜采用三元乙丙橡胶、氯丁橡胶和硅橡胶。为了保证玻璃屋顶的安全性，应采用安全玻璃，应尽量采用夹层安全玻璃，防止破裂溅落，发生危险。骨架与玻璃之间应采用氯丁橡胶衬垫，防止温度等引起的变形产生相互挤压而发生破裂。

由于透明材料自身的热阻小，又不能与其他非透明的绝热夹层复合，因此，为了满足室内的热工要求，宜采用双层中空玻璃以提高热阻，同时注意，即使是平玻璃也应保证每块玻璃保持大于18°的倾角，防止冷凝水滴落，也可提高排水防水性能。玻璃框架应设置冷凝水的接槽和相应的泄水孔，以便排除冷凝水。为防止太阳直射的眩光和太阳辐射热，采光顶应尽量朝北设置，或采用镀膜玻璃、室内外遮阳等方式提高保温隔热性能，降低能耗。

由于玻璃的透明性能，使其既能观景，也易积灰和产生污痕，因此应注意当地的气候条件，慎重选用玻璃顶，或有较强的维护清洁力量。玻璃采光顶应预留擦窗轨道或固定的伸缩臂擦窗机，便于定期清洁，或采用磨砂玻璃、半透明膜材料、室内格栅或窗帘等弱化污痕的干扰。

4.9 本章小结

如表4-4所示。

屋顶的功能构造体系 表4-4

功能及要求		组成及构件	构造设计要点与技术措施
基本功能	围护——排水	• 天沟与檐沟 • 坡屋顶屋面瓦与金属板 • 顺水条与挂瓦条	• 屋顶的排水方式与组织：防水与排水的结合 • 有组织排水的路径短促和顺畅，防止找坡过长 • 排水口的防堵措施与多层防水加强，应保证每片屋顶至少有两个排水点 • 檐沟及其排水路径的设计与处理 • 倒置屋面的外排水水口处结构的减薄处理要求增加排水垫层 • 倒置顶的顺水与固瓦构造，并设有檐口上翻等措施防止瓦、保温层、找平层等的滑落 • 屋顶温度变化剧烈需做好防水、保温层的保护层、隔离层
	围护——防水	• 平屋顶的防水层与泛水 • 坡屋顶的防水层 • 坡屋顶的老虎窗、烟囱、管道等的泛水 • 刚性防水屋面 • 栏杆与设备基础	• 屋顶防水的等级与方式、使用范围 • 防水的多层构造和材料的复合防水，防水卷材转折处圆角保护和加强处理 • 平屋顶的正置与倒置式屋面构造层次，倒置式屋面的保温层应具有足够的强度和耐水性，并在其上设保护层 • 刚性防水屋面分格缝设置原则及构造 • 天沟处、女儿墙与垂直墙面交接处的泛水处理，为保证露台的舒适应作降板处理；楼梯间则可做升板处理 • 屋顶栏杆、设备基础等构件固定方式应注意防止穿透防水层
基本功能	围护——保温隔热	• 保温隔热层 • 透明屋顶，玻璃屋顶 • 遮阳防晒构造 • 太阳能集热装置	• 保温层的隔汽防水构造 • 坡屋顶的保温材料的固定钢筋与檐口的上翻 • 透明屋顶的遮阳与保温，屋顶卷材的防晒保护构造 • 绿化或通风屋顶构造，适宜的种植厚度和机构荷载预留 • 绿化屋面的蓄水、排水、防水、泛水 • 屋顶的反射、遮阳、太阳能收集（集热与光电转化）
	围护——隔汽防潮	• 隔蒸汽构造	• 两种蒸汽的隔绝：施工过程的屋面板蒸汽，使用后的室内蒸汽，以前者为主
	围护——隔声	• 隔雨噪声垫层 • 防风噪声构造	• 大面积玻璃天窗的雨水噪声防治，固体传声的弹性隔绝层
支撑性能（次生要求） —安全性 —维护性 —加工性 —资源性 —附加功能	结构支撑	• 屋面板与梁 • 大跨屋面	• 屋顶设计以结构合理性为准则，建筑师与结构工程师的合作
	室外设备放置	• 设备基础 • 屋面穿管，通风排烟设备	• 设备穿过防水层时的处理方式和防水加强保护 • 排气管、通风管避开屋顶露台等人活动的区域
	围护防跌	• 栏杆与扶手 • 设备百叶	• 栏杆扶手的防跌、防攀、防钻、防落，老幼、残障用扶手的高度与连续性 • 扶手、栏板、栏杆的支撑与连接构造 • 大于 30° 的坡屋面下端应设置现浇混凝土檐口或女儿墙、栏杆等，保证维修安全
	防火、防雷等	• 避雷设备 • 防火疏散 • 安全防碎落	• 高层住宅的屋顶作为疏散通道，超高层公建的屋顶作为疏散救援场所 • 玻璃屋顶应采用安全玻璃，防止碎落伤人
	采光、通风、隔声	• 天窗及其泛水 • 雨水隔声构造	• 预制天窗的构造与连接 • 大面积采光顶应做好防水、防露、遮阳处理，尽量避免大面积的平坦玻璃屋顶，宜采用金字塔形的组合采光屋顶 • 透明屋顶带来顶棚下空调、消防、照明、遮阳、清扫等设备的设置困难，需要协调设计

续表

<table>
<tr><th colspan="2">功能及要求</th><th>组成及构件</th><th>构造设计要点与技术措施</th></tr>
<tr><td rowspan="2">支撑性能
（次生要求）
—安全性
—维护性
—加工性
—资源性
—附加功能</td><td>耐久、耐污、围护性</td><td>·耐热耐紫外线的多重保险构造
·擦窗设备
·融雪设备</td><td>·积雪荷载与屋面坡度
·清扫、融雪设备与结构的结合，特别是在玻璃屋顶的设计中应预设设备轨道和操作支撑
·玻璃屋顶设计应注意保证较大的实屋面以便设置清扫设备、屋顶管道和机房</td></tr>
<tr><td>加工性、资源性</td><td>·材料与构法</td><td>·屋面对使用及视觉的影响较小，可采用廉价材料，适当增加厚度以保障性能</td></tr>
<tr><td>衍生功能
（艺术功能）</td><td>庇护、家的象征</td><td>·屋顶的材质、形态</td><td>·屋顶的材质、造型的选择和特异化处理
·屋顶泛水的隐藏和采用多层屋顶构造形成平顶的效果
·屋顶与墙面的一体化设计、卷曲化设计
·大屋顶的庇护感和传统样式</td></tr>
</table>

第 5 章

建造部件02——水平围护体系：楼地层

5.1 楼地层的概要

楼，重屋也。台，观四方而高者。

——《说文》

鸟类等动物的巢穴是通过舒适的底面处理来获得适宜的栖居环境。人类在解决了屋顶的遮蔽、墙体的围护之后，室内地面的处理也就成为了改善居住环境的重要手段。早在新石器时代的远古建筑中，生土的室内地面就有夯实、石灰抹面等处理，以获得干燥、坚硬、清洁的室内生活基层和平台。距今5000年左右的洛阳王湾的居住建筑中，就使用了石灰涂抹室内地面，形成了坚硬光滑的居住面。防潮卫生的要求也促使建筑物很早就坐落在高于周边地坪的平台上并在礼仪象征的要求下形成高台建筑。

在建筑技术进步的条件下，特别是跨度材料和结构的发展使得建筑物的垂直叠加成为了可能，也就有了支撑上部荷载、分割上下空间的楼板。早期的楼板如同屋顶的结构体系一样，采用自然界的天然纤维材料（木、竹、草等）或石材构成简支体系，在砖石拱出现以后，利用发券技术的连续拱，可用较小的、标准化的砌块材料构筑各种尺寸的大型承载平台，使得大规模的多层建筑成为可能。从古罗马开始，公共浴场等建筑物室内就利用地板下的风道和水道使得分布均匀的楼地板成为了调节室内微气候的设备装置。楼板的顶面——楼地面和楼板的底面——天顶是室内空间上下两个水平面的重要可见面和视觉焦点，是建筑装饰的重点。

楼板与地板的区分在于其承受的荷载是否直接传递到下部的地基：楼板下部有使用空间，因此，楼板要将荷载收集、转向传递到梁、柱、墙，其本身是承受荷载的受力构件；地板以下为地基，因此，荷载直接向下传递，地板只起到围护作用而不承载。有地下室或地基无法填实的一层地面，由于需要承载，所以要将所受的荷载传递到墙柱上而非直接传递到地基上，在结构意义上，这种地板实际上是一种典型的楼板（图5-1）。

楼地面的性能及其细部的设计，应在满足房间使用功能和装饰要求的基础上，满足人们在建筑艺术方面的需求。楼地面是空间体验的基础和路径，是建筑室内的重要组成部分和肢体接触的部分，因此楼地面应有视觉的作用，也应有触觉的感染力，利用面层的质感、硬度、坡度的变化，强调空间的形态和建筑体验的速度，从而形成完整的建筑印象。

（*a*）巴黎19世纪城市公寓

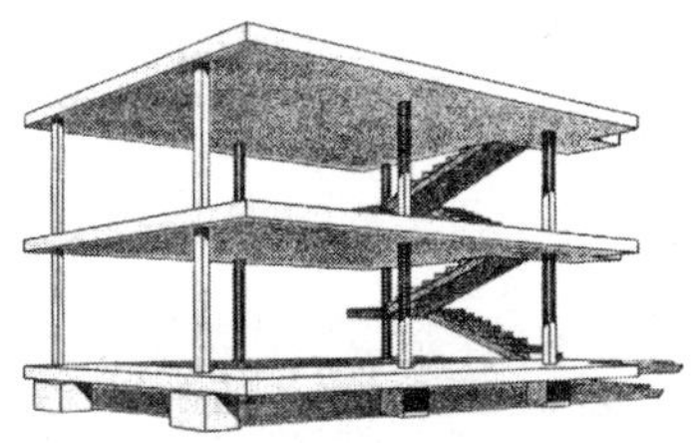

（*b*）勒・柯布西耶提出的现代建筑体系

（*c*）型钢砖拱楼板

（*d*）钢筋混凝土楼板

（*e*）钢筋混凝土楼板

（*f*）玻璃楼板

图 5-1　空间的叠合与各种类型的楼板

（*a*）引自：贝纳沃罗．世界城市史．薛钟灵等译．北京：科学出版社，2000.

（*b*）引自：汉诺－沃尔特·克鲁夫特．建筑理论史——从维特鲁威到现在．王贵祥译．北京：中国建筑工业出版社，2005.

5.2　楼地层的功能与设计要求

（1）承载要求

楼地面是承重结构，应有足够的强度和刚度，以保证房屋的结构安全。

建筑的水平承载构件——梁板与垂直承载构件——柱墙等组成了复合的承载和传力体系。楼地板是建筑物中最主要的承载体系，由于使用空间的需求，产生了板和梁的空间跨度以及作用在其上的荷载。荷载包括材料自重等静荷载，人、家具、设备等使用荷载（活荷载），风力、地震力、破坏冲击波等瞬间荷载，楼地板要直接承受上述荷载中的垂直荷载并连接墙、柱等以承受水平荷载，增强建筑的刚度和整体性，保证在各种条件下能够受力、传力而不被损坏。同时，楼地层需要有足够的刚度，在荷载的作用下保证构件的变形小于容许挠度，一般为$L/200 \sim L/300$（L为梁、板的跨度），保证在各种荷载条件下都不发生明显的变形和振动，满足使用的要求和心理要求，防止刚性材料的开裂影响耐久性。

（2）围护要求

楼板是上下叠加的使用空间的支撑和分隔，因此需要采用必要的材料和构造手段来防止上下空间的干扰，特别是振动（噪声）的干扰，需要根据噪声的特性，保证空气传声和固体传声两个方面的隔声效果。

楼地板作为建筑的围护构件，还应满足一定的热工性能要求。一般建筑的楼板是混凝土材料制成的，热传导快，需要有良好的保温措施以防止暴露在墙体中的梁板成为“热（冷）桥”，这样不仅会消耗室内的采暖降温能耗，而且易产生冷凝水，影响卫生和构件的耐久性。对于建筑物内不同温、湿度要求的房间，常在楼板层中设置保温层，使楼面的温度与室内温度一致，减少通过楼板的冷热损失。在严寒和寒冷地区，建筑底层室内如果采用实铺地面构造，对于直接接触土壤的周边地区，也就是从外墙内侧算起向外2.0m的范围之内，应当作保温处理。如果底层地面之下还有不采暖的地下室，则地下室以上的底层地面应该全部作保温处理。保温层除了放在底层地面的结构面板与地面的饰面层之间之外，还可以考虑放在底层地面的结构面板，即地下室的顶板之下。

对于用水较多的房间，如盥洗室、浴室、厨房等，楼地板应设置防水层以满足防水的要求，同时要做排水坡、排水沟和地漏，以便迅速排水。楼板的最下层——地坪层（有地下室时则为地下室的底板）与地面直接接触，需要采取防潮措施防止土壤中的水分渗入反潮或渗水，影响室内卫生和使用。

楼板层作为建筑物的承重构件和分隔上下空间的围护构件，应根据建筑物的等级、防火要求进行设计，以满足防火规范对建筑的楼板的耐火极限和燃烧性能的要求，如钢筋混凝土是理想的耐火材料，但钢板、钢梁等在火灾时会丧失强度，因此表面需有外包混凝土、刷防火涂料等防火措施。管道穿过楼板形成的缝隙、楼板与玻璃幕墙之间的缝隙应用不燃材料将缝隙填塞密实。

（3）设备支撑与技术经济性

公共建筑，特别是面积加大的办公空间中常常利用楼地面或其表面垫层进行管线的铺设，也可利用楼地面设置采暖空调系统（冷热辐射系统），住宅建筑中也常在地面铺设地板采暖系统，在用水房间的地面设置地漏等排水设备也必须设在楼地板中。

楼地板在建筑中占有较大比重，一般情况下，多层建筑楼板的造价占土建总造价的20% ～ 30%，因此，应注意满足建筑经济性的要求，结合建筑物的质量标准、使用要求和施工技术条件，选择经济合理的结构形式和构造方案，尽量减少材料的消耗和楼板自重，并为工业化生产创造条件，以降低造价。同时，楼板也是整个建筑施工过程中的工作平台，因此，楼地层的施工进度也决定了整个建筑物的施工进度。

5.3　楼板的类型

楼板是楼板层的结构层，根据使用材料的不同，楼板分为木楼板、砖（石）拱楼板、钢筋混凝土楼板、压型钢板组合楼板等（图5–2）。

（1）木楼板

木楼板是由墙或梁支撑的木格栅（龙骨）上铺钉的木板组成的。木楼板利用天然木材的特性，具有自重轻、跨度大、就地取材、施工简便、保温性能好、舒适、有弹性等优点，但是隔声差、易燃、耐久性差。此种楼板在传统木构建筑和现代小型木构住宅中被大量采用。

（*a*）木楼板

（2）砖（石）拱（穹）楼板

在墙或梁上支撑的砖拱或石拱楼板是利用砖、石等砌体材料的相互挤压，将楼板受到的竖向力传导至两边的梁或墙上，结构简单且造价低廉，是砖石结构建筑和钢筋混凝土出现之前的近代建筑中常用的结构形式。缺点是耗费工时，占用空间大，不宜用于地震区及地基条件差的地方。

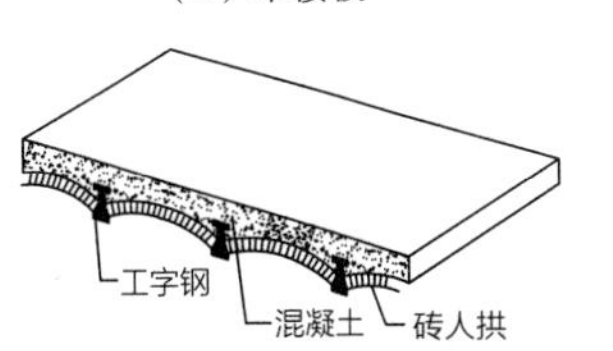

（*b*）钢骨砖拱楼板

（3）钢筋混凝土楼板

钢筋混凝土楼板具有强度高，防火性能好，便于工业化生产等优点，是应用最广泛的一种楼板。缺点是自重大，施工时间长，湿作业受天气影响大。在工业化生产中，钢筋混凝土在工厂预制成相应的形态，能加快施工进度。按施工方法可将其分为现浇整体式、预制装配式、装配整体式三种。

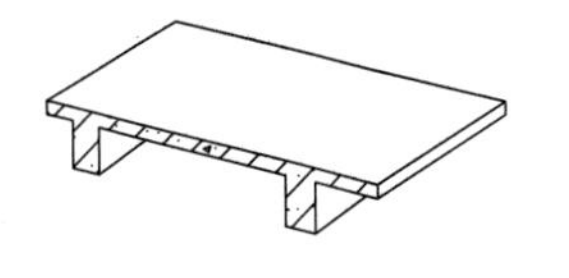

（*c*）钢筋混凝土楼板

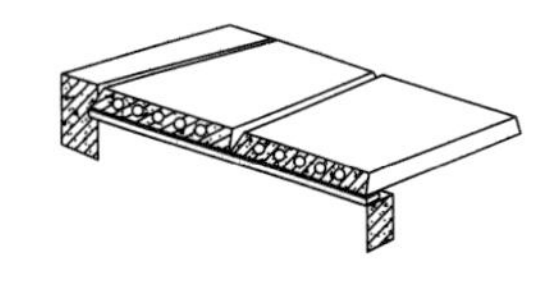

（*d*）预制钢筋混凝土空心楼板

（4）混凝土叠合（组合）楼板

混凝土叠合楼板是利用预制的大型板材代替混凝土楼板的模板并与现浇混凝土共同形成楼板，整体发挥结构作用的楼板类型。常见的混凝土叠合楼板有压型钢板叠合楼板和混凝土薄板叠合楼板。

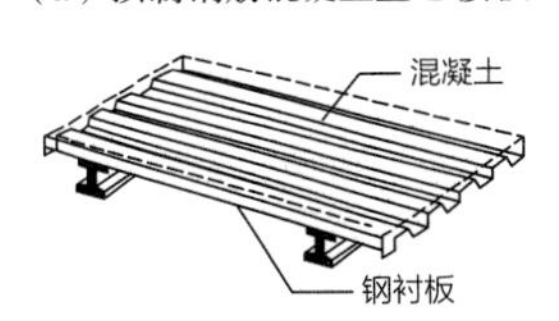

（*e*）压型钢板与混凝土组合楼板

图 5–2　楼板的类型

压型钢板叠合楼板是在型钢钢梁上，用截面为凹凸形压型钢板与现浇混凝土面层组合形成整体性很强的一种楼板结构。压型钢板既是面层混凝土的模板，又起到结构作用，楼板是由栓钉（又称抗剪螺钉）与现浇混凝土楼板的钢筋网、混凝土楼板、压型钢板和钢梁组成的整体。这种楼板能够增大结构跨度并减轻自重，加快施工进度，在高层建筑和办公建筑中被广泛应用。与此类似的构造以预制的混凝土薄板代替压型钢板，可同时起到结构和模板作用。

根据材料划分，还有石楼板、钢楼板、玻璃楼板等多种形式。

5.4 楼地层的构造

楼地层包括楼板层和地坪层，是楼面和地面荷载的主要承载构件，同时将垂直受力水平传导至下部构件（墙、柱、基础），并抵御风力和地震作用力等的水平荷载，还将建筑物构造连接成一个整体，提高建筑物的整体刚度，即承重构件（详细内容参见建筑结构章节）。同时，楼板层分隔上下楼层空间，地坪层分隔大地与底层空间，因此，楼地层要隔声、防火、防水、美观等以保证各个人居空间的舒适性要求（包括安全性和美观性等不同的舒适性需求），因此楼地层又是建筑物中的重要围护构件。

楼地层的基本构造层次为：面层、结合层、找平层、结构层或垫层。根据使用和构造要求可以增设相应的构造层，如防水层、保温隔热层等（图5-3）。

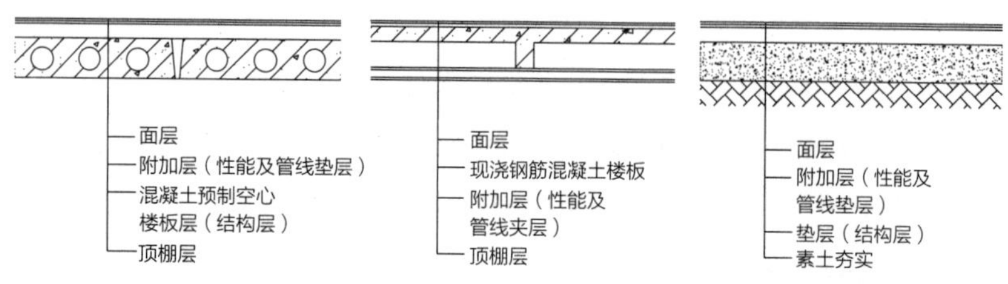

图5-3 楼地层的构成

5.4.1 楼板层构造层次

楼板层主要由作为结构层的楼板在上下各设一个装修面层——地面或楼面层、顶棚层组成，也可在楼板的结构层上下各增加一个结合层和功能附加层，形成楼地面层（装修面层）、结合层（垫层、找平层）、楼板层（结构层）、附加层（隔声、绝热、防潮及设备管线敷设）、顶棚（装修面层）五部分，是多种材料的复合体，充分发挥了各种材料的性能。

1）面层：又称楼面，是使用空间和室内环境的下部重要构件，是人直接接触的室内环境之一，也是直接承受各种物理、化学作用的表面层，应坚固耐磨，表面平整、光洁，易清洁，并根据需要有较好的保温、防潮、防水、耐腐蚀、弹性等性能，其主要作用是保护楼板、承受荷载、装饰美化等。面层分为整体和块材两类。

2）结合层：面层和下层的连接层，分为胶凝材料和松散材料两类。

3）找平（坡）层：在结构层上起找平或找坡的作用的构造层，并起到承载（支撑面层）的作用，有时还有防水、隔声等附加功能和调节面层高度、设备管线敷设的垫层功能（地板采暖管道、电线等线路铺设）。

4）楼板（结构层）：它是楼板层的结构层，一般包括梁和楼板。主要作用是承受面层传递来的全部荷载，同时承受水平荷载，楼地板与墙、柱等垂直承载构件组成一个刚性的整体，将这些荷载传递给其下的墙、柱、基础，直至地基（楼板的结构参见相关章节）。同时，楼板也起到分隔空间、隔声、绝热、防火等围护功能。

5）顶棚：它是楼板结构层以下、下部使用空间以上的构造组成部分。一般有涂抹类（抹灰）、粘贴类和垂吊类（吊顶）三种主要的构造方式，主要作用是装饰和美化使用空间。

6）附加层：根据建筑的性能需要，在结构楼板的上部或下部，即楼板与面层、楼板与顶棚之间，最常被用作建筑性能实现和设备管线敷设的附加层，根据需要主要有隔声层、保温隔热层、防水防潮层、防静电层、管线敷设层等。

5.4.2　地坪层的构造层次

地坪层是建筑物底层与土壤相接的构件，它承受着底层地面上的荷载并将荷载直接传给地基（实铺地坪）或通过梁板传给基础直至地基（架空地坪）。

地坪层由面层、垫层（结构层）、素土夯实层构成，根据需要还可以设各种附加构造层，如找平层、结合层、防潮层、保温层、管沟层等（图5–4）。

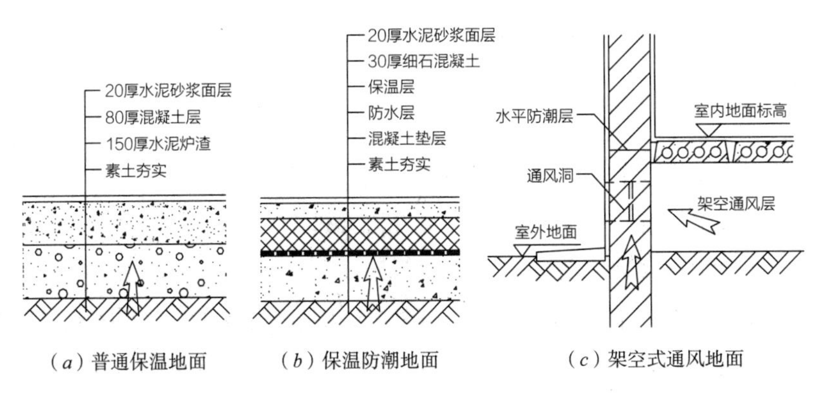

图 5–4　地坪层的防潮构造

地坪层分实铺及架空两种：

1）架空地坪层构造主要由面层、结构层、垫层和素土夯实层构成，根据需要还可以设各种附加构造层，这时的地坪层构造与楼面层相同。其结构多采用预制钢筋混凝土板，支承在承重墙或地梁上，如间距太大，难以支承时，可单砌地垄墙支承地坪层的预制板。地坪层结构做架空板，要求室内外高差在0.60m左右，以利用这段墙面留出通风孔防潮。在下部有煤气或污水等管道通过的室内底层，必须做实铺地坪层。

2）实铺地坪层构造主要由面层、垫层（结构层）和素土夯实层构成，根据需要还可以设各种附加构造层。

（1）面层

面层又称地面，与楼板面层要求相同。若地面需行车等，则需另配钢筋。

（2）垫层（结构层）

垫层是承受并传递荷载给地基的结构层，垫层有刚性垫层、非刚性垫层和复式垫层。

刚性垫层常用低强度等级混凝土（C10或C15），其厚度为80～100mm。刚性垫层用于地面要求高、薄而脆的面层，如水磨石地面、瓷砖地面、大理石地面等。

非刚性垫层常用的有：50mm厚砂垫层、80～100mm厚碎石灌浆、50～70mm厚石灰炉渣、70～120mm厚三合土（石灰、炉渣、碎石）、3∶7灰土等。非刚性垫层主要用于厚而不易开裂的面层，如混凝土地面、水泥制品块地面等。

复式垫层指先做非刚性垫层、再做刚性垫层的地坪，一般用于室内荷载大、地基差或室内有保温要求、面层装修标准较高的地面。这是目前一般民用建筑的常用做法。

（3）素土夯实层

素土夯实层是地坪的基层，也称地基。素土即为不含杂质的砂质黏土，经夯实后，才能承受垫层传下来的地面荷载，通常是填300mm厚的土夯实成200mm厚。

如果地坪层下还有地下室，则地坪层的构造同楼板层，而埋于地下的地下室底板则应作防水防潮处理。由于土壤的绝热作用，一般在地下室的侧壁地坪以下设置一段保温层并兼作地下室防水的保护层，地下室底板不做保温层。若在采暖地区地下室不设采暖设备，则应在首层建筑的底板下设保温层，以确保舒适的室内环境。详细内容参见本书第7章。

5.4.3　隔声构造——楼板及墙体、门窗

建筑的隔声要求包含隔除室外噪声和相邻使用空间噪声两个方面。

噪声来源于空气传播的噪声和固体撞击传播的噪声两个方面，即空气传声和固体传声。空气传声指的是露天或室内的声音传播、围护结构缝隙中的噪声传播、由于声波振动引起的结构振动而传播的声音（共鸣），如说话声、乐器声等高频空气振动噪声。固体传声是物体的直接撞击或敲打物体所引起的撞击声，如脚步声等低频撞击噪声。

不同使用性质的空间对噪声干扰的容忍度不同（卧室隔声要求高于起居室，演播室隔声要求高于会议室等），根据一般环境下的噪声级，可以确定出相应的建筑物构件的隔声标准。要保证房间的正常使用，就需要保证建筑空间内的噪声低于允许噪声级，隔声设计就是保证在特定环境下的室外噪声级（包括建筑物外和相邻使用空间之间的噪声）在围护结构的隔声作用下达到室内允许的噪声级，也就是说：

室内允许噪声级（L_0）＝室外噪声级（L）－围护结构的平均隔声量（Ra）

因此围护结构的平均隔声量可由下式求得：

围护结构的平均隔声量（Ra）＝室外噪声级（L）－室内允许噪声级（L_0）

隔除噪声的方法可以从噪声声源特点上分为空气传声和固体传声两个方面，其隔除方法也不相同。

（1）隔绝空气传声

1）从传播途径上

通过构造设计和控制施工质量使楼板密实、无裂缝等构造措施来达到。由于一般建筑物的不同使用空间可以通过墙体、门窗、楼板等密封，因此，隔绝空气传声主要是通过门窗等开启构件的密封（空气传声的隔声薄弱环节）和楼板缝隙的嵌缝等隔绝空气的方式实现。构件材料的密度越大，越密实，其隔声效果就越好，如双面抹灰的1/2砖墙空气隔声量的平均值为32dB，而双面抹灰的一砖墙，空气隔声量为48dB。

玻璃、金属等门窗构件由于密封不严、强度高、用料薄而挠度大，容易在声压的作用下产生振动传声甚至共振发声，因此可以通过提高门窗，特别是玻璃的刚度和自重来阻绝噪声，在隔声要求高的建筑中尽量少开窗。

2）从声能的吸收上

由于空气传声在空气中传播，所以，可以通过室内的吸声构造（吊顶、墙壁的软包和松软吸声材料的设置）吸收声能。可以采用轻质纤维等疏松材料作为隔声材料，可以在接近声源的一侧形成吸声构造。夹层墙可

以通过空气的间层有效地隔绝空气传声，但直接作用其上的撞击却容易形成空腔共鸣，因此要保证面层的刚度和加设柔性面层以阻绝或吸收撞击能量，同时注意空气层应有较大的厚度并内设吸声材料。

（2）隔绝固体传声（图5-5）

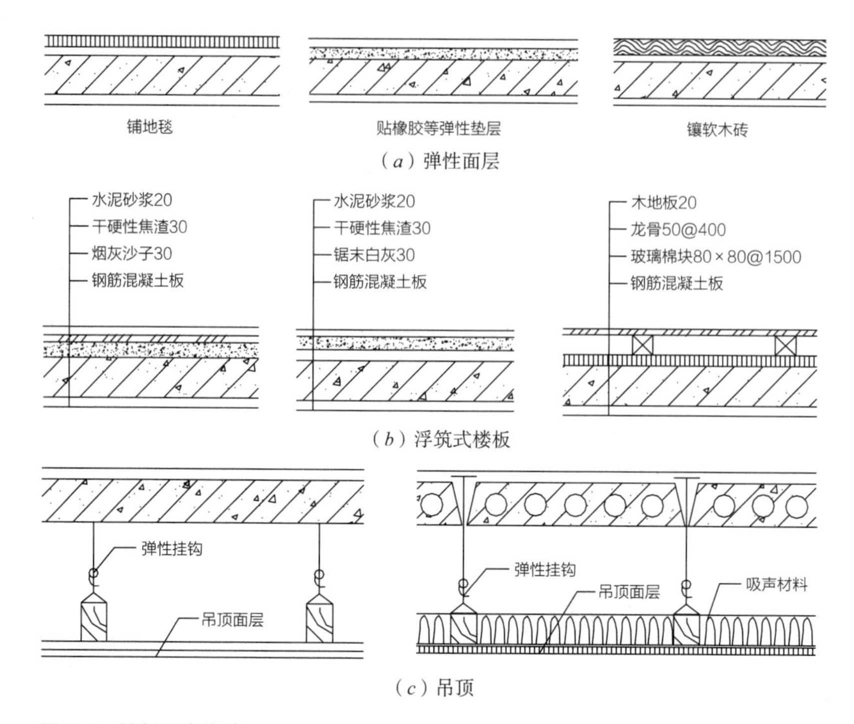

图5-5 楼板隔声构造

1）从声源上

在楼板面铺设弹性面层，以减轻撞击对楼板和墙面形成的振动，减弱声能，如铺设地毯、橡皮、塑料等柔性材料。这种方法可与室内装修相结合，效果好。

2）从振动发声的原理上

乐器中的大鼓、提琴等都是精致的振动发声装置，防止产生振动噪声的方法是反其道而行之：一是提高楼板的整体刚性，减小挠度，防止撞击引发楼板的振动转化为声能，在高档住宅的设计中，对楼板的跨度、楼板的厚度和配筋等均有超过结构强度要求的刚性要求，以减弱楼板在撞击中形成的振动发声。另一种方法是保证在楼板下的装修吊顶中有较大的空气间层和较多的开口，或设吸声材料，以防止形成空气共鸣腔。

3）从传播途径上

在楼板下设置弹性垫层，如在地板和室内楼梯的下部设置橡皮垫等，形成浮筑式楼板。这种方法切断了固体传声的途径，可有效地阻绝声能的传播。这种方法也是隔绝不同面层间应力相互作用的常用方法（如同刚性防水屋面的防水层与结构层的隔离），对面层没有特殊要求，但构造较为复杂。

4）从声能的吸收上

在楼板下设置弹性连接的吊顶棚可以吸收一部分由空气振动而产生的高频声，但对通过墙体等固体传声的隔绝作用不明显，可以作为防止固体传声的辅助方法。

由于建筑物多为刚性的整体性结构，固体传声中声能衰减又很少，固体传声的影响更大，因此，楼板的隔声主要是针对固体传声。固体传声的隔绝是一个复杂的综合性问题，关系到建筑的整体和局部结构、构造措施施工质量等。固体传声隔声量一般只能在现场进行试验测得，其隔声等级和标准也无法像空气传声的隔声那样明确。

同样，对于建筑物墙体的隔声，一般采取同样的措施。针对空气传声的措施主要有：采用加强墙体的密缝处理、切断声波的传播途径以及采用有空气间层或多孔性材料的夹层墙、提高墙体的减振和吸声能力；针对固体传声主要措施为：增加墙体密实性和厚度、避免噪声穿透墙体并带动墙体振动以及采用浮筑式构造、隔绝振动的传导（表5-1 ～表5-5）。

各种场所的室外噪声　表5-1

噪声声源名称	至声源距离（m）	噪声级（dB）	噪声声源名称	至声源距离（m）	噪声级（dB）
安静的街道	10	60	建筑物内高声谈话	5	70 ～ 75
汽车鸣喇叭	15	75	室内若干人高声谈话	5	80
街道上鸣高音喇叭	10	85 ～ 90	室内一般谈话	5	60 ～ 70
工厂汽笛	20	105	室内关门声	5	75
锻压钢板	5	115	机车汽笛声	10 ～ 15	100 ～ 105
铆工车间		120			

引自：北京市注册建筑师管理委员会．一级注册建筑师考试辅导材料：第 4 分册　建筑材料与构造．北京：中国建筑工业出版社，2004．

一般民用建筑房间的噪声限值　表5-2

建筑类型	房间名称	等效声级 $L_{Aeq,T}$(dB)		建筑类型	房间名称	等效声级 $L_{Aeq,T}$（dB）
		昼间	夜间			
住宅	卧室	45	35	剧场	自然声舞台(空场)	30（NR）*
住宅	起居室（厅）	45	45	图书馆	静区	40**
旅馆	客房（低限标准）	40	35	教学楼	普通教室、实验室	45
医院	重症监护室（低限标准）	45	35	商场、餐厅	（低限标准）	55

引自：*《剧场建筑设计规范》JGJ 57—2016；**《图书馆建筑设计规范》JGJ 38—2015；其他：《民用建筑隔声设计规范》GB 50118。

围护结构（隔墙和楼板）的空气隔声标准 表5-3

建筑类别	部位	隔声量（dB）	隔声量计算方式
住宅	分户墙、分户楼板	＞ 50	计权隔声量＋粉红噪声（自然噪声）频谱修正量
	分隔住宅和非居住用途空间的楼板	＞ 51	计权隔声量＋交通噪声频谱修正量
	外门窗	≥ 30	计权隔声量＋交通噪声频谱修正量（交通干线两侧卧室外窗、交通干线两侧未封闭阳台的卧室外门≥ 35dB）
学校	普通教室、音乐教室隔墙、楼板	＞ 45	计权隔声量＋粉红噪声频谱修正量
医院（低限标准）	病房与产生噪声的房间之间隔墙、楼板	＞ 50	计权隔声量＋交通噪声频谱修正量
	手术室与产生噪声的房间之间隔墙、楼板	＞ 45	计权隔声量＋交通噪声频谱修正量
	病房之间及病房、手术室、普通房间隔墙、楼板	＞ 45	计权隔声量＋粉红噪声频谱修正量
	听力测听室隔墙、楼板	＞ 50	计权隔声量＋粉红噪声频谱修正量
	诊室之间的隔墙、楼板	＞ 40	计权隔声量＋粉红噪声频谱修正量
旅馆（低限标准）	客房与客房之间隔墙、楼板	＞ 48	计权隔声量＋粉红噪声频谱修正量
	客房与走廊之间隔墙	＞ 45	计权隔声量＋粉红噪声频谱修正量
	客房的外墙（含窗）	＞ 35	计权隔声量＋交通噪声频谱修正量

引自：《民用建筑隔声设计规范》GB 50118。

楼板撞击声隔声量实测举例 表5-4

楼板构造	有无地毯	撞击声压级（dB）
水泥楼面 110mm 厚现制钢筋混凝土板	无	79.1
	有 12mm 厚地毯和 5mm 厚毛毡垫	35.9
水泥楼面钢筋混凝土密肋楼板	无	78.7
	有 10mm 厚尼龙地毯和 5mm 厚泡沫塑料垫	26.4
110mm 厚楼面做法 130mm 厚预制钢筋混凝土圆孔板	无	73
	有 6mm 厚羊毛地毯	42

引自：北京市建筑设计研究院．建筑专业技术措施．北京：中国建筑工业出版社，2006.
根据《民用建筑隔声设计规范》GB 50118，卧室、起居室的分户楼板撞击声单值评价量≤ 70dB。

门窗的隔声量实测举例 表5-5

门窗的构造	隔声量（dB）
无弹性垫的普通结构双扇门，门心板为胶合板	10 ～ 12
无弹性垫的普通结构单扇门，门心板为胶合板	15
有弹性垫的普通结构双扇门，门心板为胶合板	20
单层玻璃窗	15 ～ 20
双层玻璃窗	约 25
隔声型门窗	35*

引自：北京市注册建筑师管理委员会．一级注册建筑师考试辅导教材：第 4 分册 建筑材料与构造．北京：中国建筑工业出版社，2004.
*《铝合金门窗》GB/T 8478—2020。

5.4.4　防水楼地层构造

有给水设备或有浸水可能性的楼地层，如浴室、厕所、厨房、游泳池等的楼地板，应采取防水和排水措施，同时在与其他非用水空间的楼地层之间应设阻水措施。传统上多、高层建筑防水楼地层采用下层排水体系（即洁具排水横管在楼地层结构板以下的顶棚空间内）。近年来随着多、高层住宅对空间产权的重视，引进了国外集合住宅中较多使用的同层排水体系（即洁具排水横管在楼地层结构板以上），以避免因管道劣化漏水造成下层产权的损失。

（1）下层排水体系中对楼地面的防水要求

1）有防水要求的楼地板必须设置防水隔离层。楼层结构必须采用现浇混凝土或整块的预制混凝土板，混凝土的强度等级不应小于C20。在出门洞的楼地板周边应做不小于120mm的混凝土翻边。

2）楼地板应采用防水构造做法，防水材料可以采用高聚物改性沥青防水涂料、合成高分子防水涂料、防水卷材。防水层在立墙、柱、穿过楼地板的立管等处应作严密的防水处理，宜向外找坡，不应积水，防水层的翻起高度应大于100mm。淋浴间等有水溅射的空间的防水层的翻起高度应不低于1800mm并宜高于用水龙头200mm。

3）楼地层应设置地漏或排水沟，并向其做排水找坡，排水坡度为0.5%～1.5%，较为粗糙的楼地层的找坡可适当加大。当排水坡面较长时，宜设置排水沟，排水沟内纵向排水坡度不应小于0.5%并做防水加强处理。

4）为防止水流出房间，一般有排水措施的楼地面的标高应低于相邻房间或走道20mm，或做挡水门槛（图5-6）。

地下室地板也可以看成是底层的楼板，也有防水防潮的要求，其具体设计详见本书基础一章。

（2）同层排水体系对楼地层的附加要求

出于对产权完整性的考虑，近年来许多住宅开发中对于同层排水的需求越来越多。为了实现同层排水，楼地层的变化主要有两个方向：楼地层结构降板或者不降板而改变地漏的形态。

1）结构降板

结构降板是从国外引进同层排水体系（主要是日本的整体卫浴架空模块）后，在国内进行结构简单改良后的一种做法，即在不改变管道层标高和地面排水标高的前提下，结构板从原先的排水横管上方直接移到下方，形成有水房间和无水房间200～300mm的高差，通过垫层和面层做法将有水房间做至地漏排水标高（即完成面标高）（图5-7）。

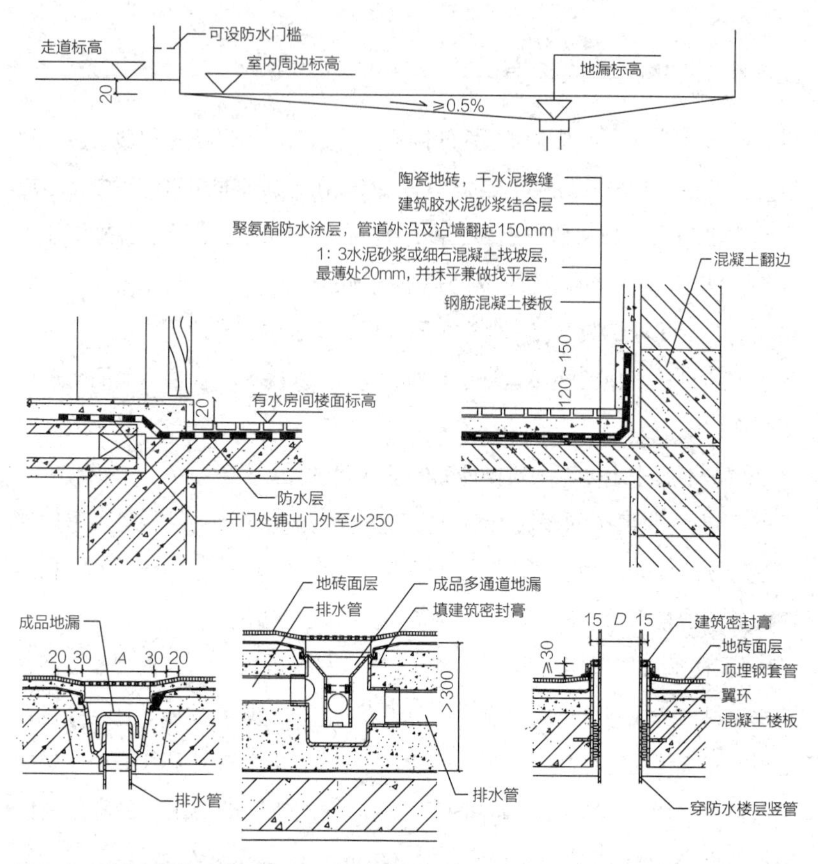

图 5-6 用水房间的防水、排水设计要求与构造

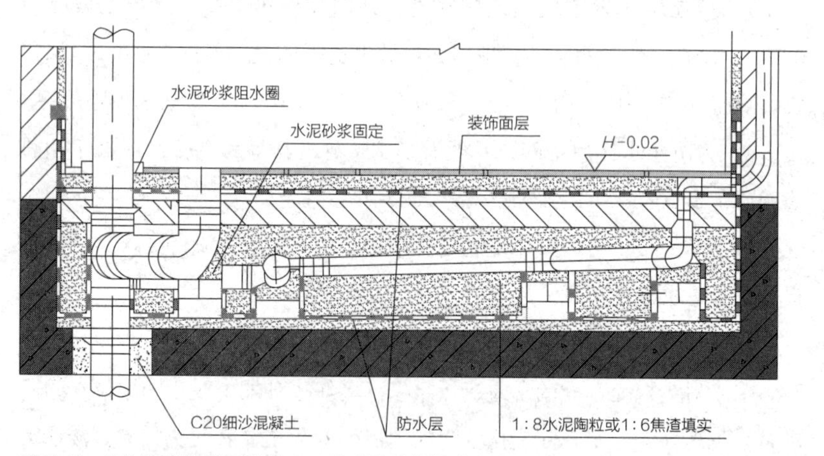

图 5-7 结构降板楼地层做法（*H* 为室内地坪标高）

这个体系在国内推广实施以来，解决了漏水产生的产权纠纷，但由于管道漏水无法完全避免，漏水后在降板处的积水不易发现，也不易排除，造成积水后楼地层损坏，也存在相当的隐患。目前结构降板体系应做结构板面溢流口，即排除因渗漏导致的积水。

2）结构不降板

同层排水对楼地层垫层的厚度要求，即完成面与结构板之间的高差，主要来自于地漏水封（防止反味）及其横管排水找坡占用的高度，因为其他洁具的排水标高都可以控制在足够高度，通过横管将污水在重力作用下流入公共立管。因此，在结构不降板的前提下，地漏设置位置则和有水房间的设计密切相关。当前的解决方案有如下五种，对楼地层垫层做法各不相同（图5-8）。

a. 架空整体式排水：这是日本集合住宅传统的排水方式，其之所以可以不用降板，主要是因为在无水房间可以用架空地面的方式，与有水房间完成面同高。在国内由于无水房间大多不采用架空地面，因此有水房间整体架空后，会高于无水房间，新建住宅中极少用，住宅改造中少量出现；近年来北方住宅地暖逐渐代替散热器成为采暖的主要方式，地暖铺设的厚度加完成面可以做到130～160mm，在这个高度，有水房间也可以铺设地漏横管，两边完成面可以取平。

b. 侧墙排水：欧洲集合住宅中多采用这类排水系统，指卫生间洁具后方砌一堵假墙，形成一定厚度的空腔，成为布置管道的专用空间，排水支管不穿越楼板，在假墙内敷设、安装，在同一楼层内与主管相连接。而地漏在墙脚铺设，类似于女儿墙排水。如公共立管靠近某个墙脚，则地漏距离立管很近，则横管很短，放坡占用高度很少，一般只需要不到90mm垫层厚度就可以铺设地漏和横管。这种排水方式，虽然表面上看起来构造简单，但对结构、设备、装修一体化、精细化设计要求非常高，目前国内集合住宅中应用较少，高档酒店中有较多应用。

c. 薄型地漏排水：与侧墙排水类似，但对立管位置依赖较少，地漏只需要基本接近立管即可，卫生间设计布局难度更低。采用薄型地漏，垫层只需90mm以内，目前在老旧住宅改造中非常实用（无水房间通过少许垫层和木地板即可找平），通过同层排水改造，可以实现对原有卫生间布局的彻底改变。

d. 干湿分区取消地漏：因为只有淋浴区需要地漏，淋浴房的出现，其底盘高度完全可以作为安装地漏的空间，则卫生间其他部分就可以成为干区，无需排水，不设地漏，全部采用侧墙空腔铺设管道。

e. 压力排水：传统排水依靠重力，排水管道并无外加压力，因此对管道的直径、坡度都有严格的要求。压力排水则完全改变了这种排水体系，是采用污物粉碎和污水提升泵处理洁具、地漏排水。该技术首先应用于工业建筑有排放工艺要求的空间中，而后民用建筑应用较广的是地下室排水（室内管道标高低于市政管道），当前在少量老旧住宅改造中有所应用。其优势是，有水房间位置与公共立管完全脱钩，室内布局更加灵活；限制是，需要供电才能够使用压力排水系统。

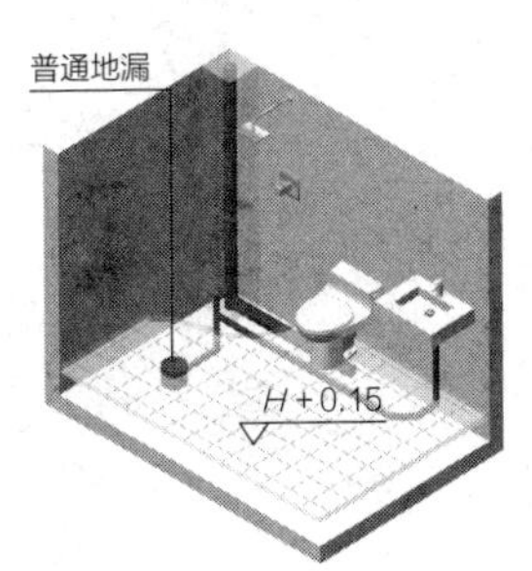

（a）架空整体式排水

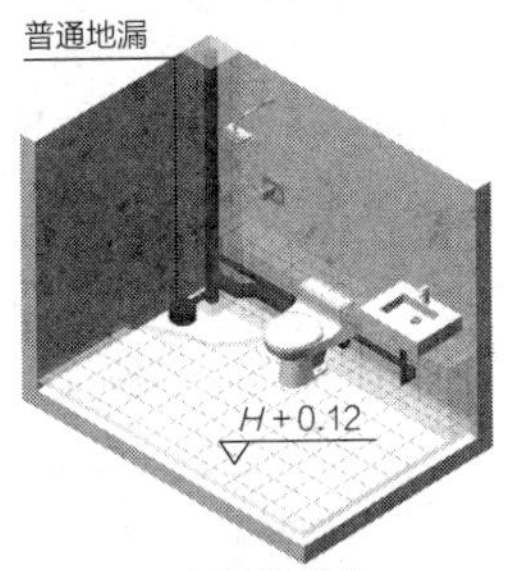

（b）侧墙排水

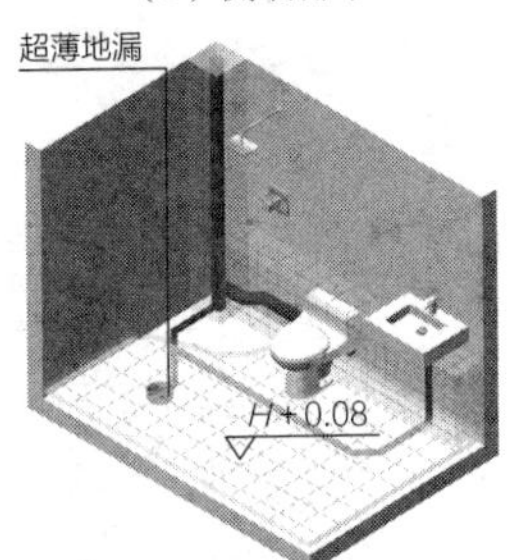

（c）薄型地漏排水

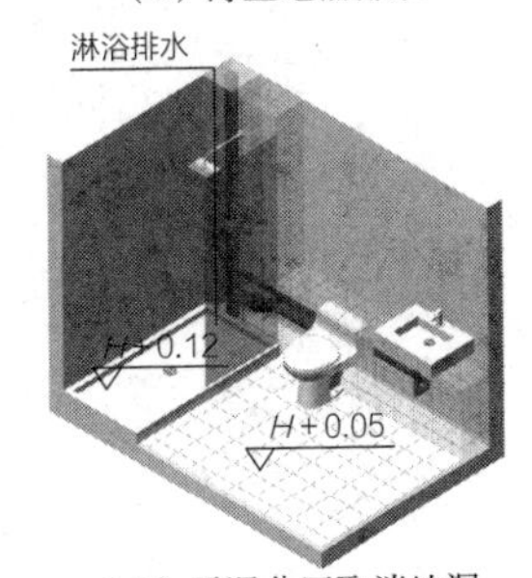

（d）干湿分区取消地漏

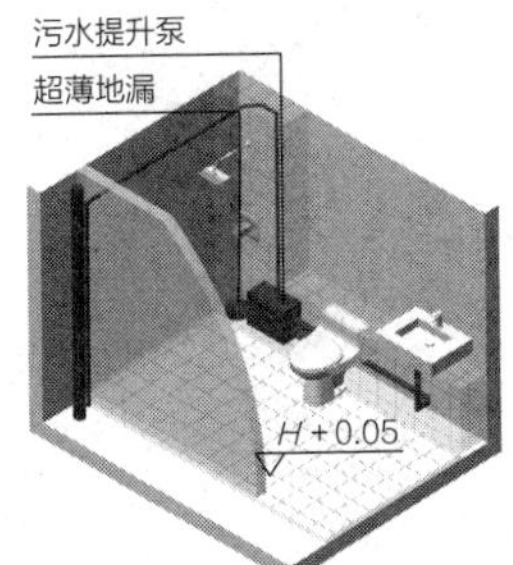

（e）压力排水

图5-8 同层排水的各种解决方案楼地层做法（*H*为结构楼板完成面标高）

5.5　楼地层面层（楼面装修）构造

楼地层的基本构造层次为面层、结合层、找平层、结构层或垫层。根据使用和构造要求可以增设相应的构造层次，如防水层、保温隔热层等。

1）面层：直接承受各种作用的表面层，分为整体和块料两类。

2）结合层：面层与下层的连接层，分为胶凝材料和松散材料两类。

3）找平层：在垫层、楼板层或轻质松散材料上起找平或找坡作用的构造层。

4）防水层：防止楼地面上的水透过面层的构造层。

5）防潮层：防止地基潮气透过地面的构造层，应与墙身防潮层相连接。

6）保温隔热层：改善热工性能的构造层，设在地面垫层上或楼板、吊顶内上。

7）隔声层：隔绝楼面撞击声的构造层。

8）管道敷设层：敷设设备暗管线的构造层，可设在吊顶内或无防水层的垫层内。

9）垫层：承受并传递楼地面荷载的构造层。

10）基层：楼板或地基。

楼地层面层（装修面层）按其材料和做法可分为整体地面、块料地面（含卷材地面）（表5-6）。

楼地面常用装修做法　　表5-6

<table>
<tr><th>名称</th><th colspan="2">材料及做法</th></tr>
<tr><td rowspan="2">水泥砂浆楼地面</td><td colspan="2">• 25mm 厚 1：2.5 水泥砂浆，将面层铁板擀光
• 水泥浆结合层一道（内掺建筑胶）</td></tr>
<tr><td>• 60mm 厚 C15 混凝土垫层
• 素土夯实</td><td>现浇钢筋混凝土楼板</td></tr>
<tr><td>细石混凝土楼地面</td><td colspan="2">• 40mm 厚 C20 稀释混凝土，表面撒 1 ：1 水泥沙子打碎磨光
• 水泥浆结合层一道（内掺建筑胶）
• 结构层</td></tr>
<tr><td>水磨石楼地面</td><td colspan="2">• 15mm 厚 1：2 水泥白石子，面层打磨，表面草酸处理后打蜡上光
• 水泥浆结合层一道（内掺建筑胶）
• 25mm 厚 1：2.5 水泥砂浆找平层
• 水泥浆结合层一道（内掺建筑胶）
• 结构层</td></tr>
<tr><td>现浇无缝环氧沥青塑料地板</td><td colspan="2">• 刷有色面漆三道，清漆两道
• 刮有色环氧树脂腻子两道，打磨
• 填嵌并满抹腻子三道
• 3mm 厚环氧沥青塑料砂浆压光</td></tr>
</table>

续表

<table>
<tr><th>名称</th><th colspan="2">材料及做法</th></tr>
<tr><td>现浇无缝环氧沥青塑料地板</td><td colspan="2">• 刷底子油（环氧沥青胶液）
• 20mm 厚 1∶2.5 水泥砂浆找平层
• 结构层</td></tr>
<tr><td>聚氯乙烯板楼地面</td><td colspan="2">• 1.5 ～ 2.0mm 厚聚氯乙烯板面层
• 专用胶粘剂结合层
• 20mm 厚 1∶2.5 水泥砂浆压实抹光
• 水泥浆结合层一道（内掺建筑胶）
• 结构层</td></tr>
<tr><td>陶瓷地面砖楼地面</td><td colspan="2">• 8 ～ 10mm 厚陶瓷地面砖面层，干水泥浆擦缝
• 20mm 厚 1∶3 干硬性水泥砂浆结合层，表面撒干水泥粉并洒适量清水
• 水泥浆结合层一道（内掺建筑胶）
• 结构层</td></tr>
<tr><td rowspan="2">陶瓷地面砖楼地面（有防水层、地板辐射采暖层）</td><td colspan="2">• 8 ～ 10mm 厚陶瓷地面砖面层，干水泥浆擦缝
• 30mm 厚 1∶3 干硬性水泥砂浆结合层，表面撒干水泥粉并洒适量清水
• 1.5mm 厚聚氨酯防水层（两道）</td></tr>
<tr><td>• 60mm 厚细石混凝土（上下配 3@50 钢丝网片，中间配乙烯散热管）
• 0.2mm 厚真空镀铝聚酯薄膜反射层
• 20mm 厚聚苯乙烯泡沫板保温层
• 20mm 厚 1∶3 水泥砂浆找平层
• 结构层</td><td>• 最薄处 20mm 厚 1∶3 水泥砂浆或 C20 细石混凝土找坡层抹平
• 水泥浆结合层一道（内掺建筑胶）
• 结构层</td></tr>
<tr><td>天然石材板楼地面</td><td colspan="2">• 20mm 厚天然石材板面层，干水泥浆擦缝
• 30mm 厚 1∶3 干硬性水泥砂浆结合层，表面撒干水泥粉并洒适量清水
• 水泥浆结合层一道（内掺建筑胶）
• 结构层</td></tr>
<tr><td>强化复合木地板楼地面</td><td colspan="2">• 8mm 厚企口强化复合木地板
• 3 ～ 5mm 厚泡沫塑料衬垫
• 12 ～ 18mm 厚细木工板或中密度板，背面满刷氟化钠防腐剂
• 20mm 厚 1∶3 水泥砂浆找平层
• 水泥浆结合层一道（内掺建筑胶）
• 结构层</td></tr>
</table>

（1）整体地面

整体地面包括水泥砂浆地面、水泥石屑地面、水磨石地面、塑料地面等现浇地面。

1）水泥砂浆地面

水泥砂浆地面构造简单、坚固，能防潮防水且造价较低，但水泥地面蓄热系数大，冬天时使人感觉冷，而且表面起灰，不易清洁。

2）水泥石屑地面

水泥石屑地面是以石屑替代砂的一种水泥地面，亦称豆石地面或瓜米石地面。这种地面的性能近似水磨石，表面光洁，不起尘，易清洁，造价较低。

水磨石地面是以白水泥或彩色水泥与彩色石屑拌合，经成型、养护、研磨、刨光后制成，常用于地面板、窗台板、踢脚板、台面板、踏步板等。它具有强度高，坚固耐用，防水防火，质地美观，施工简便，价格低廉，便于清洁等特点。

水磨石地面一般分两层施工。在刚性垫层或结构层上用10～20mm厚的1：3水泥砂浆找平，面铺10～15mm厚1：1.5～1：2的水泥白石子，待面层达到一定强度后加水，用磨石机磨光、打蜡即成。

水磨石地面具有良好的耐磨性、耐久性、防水防火性，并具有质地美观，表面光洁，不起尘，易清洁等优点。

3）聚氯乙烯塑料地面

聚氯乙烯塑料地面是以聚氯乙烯（PVC）树脂为主要胶粘材料，配以增塑剂、填充料等，经高速混合、塑化、辊压或层压、压花印花、表面处理、切割等工序制成的铺地装饰材料。按照使用形态分为块材（地板砖）和卷材（地板革）。塑料地面色彩鲜艳，花色图案多，装饰效果好，施工简单，有一定弹性，脚感舒适，造价低，易清洁，但耐火性差，硬物刻划易留痕。聚氯乙烯地面所用胶粘剂也有多种，如溶剂型氯丁橡胶胶粘剂、聚醋酸乙烯胶粘剂、环氧树脂胶粘剂等。

4）环氧树脂涂料地面

环氧树脂耐磨地面涂料具有自重轻、造价低、整体性强、不受尺寸限制、便于施工、地面平整光滑、易于维护和更新等优点，由于是自成膜，与基层结合性好，具有良好的耐磨、防滑、耐腐蚀、耐冲击性能。涂层的厚度与耐久年限及使用环境有关，5mm厚的涂层在一般的工业厂房中可以使用5年，在民用建筑中则能使用10年左右。

（2）块料地面

块料地面是把地面材料加工成块（板）状，如黏土砖、水泥制品块、大型卷材等，然后借助胶粘材料贴或铺砌在结构层上。常用胶粘材料有水泥砂浆、沥青玛瑞脂、专用胶粘剂等。

水泥制品块与基层的粘结有两种方式：当预制块尺寸较大且较厚时，常在板下干铺一层20～40mm厚细砂或细炉渣，待校正后，板缝用砂浆嵌填，城市人行道常按此方法施工；当预制块小而薄时，则采用12～20mm厚1：3水泥砂浆做结合层，铺好后再用1：1水泥砂浆嵌缝。

陶瓷地砖（含缸砖、锦砖）的构造层次自上而下为：陶瓷地砖面层配色，白水泥擦缝；25mm厚1：2.5干硬性水泥砂浆结合层，上撒1～2mm厚干水泥并洒适量清水；水泥浆结合层一道；结构层（图5-9）。

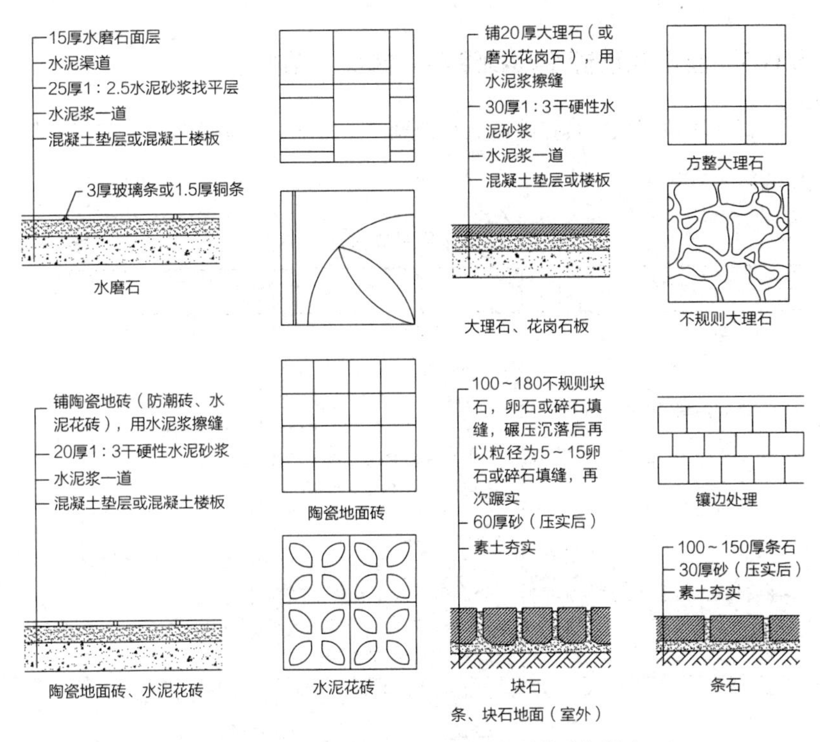

图 5-9　水磨石、陶瓷地面砖、水泥花砖、石材楼地面的构造与做法

5.6　顶棚构造

顶棚是指建筑室内空间上部的结构层或装修层，又称天花、天棚、吊顶等。常用的顶棚有两类：

1）直接式（露明）顶棚——直接式顶棚包括一般楼板板底（结构暴露），或是屋面板板底直接喷刷、抹灰、贴面。

2）吊顶棚（吊顶）——在屋顶或楼板层结构下另挂一层顶棚。可在结构层与吊顶棚之间布置管线，并可调节室内空间的高度和形态。

吊顶的主要作用有：

- 美化室内空间。
- 遮挡结构构件及各种设备管道和装置。
- 满足照明、声学等特殊要求。

吊顶是室内装修的重要部位，应结合室内设计进行统筹考虑，满足各专业的设计要求。吊顶的形式、材料、主次龙骨等需与各类灯具、风扇、扬声器、火灾自动报警探测器、自动灭火系统喷洒头、空调风口等协调一致，应通过绘制顶棚综合图保证顶棚的美观并便于维修隐藏在吊顶内的各种装置和管线。吊顶自身也应便于工业化施工，便于维护和更换。

5.6.1 直接式顶棚（喷刷涂料、抹灰、粘贴）

直接式顶棚包括直接喷刷涂料顶棚、直接抹灰顶棚、直接贴面顶棚三种做法（表5-7）。

顶棚常用装修做法 表5-7

名称	材料及做法
板底刮腻子喷涂顶棚	• 涂料面层 • 2mm 厚纸筋灰罩面 • 5mm 厚 1：0.5：3 水泥石灰膏砂浆 • 3mm 厚 1：0.5：1 水泥石灰膏砂浆打底 • 水泥浆结合层一道（内掺建筑胶） • 现浇钢筋混凝土楼板
水泥砂浆顶棚（适用于潮湿房间）	• 涂料面层 • 3mm 厚 1：2.5 水泥砂浆找平层 • 5mm 厚 1：3 水泥砂浆打底扫毛 • 水泥浆结合层一道（内掺建筑胶） • 现浇钢筋混凝土楼板
乳胶漆顶棚	• 树脂乳液涂料面层两道（每道间隔 2 小时） • 封底漆一道（干燥后再做面层涂料） • 3mm 厚 1：0.5：2.5 水泥石灰膏砂浆找平层 • 5mm 厚 1：0.5：3 水泥石灰膏砂浆打底扫毛 • 水泥浆结合层一道（内掺建筑胶） • 现浇钢筋混凝土楼板
矿棉吸声板顶棚	• 12mm 厚矿棉吸声板面层 • 结合层粘接 • 5mm 厚 1：0.5：2.5 水泥石灰膏砂浆找平压光 • 5mm 厚 1：3 水泥砂浆打底扫毛 • 水泥浆结合层一道（内掺建筑胶） • 结构层
壁纸顶棚	• 壁纸面层 • 刷防潮底漆一道 • 2mm 厚防水腻子满刮，分遍找平 • 5mm 厚 1：0.5：3 水泥石灰膏砂浆打底 • 水泥浆结合层一道（内掺建筑胶） • 结构层

（1）直接喷刷涂料顶棚

当要求不高或楼板底面平整时，可在板底嵌缝后喷（刷）石灰浆或涂料两道。

（2）直接抹灰顶棚

板底抹灰，常用的有：纸筋石灰浆顶棚、混合砂浆顶棚、水泥砂浆顶棚、麻刀石灰浆顶棚、石膏灰浆顶棚。

（3）直接粘贴顶棚

在板底直接粘贴装饰吸声板、石膏板、塑胶板等。

5.6.2 吊顶

（1）吊顶的构造组成

吊顶一般可分为龙骨与面层两个部分，组成构件分别为主龙骨、次龙骨、吊筋、基层、面层。

1）吊顶龙骨

吊顶龙骨分为主龙骨与次龙骨，主龙骨为吊顶的承重结构，次龙骨则是吊顶的基层。主龙骨通过吊筋或吊件固定在屋顶（或楼板）结构上，次龙骨用同样的方法固定在主龙骨上。龙骨可用木材、轻钢、铝合金等材料制作，主龙骨间距通常为1m左右。悬吊主龙骨的吊筋为ϕ8～ϕ10钢筋，间距也是1m左右。次龙骨间距视面层材料而定，一般为300～500mm。

2）吊顶面层

吊顶面层分为抹灰面层和板材面层两大类。常用的板材面层有金属板、硅钙板、矿棉吸声板、纸面石膏板等。

（2）抹灰吊顶构造

抹灰吊顶的龙骨可用木或型钢。当采用木龙骨时，主龙骨断面宽60～80mm，高120～150mm，中距约1m。次龙骨断面一般为40mm×60mm，中距400～500mm，并用吊木固定于主龙骨上。当采用型钢龙骨时，主龙骨选用槽钢，次龙骨为角钢（20mm×20mm×3mm），间距同上。

抹灰基层有以下几种做法：板条抹灰、钢板网抹灰、板条钢板网抹灰。

板条钢板网抹灰顶棚的做法是在木材板条的基础上加钉一层钢板网以防止抹灰层的开裂脱落（图5-10）。

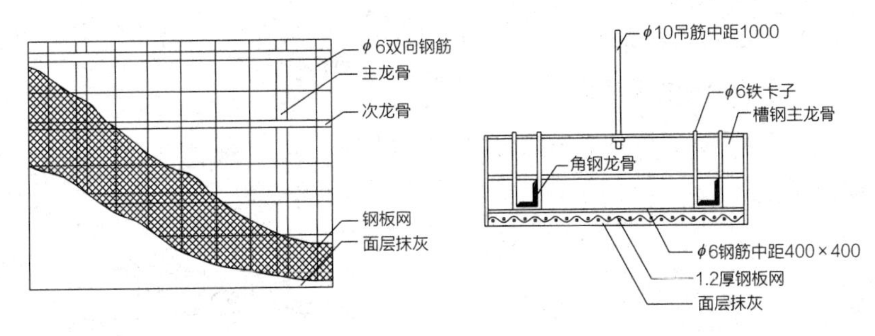

图 5-10 钢板网抹灰吊顶

（3）矿物板材吊顶构造

矿物板材吊顶常用石膏板、石棉水泥板、矿棉板等板材做面层，采用轻钢或铝合金型材做龙骨。这类吊顶的优点是自重轻，施工安装速度快，无湿作业，耐火性好（图5-11）。

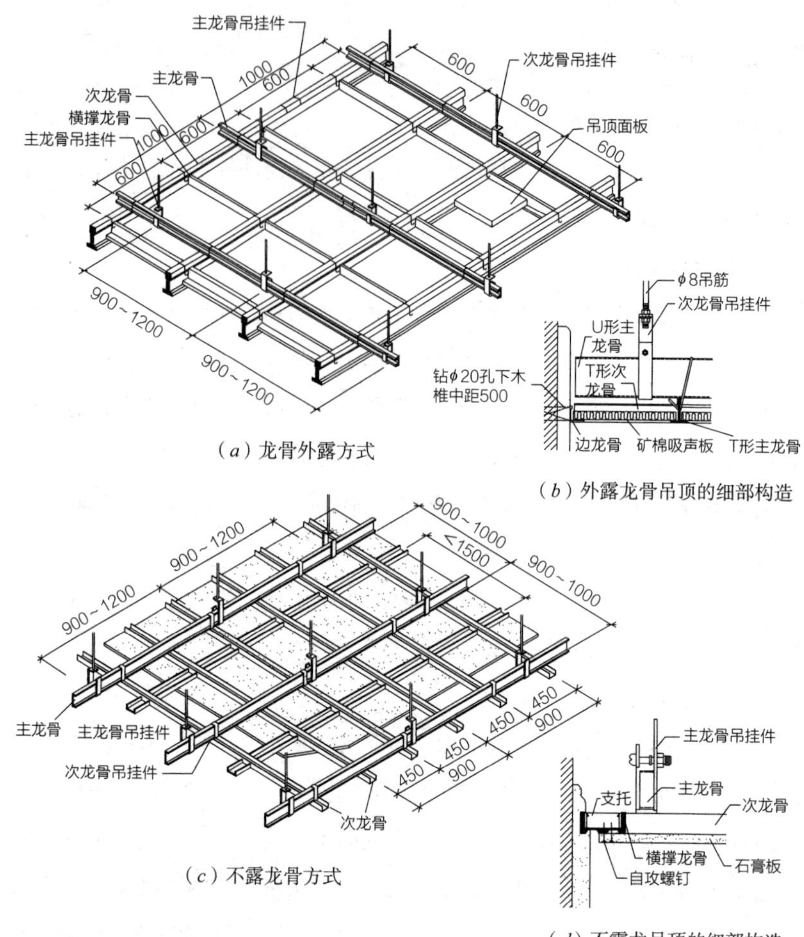

（*a*）龙骨外露方式

（*b*）外露龙骨吊顶的细部构造

（*c*）不露龙骨方式

（*d*）不露龙吊顶的细部构造

图5-11 龙骨外露和不露龙骨的矿物板材吊顶

轻钢和铝合金龙骨的布置方式有两种：

1）龙骨外露的布置方式。

2）不露龙骨的布置方式。

（4）金属板材吊顶构造

金属板材吊顶通常用铝合金条板做面层，龙骨采用轻钢型材（图5-12）。

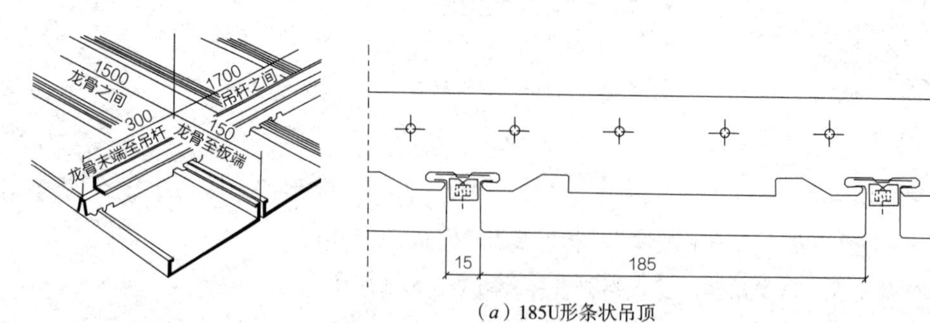

（*a*）185U形条状吊顶

图5-12 铝合金吊顶（一）

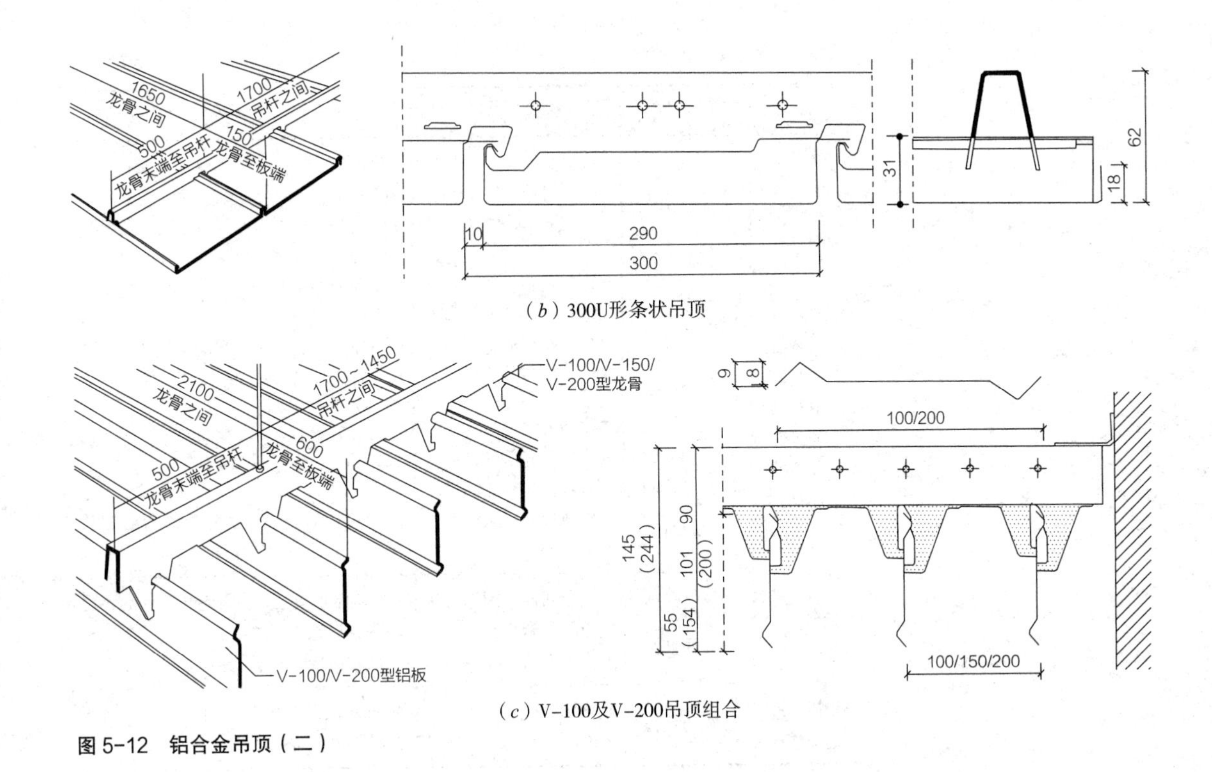

（*b*）300U形条状吊顶

（*c*）V-100及V-200吊顶组合

图 5-12 铝合金吊顶（二）

5.7 本章小结

如表5-8所示。

楼地层的功能构造体系 表5-8

功能及要求		组成及构件	构造设计要点与技术措施
基本功能	承载	• 楼板、梁、地基	• 楼板的单向与双向板布置 • 楼板的梁板形式与结构选型 • 地面地基的压实
	围护——保温隔热	• 楼地板的保温隔热层	• 地下室、架空层顶板的保温隔热构造 • 出挑构件的保温隔热构造
	围护——隔声	• 隔声层	固体传声的隔绝：增加弹性垫层，增大楼板的强度、厚度以避免振动
	围护——防水	• 用水空间的防水层，排水构造 • 地下室的防水等级与使用范围	• 用水房间的防水构造，排水找坡，管道穿楼板构造 • 地下室防水设计：确定防水要求—确定防水层做法及技术指标—工程细部的构造防水措施—排水挡水措施 • 地下室防水层的材料与做法，特殊部位的防水做法
	防火防烟	• 楼板与吊顶材料的防火性能	楼板、吊顶的燃烧性能与耐火极限

续表

功能及要求		组成及构件	构造设计要点与技术措施
支撑性能 （次生要求） —安全性 —维护性 —加工性 —资源性 —附加功能	耐久、耐污、维护性	• 面层构造、装修做法 • 填充层、找坡找平层、地面垫层构造	• 面层的材质、厚度、性能，装修饰面做法 • 地面垫层的材质与厚度，易开裂部位的配筋 • 吊顶应便于维护和更换面层及内部的各种设备管线 • 吊顶应满足使用空间的卫生要求，潮湿空间应设置较大的坡度，便于导流凝结水 • 吊顶内的上下水管道应作保温隔汽处理，防止产生凝结水
	设备夹层	• 楼地板的垫层 • 吊顶	吊顶应协调各专业的设计，应绘制顶棚综合图以保证整体性
	加工性、资源性	• 组合墙体，围护与装饰的分离 • 施工工艺的可逆性	• 幕墙体系、骨架墙等组合墙体的各层构造与功能 • 干式施工便捷与可逆性
衍生功能 （艺术功能）	美观与象征	• 地面 • 顶棚	地面与顶棚装修的材料、工艺、构造逻辑的组合与表现

第 6 章

建造部件03——垂直围护体系：墙体

6.1 墙体的概要

墙，垣蔽也。壁，垣也。

——《说文》

壁，辟也。辟御风寒也。墙，障也。所以自障蔽也。

——《释名·释宫室》

“墙”是会意字：从啬，从土。“啬”有节俭收藏的意思，垒土为墙，意在收藏。本义是指房屋或园场周围的障壁。

“壁”为形声字：从土，辟声。本义是指墙壁。

建筑的本意，即是“筑土构木，以为宫室”的本意，体现了远古建筑的两个基本要素：木构的屋顶和版筑的土墙。如果说“遮蔽”的概念源于抵御日晒、雨雪的水平围合物——屋顶，则“围护”的概念源于抵御动物侵袭的垂直围合物——墙体，围合产生空间和领域，是保障建筑性能和满足人居环境要求的基础。墙体作为建筑物的垂直围护构件，主要作用是围护和分隔空间，保障所围合空间的保温、隔热、防火、隔声等建筑性能，在墙体承重体系中同时还有承载功能，保证建筑物的坚固与安全。同时，墙体作为建筑物中的基本元素，需要具有资源的经济性和加工的技术经济性，便于施工和围护，以满足大量建造的要求。墙体作为人的视觉和触觉的主要感知物，与屋顶等其他建筑构件一起，共同塑造建筑的基本形态，它是建筑设计中的“立面”和建筑形态的决定要素。

在人类早期的建筑物中，墙体与屋顶常以一种连续的构造体的形态展现出来，体现建筑物作为遮蔽物的原始形态和基本功能——遮蔽围护，如同包裹人体的皮肤和服装。随着技术的发展、材料使用的扩展和进步以及人类利用构造手段解决问题的能力的提高，建筑物的墙体和屋顶逐渐分化出来，呈现出了不同的形态和构造体系。特别是建筑空间的层集和高大化在建筑设计中具有了控制性的地位，使得建筑立面设计成为了建筑艺术中的重要内容；墙体与屋顶、门窗等的结合使其成为了一个构件的载体和背景；墙体材料和造型的多样性使得建筑设计语言极其丰富，具有鲜明的时代和地域特征及建筑师的个人风格。墙体和立面可以说是建筑物中最具有建筑学表现意义的部分，建筑物的墙体成为了建筑和城市风貌的决定性要素。在新技术、新材料和新的审美趣味的发展下，特别是混凝土现浇结构、空间网架结构、索膜结构、幕墙体系等新体系的发展，使建筑的墙体和屋顶、地面等又有了形成整体化的、皮膜包裹形态的可能和信息媒介的功能（图6–1）。

图 6-1　墙体的发展与建筑的形态

6.2　墙体的功能和设计要求

（1）承载与传载

在墙体承重结构中，墙体承受上部楼板的荷载和墙体汇集的荷载，并向下传递。详细内容参见结构章节。

（2）围护——隔离、绝热、隔声

墙体需要满足围护（坚固耐久、防止侵害和破坏）、隔离（分割空间、阻隔视线、隔声、隔热等）、防灾（防止火灾和烟气的蔓延）等功能，创造适宜人居的室内环境。

建筑外墙是建筑物与自然界的主要接触面，保证室内环境的宜居和稳定就是对建筑墙体的基本要求。墙体多采用砖石等坚硬的材料，具有较好的围护和声、光、空间的隔绝性能，因此，墙体对热的隔绝性能成为了建筑设计中的重点。

建筑的外围护结构（屋顶、外墙等）需要有良好的热稳定性，使室内环境在室外环境的变化中保持相对的稳定，减少制冷和采暖的能耗。不论是在夏季炎热气候条件下的隔热，还是在冬季寒冷气候条件下的保温，外围护结构均需要较大的热阻（绝热性能），主要有以下几种构造和材料做法：

1）提高围护结构的保温能力，减少热损失

一般有三种做法：增加墙体厚度以提高热阻；选用孔隙率高的轻质材

料以利用空气隔热；采用多种材料组合以满足墙体的综合建筑性能要求。

• 一般材料的厚度增大，热阻也随之增大，使热的传导过程延迟，达到保温和隔热的作用。如在窑洞等素土、夯土建筑中，土壤作为天然的保温隔热材料，在厚度较大时能有效地维持室内的相对稳定的热环境，达到冬暖夏凉的效果。但墙体加厚会挤占室内空间，增加结构荷载并消耗建材。

• 空隙率高、自重轻的材料由于内部含有热的不良导体——空气，因此，导热系数小，保温隔热效果好。但是这种材料的强度一般不高，不能承受较大荷载，一般多用于框架填充墙，如加气混凝土砌块，陶粒混凝土砌块等。

• 采用导热系数低的保温隔热材料（绝热材料，参见材料章节）与围护承重墙体的组合构造，分别满足建筑保温隔热和围护、承重的功能。根据保温层与承重结构的位置关系确定，常用的构造方式有外墙内保温、外墙外保温、夹芯墙体保温等。常用的保温材料有岩棉、玻璃纤维棉、EPS（模塑聚苯乙烯泡沫塑料）、XPS（挤塑聚苯乙烯泡沫塑料）、AU（聚氨酯硬性发泡材料）等。由于水与空气相反，其导热系数大，因此保温材料中的雨水或冷凝水会明显降低墙体的保温隔热效能，因此，岩棉和玻璃纤维棉等结构疏松、水分极易进入的保温材料需要做好防水、防汽构造。聚苯乙烯泡沫塑料、聚氨酯硬性发泡材料等，由于材料内能够形成大量封闭的空气泡，材料本身也具有很好的隔热性能和防水性能，目前被广泛采用，因此，这类保温材料一般随密度的升高而使其保温性能提高，与一般多孔质轻的材料恰好相反（图6-2、图6-3）。

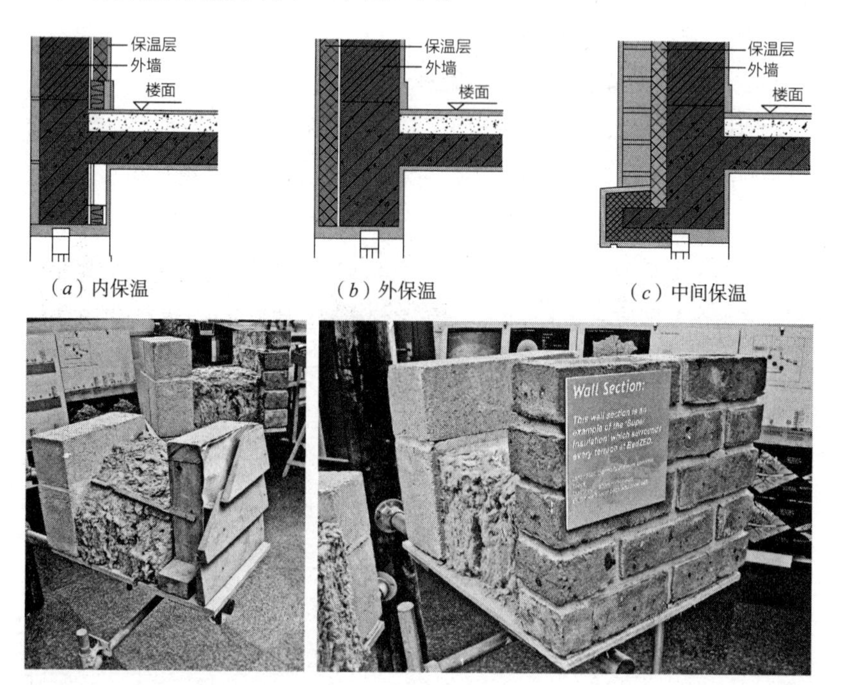

（a）内保温　（b）外保温　（c）中间保温

图6-2　外墙保温层的设置方式

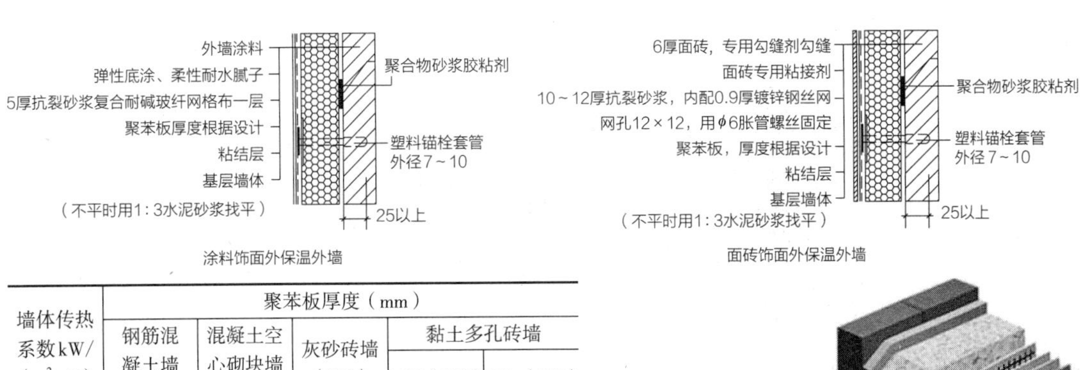

墙体传热系数kW/（m^2·K）	聚苯板厚度（mm）				
	钢筋混凝土墙（200）	混凝土空心砌块墙（190）	灰砂砖墙（240）	黏土多孔砖墙	
				DM（190）	PK_1（240）
0.25	190	185	180	175	175
0.30	155	150	150	145	140
0.35	130	125	125	120	115
0.40	115	110	105	100	100
0.45	100	95	95	85	85
0.50	90	85	80	75	75
0.55	80	75	75	65	65
0.60	70	70	65	60	55
0.65	65	60	60	55	50
0.70	60	55	55	50	45
0.75	55	50	50	45	40
0.80	50	45	45	40	35
0.85	45	45	40	35	30
0.90	45	40	40	30	30
0.95	40	35	35	30	25
1.00	40（D=2.32）	35（D=1.66）	30	25	25
1.05	35	30	30	25	20
1.10	35	30	30	20	20

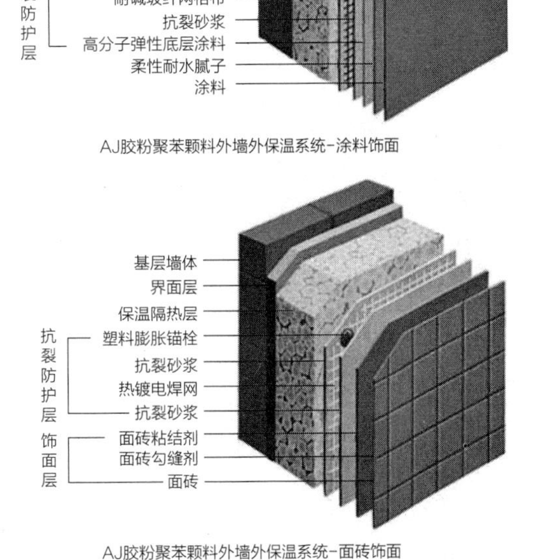

图 6-3　聚苯板外墙外保温系统的构造和墙体传热系数

引自：中国建筑标准设计研究院．国家建筑标准设计图集．北京：中国建筑标准设计研究院，2002-2006.

• 设置空气间层，利用空气的绝热性能和流动性等加强绝热效果。例如，呼吸式玻璃幕墙和被动式太阳房的设计中，外墙或屋顶被设计为一个集热/散热器，结合太阳能的利用，在外墙设置空气置换层，为墙体的综合保温与隔热提供了新的方式。其基本原理是采用具有一定厚度的空腔构造，利用空气间层的双层墙体复合构造和受人工调控的空气流动，利用空气的隔热保温效果和流动降温效果，改善墙体的热工性能（图6-4）。

2）防止围护结构的凝结水

在温度剧烈变化的围护墙体边，在温暖潮湿的空气中，会在接触低温墙体时产生冷凝水，因此，在室内外环境温度差较大时隔绝湿热空气与低温墙体的接触就能防止冷凝水的产生。由于水的导热系数大，会明显降低墙体的保温隔热效能，也会破坏、污染室内的装饰面层，因此，在冬季严寒地区采用需要防水的疏松保温材料的墙体，在靠室内高温一侧需用卷

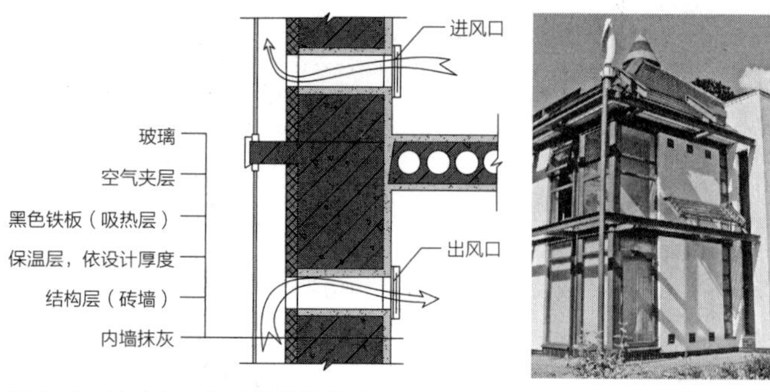

图6-4 被动式太阳房集热墙构造——英国诺丁汉的太阳能集热墙

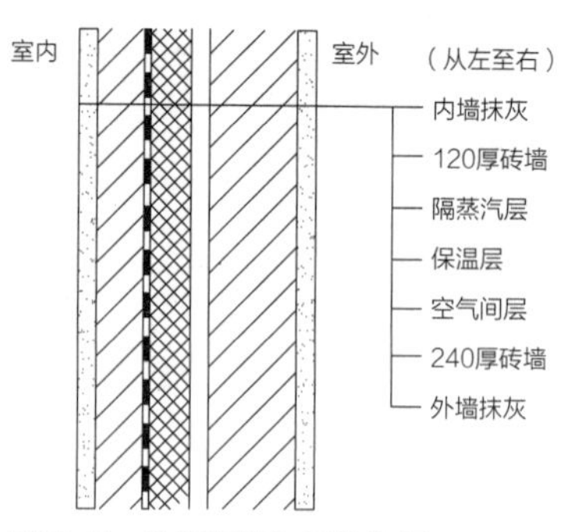

图6-5 外墙隔蒸汽层的设置

材、防水涂料或薄膜等材料设置隔蒸汽层，阻止水蒸气渗入墙体在外保温材料内形成冷凝水（图6-5）。

3）防止围护结构出现空气渗透

由于外围护构件接合不严、材料收缩或有裂缝、门窗等开启构件的密封不严等都会产生外围护结构的贯通性缝隙。由于热压和风压的产生，使得通过缝隙的空气渗透会极大地降低保温隔热效果。为了防止外墙出现空气渗透，一般采取以下措施：选择密实度高的墙体材料，墙体内外加抹灰层，加强构件间的密缝处理等。

4）防止围护结构的热桥（冷桥）

热桥（Thermal Bridges），又可称为冷桥（Cold Bridges），顾名思义就是热量传递的桥梁，即建筑围护结构中的一些部位传热系数比相邻部位大得多，在室内外温差的作用下，形成了热流相对密集、内表面温度较低（采暖季节）或较高（空调降温季节）的区域。这些部位成为了传热较多的桥梁，故称为热桥（Thermal Bridges），有时又可称为冷桥（Cold Bridges）。在内外墙进行绝热处理时，因为结构支撑、构造连接等原因，使得部分混凝土、金属构件等导热系数高的材料与室外环境直接接触时，就会形成局部热桥，例如外保温中挑出的挑檐、阳台与主体结构的连接部位，夹芯保温墙中为拉结内外两片墙体而设置的金属连接件，外保温墙体中为固定保温板而加设的金属锚固件，内保温层中设置的龙骨，保温门窗中的金属门窗框等。

热桥的危害有：

• 降低外墙等外围护结构的热阻，增加建筑的能耗。

• 热桥在高温侧有凝结水产生，隔热层受潮会降低隔热材料的隔热性能并引起室内结露或结霜，沾染灰尘后变黑、发霉，影响环境健康。

• 冷凝水或者冰霜的长期作用会导致建筑物结构受损，缩短建筑的使用寿命。

减少热桥影响的措施主要有以下两种：

• 使围护结构各部分的隔热层和隔汽防潮层连接成整体，避免隔热层与外部空气直接接触。尽量减少冷桥的数量和面积，对不可避免的冷桥，要用保温材料进行包裹。

• 对形成冷桥的构件、管道等，在其周围和沿长度方向作局部的隔热、隔汽防潮处理，通过增大厚度扩大热阻，以使高温侧不致产生凝结水或冰霜（图6–6）。

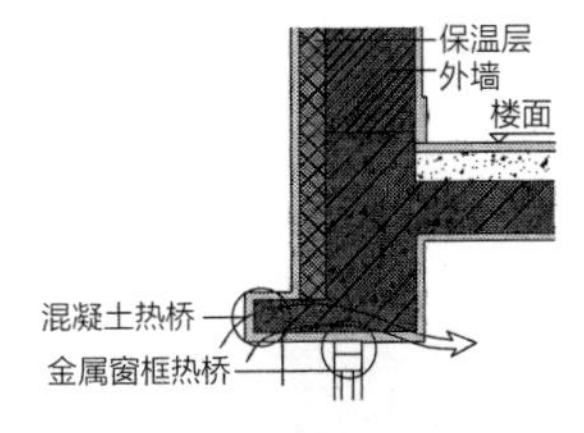

（*a*）外墙外保温的热桥构造

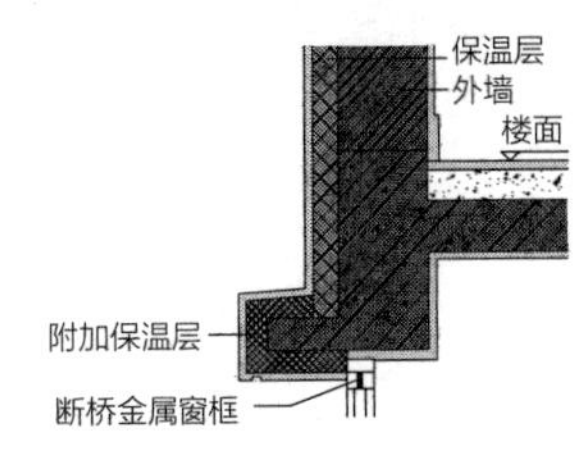

（*b*）外墙外保温的断桥构造

图 6–6　外墙外保温中的热桥与断桥构造

（3）防水防潮要求

与水平的屋顶一样，垂直墙体也会受到雨水侵蚀，特别是在墙体顶部和开口部的水平面上，具有与屋顶相同的受水面，需要进行防水处理。另外，具有多层复合构造的外保温墙体、干挂板材墙体中，渗入墙体的雨水会在不同材料的间隙中流动并从门窗口等部分流入室内。因此，外墙应采取的防水措施主要有（图6–7）：

1）在墙体的顶端、门窗等墙面的开口部的上下设置必要的防水、披水构件，防止外部进入的雨水和内部的凝结水渗入室内。例如，在垂直墙面的水平顶部需要设置压顶、在窗台设置披水构造等。

2）外饰面材料或外表面涂装应采用憎水性的材料，并对分格、设缝处进行勾缝、打胶等密封处理，防止雨水进入墙体。对于黏土砖等吸水率较高的材料，应在墙角设置勒脚等保护性构造。

3）为了保证板材开缝的立面阴影效果，则应在内部设置一层防水层，如铝合金导水板和防水层等。

4）由于墙面汇集的雨水会沿墙体冲刷地基，因此，在墙体的根部应设置散排雨水，防止冲刷地基的散水或水沟。

（4）耐污要求

由于墙体构成了建筑物的立面和形象，外墙上接屋顶、下接地面，内墙下接楼地面，容易受到侵蚀和人为破坏，因此，墙体需要选用耐候、耐污、耐冲击的材料和构造，以便于清洁和围护。例如，垂直墙面常在墙脚设置勒脚、墙裙、踢脚等构造，防止使用、清扫时的损坏和污染。再例如，在建筑外墙的顶端和窗台等水平面上易于积灰并会在雨水的冲刷下沿垂直墙面流淌形成污渍，因此，需要设置压顶挑檐或披水板，使得污水能够滴下而不直接污染檐下墙面。

（5）防火要求

由于外墙采用的保温材料多为易燃的高分子有机材料，因此需要通过掺水泥质材料或设置矿棉类不燃的防火带，以保证外墙不会在火灾时大面积窜烧。

在幕墙等外挂式外墙构造中，上下楼层楼板与外墙的缝隙需要采用防火的矿棉等材料进行封堵，防止火灾蔓延。外墙中设置的利用空气流动等加强绝热效果的双层幕墙、太阳集热墙等构造，在火灾时均会成为烟火蔓延的通道，因此，在设计中应与防火分区结合，进行有效的区隔。

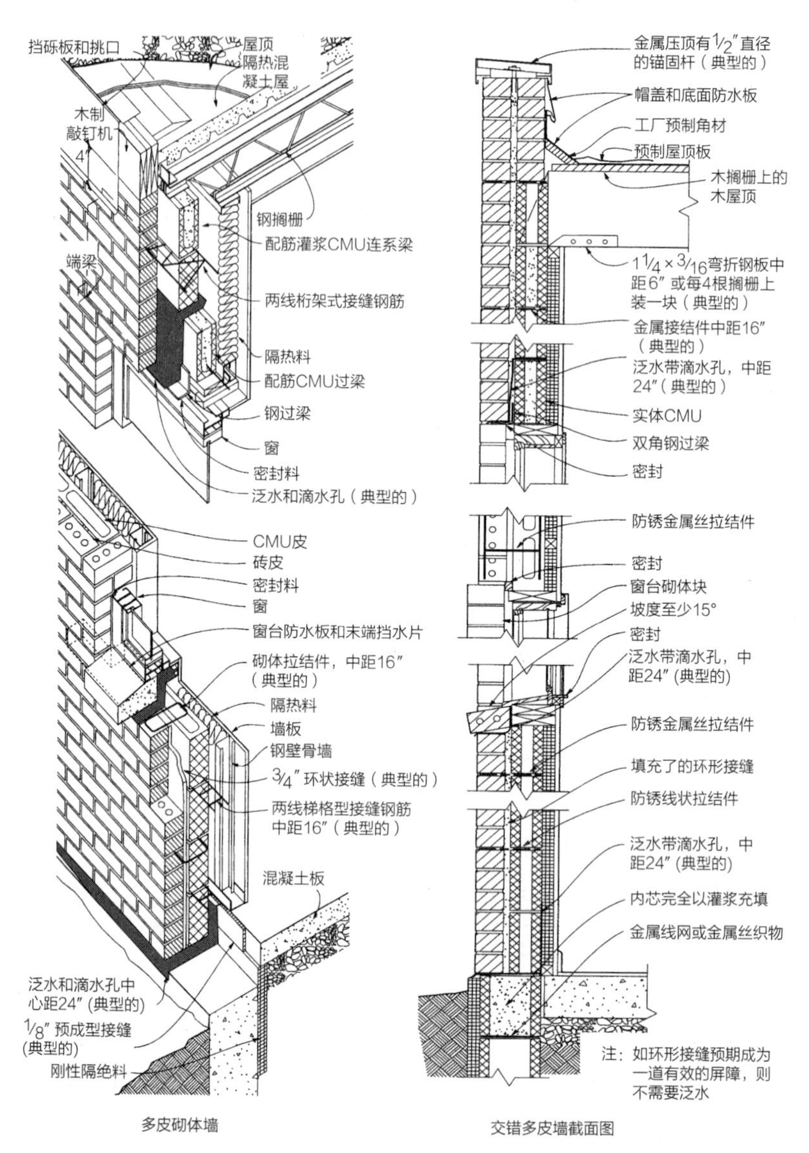

图6-7 欧美常用的配筋砖砌体多层墙的防水构造（注意窗户上下的防水层构造）

引自：查尔斯·乔治·拉姆齐等. 建筑标准图集（第十版）. 大连：大连理工大学出版社，2003.

（6）技术经济性要求

墙体也是建筑物表皮，在建筑物的各个构件中其面积和施工量最大，需要采用当地大量存在的墙体材料，同时采用质轻、高强、易于加工和塑形、工序可逆的便捷施工方法，最终达到建筑性能、时间经济性和材料成本的最优搭配。例如，幕墙体系就是通过多种材料的组合、工业化的部件生产、工序可逆的干式装配化施工，与传统的湿式垒砌方式相比，虽然材料成本较高，但不受天气影响，施工速度快，节省劳力，它已经成为了现代建筑生产的重要手段。

6.3 墙体的类型

墙体的类型可以按照下述方法进行划分（图6–8）：

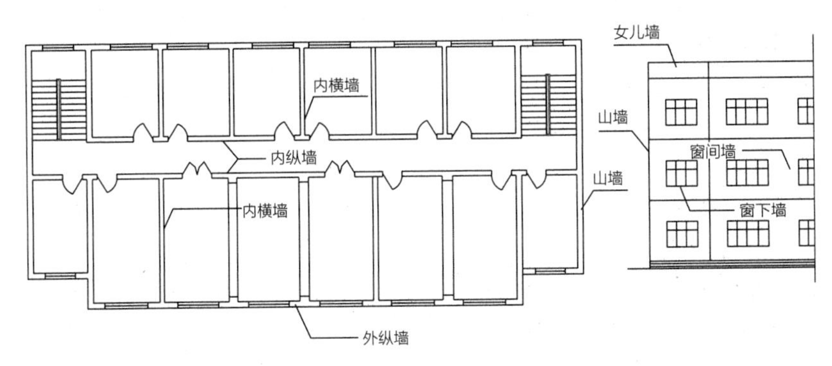

图 6–8　墙体类型及各部分名称

6.3.1 按墙所处位置及方向分类

（1）位置

按所处位置可以分为外墙和内墙。外墙——位于房屋的四周，也称为外围护墙；内墙——位于房屋内部，主要起分隔内部空间的作用，因此也被称为隔墙。在建筑室内起界定作用而又不完全隔断（视线和空间仍能流动）的墙状物被称为隔断，根据其材料可以分为木制隔断、家具隔断、玻璃隔断、混凝土花格和金属花格隔断等。

（2）方向

按布置方向分类可以分为纵墙和横墙。纵墙——沿建筑物长轴方向布置的墙；横墙——沿建筑物短轴方向布置的墙，外横墙俗称山墙。注意横墙和纵墙的划分不是以图面的水平和垂直区分的。

纵墙可分为内纵墙和外纵墙，横墙也可分为内横墙和外横墙，外横墙又称为山墙。

（3）与墙体的关系

根据墙体与门窗的位置关系，平面上窗洞口之间的墙体可以称为窗间墙，立面上上下窗洞口之间的墙体可以称为窗下墙。由于被墙体和楼板分隔的各个独立室内空间均需要采光通风，因此，在消防规定中对分隔成不同防火分区的窗间墙和窗下墙都有一定的要求，以防火势的蔓延。

6.3.2 按受力情况分类

墙体可以按受力方式分为承重墙和非承重墙两种（图6–9）。

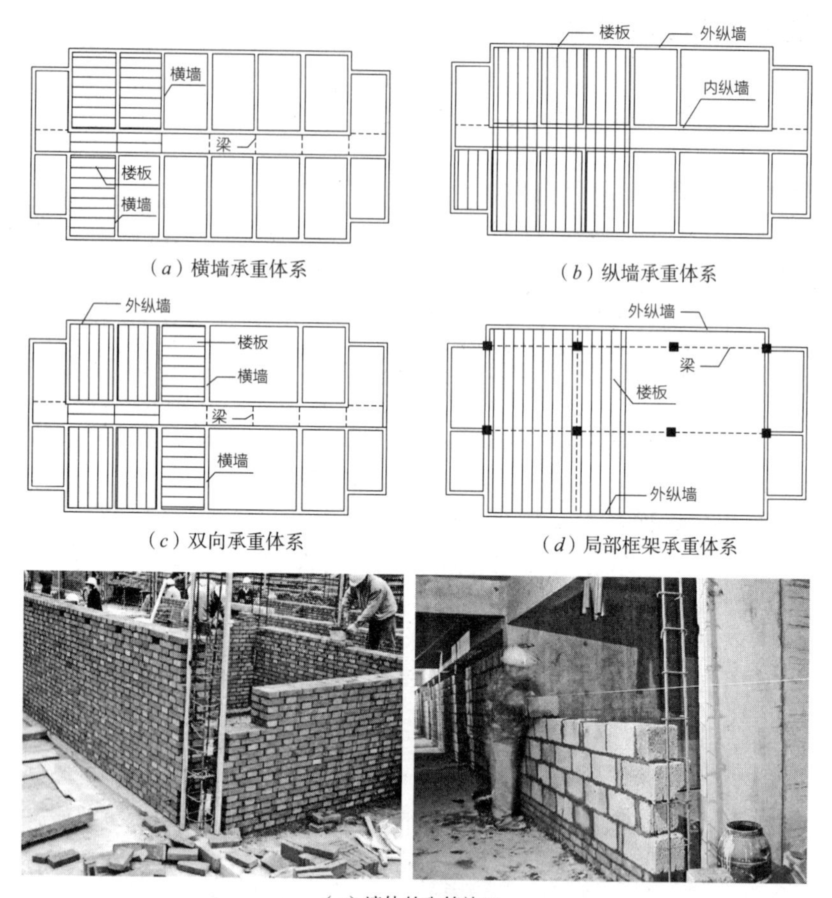

（*a*）横墙承重体系　（*b*）纵墙承重体系

（*c*）双向承重体系　（*d*）局部框架承重体系

（*e*）墙体的砌筑施工

图6–9　墙体的承重方式

引自：同济大学，西安建筑科技大学，东南大学，重庆大学. 房屋建筑学（第四版）. 北京：中国建筑工业出版社，2005.

（1）承重墙

承重墙直接承受楼板及屋顶传下来的荷载，一般有基础。

（2）非承重墙

非承重墙不承受屋顶、楼板和梁等传递来的外来荷载，仅起分隔与围护作用，一般无基础。

在砖混结构中，非承重墙又可分为自承重墙和隔墙。自承重墙仅承受自身重量，并把自重传给基础。隔墙则把自重传给楼板层或附加的小梁，不需要基础。

在框架结构中，非承重墙可以分为填充墙和幕墙。填充墙是位于框架梁柱之间的墙体，不需要单独的基础。幕墙指悬挂于框架梁柱外围起围护作用的整体墙体，幕墙的自重和风力荷载通过其与主体梁柱部位的连接固定件传递到主体结构上，结构形态似垂幕，通过不同材料和结构体系的复合，很好地满足了主体结构和围护装修体系的不同要求。

6.3.3　按材料及构造方式分类

按照墙体的材料和构造方式可以分为实体墙、空体墙和组合墙三种。

（1）实体墙

实体墙是由单一材料组成的实心墙，如普通黏土砖、实心砌块墙、钢筋混凝土墙等。

（2）空体墙

空体墙是由单一材料组成的具有内部空腔的墙体，这种空腔既可以是由单一实心材料砌筑构成的空腔，如空斗砖墙，也可以是由有孔洞的材料建造的，如空心砌块墙、空心板材墙等。

（3）组合墙（复合墙）

组合墙是由两种以上的材料组合而成的复合墙体，如钢筋混凝土墙和聚苯乙烯泡沫塑料保温材料、玻璃幕墙和加气混凝土砌块构成的复合墙体。复合墙体通过不同性能材料的组合达到最佳的建筑效果和经济、便捷的平衡，是一种广泛应用的基本构造方法。

6.3.4　按施工方法分类

按施工方法分类可以分为块材墙（砌体墙）、版筑墙、板材墙（含骨架墙）三种。

1）块材墙（砌体墙）是用砂浆等胶结材料将砖、石等块材组砌而成的，例如砖墙、石墙及各种砌块墙等。

2）版筑墙是在现场支立模板，在模板中灌浇凝固或层集压紧而成的整体化墙体，例如现浇混凝土墙、夯土墙等。

3）板材墙是预先制成墙板，在施工现场安装而成的墙，例如预制混凝土大板墙、各种轻质条板内隔墙等。骨架墙可以看成是多种材料复合而成的构架板材，也可以看成是板材墙的一种形式。

6.3.5　其他分类方法

1）按建筑材料分类，有夯土墙、土坯墙、砖墙、石墙、砌块（水泥或混凝土砌块）墙、混凝土墙、玻璃幕墙、木墙、竹墙等。

2）按功能用途分，有承重墙、隔断墙、填充墙（用于框架结构中的围护墙和分隔空间的非承重墙）、隔声墙、屏蔽墙、防火墙、挡土墙等。

6.4 块材墙（砌体墙）

块材墙（砌体墙）是由砖、石等小型块材组砌而成的，例如砖墙、石墙及各种砌块墙等。其材料特性详见砌块章节。以下主要讲解砌体墙的主要构造节点。

6.4.1 块材墙基本组砌方式

（1）砖墙的组砌

砌筑墙体的基本原则是：

1）水平竖直——水平灰缝的厚度应该不小于8mm，也不大于12mm，适宜厚度为10mm。

2）灰浆饱满——砌体水平灰缝的砂浆饱满度不得小于80%。

3）上下错缝——错缝长度一般不应小于60mm，砌筑时应上下错缝、内外搭接。砖墙是由砖和砂浆搭接胶合成的整体，砖块之间需要砂浆来胶结和调整水平，砖块之间的填充砂浆用的缝隙称为砖缝或灰缝。砖墙的抗压强度主要取决于砖的抗压强度，砌筑砂浆的主要作用是粘结砖块，其强度也影响砖砌体抗压强度，因此组砌的关键是错缝搭接，使上下层砌块的垂直缝交错（因为砂浆是受力的薄弱环节），以保证墙体的整体性。在这样的砌筑原则下，砖墙的形状比例根据砖叠砌的相互模数关系而确定，一般其长、宽、厚有相互的一个比例关系，可以满足砖块在错缝搭接时的不同摆放要求。我国目前通用的比例为1∶2∶3（53mm×115mm×240mm，砌筑砂浆的厚度为8～12mm，通常按10mm计算），英美常用的砖尺寸的比例为1∶1.5∶3，古罗马为1∶2∶6（40mm×100mm×300mm，灰缝厚度以20mm计），这样便于错缝搭接和收头，避免大量的切砖。

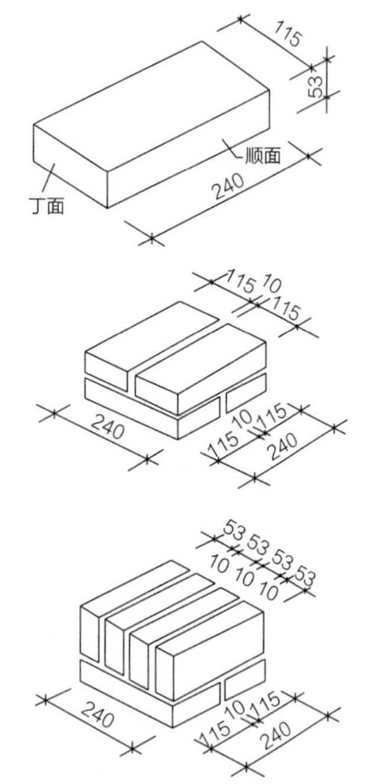

图6-10 我国标准实心砖的尺寸为240mm（长）×115mm（宽）×53mm（厚）

砌筑工程中，一层砖称为“一皮砖”，其标准尺寸为60mm（砖块加灰缝）。砖的横放侧面叫作“顺面”，这样砌筑的砖称为“顺砖”（即砖的长方向垂直于墙面砌筑，标准砖的顺砖长度为240mm），横放顶端面朝外的砖称为“丁砖”（标准砖的丁砖长度为115mm），竖放短边面朝外的砖称为“立砖”，竖放长边面朝外的砖称为“竖砖”，立砖和竖砖在墙体的立面高度不同，但其宽度相同（标准砖的立砖和竖砖的宽度均为53mm）（图6-10、图6-11）。

砖墙的长度要符合3M的模数（300mm＝顺砖240mm＋丁砖60mm），在砖墙的转角处也需熟练工匠妥善安排砖块的排列，以保证在错缝搭接的前提下避免切砖。特别是较短的墙段及墙厚上应尽量符合砖砌筑的模数，如370mm、490mm、620mm、740mm、870mm等。而砖墙的厚度则应符合一砖或半砖的模数，即从最薄的单砖立砌厚度60mm，到半砖的120mm，再依次按照砖的模数（砖宽115mm＋灰缝宽度＝120～130mm）增加厚度，如370mm、490mm、620mm、740mm、870mm等。承重墙至少应为18墙，即180mm厚的墙体。为保证稳定性和结构强度，砖墙要在一定距离上加砌砖垛，下部承载较大的部分墙体需加厚。为满足围护墙体的保温要求，在砖墙自身保温的条件下，北京等华北地区需370mm厚砖墙，而沈阳等东北地区则需490mm厚砖墙。

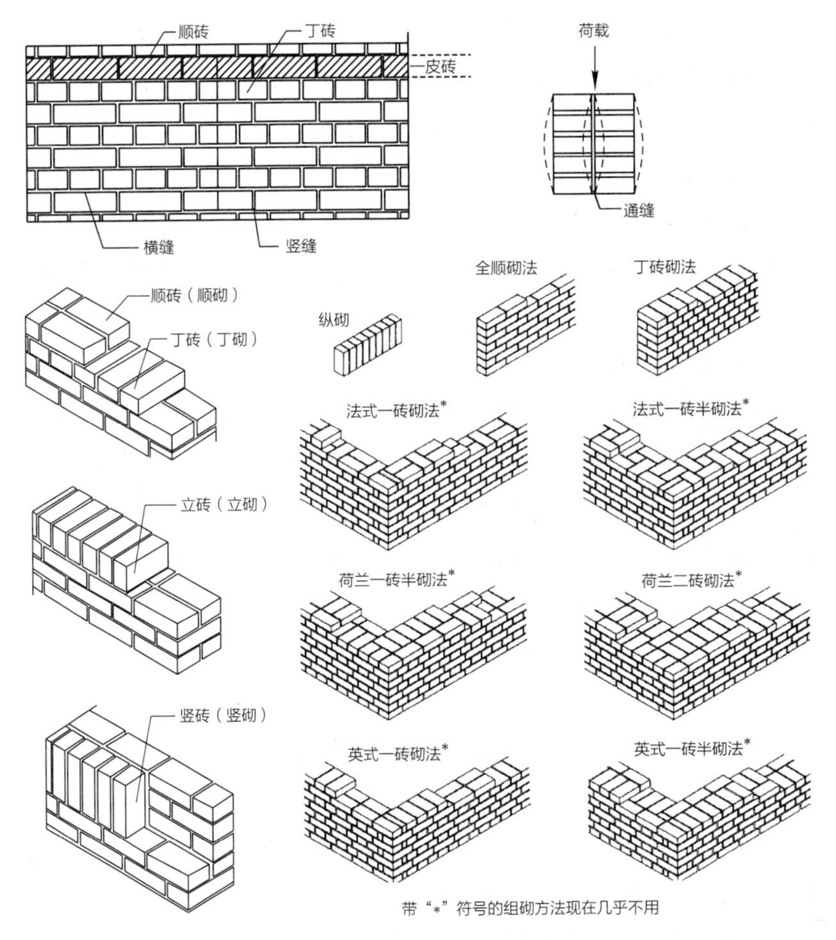

图 6-11 砖的砌法——顺、丁、立、竖砖，以及组砌方式
引自：建筑资料研究社．建筑图解辞典（上中下册）．朱首明等译．北京：中国建筑工业出版社，1997.

墙段尺寸是指窗间墙、转角墙等部位墙体的长度。墙段由砖块和灰缝组成，普通黏土砖最小单位为115mm砖宽加上10mm灰缝，共计125mm，并以此为组合模数。按此砖模数为标准的墙段尺寸有：240mm、370mm、490mm、620mm、740mm、870mm、990mm、1120mm、1240mm等数列。

砖墙洞口主要是指门窗洞口，其尺寸应按模数协调统一标准制定，这样可减少门窗规格，提高建筑工业化的程度。因此，一般门窗洞口的尺寸为300mm的倍数，但是在1000mm以内的小洞口可采用基本模数100mm的倍数，例如600mm、700mm、800mm、900mm、1000mm、1200mm、1500mm、1800mm……

（2）砌块墙的组砌

1）砌块墙的排列设计（排砖）

砌块墙应事先做排列设计，也就是把不同规格的砌块在墙体中的安放位置用平面图和立面图加以表示。

排列要求是错缝搭接，内外墙交接处和转角处应使砌块彼此搭接，优先采用大规格的砌块并尽量减少砌块的规格。当采用空心砌块时，上下皮砌块应孔对孔、肋对肋以扩大受压面积，同时便于在关键部位插钢筋灌注混凝土形成芯柱。

砌块墙体中需设的洞口、管井、预埋件等均应在砌筑时预留或预埋，严禁在砌筑好的墙体上打凿。砌块墙也可以在表面进行装修处理，提高性能并美化。

2）砌块缝型和通缝处理

砌块体积较砖大，对灰缝要求更高。一般砌块用M5砂浆砌筑，灰缝为15～20mm。砌块的表面与砖不同，为了保证砌块墙体的整体性和砂浆的粘结力，需采用经过配方处理的专用砌筑砂浆，或采用提高砌块与砂浆之间粘结力的相应措施。砌块的抹面和砌筑砂浆均需与砌块材料配套。

砌块建筑可采用平缝、凹槽缝或高低缝。当上下皮砌块出现通缝，或错缝距离不足150mm时，应在水平缝通缝处加钢筋网片，使之拉结成整体。

3）配筋砌体

在砌体中配置钢筋或钢筋混凝土时，称为配筋砌体，如在空心小砌块的水平缝中布置钢筋网片并在孔洞中插入上下贯穿的钢筋并注入细石混凝土，玻璃砖隔墙等。配筋砌体考虑砌块、砂浆和钢筋混凝土的共同作用，墙体刚度好。目前采用的主要配筋砌体有：

a. 网状配筋砌体。砌块墙的厚度由砌块尺寸和墙体的高度而定，一般为90～200mm。由于墙体厚度较小，需采取加强稳定性的措施。可在砌体水平灰缝中配置双向钢筋网，以加强轴心受压或偏心受压的墙或柱的承载能力。常用在砖砌块和混凝土砌块中，每隔900～1200mm高度需配置钢筋2ϕ6，并与混凝土墙体或柱内预留的钢筋连接，门窗洞口上方也要加设2ϕ6钢筋，形成较为牢固的拉结带，有利于提高砌体的整体性。

b. 纵向配筋砌体。在砌体的竖向灰缝中配置纵向钢筋，在混凝土空心砌块中利用上下贯穿的洞口插筋后形成小的混凝土柱体（芯柱）。在砖砌体中施工较为复杂，一般采用混凝土构造柱做法。

c. 组合配筋砌体。由砌体和钢筋混凝土组成，钢筋混凝土可以是砖砌块表面的钢筋砂浆形成的薄柱，也可以是在混凝土空心砌块中利用横向和纵向的凹槽和洞口形成的小的混凝土小型梁柱体，用于提高砌体墙、柱的偏心受压能力。在砌体结构拐角处或内外墙交接处设置的钢筋混凝土构造柱，也可以看成是一种组合配筋砌体，砌块墙按楼层每层加设圈梁，在房屋四角、外墙转角、楼梯间四角设构造柱，用以加强砌块墙的整体性。当采用混凝土空心砌块时，则在孔中插入通长钢筋，将细石混凝土填入砌块孔中形成芯柱，并在水平灰缝中埋设拉结筋。但构造柱只是对墙体的变形起约束作用，主要用于提高建筑物的抗震能力（图6–12）。

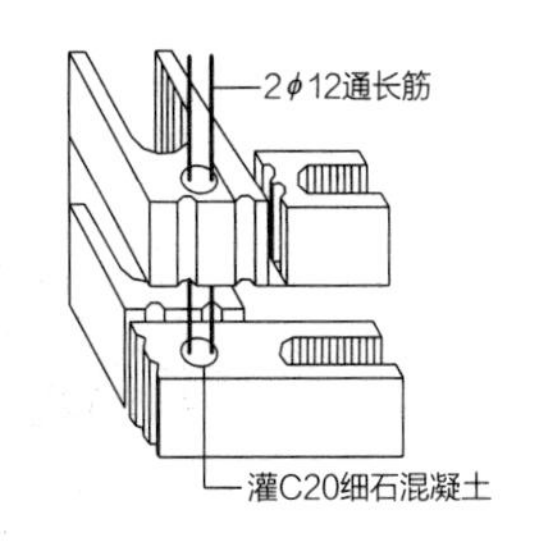

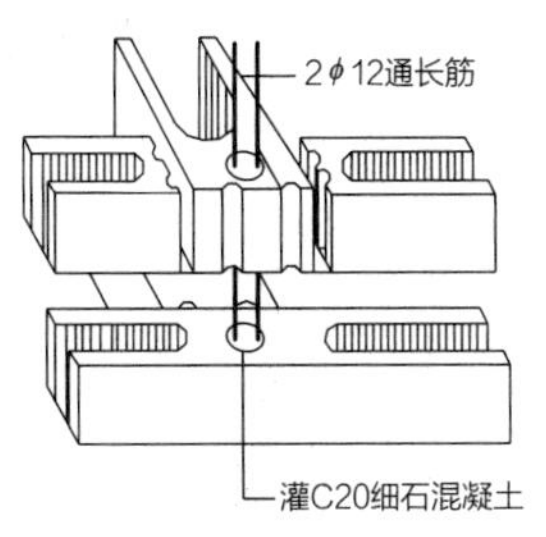

图 6–12　砌块墙的组砌方法和芯柱构造

（3）石材的砌筑

根据石材的加工程度不同，可以分为毛料石、粗料石、细料石，在砌筑时，利用上下两个平行面铺砂浆砌筑而成，施工时要求分层卧砌，上下错缝，内外搭接，必要时应设置拉结石或拉结钢筋，以增强石墙的整体性。也可以钢筋混凝土的墙体为结构主体，将石材（砖块也相同）垒贴在混凝土墙体上，主要起装饰作用。

石块垒砌都需要利用石材自身的重力保证结构的稳定，石渣、砂浆、混凝土等都是作为塞缝材料起辅助作用的，因此，在砌筑过程中，需要在粘接固定之前对石块之间的契合度和稳定性进行垒块调整，然后再填缝固定，适用于非地震地区或距离地面较低的部位，不能用于主体结构（图6–13）。

6.4.2　室内隔墙

室内隔墙是指用于建筑室内空间分隔的墙体，它在建筑中不承重，可直接设置于楼板或梁上，以满足建筑室内空间灵活分隔和使用的需求。钢筋混凝土框架建筑的填充墙是一种用作围护结构的非承重块材墙，与内隔墙的构造相同。

室内隔墙与填充墙都是围护结构的一部分，因此要求自重轻、厚度薄、设置灵活。普通砖用作内隔墙时一般采用半砖（120mm）隔墙，即用普通砖顺砌，砌筑砂浆宜大于M2.5。当墙体高度超过5m时应加固，一般沿高度方向每隔0.5m加入2根ϕ6钢筋，或每隔1.2 ～ 1.5m设一道30 ～ 50mm厚的水泥砂浆层，内置2根ϕ6钢筋。顶部与楼板或梁的相接处应用立砖斜砌，填塞墙与楼板的孔隙并挤紧，以增强墙体的稳定性。隔墙上需要装门时，需预埋铁件或将带有木楔的混凝土预制块砌入隔墙内以固定门框。砌块隔墙的砌筑方法与砖墙类似。砌块隔墙坚固耐久，有一定的隔声能力，造价低廉，但自重大，湿作业多，施工较为麻烦（图6–14、图6–15）。

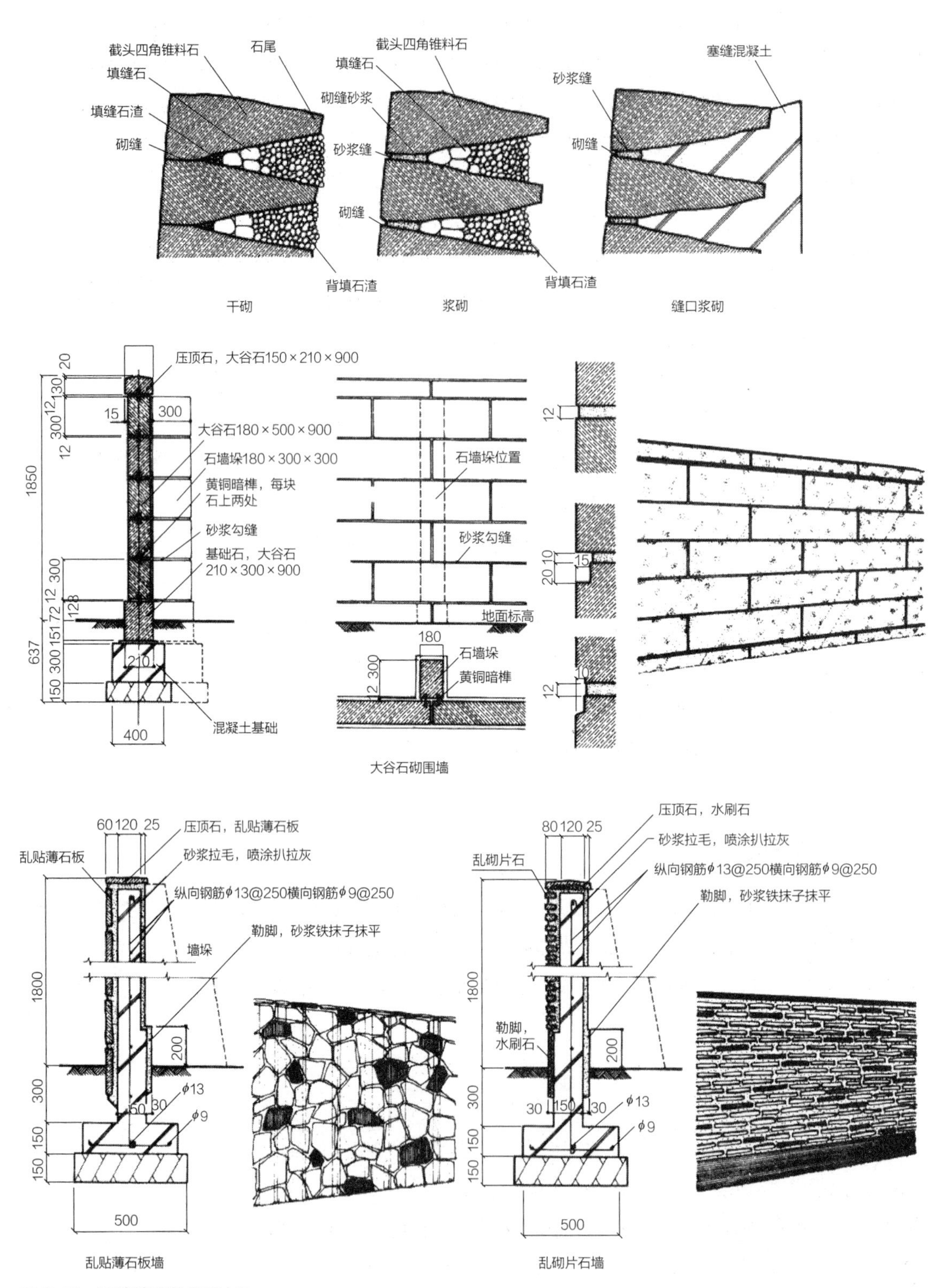

图6-13 石块墙面的垒砌方法

引自：建筑资料研究社．建筑图解辞典（上中下册）．朱首明等译．北京：中国建筑工业出版社，1997.

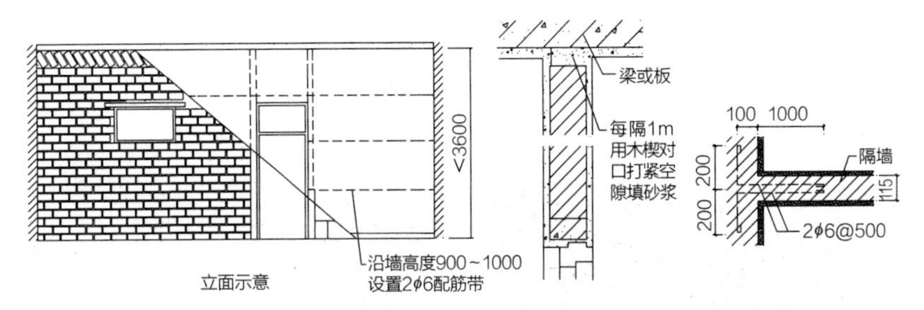

图 6-14　砖砌隔墙

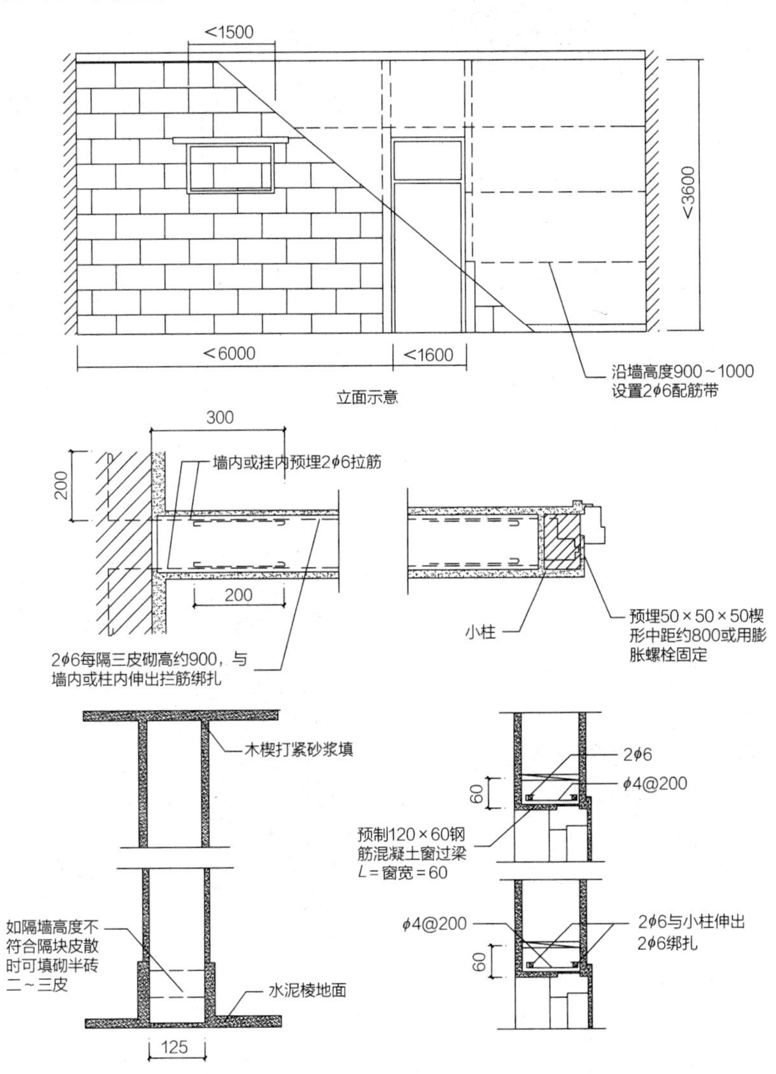

图 6-15　加气混凝土砌块隔墙

6.5　板材墙

6.5.1　板材外墙（整体式骨架墙）

板材墙体（整体式板墙）一般是指单板高度相当于建筑层高、面积较

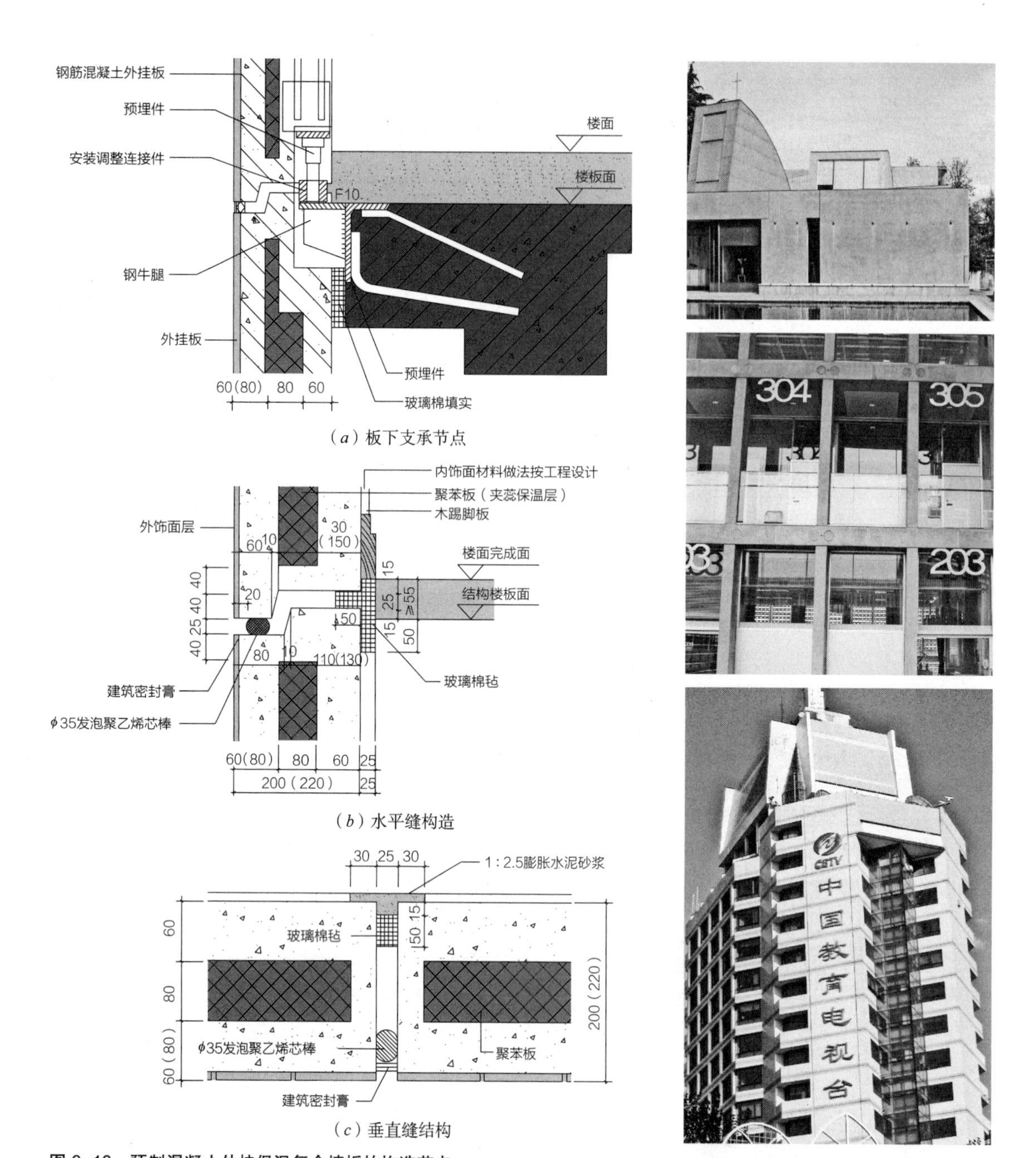

图 6-16 预制混凝土外挂保温复合墙板的构造节点

引自：中国建筑标准设计研究院．建筑产品选用技术——建筑·装修分册．北京：中国建筑标准设计研究院，2005.

大、厚度较大或板肋结合的整体性板材，可不依赖骨架，直接装配固定在梁和楼板上而成的整体式墙体。板材墙体除自承重外还承受各种侧向荷载，并将受力直接传递到建筑主体的梁、柱、楼板等。板材墙可以看成是砌块墙的整体化和大型化，也可以看成是骨架墙的面层和骨架的整体化和复合化。这种板材一般自重大，厚度也较大。

板材墙整体性强，与结构躯体固定牢固，工厂化生产，现场施工快捷，湿作业少，并可在工厂生产时对其表面进行纹理和饰面的加工与复合，特别适用于抗震设防地区的框架结构和高层建筑。缺点是，板与板之间、板与上下梁和楼板之间的连接需要特别注意，保证强度和建筑性能，同时工厂生产要求体块相对简单，做到模数化或标准化，造价也相对较高。

目前主要使用的板材墙按照使用部位来分有外挂板墙与内隔墙，按照材料分有水泥类板材墙、玻璃板墙、金属板墙等高强度材料制成的板材（图6-16）。

6.5.2　板材隔墙

板材隔墙是指单板高度相当于房间净高，面积较大且不依赖骨架，直接装配而成的隔墙。目前，采用的大多为条板，如蒸压加气混凝土条板、轻质条板（增强石膏空心条板、玻璃纤维增强水泥条板、轻骨料混凝土条板等）、复合板材等。这类隔墙材料的工厂化生产程度高，现场成品板材组装快、湿作业少、施工便捷，但比砌块隔墙造价高。板材隔墙在解决了防水、耐候性、强度等问题后，也可以使用在外墙面上。

由于条板自身的整体性能较好，条板与结构体（墙、柱、梁、楼板）、条板与条板之间的连接牢固与密封严实是提高隔墙性能的关键。室内隔墙条板的安装一般是在条板下部先用小木楔顶紧，然后用细石混凝土堵严。在抗震设防6～8度的地区，条板上端应加L形或U形钢板卡与结构预埋件焊接牢固，或用弹性胶连接填实。条板与条板之间用水玻璃砂浆或掺胶砂浆粘接，并用胶泥刮缝平整后再作表面装修。在隔声要求较高的空间，条板与墙、柱、梁、楼板等结合的部位应设置泡沫密封胶与橡胶垫等密封隔声层。

（1）蒸压加气混凝土条板隔墙

蒸压加气混凝土条板是有水泥、石灰、砂、矿渣等加发泡剂（铝粉）经配料浇筑、切割、蒸压养护等工序制成，为了保证板的强度，生产时需根据不同用途配置不同的防锈钢筋网片。蒸压加气混凝土条板规格为长2700～3000mm，宽600～800mm，厚75～250mm（每25mm一种规格）。

蒸压加气混凝土条板具有自重轻、保温效果好、防火性能优越、施工简单、易于加工（可锯、可刨、可钉）等优点，可用于外墙、内墙及屋面，但不宜用于高温高湿的环境。蒸压加气混凝土条板隔墙的根部，应用C15混凝土做100mm高的条带，防潮和防止人为破坏。由于其强度较低，表面做自重较大的石材或金属饰面板时，应另设金属骨架固定。

（2）轻质条板隔墙

轻质条板一般包括玻璃纤维增强水泥条板、钢丝增强水泥条板、增强石膏空心条板、轻骨料（陶粒等）混凝土条板等。选用时，其板长应为层高减去楼板、梁等顶部构件的尺寸，板厚应满足防火、隔声、隔热等要求，并与板材隔墙的高度密切相关。单层条板墙体作为分户墙时，厚度不应小于120mm，用作户内分室隔墙时，厚度不宜小于90mm。条板的使用应与墙体的高度相适应，条板墙体的限制高度为：60mm厚板为3.0m，90mm厚板为4.0m，120mm厚板为5.0m。

增强石膏空心条板分为普通条板、钢木窗框条板及防水条板三种，在建筑中按各种功能要求配套使用。石膏空心板规格为长2400～3000mm，宽600mm，厚60mm（厚度为60～150mm），9个孔，孔径38mm，空隙率28%，能满足防火、隔声及抗撞击的要求，但不适宜长期处于潮湿的环境或接触水的厨房、卫生间等。

（3）复合板隔墙

复合工艺是指用现代制作工艺，将多种材料制成复合型的产品。用几种材料制成的多层板为复合板。复合板的面层有石棉水泥板、石膏板、铝板、树脂板、硬质纤维板、压型钢板等。夹芯材料可为矿棉、木质纤维、聚苯乙烯泡沫塑料、硬质发泡聚氨酯和蜂窝状材料等。

复合板有利于综合发挥其各部分的性能，克服某些单一材料的缺陷，大多具有强度高，耐火性、防水性、隔声性好的优点，且安装、拆卸简便，有利于施工现场的作业和建筑的工业化。

复合板墙代表性的产品有：

1）钢丝网泡沫塑料水泥砂浆复合板（商品名为泰柏板）

将镀锌钢丝焊成网片，再由两片相距50～60mm的网片连接组成三向的钢丝网笼构架，内填阻燃的聚苯乙烯泡沫塑料芯层，现场拼装后在面层抹水泥砂浆而成的轻质隔墙复合板材。这种复合板有较好的刚度，利用钢丝网通过专用连接件可以方便地固定，而且还能像普通砖石砌体一样与表面的粉刷层很好地结合，因此是较好的隔墙材料。一般规格为（2440～4000）mm×1220mm×75mm，抹灰后厚度为100mm。其优点是自重轻，整体性好，缺点是湿作业量大。

2）蜂窝夹芯板

由两层玻璃布、胶合板、纤维板或铝板等薄而强的材料做面板，中间夹一层用纸、玻璃布或铝合金材料制成的蜂窝状的芯板。这种蜂窝夹芯板轻质高强，隔声、隔热效果好，可用作隔墙、隔声门，还可用作幕墙。

3）金属面夹芯板

采用镀锌钢板、铝合金板等金属薄板与岩棉、玻璃棉、聚氨酯、聚苯乙烯等隔声、绝热芯材粘接、复合而成的板材，具有质轻、高强、绝热、隔声、装饰性好、施工便捷等特点，广泛应用于隔墙板、外墙板、屋面板、吊顶板等构件，特别适合用作大跨度、大空间建筑的围护材料（图6-17、图6-18）。

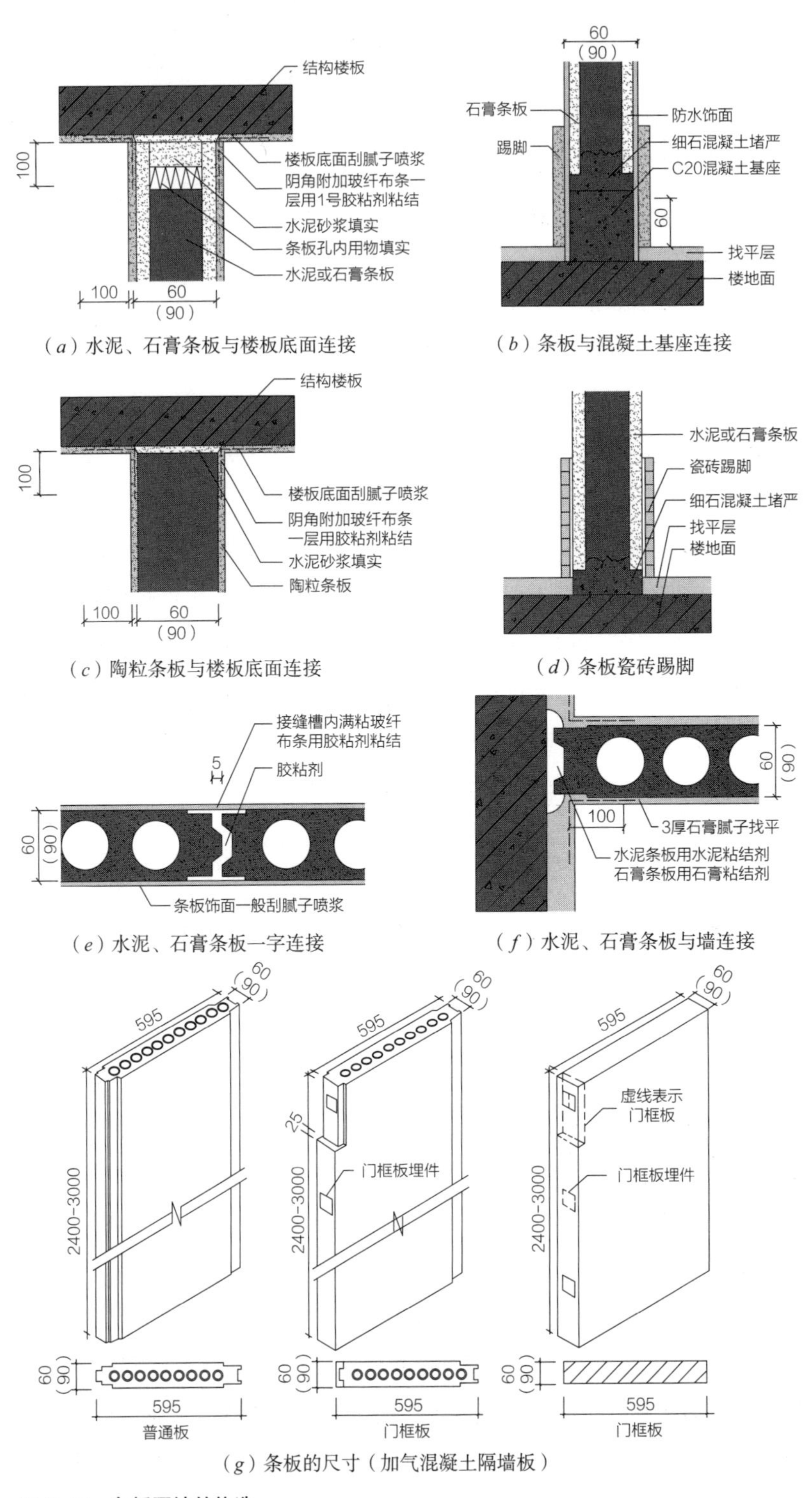

图6-17　条板隔墙的构造

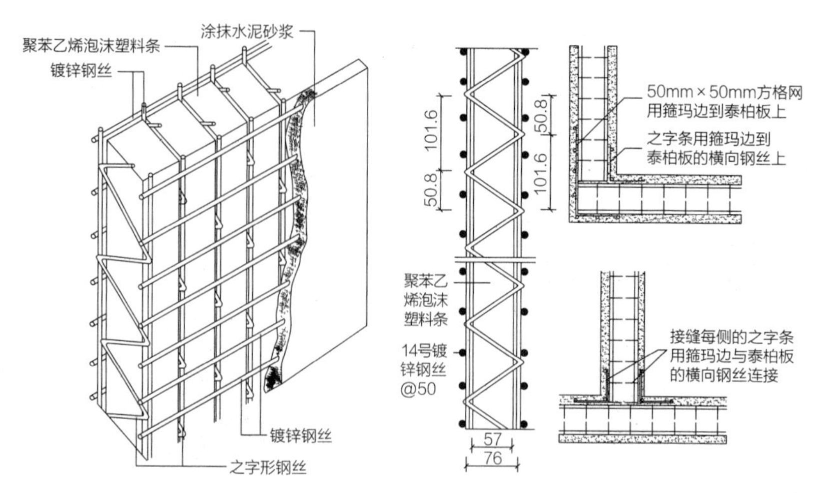

图 6-18 钢丝网泡沫塑料水泥砂浆复合板隔墙

6.6 骨架墙

板材外墙（整体式板墙）一般是指厚度较大或板肋结合的整体性板材，除自承重外还承受各种侧向荷载，并将受力直接传递到建筑主体的（梁、柱、楼板等）的板材墙体。这种板材一般自重大，厚度也较大。而采用小型或薄型板材与承载的骨架（龙骨）相结合的方式建造的空间构架墙体，可以看成是板材墙体的分解形式，并充分复合了不同的饰面、围护材料和结构材料，是一种应用极广的构筑方式。

6.6.1 幕墙

幕墙是不承重的外墙，一般是由金属骨架和各种板材（玻璃、金属板、钢筋混凝土板、人工合成板材等）组成的，以骨架或板材的形式悬挂在建筑物外表面。其构造特点是，通过幕墙的框架与结构主体以点接触，由连接件悬挂在主体上。其受力特点是，幕墙荷载由结构框架承受，幕墙自身只承受自重和风荷载。这种外围护体系像幕布一样固定、悬挂在主体结构之外，如同帷幕和帐篷一样。原始的帐篷建筑（篷布不与承重构架共同受力的类型）、“墙倒屋不塌”的木结构建筑等就是幕墙系统的原型。

采用幕墙体系将建筑的承重部分和围护部分彻底分离，幕墙仅承受自重，但作为外围护结构，还需承受风力、地震力等水平荷载以及温度等的作用，这样有利于发挥结构和围护材料各自的性能特征，并能简化施工程序、提高施工精度，是一种应用极广的工业化建造体系，玻璃幕墙、石材幕墙、金属板幕墙是其中的代表。近年来，随着建材的发展，水泥纤维板、金属面夹芯板等复合板材也广泛地应用在外墙上，与传统的单一材料的幕墙相比，具有重量轻、施工性能好、价格较低的优势。

（1）玻璃幕墙

玻璃幕墙是近代科学技术发展后玻璃与钢材结合、生产工艺进步的产物，也是现代建筑显著的时代特征。早在1851年伦敦水晶宫中就使用了“桌子”和“桌布”来形容钢铁结构与玻璃建筑表皮之间的关系——铸铁柱和熟铁桁架组成了牢固的骨骼结构“桌子”，平放在其上用木条固定的是玻璃“桌布”。玻璃幕墙最早的使用是在20世纪初，1911年，格罗皮乌斯及助手设计的制造鞋楦的小工厂（德国法格斯工厂），建筑的大部分外围护采用由玻璃和钢板组成的幕墙，转角不设柱子。20世纪50年代第二次世界大战结束后，由于钢铁和铝材的广泛使用，玻璃幕墙得到了广泛的应用。

1952年，由SOM设计事务所设计的纽约利华大楼是在高层建筑上采用幕墙的首次实际尝试。随后，玻璃幕墙、铝合金幕墙、石材幕墙等多种形式的幕墙成为了中高档建筑物的外围护结构的首选。20世纪60年代建成的巴黎科学城第一次使用了透明玻璃的点式玻璃幕墙体系，将对玻璃和钢的表现推向了极致。随着玻璃材料、复合板材料和幕墙自身结构体系的发展，形成了丰富多彩的体系和类型，成为了现代建筑的重要语言和手法。目前，玻璃幕墙的发展向着视觉化和生态化两个方向发展：一方面是向更加通透、简洁、媒体化的方向发展的透明、半透明与显示屏式的幕墙；另一方面是向节能化、智能化的方向发展的可调节、可呼吸的可调遮阳幕墙、光电幕墙和双层皮幕墙等（图6-19）。

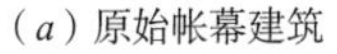

（*a*）原始帐幕建筑

（*b*）1851年建成的伦敦水晶宫的玻璃围护体系

（*c*）1913年建成的德国法格斯工厂

图6-19　各种幕墙（一）

（*a*）引自：若山滋，TEM研究所. 建築の絵本シリーズ：世界の建築術-人はいかに建築してきたか. 東京：彰国社，1986.

（*b*）（*c*）引自：新建筑1991年6月临时增刊. 建筑20世纪（1，2）. 东京：新建筑社，1991.

（*d*）现代玻璃、石材、有机玻璃幕墙

图6-19 各种幕墙（二）

常用的玻璃幕墙可以按照不同的标准进行分类：

1）按照幕墙的材料可以分为铝合金框格幕墙、全玻璃幕墙、点式玻璃幕墙，也可以把玻璃板换成金属或石材板而形成铝材（铝合金）幕墙、彩色钢板幕墙、石材幕墙、复合板材幕墙、PC（钢筋混凝土预制板）幕墙等。

2）按照幕墙的立面形式，主要是固定玻璃的金属框位置，可以分为明框玻璃幕墙、隐框玻璃幕墙、半隐框玻璃幕墙（横隐竖明等组合方式）。

3）按照幕墙的装配方式可以分为单元式、元件式（构件式）幕墙。玻璃幕墙的一般做法是将玻璃单元板块挂装在主体结构上或者将一根根元件（立梃、横梁）安装在建筑物主框架上形成框格体系，再镶嵌玻璃，最终组装成幕墙。在现场由幕墙元件拼装的称为元件式幕墙，在工厂组装成为幕墙单元后，在现场直接吊装的幕墙称为单元式。元件式施工复杂，成本低，适应性强；单元式现场施工简单，施工进度快，精度高，但工厂生产的成本高，灵活性较差。

4）按照有无金属框架承重分为框承式（有框式）玻璃幕墙、全玻璃幕墙（无框式玻璃幕墙）和点支式玻璃幕墙。

框承式玻璃幕墙又被称为明框玻璃幕墙，玻璃是镶嵌在竖梃、横档等金属框上的，并用金属压条卡住，结构简单安全，需要重点处理好玻璃与金属框接缝处的防水构造、金属固定框的断桥绝热构造。

全玻璃幕墙抛弃了普通玻璃幕墙的金属框架结构，利用大板块厚玻璃做面板，肋玻璃作为支撑体系，达到通透的装饰效果。全玻璃幕墙在结构形式上主要分为玻璃肋坐地式全玻璃幕墙和玻璃肋吊挂式全玻璃幕墙两种：玻璃肋坐地式全玻璃幕墙在玻璃面板高度不超过3m时，可采用底部支撑，玻璃高度大于3m而不超过5m时，则采用肋玻璃作为支撑结构以加强面玻璃的刚度；玻璃肋吊挂式全玻璃幕墙适用于5 ～ 13m的玻璃面板，采用整块玻璃吊挂式安装，上部用吊挂专用夹具将玻璃紧紧夹持并整体吊起，避免了因玻璃自重引导起的弯曲，同时保证在受风压、地震等外力作用时，可沿力的方向作小幅摇摆，从而分散应力，即使下部受意外强力冲击而产生玻裂，其上部仍悬挂于主体结构上，避免整体玻璃坍塌造成人身伤害，从而具有高度的安全性。

由于吊挂式全玻璃幕墙受单块玻璃最大高度尺寸的限制，高度超过13m的通透性的高玻璃幕墙，一般采用点支式（点支承）玻璃幕墙系统。这种结构采用精致的不锈钢扣件将单块高度不超过5m的玻璃连接起来，使玻璃表面的效果为一个整体，在每块玻璃的四角或边部露出不锈钢扣件作为装饰件，通过改变扣件形式及支撑结构的多样化充分表达建筑师的设计意图。玻璃面板四角开孔，与安装连接的钢爪用穿入面板玻璃孔中的螺栓紧固，构成点支式玻璃幕墙的受力体系。点支式幕墙根据支承装置支承玻璃面板的结构的不同分为玻璃肋式点支承玻璃幕墙、钢结构式点支承玻璃幕墙、拉杆桁架式点支承玻璃幕墙、拉索桁架式点支承玻璃幕墙、单层拉索式点支承玻璃幕墙等。点接式幕墙分为4点、6点或8点支撑形式，其受力状况比较复杂。点接式幕墙可做外墙立面、斜面、曲面、多角面及屋顶，可实现丰富的造型效果。

除了玻璃之外，还可采用天然石材、金属板材或复合板材、陶板、水泥板、纤维板等多种板材用作幕墙的面层，内部构造节点与玻璃幕墙相似，但因不透明而可简化连接构造，并可使用平板、斜板、穿孔、压型等多种方式，配合色彩和质感形成多样的建筑艺术效果（图6-20～图6-25）。

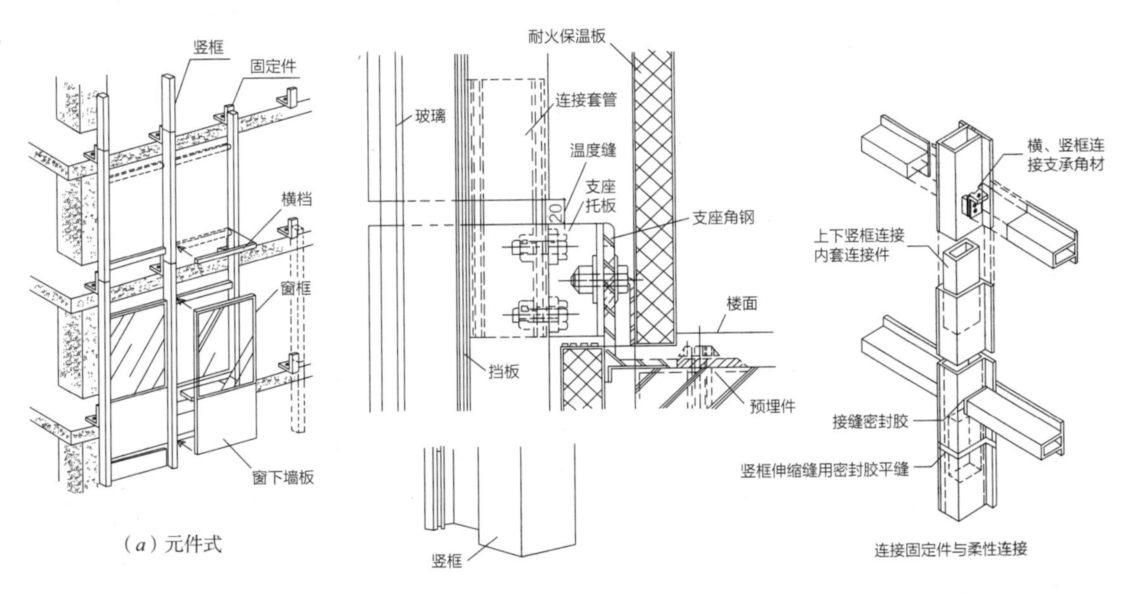

图 6-20　幕墙结构方式（一）

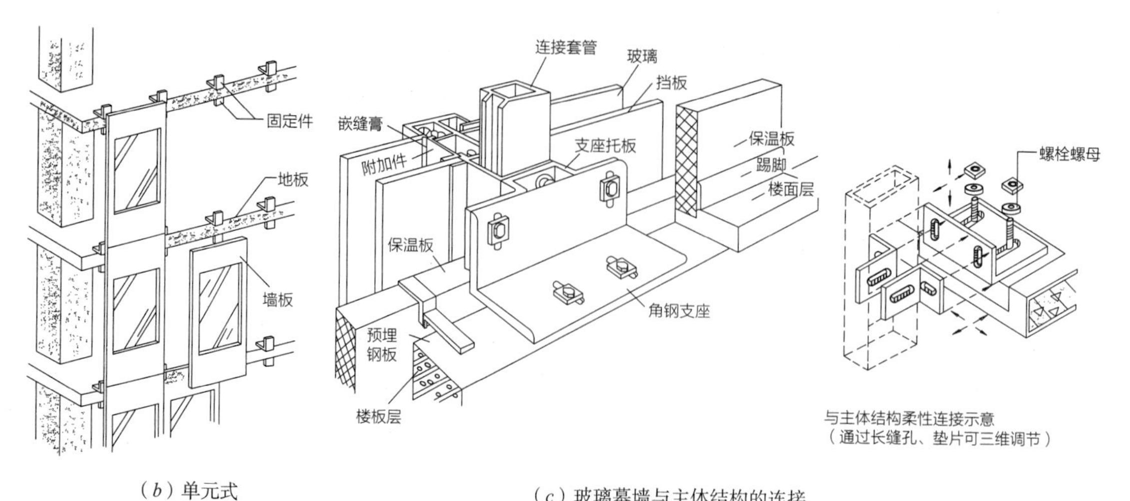

（*b*）单元式　　（*c*）玻璃幕墙与主体结构的连接

图 6-20　幕墙结构方式（二）

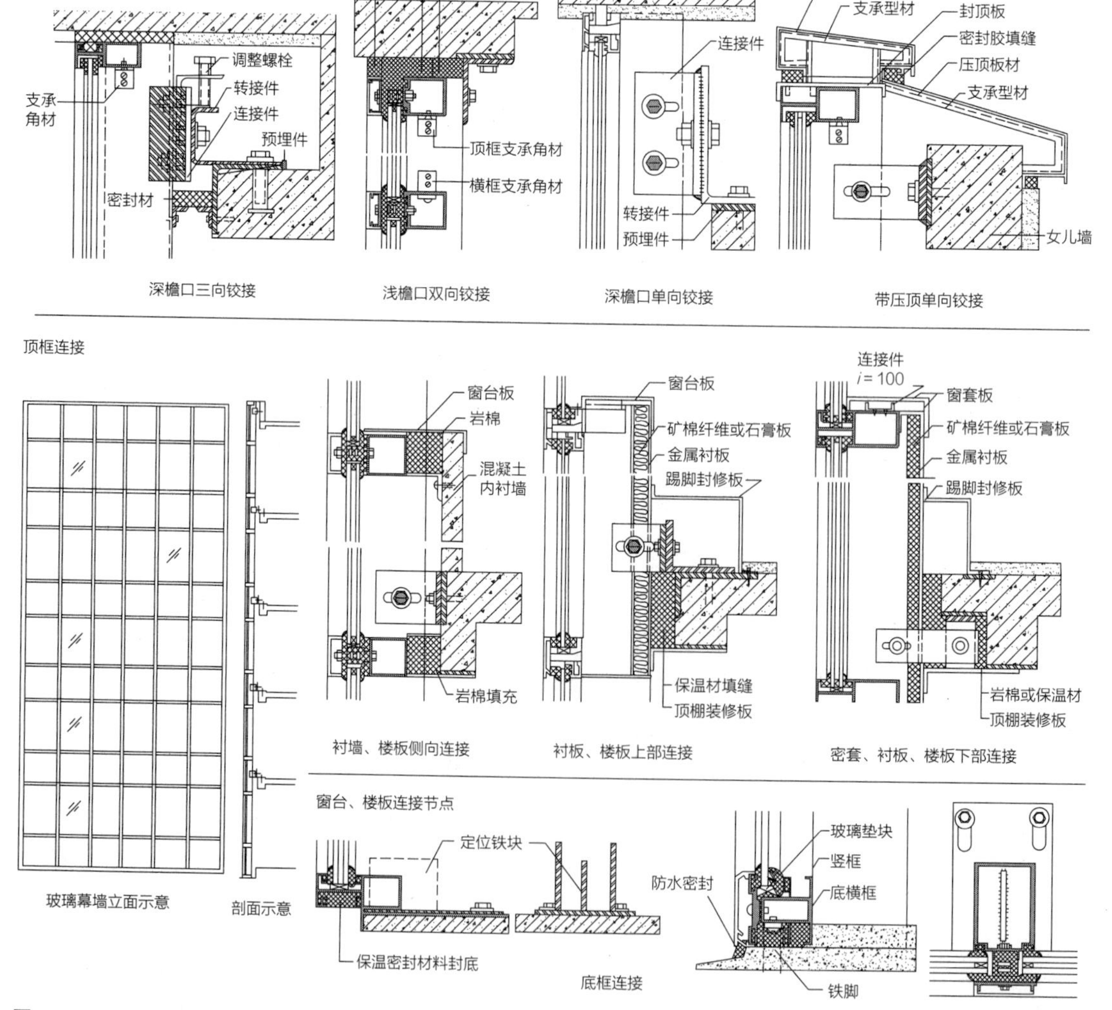

图 6-21　玻璃幕墙的基本结构（一）

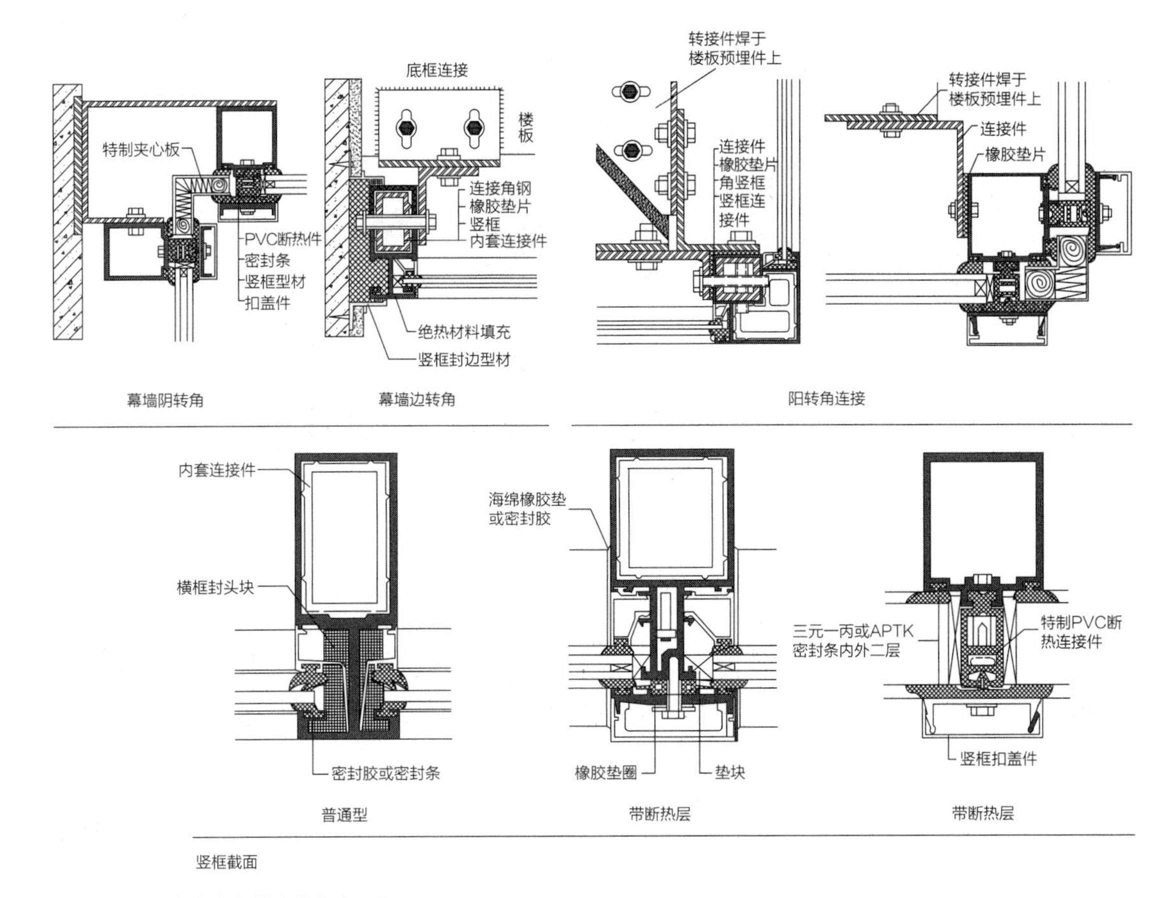

图 6-21　玻璃幕墙的基本结构（二）

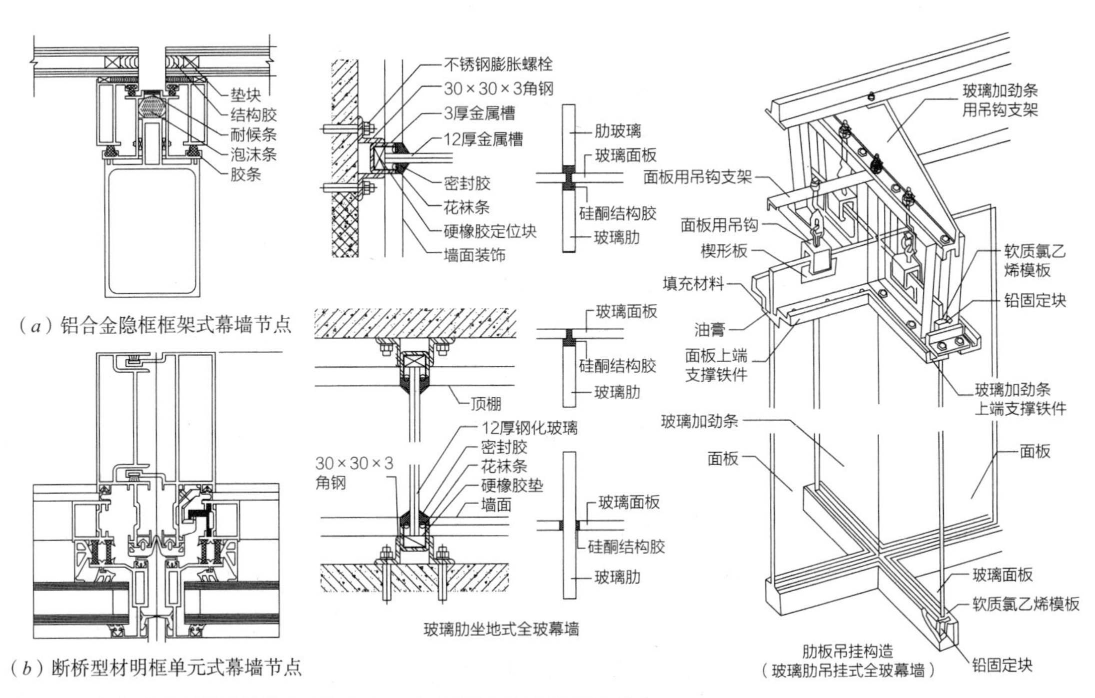

（*a*）铝合金隐框框架式幕墙节点

（*b*）断桥型材明框单元式幕墙节点

图 6-22　框架式玻璃幕墙的节点　图 6-23　全玻璃幕墙的肋板落地构造

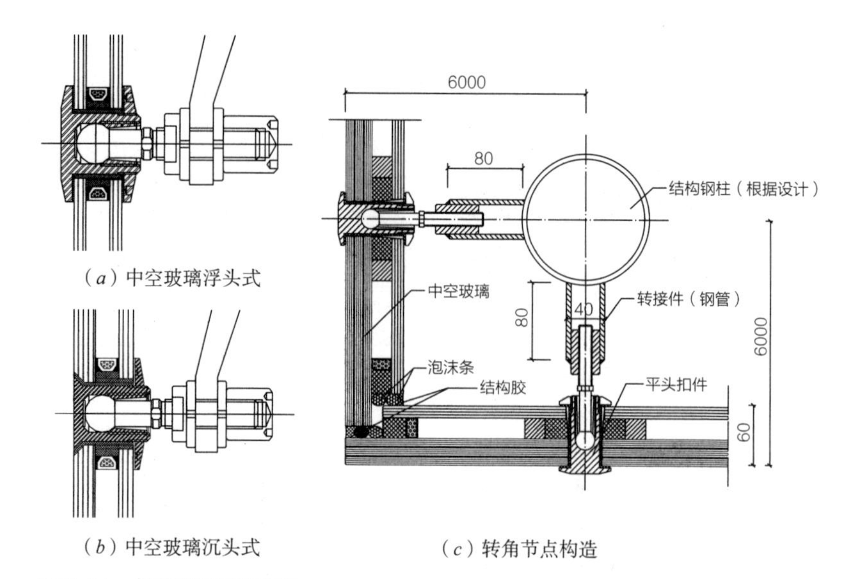

图6-24 点式玻璃幕墙构造

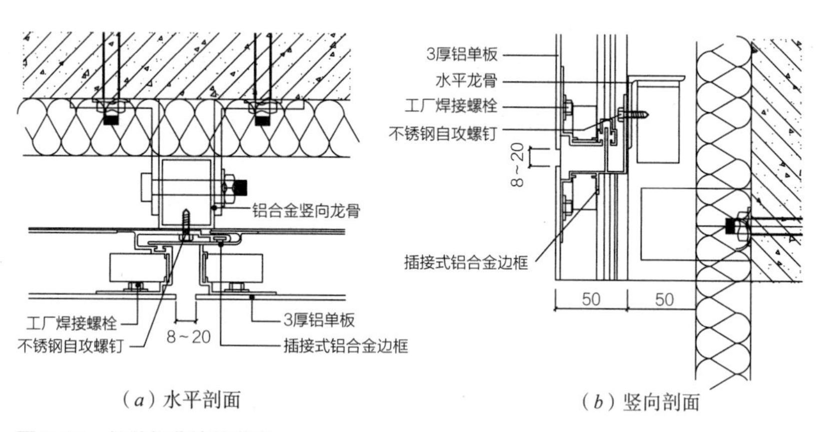

图6-25 铝单板幕墙的节点

引自：褚智勇．建筑设计的材料语言．北京：中国电力出版社，2006.

（2）干挂石材

根据石材自重大的特点，不采用粘结方式而是主要通过钢钩、销钉等构件挂在结构主体的墙面之上。

干挂法是利用不锈钢销钉、销板、背栓等构件，利用螺栓和连接件的相互错动调整表面平整度，并直接将石板固定在结构墙体或钢骨架上（图6-26、图6-27）。由于干挂法采用干法施工，速度快，并不受气候条件限制，过程可逆，便于维修更换，石材不易受到污染，还可采用开缝构造，便于石材面的自洁作用，所以它是目前大量采用的一种构造方法。

还有一种方法是采用工厂预制的背板法，即在薄石板背面开燕尾槽的方式，在工厂反打在钢筋混凝土墙面大板上，形成巨大的整体预制墙面在现场吊装固定而成。这种方式整体性好，连接牢固，适用于超高层建筑和抗震要求高、现场施工要求迅速的建筑中。

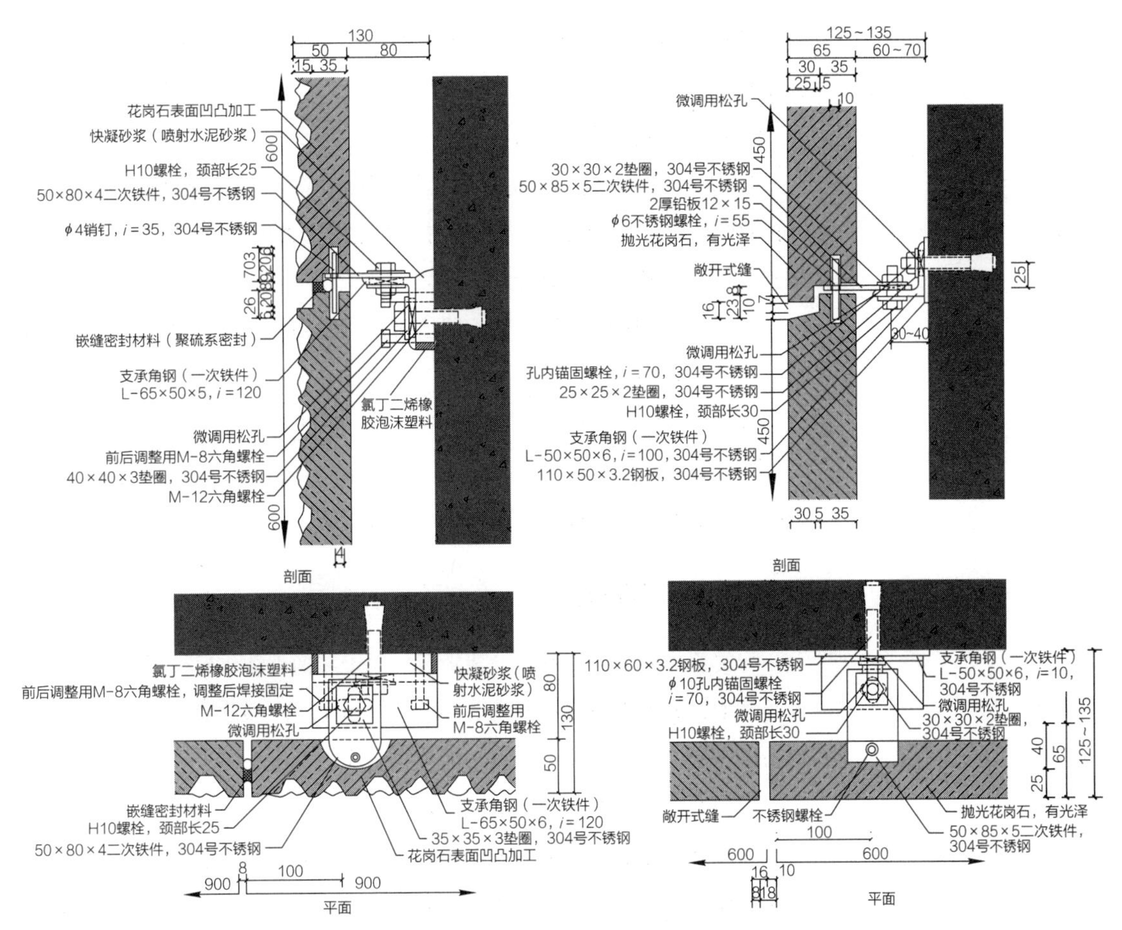

图 6-26　干挂法石材幕墙构造

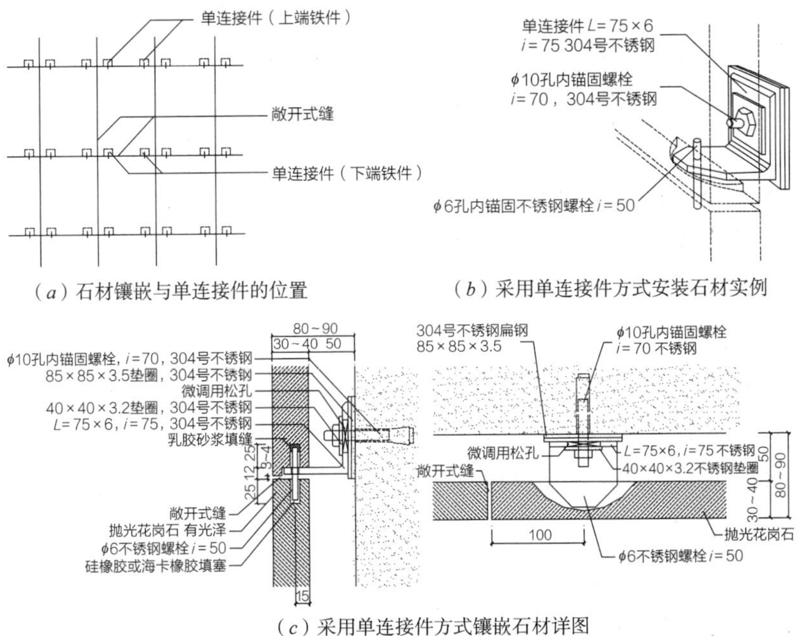

（*a*）石材镶嵌与单连接件的位置

（*b*）采用单连接件方式安装石材实例

（*c*）采用单连接件方式镶嵌石材详图

图 6-27　干挂法石材墙面构造

使用干挂法施工的墙面需要石材具有一定的厚度，当因条件的限制而需要使用大型、薄面的石材进行墙面装饰时，也可以对其进行背面补强。一般的背面补强方法主要有两种：

1）采用渗透性极强的树脂类化学分子注入石材结晶格子间隙补强（环氧树脂类适用于花岗石，聚酯树脂类适用于大理石），以增强石材的机械强度、表面硬度，修补板材的缺陷。

2）采用石材强力网（尼龙网或玻纤网），用胶粘剂贴于石材背面补强，提高石材的抗弯、抗拉强度。

天然石材要用电钻打好安装孔，较厚的板材应在其背面凿两条2～3mm深的砂浆槽。板材的阳角交接处，应做好45°的倒角处理。最后根据石材的种类及厚度，选择适宜的连接方法。

6.6.2 轻骨架隔墙

与建筑幕墙相同的室内骨架隔墙，由于结构承载要求较低，一般采用轻型骨架，又被称为轻骨架隔墙，由骨架和面层两部分组成，由于是先立墙筋（骨架）后做面层，因而又称为立筋式隔墙。

常用的骨架有木骨架和型钢骨架。

木骨架由上槛、下槛、墙筋、斜撑及横挡组成。上槛、下槛与墙筋的断面尺寸为45～50mm×70～100mm，斜撑和横挡的断面相同或略小，墙筋间距常为400mm，横挡间距可与墙筋相同或适当放大。

轻钢骨架是由各种形式的薄壁型钢制成，其主要优点是强度高、刚度大、自重轻、整体性好、易于加工和大批量生产，还可根据需要拆卸和组装。常用的薄壁型钢有0.8～1.0mm厚的槽钢和工字钢。薄壁轻钢龙骨的安装过程是：先用螺钉将上槛、下槛固定在楼板和梁下，然后按400～600mm的间距安装钢龙骨（墙筋）。

轻骨架隔墙的面层有抹灰面层和人造板材面层。抹灰面层常用于木骨架，即传统的板条抹灰隔墙。人造板材面层可用于木骨架或轻钢骨架。隔墙的名称以面层材料而定（图6–28）。

（1）板条抹灰面层

板条抹灰面层是在木骨架上钉灰板条，然后抹灰，常在板条上加做钢丝网或钢板网。由于钢丝网和钢板网变形小、强度高，所以抹灰面层不易开裂。若用钢板网，则可直接钉在墙筋上，省去板条。

板条抹灰隔墙耗费木材多，施工复杂，湿作业多，难以适应建筑工业化的要求，目前已经很少采用（图6–29）。

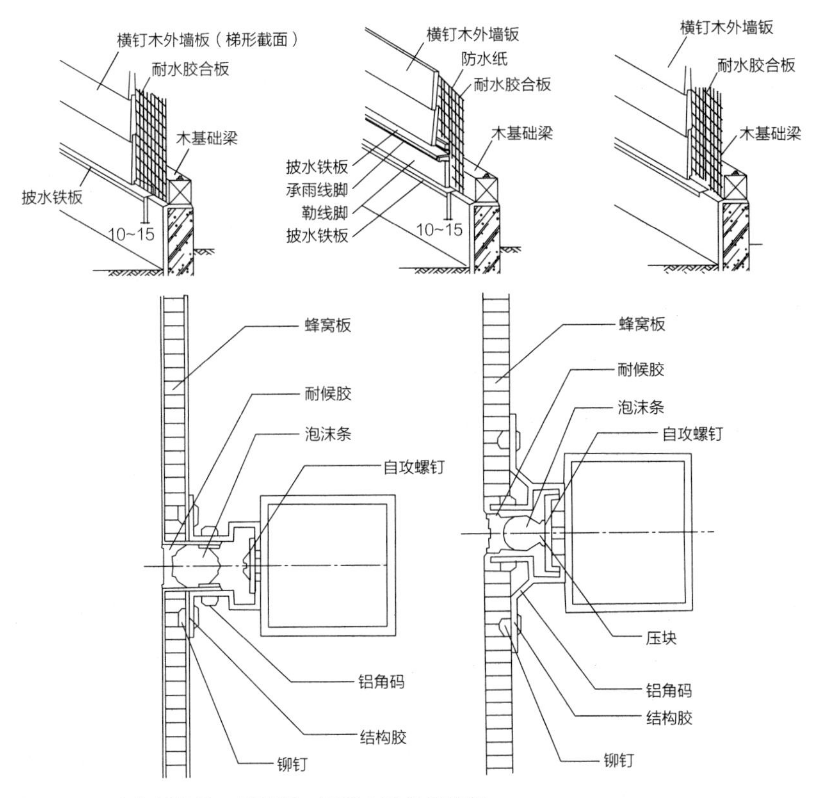

图 6-28　木条板外墙，蜂窝板、纤维水泥条板外墙

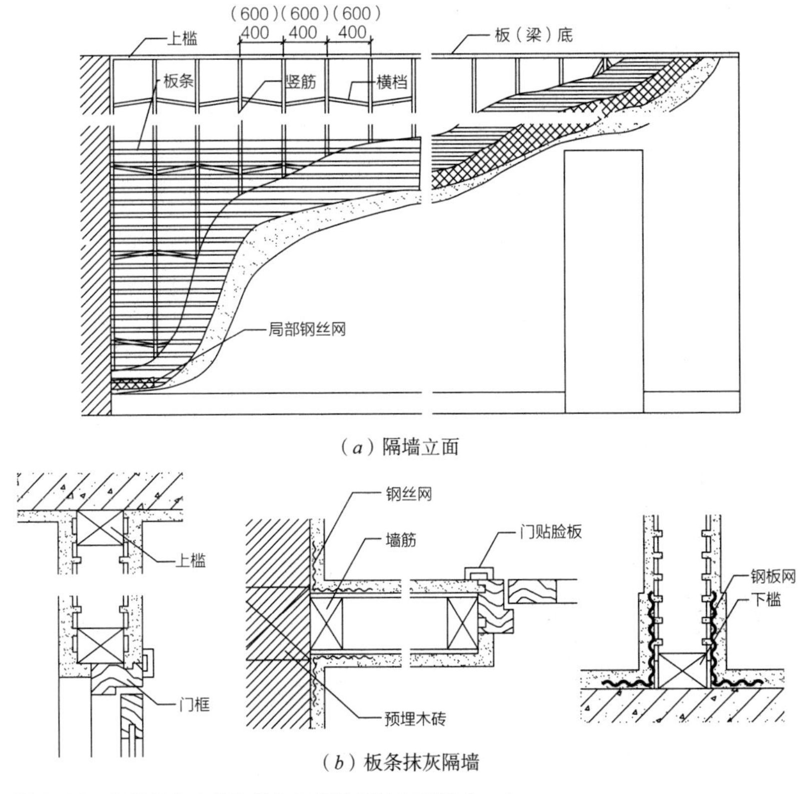

图 6-29　板条抹灰（板灰条）与钢丝网抹灰隔墙（一）

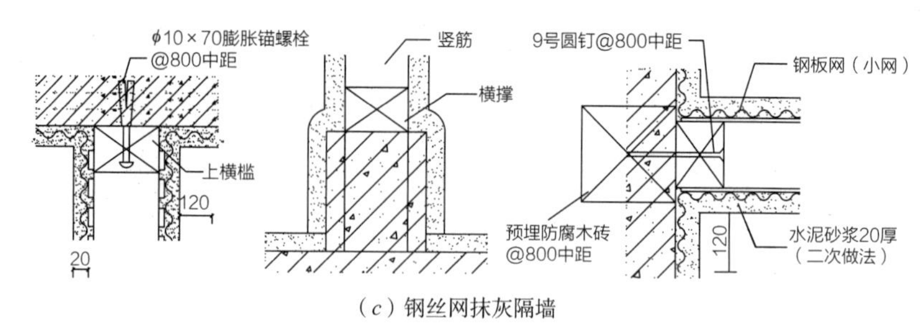

（c）钢丝网抹灰隔墙

图 6-29 板条抹灰（板灰条）与钢丝网抹灰隔墙（二）

（2）板材面层轻钢骨架隔墙

板材面层轻钢骨架隔墙的面板多为人造复合面板，如胶合板、纤维板、石膏板、硅酸钙板、水泥平板等，也可以是玻璃、金属、石板等。

板材与骨架的关系有两种：一种是在骨架的两面或一面，用压条压缝，或不用压条压缝，即贴面式；另一种是将板材置于骨架中间，四周用压条压住，称为镶板式。在骨架两侧贴面式固定板材时，可在两层板材之间填入石棉、玻璃棉、空气等材料，并可采用使用厚度大的板材、双层贴面等方式提高隔墙的强度与隔声、隔热、防火等性能。一般常使用的贴面式隔墙墙体的厚度主要由龙骨的水平方向高度（龙骨的高度由墙体的高度决定，常用的有45mm和75mm两种轻钢龙骨）、两侧贴面板材的厚度和层数决定，如常用的单层轻钢龙骨石膏板墙的厚度为：9.5mm厚石膏板＋45mm龙骨＋9.5mm厚石膏板＝64mm墙厚（图6-30）。

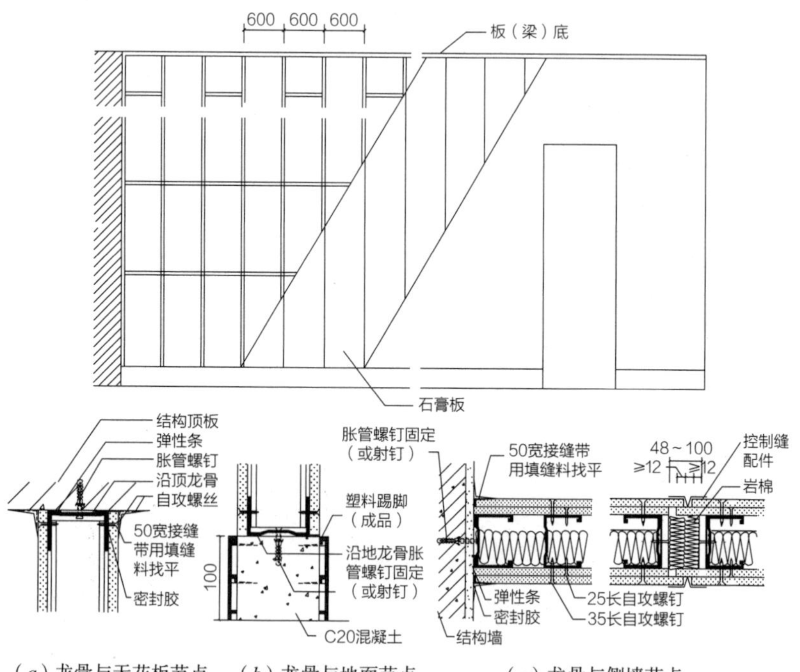

（a）龙骨与天花板节点　（b）龙骨与地面节点　（c）龙骨与侧墙节点

图 6-30 轻钢龙骨石膏板墙体细部图

板材在骨架上的固定方法有钉、粘、卡三种。采用轻钢骨架时，往往用骨架上的舌片或特制的夹具将面板卡到轻钢骨架上。这种做法施工简便、迅速，有利于隔墙的组装和拆卸。

常用的板材面层如表6–1所示。

轻骨架隔墙的常用板材规格（不含木质板材）　表6–1

名称	规格（mm）		
	长度	宽度	厚度
纸面石膏板	1800、2100、2400、2700、3000、3300、3600	900、1200	9.5、12、15、18、21、20。执行国外标准的还有 12.7、15.9
纸纤维石膏板	1200、1500、2400、3000	600、1200	10、12.5、15
木质纤维石膏板	3050	1200	8、10、12、15
纤维增强硅酸钙板	800、2400、3000	800、900、1000、1200	5、6、8、10、12、15
	2440	1220	
纤维增强水泥加压平板	1000、1200、1800、2400、2800、3000	800、900、1000、1200	4、5、6、8、10、12、15、20、25
低密度埃特板	2440	1220	7、8、10、12、15
中密度埃特板	2400	1220	6、7.5、9、12
低密度埃特板	2440	1220	7.5、9

注：除埃特板外，均可根据用户要求生产其他规格尺寸的板材。

引自：李必瑜等. 建筑构造：上下册（第三版）. 北京：中国建筑工业出版社，2005.

1）天然材料纤维胶结物——天然材料打碎后，将其纤维用胶粘剂粘结，或是将天然材料切割成薄片后错纹叠合粘结，如木质的中密度纤维板、木屑板、胶合板、细木工板以及稻草板、麻茎板等。天然材料纤维制品保留了天然材料的易加工的优点或某些天然的纹理，克服了天然材料的多向异性、易变形的缺点，提高了材料的强度并有效地利用了自然资源，工程中多用于建筑隔墙、地板或饰面。其粘结材料中多含甲醛，应控制用量以保障使用者的健康。合适的添加剂可改善防火、防水性能。

木质板材有胶合板和纤维板，多用于木骨架。胶合板是用阔叶树或松木经旋切、胶合等多种工序制成，常用的平面尺寸为1830mm×915mm与2135mm×915mm两种，厚度有4mm的三合板与7mm的五合板两种。

2）其他纤维制品——用岩棉、矿渣棉、玻璃棉等与天然石材和矿石为原料加工成的纤维状物，可制成各种保温板材，其内掺入纸纤维、膨胀珍珠岩、陶土、淀粉等制成吸声板，广泛用于吊顶中。这些吸声板质量轻，耐高温和耐火的性能好，易加工。

石膏板有纸面石膏板和纤维石膏板，常用的纸面石膏板是以建筑石膏为主要原料，加入其他辅料构成芯材，外表面粘贴护面纸的建筑板材，根据辅料和护面纸性能的不同，使其满足不同的防水和防火要求。石膏的隔热、吸声和防火性能好，但耐水性较差。

3）加纤维水泥制品——以水泥为胶凝剂，加入玻璃纤维制成的玻璃纤维增强水泥板（GRC板）、低碱水泥板（TK板）以及加入天然的纤维材料如木材、棉秆、麻秆等制成的水泥刨花板等材料，可用于不承重的内外墙、管井壁等。

硅酸钙板全称为纤维增强硅酸钙板，是以钙质材料、硅质材料和纤维材料为主要原料经制浆、成坯、蒸压养护等工序制成的板材，具有轻质、高强、防火、防潮、防蛀、防霉、可加工等优点。

水泥平板包括纤维增强水泥加压平板（高密度板）、非石棉纤维增强水泥中密度板与低密度板（埃特板），是由水泥、纤维材料和其他辅料制成的，具有较好的防火、隔声、防潮性能。

6.7 墙面面层（墙面装修）构造

墙面面层是墙体的内外表面，即建造工程的最终完成面，墙体的面层与其内部材料一道通过材料的复合、连接等构造手段更好地实现了建筑的围护性能。

1）外表面（外墙）主要满足外部的耐候保护、防水防潮、隔声绝热、美化象征等需求。

2）内表面（内墙）主要起到保持室内清洁卫生、健康宜居环境、视触觉的装饰美化等功能。

装修按照墙面的位置不同分为内墙和外墙装修。

按照施工方式和材料的不同，内外墙面装修又可分为抹灰类、贴面类、涂料类、干挂类、裱糊类（仅用于内墙）。

6.7.1 抹灰类墙面装修

抹灰（Stucco）是一种传统的饰面做法，它是用泥浆、石灰浆、石膏、水泥砂浆等涂抹在房屋结构表面上，利用浆状材料胶凝后形成的致密的硬质表面薄层起到密封、平整、保护、美化作用的一种装修工程。由于材料来源广泛、施工简便、造价低廉，同时可以通过改变抹灰材料和工艺取得多种装饰效果，应用非常广泛。古代人类在半穴居的原始住宅中就将泥浆和石灰涂抹在建筑的屋顶和墙壁、地面上以达到防水、防潮的效果。在一般的建筑施工现场，“平不平，一把泥”也是抹灰装修的写照。

抹灰的技术要点在于：

1）饰面层的弹性。饰面层必须防止由于基层变形、环境温度变化引发的热胀冷缩而造成的开裂，常用的方法有：

a．加强基层强度。如混凝土中加强配筋，砌体材料表面加麻刀、麻布、纤维布等纤维材料作为加强筋。

b．隔离基层的变形。如在表层与基层中间设置空气或片状隔离层，防止变形应力的传递，或设置多层构造，逐层渐变，防止应力集中。

c．保持面层的弹性。如采用植物油脂或淀粉（桐油、糯米、面粉等）、动物脂肪（猪血等）、人工合成高分子胶体材料作为颗粒强度材料的溶剂，以保证弹性，防止开裂。

d．设置面层的诱导缝。通过控制开裂的位置，利用色差、表面凸凹等遮掩裂缝。

2）表面材料的硬度。成膜材料或颗粒材料应有较高的硬度，起到保护作用。

3）耐候性。表面材料具有抗紫外线、吸水率低、防冻融循环、耐霉变等性能。

4）耐污性。便于清洁维护，不易积灰等。

（1）抹灰的组成

抹灰的质量要求：表面平整、粘结牢固、色彩均匀、不开裂。

为保证上述质量要求，抹灰施工时须分层操作，一般分三层，即底层（灰）、中层（灰）、面层（灰）。

1）底层

主要作用是与基层粘接，并进行初步找平，一般厚度为 5 ～ 7mm，抹灰的材料和厚度随基层而定。当墙体基层为砖、石时，可采用水泥砂浆或混合砂浆打底；当基层为骨架板条时，应以石灰砂浆掺入适当麻刀（纸筋）或其他纤维作为底灰，施工时将底灰挤入板条缝隙，以加强拉结，避免开裂、脱落；混凝土墙则采用水泥砂浆或水泥石灰砂浆；加气混凝土墙体则采用掺胶的水泥砂浆或水泥石灰砂浆。

2）中灰

材料与底灰相同，起进一步找平的作用。根据施工质量的要求可以一次抹灰或分层操作，中灰厚度 5 ～ 9mm。

3）面灰

主要起装饰美观的作用，要求平整、均匀、无裂痕，厚度 2 ～ 8mm。

（2）抹灰的种类、做法和应用

抹灰按质量要求和主要工序划分为以下三种标准：

1）普通抹灰：共两层，总厚度大于18mm，适用于简单宿舍、仓库等。

2）中级抹灰：共三层，总厚度大于20mm，适用于住宅、办公楼、学校、旅馆以及高标准建筑物中的附属房间。

3）高级抹灰：多层，总厚度大于25mm，适用于公共建筑、纪念性建筑，如剧院、宾馆、展览馆等。

抹灰按照面层材料及做法分为一般抹灰和装饰抹灰。

一般外墙抹灰有混合砂浆抹灰、水泥砂浆抹灰等。内墙抹灰有纸筋（麻刀）石灰抹灰、混合砂浆抹灰、水泥砂浆抹灰等。

• 混合砂浆抹灰：用于内墙时，先用15mm厚1∶1∶6的水泥石灰砂浆打底，5mm厚1∶0.3∶3水泥石灰砂浆抹面，表面可加涂内墙涂料。用于外墙时，先用12mm厚1∶1∶6的水泥石灰砂浆打底，再用8mm厚1∶1∶6的水泥石灰砂浆抹面，面层可用木蟹磨毛。

• 水泥砂浆抹灰：用于砖砌筑的内墙时，先用13mm厚1∶3水泥砂浆打底，再用5mm厚1∶2.5水泥砂浆抹面，压实赶光，然后涂刷内墙涂料。外墙抹灰则先用12mm厚1∶3水泥砂浆打底，再用8mm厚1∶2.5水泥砂浆粉面，面层用木蟹磨毛。

• 纸筋（麻刀）石灰抹灰：用于内墙面的抹灰做法，根据基质墙体的不同而使其做法不同。在砖墙上先用15mm厚1∶3石灰砂浆打底，再用2mm厚纸筋（麻刀）石灰粉面，同时喷刷内墙涂料。在混凝土墙面上，则先在基底上刷素水泥浆一道，然后用7mm厚1∶3∶9水泥石灰砂浆打底，划出纹理，再用7mm厚1∶3石灰膏砂浆和2mm厚纸筋（麻刀）灰抹面，刷内墙涂料。在加气混凝土墙面上，先用10mm厚1∶3∶9水泥石灰砂浆打底，用6mm厚1∶3石灰砂浆和2mm厚纸筋（麻刀）灰抹面，再刷内墙涂料。

装饰抹灰是以石灰、水泥等为胶结材料，掺入砂、石骨料用水拌合，采用抹（一般抹灰）、刷、磨、斩、粘等（装饰抹灰）不同的方法施工，形成丰富的质感。在外墙面抹灰中，为施工接茬、比例划分和适应抹灰层胀缩以及日后维修更新的需要，抹灰前应按设计要求弹线分格，用素水泥浆将浸过水的小木条临时固定在分格线上，做成引条，形成饰面的分格和开裂诱导凹槽（图6-31）。

装饰抹灰由底层、中层和面层组成，按照面层材料的不同可分为：

1）聚合物水泥砂浆类的喷涂、滚涂、弹涂等。

2）石灰类包括拉灰条、仿石等。

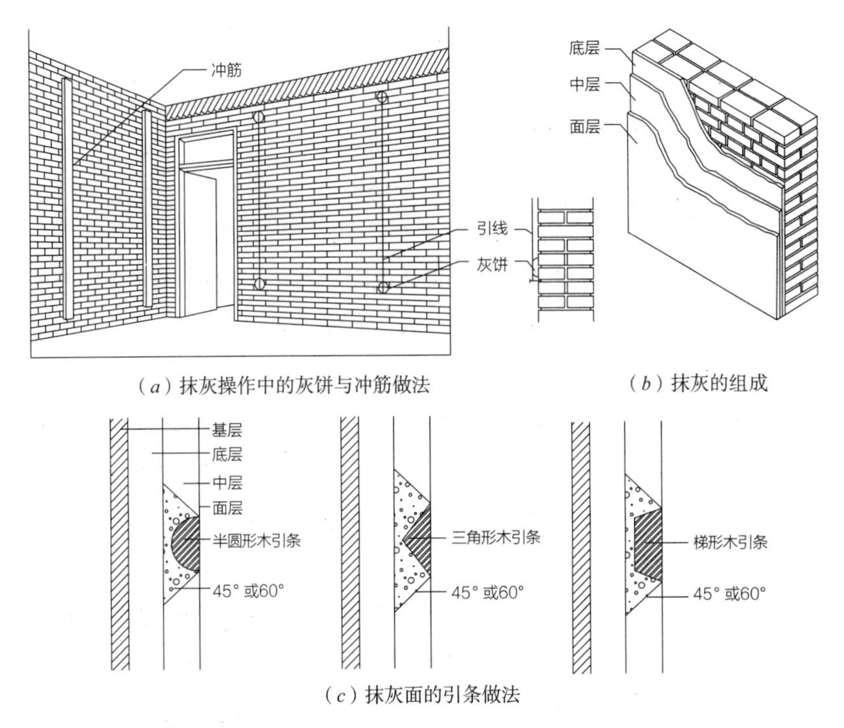

（*a*）抹灰操作中的灰饼与冲筋做法

（*b*）抹灰的组成

（*c*）抹灰面的引条做法

图 6-31　墙面抹灰做法

3）石碴类，以水泥为胶结材料，以石碴为骨料做成抹灰面层，然后利用水洗、斧剁、水磨、化学腐蚀等方法除去表面的水泥浆皮或在水泥浆表面粘接小粒径石碴，使饰面显露出石碴的色彩、质感，常用的有水刷石、干粘石等。由于这种装饰性抹灰是在水泥、砂、骨料的混合胶凝物上加工而成的，因此也常被归为混凝土的一种特殊做法。

4）水刷石饰面。水刷石是一种传统的外墙饰面，用水泥和石子等加水搅拌后抹在建筑物的表面，半凝固后，用喷枪、水壶喷水，或者用硬毛刷蘸水，刷去表面的水泥浆，使石子半露。

水刷石饰面朴实淡雅，经久耐用，装饰效果好，运用广泛，主要适用于外墙、窗套、阳台、雨篷、勒脚及花台等部位的饰面。若采用不同颜色的石屑，将得到不同色彩的装饰效果。

5）斩假石饰面。斩假石又称剁斧石，它是将水泥石子浆或水泥石屑浆涂抹在水泥砂浆基层上，待凝结硬化具有一定强度后，用斧子和各种凿子等工具在面层上剁斩，做出类似于石材经雕琢后的纹理效果的一种人造石料装饰方法。

6）干粘石饰面。干粘石饰面是用拍子将小粒径石碴甩到粘结砂浆上，然后拍实。这种饰面效果与水刷石饰面相似，但比水刷石饰面节约水泥30%～40%，节约石碴50%，提高工效30%左右，故应用较多。但因其粘结力较低，所以一般在与人直接接触的部位不宜采用。

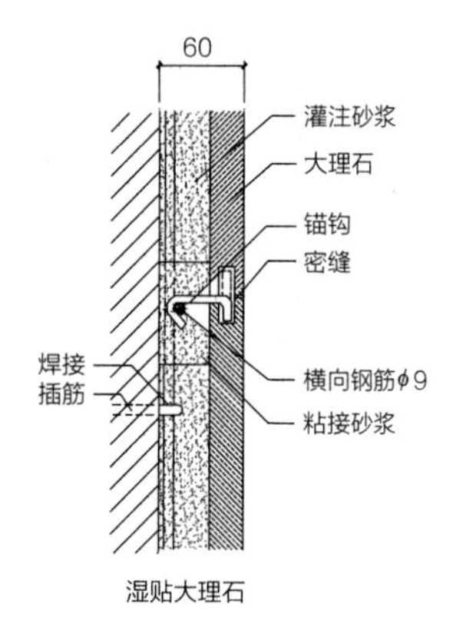

湿贴大理石

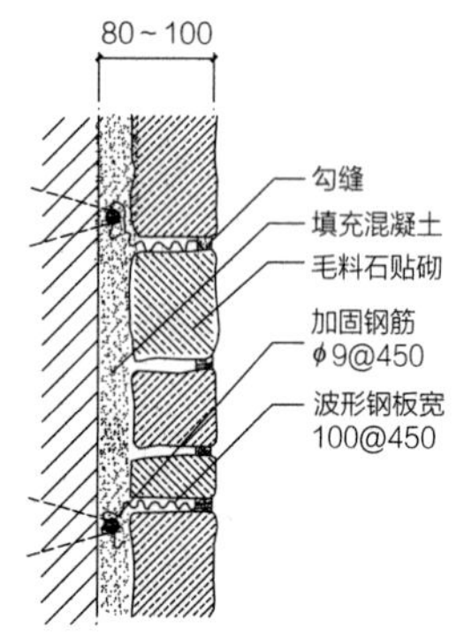

贴砌毛料石

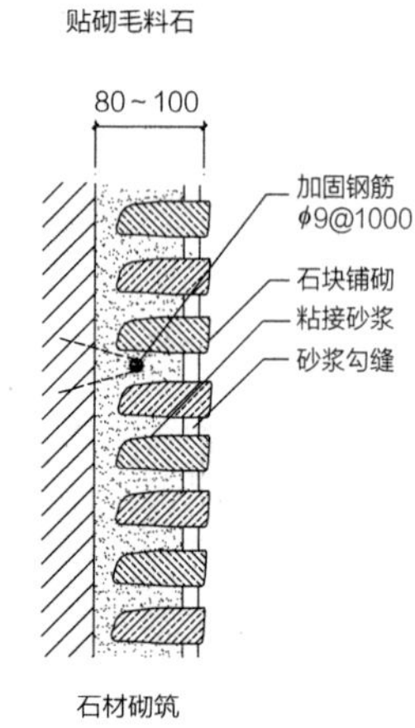

石材砌筑

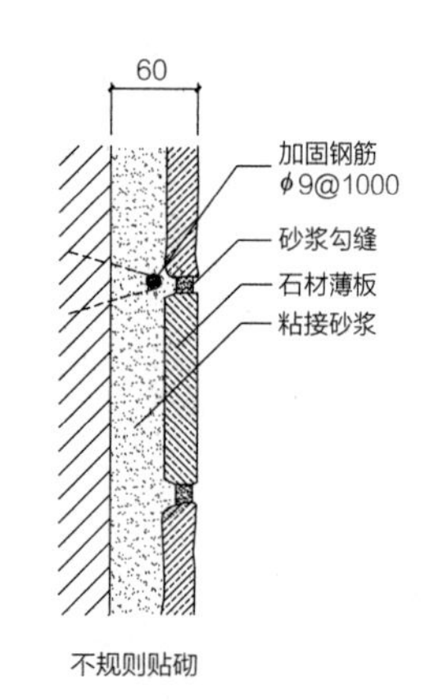

不规则贴砌

图6-32 湿贴法石材墙面构造

抹灰吊顶根据基层材质的不同可以分为木材的板条抹灰、钢板网抹灰和板条钢板网抹灰三种。抹灰吊顶的龙骨可用木或型钢，面层的做法与墙面抹灰相同。详见吊顶的章节。

6.7.2 墙面湿贴石材

湿贴法利用灌注在石板与结构墙体之间的砂浆来调整表面平整度并固定石板。在较高的墙面采用石材作为外表面装饰时，通常将天然石材加工成厚度为20～40mm的板材，采用湿贴法固定在墙面上（图6-32）。

天然石材要用电钻打好安装孔，较厚的板材应在其背面凿两条2～3mm深的砂浆槽。板材的阳角交接处，应做好45°的倒角处理。一般会采用拴挂法：在铺贴基层时，应拴挂钢筋网，然后用铜丝绑扎板材，并在板材与墙体的夹缝内灌以水泥砂浆。由于施工中浆液会污染石材，石材的各面，特别是内面，要涂抹耐碱的封堵剂防止出现污渍，灰缝也需封堵，防止出现白华。也可采用粘结法：采用聚酯砂浆或树脂胶粘结板材，要求基层必须平整，其粘结力较差，只能用于室内或室外的较低部位。

6.7.3 其他墙面装修

除了抹灰墙面之外，还有卷材粘贴、面砖和石材铺贴等多种装修方式。详见材料介绍的相关章节（表6-2、表6-3）。

常见外墙面层（饰面）构造做法 表6-2

名称	厚度(mm)	构　造
清水墙勾缝外墙面（砖墙）	—	清水砖墙 1∶1 水泥砂浆勾凹缝
剁斧石外墙面（砖墙）	22	1. 斧剁斩毛两遍成活 2. 10mm 厚 1∶2 水泥石子（米粒石内掺 30% 石屑）罩面赶平压实 3. 刷素水泥浆一道（内掺水重 5% 的建筑胶） 4. 12mm 厚 1∶3 水泥砂浆打底扫毛或划出纹道
丙烯酸涂料墙面（砖墙）（两遍）	18	1. 涂饰丙烯酸面层涂料两遍 2. 复补腻子磨平 3. 刷封底涂料 4. 满刮腻子磨平 5. 6mm 厚 1∶2.5 水泥砂浆找平 6. 12mm 厚 1∶3 水泥砂浆打底扫毛或划出纹道
面砖外墙面（砖墙）	27～29	1. 1∶1 水泥（或白水泥掺色）砂浆（细砂）勾缝 2. 贴 8-10mm 厚外墙面砖，在砖粘贴面上随贴随涂，刷一遍混凝土界面剂，增强粘结力 3. 6mm 厚 1∶2.5 水泥砂浆（掺建筑胶） 4. 12mm 厚 1∶3 水泥砂浆打底扫毛或划出纹道

续表

名称	厚度(mm)	构　造
面砖外墙面（混凝土墙）（小型混凝土空心砌块）	20～22	1. 1∶1 水泥（或白水泥掺色）砂浆（细砂）勾缝 2. 贴 8～10mm 厚外墙面砖，在砖粘贴面上随贴随涂，刷一遍混凝土界面剂，增强粘结力 3. 6mm 厚 1∶2.5 水泥砂浆（掺建筑胶） 4. 刷素水泥浆一道（内掺水重 5% 的建筑胶） 5. 5mm 厚 1∶3 水泥砂浆打底扫毛或划出纹道 6. 刷聚合物水泥浆一道
挂贴石材外墙面	70～80	1. 稀水泥浆擦缝 2. 20～30mm 厚石材板，由板背面预留穿孔（或勾槽）穿 18 号铜丝，（或 $\phi4$ 不锈钢挂勾）与双向钢筋网固定，石材板与砖墙之间的空隙层内用 1∶2.5 水泥砂浆灌实 3. $\phi6$ 双向钢筋网（中距按板材尺寸）与墙内预埋钢筋（伸出墙面 50）电焊（或 18 号低碳镀锌钢丝绑扎） 4. （砖墙）墙内预埋 $\phi8$ 钢筋，伸出墙面 50mm，横向中距 700mm 或按板材尺寸，竖向中距每 10 皮砖；（混凝土墙）墙内预埋 $\phi8$ 钢筋，伸出墙面 50mm，或预埋 50×50×4 钢板，双向中距 700mm（砌块类墙体应有构造柱及水平加强梁，由结构专业设计）
干挂天然石材外墙面	135	1. 25mm 厚石材板，上下边钻销孔，长方形板横排时钻 2 个孔，竖排时钻 1 个孔，孔径 5mm，安装时孔内先填云石胶，再插入 $\phi4$ 不锈钢销钉，固定于 4mm 厚不锈钢板石板托件上，石板两侧开 4mm 宽、80mm 高凹槽，填胶后，用 4mm 厚、50mm 宽燕尾不锈钢板勾住石板（燕尾钢板各勾住一块石板），石板四周接缝宽 6～8mm，用弹性密封膏封严钢板托和燕尾钢板，M5 螺栓固定于竖向角钢龙骨上 2. ∟50×50×5 横向角钢龙骨（根据石板大小调整角钢尺寸）中距为石板高度＋缝宽 3. ∟60×60×6（或由设计人定）竖向角钢龙骨（根据石板大小调整角钢尺寸）中距为石板宽度＋缝宽 4. 角钢龙骨焊于墙内预埋伸出的角钢头上或在墙内预埋钢板，然后用角钢焊连竖向角钢龙骨（砌块类墙体应有构造柱及水平加强梁，由结构专业设计）

注：砖墙为非黏土实心砖、多孔砖。
部分引自：中国建筑标准设计研究院．住宅建筑构造 11J930．其中少量参考 03J930 图集。

常见内墙面层（饰面）构造做法　表6-3

名称	厚度(mm)	构　造
乳胶漆内墙面（砖墙）燃烧性能等级：B1 级	14	1. 树脂乳液涂料二道饰面 2. 封底漆一道（干燥后再做面涂） 3. 5mm 厚 1∶0.5∶2.5 水泥石灰膏砂浆找平 4. 9mm 厚 1∶0.5∶3 水泥石灰膏砂浆打底扫毛或划出纹道
贴壁纸（布）墙面（砖墙）	16	1. 贴壁纸（布）面层 2. 满刮 2mm 厚耐水腻子分遍找平 3. 5mm 厚 1∶0.5∶2.5 水泥石灰膏砂浆找平 4. 9mm 厚 1∶0.5∶3 水泥石灰膏砂浆打底扫毛或划出纹道

续表

名称	厚度（mm）	构　造
贴壁纸（布）墙面（混凝土墙、小型混凝土空心砌块墙）	16	1. 贴壁纸（布）面层 2. 满刮2mm厚耐水腻子分遍找平 3. 5mm厚1 : 0.5 : 2.5水泥石灰膏砂浆找平 4. 9mm厚1 : 0.5 : 3水泥石灰膏砂浆打底扫毛或划出纹道 5. 素水泥浆一道甩毛（内掺建筑胶）
面砖内墙面（砖墙）（燃烧性能等级:A级）	19～21	1. 1 : 1彩色水泥细砂砂浆（白水泥擦缝）或专用勾缝剂勾缝 2. 5～7mm厚面砖（粘贴前先将面砖浸水2h以上） 3. 5mm厚1 : 2建筑胶水泥砂浆（或专用胶）粘结层 4. 素水泥浆一道（用专用胶粘贴时无此道工序） 5. 9mm厚1 : 3水泥砂浆打底扫毛（用专用胶粘贴时要求压实抹平）
面砖防水内墙面（砖墙）（适合于有防水要求的墙面）（燃烧性能等级:A级）	20～22	1. 1 : 1彩色水泥细砂砂浆（白水泥擦缝）或专用勾缝剂勾缝 2. 5～7mm厚面砖（粘贴前先将面砖浸水2h以上） 3. 4mm厚强力胶粉泥粘结层，揉挤压实 4. 1. 5mm厚聚合物水泥基复合防水涂料防水层（或按工程设计） 5. 9mm厚1 : 3水泥砂浆打底压实抹平
仿石砖（厚型）面砖内墙面（砖墙）（燃烧性能等级:A级）	25～29	1. 1 : 1彩色水泥细砂砂浆（白水泥擦缝）或专用勾缝剂勾缝 2. 8～12mm厚仿石砖（粘贴前先将面砖用水浸湿） 3. 8mm厚1 : 2建筑胶水泥砂浆（或专用胶）粘结层 4. 素水泥浆一道（用专用胶粘贴时无此道工序） 5. 9mm厚1 : 3水泥砂浆打底扫毛（用专用胶粘贴时要求压实抹平）

注：砖墙为非黏土实心砖、多孔砖。
部分引自：中国建筑标准设计研究院．住宅建筑构造11J930．其中少量参考03J930图集。

6.8 本章小结

如表6-4所示。

墙体的功能构造体系　　表6-4

功能及要求		组成及构件	构造设计要点与技术措施
基本功能	承载	• 承重墙 • 砌体墙的抗震构造 • 剪力墙	• 承重墙的布置与强度、稳定性 • 砌体墙的加强与抗震构造：圈梁，构造柱，开口限制 • 抗震剪力墙的设置和最大间距
	围护——保温隔热遮阳	• 墙体的保温性能与厚度 • 绝热层的设置	• 外墙外保温构造做法和饰面做法 • 内保温与外保温构造的围护完整性与冷桥的防止，特别是墙体的突出部、开口部

续表

功能及要求		组成及构件	构造设计要点与技术措施
基本功能	围护——保温隔热遮阳	· 墙体的保温性能与厚度 · 绝热层的设置	· 非防水材料的保温层需要设置隔蒸汽层防止出现凝结水 · 设置反射与遮阳系统，以起到隔热作用 · 垂直绿化与掩土墙体的保温隔热作用
	围护——隔声与减噪	· 空气传声和固体传声的隔绝	· 空气传声的隔绝：密缝处理；设置空气间层或多孔性材料以减振和吸声 · 固体传声的隔绝：增加墙体密实性及厚度以避免墙体振动 · 产生噪声的机房应做吸声降噪处理并远离主要使用空间
	围护——分隔空间	· 室内隔墙与隔断 · 幕墙	· 多种材料和构造的室内外隔墙构造（砌块、板材、骨架），以及配套的砌筑砂浆和抹面砂浆 · 隔墙与结构主体的固定、防裂 · 幕墙的种类与构造、技术指标
	围护——防水	· 女儿墙泛水 · 墙体的防水	· 女儿墙的泛水材料和构造 · 用水房间的墙体防水
支撑性能（次生要求） —安全性 —维护性 —加工性 —资源性 —附加功能	防火防烟	· 防火墙，防火分区隔墙	· 防火墙的设置和耐火时间 · 防火分区与防烟分区的划分与区隔，疏散楼梯的配置
	耐久耐污维护性	· 防潮层与勒脚 · 披水、滴水 · 室内墙裙、踢脚 · 墙体装修	· 墙体的顶部防水与排水：压顶、窗台、披水 · 提高墙体围护性能的披水和滴水构造 · 墙脚防水与排水：防潮层、勒脚、散水 · 室内墙体保护的扶手、墙裙、阳角、踢脚 · 室内外装修做法与性能
	室外设备安置	· 墙体锚固构件	· 雨水管、空调室外机等的固定与悬挂
	加工性资源性	· 组合墙体，围护与装饰的分离 · 施工的可逆性	· 幕墙体系、骨架墙等组合墙体的各层构造与功能 · 干式施工便捷与可逆性
衍生功能（艺术功能）	美观与象征	· 立面	· 室内外装修的材料、工艺、构造逻辑的组合与表现

第 7 章

建造部件04——基础

7.1 基础的概要

基，墙始也。

——《说文》

基——形声。从土，其声。本义：墙基。

础（礎）——形声。从石，楚声。本义：柱脚石，垫在房屋柱子下的石头。

动物的脚爪、树木的根茎是自然界存在的基础形态。早期的石构和木构建筑物均采用天然石材、夯实土层、木材等作为建筑物的基础。为了增强稳定性和分散荷载，多采用扩大的基座，形成建筑物的台基形态。基础主要解决的问题有两个：一个是将上部荷载有效地传递到大地，同时锚固建筑物，防止建筑物的下沉和失稳；另一个是隔绝地面水分对室内环境和建筑构件的侵蚀，保证人居环境的健康和建筑物的耐久性。早在人类开始定居的远古时代，插入土地的树枝就采用铺垫石块、石灰涂刷等方式稳固和防腐。古罗马的维特鲁威在《建筑十书》中就对神庙的基础做过描述，采用向下深挖的自然坚硬地基或采用木炭防腐的木桩打成密实的桩基。地面则分为双层铺板—石子垫层—掺石灰的碎石层并分层夯实—铺设石板这几个构造层次。我国宋朝的李诫编撰的《营造法式》中对地基的做法的描述为“筑基之制”，为生土与碎砖瓦的分层夯实，并对用料及尺寸均有规定：“筑基之制：每方一尺，用土两担；隔层用碎砖瓦及石札等，亦二担。每次布土厚五寸，先打六杵，次打四杵，次打两杵。以上并打平土头，然后碎用杵辗蹑令平；再攒杵扇扑，重细辗蹑。每布土厚五寸，筑实厚三寸。每布碎砖瓦及石札等厚三寸，筑实厚一寸五分。”虽然地基处理和建筑物的基础是在建筑物完成后所看不到的隐蔽工程，但却是保证建筑物牢固、适用的最重要、最初始的部分，特别是在建筑物日趋复杂后，地下部分还包括设备站房、停车、辅助用房等的空间。在现代建筑生产中，地基和基础的施工时间和成本往往占到建筑物整体的一至两成。

在古代技术条件的限制下，建筑物的基础一般采用放大基础、砌筑台基的方式来解决承载和防潮等问题，因此自然形成了向上收分的稳固的金字塔形的建筑形态，成为了表达建筑稳固性、永恒性的一种形式语言，也发展成为了建筑学的重要象征手段和古典三段式设计手法的重要基点。现代建筑的基础一般位于室外地坪之下，建筑物的最下部接地处垂直甚至缩小的墙体或柱子，展现出漂浮于地表之上、亲和自然的轻盈形态（图7–1）。

图 7-1　传统与现代的基础形式

7.2　基础的功能和设计要求

（1）承载传载

基础是指建筑物的最下部的承重构件，是建筑物的重要组成部分。它承受建筑物的全部荷载并将它们传递到下面的土层或岩体。支承基础的土层或岩体被称为地基。地基能够承受基础传递来的建筑物的荷载并能保证建筑物正常使用的最大能力称为地基承载力。为了保证建筑物的稳定与安全，基础底面传递给地基的平均压力必须小于地基承载力，以保证建筑物的沉降值小于容许的变形值，地基在荷载作用下不能产生破坏。地基承受建筑物荷载而产生的应力和应变随着土层深度的增加而减小，在达到一定深度后可忽略不计。直接承受建筑荷载的土层为持力层，持力层以下的土层为下卧层。

地基与基础，实际是指重力作用的两个相对作用（作用力与反作用力）的面层，从荷载传递的角度出发，即传载的基础和最终承载的地基。因此，地基与基础的问题就包含了传载的基础与承载的地面，其处理的方法主要有两种（图7-2）：

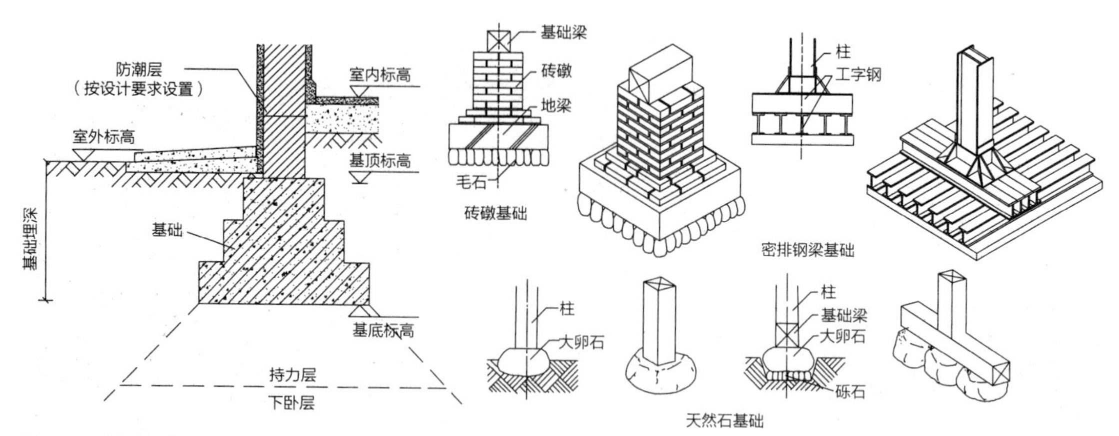

图 7-2　基础的基本形式

1）提高地基承载力，即地基处理：换土、摩擦桩等。

2）减轻荷载的压强，即基础处理：基础放脚、筏式基础等。

组成地基的土层因膨胀、压缩、冻胀、湿陷等原因产生的变形不能过大，以免影响建筑物的正常使用。另外，地基应无滑动的危险，保证建筑物的锚固，防止建筑物的侧移和失稳。近年来发展起来的隔震技术就是在建筑的基础部分设置柔性过渡层，将地震导致的地基对建筑物的作用力与主体建筑隔绝开来，以达到减震、免震的效果。

（2）防潮防水

基础作为建筑最下部与自然土壤直接接触的部分，除了保证有效传力并保持稳定之外，也需要防止土壤中的水分对建筑物的侵蚀和破坏，保证建筑构件和建筑物整体的耐久性。因此，基础底部的防水和排水也是建筑设计中的重要环节。

同时，一般现代建筑都会充分利用地下空间形成地下室，因此，地下室的防水防潮、采光、通风等也成为了建筑设计的重要部分。

（3）结构定平

自然土壤凹凸不平，建在山地上的建筑更是如此，如何找到一个水平面，作为结构体系、各种使用空间承载面的参考系，也是基础要考虑的问题。

通常建筑图纸中会标记（±0.000）的水平面，通常为基础出地面后的第一个完成面标高，其下非承重的部分为地面做法，承重的部分为基础。

7.3　地基与土层

7.3.1　土壤的性质和工程分类

土壤位于地球陆地表面，具有一定肥力，能够生长植物的疏松层。土壤是岩石经风化、搬运、堆积而成的，风化成土的岩石称为母岩，母岩的成分、风化的性质、搬运的过程和堆积的环境是决定土壤组成和性质的主要因素。土壤是一个复杂而多相的物质系统。它由各种不同大小的矿物颗粒、各种不同分解程度的有机残体、腐殖质及生物活体、各种养分、水分和空气等组成，具有复杂的理化、生物学特性。土壤是陆地植物着生的基地，是人类从事农业生产和建筑工程的物质基础。

由于土壤覆盖了大多数的地壳表面，任何材料的建筑的地基处理都是与土分不开的，土的组成和性质的研究也就成为了建筑工程中的重要课题，即土力学的研究对象。不同土壤的组成成分不一，决定了土粒密度、含水量、孔隙率等的大小，因而在土的轻重、松密、干湿、软硬等一系列物理性质和状态上有不同的反映，这些物理性质又在一定程度上决定了它的力学性质和工程特性。一般说来，土壤密度越大，孔隙率越小，就越密实，承载能力就越大，适宜做建筑地基；对同一种土壤来说，含水率越高，承载力就越小。

7.3.2 天然地基

凡天然土层具有足够的承载力、不需经过人工加固、可直接在其上建造房屋的，称为天然地基。天然地基是由岩石风化破碎成松散颗粒的土层或是呈连续整体状的岩层。岩石为颗粒间牢固联结、呈整体或有节理裂隙的岩体。根据其硬度可以分为坚硬岩、较硬岩、较软岩、软岩、极软岩；根据其完整程度可以分为完整、较完整、较破碎、破碎、极破碎；根据风化程度可分为未风化岩、中风化岩、全风化岩等。

现代建筑工程中，根据土壤的粉砂（石粉）颗粒和黏土颗粒组成，由粒度成分和可塑性两个指标来进行土壤的科学分类，地基土一般分为五大类：

1）碎石土——根据碎石土的颗粒形状和粒组含量不同分为漂石、块石、卵石、碎石，圆砾、角砾。根据碎石土的密度不同可以分为松散、中密、密实等。

2）砂土——根据砂土的粒组含量分为砾砂、粗砂、中砂、细砂、粉砂。根据其密度可以分为松散、中密、密实等。

3）粉土——性质介于砂土和黏性土之间。

4）黏性土——分为黏土和粉质黏土。黏性土的状态可分为坚硬、硬塑、可塑、软塑、流性。

5）人工填土——根据其成分可以分为素填土、压实填土、杂填土、冲填土。素填土为碎石土、砂土、粉土、黏性土等组成的填土。压实填土为经过压实或夯实的素填土。杂填土为含有建筑垃圾、工业废料、生活垃圾等杂物的填土。冲填土为水力冲填泥沙形成的填土（图7–3）。

地基和地基承载力

地层实例

地层深度

厚度

泥土

硬黏土

砂层

砾石

夹黏土砾石

岩层

地基长期允许单位面积承载力（表中承载力值的1/2）
（单位：kPa）

地基的种类		承载力	地质		长期荷载的承载力
泥土	—	0	砾石	不密实	30
				密实	50
黏土	软质	5	软基岩	直岩、直板岩及硬质基岩等	80
	硬质	13			
夹砂黏土	软质且不密实	10		板岩、丹春之类的水玻岩	200
	硬质且密实	20			
砂	粗粒且不密实	15	硬基岩	花岗岩，蝉岩，片麻岩，变山置着火琉岩及凝灰岩等	500
	粒且密实	30			
夹砂砾石	不密实	20			
	密实	40			

（*a*）土壤的土层构成与承载力

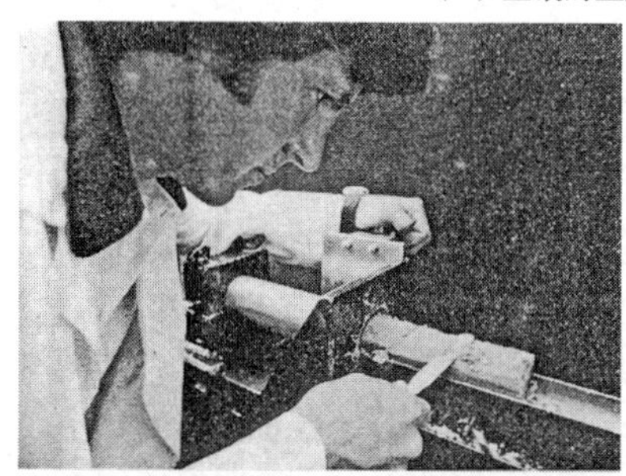

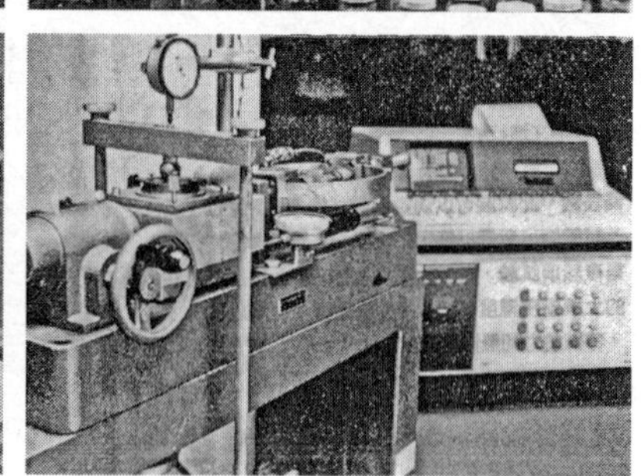

（*b*）地基土壤的分析

图7–3　土壤的构成与分析

（*a*）引自：建筑资料研究社．建筑图解辞典（上中下册）．朱首明等译．北京：中国建筑工业出版社，1997．

（*b*）引自：Edward Allen．建筑构造的基本原则—材料和工法（第三版）．吕以宁，张文男译．台北：六合出版社，2001．

7.3.3　人工地基（经人工处理的土层）

当土层的承载力较差或虽然土层较好，但上部荷载甚大时，为使地基具有足够的承载能力，可以对土层进行人工加固，这种经人工处理的土层，称为人工地基。

常用的人工加固地基的方法有压实法、换土法和桩基（表7–1）。

常用的人工加固地基的方法　表7-1

分类	处理方法	原理及作用	适用范围及要求
换土垫层	砂垫层 碎石垫层 素土垫层 灰土垫层	挖除地下水位以上软弱、松散土层，换填砂、碎石并分层夯实至所要求干重力密度，从而提高垫层承载能力，减少地基变形	适用于处理地下水位不高，但软弱土层埋藏较浅且建筑物荷载不大的情况
夯实	重锤夯实 强夯	重锤夯实是通过夯锤自由下落的能量压实地基土表层；强夯则是通过较大的、自由下落的夯实能量，迫使较深范围内软弱、松散土动力压密，使地基土密度增加	适用于杂填土、砂及含水量不高的黏性土，强夯时应注意对邻近建筑物的影响
振动及挤密	振冲桩 挤密碎石桩 挤密砂桩 挤密土桩 挤密灰土桩	通过挤密或振动成孔，使深层土密实，并在振动挤密过程中或成孔后，向孔中回填砂、碎石等材料，形成砂桩、碎石桩、与土层一起组成复合地基，从而提高地基承载力、减少地基变形	适用于处理砂土、粉土或黏粒含量不高的黏性土层，有时也可用来处理软弱黏土层
排水固结	砂井排水顶压 纸板排水顶压 真空排水顶压	通过在软弱土地基上堆载（或在覆盖在地基上的薄膜下抽真空）以及采取改善地基排水固结条件（如设砂井或排水纸板），加速地基在堆载下固结，地基强度增长、压缩性减小、稳定性提高	适用于处理大面积软弱黏土层，但需有预压条件（如预压堆土荷载、预压时间），预压前应做出周密细致的顶压工程设计
化学加固（注入或拌合固化材料）	电硅化 旋喷桩 水泥石灰搅拌桩	通过向土孔隙中注入化学溶液（如硅酸钠）或向土中喷射或拌合固化材料（如水泥砂浆或水泥、石灰粉）将土颗粒胶结，增强土体强度	适用于处理松散、软弱土层，特别适用于加固已建建筑物地基

引自：罗福午，张惠英，杨军．建筑结构概念设计及案例．北京：清代大学出版社，2003.

1）压实法：夯打、碾压、振动压实松散土。

2）换土法：对上部荷载较小、基础埋深较浅的地基，可将面软土挖去，换上砂、碎石或强度较高的土作为持力层。

3）桩基：桩基由设置于土中的桩柱和承接上部结构的承台组成。桩基的桩数不止一根，各桩在桩顶通过承台连成一体，按桩柱的受力方式分为端承桩和摩擦桩。我国目前多用钢筋混凝土桩，从施工工艺可以分为预制桩、灌注桩、爆扩桩。

7.4　基础的埋置深度

基础的埋置深度称为埋深，是指由室外设计地面到基础底面的距离。一般基础的埋深应考虑地下水位、冻土线深度、相邻基础以及设备布置等方面的影响，将建筑物的基础设置在稳定、变化最小的土层中，如设在最高地下水位之上（地下水位过高则应设在最低地下水位之下）、冻土线之下，以防止水位变化和冻胀作用对地基的影响。从经济和施工角度考虑基础的埋深，在满足要求的情况下愈浅愈好，以节约造价，但基础还需要满足建筑物的锚固要求和防止地表土层的变化，因此基础的最小埋深不能小于0.5m。一般把天然地基上的基础埋深在5m以内的叫浅基础，5m以上的称为深基础（图7–4）。

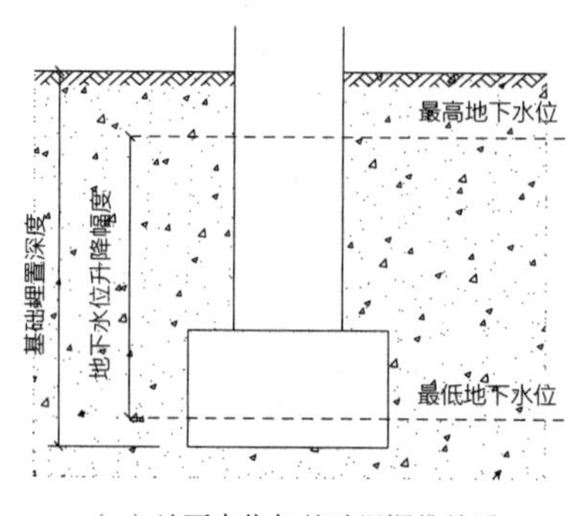

（a）地下水位与基础埋深的关系

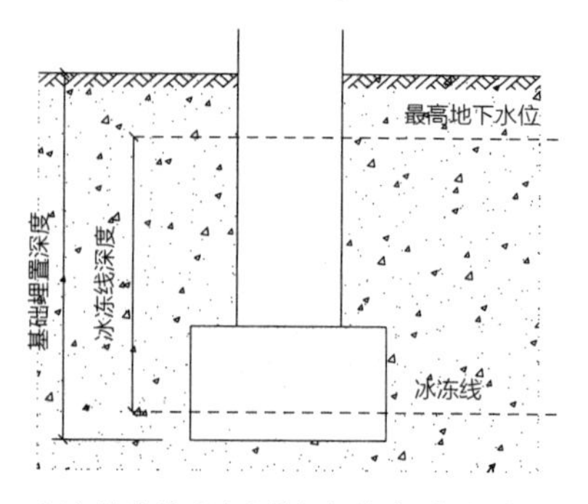

（b）冰冻线（冻土线）与基础埋深的关系

图7–4 基础埋深的影响因素

影响基础埋置深度的因素主要有：

1）地基土质条件；

2）上部荷载与建筑物高度；

3）地下水位；

4）冰冻深度；

5）其他因素：相邻建筑物基础的深度、地下室、设备基础等。

7.5 基础的类型与构造

研究基础的类型是为了经济合理地选择基础的形式和材料，确定其构造。对于民用建筑的基础，可以按形式、材料和传力特点进行分类。

（1）按基础的形式分类

基础的类型按其形式不同可以分为独立式基础、带形（条形）基础、联合基础（筏形基础、箱形基础、满堂基础）。

（2）按基础的材料分类

按基础材料不同可分为砖基础、石基础、混凝土基础、毛石混凝土基础、钢筋混凝土基础等。

（3）按基础的传力方式分类

按基础的传力情况不同可分为刚性基础和柔性基础两种。刚性基础是指受刚性角限制的基础，刚性角（扩散角）指基础放宽的引线与墙体垂直线之间的夹角。柔性基础是指不受刚性角限制的基础（图7–5）。

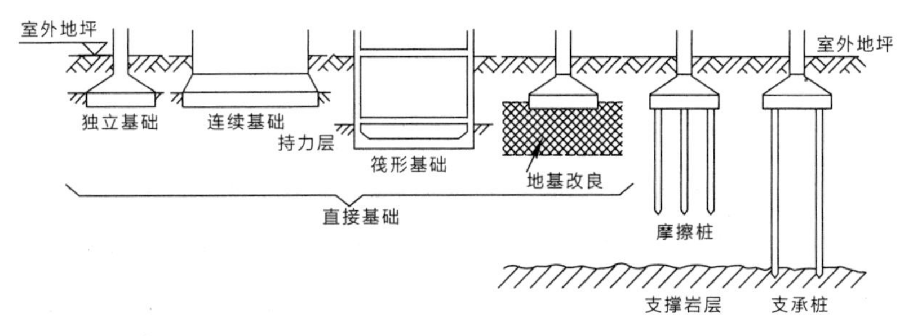

图 7-5　基础的基本类型

7.5.1　常用刚性基础

采用刚性材料，如灰土、砖、石、素混凝土等制作的基础为刚性基础，其底面宽度扩大受刚性角的限制，其材料的特点是抗压强度高，抗拉、抗剪强度低，一般五层以下的砌体结构建筑和单层砖柱（墙垛）承重的轻型厂房常采用刚性基础（图7-6、图7-7）。

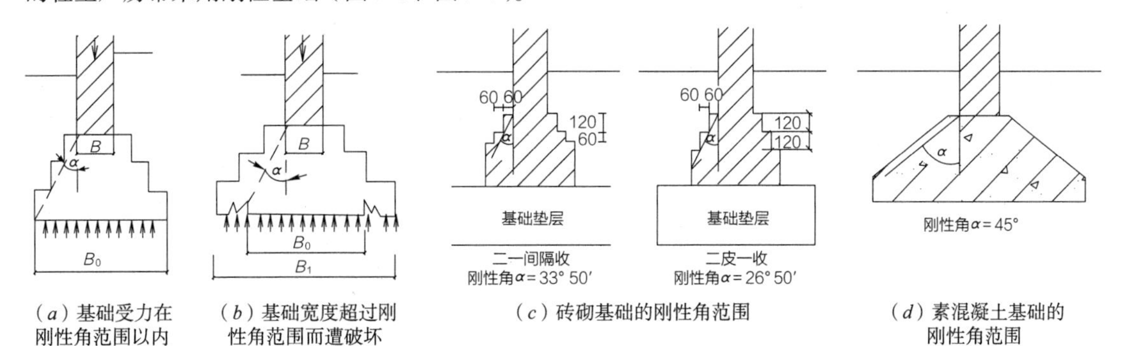

（a）基础受力在刚性角范围以内　（b）基础宽度超过刚性角范围而遭破坏　（c）砖砌基础的刚性角范围　（d）素混凝土基础的刚性角范围

图 7-6　刚性基础的受力与刚性角

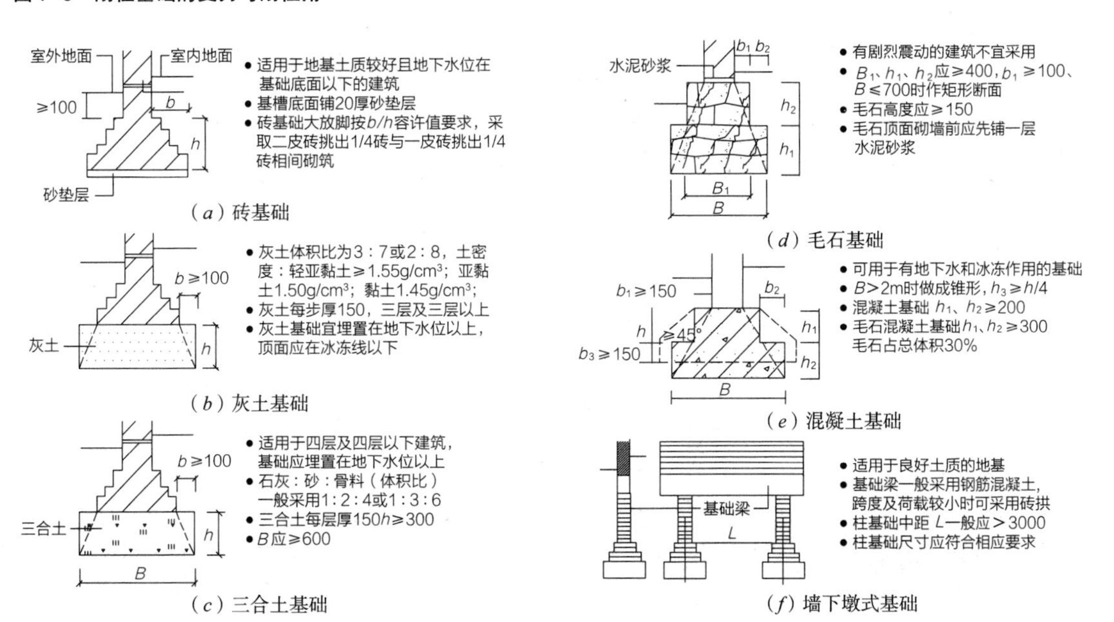

图 7-7　刚性基础的各种类型

常用的刚性基础有：

（1）砖基础

砖基础是以砖为材料的基础，要求砖的强度在MU10以上，水泥砂浆的强度不低于M5。基础墙的下部做成“大放脚”的阶梯形式，下铺30～50mm厚水泥砂浆找平垫层，或450mm厚三七灰土做传力垫层。砖砌体的大放脚采用两皮一退或一皮一退，每一退收1/4砖（60mm），以满足砖砌基础的刚性角控制在26°～33°之间的要求。

（2）混凝土基础

以水泥、砂、石子为原料的混凝土浇筑而成的基础，具有很强的可塑性，断面有矩形、阶梯形、锥形等，其强度高，坚固耐久，防水性较好。刚性角应控制在45°以内。在混凝土基础体积过大时，可加入适当数量的毛石，但要小于总体积的30%。

7.5.2 常用柔性基础

用非刚性材料，如钢筋混凝土制作的基础，基础宽度的加大不受刚性角的限制，称为非刚性基础或柔性基础。当建筑物的荷载较大时，采用刚性基础需要较大的深度并使用大量的建材才能达到降低单位面积荷载的要求。为了更好地传递上部荷载，采用钢筋混凝土制作的基础，可提高抗拉、抗剪性能，不受刚性角的限制，减小基础的开挖深度。

钢筋混凝土的浇筑需要在基础底下均匀地浇灌一层素混凝土垫层作为保护层，一般采用C10混凝土，厚度为70～100mm，各边各伸出基础底板70mm以上，这样可以防止基础钢筋的锈蚀，也可以作为钢筋绑扎的工作面。

常用的柔性基础有（图7-8～图7-12）：

（1）独立基础

当建筑物采用框架结构时，可在混凝土柱下设置矩形的钢筋混凝土独立基础。当采用预制构件时，独立基础往往做成杯口形式以便柱子的插入，故又称为杯形基础。

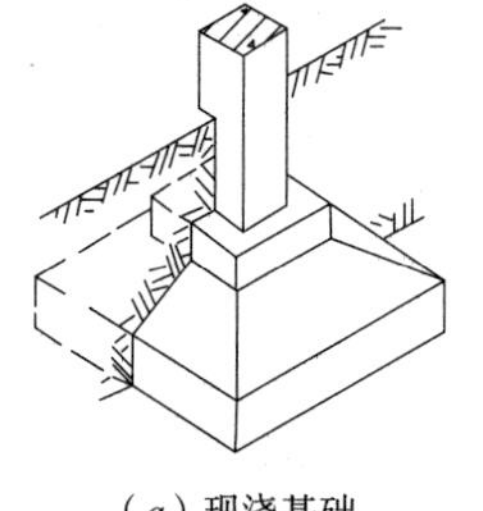

（*a*）现浇基础

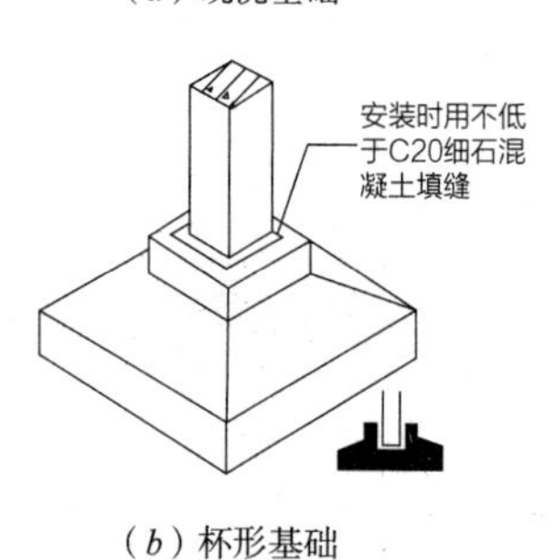

（*b*）杯形基础

图7-9 独立基础

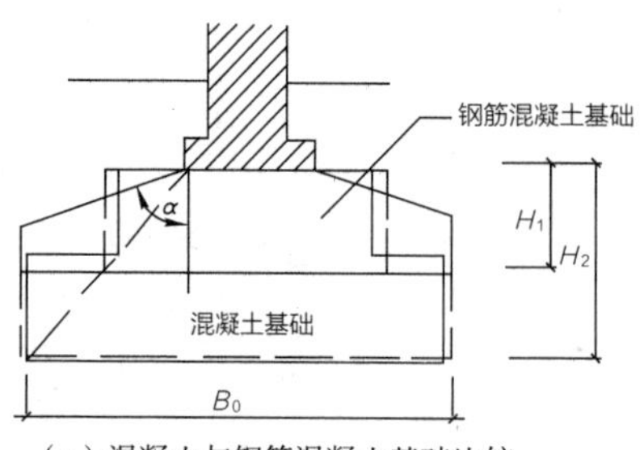

（*a*）混凝土与钢筋混凝土基础比较

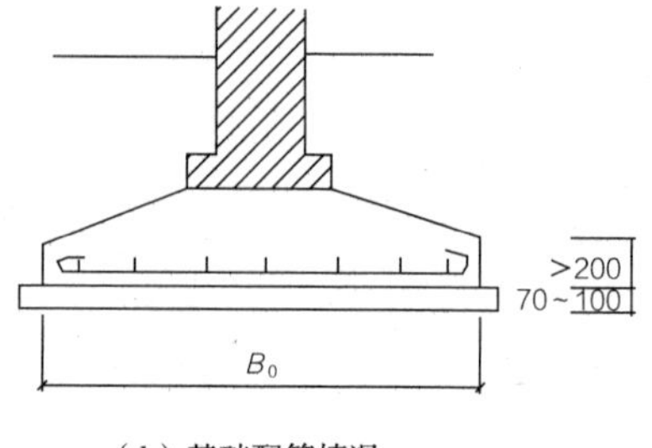

（*b*）基础配筋情况

图7-8 钢筋混凝土基础（柔性基础）

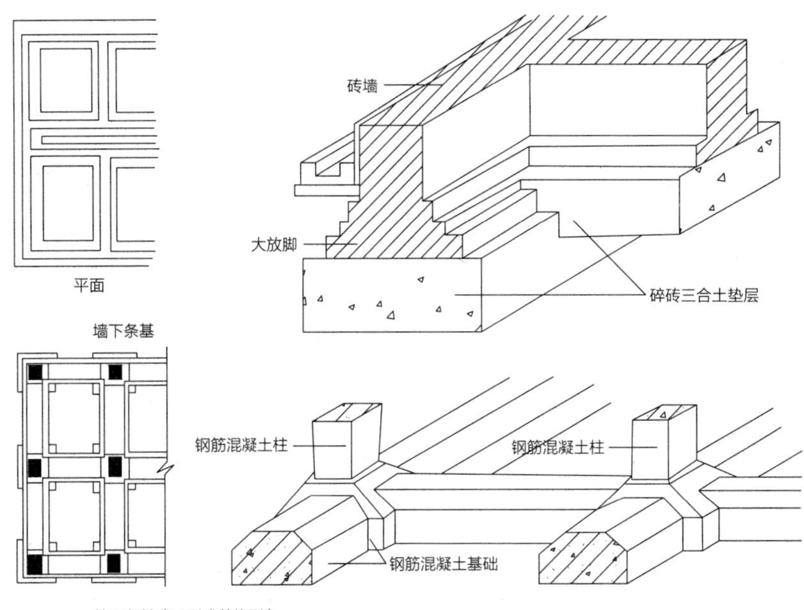

图 7-10　条形基础和十字条形基础

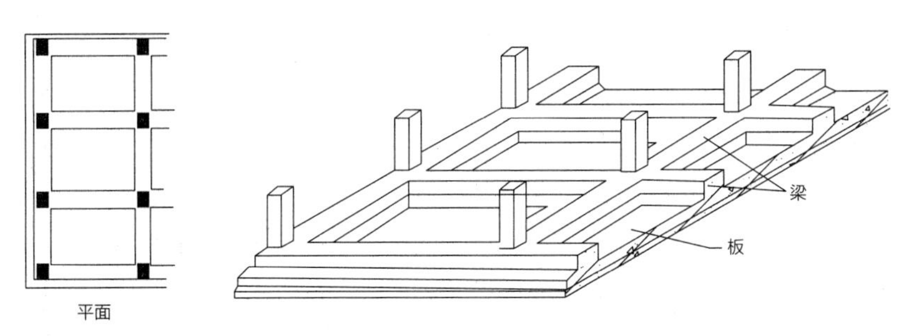

图 7-11　筏形基础

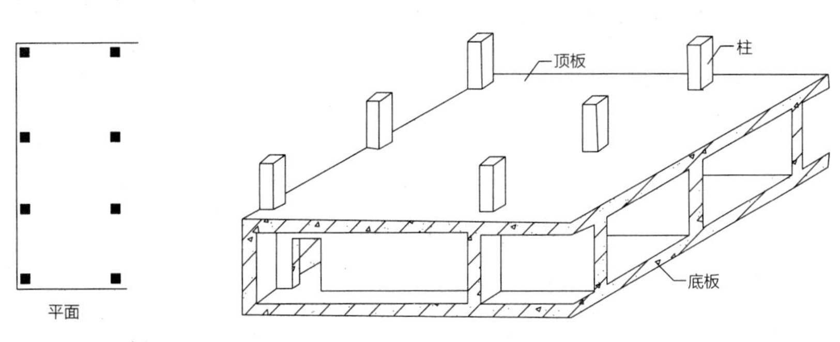

图 7-12　箱形基础

（2）条形基础和十字条形基础

当建筑物采用墙体承重时，基础的形式为沿墙体设置条形基础，可以分为柱下条形基础和墙下条形基础。当双向的条形基础连接成井格状时，成为十字交叉的条形基础，又称为井格式基础。

（3）筏形基础

筏形基础又被称为满堂基础，是由成片的钢筋混凝土板或梁板支承整

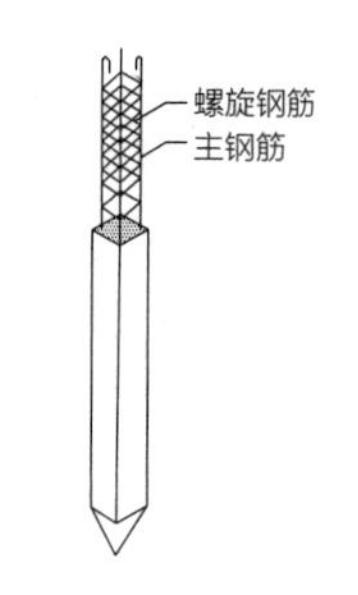

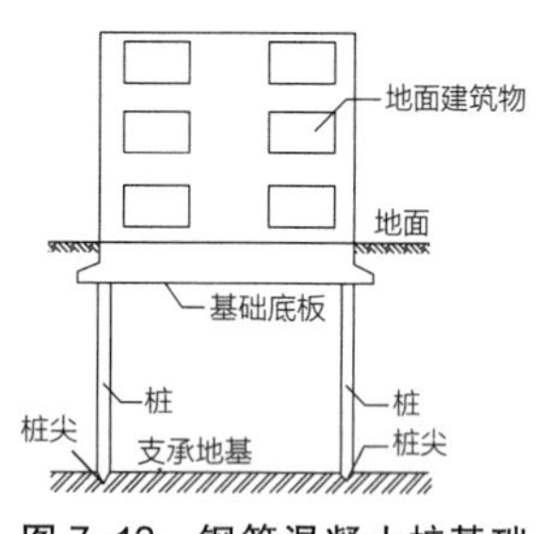

图 7-13 钢筋混凝土桩基础与桩基承台

个建筑物，分为平板式和梁板式。筏形基础相当于一个倒置的钢筋混凝土楼板，特别适用于地基土质差、承载力小、上部荷载较大的建筑物。

（4）箱形基础

箱形基础是由钢筋混凝土顶板、底板和纵横隔墙板组成的空心箱体的整体式基础。箱形基础的封闭式内部空间经过适当处理后，可作为地下室使用。箱形基础具有较大的承载力和刚度，多用于高层建筑。

7.5.3 桩基础

当地基的承载力差而上部荷载大，浅基础不能满足要求时，常采用桩基础的形式。桩基础具有承载力高，沉降量小且均匀的特点，是处理软弱地基和高荷载的常用方式（图7-13）。

桩基础的种类有：

1）按照桩的受力状态可以分为端承桩和摩擦桩。端承桩的桩顶荷载主要由桩端的阻力承受，摩擦桩的桩顶荷载主要由桩身的摩擦阻力来承受。

2）按照桩身材料可以分为钢桩、混凝土桩、木桩等。

3）按照桩的受力状态可以分为抗压桩、抗拔桩、水平受力桩、复合受力桩等。

4）按照桩的形态可以分为方桩、圆桩、管状桩等。

5）按照桩的施工工艺可以分为锤击预制桩、沉管灌注桩、钻孔灌注桩、人工挖孔桩等。

7.5.4 减震基础（基础隔震）

在对抗地震的破坏时，一般采用较大的强度或柔韧性以抵御地震力的水平作用，称为抗震构造。

也可以采用设置隔离层的做法将建筑物与土层隔绝开来，防止地震力的传递，已达到减震的效果，被称为基础隔震。在建筑物的基础与地基之间采用阻尼或滑动式隔离的方式，即使遭遇大型地震（如里氏8级）时，建筑物免震层上部的地震烈度也会小于5度，不但可以防止一般抗震建筑的局部次要结构破损，而且可以保证没有建筑装修构件的破损和家具、设备的倾倒和破坏，可以进行正常的使用，确保功能的发挥。减震结构会提高基础部分的造价，但是在保证整体优异的防灾性能的基础上，上部结构的抗震性能可以降低从而节省造价，因此整体建筑造价仅增加10%～20%。

在高层建筑中则采取柔性的制震措施，在构架的节点设置能够吸收横向摆动能量的阻尼装置（如同超高层建筑的风力平衡装置或传统木构建筑的榫卯节点），减小上部的晃动，达到同样的减震效果（图7-14、图7-15）。

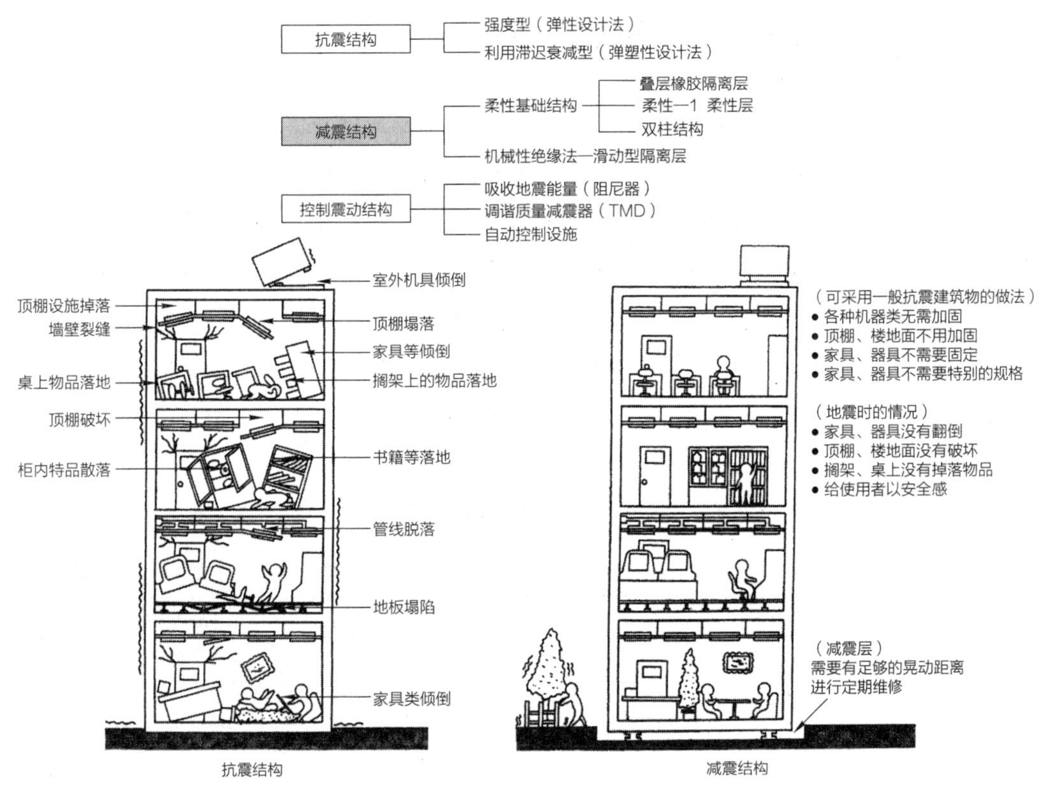

图 7-14　抗震、减震、制震的对比

引自：日本免震构造协会. 国外建筑设计详图图集8：减震建筑设计与细部. 暮春暖译. 北京：中国建筑工业出版社，2002.

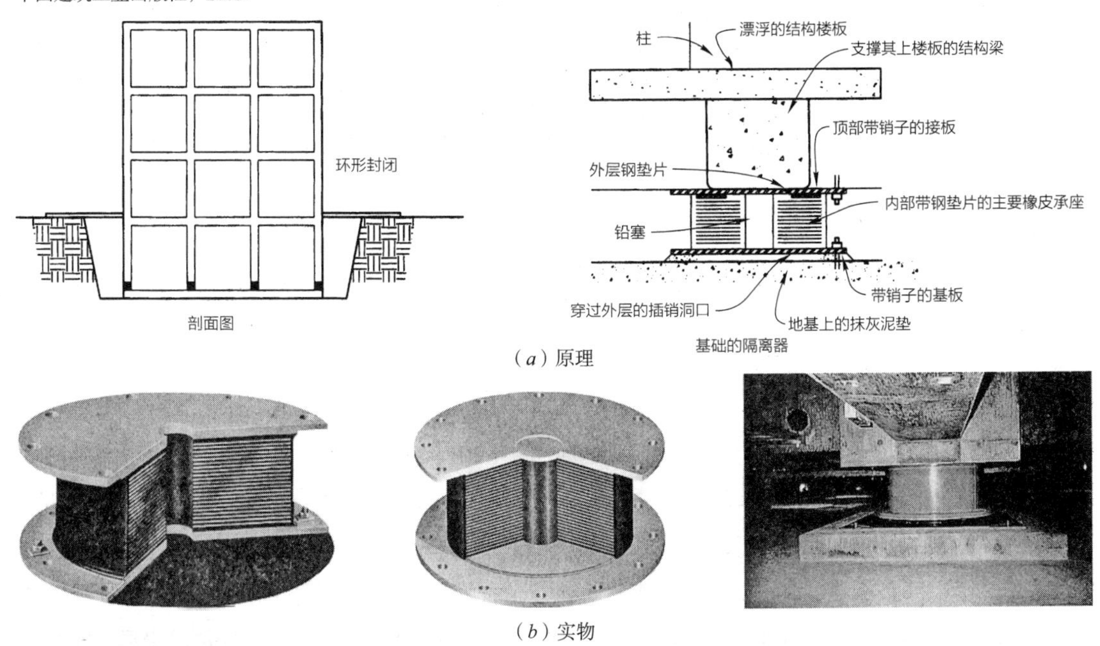

（*a*）原理

（*b*）实物

图 7-15　基础的隔震

（*a*）引自：查尔斯·乔治·拉姆齐等. 建筑标准图集（第十版）. 大连：大连理工大学出版社，2003.

（*b*）日本免震构造协会. 国外建筑设计详图图集8：减震建筑设计与细部. 暮春暖译. 北京：中国建筑工业出版社，2002.

7.6 地下室的防水

有地下室、窗井等地下部分的建筑应根据地下水位的情况做好防水处理。地下室经常受到下渗地表水、土壤中的潮气和地下水的侵蚀，必须采取有效的防水设计以保证地下室的防水。如果忽视防潮、防水工作或处理不当，会导致内墙面生霉，抹灰脱落，甚至危及地下室的使用和建筑物的耐久性。地下室防水作为隐蔽工程，应先验收、后回填，并加强施工现场的管理，以保证防水层的质量，避免后期补救工作给使用带来的不便。

地下室应根据地域的自然环境特征和地下室的使用功能，选择适宜的结构形式，确定合理的防水等级，制定正确的防水设计方案，以确保防水措施可靠、选材适当、施工简便、经济合理（表7-2）。

地下工程防水等级　　表7-2

级别	标　准	适用范围
一级	不允许渗水，结构表面无湿渍	人员长期停留的场所；因少量湿渍会使物品变质、失效的贮物场所及严重影响设备正常运转和危及工程安全运营的部位；极重要的战备工程、地铁车站
二级	·不允许漏水，结构表面可有少量湿渍 ·工业与民用建筑：总湿渍面积不应大于总防水面积（包括顶板、墙面、地面）的1/1000；任意100m^2防水面积上的湿渍不超过2处，单个湿渍的最大面积不大于0.1m^2	人员经常活动的场所；在有少量湿渍的情况下不会使物品变质、失效的贮物场所及基本不影响设备正常运转和工程安全运营的部位；重要的战备工程
三级	·有少量漏水点，不得有线流和漏泥砂 ·任意100m^2防水面积上的漏水或湿渍点数不超过7处，单个漏水点的最大漏水量不大于2.5L/d，单个湿渍的最大面积不大于0.3m^2	人员临时活动的场所；一般战备工程
四级	·有漏水点，不得有线流和漏泥砂 ·整个工程的平均漏水量不大于2L/(m^2·d)，任意100m^2防水面积上的平均漏水量不大于4L/(m^2·d)	对渗漏水无严格要求的工程

引自：中华人民共和国住房和城乡建设部．地下工程防水技术规范 GB 50108—2008.

地下室防水设计的方案有：隔水法、降排水法、内排法、综合法。一般采用隔水法，即利用防水材料本身的不透水性隔绝各种地下水、地表水对地下室围护结构的浸透，以起到对地下室隔水、防潮的作用。

地下室的防水材料与屋面基本相同，一般有柔性和刚性之分。柔性防水材料具有一定的弹性及柔软性，能适应一定程度的微量变形，如沥青系防水卷材、高聚物改性沥青防水卷材、合成高分子卷材以及涂膜防水材料；刚性防水材料是指以水泥、砂、石为原料或掺入少量外加剂、高分子聚合物等材料配制而成的具有一定抗渗能力的水泥砂浆或混凝土防水材料。

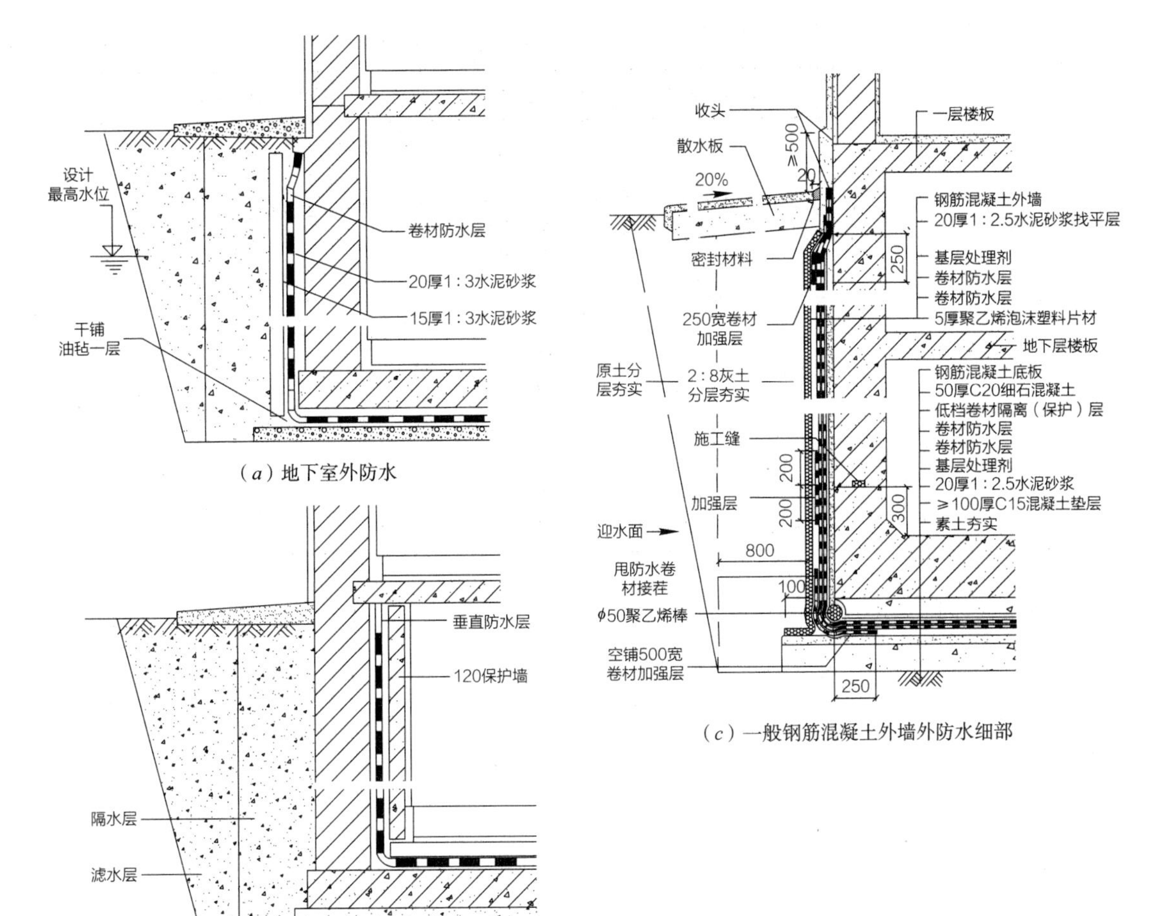

（*a*）地下室外防水

（*c*）一般钢筋混凝土外墙外防水细部

（*b*）地下室内防水

图 7-16　地下室的内外防水方式和外防水构造详图

卷材防水中根据卷材与墙体的关系，可分为内防水和外防水。

防水卷材铺贴在地下室外墙外表面（即迎水面）的做法称为外防水（又称外包防水）。

防水卷材铺贴在地下室外墙内表面（即背水面）的做法称为内防水（又称内包防水）。这种防水方案对防水不太有利，但施工简便，易于维修，多用于修缮工程。

在变形缝、施工缝、管道出入口、窗井等防水的薄弱环节应注意采取加强处理的手段；在寒冷地区的地下冻土线以上的地下部分应采取截水沟、深层排水等手段，防止地下水分由于毛细作用渗透后冻胀挤破防水层（图7-16）。

7.7　本章小结

如表7-3所示。

基础的功能构造体系 表7-3

功能及要求		组成及构件	构造设计要点与技术措施
基本功能	承载——传载与扩散	·基础的形式 ·刚性与柔性基础 ·基础的埋深 ·变形缝	·地基与基础的形式与构造 ·刚性基础与柔性基础 ·基础的埋深与地下水位、冻土的关系 ·变形缝的种类和作用 ·隔震构造
支撑性能（次生要求）	耐久、耐污维护性	·地下室的防水等级与使用范围 ·穿墙管与止水带	·地下室防水设计：确定防水要求—确定防水层做法及技术指标—工程细部的构造防水措施—排水挡水措施 ·地下室防水层的材料与做法，特殊部位的防水做法
衍生功能（艺术功能）	建筑的稳固性与永恒性的象征	·基础、柱础、基座	·柱础与台基的强调与表现

第 8 章

建造部件05——垂直围护与交通交流构件：门窗

8.1 门窗的概要

门，人所出入也。

——《玉篇》

囱，在墙曰牖，在屋曰囱。窗，或从穴。

——《说文》

凿窗启牖，以助户明也。

——《论衡·别通》

埏埴以为器，当其无，有器之用。凿户牖以为室，当其无，有室之用。故有之以为利，无之以为用。

——《老子》

窗（窓、牕），象形字，从穴，囱（cōng）声。“窗”本作“囱”（cōng），小篆字，像天窗形，即在屋上留个洞，可以透光，也可以出烟（后来灶突也叫“囱”）。后加“穴”字头构成形声字。本义是指天窗。门（門），象形字，甲骨文字形，像门形，本义是指双扇门，指供人出入的通道。

英文中的“窗户”（Window）源自古斯堪的纳维亚语中的“vindouga”，是由vindr“风”和auga“眼睛”组成的复合词，这反映出，窗户在当时是没有玻璃的，是开放的供新鲜空气进入、排出烟气的通道。门可以看成是窗户的扩大和落地，是主要供人交通联系和活动，分割建筑空间的落地大“窗”。

门窗是重要的交通和交流的构件——人流、阳光、空气、视线的通过和调控，门的主要功能是满足室内外人与物的交通联系，窗的主要功能是采光和通风。门窗同时作为围护结构的一部分，是装在围护构件——墙体或屋顶的开口部位的可开闭调控的围护构件，其主要性能要求是对声、光、热、空气、视线、人及动物进行通过与阻断的控制与调节，是解决通过与阻隔矛盾的产物，是一种特殊的墙体构件。它需要：围护的局部加强，可移动性构件，控制性建筑材料（如玻璃、反射玻璃）以及相应的装置自身的要求——开启灵活，密闭严实，坚固耐久，易于维护清洁等。因此，门窗是人类驾驭自然的能力达到一定程度的产物，是一个复杂、精密的可开闭调控的围护构件或设备。原始建筑中只有简易的门道，而透明又具有围护作用的玻璃的应用带来了近代建筑的革命。现代建筑中的双层中空玻璃、Low-E镀膜、窗帘与遮阳、双层呼吸式幕墙等均是在门窗这个绝热薄弱环节上的技术创新。

同时，门窗如同人和动物的眼、鼻、嘴等重要功能器官一样，是建筑立面不可或缺的重要功能构件和形态的主要决定因素，也是建筑表达和文化特质的主要载体，也是建筑师设计的重要节点。

在古代的居住性建筑物中，为了舒适、健康、愉悦的生活环境，门窗很早就作为一种改善室内环境的装置得以广泛使用，但是由于没有很好的透明材料，往往运用建筑群体院落化的布局、精密的石雕或细密的木格栅、简易的开启装置等来解决通风、采光与维护、遮蔽的矛盾，这也同时丰富和强化了建筑物的地域特征，如调节光线和视线的窗帘、窗外的百叶，围合的院落空间和反射光线的水池、白砂。由于技术和材料的限制，无法很好地解决视线与空气的通过与阻隔问题。传统的东方木构建筑由于材料的防水、防潮要求高和建筑的跨度大，常采用大型、厚重、深远的屋檐来防止雨水的侵入，形成以水平展开为主的采光方向，给人以疏朗、宁静的感觉；而在西方石材建筑中，由于材料有优秀的防水性、耐久性、强度且自重大而跨度小，所以，常采用天窗、高窗采光，形成光线自上而下的竖向投射，形成神秘、崇高的氛围。这种采光方向的不同形成了传统木构和石构建筑的本质特征，也形成了东西方建筑文化的形式要素。

在玻璃这种透明、高硬度的材料被逐步应用后，门窗作为围护墙体的洞口及光线的通道和塑形器，成为了建筑外部的表情符号和内部空间塑造的手段。特别是早期玻璃的杂质和高价使得彩色玻璃、玻璃花窗等成为宗教建筑的重要的光线演出装置。光线通过门窗的导引进入室内，通过门窗的位置、形状、透明体或反射体的色彩处理可以有效地控制光线的塑形和渲染气氛的作用，是建筑设计的重要手段。在现代建筑的探索中，门和窗作为墙体的开口而成为了空间流动的通路和视线的导引，门窗也可以成为建筑围护结构中的精致加工、通透明亮的部分，是建筑物的点睛部分，如同人的五官成为具有丰富表情的皮膜，同时，兼具展示功能和舞台效果，成为建筑功能、象征和含义的“橱窗”（图 8–1）。

常见的几种门窗表现的方式：

1）窗洞作为墙面秩序的形成要素或无秩序的乱码装饰——古典与当代的门窗与立面秩序。

2）窗洞仅作为空气、光线、视线的通道——横连窗，隐框或无框，墙面与窗洞的一体化（幕墙）。

3）窗洞光线作为室内外气氛的渲染——窗洞的形状和颜色。

4）窗洞作为建筑功能的表现舞台和信息窗口——作为城市表情和显示器的建筑表皮（Skin & Screen）。

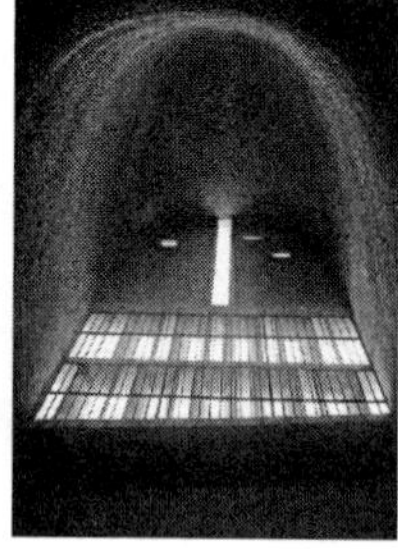

图 8-1 门窗的各种形态

8.2 门窗的功能和设计要求

（1）交通与疏散——门的设计依据与建筑的安全性

门的主要作用是供人的交通，同时要兼顾货物的搬运，并保证在紧急状态下的疏散。因此，门的尺寸、分布、开启方向等与建筑物和房间的使用性质、人流的数量、人体的尺度密切相关。

门的主要尺寸是根据人体的尺寸而确定的。人的正常行走所占的宽度大约为600mm，因此门的宽度必须在考虑门的开启度的条件下保证人的通过，并综合考虑材料的特性、框架的支撑能力和材料的经济性，因此，在居住建筑中，单扇门洞口宽约为800～1000mm，卫生间、阳台等辅助性房间的门洞口宽度可为700mm，双扇门宽约为1200～1400mm，门的高度必须大于1800mm，一般为2000～2400mm，门上有采光通风的亮子时则增加高度300～500mm。在公共建筑中，考虑到大量人流的疏散和空间的尺度关系，门的高宽都比居住建筑稍大，单扇门宽度约为950～1000mm，双扇门宽度约为1400～1800mm，四扇门宽度为2500～3200mm，门高约为2100～2300mm，亮子的高度约为500～700mm。门的总体分布和总体宽度应根据建筑中的使用人数来确定其总体宽度和分布。为了便于疏散和无障碍地使用，一般门均不设门槛，且向疏散方向开启。

（2）采光与通风——窗的设计依据与建筑的舒适性、健康性

窗主要满足室内空间的通风、采光、排烟等要求，满足更高的建筑舒

适性与环境健康性的要求，窗的尺寸在传统建筑中一般较小，主要是考虑构件的加工和材料强度以及手动开启的可能性和方便性。一般根据人体的尺度确定，座面的高度为450mm左右，桌面的高度为750mm左右，因此，通常的供人休憩的窗台高度在400mm左右，一般窗台的高度为900mm左右，为了阻隔视线的高窗的窗台高度为1500mm左右。在门窗的分格设计中应注意，在人的坐、立视线高度上，即1100～1500mm上尽量不要设置窗棂阻挡视线的通透。

在传统的推拉门和现代的落地窗中，门、窗实际是相同的，不过，在目前的门窗设计中，由于开口的大小的不同使得框料的尺寸变化，因此，在一般意义上窗是指高度小于1.5m的开口。同样，由于门窗的功能定位不同，在设计规范中窗的面积是采光通风的必要条件，因此，开窗的面积与室内地面面积的比例是我们一般设计中控制建筑采光和通风量的重要指标。

建筑物各类用房采光标准可以由照窗地比（房间的侧窗洞口面积与房间净面积的比率）来控制，并以此来确定窗洞口面积。一般的阅览室等需要明亮环境的房间的窗地比不应小于1/4，办公室不应小于1/6，住宅起居室、卧室不应小于1/7，厕所、浴室等辅助用房的窗地比不应小于1/10，楼梯间、走道等处不应小于1/14。

建筑物应有供室内与室外空气直接流通的窗户或开口，有效的自然通风道也由窗地比来控制，如居住用房、浴室、厕所等的通风开口面积不应小于该房间地板面积的1/20，厨房的通风开口面积不应小于其地板面积的1/10，并不得小于0.8m^2。

窗的尺寸主要根据地域的气候条件、设计的要求和生产制造的经济性来确定，封闭扇的尺寸主要取决于门窗玻璃的强度和尺寸，开启扇则因有复杂的开闭装置而需要考虑开闭的可操作性、安全性以及窗框的经济合理的尺寸，因此有一定的尺寸限制：通常平开单扇宽不大于600mm，双扇宽度约为900～1200mm，窗户的高度一般为1500～2100mm，窗台离地高度为900～1000mm。旋转窗、推拉窗因无平开窗的悬臂结构而使得受力合理，窗宽可以稍大，一般不超过1500mm，特别值得注意的是，推拉窗在手动推动时的可动窗扇不可过窄，否则受力不均时容易卡在滑槽中。过高过大的窗户由于自重大，一般采用上外推或内倒的方式，以方便开启。门窗为了便于工业化生产，一般尽量做到规格统一，模数协调，以提高建筑工业化的水平和降低生产成本。

（3）围护与密封——门窗的防水、绝热、隔声 、安全等

门窗是建筑围护构件，是墙体的开口部位和开启装置，是外围护结构

上的薄弱环节，需要特别的构造来保证开口部的强度和封闭的密实，满足一定的防水、绝热、隔声、安全等围护性功能。经常采用的措施有：门窗玻璃的高强绝热性能、窗框的精密加工和绝热性能、门窗闭锁的高强度五金和精密加工的窗框、防污排水的披水条、防跌防盗的围护栏杆等。

由于室内空间舒适性的要求，现代建筑的门窗在立面上所占的比例较大，而透明玻璃体受到透明的限制无法复合一般的绝热材料，因此，整体上相对于实体墙体而言，绝热性能较差。采用中空与真空玻璃、热反射与低辐射玻璃、遮阳百叶、断桥等高热阻的型材提高建筑物门窗的绝热性能对于建筑物的整体节能作用巨大。

门窗与墙体之间的空隙是阻热、防水、隔声的薄弱环节，可采用挑檐、窗楣、窗台等构件强化防水、排水功能，同时采用具有保温和防水双重功效的硬性发泡聚氨酯封填，窗框之间、窗框与玻璃之间采用相交压条和密封胶填实，防止毛细作用的水分侵蚀，同时应注意门窗内冷凝水的收集和排放（图8-2）。

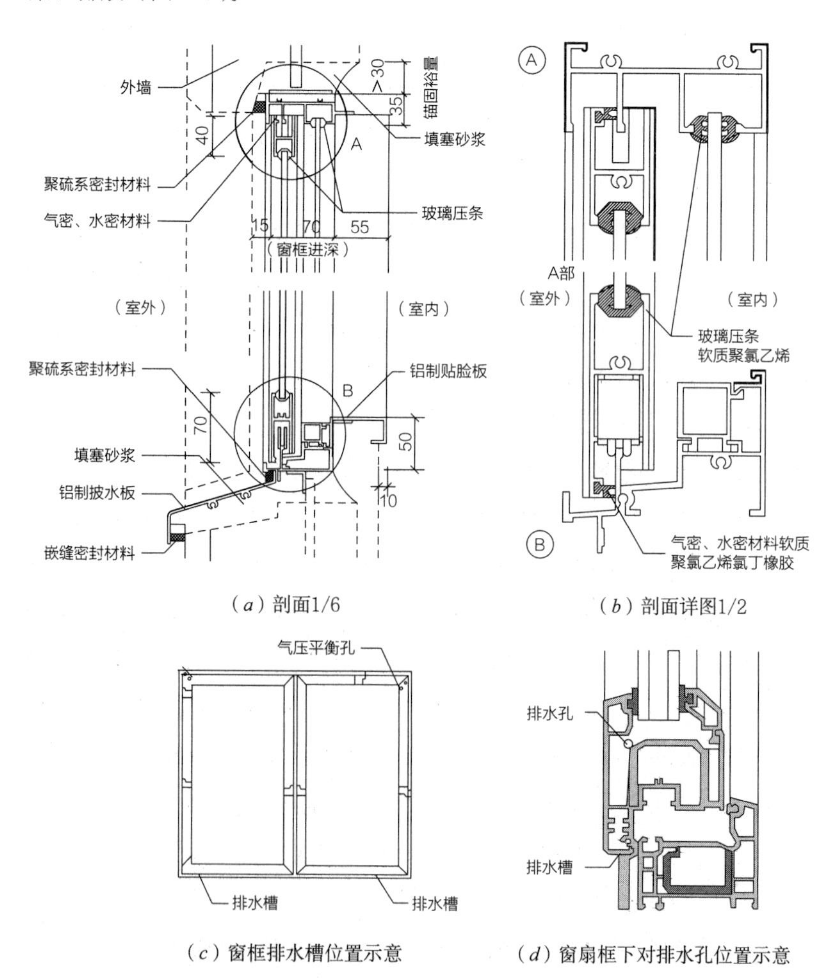

（*a*）剖面1/6　（*b*）剖面详图1/2

（*c*）窗框排水槽位置示意　（*d*）窗扇框下对排水孔位置示意

图8-2　窗户的密封性能

门窗框与门窗扇之间开启与闭合的精密性和切实的围护性能，主要通过门窗构件的密封、防水、绝热、隔声等性能确定（表8-1）。

门的气密性、水密性、保温性、隔声性等指标分级　表8-1

	Ⅰ	Ⅰ	Ⅲ	Ⅳ	Ⅴ	Ⅵ
抗风压性能P_3（Pa）	$P_3 \geqslant 3500$	$3000 \leqslant P_3 < 3500$	$2500 \leqslant P_3 < 3000$	$2000 \leqslant P_3 < 2500$	$1500 \leqslant P_3 < 2000$	$1000 \leqslant P_3 < 1500$
空气渗透性能q_1[$m^3/(m \cdot h)$]	$q_1 \leqslant 0.5$	$0.5 < q_1 \leqslant 1.5$	$1.5 < q_1 \leqslant 2.5$	$2.5 < q_1 \leqslant 4.0$	$4.0 < q_1 \leqslant 6.0$	—
雨水渗透性能（Pa）	$\Delta P \geqslant 500$	$350 \leqslant \Delta P < 500$	$250 \leqslant \Delta P < 350$	$150 \leqslant \Delta P < 250$	$100 \leqslant \Delta P < 150$	$50 \leqslant \Delta P < 100$
传热性K[$kW/(m^2 \cdot K)$]	$K \leqslant 1.50$	$1.50 < K \leqslant 2.50$	$2.50 < K \leqslant 3.60$	$3.60 < K \leqslant 4.80$	$4.80 < K \leqslant 6.20$	—
阻声性R_w（dB）	$R_w \geqslant 45$	$45 > R_w \geqslant 40$	$40 > R_w \geqslant 35$	$35 \geqslant R_w \geqslant 30$	$30 > R_w \geqslant 25$	$25 > R_w \geqslant 20$

引自：北京市建筑设计研究院．建筑专业技术措施．北京：中国建筑工业出版社，2006.

门窗作为墙体的开口部，还有防跌、防盗等安全性能的要求，一般规定较大面积的玻璃需要采用安全玻璃，并对防护高度（固定扇、窗框和栏杆）进行了明确的规定（图8-3）。

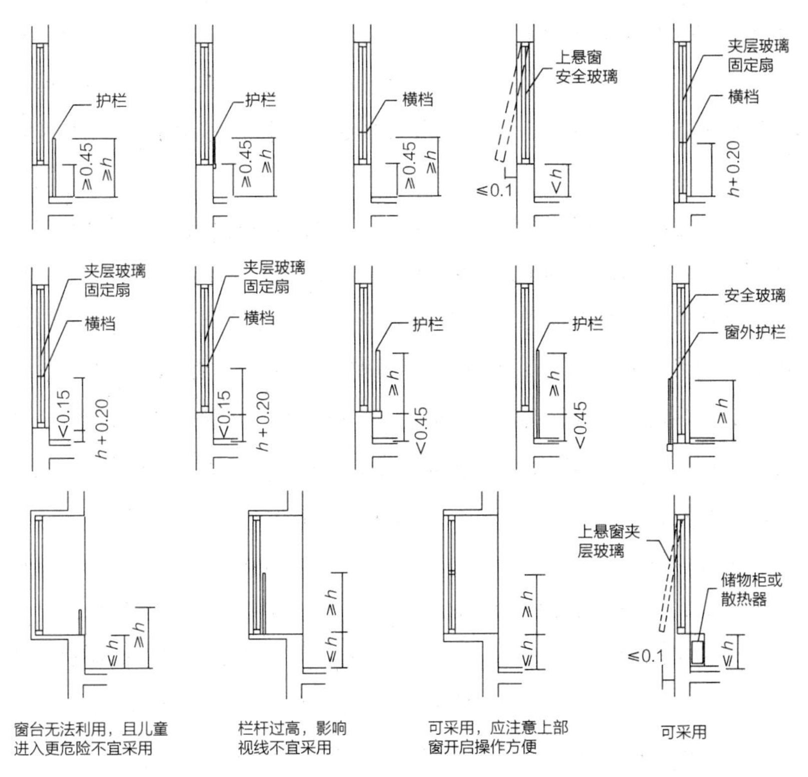

注：图中h为窗台安全高度0.8m（住宅0.9m）。

图 8-3　外窗及凸窗（飘窗）的防护措施（单位：m）

在此基础上，门窗还要保证其耐久性、耐污性、经济性等方面的要求。

8.3 门窗的类型

8.3.1 按材料分类

（1）木门窗

木质门窗是采用木材为主要材料制作主要门窗框并结合玻璃、木板、胶合板等制成的门窗。由于木材易于加工的特性，木质门窗可以说是历史最悠久、应用最广泛的门窗种类。但由于木材的材料特性，木质门窗也有干缩湿胀的变形特性，而且材料强度不高，转角、合页等处需要金属材料加固，也不适用于大型的门窗。随着木材加工和复合工艺的提升，采用合板、集成等方式能够有效地克服天然材料的缺点，应用前景广阔。

（2）型材门窗

型材门窗是指采用金属型材加工制作框料的门窗，如钢门窗、铝合金门窗、镀锌彩板门窗、不锈钢门窗等。金属材料的型材大多强度高、精度高，空腹型材又能减轻自重，金属表面的加工工艺多样，框料用材细，在现代建筑中的应用十分广泛。但一般的金属材料易于在空气中氧化，因此，表面需要特殊处理。同时，由于金属的热传导性好，因此为了保证室内外环境的调控，在提高门窗玻璃部分的热阻的同时，也需要注意门窗框的冷热桥的断桥处理，目前主要采用浇筑式、插条式、垫片式、复合式（铝木窗、塑钢窗）几种方式来切断室内外金属框体的连续性以提高热阻。

目前应用最为广泛的铝合金门窗，是一种利用变形铝合金挤压成型的薄型结构，自重轻，强度高，密封性好，耐腐蚀，易保养，且外形美观，色彩多样。为了提高铝合金的耐蚀性、耐磨性和美观性，一般会在铝合金的表面通过阳极氧化、喷涂漆膜、烤瓷镀膜（珐琅）等方式进行处理，可以形成丰富的色彩和表面质感。铝合金门窗的安装使用要特别注意金属的电蚀作用，铝门窗的固定件、连接件除了铝型材和不锈钢外，均应做防腐处理，在与铝材的接触面上加设塑料或橡胶垫片。铝门窗也不能与水泥、混凝土等材料直接接触，铝门窗的安装采用预留洞口后装法，根据饰面材料的不同，每边预留20～60mm的安装间隙，铝门窗框与墙体之间的缝隙一般采用玻璃棉毡条或发泡聚氨酯填塞，外表留5mm以上的槽口嵌填嵌缝油膏（不得已采用水泥砂浆填缝时，铝材与砂浆接触的表面涂沥青胶或满贴厚度1mm以上的三元乙丙橡胶软质胶带）（图8-4）。

（*a*）闭合状态

（*b*）开启状态

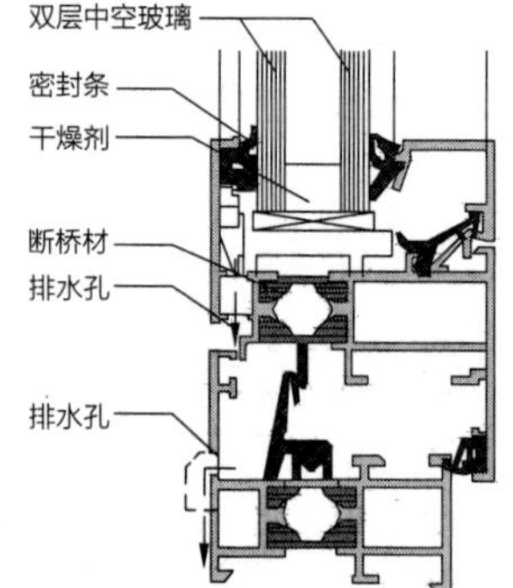

（*c*）内部结构构成

图8-4 断桥铝合金窗实例

（3）玻璃门窗

玻璃经过钢化、贴膜等高强度化、安全化处理后，可代替金属框料的结构支撑作用形成通透性极强的全玻璃门窗（图8-5）。

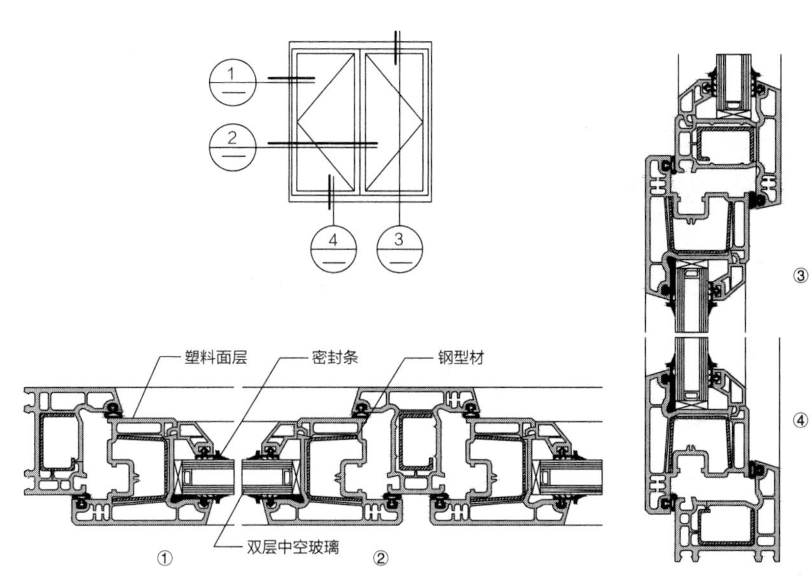

图 8-5 塑钢窗的型材断面

（4）复合门窗

复合门窗是利用多种材料的特性复合而成的门窗的框料制成的门窗，如采用铝合金和木材制成的铝木门窗，既有铝合金门窗的精密和强度，又有木质的质感和绝热性能，特别适用于古代建筑的修复和高标准的装修，塑钢门窗是将钢材的高强度和聚氯乙烯（PVC，一般使用硬质聚氯乙烯或聚氯乙烯钙塑两种材料）的密封性、绝热性、耐蚀性、耐候性相结合，外形美观，保温隔热性能好，价格便宜，在住宅中应用广泛。

8.3.2 按功能分类

（1）防盗门窗

防盗是门窗的基本功能之一,一般采用金属材料和防盗五金制成。

（2）防火门窗

防火门窗分为甲、乙、丙三级，其耐火极限分别为 1.2h、0.9h、0.6h，根据不同的消防要求设置，透明部分采用防火玻璃制成。

（3）隔声门窗

用于需要特别隔绝不同空间之间声波传递的门窗，如演播室、影剧院等，多采用多层复合结构和吸声材料以隔绝空气震动传声。

（4）其他特种门窗

如密闭门窗、防辐射门窗、抗冲击波门窗、泄爆门窗等。

8.3.3 按开启方式分类

门的开启方式主要有：平开门、推拉门、弹簧门、自关门、折叠门、转门（旋转门）、卷帘门、升降门（上翻门）、伸缩门等。详见门的相关章节。

窗的开启方式主要有：平开窗、立转窗、推拉窗、悬窗、固定窗、百叶窗等。详见窗的相关章节。

8.4 门窗的固定、安装、密封与五金

门窗框的安装方式有立框法和塞框法。立框法是将框固定后再砌墙，框墙结合紧密，但施工不便。塞框法是在墙体施工时预留出门窗洞口，墙体砌筑完成后再安装门窗框，框与墙体之间有20～30mm的空隙需要填塞。一般除木质门窗采用立框方式外，其他材质的门窗随着技术的进步和施工分工的明确，一般均采用塞框方式安装。

门窗框与墙体的固定主要有预埋木砖、预埋铁件、膨胀螺栓等方式，由于施工简便、调节方便，一般多使用螺栓法固定较小的门窗，受力较大的大型门窗则多采用预埋铁件焊接或螺栓连接的方式（图8-6～图8-8）。

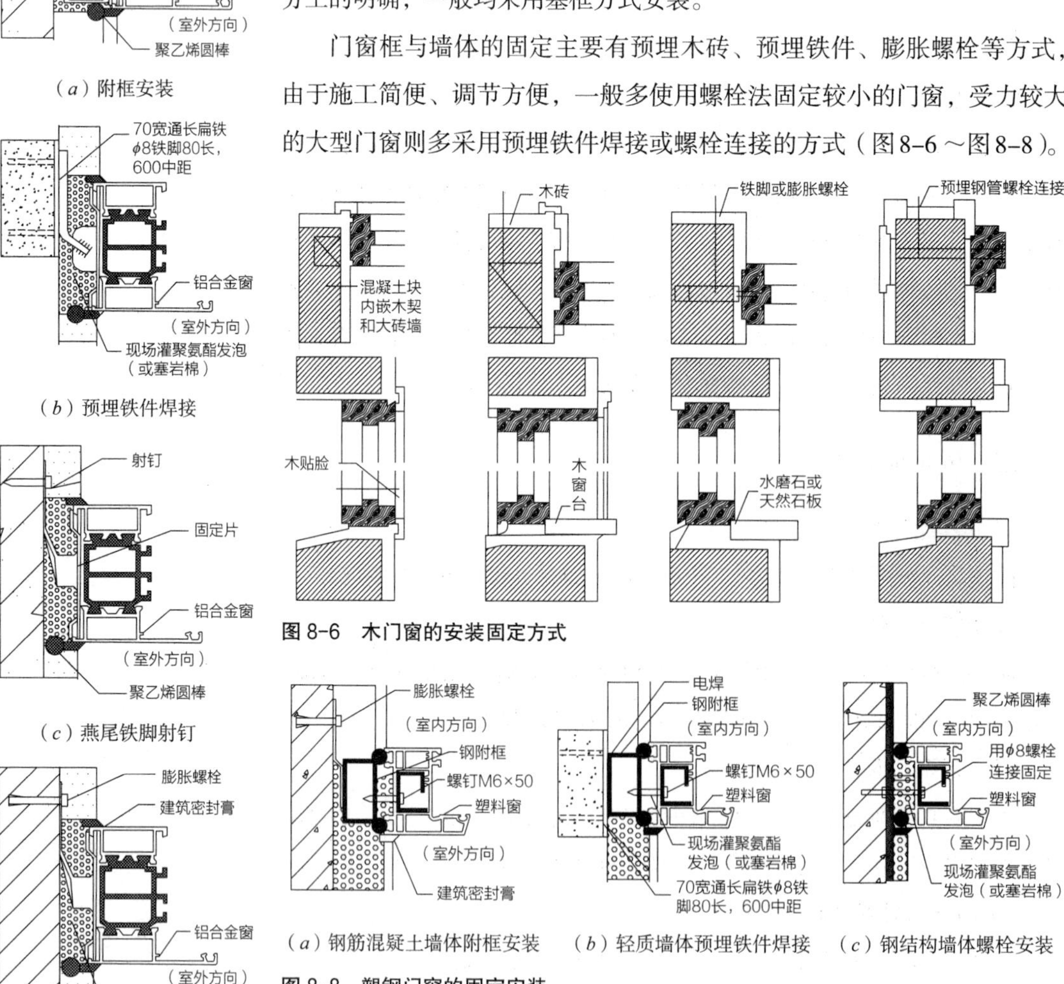

图8-7 铝合金门窗的安装固定

图8-6 木门窗的安装固定方式

图8-8 塑钢门窗的固定安装

门窗五金是门窗的重要构成要素，是保证门窗开启、固定、密闭的可动构件和机械装置，主要包括（图8-9）：

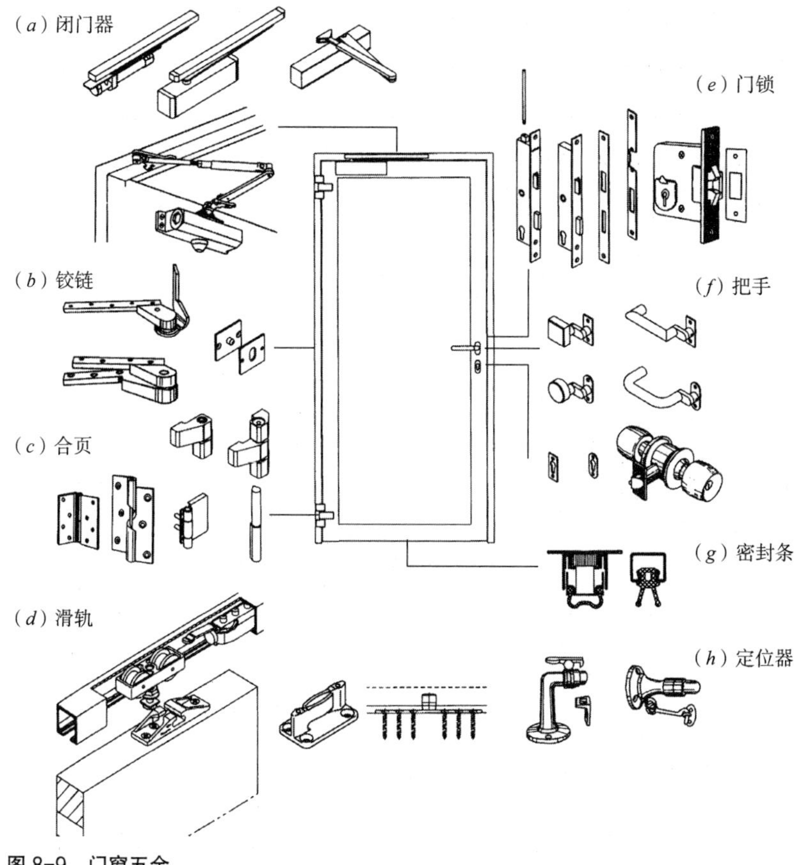

图 8-9　门窗五金

1）运动构件——合页、铰链、轨道、滑轮、马达等。

2）闭锁构件——锁（球形锁、直板锁、按压锁、感应锁等）、闭门器（地弹簧、门弹弓等）。

3）定位构件——门窗的定位器（门钩、定门器、磁性定门器等）。

4）握持构件——把手等。

5）密封构件——密封条等。

8.5　门的构造

8.5.1　门的开启方式

门的开启方式主要有（图 8-10）：

（1）平开门

平开门门扇的一侧与铰链相连装于门框上，通过门扇沿铰链的水平转动实现开合的门，有单扇、双扇、子母扇。平开门的构造简单、制作方便、开关灵活、关闭密实、通行便利，是最常用的一种门。由于门扇实际上是悬挑于门的铰链，门扇受力不均，因此不适用于过大的门。一般平开木门的门扇宽度小于1m，超过这个尺寸的一般采用金属门框，或采用推拉、折叠等形式。由于平开门的开启方向与人的运动方向相同，开启迅速，因此特别适用于紧急疏散的出口，在冲撞或挤靠中都可以顺利开启，平开门也是惟一可以用作疏散出口门的形式。

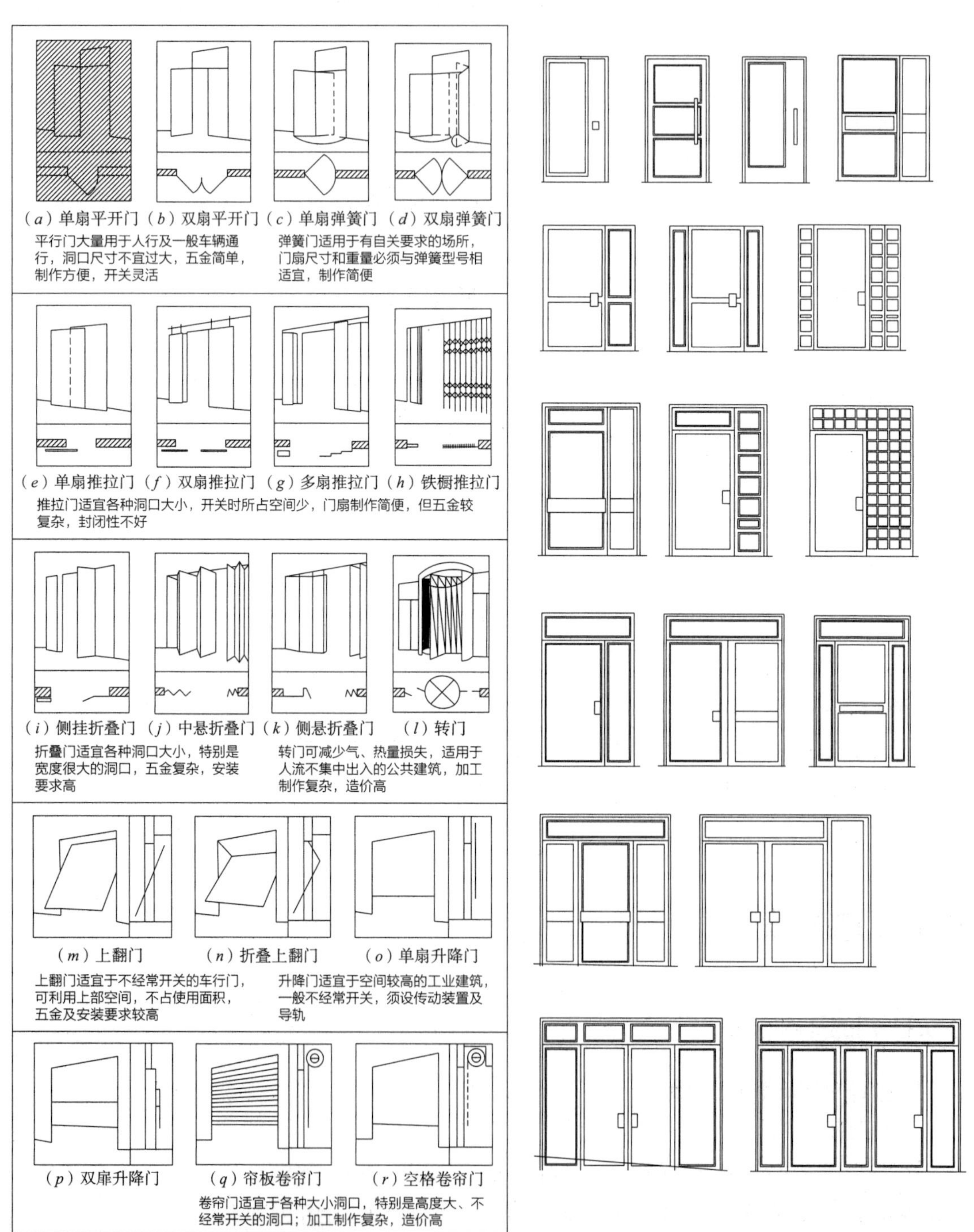

图 8-10 门的开启方式与各种形式

（2）弹簧门、自关门

弹簧门是平开门的一种，它在门的铰链中安装弹簧铰链或重力铰链、气压阀，借助弹簧或重力、气压等推动门扇的转动，达到自动关闭或开启的目的。选用弹簧时应注意其型号必须与门扇的尺寸和重量相适应。

（3）推拉门

推拉门是在门的上方或下方预装滑轨，通过门扇沿滑轨的运动达到开启、关闭的作用。推拉门有单扇、双扇和多扇之分，滑轨有单轨、双轨和多轨之分，按门扇开启后的位置可以分为交叠式、面板式、内藏式三种，滑轨也有上挂式、下滑式、上挂下滑式三种。推拉门由于沿滑轨水平左右移动开闭，没有平开门的门扇扫过的面积，节省空间，但密封性能不好，构造复杂，开关时有噪声，滑轨易损，因此多用于室内对隔声和私密性要求不高的空间分隔。

（4）折叠门

折叠门可以分为侧挂折叠门、侧悬折叠门和中悬折叠门。侧挂折叠门无导轨，使用普通铰链，但一般只能挂一扇，不适用于宽大的门洞。侧悬折叠门的特点是有导轨，滑轮装在门的一侧，开关较为灵活省力。中悬折叠门设有导轨，且滑轮装在门扇的中间，可以通过一扇牵动多扇移动，但开关时较为费力。折叠门开启时可以节省占地，但构造较为复杂，一般用于商业建筑的大门或公共空间中的隔断。

（5）转门（旋转门）

转门是由固定的弧形门套和绕垂直轴转动的门扇组成的，门扇可以有三扇或四扇。转门密闭性好，可以有效地减少由于门的开启引起的室内外空气交换，防风节能，适用于采暖建筑，可以节省门斗空间，但由于人使用的为扇形空间，一般需要直径较大的转门，多用于宾馆、饭店、写字楼等人流不太集中的建筑。由于不便于疏散，根据消防规范，在其两旁还需设置平开门以利于人员疏散。

（6）卷帘门

卷帘门由条状的金属帘板相互铰接组成，门洞两侧设有金属导轨，开启时由门洞上部的卷动滚轴将帘板卷入门上端的滚筒。卷帘有手动、电动、自动等启动方式，具有防火、防盗的功能，且开启不占室内空间，但须在门的上部留有足够的卷轴盒空间。常用于商业建筑的外门。

（7）升降门（上翻门）

升降门由门扇、平衡装置、导向装置三部分组成，构造较为复杂，但门扇大、不占室内空间且开启迅速，适用于车库、车间货运大门等。

（8）伸缩门

一般采用电动或手动方式，用于区域的室外围墙或围栏的大门，多与值班门卫室相连。由于一般大门车道的宽度较大，伸缩门收缩后仍需占用一定的长度，在设计中需要考虑。

8.5.2 门的基本构造

门是由门框和门扇以及五金构件组成的（图8-11）。

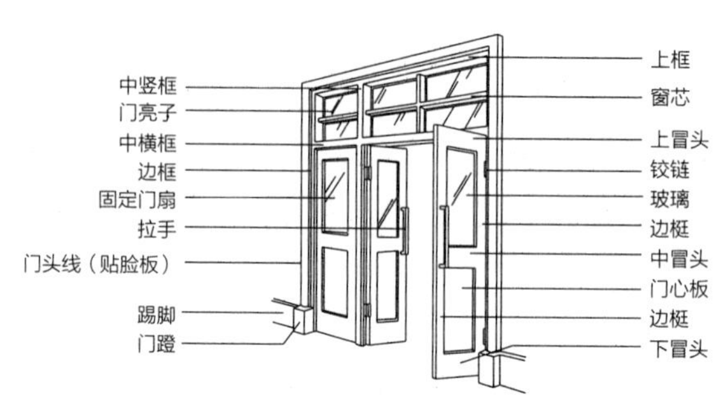

图8-11 门的基本构成

1）门框是把门扇固定在围护墙体上并保证门在闭合时的定位和锁定的边框，一般由上槛、边框、中横框（有亮子时）、下槛（有门槛时）组成。

2）门扇由上冒头、中冒头、下冒头、边框、门芯板等组成，是代替墙体等围护构件的封闭构件，因此，可以由任何固定在可转动或移动的边框上的板构成，如木板（木门）、金属板（防盗门、防火门）、石材（门厅的装饰门）等（表8-2）。

常用木门的类型比较 表8-2

类型	胶合板门	镶板门	半截玻璃门	大玻璃门	拼板门
简图					
木材用量	$0.056m^2$	$0.095m^3$	$0.074m^3$	$0.092m^3$	$0.115m^2$
	58.9%	100%	78.8%	96.9%	121.1%
特点	外形简洁美观，门扇自重小，节约木材，保温隔声性能较好，对制作工艺要求较高，复面材料一般为胶合板，也可采用纤维板	构造简单，一般加工条件可以制作，门心板一般用木板，也可用纤维板、木屑板或其他板材代替。玻璃数量可根据需要确定	特点与镶板门相同。如取消玻璃芯子，须采用5厚玻璃	外形简洁美观，对木材及制作要求较高，须采用5~6mm厚玻璃，造价较高	一般拼板门构造简单，坚固耐用，门扇自重大，用木材较多，双层拼板门保温隔声性能较好
适用范围	适用于民用建筑内门。在潮湿环境，须采用防水胶合板	适用于民用建筑及工业辅助建筑的内门及外门	适用于民用建筑的内外门及阳台门，必要时可以带纱门	适用于公用建筑的入口大门或大型房间的内门	一般用于民用建筑及工业辅助建筑的外门

3）五金是由门窗的转角加固和握持构件、铰链的转轴构件和锁定构件组成的，主要起到加固、握持、转动和固定的作用。常用的有合页、门把手、门锁、闭门器、门碰门钩等。

8.5.3 几种典型门的构造

夹板门、铝合金门、转门、自动门等几种常见门和隔声门、卷帘防火门等特种门的构造如图所示（图8–12～图8–17）。

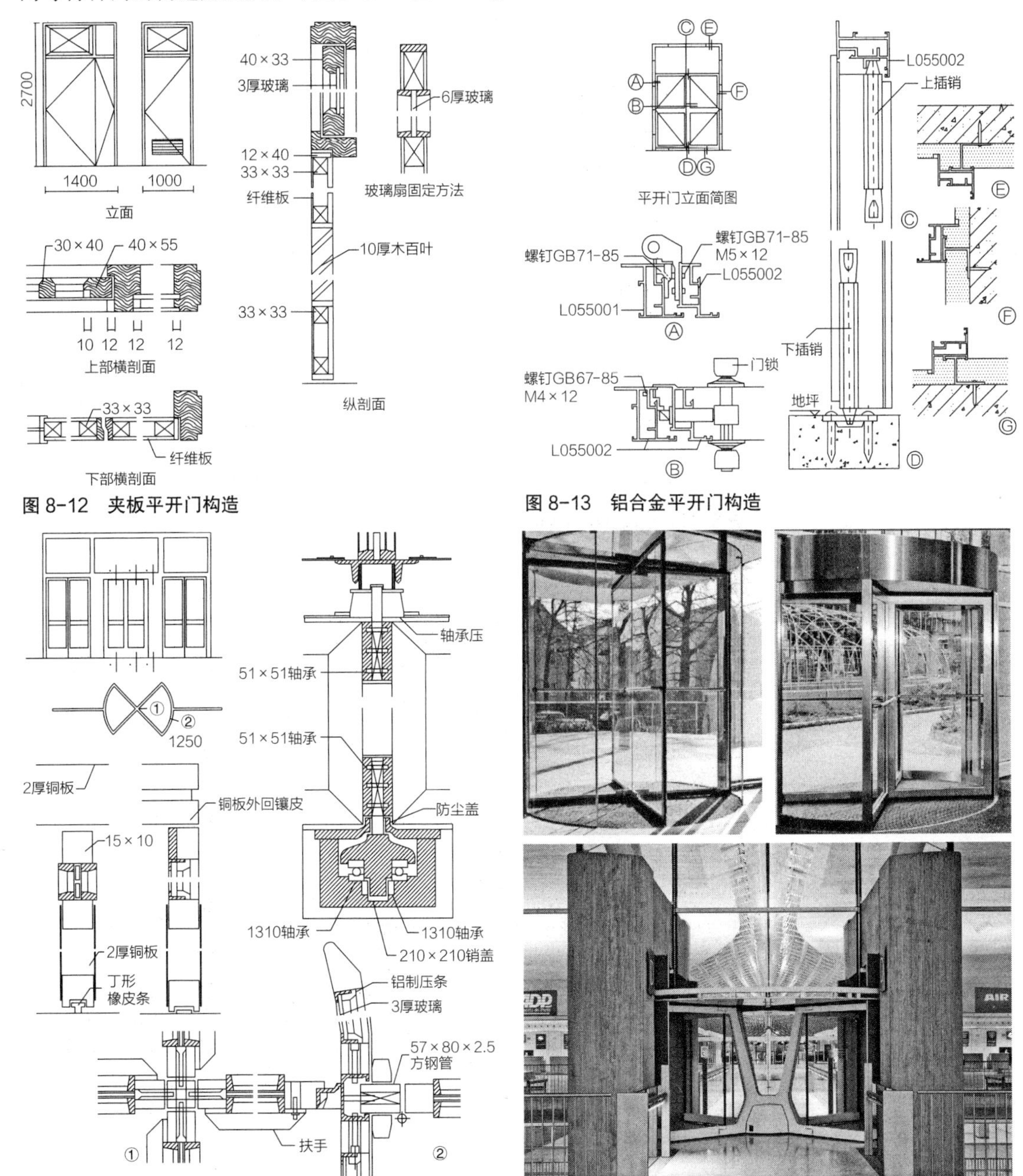

图 8–12 夹板平开门构造

图 8–13 铝合金平开门构造

图 8–14 转门的类型与构造

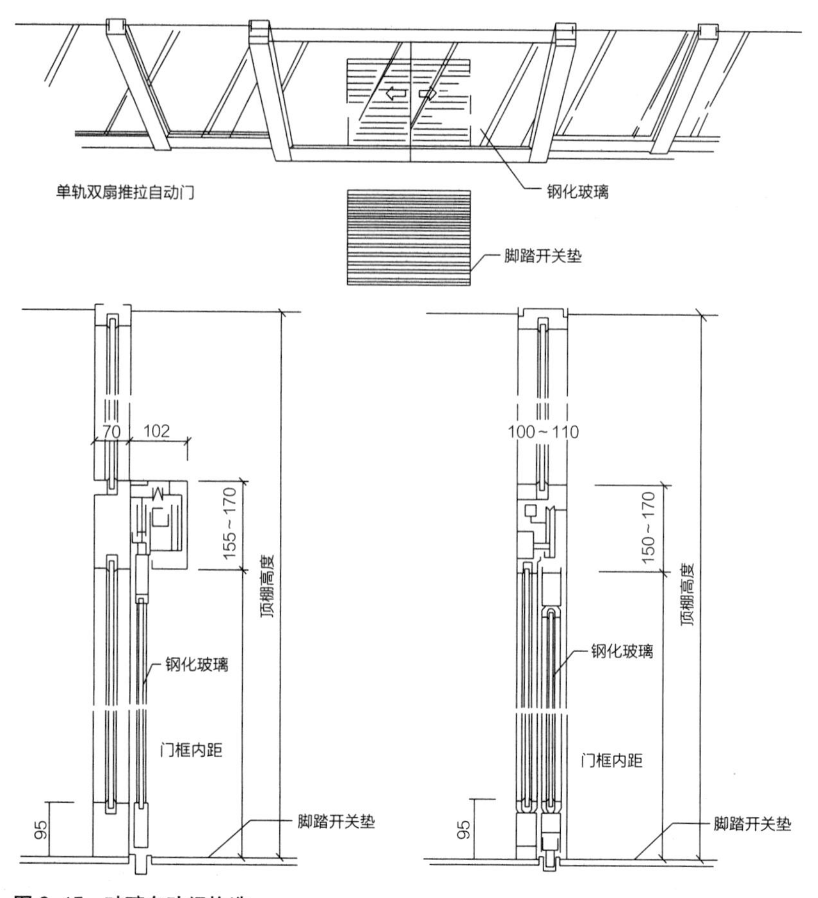

图 8-15 玻璃自动门构造

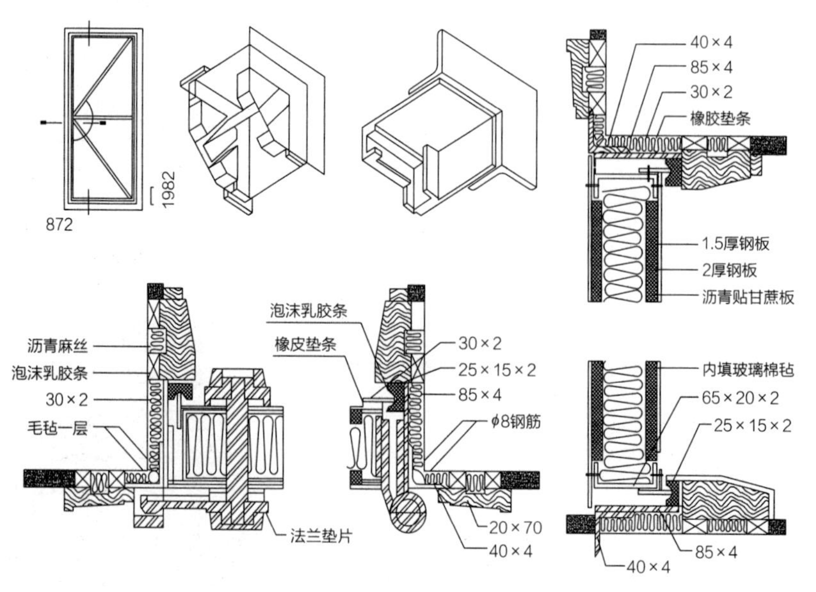

图 8-16 钢隔声门构造

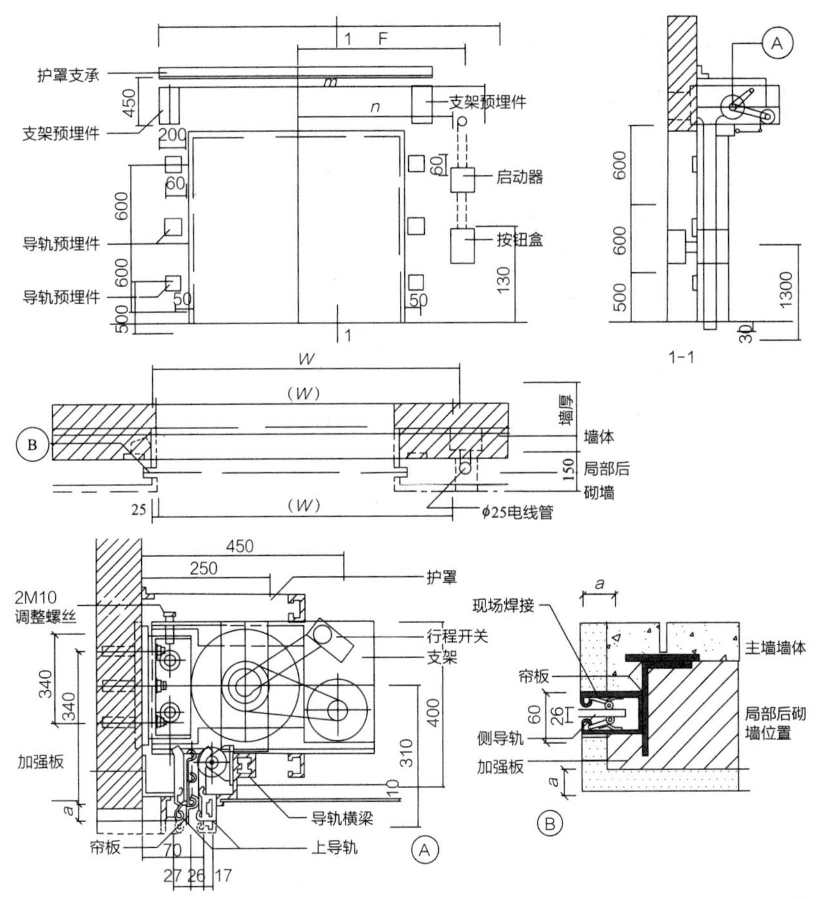

图 8-17　防火卷帘门的构造

8.6　窗的构造

8.6.1　窗的开启方式

窗的开启方式主要有（图8-18）：

（1）平开窗

平开窗是指窗扇围绕与窗框相连的垂直铰链沿着水平方向开启的窗。由于构造简单、开启灵活、封闭严实，所以使用最为广泛。平开窗分为外开和内开两种，外开窗不占用室内空间，防水也较容易解决，但悬臂受力的窗框和铰链容易变形和损坏，开启扇不能过大，目前在我国的高层建筑中禁止使用外开窗。内开窗占用室内空间，但安全性好，特别是内开与内倒相结合，为室内提供了多种可能的通风效果。

（2）立转窗

如果将平开窗的开启轴由一侧移动至窗扇的中央部位，窗户在开启时沿中轴转动，一部分内开，一部分外开，结合了平开外窗和内窗的特点。

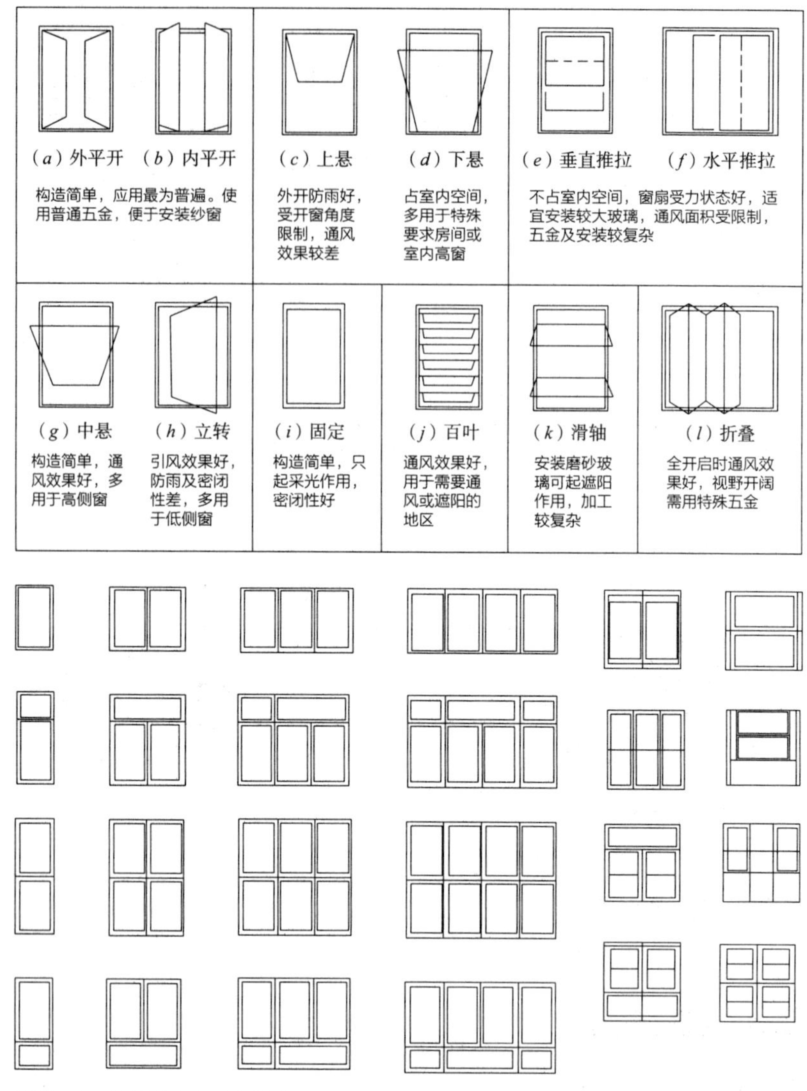

图8-18 窗的开启方式与形式

（3）推拉窗

推拉窗指窗扇沿导轨或滑槽滑动的窗，按照推拉方向可以分为水平推拉和垂直推拉两种。由于受力合理，推拉窗可以做成较大的尺寸，但与平开窗相比开启面积小，密闭性较差。

（4）悬窗

悬窗指窗扇沿水平轴的铰链旋转，沿垂直方向开启的窗。按照铰链的位置可分为上悬窗、中悬窗和下悬窗。上悬指铰链安装在上部的窗，上悬外开窗防雨性能好，但通风性能差；中悬窗是指在窗扇中部安装水平转轴，开启时窗扇上部向内、下部向外的方式，防雨通风性能均好，但占用室内空间，一般用于高侧窗；下悬窗的铰链在下部，一般为下悬内倒，占用室内空间且不宜防雨，使用得较少。

（5）固定窗

固定窗无开启扇，只供采光和眺望用，不能通风，因此构造简单、密封性好，经常与开启扇配合设置。由于一般自然采光与通风所要求的窗地比例相差一倍以上，特别是设有集中空调的建筑物需要控制可开启扇的比例以减少室内外空气的流通，达到节能效果，所以，一般建筑的外窗中可开启的面积仅占窗户总面积的1/3 ～ 1/2。

（6）百叶窗

利用木材或金属的薄片制成的密集排列的格栅，可以在保证自然通风的基础上防雨、防盗、遮阳，在玻璃没有普及以前是一种标准的窗扇形式，现在一般用于需要控制室内外视线和太阳辐射的位置。按照百叶是否可调节角度可分为固定和可动百叶，按照调节方式可以分为手动、电动或自动百叶，按照功能可以分为防雨百叶、遮阳百叶、降噪百叶、装饰百叶等。

8.6.2　窗的基本构造

窗是由窗框、窗扇与五金构件构成的（图8-19）。

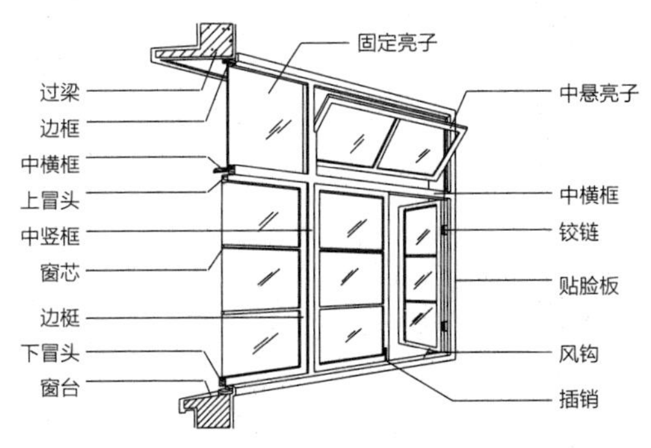

图 8-19　窗的基本构成

1）窗框把窗扇固定在围护墙体上，并保证门在闭合时的定位和锁定的边框，一般由上槛、边框、中横框、下槛组成。

2）窗扇由上冒头、中冒头、下冒头、窗芯玻璃等组成，是代替墙体等围护构件的封闭构件。

3）五金是指门窗的转角加固与握持构件、铰链等转轴构件和锁定构件组成的，主要起到加固、握持、转动和固定的作用。

8.6.3　几种典型窗的构造

常用的木窗、百叶窗、铝合金窗、塑钢窗的构造如图8-20 ～图8-23所示。

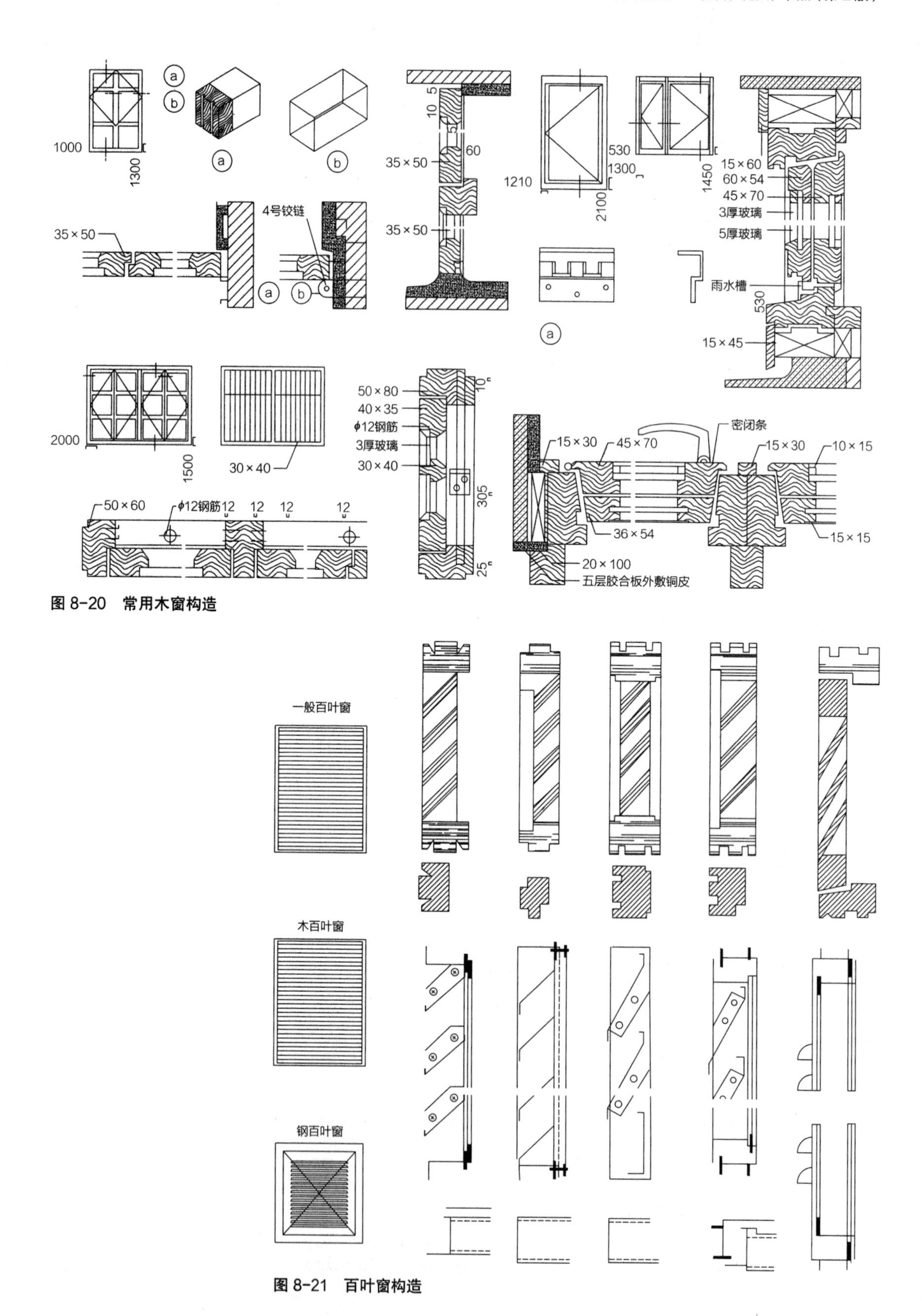

图 8-20　常用木窗构造

图 8-21　百叶窗构造

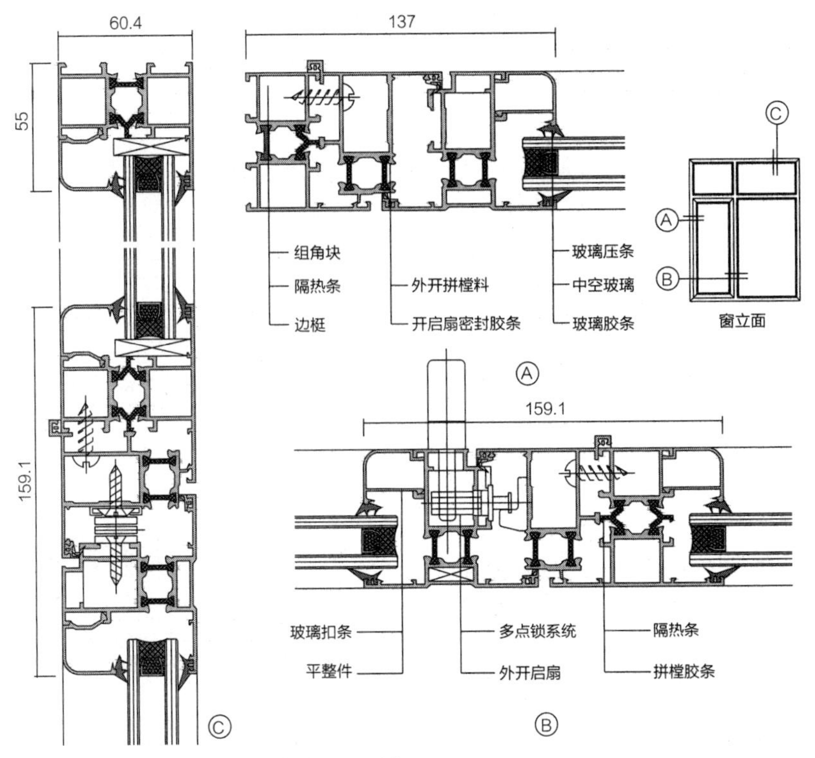

图 8-22　断桥铝合金外平开窗（60 系列）

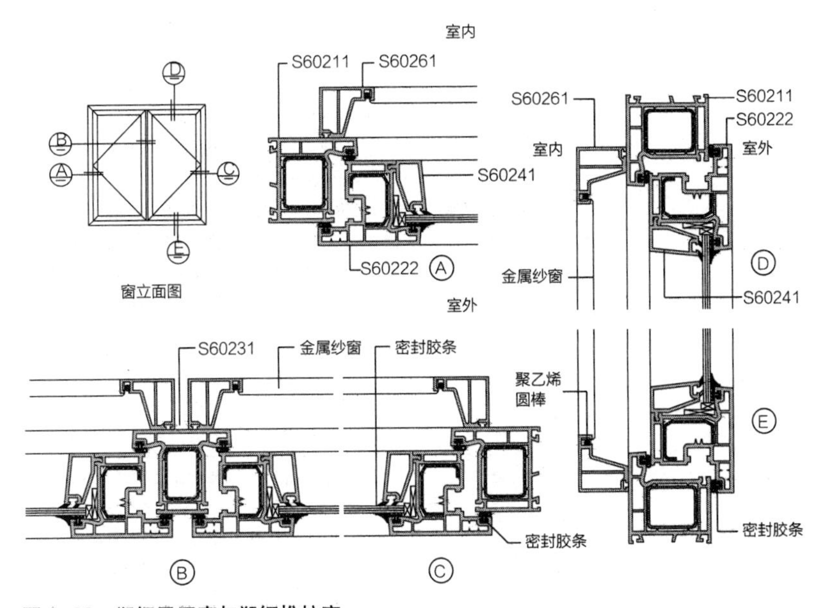

图 8-23　塑钢平开窗与塑钢推拉窗

8.7　本章小结

如表8-3所示。

门窗的功能构造体系 表8-3

功能及要求		组成及构件	构造设计要点与技术措施
基本功能	围护——保温隔热	• 断桥金属框构造 • 中空玻璃的保温隔热 • 遮阳设施	• 门窗的材质和特性，保温性能 • 采用保温隔热的节能玻璃以提高建筑整体的保温隔热性能 • 设置反射与遮阳系统，以起到隔热作用 • 寒冷地区的门斗和自动闭门装置
	围护——隔声	• 多层玻璃的空气传声隔绝	• 门窗的隔声性能与空气传声的隔绝：密缝处理；多层空气间层；多孔性材料以减振和吸声
	围护——密封	• 玻璃和窗框的密闭	• 门窗的气密性与水密性要求
	围护——防水	• 玻璃和窗框的密闭 • 冷凝水的排水 • 防止毛细现象的等压空腔	• 门窗的气密性与水密性要求 • 门窗框的等压构造和排水孔
	交通——采光通风	• 透明采光面积 • 开启扇与通风	• 采光系数、采光性能、遮阳系数，充分利用自然采光 • 通风与排烟面积
	交通——活动与固定	• 门窗五金 • 门窗的锁定	• 门窗的开启方式，作为疏散口的开启方式要求 • 门窗的五金与开启、固定、锁闭装置
支撑性能（次生要求） —安全性 —维护性 —加工性 —资源性 —附加功能	支撑与连接的牢固	• 门窗洞口的过梁 • 门窗的固定件与副框 • 玻璃的固定 • 栏杆的固定	• 门窗洞口的过梁 • 门窗的固定与安装，缝隙的封堵 • 玻璃的卡接安装与温度变形的缝隙 • 栏杆的窗框或墙体固定
	安全防护——防跌护措施、无障碍通行	• 安全玻璃 • 栏杆等防护措施 • 纱窗与护栅 • 门槛高差	• 安全玻璃的设置范围和措施 • 纱窗与护栅等防盗、防虫装置 • 无障碍设计：门槛高差小于15mm并设有小斜面 • 防跌栏杆的防跌、防攀、防钻、防落措施，栏杆分格尽量采用竖条或内侧加安全玻璃栏板防护，底部不应有蹬踏面 • 凸窗有宽窗台时应从窗台面起计算防护高度 • 扶手与墙体的连接方式，栏杆的支撑方式
	防火、防烟	• 防火门窗	• 防火门窗的设置和耐火时间 • 防火分区与防烟分区的划分与区隔
	耐久、耐污、维护性	• 窗台、披水、滴水 • 门窗套、贴脸板 • 擦窗机	• 窗楣、窗台、披水、滴水、窗套的设置，室内外的装修 • 大面积外窗和玻璃幕墙必须设置擦窗设施 • 门窗框的表面涂层做法与性能
	视线的导向	• 透光与透明材料	• 窗的位置、尺寸和透光性能
	眩光的防止	• 玻璃的反射率	• 防止光污染和眩光，保证大面积玻璃幕墙的较低反射率
	加工性、资源性	• 组合墙体、玻璃幕墙	• 幕墙体系的干式施工便捷与可逆性
衍生功能（艺术功能）	美观与象征	• 立面的开口部	• 材料、工艺、构造逻辑的组合与表现 • 光影的塑形与表现

第 9 章

建造部件06——交通体系：楼梯

9.1 楼梯的概要

梯，木阶也。

——《说文》

梯——形声字。从木、弟声。本义指便利人上下攀登（尤其建筑物）的用具或设备。

在建筑物中联系不同高度空间的人和货物运输的设施主要有楼梯、爬梯、台阶、坡道、电梯、滚梯（自动扶梯）等，是建筑物内部或建筑物与外部环境之间重要的竖向交通与交流的工具。

楼梯是使用最为广泛的交通设施，主要是供上下层建筑空间之间的交通，同时也是多层和高层建筑的紧急疏散设施。爬梯一般是指楼梯段的坡度超过45°，上下行需要借助双手的垂直通行设施。台阶是指用于室内外地坪之间以及室内不同标高处的阶梯形踏级。坡道是连接不同高度，供车辆、轮椅、推车等轮式交通工具通行的斜坡式交通设施。电梯是利用电力带动轿厢运行，在垂直方向运送人员或货物的竖向交通设备。自动扶梯又称滚梯，外形与普通楼梯相仿，是通过链式输送机斜向输送的交通设备，适用于有大量、连续人流的大型商业、展览、体育、交通设施。

从远古的遗存来看，巢居和穴居是人类最古老的栖居形态，也被认为是建筑的嚆矢。台阶和楼梯作为人类克服高差的交通手段，其起源可以说是对自然土坡和天然树杈的便于攀缘的特性的习得，高台和低穴的生活方式和建筑原型紧密相关（图9–1）。

在相当长的时间里，台阶和坡道作为联系不同高度空间的手段，广泛用于人和货物的运输。古代高大建筑和纪念碑的建造及使用无不借助这个斜面的神奇力量，在建筑技术条件限制下无法建造多层空间时，通过抬高地坪标高来形成空间的隔离和高大化，渲染彼岸世界的神圣感。

室内楼梯的产生是建筑空间发展与人类进步的标志，它不同于高台的单一空间，是从单层空间到多层空间，到空间竖向重叠利用的必然产物。在相当长的时间里，楼梯作为空间上下联系的单纯手段和服务性工具，隐藏于主要使用空间之外，形成封闭性很强的楼梯间。楼梯作为表现手段的利用，大量出现在巴洛克以后的建筑中，作为动感、庄严、典雅的手法和工艺的表现。当代设计中的楼梯作为错综与冲突的表现性要素，在建筑师的设计中得以强调，也成为了整个设计的一个原发性要素，主要体现在以下几个方面：

（1）材料和工艺性的表现

楼梯的栏杆、扶手、踏步板、梯段等所有构件都具有重复的韵律感，在多种材料的组合下形成建筑中的建筑，能够很好地展示材料的质感和工艺的精致性，也是建筑设计的起点之一。

（2）空间组织的工具

楼梯也是建筑中将不同层高空间联系起来的渠道和媒介，也可以作为交通、视线、光线、空气的通廊，因此，楼梯也是建筑中的活跃性要素和上下空间缝合、诱导的工具，是建筑空间和样式的原发性的起点。

（*a*）远古的楼梯起源

（*b*）通天塔的巨大台阶

（*c*）古典建筑中楼梯带来的丰富空间

（*d*）现代楼梯的作用——空间的流动性、工艺的精致性、建筑艺术的创新

图 9-1　从远古到现代的建筑楼梯及其表现

（*a*）引自：Catherine Louboutin．新石器时代：世界最早的农民．张容译．上海：上海世纪出版集团，上海书店出版社，2001.

（*b*）（*c*）引自：汉诺–沃尔特·克鲁夫特．建筑理论史——从维特鲁威到现在．王贵祥译．北京：中国建筑工业出版社，2005.

9.2 楼梯的功能与设计要求

（1）交通

楼梯的基本功能是竖向交通的工具和构件，可以看成是一段斜向螺旋形重复利用空间的通道，满足人货移动、空间联系的要求，其功能和构成的出发点是人体的工学特性（人体工程学）。人行时的尺度和特性决定了楼梯的构件和尺寸要求，如踏步尺寸、坡度、梯段的高度与宽度等，楼梯通行空间的宽度决定了竖向通行和疏散的能力。

（2）支撑与安全

为了满足人货通行的需要，楼梯要有足够的结构支撑强度和安全防护性能，防止通行时的下滑与侧滑，提供必要的辅助围护和支撑构件，如栏杆、扶手、翻边等，并保证其支撑与连接的牢固。同时也需要较好的技术经济性能和耐久维护性，保证构件较长时间的正常使用。

9.3 楼梯的构件与类型

9.3.1 楼梯的构件

楼梯由梯段、平台、栏杆与扶手三部分组成（图9-2）。

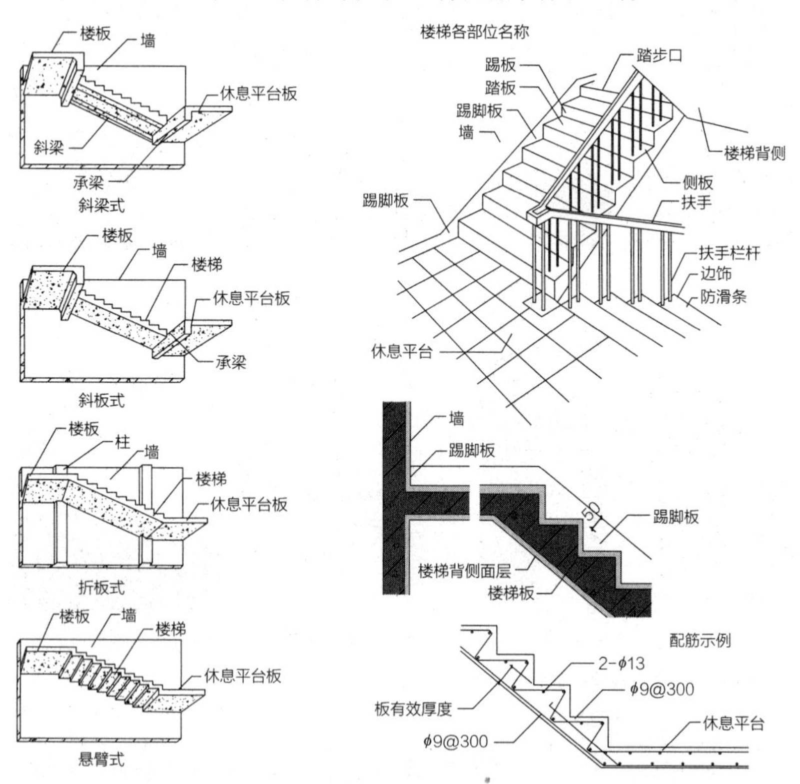

图9-2 楼梯的构成与形式（以钢筋混凝土板式楼梯为例）

（1）梯段

梯段又称梯跑，是由一系列供人踏踩的平面平行排列而成的一个斜向的供人通行的承载板面。其剖面呈锯齿状，每个供人踏踩的小单元称为踏步，每个踏步包含一个水平面的承载板和垂直面的挡板（可漏空或采用格栅等形式），分别称为踏步踏板和踏步踢板。楼梯的宽度由人流的交通量决定，其坡度是由人的基本尺度和行走的尺度（踏板和踢板的长度组合）决定的，其长度是由上下楼层的高差和坡度决定的。为了保证人行的安全、舒适，每个梯段的踏步不应少于3级，也不应超过18级，且踏步尺寸均匀，适于人体尺度。

（2）楼梯平台

楼梯平台是两个斜向梯跑中间的联系、休息、交通转向的水平构件。按照平台所处的位置和高度的不同，又分为楼层平台和中间平台。两层楼之间的平台为中间平台，供行人的暂停休息和改变行进方向，因此又被称为休息平台；与楼层地面齐平的平台称为楼层平台，除了有中间平台的作用外，还是与楼层连接的过渡空间，供上下行分散人流用。

（3）栏杆与扶手

栏杆与扶手是设在梯段及平台边缘的保护防跌构件。栏杆或栏板主要用来保证行人的安全，栏杆或栏板的顶部、墙壁面上安装的供行人依扶的连续构件为扶手。当梯段的宽度达到三股人流时应在两侧设扶手，当一侧靠墙时称为靠墙扶手；当梯段的宽度达到四股人流（2400mm以上）时，需要在梯段中央设置中间扶手。

9.3.2　楼梯的分类

1）按形式分：根据上行舒适性、人流的数量与缓急、交通长度、空间利用、楼梯间形状、建筑表现等要求形成了多种多样的楼梯形式。

a. 按照行进的方向可以分为直行、平行、折行、螺旋形、弧形等楼梯。

b. 按照梯段的组合方式可分为单跑、双跑、三跑、多跑、交叉等楼梯。

上述两种分类方式组合起来就有了以下几种常用的楼梯形式（图9–3）：

• 直行单跑楼梯：仅用于层高不大的建筑。

• 直行多跑楼梯：用于层高较大的建筑。

• 平行双跑楼梯：是最常用的楼梯形式之一。

• 平行双分双合楼梯：常用作办公类建筑的主要楼梯。

• 折行多跑楼梯：折行双跑楼梯常用于仅上一层楼的影剧院、体育馆等建筑的门厅中；折行三跑楼梯常用于层高较大的公共建筑中。

• 剪刀楼梯：两个直行单跑楼梯交叉而成的剪刀楼梯，适合层高小的

（*a*）直行单跑楼梯（直跑楼梯的一种）

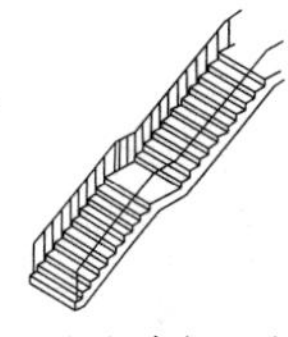

（*b*）直行双跑楼梯（直跑楼梯的一种）

（*c*）折行多跑楼梯（转角楼梯）

（*d*）折行（转角）双分楼梯

（*e*）三跑楼梯

（*f*）平行双跑楼梯

（*g*）平行双分双合楼梯　（*h*）交叉楼梯（剪刀梯）

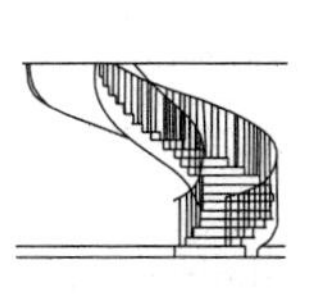

（*i*）弧形楼梯

（*j*）螺旋形楼梯

图 9–3　不同形式的楼梯

建筑。两个直行多跑楼梯交叉而成的剪刀楼梯适用于层高较大且有人流多向性选择要求的建筑。

• 螺旋形楼梯：螺旋形楼梯通常是围绕一根单柱布置，平面呈圆形。这种楼梯不能作为主要人流的交通和疏散楼梯。

• 弧形楼梯：具有明显的导向性和优美轻盈的造型。但其结构和施工难度较大，通常采用现浇钢筋混凝土结构。

2）按位置分：可以分为室内楼梯和室外楼梯。

3）按使用性质分：可以分为主要楼梯（交通楼梯）、次要楼梯（辅助楼梯）、疏散楼梯。疏散楼梯在消防上又分为敞开式楼梯、封闭楼梯、防烟楼梯等。

4）按材料分：可以分为木楼梯、钢筋混凝土楼梯、金属楼梯、混合式楼梯等（图9-4）。

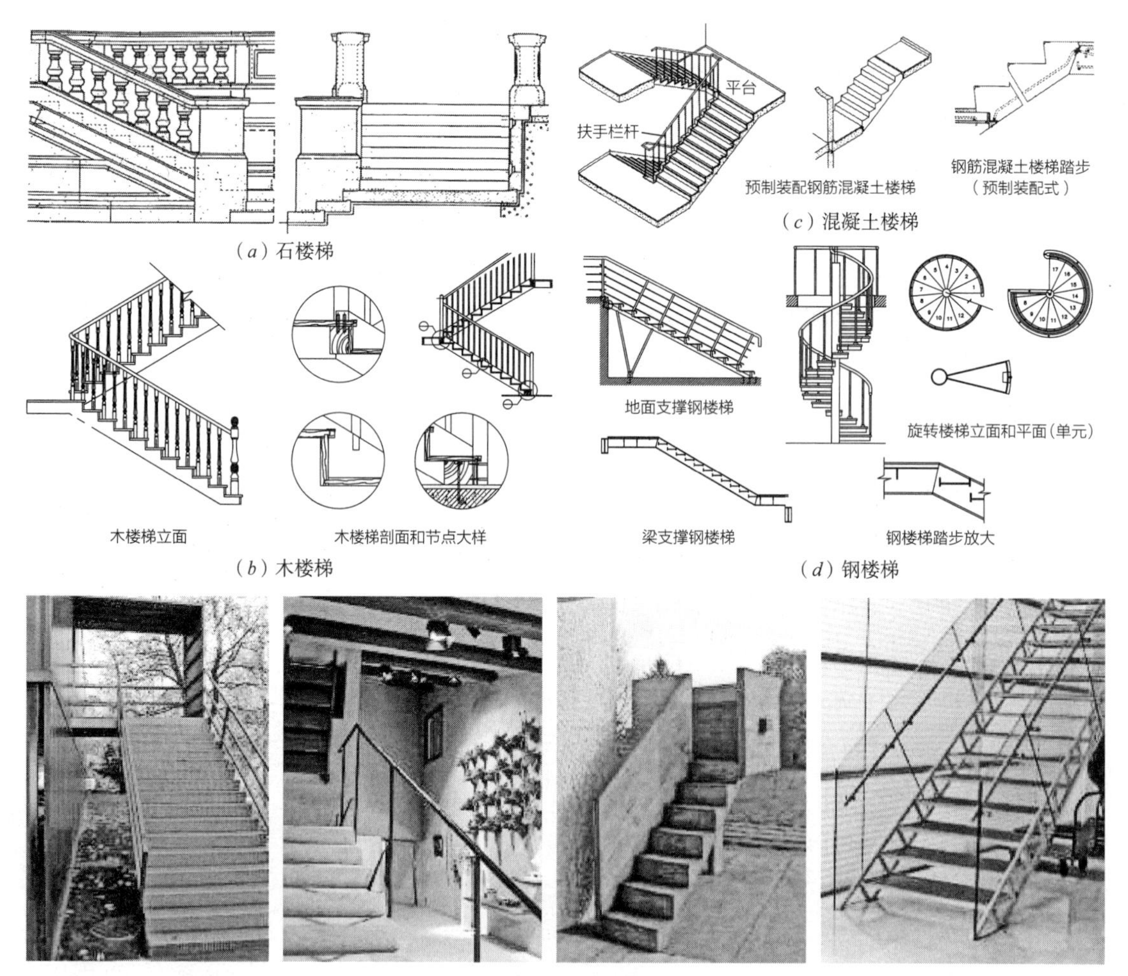

（*a*）石楼梯　（*b*）木楼梯　（*c*）混凝土楼梯　（*d*）钢楼梯　（*e*）各种楼梯实景

图9-4　不同材质类型的楼梯

（*a*）引自：Edward Allen．建筑构造的基本原则—材料和工法（第三版）．吕以宁，张文男译．台北：六合出版社，2001．

（*b*）（*c*）（*d*）引自：建筑资料研究社．建筑图解辞典（上中下册）．朱首明等译．北京：中国建筑工业出版社，1997．

5）按结构形式分：可以分为梁式楼梯、板式楼梯、悬臂式楼梯、悬挂式楼梯、墙承式楼梯等。

9.4　楼梯的尺度与布局

9.4.1　楼梯的平面尺度

（1）楼梯的人体尺度

楼梯作为建筑物中供人通行的交通构件，其坡度、平面尺寸、空间高度等必须符合人体的尺寸和人行的尺度。一般根据人体工程学的调查和计算，推测出不同地域、民族、年龄段、性别的标准人体尺寸，以确保设计符合大多数人的尺度。

与楼梯相关的人体工程学的参数有身高、体宽、步距、脚掌尺寸、手掌尺寸、重心高度。

在我国的建筑设计中，人体的高度一般为1750mm，一般的水平通过空间的高度为2000mm，斜向通过的高度为2200mm。人的正面通行宽度为550～600mm，侧立为300mm，因此，楼梯的最小宽度为900mm，公用的疏散楼梯的最小宽度为1100mm。人体的重心高度低于1050mm，因此防跌的围护高度应大于1050mm。人的扶持高度则根据成人、儿童的站高和轮椅的座高而调整，成人为900～1000mm，儿童为500～600mm，无障碍扶手通常为双层，高度分别为850mm和650mm，步距为500～900mm，一般取值为600～620mm，人上行时一般前脚掌着地，下行时，为保证舒适性需要脚跟和部分前脚掌着地以保证着力重心在脚心附近，因此，踏步踏板的宽度为240～300mm。人手的长度和厚度决定其握持舒适的尺寸为35～45mm，扶靠的尺寸则可适当增大，扶手距离墙面应大于40mm。

（2）楼梯的坡度

在设计中，建筑师必须根据楼梯的使用地域、人群、建筑物的性质、楼梯的使用频度、人流密集度等指标进行合理的设计和调整，同时还要满足节约交通空间、保证建筑物的经济性等要求。楼梯的坡度一般在20°～45°之间，坡度较小时行走舒适，但占用建筑面积较大，坡度较大时则行走困难，但节省建筑空间。因此，使用频繁、人流密集的交通楼梯，其设计坡度宜平缓以保证人的舒适为主；使用人数较少的辅助性楼梯，其设计坡度可较大以减少辅助性的建筑空间；检修等极少使用的楼梯可采用垂直爬梯的形式。当坡度小于10°时可采取坡道的形式，大于45°时，则应采取爬梯的形式。

楼梯的梯段是由平行的踏步组成的，每个踏步包含水平的踏步踏板和垂直的踏步踢板。楼梯的坡度由踏步的高宽比（踏步踢板的高度和踏板的宽度）决定。

踏步的尺寸（踏面的宽度和踢面的高度）与人行的步幅有关，一般人行走时步幅不变，其水平步幅为600～620mm，而垂直的跨高则为水平步幅的一半。

因此，楼梯踏步的经验公式如表9-1所示。

常用的楼梯踏步计算的经验公式　　表9-1

经验公式（mm）	适用范围（R值）（mm）
$R+T=450$	140～160
$2R+T=600\sim620$	140～170
$R\times T=45000$	130～200

$S=2R+T=600\sim620$mm

其中，S—水平步距，R—踏步高度，T—踏步宽度。

踏步的高、宽常用尺寸如表9-2所示。踏步的高度，成人为150mm左右较适宜，不应高于175mm。踏步的宽度（水平投影宽度）以300mm左右为宜，不应窄于260mm。为了在踏步宽度一定的情况下增加行走舒适度，常将踏步出挑20～30mm（图9-5、图9-6）。

疏散楼梯踏步的最小宽度和最大高度（单位：mm）　　表9-2

楼梯类别	最小宽度	最大高度
住宅公用楼梯	260	175
幼儿园、小学校等楼梯	260	150
电影院、剧院、体育馆、商场、旅馆、医院、疗养院、大中学校等楼梯	280	160
其他建筑物楼梯	260	170
专用疏散楼梯	250	180
服务楼梯、住户内楼梯	220	200

引自：北京市建筑设计研究院．建筑专业技术措施．北京：中国建筑工业出版社，2006.

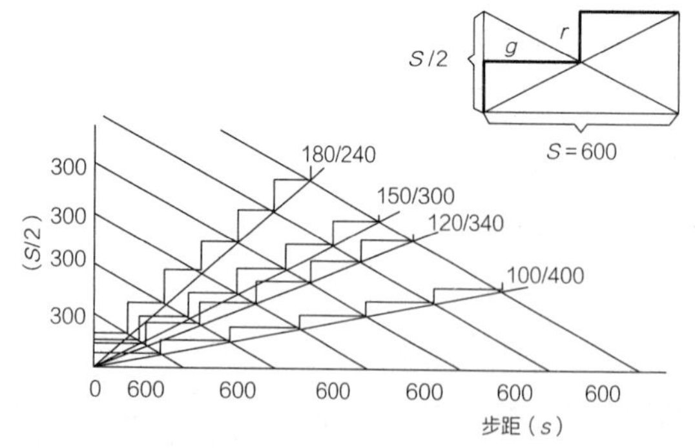

图9-5　楼梯的坡度与踏步尺寸的关系

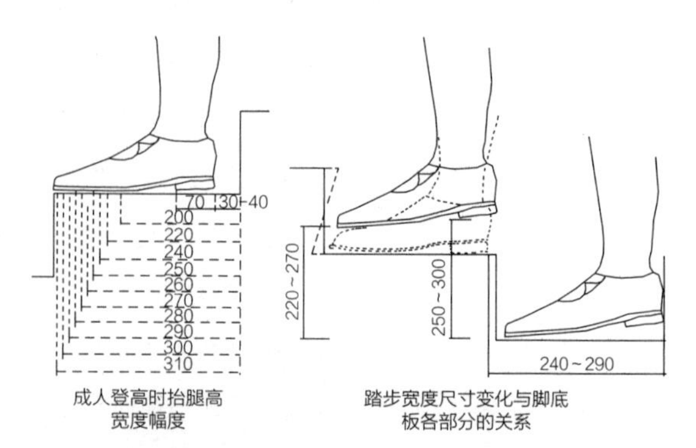

图9-6　楼梯踏步的宽度与出挑

当采用螺旋楼梯时，踏步的踏面为扇形，其舒适性受到很大的限制，在主要交通楼梯和疏散楼梯中不宜采用，除非采用大直径的弧形楼梯并保证踏步上下级之间的平面夹角小于10°，且每级踏步离扶手中心250mm处的踏板宽度大于220mm，踏步的最小宽度大于150mm。

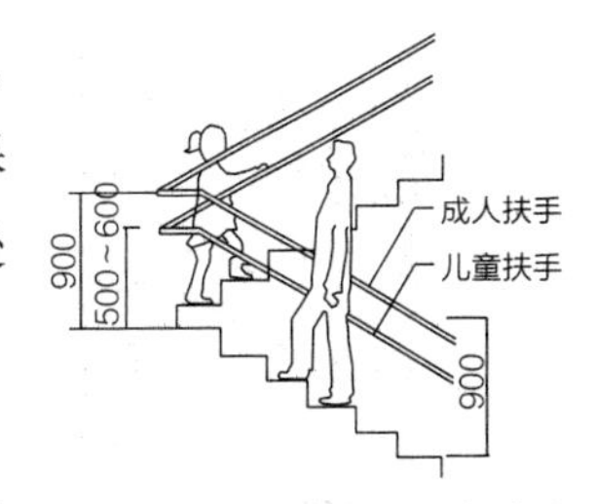

图 9-7 楼梯栏杆的宽度与高度

（3）梯段和平台的宽度

楼梯梯段的宽度一般指梯段的两侧扶手中线之间或一侧扶手中线和另一侧墙面之间的水平距离。梯段宽度按每股人流550～600mm宽度考虑，单人通行侧立让行时为900mm，双人通行时为1100～1200mm，三人通行时为1500～1800mm，依此类推。为满足建筑中消防疏散的要求，一般要求住宅和多层建筑的楼梯梯段的净宽不小于1100mm（六层以下的住宅楼梯的一边设有栏杆时，其净宽不应小于1000mm），高层建筑的楼梯的梯段净宽不小于1200mm，住宅户内的楼梯一边临空时不小于750mm，两边均为实墙时不小于900mm。

楼梯平台的宽度应大于或等于梯段宽度，但需注意：楼梯中间休息平台躲开梁的位置、平台中栏杆固定所占的尺寸。

（4）梯井的宽度

梯井，是指平行两梯段之间的空当，一般从底层到顶层贯通。梯井是保证两侧栏杆及扶手安装的施工缝隙，一般为以60～200mm为宜，梯井的宽度低于200mm时不宜做实体栏板，因为难以作表面的装修处理。小学、幼儿园等建筑的梯井宽度大于150mm时，扶手应有防滑处理。

（5）栏杆扶手的尺度

栏杆的高度是指从踏步前缘到扶手表面的垂直距离，其高度一方面要便于爬楼梯时的扶持，另一方面要保证安全，防止跌落。室内楼梯的扶手高度不应小于900mm（加上楼梯踏步的高度约为1050mm），长于500mm的水平段的栏杆高度应不小于1050mm。供儿童使用的楼梯应在500～600mm高度增设扶手。住宅、托幼、小学及儿童活动场所的楼梯栏杆应采用不易攀登的构造，栏杆的净距不应大于110mm。楼梯至少一侧应设有扶手，梯段的净宽达到三股人流时，应两侧设有扶手，达四股人流（梯段宽度2400mm以上）时，宜加设中间扶手（图9-7）。

9.4.2 楼梯的净空高度

楼梯的净空高度是指上下两个梯段间和平台上部的垂直净高度。根据人体的尺度和斜向通过的高度，一般要求水平面之间不小于2000mm，梯段下的斜向净高不小于2200mm，梯段前后延伸300mm的范围内净高也不应低于2200mm（图9-8）。

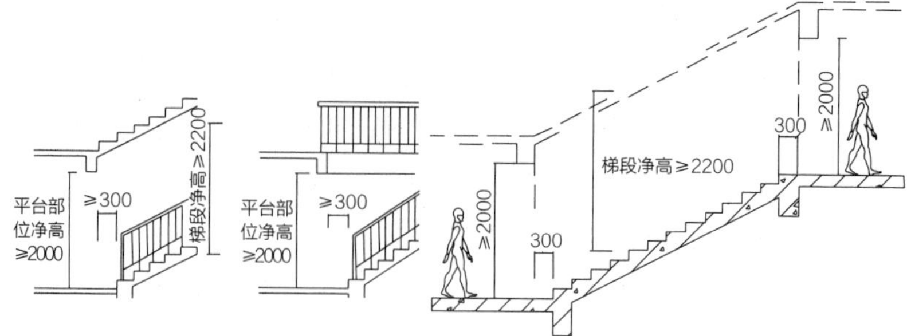

图 9-8 楼梯梯段及平台部位的净高要求

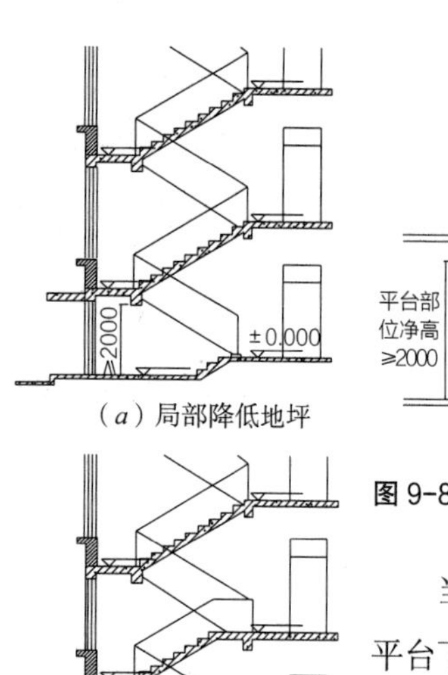

（*a*）局部降低地坪

（*b*）底层长短跑

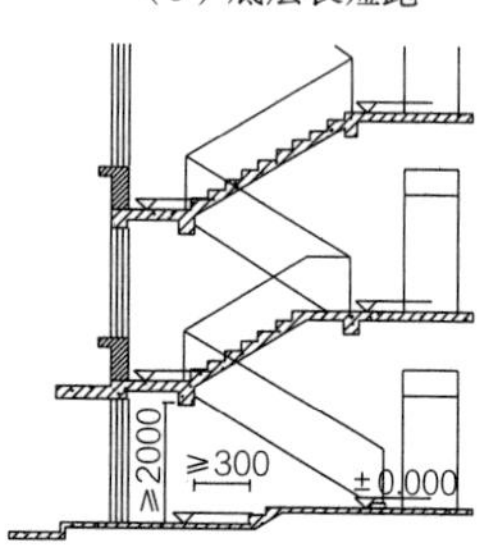

（*c*）底层长短跑并
局部降低地坪

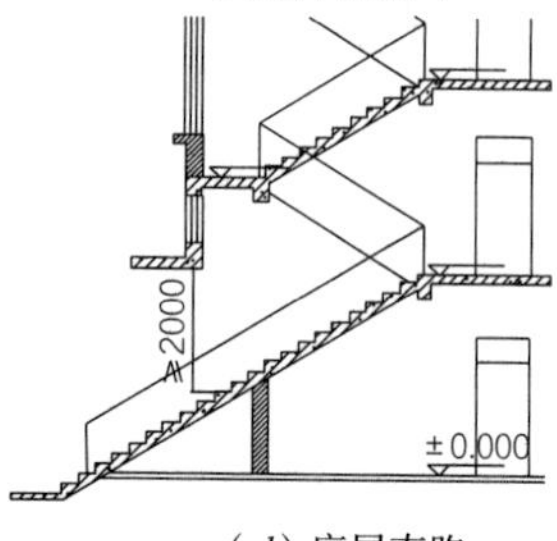

（*d*）底层直跑

图 9-9 楼梯间底层出入口的高度保证处理方式

当在平行双跑楼梯底层中间平台下需设置通道或出入口时，为保证平台下净高满足通行要求，一般净高不小于2000mm。一般建筑层高在4m以下时，可以通过以下方式解决：

1）在底层变作长短跑梯段，起步第一跑设为长跑，以提高中间平台标高，保证平台下的净高。

2）局部降低底层中间平台的地坪标高，使其低于底层室内地坪标高，以满足净空高度要求。但应注意，规范要求室内外的地坪高差不小于150mm，以防雨水回灌，但楼梯踏步的设置一般不宜少于3步，因此，入口可做成坡道形式。

3）综合上两种方式，采取长短跑梯段的同时，降低底层中间平台地坪标高。

4）底层用直行单跑楼梯，直接从室外上二层。

最上部楼梯的上空高于2200mm的空间也可利用（图9-9）。

9.4.3 楼梯的尺寸计算

以常用的平行双跑楼梯为例，楼梯尺寸的计算方法如下（图9-10）。

（1）根据层高H和初选步高h定每层步数N：$N=H/h$。

（2）根据步数N和初选步宽b决定梯段水平投影长度L：$L=(N/2-1)\times b$。

（3）确定是否设梯井。一般应留有60mm的施工安装缝隙，为保证安全，楼梯梯井不应大于150mm。

（4）根据楼梯间开间净宽A和梯井宽C确定梯段宽度a，梯段的宽度应满足疏散的要求：$a=(A-C)/2$。

（5）根据初选中间平台宽D_1（$D_1\geqslant a$）和楼层平台宽D_2（$D_2>a$）以及梯段水平投影长度L检验楼梯间进深净长度B，$D_1+L+D_2\leqslant B$（当小于B时，可相应增大D_2值）。如不能满足，可对L值进行调整（即调整b值）。

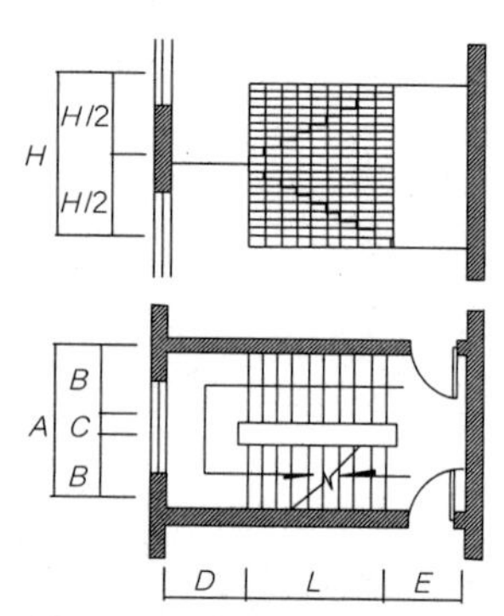

图 9-10 楼梯尺寸的计算

在实际设计中，疏散楼梯等辅助性功能构件所占的空间越少越好，因此，在已知建筑层高后，应根据建筑的性质确定梯段和平台的最小宽度、踏步的最大高度和最小宽度、楼梯井的最小宽度，计算出一部合格楼梯的最小尺寸，然后根据空间的实际安排调整得更加舒适一些（图9-11、表9-3）。

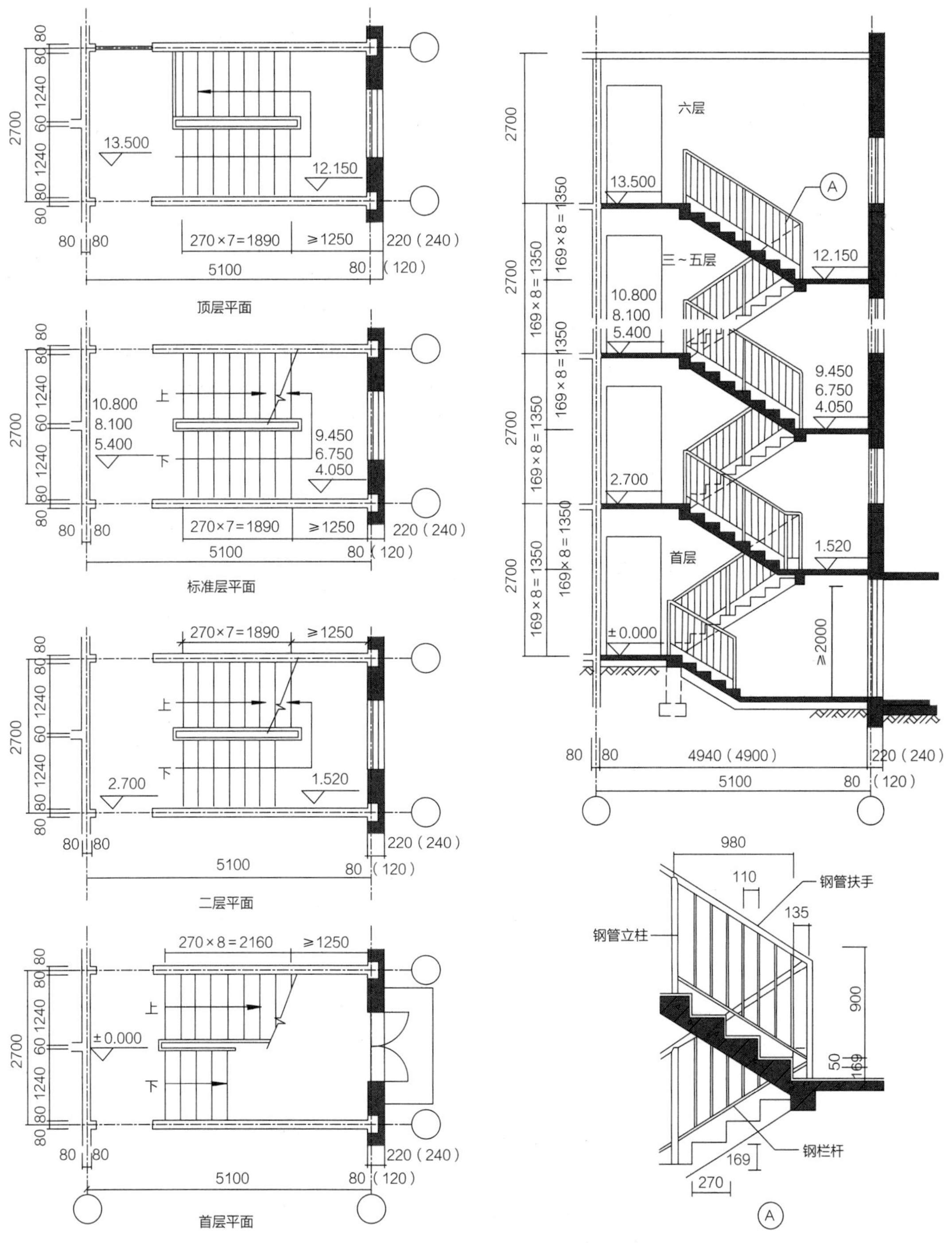

图 9-11　多层住宅楼梯的设计实例（层高 2.7m，楼梯开间 2.7m×5.1m）

常用建筑楼梯的基本数据表（mm） 表9-3

<table>
<tr><th colspan="5">对梯段净宽及踏步的要求</th><th rowspan="2">栏杆高度与要求</th><th rowspan="2">备注</th></tr>
<tr><th colspan="2">限定条件</th><th>梯段净宽</th><th>踏步高度</th><th>踏步宽度</th></tr>
<tr><td colspan="2">住宅
公用楼梯</td><td>≥1100</td><td>≤175</td><td>≥260</td><td rowspan="3">栏杆扶手高度≥900
栏杆杆件间净空≤110</td><td rowspan="3">楼梯水平段栏杆长度大于500时，其扶手高度不小于1050
梯井宽度大于110时，必须采取防止儿童攀滑的措施</td></tr>
<tr><td rowspan="2">住宅
户内
楼梯</td><td>两侧
有墙时</td><td>≥900</td><td rowspan="2">≤200</td><td rowspan="2">≥220</td></tr>
<tr><td>一边
临空时</td><td>≥750</td></tr>
<tr><td colspan="2">托儿所、
幼儿园
幼儿用楼梯</td><td>—</td><td>≤150</td><td>≥260</td><td>幼儿扶手高度≤600，栏杆垂直杆件间净距≤110</td><td>梯井宽度不小于200时，必须采取安全措施，严寒及寒冷地区的室外梯应有防滑措施</td></tr>
<tr><td colspan="2">中、小学
教学用楼梯</td><td>根据人流疏散计算</td><td colspan="2">不得采用扇形踏步，楼梯坡度不大于30度</td><td>室内栏杆高度≥900
室外栏杆高度≥1100
不应采取易于攀登的横向栏杆或花饰，竖向栏杆间净距应不大于110</td><td>梯段间不应设遮挡视线的隔墙，梯井宽度大于200时必须采取安全措施，楼梯栏杆扶手应有防止攀滑措施，楼梯水平段栏杆长度大于500时，其扶手高度不小于1100</td></tr>
<tr><td colspan="2">商业建筑
公用楼梯</td><td>≥1400</td><td>≤160</td><td>≥280</td><td>室内栏杆高度≥900
室外栏杆高度≥1100</td><td>大型商店的营业层在五层以上时，应设直通屋顶平台的疏散楼梯间不少于两个</td></tr>
<tr><td colspan="2">综合医院
门诊、急诊、
病房楼</td><td>主楼梯
≥1650</td><td>≤150</td><td>≥280</td><td>—</td><td>病人使用的疏散楼梯至少应有一座可直接采光和通风的楼梯，病房楼的疏散楼梯间应为封闭式楼梯间，高层病房楼应为防烟楼梯间</td></tr>
<tr><td colspan="2" rowspan="3">老年人建筑</td><td rowspan="3">≥1200</td><td>居住建筑
≤150</td><td>居住建筑
≥300</td><td rowspan="3">楼体两侧高地高900处和650处应设连续栏杆与扶手，沿墙一侧扶手应水平延伸</td><td rowspan="3">扶手宜选用优质木料或手感较好的其他材料制作</td></tr>
<tr><td>公共建筑
≤130</td><td>公共建筑
≥320</td></tr>
<tr><td colspan="2">不得采用扇形踏步</td></tr>
</table>

引自：华北地区建筑设计标准化办公室. 88J（第二版）建筑构造通用图集（88J7-1）. 2002-2006.

9.4.4 楼梯的平面布局

楼梯的主要作用是解决建筑物的垂直交通问题，在紧急状态下满足安全疏散的需求，因此，楼梯的布局要接近交通流线，方便疏散，满足各种设计规范的要求。

（1）楼梯的宽度和数量

1）及时疏散原则

楼梯的宽度和数量需要根据交通流量，特别是紧急状态下的最大疏散要求来计算，以满足必要的疏散宽度要求。首先应根据建筑物的使用性质、楼层中人数最多层的人数和楼梯宽度在规定的火灾疏散时间内的疏散能力（根据疏散的速度和人流的宽度，一般粗略估算为每100人的疏散宽度为0.65～1.0m，高层建筑每层疏散楼梯总宽度应按其通过人数每100人不小于1.0m计算），计算出全部楼梯的总宽度，再根据楼梯梯段的宽度算出楼梯的数目并按照使用功能和疏散距离均匀排布。

2）双向疏散原则

公共建筑和通廊式居住建筑至少设有两部楼梯以保证双向疏散，在下述较为安全的情况下可以只设一部楼梯：

a. 2～3层建筑（医院、疗养院、托儿所、幼儿园除外）符合下表的要求时，可设一个疏散楼梯。

b. 设有不少于2个疏散楼梯的一、二级耐火等级的公共建筑，顶层局部升高时，其高出部分的层数不超过两层、每层面积不超过200m^2、人数之和不超过50人时，可设一个楼梯，但应另设一个直通平屋面的安全出口。

c. 9层及9层以下、建筑面积不超过500m^{2}的塔式住宅，可设一个楼梯。9层及9层以下的每层建筑面积不超过300m^{2}且每层人数不超过30人的单元式宿舍，可设一个楼梯。

d. 18层及18层以下、每层不超过8户、建筑面积不超过650m^{2}且设有一座防烟楼梯间和消防电梯的塔式住宅。

e. 高层单元式住宅每个单元设有一座通向屋顶的疏散楼梯，且从第十层起每层相邻单元设有连通阳台或凹廊，可设一个楼梯。

（2）楼梯的位置

为了便于疏散和节省空间，楼梯间在各层的位置不应改变，首层应有直通室外的出口。地下室或半地下室与地上层不应共用楼梯间，当必须共用楼梯间时，应在首层与地下或半地下层的出入口处设置耐火极限不低于2.00h的隔墙和乙级的防火门，并应有明显的标志。

建筑从房间门到楼梯的安全疏散距离，应符合下表要求（表9–4）。

直通疏散走道的房间疏散门至最近安全出口的最大距离（单位：m） 表9-4

名称		位于两个安全出口之间的疏散门			位于袋形走道两侧或尽端的疏散门		
		耐火等级			耐火等级		
		一、二级	三级	四级	一、二级	三级	四级
托儿所、幼儿园、老年人建筑		25	20	15	20	15	10
歌舞娱乐放映游艺场所		25	20	15	9	—	—
医疗建筑	单、多层	35	30	25	20	15	10
	高层病房部分	24	—	—	12	—	—
	高层其他部分	30	—	—	15	—	—
教学建筑	单、多层	35	30	25	22	20	10
	高层	30	—	—	15	—	—
高层旅馆、公寓、展览建筑		30	—	—	15	—	—
其他民用建筑	单、多层	40	35	25	22	20	15
	高层	40	—	—	20	—	—

引自：《建筑设计防火规范》GB 50016—2014（2018年版）。

（3）疏散楼梯的种类

疏散楼梯是指供人员在火灾等紧急情况下安全疏散所用的楼梯。一般在建筑物中的楼梯，除了特殊装饰用楼梯外，均在平时作为交通楼梯，紧急情况下用作疏散楼梯。疏散楼梯的布置原则是通行顺畅、分布均匀、双向流线。

疏散楼梯按防烟防火作用可分为：防烟楼梯、封闭楼梯、室外疏散楼梯、敞开式楼梯。其中，防烟楼梯的防火防烟作用和安全疏散性能最好，敞开楼梯最差。

1）敞开式楼梯

非封闭的室内楼梯为敞开式楼梯。由于楼梯内的交通空间容易受到周边环境的影响，因此，其防火防烟作用、安全疏散性能较差。

2）封闭楼梯（间）

封闭楼梯为封闭在防火墙内的楼梯，因此也成为了封闭楼梯间。楼梯间及防烟楼梯间前室的内墙上，除开设通向公共走道的疏散门外，不应开设其他门、窗、洞口。楼梯间及防烟楼梯间前室内不应敷设可燃气体管道和甲、乙、丙类液体管道，并不应有影响疏散的凸出物。

楼梯间应靠外墙，并应直接天然采光和自然通风，当不能直接天然采光和自然通风时，应按防烟楼梯间的规定设置。

楼梯间应设乙级防火门，并应向疏散方向开启。

楼梯间的首层紧接主要出口时，可将走道和门厅等包括在楼梯间内，形成扩大的封闭楼梯间，但应采用乙级防火门等防火措施与其他走道和房间隔开。

3）防烟楼梯（间）

防烟楼梯间的设置应符合下列规定：楼梯间入口处应设前室、阳台或凹廊。防烟楼梯间可以采用自然排烟或机械排烟的方式。

• 带开敞前室的疏散楼梯间：以开放的阳台或凹廊作为前室，疏散人员需经过开敞的前室和两道防火门才能进入封闭的楼梯间，借助自然通风防止烟气袭入。这是最安全高效、最经济的类型，但只有在楼梯间靠外墙时才能使用。

• 带封闭前室的疏散楼梯间：疏散人员需经过封闭的前室和两道防火门才能进入封闭的楼梯间。平面布局更多样，但排烟性较差，需借助排烟设备，不经济且效果难以保证。前室的面积：在公共建筑中不应小于 $6m^2$，在居住建筑中不应小于 $4.5m^2$。前室和楼梯间的门均应为乙级防火门，并应向疏散方向开启。

9.5　楼梯的构造

9.5.1　踏步的支撑、防滑、防污构造

（1）踏步面层

楼梯的踏步是由踏面和踢面构成的。面层装修做法与楼层的面层装修做法相同，同时应耐磨、防滑、易于清洁，常见的做法有整体面层、块材面层、铺贴面层等，按材料的不同可分为水泥砂浆面层、地砖面层、石材面层等。踏步的踢面一般采用与踏面相同的材质，便于施工并可与踏面形成整体的韵律感，也有为了突出梯段的通透性而采用漏空、格栅做法，或在踢面仅保留素面结构（钢、混凝土等）而在踏面作条状铺装，强调踏面的漂浮感。

（2）防滑处理

在踏步的边缘设置防滑条的目的在于防止行人滑倒，并起到保护踏步阳角的作用。

常用的处理手法有一体化处理和嵌条镶边处理两种方式（图9-12）。

1）一体化处理主要是采用防滑的踏面装修材料，如水泥铁屑、清水混凝土踏面、带防滑条的踏面砖等，或是在踏面材料上采用刻槽、烧毛等面层加工手段达到防滑效果。

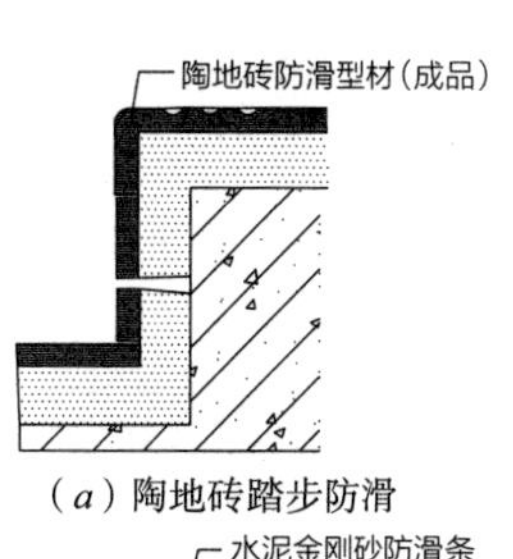

(*a*) 陶地砖踏步防滑

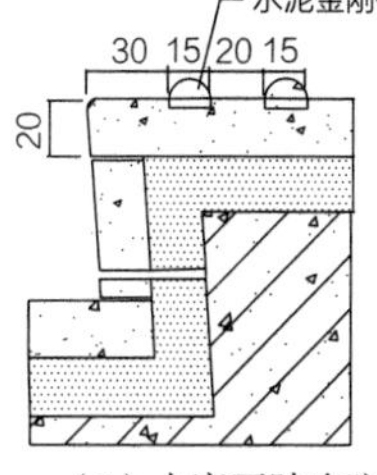

(*b*) 水磨石踏步防滑

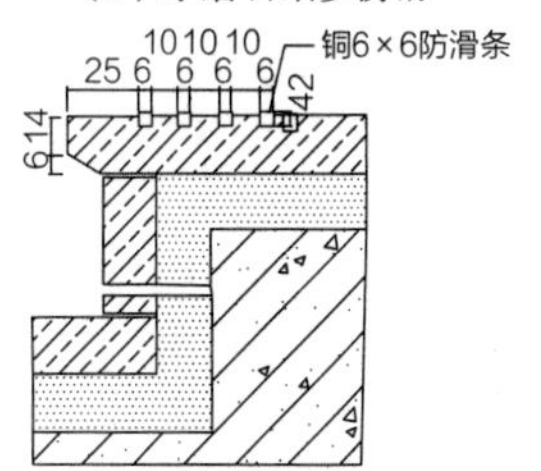

(*c*) 石板材踏步防滑（一）

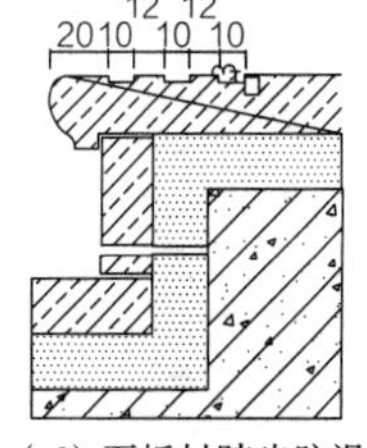

(*d*) 石板材踏步防滑（二）

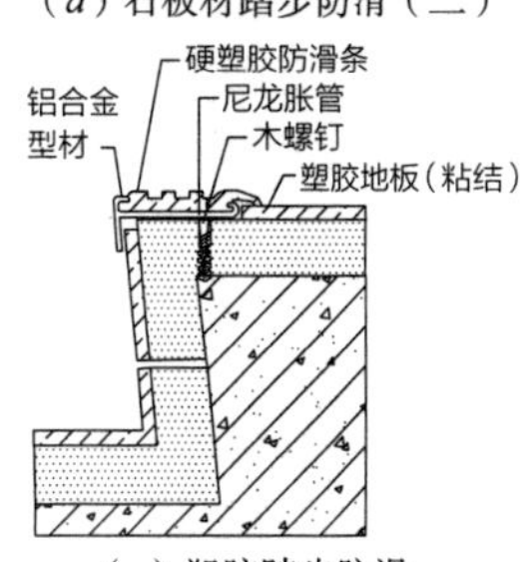

(*e*) 塑胶踏步防滑

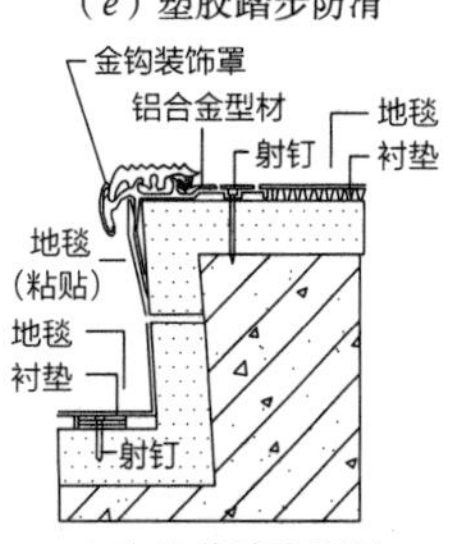

(*f*) 地毯踏步防滑

图 9-12　楼梯常用踏步面层及防滑构造

2）嵌条镶边处理主要是在踏面材料上加装防滑条，材料有金刚砂、金属条（铸铁、铝条、铜条）、带防滑条的踏面砖等。为了保证防滑效果并避免行走踩踏不舒适，防滑条应高出踏步面2～3mm。

（3）防污构造

为了防止清扫和日常使用时踢踏的污染，在楼梯的踏步两侧若有竖墙则应作踢脚板处理，做法及材料可以采用与室内墙面相同的踢脚板做法，但同时应注意与踏步材料的协调。

室外楼梯要注意排水设计，一般在平台处设有1%～3%的向内的排水坡度以防雨水自由溅落，踏步板的一端应设有排水槽以保证踏步面的雨水迅速排走以避免湿滑。

室外楼梯梯段的侧墙应采用光洁耐污的材料贴面或贴踢脚板，也可以采用凹入、深色涂料等简便方式，以便于墙面的保洁（图9-13）。

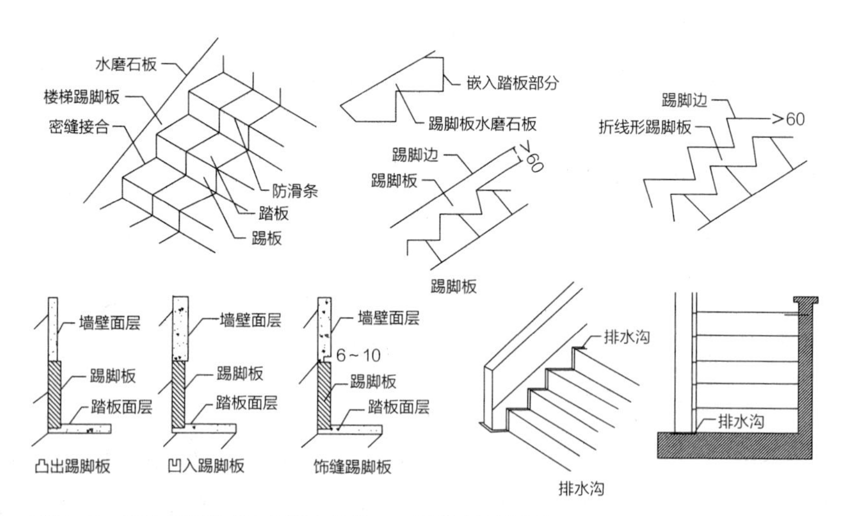

图9-13 室内外楼梯的防污排水构造——踢脚边和排水沟

9.5.2 防跌与拦扶构造

楼梯是联系不同标高空间的交通部件。梯段和中间平台等不可避免的临空，也必然会产生施工和构造的空隙。为了防止行人跌落发生意外，需要设置防跌的栏杆或栏板，其高度应确保高于人的重心，一般高度不得低于1050mm；为防止物品意外滚落和便于清扫，需要在临空侧设置100mm高的翻边；同时，也需要设置拉扶构造——扶手，以方便行人上下楼梯，其高度约为900mm；为了支撑栏板和扶手并保证一定的防侧向冲击的强度，栏板和栏杆、扶手均固定在受力构件——立柱（竖杆）上，立柱一般采用金属型材制成，也可采用玻璃板、混凝土板、砖或混凝土墙等实体作为受力构件。立柱和栏板均为下端固定在梁、板边缘的竖向悬挑构件，应保证足够的强度。在设计中，一般由建筑师提出形体的设计方案，由专业厂商进行产品审计和强度核算。

阳台、露台、上人屋面、室内上下贯通边的走廊等临空的部分也需要设置防跌和扶持构件，其尺寸和构造连接方法与楼梯基本相同。

（1）栏杆形式

栏杆形式可分为栏杆式（空花式）、栏板式、混合式等类型（图9–14）。

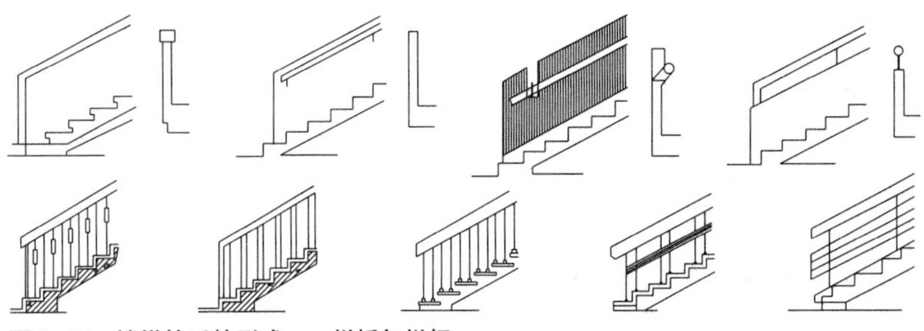

图 9–14　楼梯扶手的形式——栏板与栏杆

1）栏杆式（空花式）

栏杆要特别注意防范儿童攀爬、钻过而发生跌落的危险，因此，在儿童经常使用的托幼、小学、住宅等建筑物的楼梯垂直栏杆间的净距不应大于110mm，并且不得做易于攀爬的横向栏杆、花格、花饰。栏杆的立柱除了保证支撑的强度外，主要根据设计要求选择不同的形式，一般采用直径或边长50mm的钢管，厚12mm的扁钢，间距为1.0 ～ 1.5m，横向或竖向的栏杆则采用圆钢、钢管、钢索、扁钢等多种形式。

2）栏板式

栏板材料常采用砖、钢丝网、钢筋混凝土、玻璃板等。钢筋混凝土现浇板或预制板、钢丝网抹灰栏板、砖砌栏板的厚度为80 ～ 100mm，玻璃板一般采用12mm厚的钢化夹胶玻璃。

3）混合式

混合式是指栏杆式和栏板式两种栏杆形式的组合，其栏杆竖杆常采用不锈钢等材料，其栏板部分常采用轻质美观材料制作，如玻璃板、金属网等。常用的形式有上部栏杆、下部栏板或内侧栏板防止攀爬、外侧栏杆保证美观和支撑。

（2）扶手形式

楼梯扶手常用木材、塑料、金属管材（钢管、铝合金管、铜管和不锈钢管等）制作，其尺度应符合人手掌的尺寸，便于握持或扶持。

1）梯段转折处和楼梯起步处的栏杆扶手处理

在梯段转折处，为保持栏杆高度的一致和扶手的连续，需根据不同情况进行处理（图9–15）。

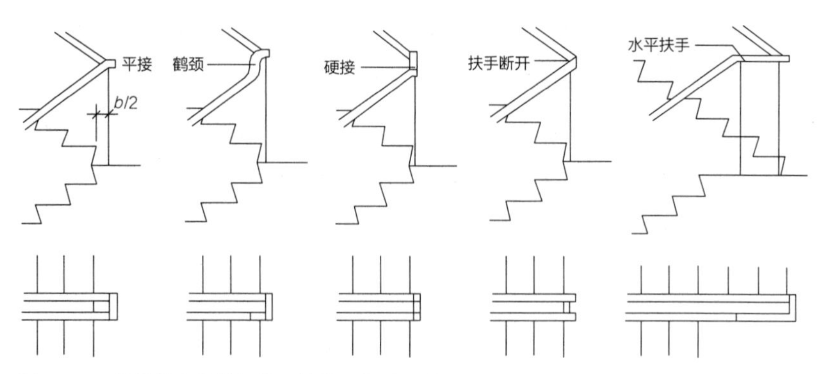

图 9-15 楼梯转弯处栏杆扶手的关系与处理方法

以最常使用的平行双跑楼梯为例，梯段踏步与栏杆的位置有多种可能：

• 上下梯段的踏步有三种排列方式：上下齐步，上行退一步，下行退一步。

• 栏杆扶手的转折点的设置有三种位置：紧贴最近的踏步（以节省平台的进深）、距离最近的踏步退半步、距离最近的踏步退一步。

• 与之相应，上下梯段的栏杆扶手在转折点处的高度会有两种关系：高度相同和高度不同。

因此，在转折处连接上下梯段扶手就有以下几种方式：

• 断开：不论上下梯段的扶手高度如何，都要完全断开，便于设计和施工，但不适用于防跌围护要求高的老人和儿童建筑。

• 平接：高度相同的扶手在转折处平行于地面相接，便于连续扶握且造型优美。

• 硬接：高度不同的扶手斜向或扭曲搭接，设计和施工难度较高。

• 鹤颈：高度较低的扶手局部升起与另一扶手平接，使用不便，已较少使用。

楼梯栏杆扶手的始端与末端需要通过构造手段来加强，并方便使用（图9-16）。

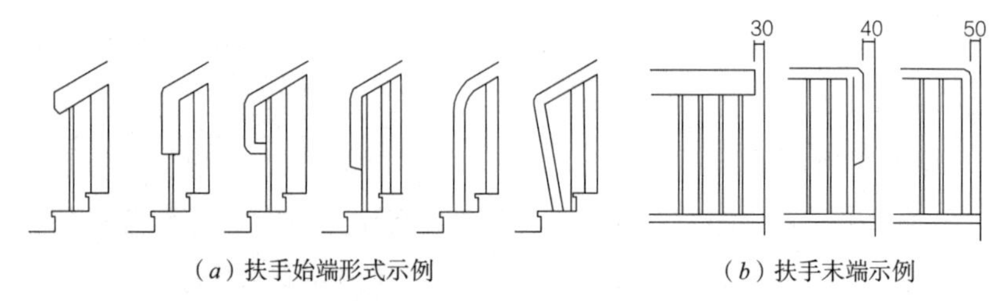

（*a*）扶手始端形式示例　　（*b*）扶手末端示例

图 9-16 楼梯栏杆扶手的始端与末端处理

2）栏杆扶手的连接构造

常用栏杆、栏板的连接方法有预埋铁件焊接、预埋螺栓拧固固定、采用榫接坐浆嵌固和采用钢筋混凝土的插筋连接（图9–17、图9–18）。

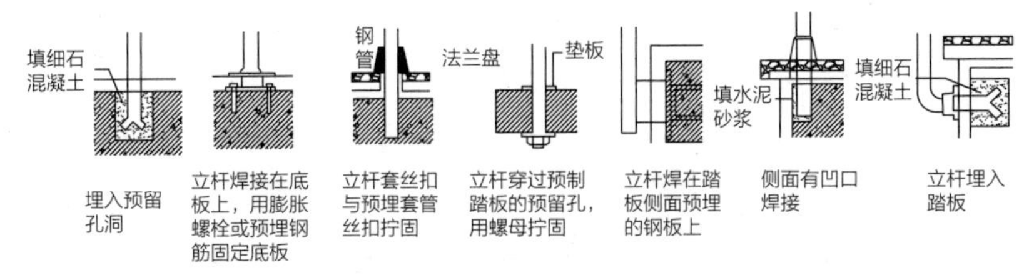

图 9–17　栏杆的固定构造——栏杆与踏板的连接

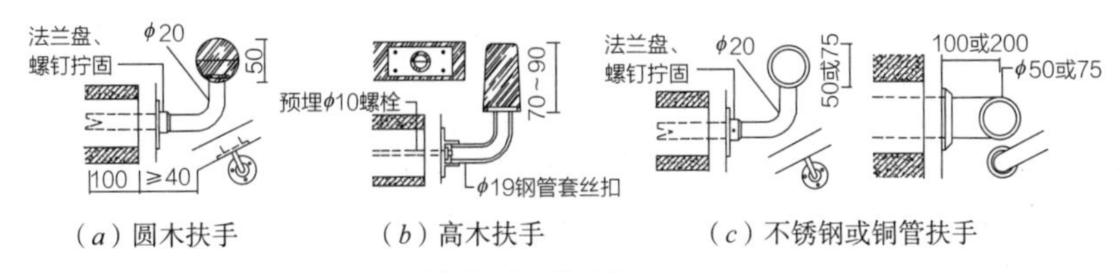

图 9–18　靠墙扶手的固定——栏杆与墙面的连接

a．栏杆与扶手连接

木材或塑料扶手，一般在栏杆竖杆顶部设通长扁钢与扶手底面或侧面槽口榫接，用木螺钉固定。金属管材扶手与栏杆竖杆连接一般采用焊接或铆接。

b．栏杆与梯段、平台连接

一般在梯段和平台上预埋钢板焊接或预留孔插接。

c．扶手与墙面连接

当直接在墙上装设扶手时，扶手距墙面应保持100mm左右，一般在墙上留洞，扶手连接杆深入洞内，用细石混凝土嵌固。

9.6　台阶与坡道、车行坡道

9.6.1　室外台阶构造

（1）台阶尺度

台阶是联系建筑室内外地坪的交通联系构件，是人接近和进入建筑的路径，主要包括踏步和平台两个部分（图9–19）。

台阶处于室外，踏步宽度比楼梯大，其踏步高（h）一般在100～150mm，踏步宽（b）在300～400mm左右，连续踏步数不应少于2级，当高差不足2级时需设计成坡道。平台深度一般不应小于1000mm，以保证外门开启后有一定的缓冲空间；平台需做1%～3%的排水坡度，以利雨水排除。入口台阶的高度超过1m时，平台周边常采用栏杆、花台等防护措施。

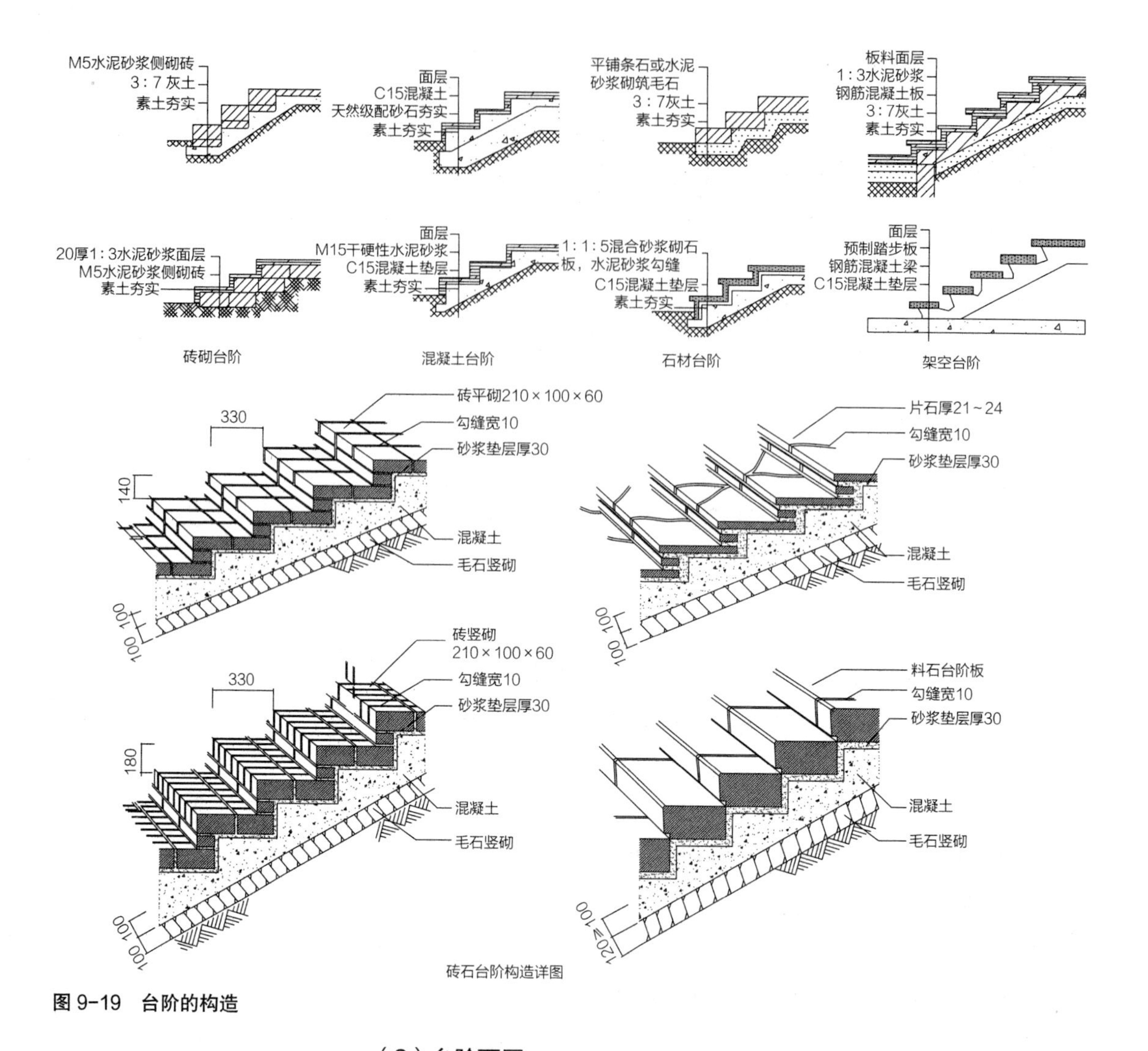

图 9-19　台阶的构造

（2）台阶面层

台阶需慎重考虑防滑和抗风化问题。其面层材料应选择防滑和耐久的材料，如水泥石屑、斩假石（剁斧石）、天然石材、防滑地砖等。

（3）台阶垫层

台阶垫层做法与地面垫层做法类似，一般采用素土夯实后按台阶形状、尺寸做C10混凝土垫层或砖、石垫层。严寒地区的台阶还需考虑地基土冻胀因素，可采用架空构造或用含水率低的砂石垫层换土至冰冻线以下。

9.6.2　坡道构造

室内外需要通行轮式车辆或不适宜做台阶的部位常采用坡道的形式联系不同的地坪高度，在建筑的无障碍设计中，联系室内外地坪的交通设施，除了台阶外，还必须设置专用坡道。

坡道的坡度一般用高度与长度之比来表示，汽车坡道一般为1∶8～

1∶12，也可以用百分比来表示，如小型汽车车道的最大纵向坡度为15%。坡道面的材料要防滑、耐磨，同时可采用防止雨水回灌的反坡、截水沟等措施，并应有夜间的照明设施以方便实用。车行坡道的纵向坡度大于10%时，坡道的始末端应设缓坡以免刮伤汽车底盘，一般缓坡段的坡度为坡道中段的1/2，直线缓坡段的水平长度不应小于3.6m，曲线缓坡段的水平长度不小于2.4m。自行车坡道的坡度不宜大于1∶5，并应设有人行的踏步（表9–5、表9–6、图9–20）。

汽车库坡道的最小宽度　　表9–5

坡道形式	计算宽度（m）	最小宽度（m）	
		微型、小型车	中型、大型、铰接车
直线单行	单车宽＋0.8	3.0	3.5
直线双行	双车宽＋2.0	5.5	7.0
曲线单行	单车宽＋1.0	3.8	5.0
曲线双行	双车宽＋2.2	7.0	10.0

注：此宽度不包括道牙及其他分隔带宽度。
引自：北京市建筑设计研究院. 建筑专业技术措施. 北京：中国建筑工业出版社，2006.

汽车库坡道的纵向最大坡度　　表9–6

	直线坡道		曲线坡道	
	百分比（%）	比值（高：长）	百分比（%）	比值（高：长）
微型车　小型车	15	1 ∶ 6.67	12	1∶8.3
轻型车	13.3	1 ∶ 7.50	10	1∶10
中型车	12	1 ∶ 8.3		
大型客车　大型货车	10	1 ∶ 10	8	1∶12.5
铰接客车　铰接货车	8	1 ∶ 12.5	6	1∶16.7

注：曲线坡道坡度以车道中心线计。
引自：北京市建筑设计研究院. 建筑专业技术措施. 北京：中国建筑工业出版社，2006.

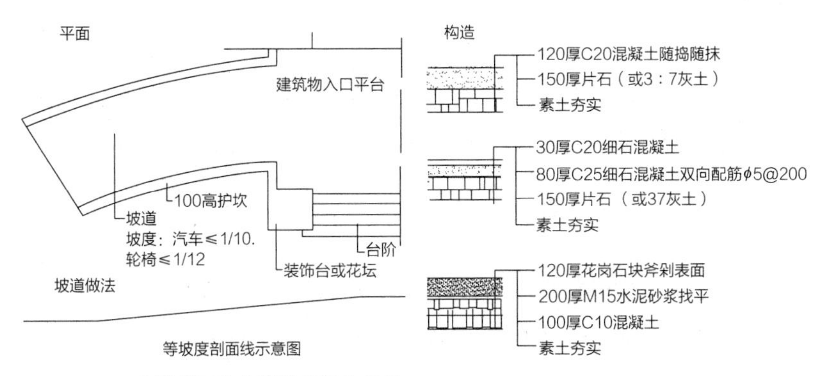

图 9–20　回车坡道及汽车坡道的竖向设计

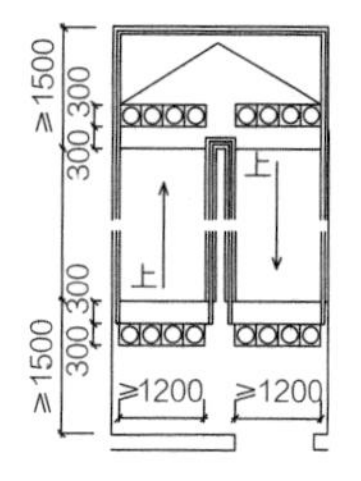

（a）平行双跑平面

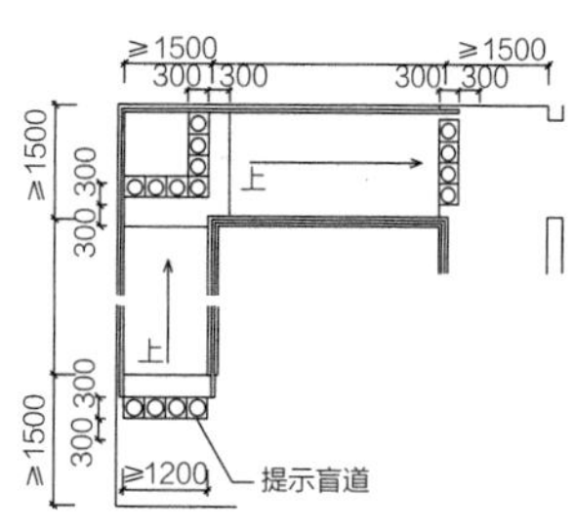

（b）转角平面

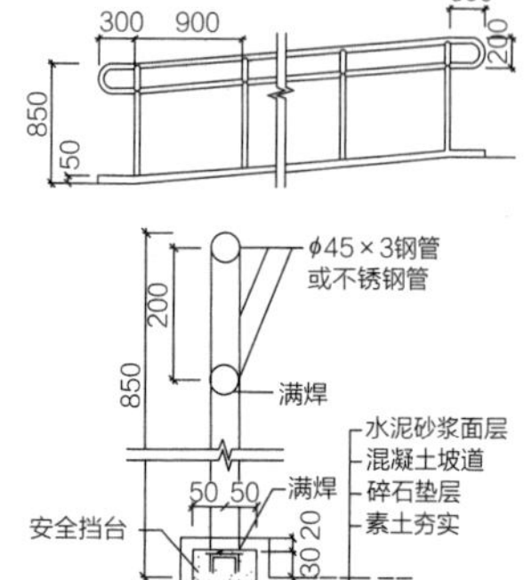

（c）栏杆与坡道构造

图9-21 无障碍坡道的宽度依据与设计

公共建筑无障碍入口有四种形式：平坡入口、坡道入口、台阶与坡道入口、台阶与升降平台入口（表9-7、图9-21）。

无障碍坡道的坡度和宽度 表9-7

坡道位置	最大坡度	最小宽度（m）
有台阶的建筑入口	1：12	≥1.20
只设坡道的建筑入口	1：20	≥1.50
室内走道	1：12	≥1.00
室外道路	1：20	≥1.50
困难地段	1：10～1：8	≥1.20

注：1：10～1：8坡度的坡道应只限用于受场地限制改制的建筑物和室外通路。坡道的坡面应平整、防滑。

引自：北京市建筑设计研究院. 建筑专业技术措施. 北京：中国建筑工业出版社，2006.

1）平坡入口室内外地面应平整而不光滑，室内外地面的坡度为1%～2%，室外地面的滤水篦子孔的宽度不应大于15mm，入口上方设有雨篷、柱廊等遮蔽措施。

2）坡道入口的坡度不应大于1∶20，当坡道高度达到1.5m时应设1.5m深的水平休息平台。坡道宽度（两侧扶手的中心线距离或挡台翻边的内侧边缘的距离）不应小于1.5m，坡道两侧宜设扶手。

3）台阶与坡道入口的坡道坡度不应大于1∶12，坡道的宽度不应小于1.2m，当坡道高度达到0.75m时，应设1.5m深的水平休息平台。坡道两侧应设扶手，扶手高0.85m，需要设双层扶手时，下层扶手高0.65m，扶手的断面为直径35～45mm的圆形以便于握持，坡道两侧设高50mm的挡台翻边。坡道的坡面应平整但不光滑，不宜设防滑条或礓礤。坡道的起点和终点的水平段深度不应小于1.5m。

4）台阶与升降平台入口的升降平台不应小于1.2m×0.9m，升降台的两侧应设扶手或挡板及启动按钮。

公共建筑无障碍的入口平台应平整而不光滑，平台的宽度应满足轮椅通行与回转的要求，高于2级台阶的平台在不通行的边缘应设有栏杆或挡板。在距台阶与坡道的起点与终点0.3m处宜设置提示盲道。

9.6.3 建筑周边环境

建筑与自然相结合的部分是室内建筑环境与室外自然环境的交接过渡处和隔绝屏障。它包括以下几个部分（图9-22～图9-24）：

1）建筑接地部分——踢脚与勒脚，散水与排水沟。

2）建筑入口部分——台阶与坡道。

3）道路与铺地——路面与铺地。

4）环境小品——花池、树池、水池、坐凳、围墙、大门等。

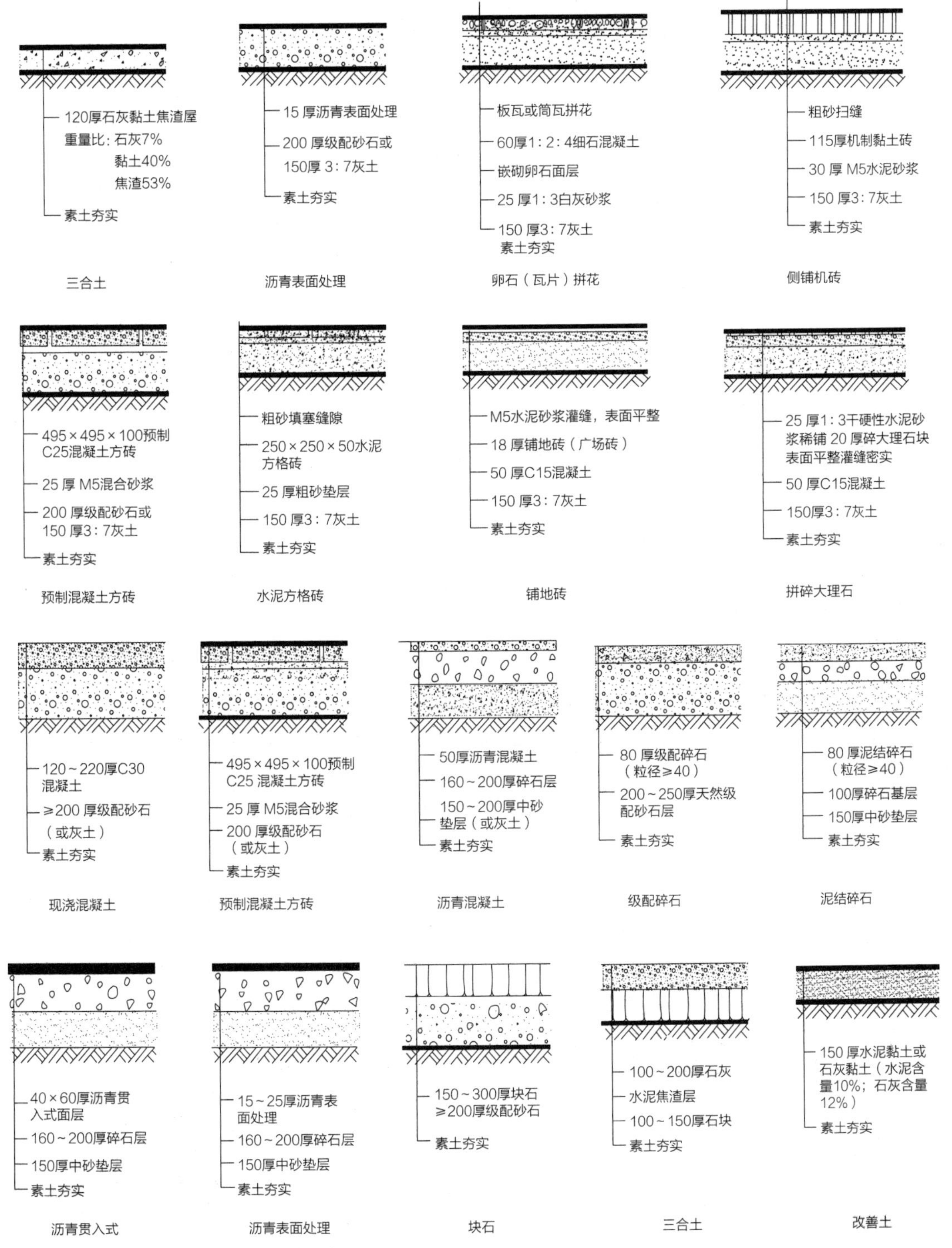

图 9-22　人行铺地和车行道路构造（一）

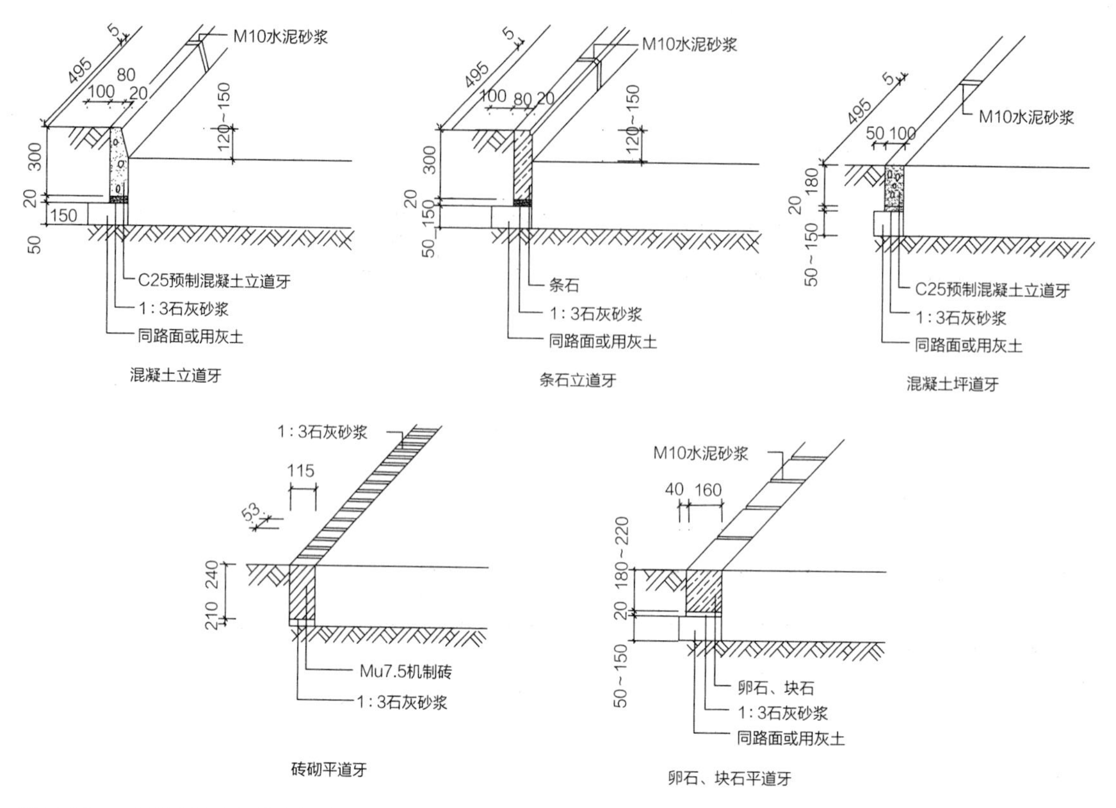

图 9-22　人行铺地和车行道路构造（二）

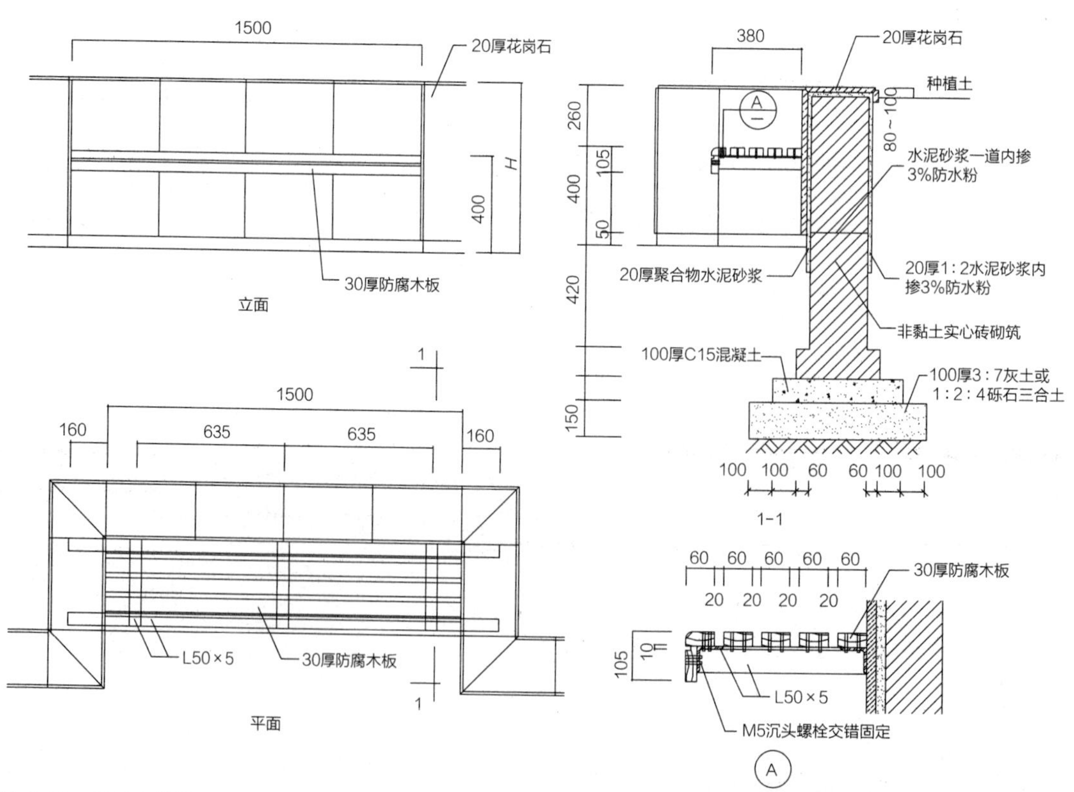

图 9-23　花池座椅详图

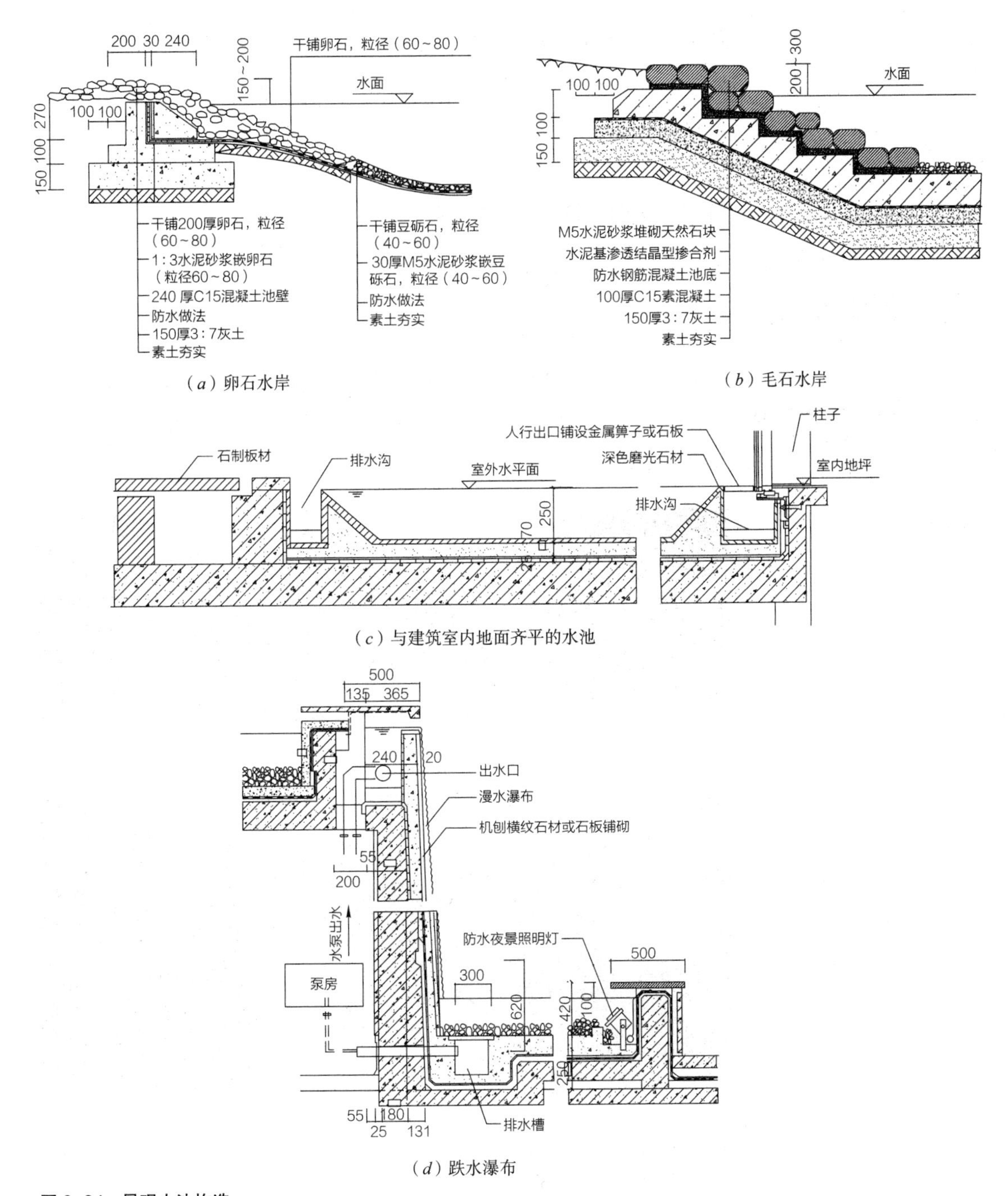

图 9-24　景观水池构造

石材的地面铺砌主要有块状和板状两种。块状在道路、台阶、基础等承重部位使用较多，如罗马石的广场铺砌；板状则是将石板平铺，充分利用石材的质感和硬度，获得平整、光洁的效果，多用在台阶、室内外地面等荷载不大的部位。由于室外地面受到动荷载的作用，受力很难均匀，因此，铺砌的石材除了要有一定的厚度以抵抗弯矩和剪力等受力外，还要注意块面尺寸不宜过大并采用明缝方式，便于不同石块之间的细小位移，也

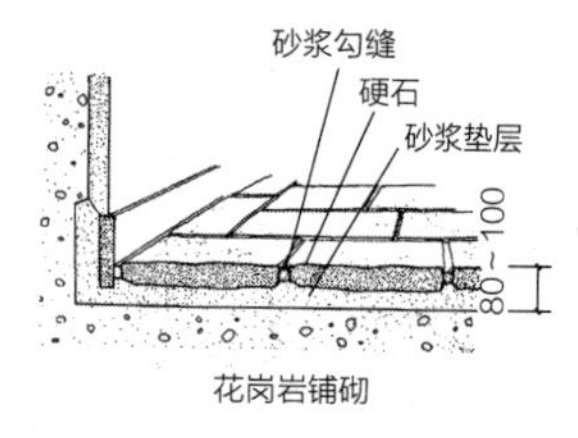

花岗岩铺砌

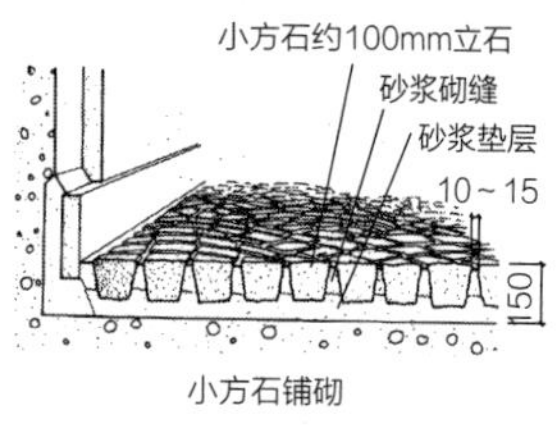

小方石铺砌

图 9-25 石材的地面铺砌方法
引自：建筑资料研究社．建筑图解辞典（上中下册）．朱首明等译．北京：中国建筑工业出版社，1997.

便于更换和修补，典型的形式是罗马石，是用天然花岗石由断切机切成100～150mm×100～150mm×120～200mm的矩形块，用于铺设室外路面和广场（图9-25）。

9.7 电梯与自动扶梯

9.7.1 电梯的概要

电梯是一种以电动机为动力的垂直升降机，装有箱状吊舱，用于多层建筑乘人或载运货物（图9-26）。也有台阶式电梯，踏步板装在履带上连续运行，又称自动扶梯。习惯上不论其驱动方式如何，都将电梯作为建筑物内垂直交通运输工具的总称。

（*a*）原始社会的垂直运输的斜向方式

（*b*）中世纪修建教堂时的爬梯和辘轳

（*c*）1881年巴黎电气展览会上的早期电梯

（*d*）现代建筑中的电梯和扶梯

图 9-26 电梯与扶梯的演化
（*a*）引自：布鲁诺·雅科米．技术史．蔓君译．北京：北京大学出版社，2000.
（*b*）引自：Alain Erlande-Brandenburg．大教堂的风采．徐波译．上海：汉语大词典出版社，2003.
（*c*）引自：查尔斯·勃伊勒．时代生活人类文明史图鉴：城市的进程．王媛等译．长春：吉林人民出版社，吉林美术出版社，2008.

在古代的垂直运输中，除了使用斜面以外，以辘轳等工具垂直运送人和货物也是一种基本方式。由于人力、畜力的限制，其运载能力一直远低于斜面的坡道运输。现代的升降机是19世纪蒸汽机发明之后的产物。1869年，发电机问世，电力作为能源提供了无数的使用可能性。电梯的发明是在1854年纽约的世界博览会上，美国人伊莱沙·奥的斯（Elisha Otis）第一次向世人展示了他发明的电梯。1887年，美国奥的斯公司制造出了世界上第一台电梯，它以直流电动机为动力，通过涡轮减速器带动卷筒上缠绕的绳索，悬挂并升降轿厢，1889年它被装设在纽约德玛利斯大厦中。1892年，美国奥的斯公司开始采用按钮操纵装置，取代传统的轿厢内拉动绳索的操纵方式，为操纵方式现代化开了先河。1900年，以交流电动机传动的电梯问世。1902年，瑞士的迅达公司研制成功了世界上第一台按钮式自动电梯，采用全自动的控制方式，提高了电梯的输送能力和安全性。1900年，美国奥的斯公司制成了世界上第一台电动扶梯。中国最早的一部电梯出现在上海，是由美国奥的斯公司于1901年安装的。电梯是高层建筑物中必不可少的垂直交通工具和建筑向高层发展、摩天化的必备条件。

9.7.2 电梯的类型

1）电梯按使用性质分类如下（表9-8）：

一般常用电梯的载重和尺寸（以富士达电梯为例）　表9-8

产品名称	额定载重量（kg）	额定速度（m/s）	井道尺寸（mm）宽度 × 深度	轿厢内尺寸（mm）宽度 × 深度	机房尺寸（mm）宽度 × 深度	最大层数	开门方式
客梯	630	1.0 1.5	1850×1850	1400×1100	2400×4300	32	中开
	800	1.5 1.75 2.0 2.5	1850×1950	1400×1350	2400×4300		
	1050	1.5	2100×2150	1600×1500	2700×4600		
	1200	1.75	2450×2300	1800×1500	2700×4600		
	1350	2.0	2550×2300	2000×1500	2900×4600		
	1600	2.5	2550×2500	2000×1700	2900×4700		
无机房梯	630	1.0	2000×1800	1400×1100	—	16	中开
	800	1.5	2000×2050	1400×1350			
	1000	1.75	2250×2150	1600×1400			
小机房梯	630	1.5	1900×1750	1400×1100	1900×1750	32	—
	800	1.75	1900×1950	1400×1350	1900×1950		
	1050	2.0	2100×2100	1600×1500	2100×2100		
	1200	2.5	2500×2100	1800×1500	2500×2100		
观光梯	800	1.0 1.5	2350×1800 2600×2250	1400×1350 1400×1550	3000×4000	32	—

续表

产品名称	额定载重量（kg）	额定速度（m/s）	井道尺寸（mm）宽度×深度	轿厢内尺寸（mm）宽度×深度	机房尺寸（mm）宽度×深度	最大层数	开门方式
观光梯	1000	1.75	2400×2050 2500×2000 2700×2450	1400×1550 1600×1500 1500×1700	3000×4000	32	—
医用梯	1600	1.0 1.5 1.75	2400×3000	1400×2400	3500×5000	32	侧开
货梯	1000	0.5	2400×2250	1300×1750	3100×3800	12	侧开四扇中分
	1600		2700×2750	1500×2250	3400×4500		
	2000		2700×3200	1500×2700	3400×4900		
	3000	1.0	3600×3200	2200×2700	3600×4500		
	4500		4000×4100	2400×3400	4000×5500		
	5000		4000×4300	2400×3600	4000×5700		

引自：中国建筑标准设计研究院．建筑产品选用技术——建筑·装修分册．北京：中国建筑标准设计研究院，2005.

·乘客电梯：为运送乘客而设计的电梯。

·客货电梯：主要为运送乘客，同时也可运送货物的电梯。

·医用电梯：为运送病人、病床、医疗设备的电梯。

·载货电梯：主要为运输货物（通常由人押运）而设计的电梯。

·杂物电梯：不允许人进入的货物专用运送升降设备，为防止人进入，其轿厢底板面积不得超过1.0m^2，深度小于1.0m，高度小于1.2m。

·消防电梯：是高层建筑特有的消防设施，主要作用是为火灾时运送消防员及消防设备的，平时可兼作客货运输电梯，要求设有消防前室，载重量大于800kg，行驶从首层到顶层的时间不超过60s。消防电梯轿厢内应设专用电话，并应在首层设供消防队员专用的操作按钮。动力与控制电缆、电线应采取防水措施，底坑设有集水排水设备。消防电梯间前室宜靠外墙设置，在首层应设直通室外的出口或以长度不超过30m的通道通向室外。

消防电梯设在一类公共建筑、高度超过32m的二类公共建筑、12层及其以上的单元式住宅中。消防电梯宜分别设在不同的防火分区内，并应设前室，其面积为：在居住建筑中不应小于4.5m^2，在公共建筑中不应小于6m^2。消防电梯间前室宜靠外墙设置，在首层应设直通室外的出口或经过长度不超过30m的通道通向室外。

·汽车电梯：为运输车辆而设计的电梯。

2）电梯按行驶速度分为：

·高速电梯：速度大于2m/s。一般随着建筑物的楼层的增高，需要的速度也增高。

• 中速电梯：速度在2m/s之内，如运送货物的电梯。

• 低速电梯：速度在1.5m/s以内，如运送食物的电梯常用低速电梯。

也有将速度低于2.5m/s的称为常规速度，2.5 ～ 5m/s为中速度，5 ～ 10m/s为高速度。

3）电梯按驱动方式分为：

• 曳引电梯：依靠曳引绳和曳引轮槽摩擦力驱动或停止的电梯，曳引电梯可以分为有齿轮和无齿轮两种，无齿曳引电梯常在高速电梯中采用。

• 液压电梯：依靠液压驱动的电梯，通常梯度为0.6 ～ 1.0m/s，行程高度小于12m。

4）其他特殊功能的电梯，如观光电梯、无机房电梯、无障碍电梯等。

• 观光电梯是把竖向交通工具和登高流动观景相结合的电梯，一般一侧或多侧透明，设置在视野开阔、景色优美的方位或利用电梯的运动增加建筑物的动感和趣味性。

• 无机房电梯是将电梯的驱动主机安装在井道内或轿厢上，取消电梯顶部的机房以减少对建筑物的空间和高度的影响。

• 无障碍电梯是能够满足残障人士使用的电梯，其控制键的高度和位置、轿厢门的宽度和开闭时间等均有一定要求。

9.7.3 电梯的组成和构造

电梯由下列几部分组成（图9-27）：

（1）电梯井道

电梯井道是建筑物内为电梯轿厢上下运行和安装附属设备的必要的垂直空间，其尺寸规格根据电梯厂商的要求和土建施工的精度而定。井道的井壁上安装有导轨和导轨支架以保证电梯轿厢和平衡锤在钢丝绳的联系下的运动，还安装有电梯出入口以及必要的排烟、通风、隔声、检修等设施。井道在电梯的顶层停靠层以上必须有4.5m以上的高度作为电梯冲顶的缓冲空间，井道的最下部的停靠层以下必须有深度达1.4m以上的下降缓冲空间，消防电梯的井底还须设置容积不小于$2m^3$的集水坑。电梯井道的上下缓冲空间是电梯运行的安全保障空间，其高度与电梯的载重量和运营速度有关。

（2）电梯机房

电梯机房一般位于电梯间的顶部，是设置曳引设备和控制设备的场所，一般设有牵引轮及钢支架、控制柜、检修起重吊钩等，需要根据不同厂商的设备排布和维修管理需求而定。通向机房的通道应考虑设备检修和更换的条件，楼梯和门的宽度不宜小于1.2m，楼梯的坡度应小于45°。

（3）电梯厅门

电梯井道在每一层都留有门洞以便人货的进出通行，称为电梯厅门，洞口的上部和两侧装有门套，下部向井道内挑出牛腿作为门框的支撑和进出轿厢的踏板，一般用金属饰面板、大理石、硬木板等进行装饰。为了方便进出，一般门套向外倾斜扩大，电梯入口边的墙面上还装有控制开关和指示灯等。

（4）轿厢

轿厢是直接载人和载货的箱体，需要有足够的强度承载且轻质，一般采用金属框架结构，内部采用美观、光洁、耐用的材料饰面，设有电梯运行控制、联络用电气电信部件和照明、空调等设备。

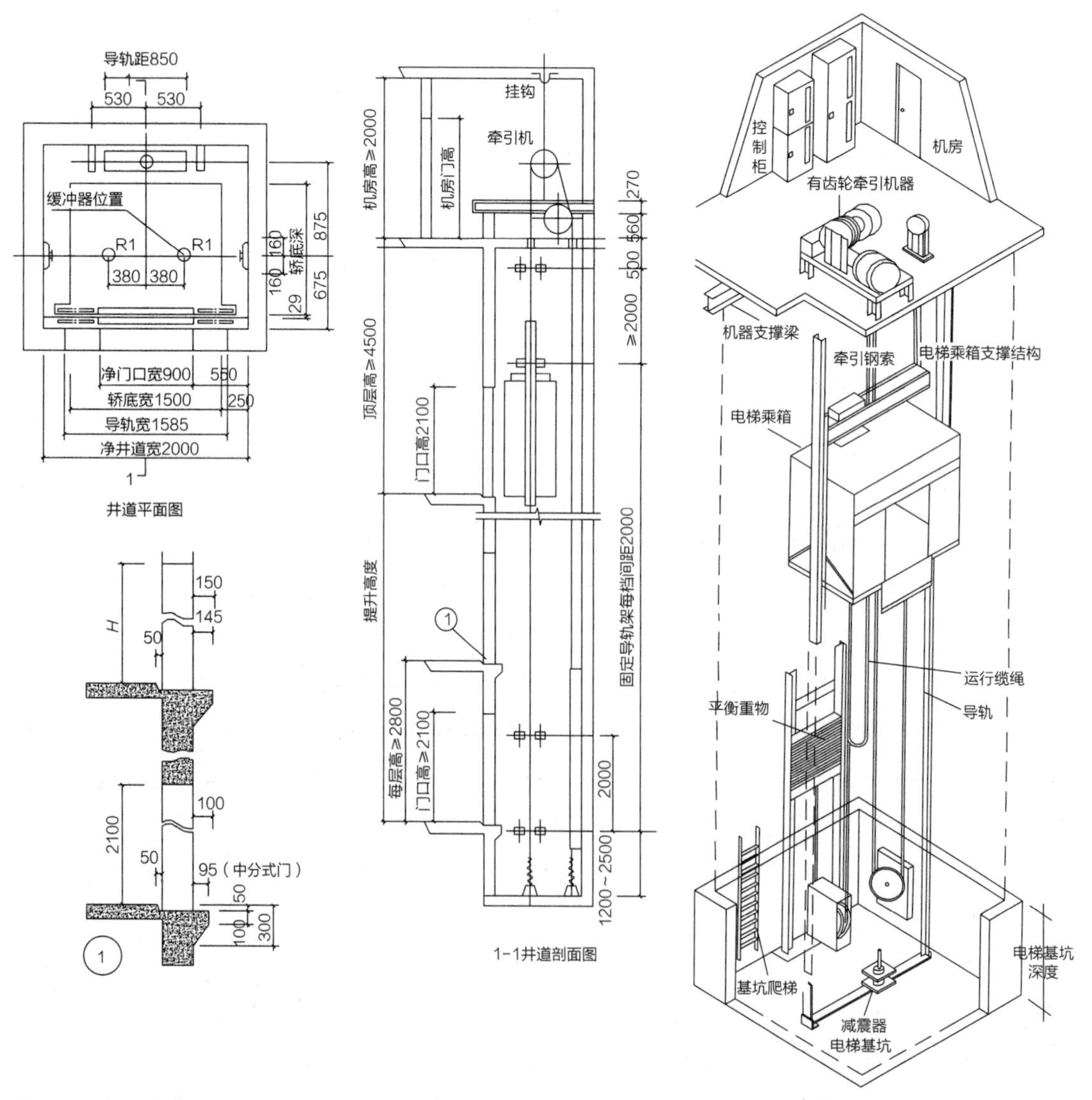

图9-27 电梯的构造

9.7.4　电梯的设计

为了保证建筑物的通达性，除了所有高层建筑以外，根据使用需求要在下列情况中设置电梯：7层以上的住宅，6层以上的办公建筑，4层以上的医疗建筑、图书馆等，3层以上的一、二级旅馆建筑和4层以上的三级旅馆以及其他人行和货运需要的建筑物。

乘客电梯台数的确定，根据不同建筑类型、层数、每层面积、客流特点、电梯的主要技术参数等因素综合考虑并经过计算确定。主要是根据电梯的运力和数量、分组等方式保证较高的输运能力和较短的等候时间，以提高建筑物内竖向交通的舒适性。五分钟输运能力：一般住宅大于5%，商业建筑、公共建筑大于10%；平均运行间隔时间：一般住宅小于60s，商业建筑、公共建筑小于40s。为了提高电梯运行的效率，可以将电梯分层（单数层、双数层）停靠，或按照高低分区的原则进行分区运行。

一般可以参考下表估算建筑物所需的电梯台数（表9-9）。

电梯的选用标准、数量和主要参数　　表9-9

<table>
<tr><th colspan="2" rowspan="2">建筑类别</th><th colspan="4">数量（台）</th><th colspan="5" rowspan="2">额定载重量（kg）
[乘客人数（人）]</th><th rowspan="2">额定速度（m/s）</th></tr>
<tr><th>经济级</th><th>常用级</th><th>舒适级</th><th>豪华级</th></tr>
<tr><td colspan="2">住宅</td><td>90～100户/台</td><td>60～90户/台</td><td>30～60户/台</td><td><30户/台</td><td colspan="2">400
[5]</td><td colspan="2">630
[8]</td><td>1000
[13]</td><td>0.63
1.00
1.60
2.50</td></tr>
<tr><td colspan="2">旅馆</td><td>120～140客房/台</td><td>100～120客房/台</td><td>70～100客房/台</td><td><70客房/台</td><td rowspan="4">630
[8]</td><td rowspan="4">800
[10]</td><td rowspan="4">1000
[13]</td><td rowspan="4">1250
[16]</td><td rowspan="4">1600
[21]</td><td rowspan="4">0.63
1.00
1.60
2.50</td></tr>
<tr><td rowspan="3">办公</td><td>按建筑面积</td><td>6000m²/台</td><td>5000m²/台</td><td>4000m²/台</td><td><4000m²/台</td></tr>
<tr><td>按办公有效使用面积</td><td>3000m²/台</td><td>2500m²/台</td><td>2000m²/台</td><td><2000m²/台</td></tr>
<tr><td>按人数</td><td>350人/台</td><td>300人/台</td><td>250人/台</td><td><250人/台</td></tr>
<tr><td colspan="2">医院住院部</td><td>200床/台</td><td>150床/台</td><td>100床/台</td><td><100床/台</td><td colspan="2">1600
[21]</td><td colspan="2">2000
[26]</td><td>2500
[33]</td><td>0.63
1.00
1.60
2.50</td></tr>
</table>

注：① 本表的电梯台数不包括消防和服务电梯。
② 旅馆的工作，服务电梯台数等于0.3～0.5倍客梯数，住宅的消防电梯可与客梯合用。
③ 12层及12层以上的高层住宅，每层人数超过10人时，其电梯数不应少于2台；每层超过25人，层数为24层以上时，应设3台电梯；每层超过25人，层数为35层以上时，应设4台电梯。
④ 医院住院部宜增设1～2台供医护人员专用的客梯。
⑤ 超过3层的门诊楼应设1～2台乘客电梯。
⑥ 在各类建筑中，至少应配置1～2台能使轮椅使用者进出的电梯。

引自：北京市建筑设计研究院. 建筑专业技术措施. 北京：中国建筑工业出版社，2006.

乘客电梯应在主入口明显易找的位置设置，并在附近设有楼梯配套，以方便就近而不乘电梯上下楼，也便于火灾时的紧急疏散（疏散不能使用电梯，只能使用楼梯）。以电梯为主要垂直交通工具的建筑物，乘客电梯不宜少于2台，以备高峰客流或轮流检修的需要。多部电梯宜成组并列或对列布置，但单侧并列成排的电梯不应超过4台。电梯厅尺度应适宜，以便于迅速搭乘和进出的便捷（表9-10～表9-12、图9-28）。

候梯厅的最小深度　　表9-10

电梯类别	布置方式	候梯厅深度
住宅电梯	单台	≥B
	多台单侧排列	≥B^*
	多台双侧排列	≥相对电梯B^*之和并＜3.5m
公共建筑电梯	单台	≥1.5B
	多台单侧排列	≥1.5B^*，当电梯群为4台时应≥2.4m
	多台双侧排列	≥相对电梯B*之和并＜4.5m
病床电梯	单台	≥1.5B
	多台单侧排列	≥1.5B^*
	多台双侧排列	≥相对电梯B^*之和

注：① B为轿厢深度；B^*为电梯群中最大轿厢深度。

② 供轮椅使用的候梯厅深度不应小于1.5m。

引自：北京市建筑设计研究院. 建筑专业技术措施. 北京：中国建筑工业出版社，2006.

无障碍电梯的设计要求——轿厢　　表9-11

设施类型	设 计 要 求
电梯门	梯门开启后的净宽度不应小于800mm
面积	1. 轮椅在轿厢里为正进倒出时，轿厢深≥1400mm，宽≥1100mm 2. 轮椅在轿厢里可回转180°时，轿厢深≥1700mm，宽≥1400mm
扶手、护壁板	轿厢内三面均设距地高800～850mm的扶手，厢里四面距地350mm以下设护壁板
选层按钮	轿厢内侧高900～1100mm处设带盲文的选层按钮
显示与音响	清晰显示轿厢上下运行方向及层数，有报层音响
镜子	轿厢正面扶手上方距地高900mm处至吊顶部应安装镜子
平层	设置自动调整轿厢位置的平层装置，其最大误差为13mm

引自：北京市建筑设计研究院. 建筑专业技术措施. 北京：中国建筑工业出版社，2006.

无障碍电梯的设计要求——候梯厅　表9-12

设施类型	设　计　要　求
深度	候梯厅深度要≥ 1800mm
呼叫按钮	高度 900 ～ 1100mm
厅门	净宽度≥ 900mm
层显	显示运行层数标示的规格≥ 50mm × 50mm，清晰、明确
音响	有电梯抵层的音响
标志	每层电梯口应有楼层标志，地面设有提示盲道的标志，电梯厅的显著位置有国际无障碍通用标志

引自：北京市建筑设计研究院. 建筑专业技术措施. 北京：中国建筑工业出版社，2006.

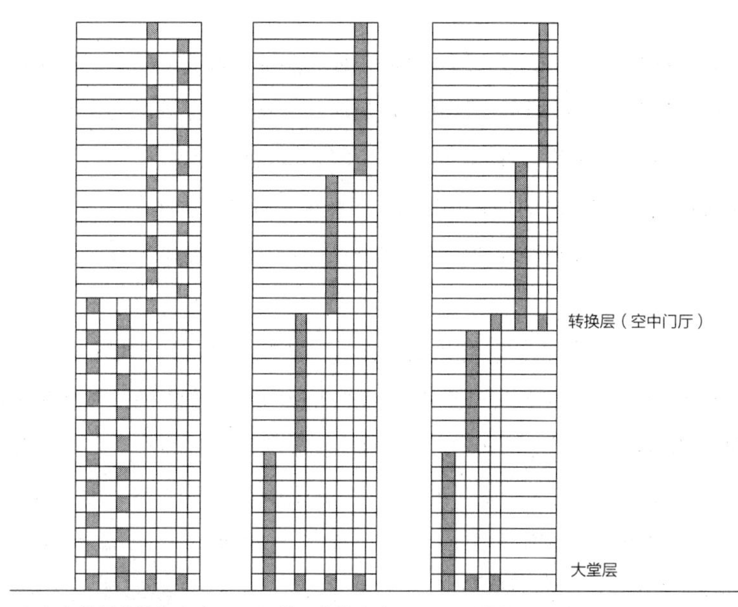

（a）奇数偶数停靠方式　（b）分区停靠方式　（c）设转换厅方式

图 9-28　电梯的高低分区方案

9.7.5　自动扶梯

自动扶梯也被称为滚梯，是循环运行的梯级踏步，具有连续工作、运输量大的特点，是垂直交通工具中效率最高的设备，广泛运用于人流集中的地铁、车站、机场、商店等公共建筑中。

自动扶梯由梯级、梯级驱动装置、驱动主机、传动部件、紧张装置、扶手装置、梯级导轨、金属结构、盖板与梳齿板、安全装置及电气部分构成。自动扶梯的运行原理是，采取机电系统技术，由电机变速器以及安全制动器所组成的推动单元拖动两条环链，每级踏板都与环链连接，通过轧辊的滚动，踏板便沿主构架中的轨道循环运转，而在踏板上面的扶手带以相应的速度与踏板同步运转。

自动扶梯按照扶手的装饰可以分为全透明式、半透明式、不透明式，按照梯级的驱动方式可以分为链条式和齿条式，按照踏面结构可以分为踏板式和胶带式，按照梯级的排列方向可以分为直线式和螺旋式等。

自动扶梯一般运输的垂直高度为0～20m，速度则为0.45～0.75m/s，常用速度为0.5m/s，常用的梯级宽度为600mm、800mm、1000mm，其中1000mm最为通用。自动扶梯的理论载客量为4000～13500人次/h。自动扶梯的常用坡度为27.3°（配合楼梯使用）、30°（优先采用的推荐角度）和35°（布局紧凑的角度），可采用单台或多台的平行或交叉排列。小于12°至水平的自动扶梯则为自动步道，常用于大型交通建筑、多层超市等。

自动扶梯和自动步道的起止处除了要有足够的高度和深度以满足设备安装的空间外，还应根据梯长和使用场所的人流留有足够的等候和缓冲面积：当畅通区的宽度至少等于扶手中心线之间的距离时，扶手带转向端与前面障碍物的距离应不小于2.5m；当该区宽度增至扶手带中心距2倍以上时，其纵深尺寸可减至2.0m；当畅通区有密集人流穿行时，其深度应加大。

自动扶梯和自动步道与平行的墙面、扶手、楼板等处应有不小于0.4m的距离以防止乘客头、手探出时被挤受伤。自动扶梯和自动步道的梯级和踏板的上空应有不小于2.3m的垂直净高，当侧面扶手上方有障碍物时，该障碍物不得超越扶手的投影范围且距踏板面的垂直高度不应小于2.1m。并列的扶梯或步道之间也应有0.4m左右的间隙，以便施工和检修。自动扶梯机械装置悬在楼板梁下，应作装饰外壳处理，底部则应设地坑，机械装置的上部——扶梯口处均应有金属活动地板以备检修。

由于自动扶梯穿越楼板并在周边设有较大的缝隙，成为了防火防烟分区的漏洞，因此，四周的开敞部位应设防火卷帘和水幕喷头，以防止烟火的蔓延，且不能用作疏散，其机房、梯底、机械传动部分均应以不燃材料包覆并设有检修孔、通风口（图9-29、图9-30）。

并联排列式	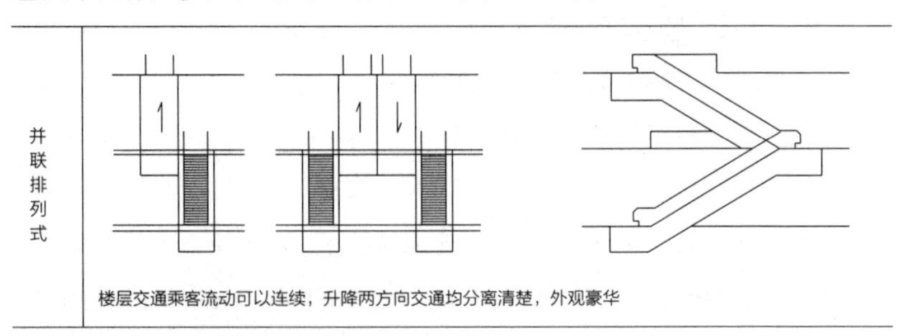
	楼层交通乘客流动可以连续，升降两方向交通均分离清楚，外观豪华

图9-29 自动扶梯的排布方式和特点（一）

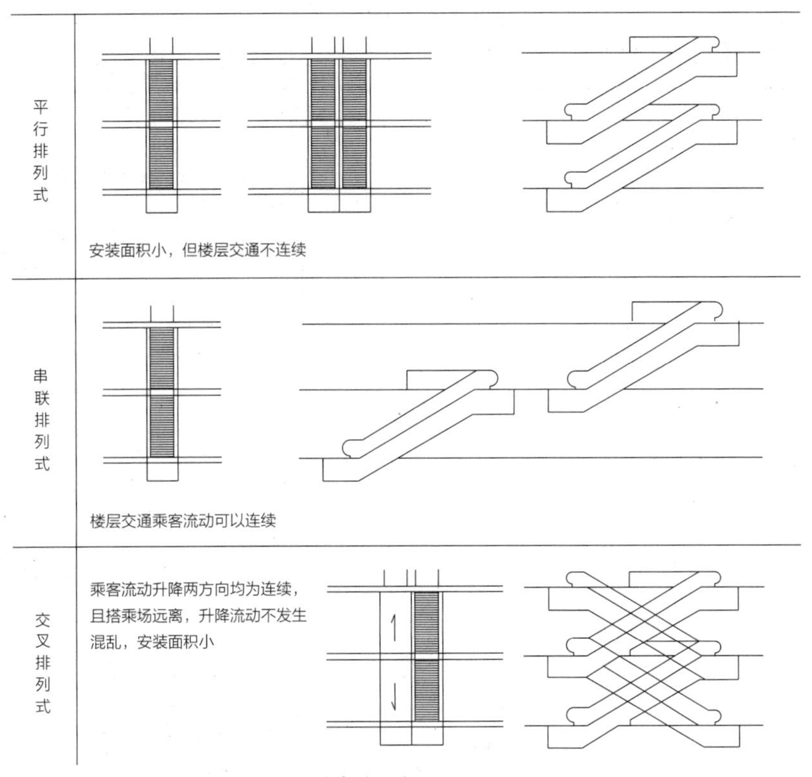

图 9-29　自动扶梯的排布方式和特点（二）

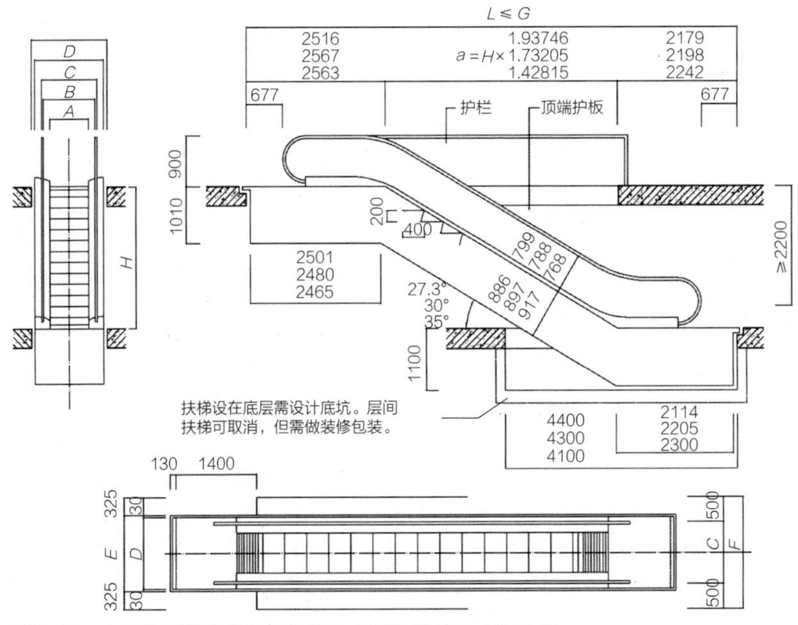

图 9-30　自动扶梯的最小空间与构造自动扶梯的尺寸和构造

9.8　本章小结

如表 9-13 所示。

楼电梯的功能构造体系 表9-13

功能及要求		组成及构件	构造设计要点与技术措施
基本性能	交通——人货通行的便捷性（平时及紧急疏散）	·楼层平台与休息平台 ·梯段——踏步板，踢板 ·电梯的梯井、轿厢、机房	·净宽与净空的要求，楼梯下设置出入口的要求 ·踏步的高度与宽度应尽量一致并按最不利楼层计算 ·踏步、休息平台、楼层平台与其他地面装修做法的不同，需标注并核查结构高度的预留 ·楼梯的长度和宽度应除去层高处梁的尺寸，应注意梁上下的梁凹内加填充墙封堵，注意楼梯间窗户的开启位置 ·楼梯的疏散能力与疏散距离的核算 ·电梯的候梯空间，轿厢的宽度与高度，机房及冲顶安全距离，基坑深度与基础结构 ·电梯的分组与停靠方式，电梯运力的计算
支撑性能（次生要求） —安全性 —维护性 —加工性 —资源性 —附加功能	安全防护——防下滑与侧滑、防跌、防坠落、无障碍通行	·扶手，栏板，栏杆 ·防滑条 ·悬空侧的翻边 ·导盲条	·踏步起始处与门的距离，入口前平台的深度，疏散门与楼梯踏步的距离 ·梯段的最大与最小单跑步数 ·栏杆与扶手的防跌、防攀、防钻、防落措施，栏杆尽量采用竖条或内侧加金属网、安全玻璃栏板防护，无障碍设计要求
		·电梯的冲顶安全距离与坑底空间 ·电梯无障碍化的尺寸与控制板	·梯井的围护防跌落 ·扶手的尺度及握持离墙间距 ·扶手与墙体的连接方式，栏板、栏杆的支撑方式 ·梯段转折处扶手的交圈处理、楼梯起步和长平台段的处理
	防火防灾，通风排烟	·楼梯位置与宽度 ·楼梯的采光、通风、排烟 ·消防电梯的前室、集水坑、速度与承载要求 ·消防电梯的前室，扶梯的封闭	·疏散楼梯的个数、总宽度、分布距离的计算，一般均需要两个疏散楼梯，上下楼层的不同功能应有相应的疏散楼梯 ·楼梯的形式：开敞、封闭、防烟 ·防火分区与疏散楼梯的配套，楼梯间开窗与其他防火分区开窗之间的距离 ·首层疏散楼梯到室外的距离和门厅门的乙级防火门处理 ·楼梯间门的开启方向应与疏散方向相同 ·扶梯和吹拔空间与防火分区的设置的一体化，减少防火卷帘
	支撑与连接的牢固	·平台的梁板 ·梯段的梁板 ·栏杆与扶手的固定	·材料、结构体系的选择：混凝土、钢、玻璃、木和梁板的分布 ·施工体系的选择：现浇、预制 ·栏杆与栏板的固定方式，栏杆转角连接整体化以减小挠度 ·扶手的墙体固定

续表

功能及要求		组成及构件	构造设计要点与技术措施
支撑性能 (次生要求) —安全性 —维护性 —加工性 —资源性 —附加功能	隔声防震，采光照明	• 梯段与楼板的连接 • 踏步面板的强度与弹性 • 电梯机房的隔震、隔声 • 楼梯窗与照明	• 室内楼梯梯段、踏步下的弹性垫层、悬浮构造，防止撞击声的传递 • 钢结构楼梯的踏步面材的弹性与强度 • 窗开启的手动可控，注意休息平台开窗的位置，以便手动开启，低窗应加栏杆防跌 • 室外楼梯、台阶、坡道应设照明灯，一般设在侧墙上
	维护性——防水，耐污，易于清洁	• 楼梯的踢脚 • 室外楼梯的排水沟、滴水线	• 踢脚板可作凹面、粗糙质感、深色处理，便于清扫 • 室外楼梯外缘应设防滚落翻边、排水浅沟，梯段板下设滴水
	经济性——加工与施工的可能，材料与造价，工艺与工序，质量保证	• 转折梯段之间、梯段与墙体之间的施工空隙 • 栏杆及其连接 • 构件的预制化与装配作业 • 电梯与楼梯的核心筒的最小化	• 上下梯段的水平距离间隙应足够安置楼板和栏杆的施工，特别是外悬栏杆 • 栏杆连接固定点 • 构件应尽量统一尺寸和做法，便于预制化与装配作业 • 预制装配楼梯的构件与搭接方式的标准化设计与现场装配方法
衍生功能 (艺术功能)	工艺性的表现 空间的流动性	• 栏杆、扶手、踏步板、梯段等所有构件及其重复的韵律 • 电梯门、轿厢、指示灯	• 材料交接与边缘的强调 • 材质的单纯化与功能的复合化 • 楼梯斜向空间、上下贯通的流动性强调和空间活跃化 • 栏杆与楼梯的材质一体化和塑形雕塑感 • 电梯的装饰性与交通便捷、辨识容易，轿厢内空间的设计方法

第 10 章

建造部件连接与节点构造

10.1　节点的概述：连接与拼接

在第4章至第9章中，六大建造构件已分别讲述，而这六大构件之间如何交接，将是本章重点介绍的内容。

所有的构件交接所发生的部位统称为节点。根据构件之间可以交接的空间关系，以竖直构件“墙”作为参考系，墙自下而上分别与地坪层（室内与室外）、楼层、屋顶交接，同时墙上还要开设门窗洞口、安装门窗，这样，每个连接都需要满足围护结构的基本功能：坚固耐久、防水防潮、保温隔热。

在本章学习中要注意构件交接时的传力关系，如前面所学的，水平构件发挥承载功能，竖直构件发挥传载功能，基础发挥释载功能，但是前面也介绍了在每一类构件中，由于要实现多种性能，通常都是多层次材料组合在一起的。因此在水平构件与竖直构件交接时，要特别注意，哪些是包含传力的“连接”关系，哪些是仅仅为了围护严密而并不相互传力（甚至避免传力要留缝隙）的“拼接”关系。通常一些基本原则是：

1）不同构件的结构层（在节点图中填充了深灰色的）相互交接，一定会有传力关系，如混凝土预制楼板置于承重墙上。

2）同一个构件中完成面（浅灰色）与结构层（深灰色）通过连接件（黑白线条）连接，一定会有传力关系，如干挂石材通过幕墙连接件安装在实心混凝土墙体上。以上两部分连接在前面的章节已经介绍比较全面了。

3）两个不同方向的构件，由于其完成面（浅灰色）材料分属不同构件传力给结构层，所以其不同材料的完成面之间的交接，多数应该是柔性交接，或者叫“拼接”，即要对由于温度波动、结构沉降、运行震动中产生的形变和位移有冗余量，而不会发生破坏失效（粉碎、开裂、脱落等）。本章介绍的大部分节点是这类的，如女儿墙和屋顶的防水、保温交接，墙脚和散水的防水交接，都需要用如附加卷材、泡沫塑料嵌缝、沥青嵌缝等在一些转角处的细节做法，就是要避免分属不同构件的完成面交接时的刚性连接，而仅仅是拼接实现密闭功能。

4）最后一种情况是，在一个平面上完成面由大面积同种材料组成，由于天气温度周期变化，热胀冷缩容易形成一些刚性材料裂缝，或者由于地震作用，房屋主体结构要分割成受破坏牵连更小的单元（如大型船只的“分仓”），这些情况下，同样需要在一个大平面的材料中，添加一些柔性交接，即用弹性材料或直接设缝的方式，将大面积刚性材料分隔成较小的块材安装或铺设，但设缝的同时仍要考虑不能失去防水的性能，如混凝土屋顶设缝、室内水磨石地面设缝、防震屋顶墙面设缝等。本章最后要讲到的就是这一类变形缝。

10.2　墙×地坪层：防潮、防护、排水

10.2.1　墙脚防潮构造——防潮层

墙身防潮的方法是在墙脚铺设防潮层，防止土壤和地面水渗入砖墙体。

防潮层的位置：防潮层应设在水分（潮气）沿墙体上传的路径中，起到阻绝作用，因此，防潮层不能低于墙体的受水面以防止地表水、地下水、溅落水绕过防潮层侵蚀上部墙体，同时也不能过高使得下部墙面受到侵蚀并影响到室内。

一般而言，当室内地面垫层为混凝土等密实材料时，防潮层的位置应设在垫层范围内低于室内地坪60mm处（即一皮砖的厚度），同时还应至少高于室外地面150mm，防止雨水溅湿墙面。当室内地面垫层为透水性材料时（如炉渣、碎石等），水平防潮层应平齐或高于室内地面60mm（符合砖模一皮的高度）。当内墙两侧地面出现高差时，应在迎水面设竖向防潮层，与不同高度的水平防潮层组成墙体内水分传导的阻绝层。

墙身水平防潮层的构造做法常用的有以下三种：

1）防水砂浆防潮层，采用1∶2水泥砂浆加3%～5%防水剂，厚度为20～25mm或用防水砂浆砌三皮砖厚作防潮层。

2）细石混凝土防潮层，采用60mm厚的细石混凝土带，内配三根$\phi6$钢筋，其防潮性能好。

3）油毡防潮层，抹20mm厚水泥砂浆找平层，上铺一毡二油。此做法防水效果好，但因油毡隔离削弱了砖墙的整体性，不应在刚度要求高或地震区采用。

如果墙脚采用不透水的材料（如条石或混凝土等），或设有钢筋混凝土地圈梁时，可以不设防潮层（图10-1）。

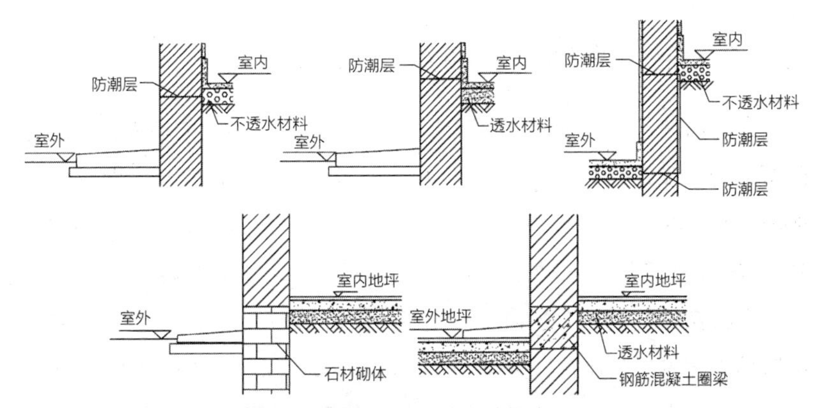

图 10-1　墙身防潮层的位置及采用圈梁兼作防潮层的做法

10.2.2 墙脚室外防护——勒脚

勒脚是外墙的墙脚，它和内墙脚一样，受到土壤中水分的侵蚀，应做相同的防潮层。另外，由于地表水、屋檐溅落水等的影响，勒脚成为了砖墙中的薄弱环节，因此需要选用耐久性高的材料或防水性能好的外墙饰面，并结合建筑造型，确定勒脚的做法、高矮、色彩等。

因此对勒脚的要求是防潮、坚固耐久、美观，一般采用抹灰、贴面的构造做法和换用坚固不透水材料的做法。

1）勒脚表面抹灰：采用8～15mm厚的1：3水泥砂浆打底，12mm厚1：2水泥白石子浆水刷石或斩假石饰面。

2）勒脚贴面：采用天然或人工石材贴面，如花岗石、水磨石板、面砖等。勒脚贴面耐久性好，特别是饰面材料的装饰性强，易于表现建筑效果。

3）换用坚固不透水材料：采用条石、混凝土等坚固耐久的材料做勒脚。这种方法充分发挥了不同材料的性能，施工简便，在木构建筑、砖砌体建筑中应用较广。

勒脚设计的构造要点：

1）材料：勒脚是保护外墙面的构造方法，因此仅适用于吸水率较高、非致密材料的外墙，同时保护用的材料需要致密、耐久、不透水，既防潮、防污，又可防止撞击破坏，如水泥砂浆、石材、面砖、混凝土等。

2）高度：勒脚的根部应低于散水根部，以保证对墙体的保护。勒脚的高度应足够防水溅，一般在600mm以上，同时应达到防潮层的高度或以上，与防潮层一道形成在墙体内的阻水层。

3）美观：由于勒脚的材质与墙体不同，应注意配合设计意图的表现。如在强调建筑三段式的设计中，地层可以全部采用厚重的石料，也可与一层的窗台板齐平，而在简洁现代的建筑中，勒脚可采用混凝土外贴面砖的做法同上部的砖墙取得一致的效果（图10–2）。

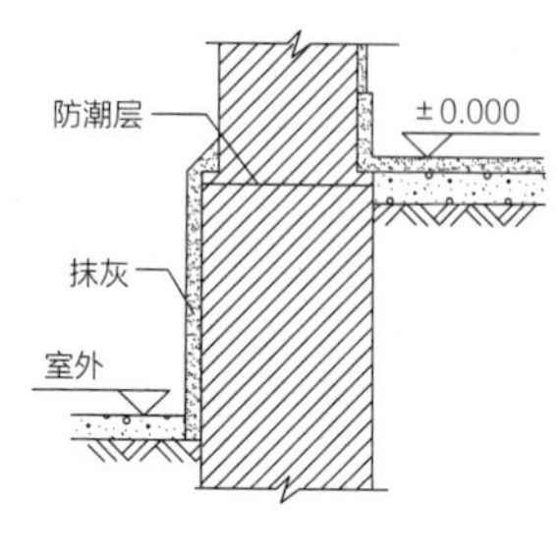

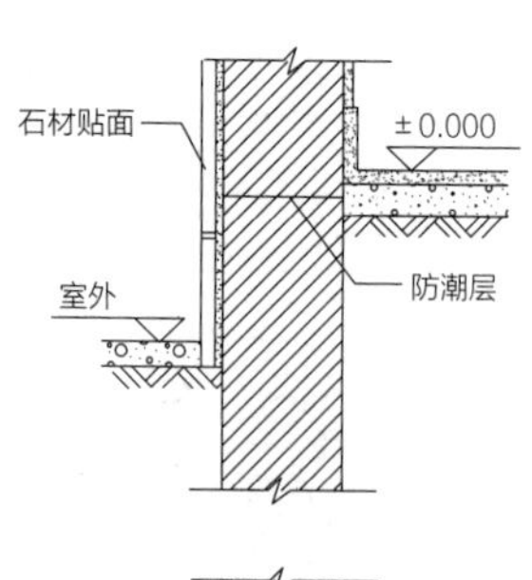

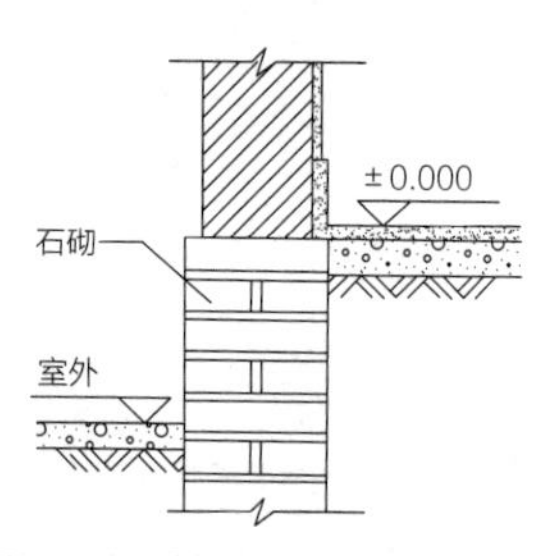

图 10–2 勒脚构造做法

10.2.3 墙脚室内防护——墙裙与踢脚

在内墙抹灰中，对易受到碰撞的部位如门厅、走道的墙面，以及有防潮、防水要求的部位如厨房、浴厕的墙面，为保护墙身，做成高度900mm左右的护墙墙裙（图10–3）。在内墙阳角、门洞转角等处则做成护角。墙裙和护角高度2m左右。根据要求护角也可用其他材料如木材制作。

在医院、车站、机场等经常使用推车的走廊、大厅等部分，在墙裙和踢脚的高度设置防撞杆。医院、养老院的走廊等部位的防撞杆还兼作扶手，方便无障碍通行。防撞杆的构造做法与栏杆相同。

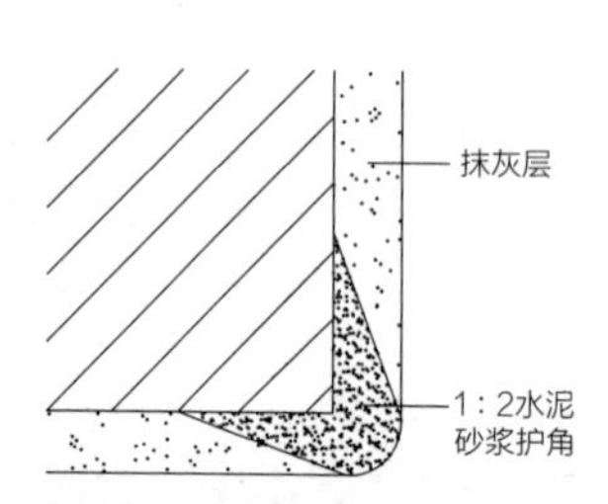

图 10–3 水泥砂浆护角

在内墙面和楼地面交接处，为了遮盖地面与墙面的接缝、保护墙身以及防止擦洗地面时弄脏墙面，做出踢脚，其材料与楼地面相同。常见做法有三种，即与墙面粉刷相平、凸出或凹进。踢脚线高 60 ～ 150mm（图 10–4）。

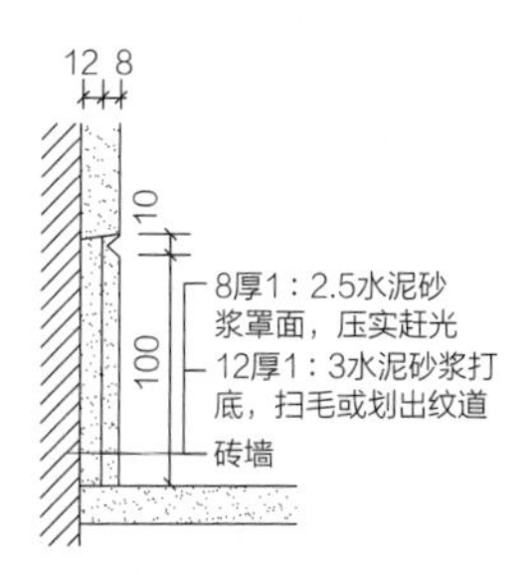

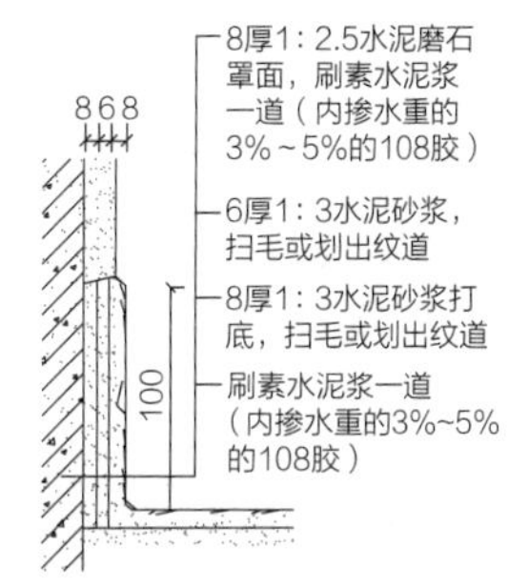

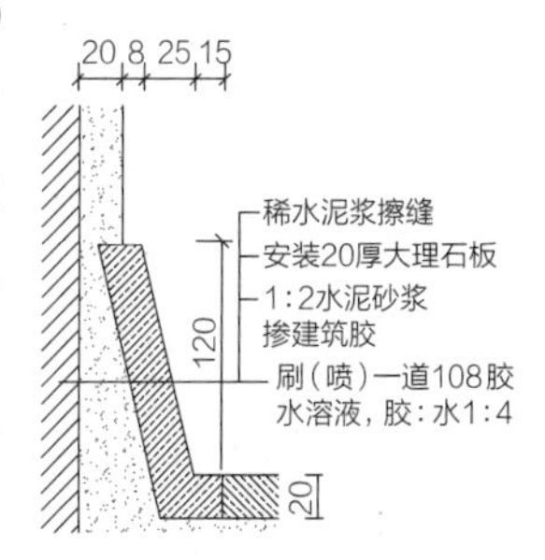

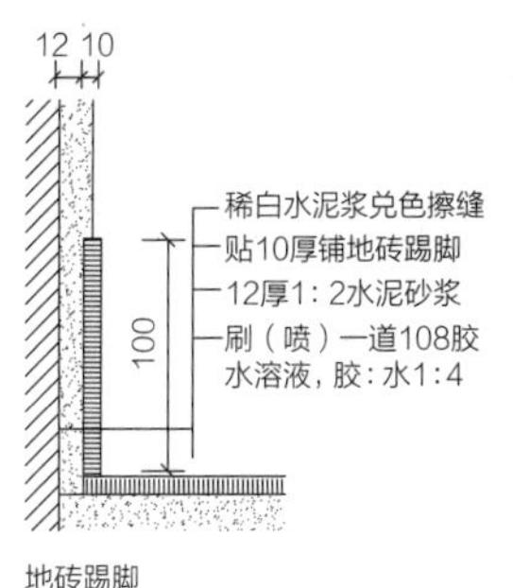

图 10–4　室内踢脚的做法

10.2.4　墙脚排水构造——散水与明沟

建筑物屋顶和垂直墙面的雨水会冲击外墙周边的地基，影响建筑的稳定性，因此建筑物四周需采用可分散或承接雨水冲击的构造并迅速排水。建筑物接地部起到迅速排水、保护墙基不受雨水侵蚀的作用的构件为散水。也可以将这些垂直墙面排下的雨水收集汇入排水沟（明沟或暗沟），适用于雨量大的区域，也有利于保持建筑物脚部的整洁，方便使用。

散水的做法通常是在素土夯实的基础上铺三合土、混凝土、天然石材、陶瓷地砖等不透水材料，厚度为 60 ～ 70mm。散水应设不小于 3% 的排水坡。散水宽度一般不应小于 0.6m。散水与外墙交接处（散水的根部）应设分格缝，分格缝用弹性材料（沥青砂浆等）嵌缝，以防止外墙下沉时将散水拉裂。散水的端部应稍高于自然土壤面层，以便排水。也可以将散水做成低于室外地坪的隐藏式散水，使得建筑物垂直墙面与地表绿化直接相接，或通过卵石带、石块铺地等过渡。

排水沟可用砖砌、石砌、混凝土现浇，沟底应做纵坡，坡度为 0.5% ～ 1%，坡向窨井。若为挑檐无组织排水，则沟中心应正对屋檐滴水位置，外墙与明沟之间应作散水；若无挑檐而是女儿墙封檐的外墙，排水沟应尽量贴近垂直外墙面，形成建筑物垂直接地的连接部，方便屋顶的水落管排水和垂直墙面的汇水。沟顶盖板可用金属箅子、开槽板材或卵石铺设，具有很强的装饰效果（图 10–5）。

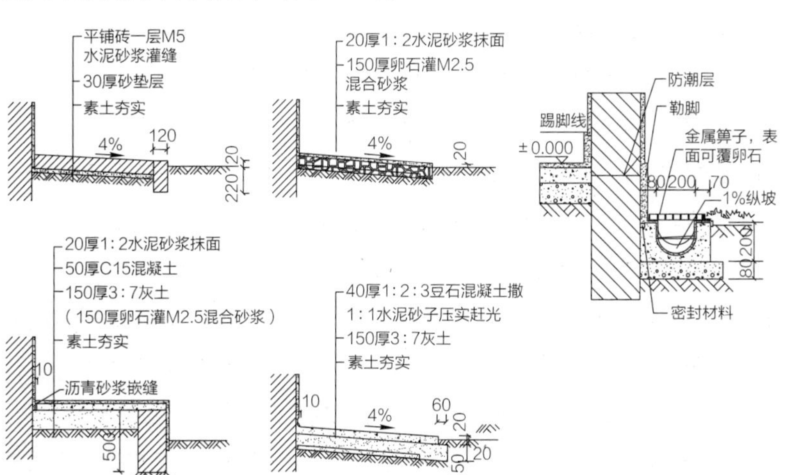

图 10–5　散水与明沟的构造做法（一）

图 10-5 散水与明沟的构造做法（二）

10.3 墙×楼面：墙体抗震构造——圈梁与构造柱

砌体墙是由大量小型刚性砌块通过强度较低的砂浆胶结而成的，墙体的高厚比很大，在地震力等的水平作用下很容易遭到破坏，因此需要有加强和抗震的构造。

（1）门垛和壁柱

由于砌块墙体的高厚比很大，一般墙体的稳定性是依靠“L”形和“T”形（丁字墙）相交的墙体来加固的。在门洞等大型洞口、平直墙体过长或过高、墙体受到集中荷载的情况下，需要人为地加入“L”形和“T”形垂直相交的短墙来加强，称为门垛和壁柱。门垛的作用主要是保证墙身的稳定和便于门框的安装，因此要求墙厚不变，垛长符合砖模数；壁柱一般设置在240mm厚的墙体受到集中荷载、墙体过长、墙体过高的情况中。

（2）构造柱和圈梁

从原理上说，砌体墙的小型刚性砌块需要通过与网状钢筋粘接或穿接成一个整体，并与结构主体的梁柱连接固定，才能有效地抵抗地震力的水平作用力。因此，主要的抗震措施是在墙体中间隔地设置钢筋混凝土的构造柱和圈梁，以加强砌体墙的整体性。其设置方式与抗震设防烈度相关。构造柱和圈梁作为墙体的一部分，与墙体同步施工（不像框架结构中的梁与柱作为独立的承重件），它们的配筋属于构造配筋，不需经结构计算，主要起到限制结构体（墙体和楼板）在水平作用力下位移的箍紧作用。

构造柱应设置在外墙四角、较大洞口两侧、内外墙交接处、楼梯间、错层部位横墙与纵墙交接处，每层与圈梁拉通连接成整体，以形成空间骨架加强墙体抗弯、抗剪能力，增加建筑物的整体刚度和稳定性。

多层普通黏土砖、多孔砖建筑的构造柱截面尺寸应与墙体厚度一致，最小截面尺寸为240mm×180mm，纵向配筋宜采用4ϕ12，箍筋间距不宜大于250mm，并在柱的上下端适当加密。施工时先砌墙，后浇构造柱。墙砌成马牙槎，先退后进。马牙槎沿高度方向尺寸不大于300mm，中距500～600mm，并沿墙高每0.5m设2ϕ6拉结钢筋，每边伸入墙内不宜小于1m或延伸至墙体的洞口。构造柱必须每层与圈梁拉通，其纵向配筋应穿越圈梁上下贯通。构造柱可不单独设置基础，但应伸入室外地面下500mm或锚固于浅于500mm的基础圈梁内。

当墙体材料选用空心混凝土砌块时，在外墙转角、内外墙交接处、楼梯间四角等处，砌块的多个上下贯通孔（3～5个孔）中插入贯通的钢筋（最少1ϕ12），并用不低于C20的细石混凝土灌实形成芯柱，芯柱的截面不宜小于120mm×120mm，并与圈梁连接成整体，伸入室外地面下500mm或与浅于500mm的基础圈梁连接（表10–1）。

多层砖砌体房屋构造柱设置要求　　**表10–1**

<table>
<tr><th colspan="4">房屋层数</th><th colspan="2" rowspan="2">设置部位</th></tr>
<tr><th>6度</th><th>7度</th><th>8度</th><th>9度</th></tr>
<tr><td>四、五</td><td>三、四</td><td>二、三</td><td></td><td rowspan="3">楼、电梯间四角，楼梯斜梯段上下端对应的墙体处；
外墙四角和对应转角；
错层部位横墙与外纵墙交界处；
大房间内外墙交接处；
较大洞口两侧</td><td>隔12m或单元横墙与外纵墙交接处；
楼梯间对应的另一侧内横墙与外纵墙交接处</td></tr>
<tr><td>六</td><td>五</td><td>四</td><td>二</td><td>隔开间横墙（轴线）与外墙交接处，山墙与内纵墙交接处</td></tr>
<tr><td>七</td><td>≥六</td><td>≥五</td><td>≥三</td><td>内墙（轴线）与外墙交接处；
内墙的局部较小墙垛处；内纵墙与横墙（轴线）交接处</td></tr>
</table>

引自：中华人民共和国住房和城乡建设部．建筑抗震设计规范 GB 50011—2010.

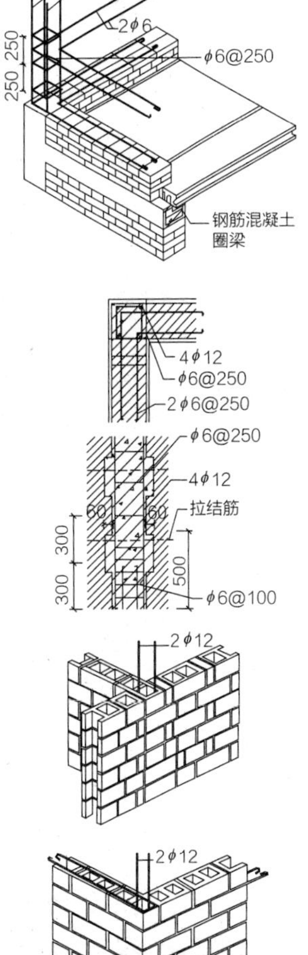

图 10–6　砌体中的构造柱

砖砌多层建筑的现浇钢筋混凝土圈梁截面不应小于120mm×240mm，高度为120mm、180mm、240mm等符合砖模，配筋不应少于4ϕ12，箍筋的最大间距根据抗震烈度而不同，8度抗震时其间距不应超过200mm。主要设置在沿外墙及内纵墙每层楼层和屋面处，在8度以上的抗震设防烈度时各层和屋面的外墙、所有内横墙处且间距不大于7m、所有构造柱处均需设置。因圈梁沿外墙周圈设置，宜与门窗过梁统一设计并合并。当遇到标高不同的洞口（如楼梯间的洞口）打断圈梁时，应上下搭接不小于两层圈梁的高度差的两倍长度并且不小于1m（图10–6）。

10.4 墙×屋顶：墙体防水构造——女儿墙、挑檐、天沟、压顶

10.4.1 女儿墙泛水构造

泛水指屋顶上沿着所有垂直面所设的防水构造。女儿墙、山墙、烟囱、变形缝等所有与屋面防水层垂直相交的墙面，均需在穿透防水层的接缝处作泛水处理，以防漏水。不上人屋面检修孔、屋面出入口（屋顶平台入口）、屋面设备基座、管道出屋面封口等屋面开口部构造原理同一般的屋面泛水，必须保证足够的泛水高度并注意防水卷材收头的固定密封以及防水层的保护。

（1）卷材防水屋面

卷材防水屋面泛水的做法及构造要点如下（图10-7～图10-9）：

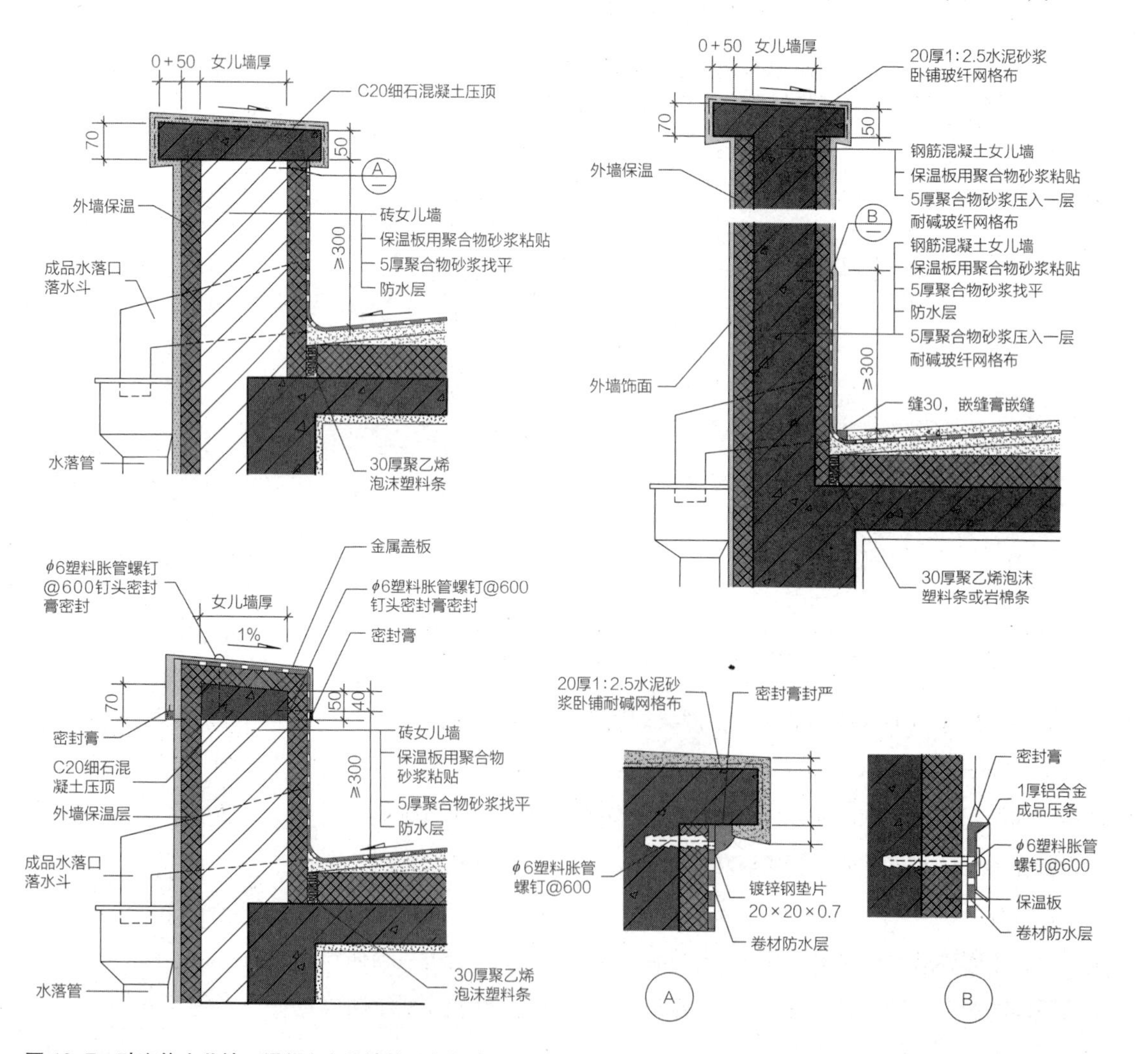

图10-7 砖砌体女儿墙、混凝土女儿墙的泛水构造

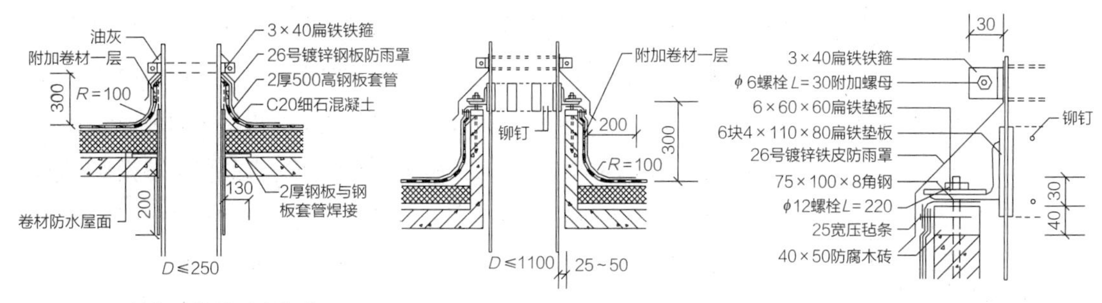

图 10-8　立墙与立管的泛水构造

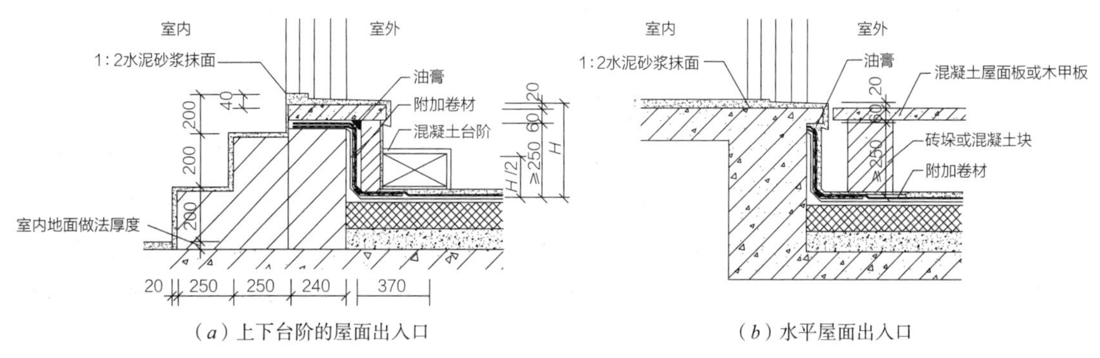

（*a*）上下台阶的屋面出入口　　（*b*）水平屋面出入口

图 10-9　屋面出入口的泛水构造

1）将屋面的卷材防水层继续铺至垂直面上，形成卷材泛水。为防止雨水的淤积和飞溅引起漏水，泛水高度应随各地域的降雨状况保证一定的高度以防止渗漏，我国普遍使用的是泛水高度不得小于250mm，一般设计中经常使用的是泛水卷起大于等于300mm，即泛水顶端应高于平屋顶表面250mm以上。特别需要注意的是，泛水高度是从屋顶的完成面面层开始计算的，泛水的高度并不等于防水卷材卷起的高度，在倒置式屋面中，两者的尺寸差别较大。由于泛水的高度直接决定了屋顶女儿墙的高度，也就是平屋顶建筑的总高度，因此在建筑限高严格或有日照遮挡限制的地区应特别注意。

2）屋面与管道、墙体等垂直面交接处应将卷材下的砂浆找平层抹成圆弧形或45°斜面，斜面宽度不小于70mm，上刷胶粘剂，使卷材铺贴密实，防止折断。由于泛水是整个屋面防水的薄弱环节，为保证防水安全，其上再加铺一层附加卷材。

3）泛水上口的卷材应妥善收头固定。防水卷材应在顶端用水泥钉或防水金属压条、铁箍等压紧防止下滑，用防水密封材料填实缝隙后上加防水压顶（混凝土板或金属板）或埋入墙体的凹槽中并在其上做防水处理。

4）泛水的水平面和垂直面上的防水卷材应注意保护，防止动物的啄咬或人为的踢踩破坏，也要防止刚性保护层的温度、振动位移对防水卷

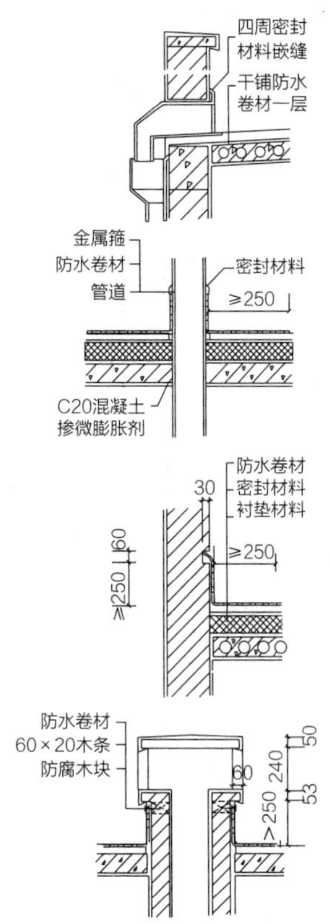

图10–10 刚性防水屋面的泛水构造

材的冲击和破坏。泛水的垂直面一般采用水泥砂浆抹面、砌块保护、预制水泥板或金属板构件保护等方式，并特别注意在上人屋面中防止踢踹的保护措施和视觉的美观。另外，采用刚性整体面层（如配筋混凝土地面和路面）或刚性砌块（水泥地砖等）作屋面防水的保护层供人行或车行使用时，一方面应注意防水卷材与保护层之间应有隔离层，另一方面应注意水平刚性保护层与泛水处垂直卷起的防水卷材之间应有弹性防水密封膏或其他弹性垫层（如麻丝沥青、油膏等），以防止水平保护层在热胀冷缩或外力作用下（人和车辆的运动及振动）撕破或挤压刺破防水层。

（2）刚性防水屋面

刚性防水屋面的泛水高度一般不小于250mm，泛水使用防水卷材，应嵌入立墙上的凹槽内并用压条及水泥钉固定。刚性防水层与屋面凸出物（女儿墙、烟囱等）间须留分格缝，分格缝内用油膏嵌缝，缝外用附加卷材铺贴至泛水所需高度并做好压缝收头处理，以免雨水渗进缝内（图10–10）。

10.4.2 挑檐排水构造

挑檐口分为无组织排水和有组织排水两种做法。其构造要点是做好卷材收头的密封和固定，并保证卷材收头方向朝下，避免雨水渗入（图10–11）。

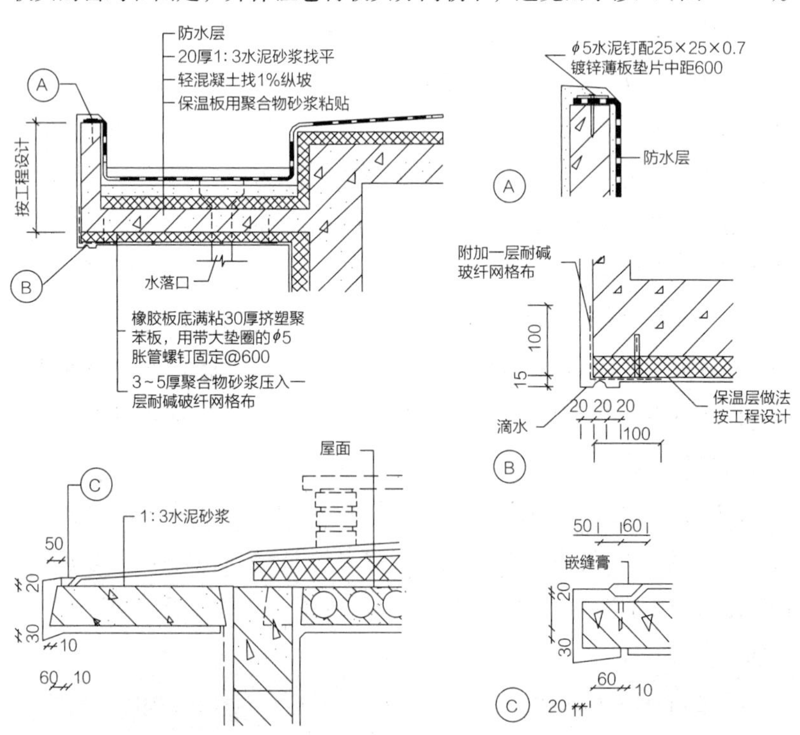

图10–11 挑檐构造详图

（1）卷材防水屋面

卷材防水屋面挑檐沟构造的要点是：

1）方向，即外边沿方向倾斜并密封在挑檐端头。

2）类似泛水的构造，并要注意卷材的固定收头，同时卷材应尽量向下倾斜，防止雨水渗入。

3）檐沟通常加铺1～2层附加卷材以增强防水能力。

4）沟内转角部位的找平层应做成圆弧形或45°斜面，以防止卷材断裂。

5）为了防止檐沟壁面上的卷材下滑，应做好收头处理。通常用水泥钉和金属压条压紧固定，并用油膏嵌缝或水泥砂浆盖缝。

（2）刚性防水屋面

同样有无组织排水和有组织排水两种做法。

1）自由落水檐口：当挑檐较短时，可将混凝土防水层直接悬挑出去形成挑檐口。当挑檐较长时，应采用与屋顶圈梁连为一体的悬臂板形成挑檐。在挑檐板与屋面板上做找平层和隔离层后浇筑混凝土防水层，檐口处做好滴水。

2）挑檐沟外排水檐口：挑檐口采用有组织排水方式时，常将檐部做成排水檐沟。檐沟的断面为槽形并与屋面圈梁连成整体。

10.4.3　天沟排水构造

檐沟或天沟（屋面上的排水沟称为天沟）的功能是汇集和迅速排除屋面雨水，沟底沿长度方向应设纵向排水坡。檐沟和天沟的纵坡坡度不宜小于1%，以使沟内的水迅速排到落水口。檐沟的净断面尺寸应根据降雨量和汇水面积的大小来确定。一般建筑的檐沟净宽不应小于200mm，檐沟或檐上口至分水线的距离（檐沟的最浅处）不应小于100mm，沟底水落差不超过200mm。天沟排水时则采用涂膜防水的深30～50mm、宽250mm左右的浅天沟。

天沟有三角形和矩形两种：三角形天沟，即四面找坡方式形成的排水凹面，施工简便，在女儿墙外排水和内排水中使用得较为普遍，但屋面凹凸起伏，不便于上人使用，也不利于防水卷材的搭接防水；矩形天沟多用于多雨地区或跨度大的房屋，利用保护层的厚度沿女儿墙外沿形成深30～50mm、宽250mm左右的浅沟，便于屋面雨水的迅速收集和排水，也有利于保持屋面的整洁美观，且屋面排水方向规则，便于铺粘卷材，屋面形态规则，也便于铺装面层和使用（图10-12）。

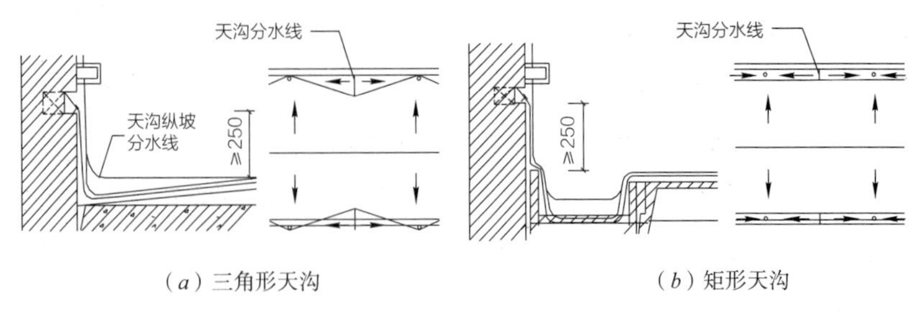

（*a*）三角形天沟　（*b*）矩形天沟

图 10–12　天沟构造

10.4.4　雨水口、雨水管构造

雨水口（水落口）是用来将屋面雨水排至水落斗、雨水管（水落管）而在女儿墙或屋顶檐口处或檐沟内开设的洞口。有组织外排水常用的有檐沟雨水口及女儿墙雨水口两种形式，按照排水的角度可以分为直管式和弯管式两种。直管式的水落口和雨水管上下贯通，适用于中间天沟、挑檐沟和女儿墙内排水天沟；弯管式雨水口呈90° 弯曲状，适用于女儿墙外排水天沟（图10–13、图10–14）。

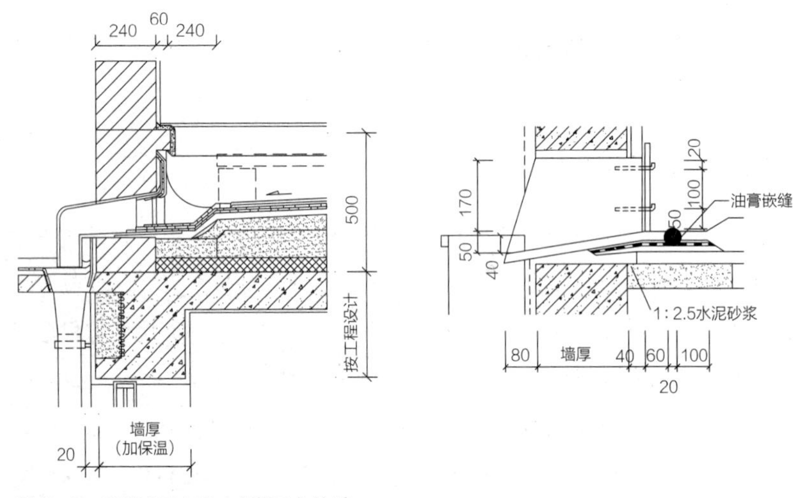

图 10–13　弯管式雨水口（水落口）构造

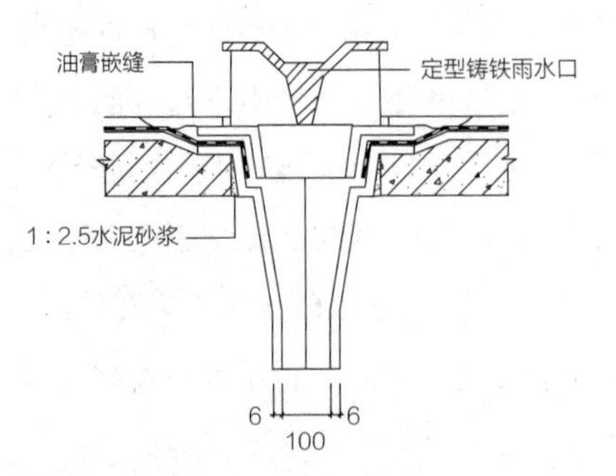

图 10–14　直管式雨水口（水落口）构造

（1）雨水口防水构造

雨水口是防水层上的洞口和薄弱环节，需要在构造上保证防水密封和排水通畅。一般在雨水口周边500mm范围内坡度不应小于5%，并用防水膜封涂；为防止水落口四周漏水，应将防水卷材铺入连接管内50mm，周边用油膏嵌缝；雨水口采用防水的铸铁、镀锌钢板或硬质聚氯乙烯塑料（PVC）构件，并配有压件固定延伸进来的防水卷材；在雨水口要设置箅子或铸铁罩、钢丝球等，防止杂物落入水落管中和屋顶积灰阻塞排水；在满足排水能力的前提下，各屋顶或封闭的汇水面最好有两个以上的水落口，特别是与重要房间同层的屋顶平台（或阳台）需设置两个以上的水落口，或一个水落口、一个水舌，以便其中一个水落口阻塞时还能顺利排水。

最常采用的雨水管是塑料和铸铁制成的，其管径有50mm、75mm、100mm、125mm、150mm、200mm等几种规格。一般民用建筑常用直径为75～100mm的雨水管，面积小于25m^{2}的露台和阳台可选用直径50mm的雨水管。一般情况下，雨水口间距不宜超过18～24m。水落管安装时与墙面距离不小于20mm，管身用管箍卡牢，管箍的竖向间距不大于1.2m。

（2）排水管与泄水口构造

内排水的水落管位置要与平面设计相结合，既保证屋顶雨水口的均匀分布，又要注意将水落管尽量布置在墙角、柱边、走廊、厕所、管井附近，减少对室内空间日常使用的影响并方便检修。最佳方式是将雨水排到地下室收集后排至市政管井，做到彻底地隐藏。目前常用的方式是在散水附近设置泄水口（水出口），将水直接排到散水上，应注意设计隐藏，并预留检修、清掏的空间（图10–15）。

外排水的水落管暴露在建筑表面，虽然检修方便、设计简单，是采用最广的排水方式，但水落管暴露在建筑表面对建筑的立面有一定的影响，一般尽量躲开主要入口、主要装饰面，尽量设置在建筑表面的阴角附近，以减小对建筑造型的影响，同时应尽量避开露台和台阶，便于泄水口直接在散水上泄水，防止污染主要入口。水落管的材质、色彩、形态等需进行控制，使其成为建筑表面有机的或装饰的一部分，也可以采用无水落管方式（水舌排水、导水槽、落水链等方式）或隐藏排水管的方式（暗管外排水或内排水）。

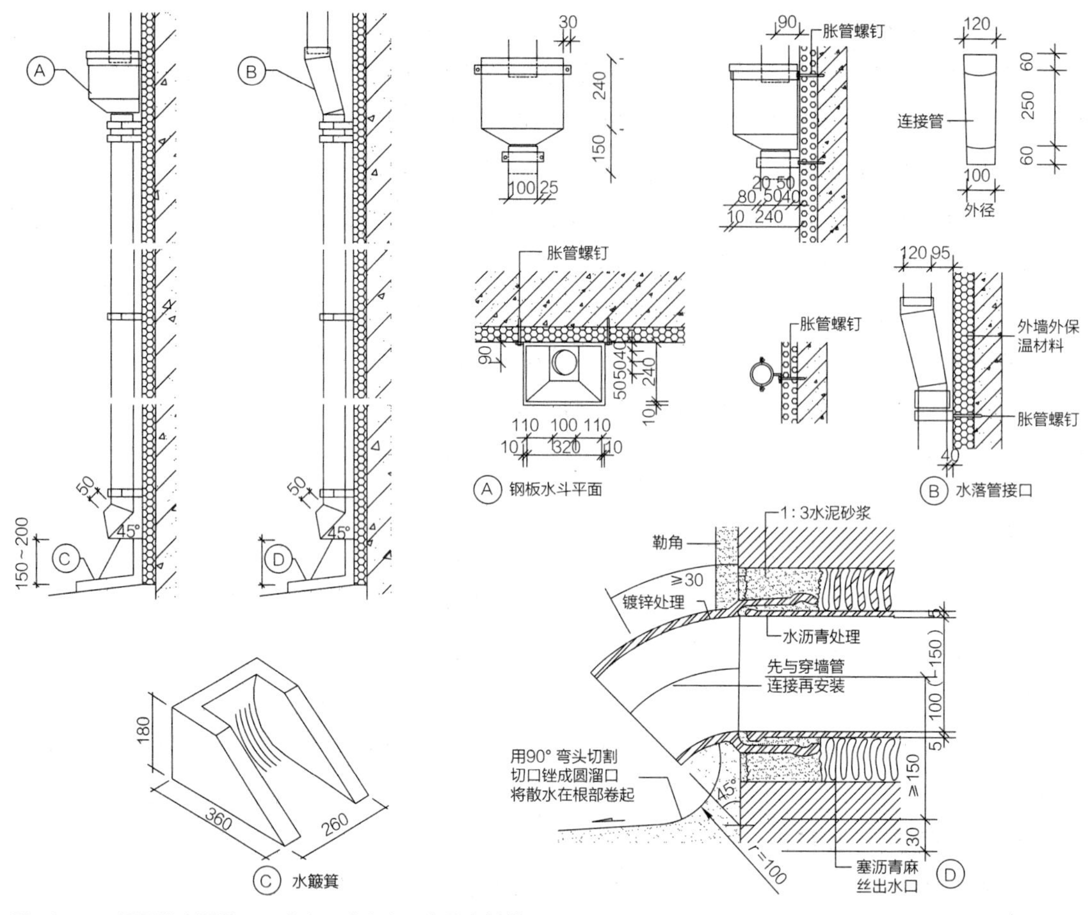

图 10-15 屋面排水配件——泄水口（水出口）及水簸箕

10.4.5 砌块墙体压顶构造

由于砖砌块的吸水率高，砖砌体在雨水渗透下容易引起霉变、白华、冻融等破坏。白华是一种白色粉状物，常出现在砖墙、石材或混凝土砖墙的表面，它由多种水溶性盐所组成，原存在于灰浆等材料中，渗入材料中的水分会将这些盐溶解并浮出表面，最后因为水的蒸发而留下白色的盐结晶。因此，白华产生的主要原因有两种：一是灰浆中原有的水分及盐分，相应的克服方法也有两种，或选用不含水溶性盐的干净的砂浆以彻底避免白华，或在完工后用水和刷子清洗，经过几次可以减少并清除；另一种是在竣工一段时间后，由于水从墙体表面渗入而带出盐分，因此需要检查水的来源并对砖缝表面进行封堵。

冻融是砖墙的一种被破坏的方式。主要是由于砖和砂浆的吸水性，在雨水等水分渗入后经过冰冻和解冻的过程，水分子在相变过程中的体积变化使得砂浆首先开裂剥离，造成砖墙的松动和脱落，砖块本身也会因为吸水率较高而在冰冻和溶解的过程中被剥离。

因此，砖墙要防止雨水和地表水的渗透，特别是在砖墙的顶部、女儿墙顶、窗台的墙顶均需要作防水的压顶处理（图 10-16），其主要作用是：

1）防水排水——排除直接的雨雪和沿着墙面、窗面下流的雨水，设有排水坡度。

2）防渗——防止雨水从墙体顶部渗入墙体及室内。

3）防污——由于顶部形成水平的积灰面，在雨水冲刷下会形成立面上的不均匀污痕，因此，窗台、女儿墙顶等部位均需要作出挑和滴水处理。

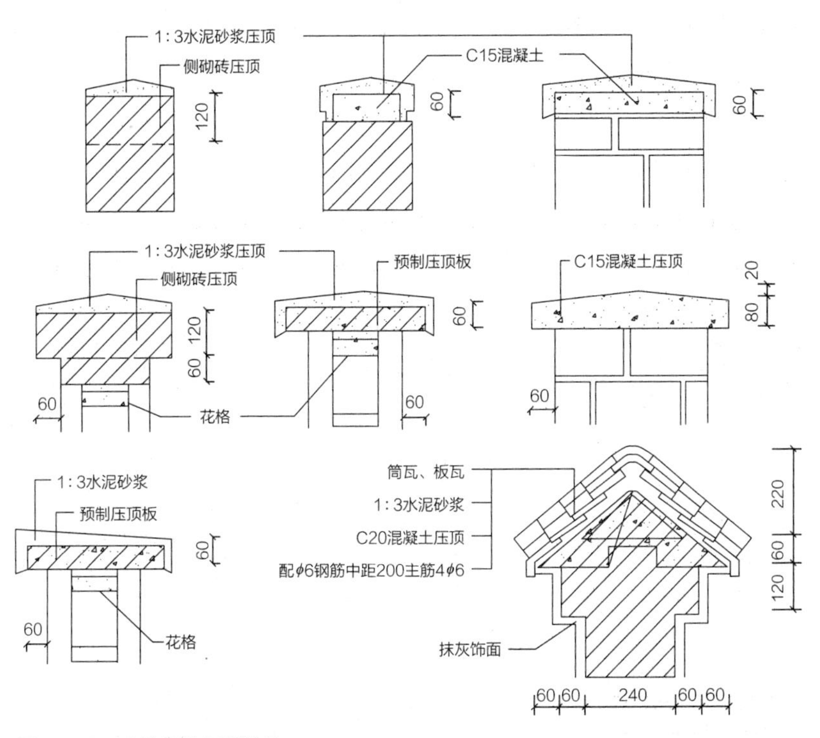

图 10-16　砌体围墙压顶构造

10.5　墙×门窗：洞口构造——门窗洞口的过梁、窗台

10.5.1　过梁

过梁是指在门窗洞口上用以承受上部墙体及楼（屋）盖传来的荷载的梁，其作用是将这些荷载传递给门窗的间墙。过梁上承受的荷载包括梁、板荷载及墙体荷载，根据托梁的原理，可以近似地认为过梁主要承受的是门窗洞口（过梁净跨）上方三角形范围内砌体的荷载。因此，如果采用叠涩构造，也可以在不采用砖拱、过梁的条件下形成墙面的开口部。这种结构规律在远古建筑中就已经被认识。

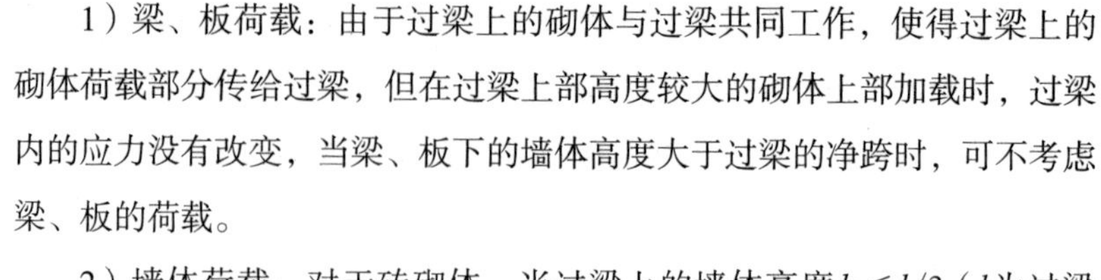

1）梁、板荷载：由于过梁上的砌体与过梁共同工作，使得过梁上的砌体荷载部分传给过梁，但在过梁上部高度较大的砌体上部加载时，过梁内的应力没有改变，当梁、板下的墙体高度大于过梁的净跨时，可不考虑梁、板的荷载。

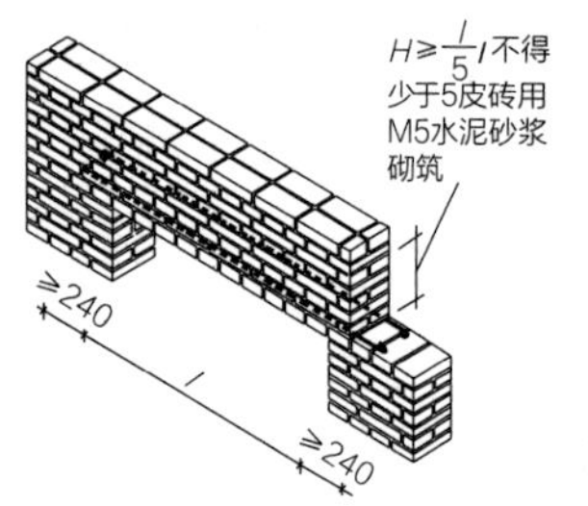

图 10-18 钢筋砖过梁

2）墙体荷载：对于砖砌体，当过梁上的墙体高度$h < l/3$（l为过梁的净跨）时，墙体的荷载应按照墙体的均布自重考虑；当过梁上的墙体高度$h > l/3$时，墙体的荷载应按照$l/3$高度的墙体的均布自重考虑；当采用小型砌块时，上述限值为$l/2$，也可以看成过梁只承受门窗洞口上方三角形范围内砌体的荷载。

过梁是承重构件，用来支承门窗洞口上墙体的荷重，承重墙上的过梁还要支承楼板荷载。过梁承受洞口上方砌体三角形范围内的荷载，

过梁的形式有钢筋混凝土过梁和砖砌过梁，砖砌过梁又包括钢筋砖过梁和砖砌平拱过梁等，各种过梁的构造要求如下（图10–17 ～图10–19）：

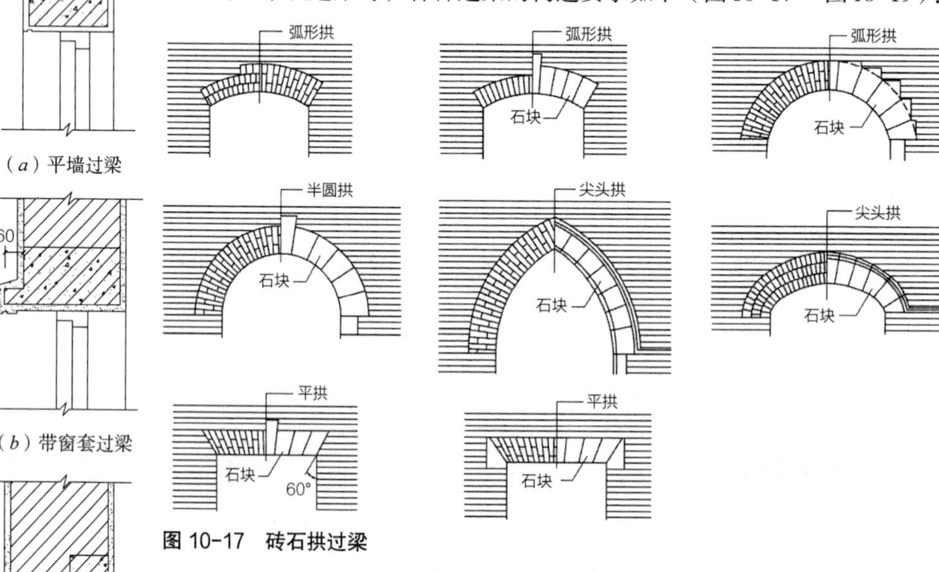

图 10-17 砖石拱过梁

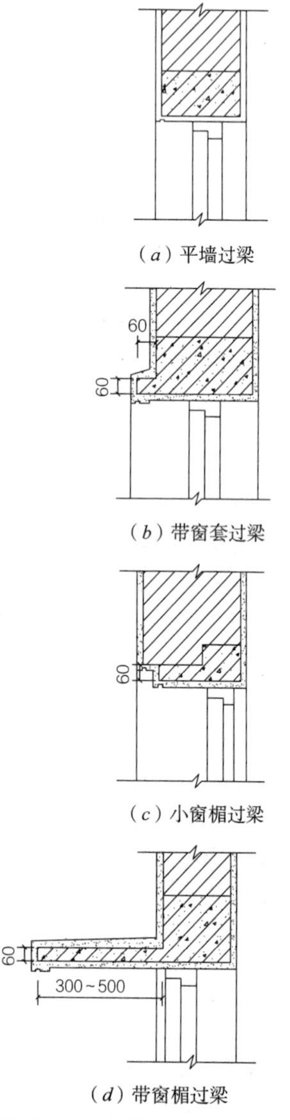

（a）平墙过梁

（b）带窗套过梁

（c）小窗楣过梁

（d）带窗楣过梁

图 10-19 钢筋混凝土过梁

1）钢筋混凝土过梁：承载能力强，对房屋不均匀下沉或振动有一定的适应性，能适应不同宽度的洞口，且预制装配过梁施工速度快，是最常用的一种。过梁的宽度一般与墙体同宽，高度则由计算确定，同时符合砖的模数。过梁将上部的荷载传递到两端的砖墙上，因此，过梁两端伸进墙内的长度不小于240mm（符合砖的模数）。过梁一般为矩形，也可以根据立面设计要求和气候条件，出挑形成窗楣或退后墙体减小冷桥的作用。

2）砖拱过梁：根据洞口上部的形状可以分为平拱、弧拱、半圆拱过梁，优点是钢筋、水泥用量少，缺点是施工速度慢。半圆拱在不产生侧向推力的情况下将上部荷载传递到两边，但占用空间大，窗的形式复杂；弧拱和平拱可以看成是半圆拱的变形，因为有侧推力，所以要求上部荷载较

小或有足够的墙体抵挡侧推力。平拱砖过梁主要用于非承重墙上的门窗，洞口宽度应小于1.2m，有集中荷载的或半砖墙不宜使用，地震区禁用。平拱砖过梁的两端下部伸入墙内20～30mm，中部的起拱高度约为跨度的1/50。

3）钢筋砖过梁：外观与外墙砌法相同，可以保证清水墙面效果统一，但施工麻烦，仅用于宽2m以内的洞口，钢筋直径6mm，间距小于120mm，钢筋伸入两端墙内不小于240mm，砂浆层的厚度不宜小于30mm。用M5水泥砂浆砌筑钢筋砖过梁，高度不少于5匹砖，且不小于门窗洞口宽度的1/4。

在砌体中经常使用的还有埋设在砌体中的悬挑构件，如挑梁、雨篷、阳台等。为了保证挑梁的安全，根据其受力特点和破坏形态，挑梁应进行抗倾覆验算、挑梁下砌体的局部受压承载力验算以及悬挑构件本身的承载力计算。一般而言，挑梁埋入砌体的长度与出挑长度的比值宜大于1.2，当挑梁上方无砌体时，其比值宜大于2。

门窗口的挑檐和雨篷主要是为防止雨水对门窗接缝的侵袭，门窗挑檐宜宽于门窗洞口两边各120mm以上，或形成四周框形的窗套，迎水面设有排水坡度和滴水，一般与门窗过梁合而为一形成窗楣或窗套，以防止雨水对门窗交接缝隙的渗透，同时防止雨水的回流和污渍。

10.5.2　窗台

窗台也可以看成是一种压顶，其主要作用也是排水、防渗、防污。

（1）主要类型

1）砖砌出挑叠涩压顶或窗台

根据设计要求可分为60mm厚平砌挑砖及120mm厚侧砌挑砖压顶或窗台，应向外出挑60mm，挑台下应作滴水，引导雨水垂直下落，不致影响其下墙面。砖砌压顶或窗台施工简单，应用广泛，顶部可做抹灰以增强耐久性。窗台每边长度应超过窗宽120mm，以防垂直相交时接缝重合减弱防渗效果。窗台表面及窗下槛交接处应考虑防水、排水处理。

2）钢筋混凝土压顶或窗台

一般根据砖的模数设计为60mm厚的预制钢筋混凝土板，其宽度可以等同于下部墙体，也可适当出挑60mm以上作滴水，或依据设计效果使其更宽。构造要求同砖砌出挑压顶及窗台的构造要求。预制混凝土压顶或窗台施工速度快，使用较广。

3）金属、石板、瓦顶披檐（披水板）或窗台板、窗套

墙体的顶部采用屋顶或石板叠涩压顶是一种传统的屋顶防渗处理方

法，实际上是将墙顶等同于小型的屋面处理，构造简单，防水效果较好。现在一般采用镀锌钢板或铝合金板压制成型或直接采用焊接钢板刷防锈漆，出挑约30～50mm，形成一个墙顶的斗笠状保护盖帽。窗台每边长度宜超过窗宽30～50mm，也可在门窗洞口的周边形成窗套。金属窗台板对立面设计的影响较小，形态精致，防水性能好，与门窗一同安装，施工便捷，但造价较高。也可采用25～30mm厚的花岗石板，以薄型压顶的形式粘接或挂接在墙顶或窗台上，迎水面保证排水坡度的同时自然形成了背面的滴水坡度。

（2）构造要点

1）砖等吸水性较强的材料均需要在顶部设置由金属、混凝土、石材、玻璃等防渗性能较好的材料制成的压顶、盖帽。

2）建筑物或墙体的顶面或压顶、盖帽等必须保证一定的排水坡度（吸水率越低的表面材料可采用的坡度越缓，一般不小于2%），便于及时排除积水，防止渗漏。排水坡度一般坡向集水方向，便于雨水排出，或坡向使用者视线的反方向，防止滴水干扰使用和污染墙面。

3）设置出挑的鹰嘴、滴水槽、披檐构造，防止排水携带灰尘直接沾染墙面，形成污渍。

4）边角、接缝等处是防水的薄弱环节，应注意打胶密封或油膏嵌缝，以增强防水效果。

清水砖墙的灰缝需要同面砖一样进行勾缝处理，以防止空气和雨水的渗入。可用特殊的勾缝剂，1∶1水泥砂浆勾缝，或用砌筑砂浆勾缝（即原浆勾缝）。勾缝的形式有平缝、平凹缝、斜缝、弧形缝等。由于砖砌块的吸水率高，容易被雨水侵蚀破坏，因此，清水砖墙的顶部需作压顶处理，接近地面需做勒脚处理，或改为相同尺寸的面砖。同理，在过梁、圈梁等不易砌砖的部位，也需要在混凝土构件外贴相同尺寸的面砖（图10-20～图10-23）。

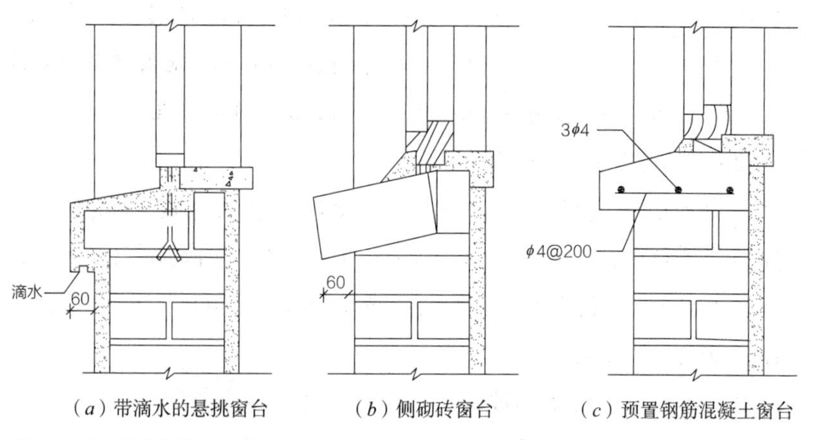

图10-20 窗台构造（一）

（*d*）实例

图 10-20 窗台构造（二）

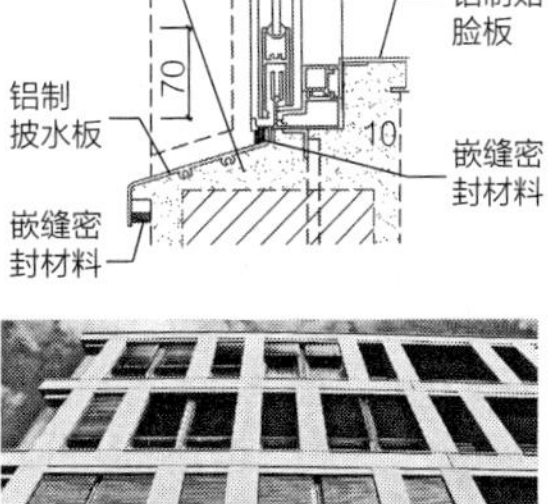

图 10-21 窗台披水板的节点构造

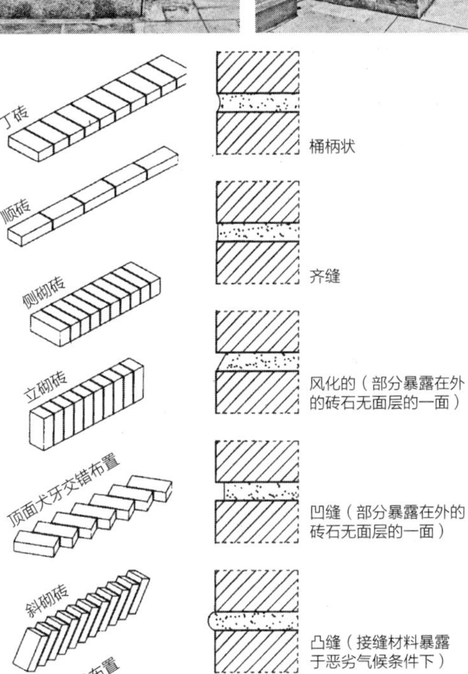

图 10-22 清水砖墙的饰面效果与灰缝处理

引自：德普拉泽斯（Deplazes，A.）. 建构建筑手册. 任铮钺等译. 大连：大连理工大学出版社，2007.

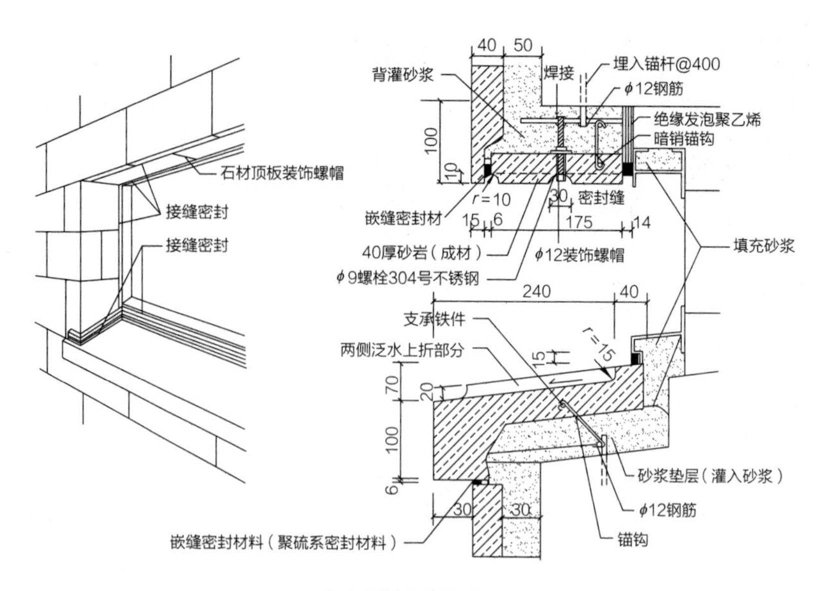

（*a*）石材窗台构造

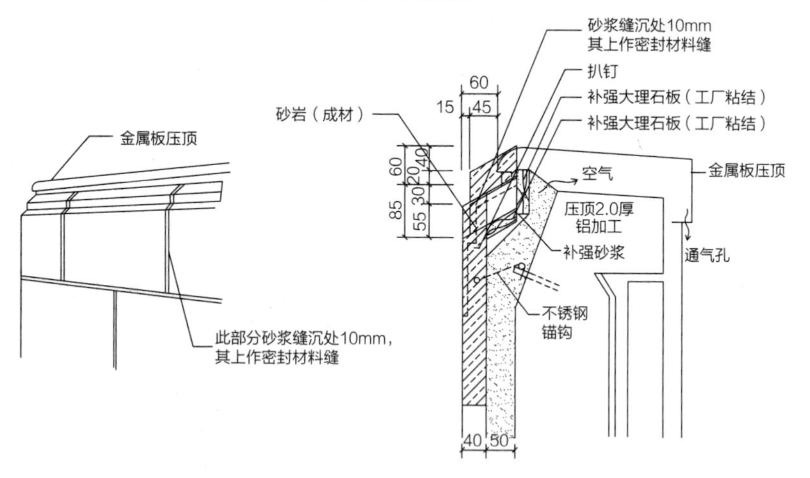

（*b*）金属板压顶

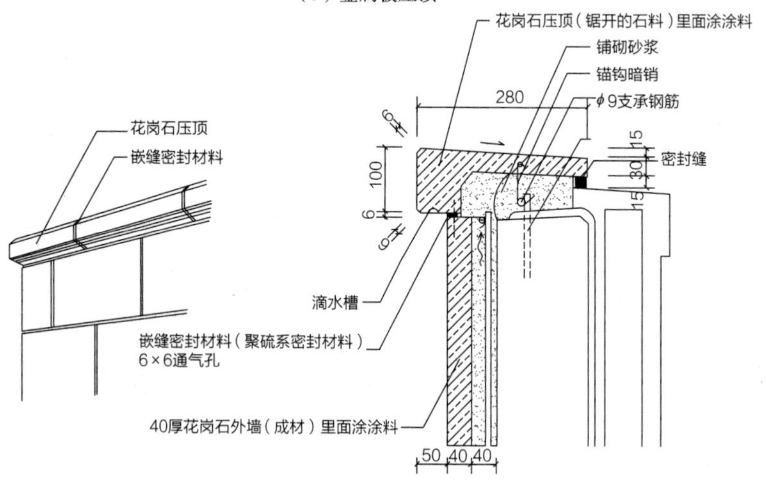

（*c*）花岗石压顶

图 10-23　湿贴法石材墙面的压顶、窗口构造

10.6 非传力的拼接：变形缝

10.6.1 概要——建筑接缝与变形缝

由于建筑物都是由各种不同材料或部件接合而成的，同时由于其体量巨大需要分区施工，因此，建筑物的面材和结构中都有大量的接缝，统称为建筑接缝。

（1）按照缝隙产生原因分

建筑接缝按照缝隙产生的原因可以分为非移动缝和移动缝。

1）非移动缝：指材料接合部分的接缝，主要是材料或部件组合时的缝隙，以及为调节构件之间的加工和连接误差而特意留出的精度调节、视觉遮蔽的缝隙，如分格缝、焊接缝、工作缝（混凝土施工缝、后浇带的接缝等）等。

2）移动缝：指在不产生破坏的前提下，调整或容纳建筑物或部件之间位移的缝隙，如面材的伸缩缝、面材与结构分开的结构缝、结构的沉降缝等。

（2）按照建筑接缝部位分

建筑接缝也可以按照建筑接缝的部位分为面材缝和结构缝。

1）面材分割缝：指建筑表面饰面材料的接缝，包括移动缝和非移动缝，主要包括控制缝（龟裂诱导缝）、邻接缝（施工缝）、伸缩缝（温度缝）。例如，刚性防水屋面需要设置一定数量的分格缝，将单块混凝土防水层的面积减小，从而减少其伸缩和翘曲变形，可有效地防止和限制裂缝的产生。

2）结构分隔缝（变形缝）：指建筑结构内的变形缝，是将建筑物垂直分开的预留缝，以防止由于温度变化、地基不均匀沉降和地震因素的影响使建筑物产生裂缝或破坏，即在设计时预先将房屋划分成若干个独立的部分，使各部分能自由地移动变化，防止内部的位移不同而产生内部应力而破坏结构或构件的整体性，主要包括伸缩缝（温度缝）、沉降缝、防震缝（地震分隔缝）。变形缝的宽度一般为25～450mm（防震缝的宽度随建筑高度增大而增大），是结构和构造系统中重要的组成部分和研究对象。

10.6.2 变形缝的设置

变形缝包括伸缩缝、沉降缝和防震缝三种（表10–2）。

（1）伸缩缝

为防止建筑构件因温度变化、热胀冷缩而使房屋出现裂缝或破坏，在沿建筑物的长度方向预留垂直的缝隙，这种因温度变化而设置的缝叫作温度缝或伸缩缝。

变形缝的比较 表10-2

<table>
<tr><th>变形缝类别</th><th>对应变形原因</th><th>设置依据</th><th>断开部位</th><th colspan="7">缝　宽</th></tr>
<tr><td>伸缩缝</td><td>昼夜温差引起热胀冷缩</td><td>按建筑物的长度、结构类型与屋盖刚度</td><td>除基础外沿全高断开</td><td colspan="7">20 ～ 30mm</td></tr>
<tr><td rowspan="9">沉降缝</td><td rowspan="9">建筑物相邻部分高低悬殊、结构形式变化大、基础埋深差别大、地基不均匀等引起的不均匀沉降</td><td rowspan="9">地基情况和建筑物的高度</td><td rowspan="9">从基础到屋顶沿全高断开</td><td colspan="7">一般地基</td></tr>
<tr><td rowspan="3">建筑物高</td><td colspan="2">＜5m</td><td colspan="2" rowspan="3">缝宽</td><td colspan="2">30mm</td></tr>
<tr><td colspan="2">5 ～ 10m</td><td colspan="2">50mm</td></tr>
<tr><td colspan="2">10 ～ 15m</td><td colspan="2">70mm</td></tr>
<tr><td colspan="7">软弱地基</td></tr>
<tr><td rowspan="3">建筑物</td><td colspan="2">2 ～ 3层</td><td colspan="2" rowspan="3">缝宽</td><td colspan="2">50 ～ 80mm</td></tr>
<tr><td colspan="2">4 ～ 5层</td><td colspan="2">80 ～ 120mm</td></tr>
<tr><td colspan="2">＞6层</td><td colspan="2">＞120mm</td></tr>
<tr><td colspan="3">沉陷性黄土</td><td colspan="2">缝宽</td><td colspan="2">≥30 ～ 70mm</td></tr>
<tr><td rowspan="7">防震缝</td><td rowspan="7">地震作用</td><td rowspan="7">设防烈度、结构类型和建筑物高度
8度、9度设防且房屋立面高差相差在6m以上，或错层楼板高度相差1/3层高或者1m，毗邻部分各段刚度、质量、结构形式均不同时设缝</td><td rowspan="7">沿建筑物全高设缝，基础可不分开，也可分开</td><td colspan="3">多层砌体建筑</td><td colspan="2">缝宽</td><td colspan="2">50 ～ 100mm</td></tr>
<tr><td colspan="7">框架框剪</td></tr>
<tr><td rowspan="5">建筑物高</td><td>＜15m</td><td colspan="5">缝宽70mm</td></tr>
<tr><td rowspan="4">＞15m</td><td rowspan="4">设防度</td><td>6</td><td rowspan="4">建筑物每增高</td><td>5m</td><td rowspan="4">缝宽加大20mm</td></tr>
<tr><td>7</td><td>4m</td></tr>
<tr><td>8</td><td>3m</td></tr>
<tr><td>9</td><td>2m</td></tr>
</table>

设置部位：设置间距与屋顶和楼板的类型有关，最大间距一般为50 ～ 75m。

设置要求：伸缩缝是从基础顶面开始，将墙体、楼板、屋顶的所有构件断开，受温度影响小的基础和地下室不必断开。伸缩缝的宽度一般为20 ～ 30mm。

（2）沉降缝

为防止建筑物各部分由于地基的不均匀沉降而引起房屋破坏所设置的竖向缝为沉降缝。沉降缝将房屋从基础到屋顶的构件全部断开，形成独立移动的单元。

设置部位：平面形状复杂的建筑物的转角处；建筑物高度或荷载差异较大处；结构类型或基础类型不同处；地基土层有不均匀沉降处；不同时间内修建的房屋的连接部位。

设置要求：其宽度与地基情况及建筑高度有关，一般为20 ～ 30mm，在软弱地基上五层以上的建筑的缝宽应适当增加。沉降缝处的上部结构和基础必须完全断开。

（3）防震缝

在抗震设防烈度7～9度地区内的建筑物应设防震缝，建筑物中不同高度、不同构造形式和不同刚度的部分在地震力的作用下会产生不同的振幅和振动周期，为防止这些不同建筑部分之间的裂缝和碰撞，需根据建筑物各部分的高度、抗震设防烈度，在基础以上设置不同宽度的缝隙。由于沉降缝与防震缝都随建筑物的高度、构造形式等设缝，因此可尽量协调布置，一缝多用。

设置要求：防震缝的宽度与建筑的层数及结构类型、抗震设防烈度有关。

10.6.3　变形缝构造

伸缩缝应保证建筑构件在水平方向的自由变形，沉降缝应保证建筑部分在垂直方向的自由沉降变形，防震缝主要是防地震水平波的影响，虽然三种缝的功能各不相同，但三种缝的构造基本相同。屋面、楼地面、墙面的变形缝构造基本一致。其构造要点是：

1）将建筑构件全部断开，并保证一定的材料冗余（U形或叠合），以保证缝两侧的自由变形。

2）变形缝应力求隐蔽、美观，还应采取措施以提高围护性能，满足防水（止水带）、防火（阻火带）、保温（保温带）的要求。缝内常用可压缩变形的玛瑞脂、金属调节片、沥青麻丝等材料作封缝处理，也可以根据需要可选用集防火、防水、保温、装饰于一体的变形缝盖缝板成品。

3）水平方向的变形缝主要用于屋顶、地板等，分为承重和不承重两种；垂直方向的变形缝主要用于内外墙体，分为室内用和室外用两种。

4）为了便于建筑的使用和美观，可以采用一系列的方法来减少设缝，如提高材料强度、预加应力（添加剂等）、分段施工沉降后再连接（混凝土后浇带）等。

（1）屋面变形缝

屋面变形缝的构造处理原则是，既不能影响屋面的变形，又要防止雨水从变形缝处渗入室内。因此，变形缝处的防水构造如同屋面泛水，同时利用防水卷材的和盖板的可移动性保证变形的需要。刚性防水屋面的变形缝设置要求同卷材防水屋面，并在变形缝的局部采用防水卷材加强防水。

1）等高屋面变形缝的做法：在缝两边的屋面板上砌筑半砖墙厚的矮墙形成屋面泛水。屋面卷材防水层与矮墙面的连接处理类同泛水构造，缝内嵌填沥青麻丝。矮墙顶部可用镀锌薄钢板或混凝土盖板压顶以利于防水。

为了保证变形和防水的需要，跨越等高屋面的防水卷材要留有余量，形成U形的褶皱以利于伸缩变形，金属盖板则用水泥钉固定在两边的矮墙上，同时带有U形褶皱，其上再覆以完整的金属盖板加强防水并保证美观。使用混凝土预制盖板时则应采用浮搁的方式，盖缝前先干铺一层卷材，以减少泛水与盖板之间的摩擦，保证变形。为了保证变形缝处的防水效果，也可以在等高屋面上用混凝土现浇制成高低不同的矮墙及悬挑结构，同高低屋面的变形缝处理方式。

2）高低屋面变形缝的处理方式则是在低侧屋面板上砌筑矮墙。当变形缝宽度较小时，可用镀锌薄钢板或铝合金板盖缝并固定在高侧墙上，做法同泛水构造，也可以从高侧墙上悬挑钢筋混凝土板盖缝。

（2）墙身变形缝

墙身变形缝包括伸缩缝、沉降缝和防震缝。一般情况下，沉降缝与伸缩缝合并，防震缝的设置应结合伸缩缝、沉降缝的要求统一考虑。缝的设置位置和宽度依据相关规范和设计要求确定。其构造做法与屋面变形缝的做法相似，主要起到防水和遮蔽的作用，不用承受荷载（图10–24、图10–25）。

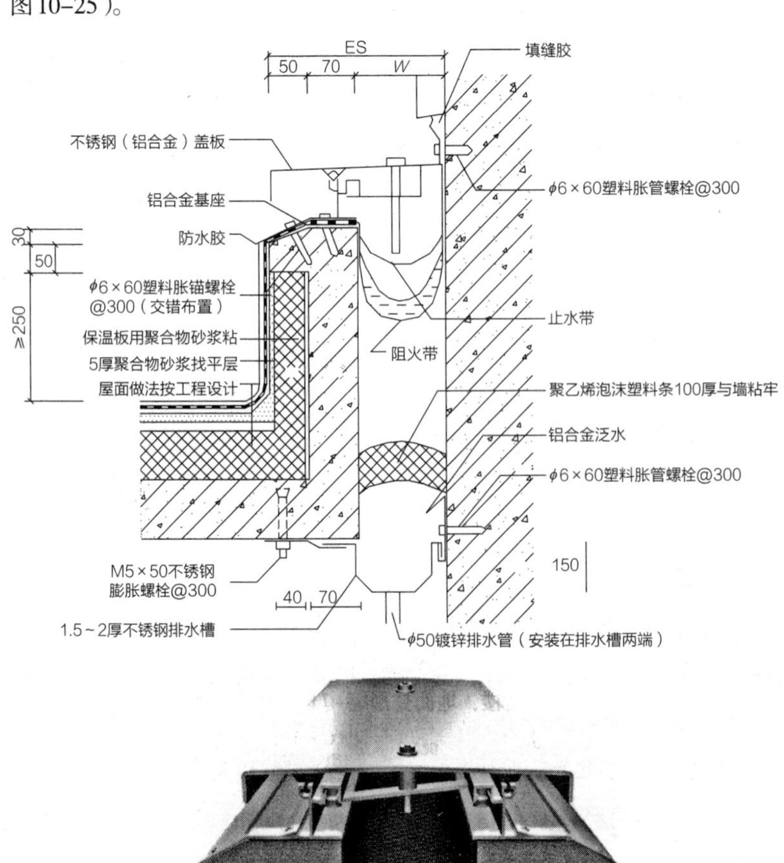

图 10–24　屋顶变形缝盖缝构造

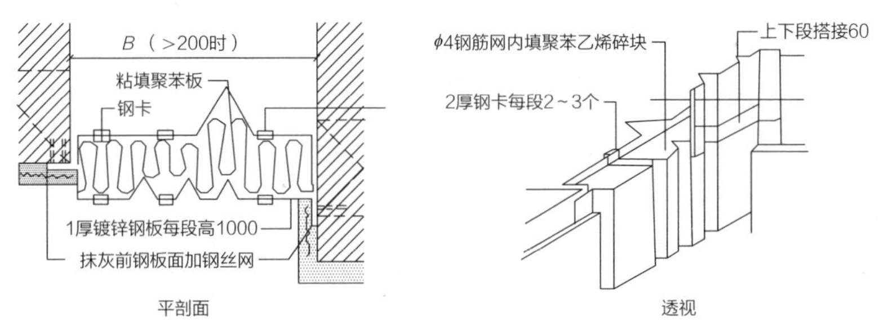

图 10-25　墙面防震缝的缝构造

（3）楼地面变形缝

地面变形缝包括伸缩缝、沉降缝和防震缝。其设置的位置和大小应与墙面、屋面变形缝一致。构造上要求从基层到饰面层全部脱开，缝内常用可压缩变形的玛琋脂、金属调节片、沥青麻丝等材料作封缝处理。由于楼地面有使用需求，所以变形缝的处理应考虑到有足够的承载力以承受踩踏，保证使用面的滑顺，并做到美观整洁（图10-26）。

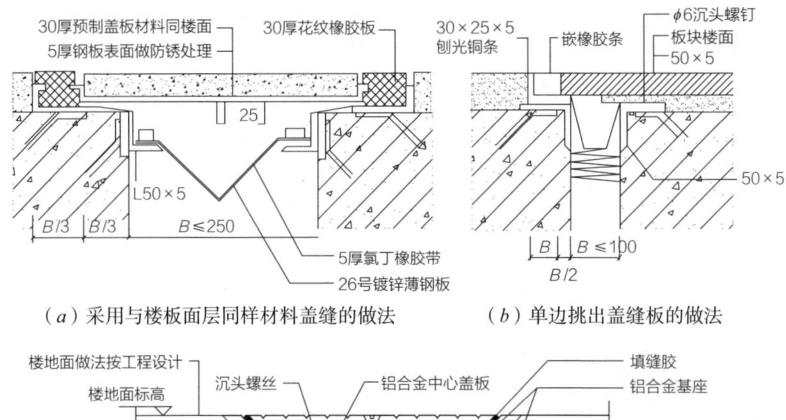

（a）采用与楼板面层同样材料盖缝的做法　　（b）单边挑出盖缝板的做法

（c）成品变形缝盖缝板（集防火、防水、保温、装饰于一体）

图 10-26　楼面变形缝盖缝构造

（4）地下室变形缝

地下室的分隔缝要求防水、防渗，一般采用密封膏加止水带、盖缝板的构造方法（图10-27）。

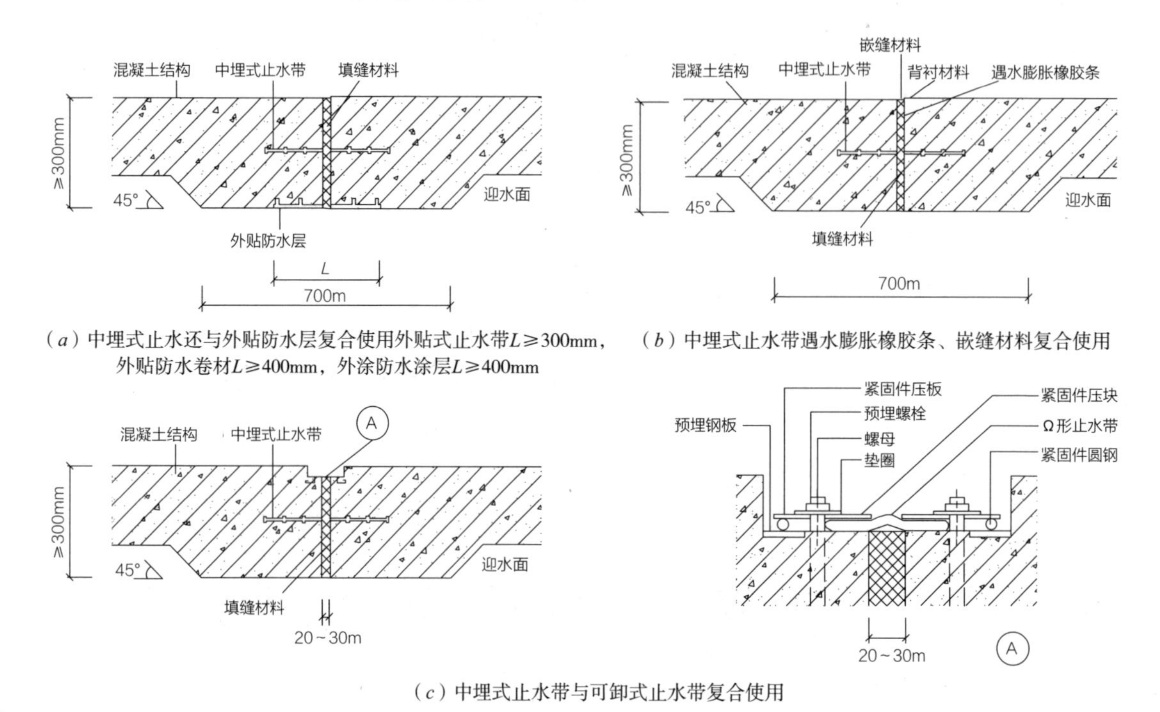

（*a*）中埋式止水还与外贴防水层复合使用外贴式止水带$L \geqslant 300$mm，外贴防水卷材$L \geqslant 400$mm，外涂防水涂层$L \geqslant 400$mm

（*b*）中埋式止水带遇水膨胀橡胶条、嵌缝材料复合使用

（*c*）中埋式止水带与可卸式止水带复合使用

图 10-27 地下室变形缝盖缝构造

附录：主要建筑部件构造节点图样

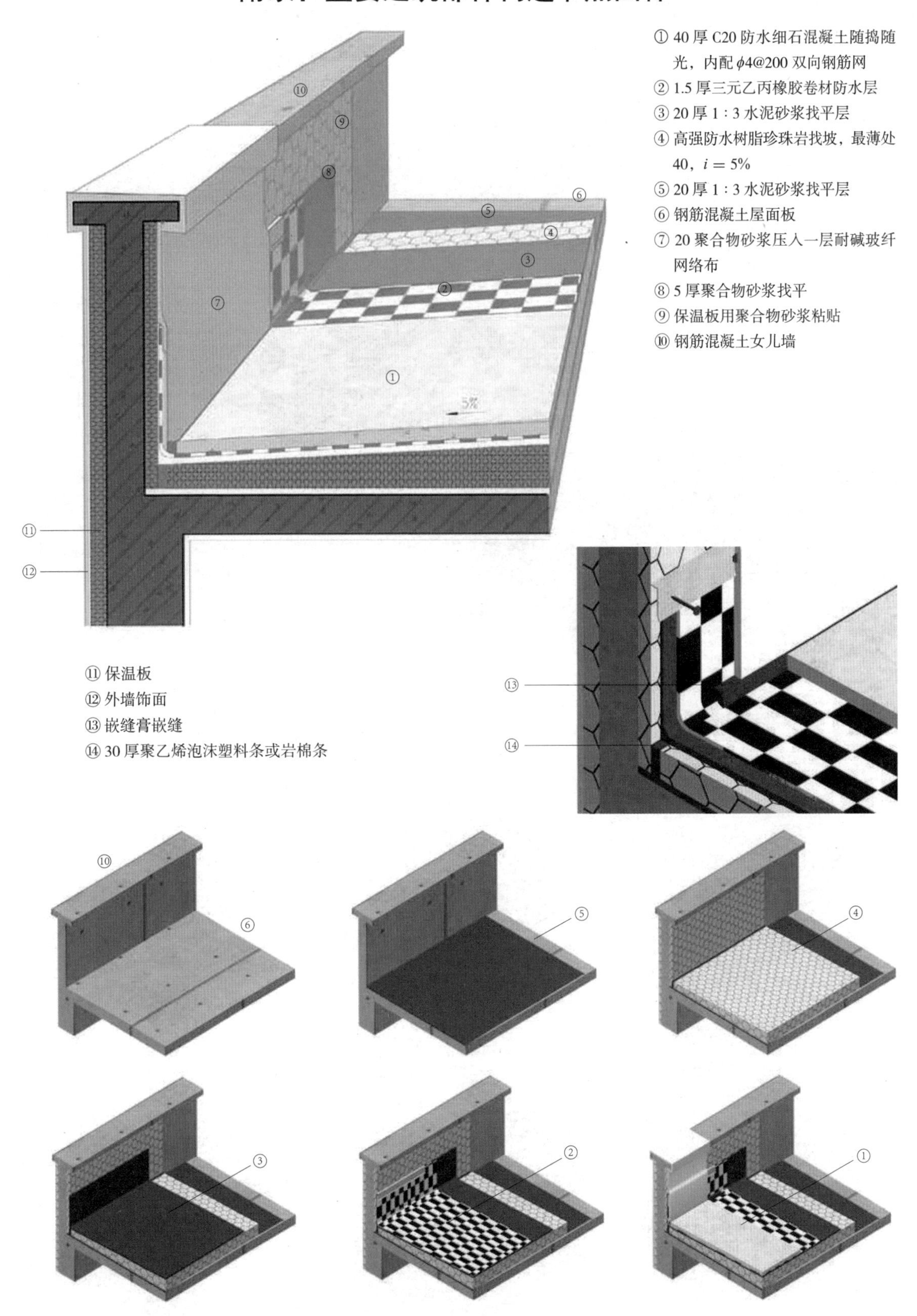

图 1　平屋顶女儿墙大样

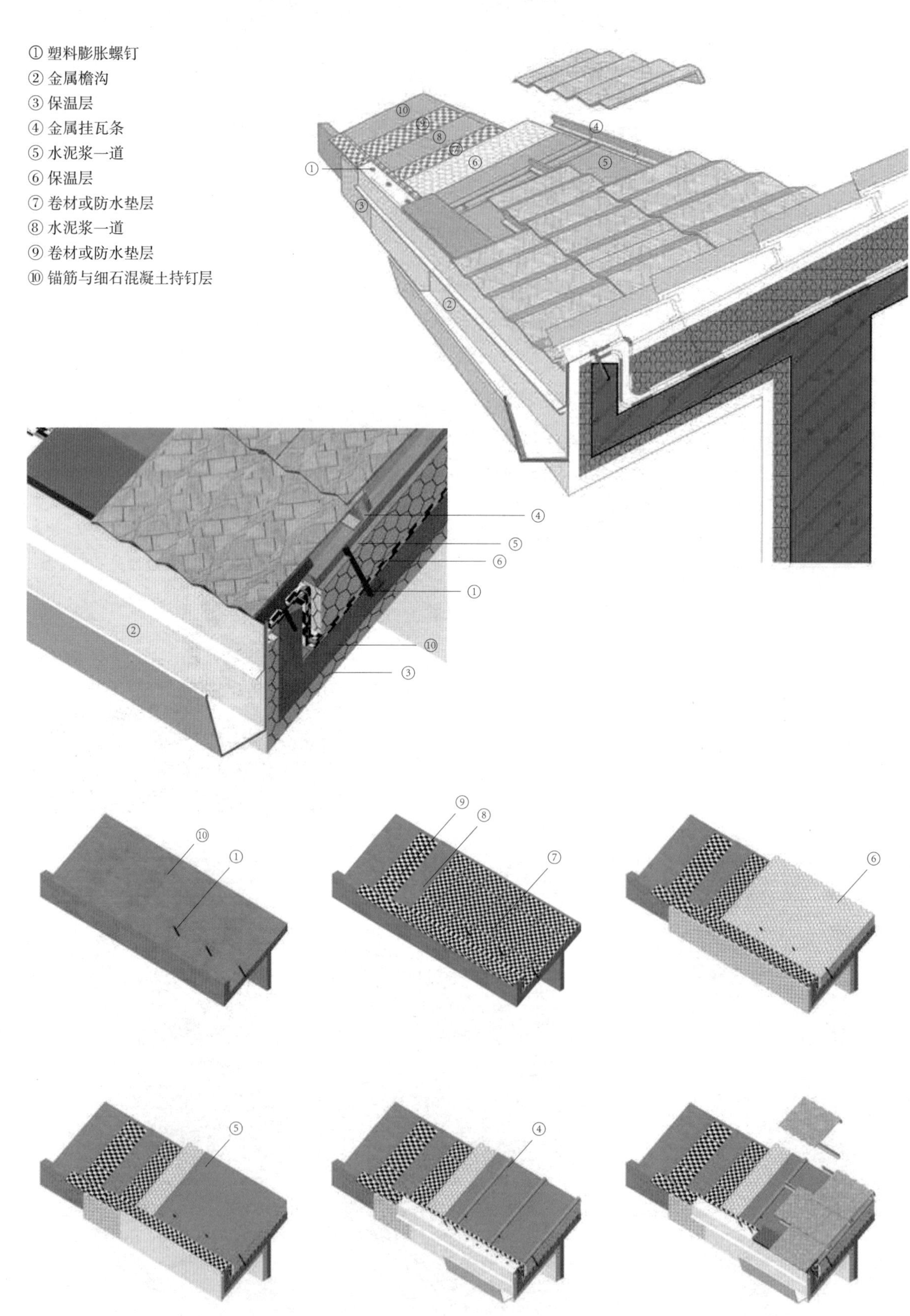
① 塑料膨胀螺钉
② 金属檐沟
③ 保温层
④ 金属挂瓦条
⑤ 水泥浆一道
⑥ 保温层
⑦ 卷材或防水垫层
⑧ 水泥浆一道
⑨ 卷材或防水垫层
⑩ 锚筋与细石混凝土持钉层

图2　瓦屋面檐沟大样

① 5 厚陶瓷锦砖，干水泥擦缝
② 30 厚 1∶3 干硬性水泥砂浆结合层
③ 1.5 厚聚氨酯防水层
④ 最薄处 30 厚 C20 细石混凝土找坡层抹平
⑤ 水泥浆一道（内掺建筑胶）
⑥ 现浇钢筋混凝土楼板
⑦ 云石胶带点固定，AB 胶安装
⑧ 聚酯漆或聚氨酯漆
⑨ 硬木企口拼花地板
⑩ 松木毛地板斜铺，上铺防水卷材一层
⑪ 木龙骨（防火、防腐处理）

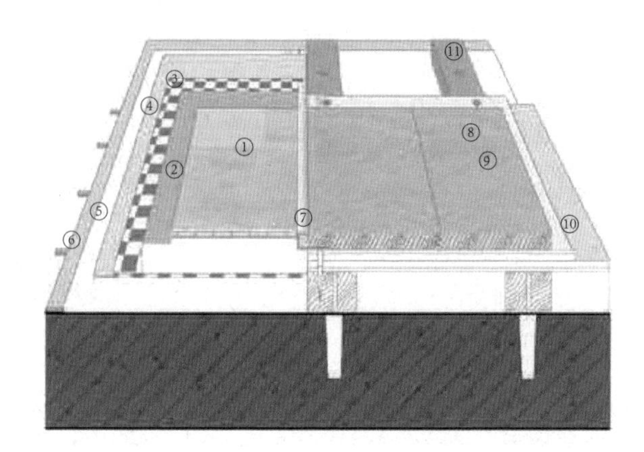

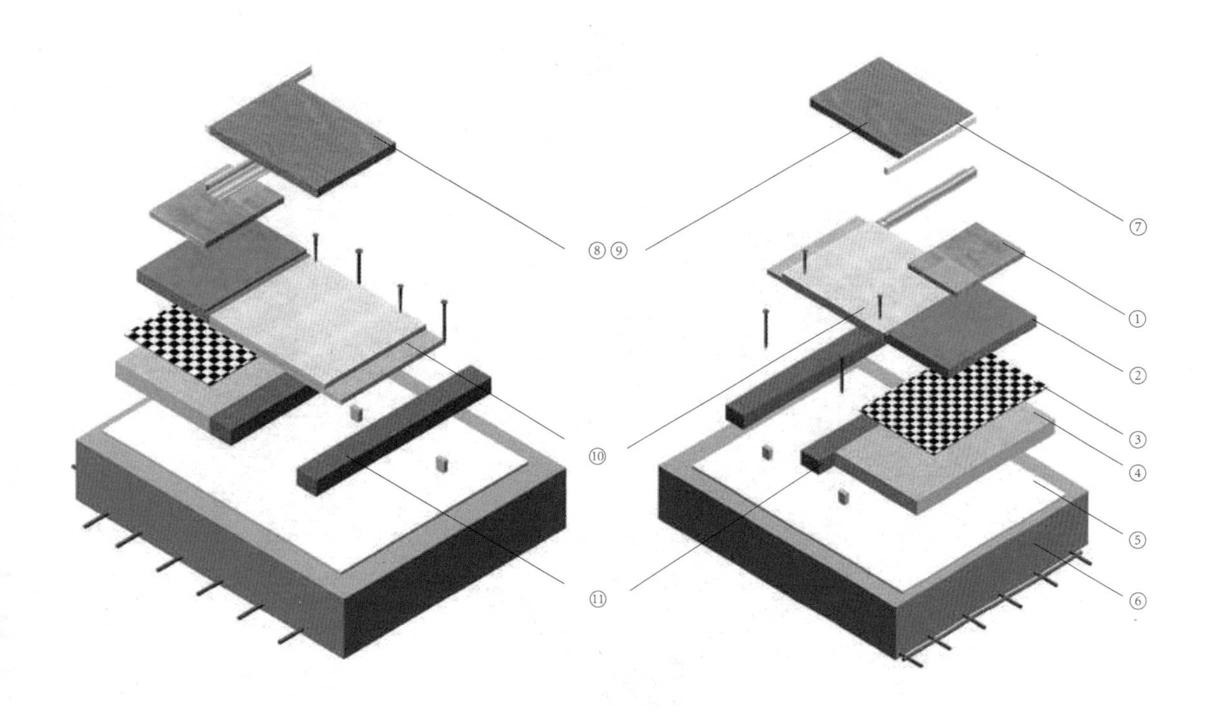

图 3　钢筋混凝土楼面大样

① 瓷砖面层
② 水泥砂浆结合层
③ 钢筋混凝土结构层
④ 混凝土配筋
⑤ 钢衬板
⑥ 收边角钢
⑦ H 型钢

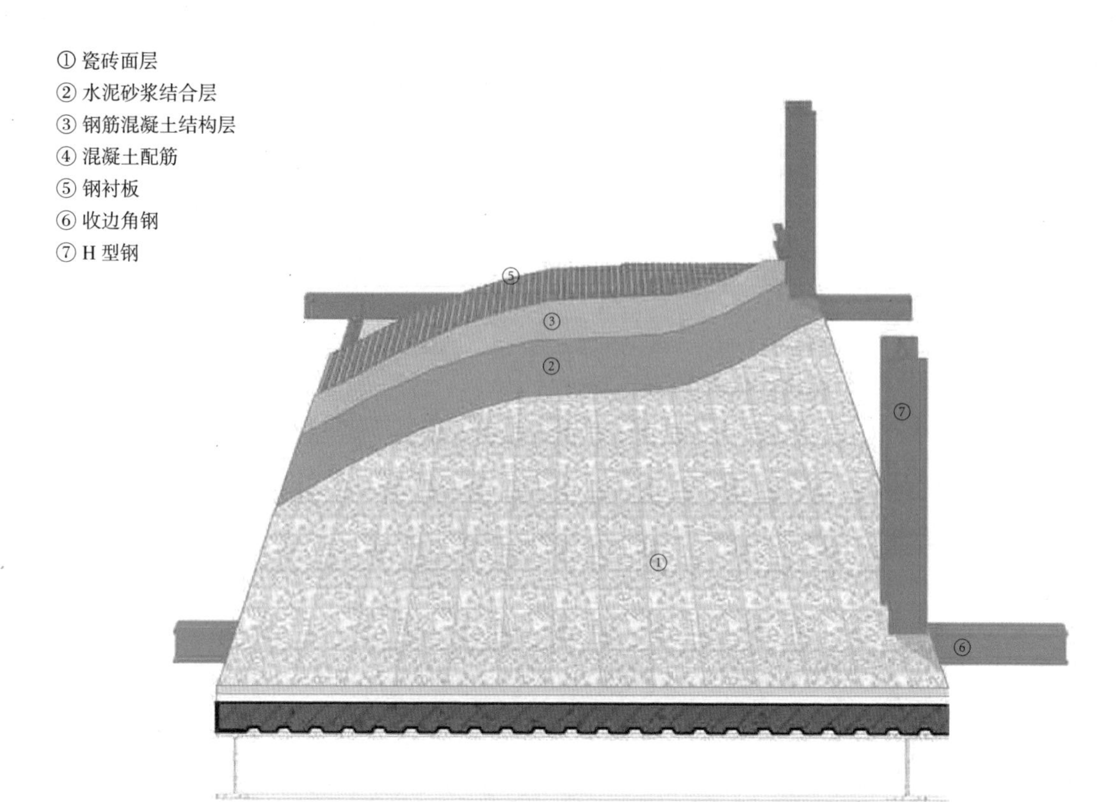

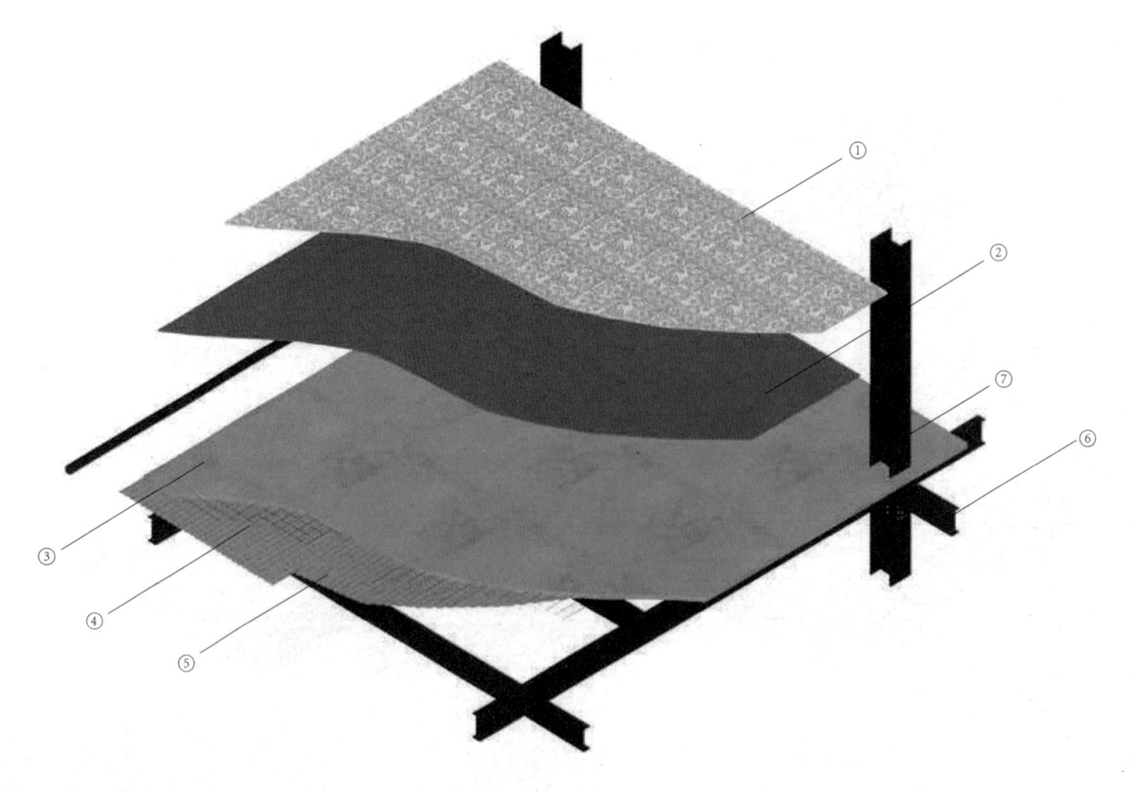

图 4　压型钢板混凝土楼面大样

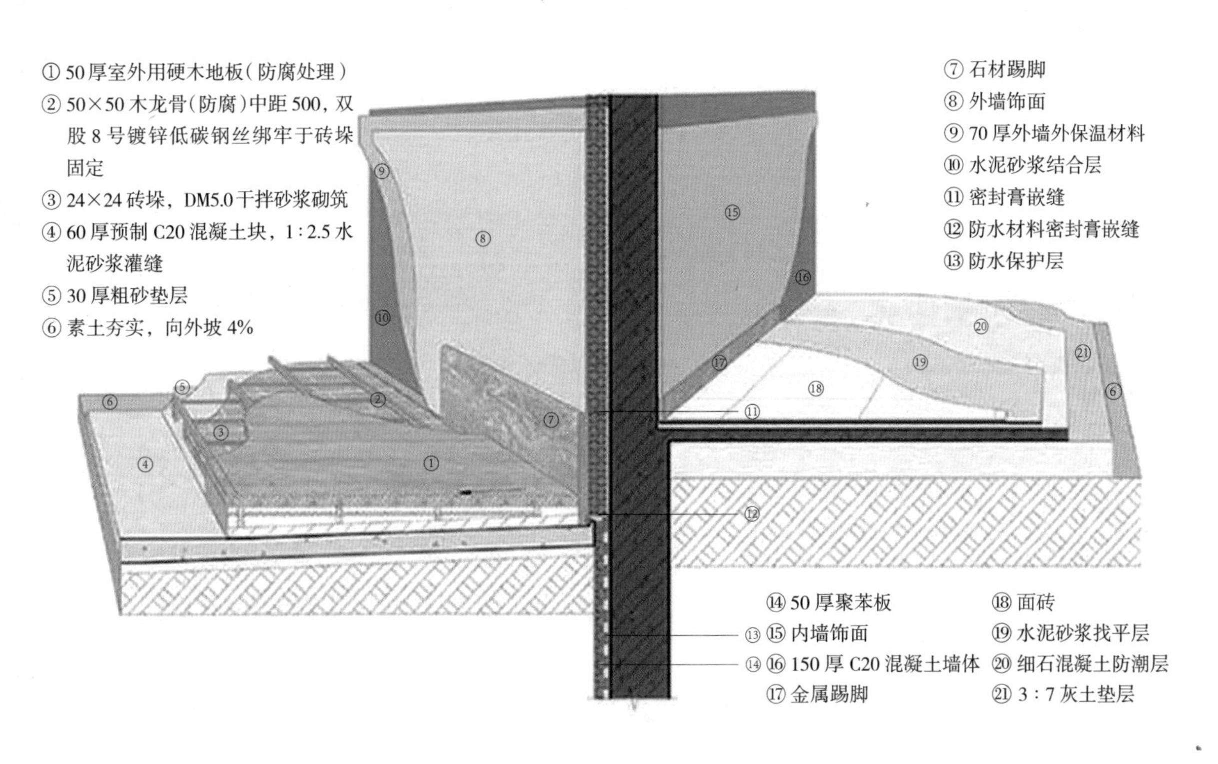

① 50厚室外用硬木地板（防腐处理）
② 50×50木龙骨（防腐）中距500，双股8号镀锌低碳钢丝绑牢于砖垛固定
③ 24×24砖垛，DM5.0干拌砂浆砌筑
④ 60厚预制C20混凝土块，1∶2.5水泥砂浆灌缝
⑤ 30厚粗砂垫层
⑥ 素土夯实，向外坡4%
⑦ 石材踢脚
⑧ 外墙饰面
⑨ 70厚外墙外保温材料
⑩ 水泥砂浆结合层
⑪ 密封膏嵌缝
⑫ 防水材料密封膏嵌缝
⑬ 防水保护层
⑭ 50厚聚苯板
⑮ 内墙饰面
⑯ 150厚C20混凝土墙体
⑰ 金属踢脚
⑱ 面砖
⑲ 水泥砂浆找平层
⑳ 细石混凝土防潮层
㉑ 3∶7灰土垫层

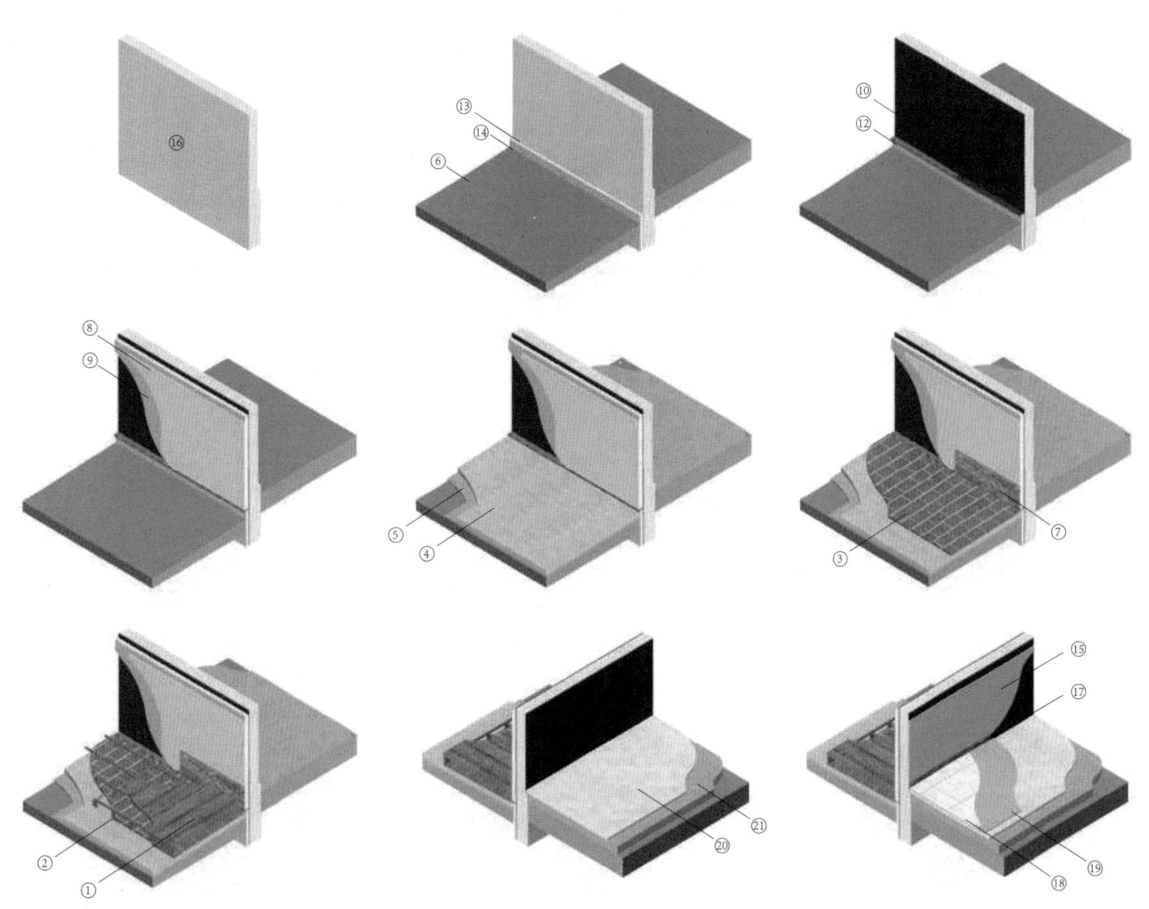

图5 墙脚大样一（承重墙）

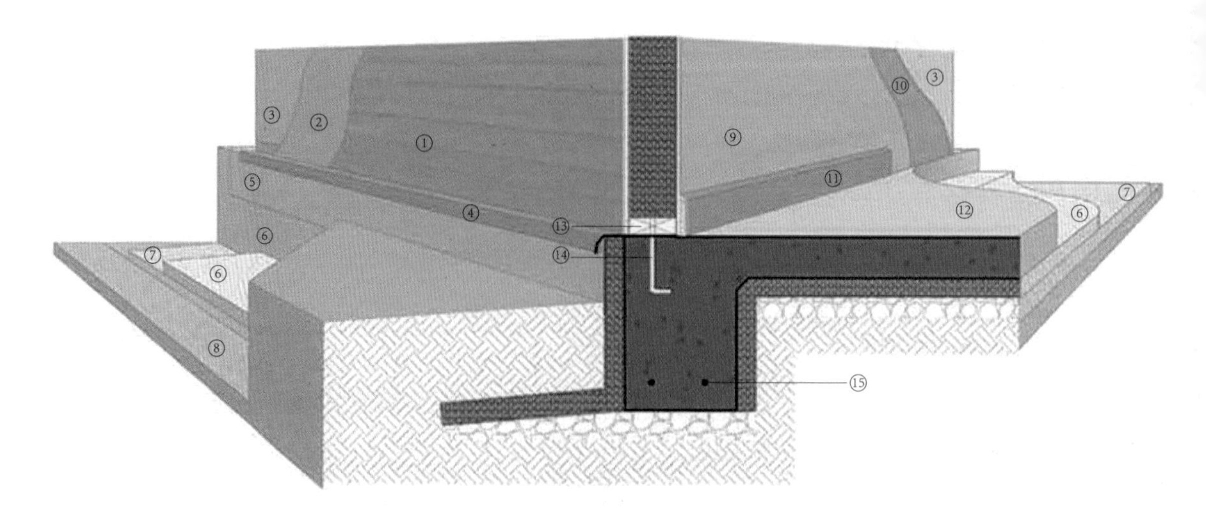

① 外置涂料墙板
② 防护覆板
③ 岩棉板保温层
④ 防水板
⑤ 硬质泡沫保护层
⑥ 挤塑聚苯乙烯保温隔板
⑦ 碎石垫层
⑧ 素土夯实
⑨ 石膏固定板
⑩ 防潮层
⑪ 底座线脚
⑫ 混凝土板及支撑基脚
⑬ 抗压底系定板
⑭ 地脚螺栓
⑮ 加固钢筋

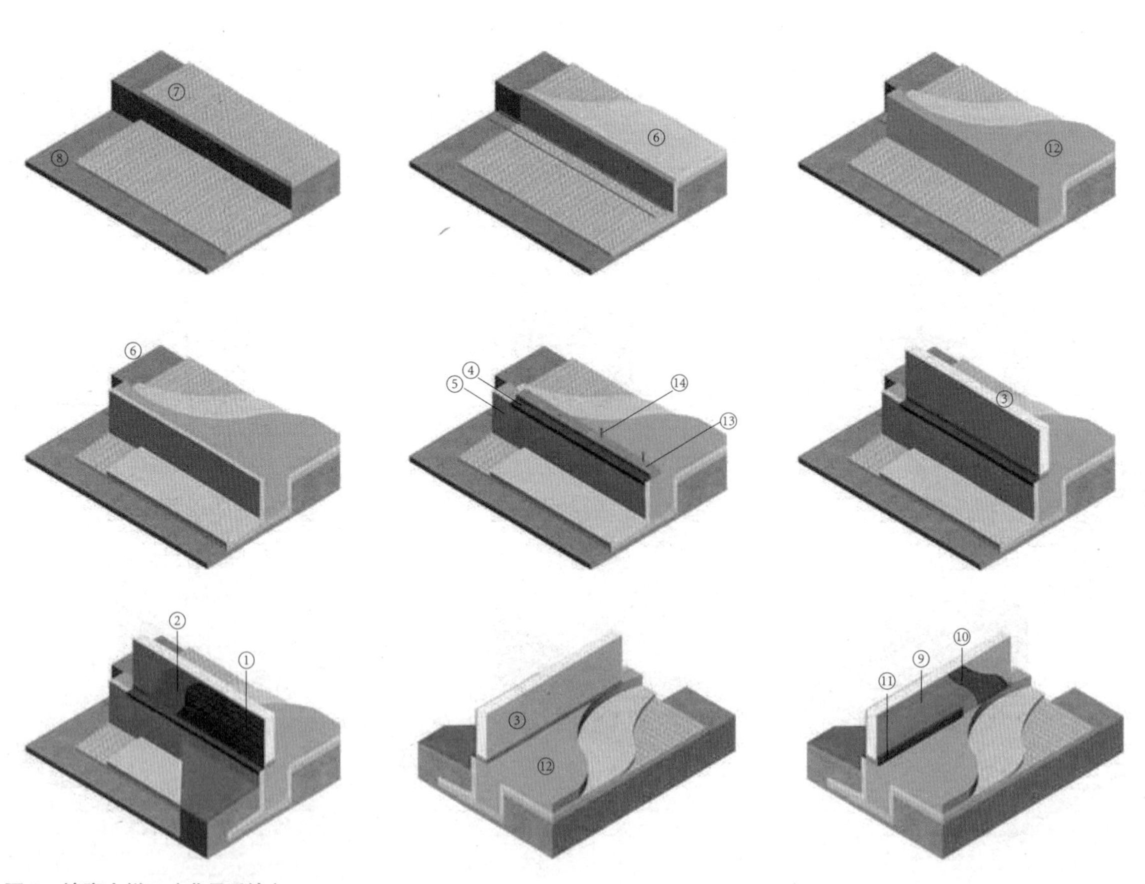

图6　墙脚大样二（非承重墙）

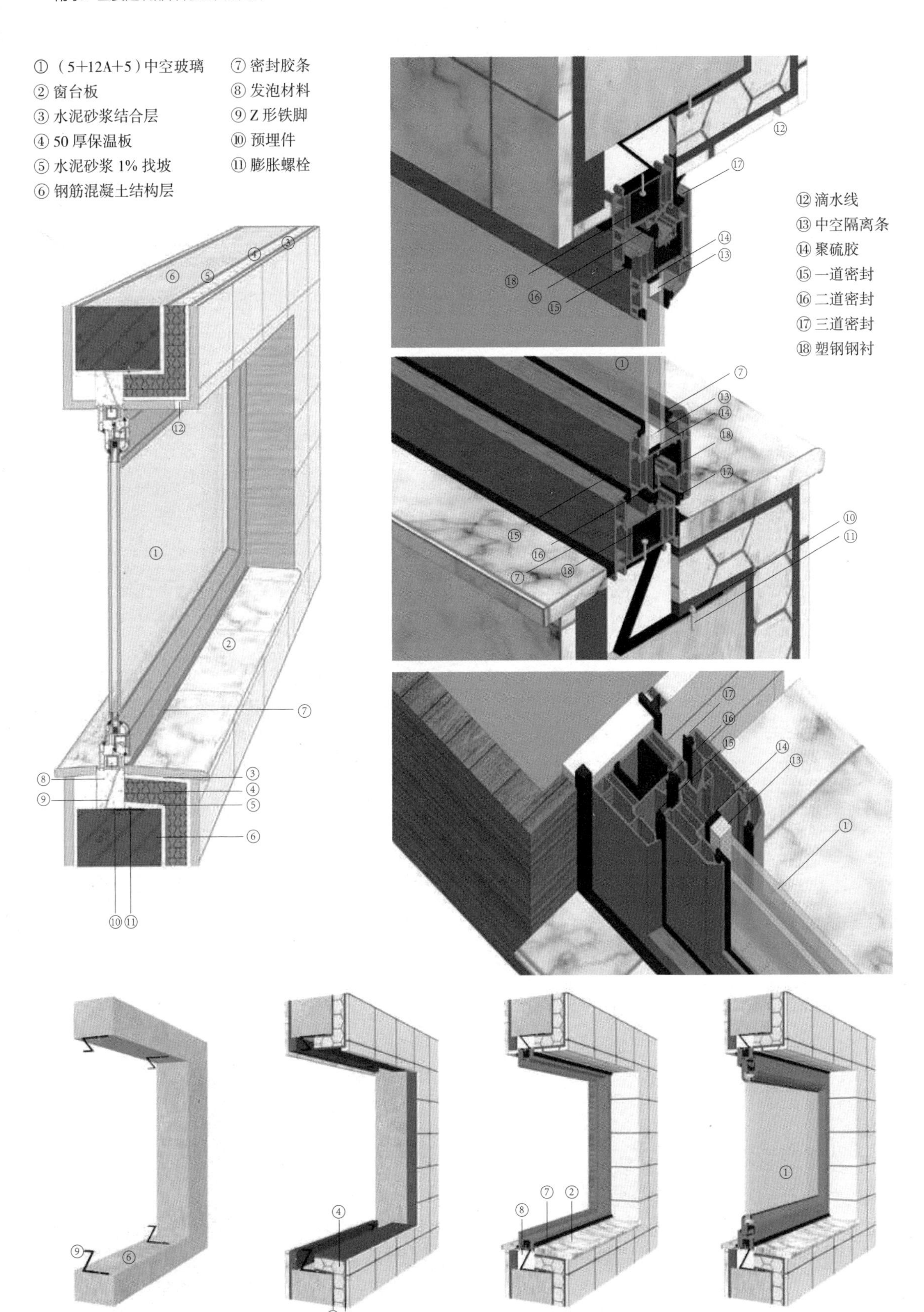
① （5+12A+5）中空玻璃
② 窗台板
③ 水泥砂浆结合层
④ 50 厚保温板
⑤ 水泥砂浆 1% 找坡
⑥ 钢筋混凝土结构层
⑦ 密封胶条
⑧ 发泡材料
⑨ Z 形铁脚
⑩ 预埋件
⑪ 膨胀螺栓
⑫ 滴水线
⑬ 中空隔离条
⑭ 聚硫胶
⑮ 一道密封
⑯ 二道密封
⑰ 三道密封
⑱ 塑钢钢衬

图 7 窗洞口大样

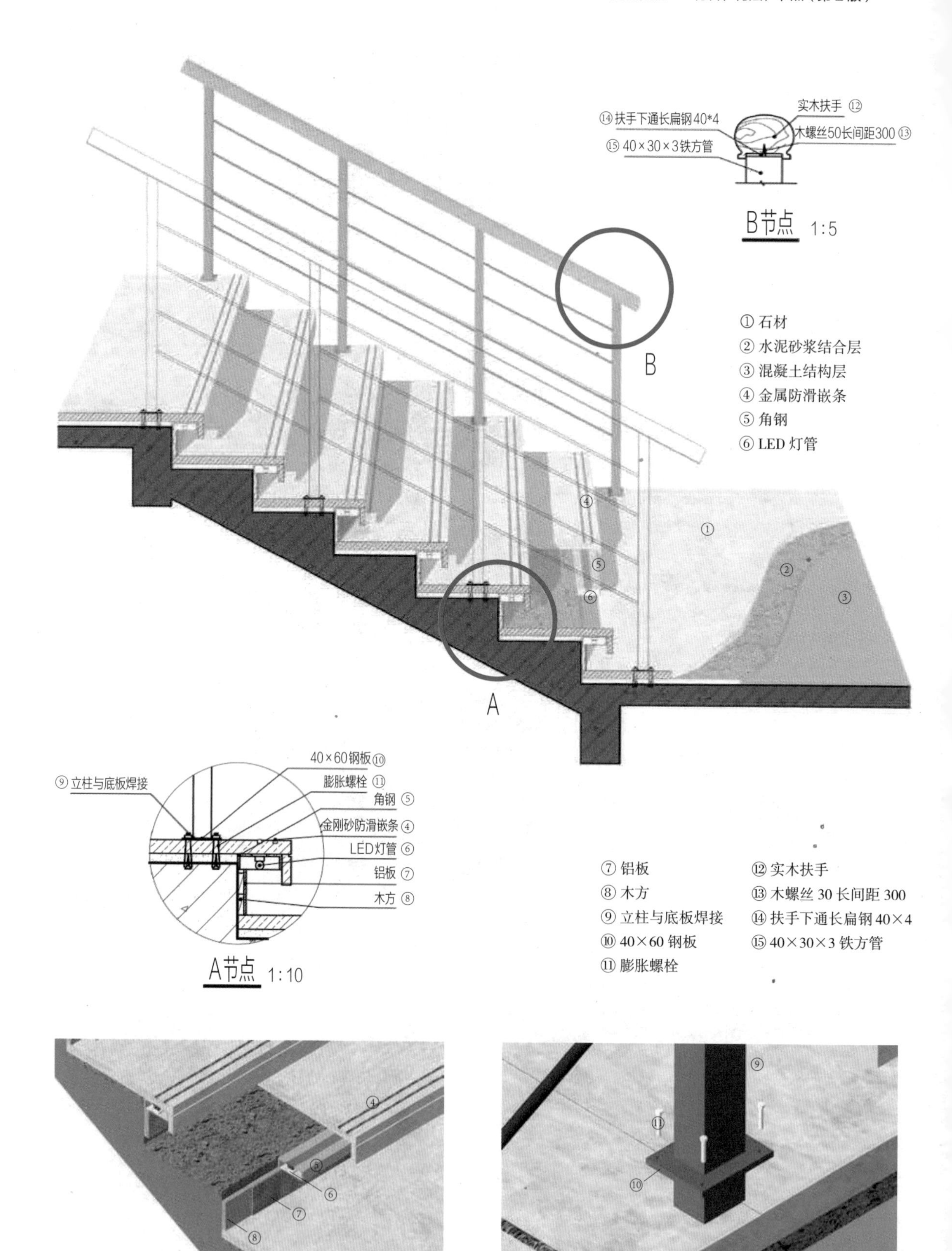

⑭扶手下通长扁钢40*4
实木扶手 ⑫
木螺丝50长间距300 ⑬
⑮ 40×30×3铁方管
B节点 1:5
B
A
① 石材
② 水泥砂浆结合层
③ 混凝土结构层
④ 金属防滑嵌条
⑤ 角钢
⑥ LED 灯管
40×60钢板⑩
⑨立柱与底板焊接
膨胀螺栓 ⑪
角钢 ⑤
金刚砂防滑嵌条④
LED灯管 ⑥
铝板 ⑦
木方 ⑧
A节点 1:10
⑦ 铝板
⑧ 木方
⑨ 立柱与底板焊接
⑩ 40×60 钢板
⑪ 膨胀螺栓
⑫ 实木扶手
⑬ 木螺丝 30 长间距 300
⑭ 扶手下通长扁钢 40×4
⑮ 40×30×3 铁方管

图8　楼梯大样

参考文献

[1]《建筑设计资料集》编委会．建筑设计资料集（第二版）．北京：中国建筑工业出版社，1996．

[2] 李必瑜等．建筑构造．北京：中国建筑工业出版社，2005．

[3] 李必瑜等．房屋建筑学网络教学课程．重庆：重庆大学建筑城规学院建筑技术研究所，2002．

[4] 杨维菊．建筑构造设计．北京：中国建筑工业出版社，2005．

[5] 樊振和．建筑构造：原理与设计（第二版）．天津：天津大学出版社，2004．

[6] 同济大学，西安建筑科技大学，东南大学，重庆大学．房屋建筑学（第四版）．北京：中国建筑工业出版社，2005．

[7] 褚智勇．建筑设计的材料语言．北京：中国电力出版社，2006．

[8] 建筑资料研究社．建筑图解辞典（上中下册）．朱首明等译．北京：中国建筑工业出版社，1997．

[9] Edward Allen. 建筑构造的基本原则——材料和工法（第三版）．吕以宁，张文男译．台北：六合出版社，2001．

[10] Tom Frank Peters. Building the Nineteenth Century. Cambridge, Massachusetts: the MIT Press, 1996.

[11] 查尔斯・乔治・拉姆齐等．建筑标准图集（第十版）．大连：大连理工大学出版社，2003．

[12] 中国建筑标准设计研究院．建筑产品选用技术——建筑・装修分册．北京：中国建筑标准设计研究院，2005-2007．

[13] 华北地区建筑设计标准化办公室．88J（第二版）建筑构造通用图集．2002-2006．

[14] 中国建筑标准设计研究院．国家建筑标准设计图集．北京：中国建筑标准设计研究院，2002-2006．

[15] 建设部工程质量安全监督与行业发展司，中国建筑标准设计研究所．全国民用建筑工程设计技术措施：规划・建筑．北京：中国计划出版社，2003．

[16] 北京市建筑设计研究院．建筑专业技术措施．北京：中国建筑工业出版社，2006．

[17] 德普拉泽斯（Deplazes, A.）．建构建筑手册．任铮钺等译．大连：大连理工大学出版社，2007．

[18] 国外建筑设计详图图集1-10．北京：中国建筑工业出版社，2000-2002．

[19] 姜涌．建筑师职能体系与建造实践．北京：清华大学出版社，2005．

[20] 彼得・里奇，伊冯娜・迪安（Peter Rich，Yvonne Dean）．设计元素．大连：大连理工大学出版社，2003．

[21] 孙震，穆静波．土木工程施工．北京：人民交通出版社，2004．

[22] 何平．室内外装饰材料．南京：东南大学出版社，1997．
[23] 裘炽昌等．常用建筑材料手册．北京：中国建筑工业出版社，1997．
[24] 洪向道．新编常用建筑材料手册．北京：中国建筑工业出版社，2006．
[25] 北京市注册建筑师管理委员会．一级注册建筑师考试辅导材料：第2分册　建筑结构．北京：中国建筑工业出版社，2004．
[26] 北京市注册建筑师管理委员会．一级注册建筑师考试辅导材料：第4分册　建筑材料与构造．北京：中国建筑工业出版社，2004．
[27] 罗福午，张惠英，杨军．建筑结构概念设计及案例．北京：清华大学出版社，2003．
[28] 杨静．建筑材料．北京：中国水利水电出版社，2004．
[29] 日本建筑构造技术者协会．图说建筑结构．王跃译．北京：中国建筑工业出版社，2000．
[30] 日本建築学会．構造用教材（改訂第1版［第1刷］）．東京：丸善株式会社，1985．
[31] 陈启仁，张纹韶．认识现代木建筑．天津：天津大学出版社，2005．
[32] 路易吉・戈佐拉．凤凰之家：中国建筑文化的城市与住宅．刘临安译．北京：中国建筑工业出版社，2003．
[33] 德莫金．建筑师职业实务手册（原书第13版）．葛文倩译．北京：机械工业出版社，2005．
[34] 诺伯特・莱希纳．建筑师技术设计指南：采暖・降温・照明（第二版）．张利等译．北京：中国建筑工业出版社，2004．
[35] 普法伊费尔等．砌体结构手册．张慧敏等译．大连：大连理工大学出版社，2004．
[36] 金德-巴尔考斯卡斯等．混凝土构造手册．袁海贝贝等译．大连：大连理工大学出版社，2006．
[37] 海诺・恩格尔．结构体系与建筑造型．林明昌，罗时玮译．天津：天津大学出版社，2002．
[38] 日本建筑学会．建筑设计资料集成（综合篇）．重庆大学建筑城规学院译．北京：中国建筑工业出版社，2003．
[39] 恩斯特・诺伊费特．建筑设计手册．朱顺之等译．北京：中国建筑工业出版社，2000．
[40] 萨拉・加文塔编．材料的魅力：混凝土（Concrete Design）．尹妤译．北京：中国水利水电出版社，知识产权出版社，2004．
[41] 陈逸等．楼梯设计与装修．上海：同济大学出版社，香港书画出版社，1992．
[42] 朱保良等．坡・阶・梯：竖向交通设计与施工．上海：同济大学出版社，1998．
[43] 伊泽阳一．建筑工程监理要点集．北京：中国建筑工业出版社，1999．
[44] 金本良嗣．日本的建设产业．关柯等译．北京：中国建筑工业出版社，2002．
[45] 彰国社．集合住宅实用设计指南．刘东卫等译．北京：中国建筑工业出版社，2001．
[46] 若山滋，TEM研究所．建築の絵本シリーズ：世界の建築術-人はいかに建築してきたか．東京：彰国社，1986．

[47] 贝纳沃罗. 世界城市史. 薛钟灵等译. 北京：科学出版社，2000.
[48] 布鲁诺·雅科米. 技术史. 蔓君译. 北京：北京大学出版社，2000.
[49] S·劳埃德，H. W. 米勒. 远古建筑. 高云鹏译. 北京：中国建筑工业出版社，1999.
[50] Catherine Louboutin. 新石器时代：世界最早的农民. 张容译. 上海：上海世纪出版集团，上海书店出版社，2001.
[51] 菲立普·威金森等. 不可思议的剖面：大建筑. 北京：生活·读书·新知三联书店，1996.
[52] 尼尔·史蒂文森. 世界建筑杰作. 南宁：接力出版社，2002.
[53] 李察·普雷特等. 不可思议的剖面：大剖面. 北京：生活·读书·新知三联书店，1996.
[54] 李察·普雷特等. 不可思议的剖面：大城堡. 北京：生活·读书·新知三联书店，1996.
[55] 刘敦桢. 中国古代建筑史（第二版）. 北京：中国建筑出版社，1984.
[56] 崔晋余. 苏州香山帮建筑. 北京：中国建筑工业出版社，2004.
[57] 梁思成全集. 北京：中国建筑工业出版社，2001.
[58] 楼庆西. 中国古建筑二十讲. 北京：生活·读书·新知三联书店，2001.
[59] 楼庆西. 乡土建筑装饰艺术. 北京：中国建筑工业出版社，2006.
[60] 周畅. 建筑学报五十年精选. 北京：中国计划出版社，2004.
[61] 午荣编，李峰整理. 新刊京版工师雕斫正式鲁班经匠家镜. 海口：海南出版社，2002.
[62] 吴晓丛. 陕安半坡遗址. 北京：中国民族摄影艺术出版社，1994.
[63] APA出版有限公司. 埃及. 王园等译. 北京：中国水利水电出版社，2002.
[64] 汉诺-沃尔特·克鲁夫特. 建筑理论史——从维特鲁威到现在. 王贵祥译. 北京：中国建筑工业出版社，2005.
[65] 戴维·史密斯·卡彭. 建筑理论（上）：维特鲁维的谬误——建筑学与哲学的范畴史. 王贵祥译. 北京：中国建筑工业出版社，2006.
[66] 戴维·史密斯·卡彭. 建筑理论（下）：勒·柯布西耶的遗产——以范畴为线索的20世纪建筑理论诸原则. 王贵祥译. 北京：中国建筑工业出版社，2006.
[67] 李海清. 中国建筑现代转型. 南京：东南大学出版社，2003.
[68] Frank Lloyd Wright. An American Architecture. New York: Horizon Press, 1955.
[69] Spiro Kostof. The Architect: Chapters in the History of the Profession. Oxford: Oxford University Press, 1977.
[70] 筑龙网. 幕墙结构构造及细部设计CAD精选图集. 北京：机械工业出版社，2007.
[71] 筑龙网. 建筑细部设计CAD精选图集. 北京：机械工业出版社，2006.
[72] 楼庆西. 雕梁画栋. 北京：生活·读书·新知三联书店，2004.
[73] 马炳坚. 北京四合院建筑. 天津：天津大学出版社，1996.
[74] 布坎南. 伦佐·皮亚诺建筑工作室作品集. 周嘉明译. 北京：机械工业出版社，2002.
[75] Nikkei Architecture. 最新屋顶绿化设计、施工与管理实例. 胡连荣译. 北京：中国建筑工业出版社，2007.

[76] 渡边邦夫，大泽茂树等．钢结构设计与施工．周耀坤，滕百译．北京：中国建筑工业出版社，2000．

[77] 伊藤高光．钢构造入门：设计的基本要点和详图（修订版）．王英健译．北京：机械工业出版社，2005．

[78] 鈴木博之，中川武，藤森照信，隈研吾． 新建築臨時増刊：建築20世紀PART 1，2．東京：新建築，1991（01）．

[79] 彰国社．建築施工図作成の手順と技法．東京：彰国社，1988．

[80] 日本建筑学会．建筑企划实务．黄志瑞等译．沈阳：辽宁科学技术出版社，2002．

后 记

本书第一版即在清华大学建筑学院前院长秦佑国先生的指导与勉励下完成，第二版也就顺理成章邀请秦先生审阅。不想书未问世，先生已驾鹤西去，实学界与业界之遗憾。谨以此书向毕生献身建筑教育，长期推动建筑精细化发展的秦佑国先生致敬！

本次改版目标是希望增加更多的三维图示表达，便于学生学习掌握理解建筑构造知识；但同时，也要保留较为规范的二维图纸表达，要求学生能够用工程师理解的语言表达自己的构思。因此本书吸收了当下许多职业建筑师流行的方案表达方式，即彩色剖透视叠合黑白线条剖面，既可以在剖透视中看明白材料的组合关系，又可以理解黑白线图背后代表的构造连接意义。

本书更新改版得到清华大学建筑学院及建筑与技术研究所的大力支持。宋晔皓、燕翔、张昕等老师为规范标准更新、图示语言表达方法等提供具体指导意见，孙小暖在第一版绘制的图纸大部分沿用下来，王鑫为本书更新搜集了素材，欧阳扬为本书的彩图部分建模，杜新颖、张昕萌、王月琛为本书更新绘制了大量的图纸。中国建筑工业出版社的徐冉、黄习习为本书的出版贡献了耐心和细心的编审工作。在此向为本书的完成提供鼓励和支持的朋友们一并致谢！